药用植物分子遗传学

主　编　陈士林

副主编　孙　伟　吴问广　胡灏禹

编　审　陈万生　王　瑛　郭美丽

编　者　（以姓氏汉语拼音为序）

晁二昆	陈军峰	陈伟强	曹雪	董扬	董刚强
董林林	高婷	高永	高舟舟	苟君波	韩建萍
胡志刚	黄文俊	季爱加	姜金铸	李秋实	李西文
李勇青	刘迪	刘义飞	罗鸣	马婷玉	孟祥霄
米要磊	沈奇	沈晓凤	师玉华	宋驰	宋经元
苏燕燕	孙超	谭和新	陶俊杰	万会花	王刚
王彩霞	魏建和	向丽	肖莹	肖友利	徐江
徐志超	杨俐	尹青岗	张栋	张磊	张芳源
赵云鹏	郑夏生				

科学出版社

北京

内 容 简 介

药用植物分子遗传学是研究药用植物遗传和变异规律的综合性学科。该学科通过研究药用植物性状和基因型的关系，从分子水平上研究药用植物基因的结构与功能、遗传与变异，揭示药用植物在生长发育和环境应答过程中遗传信息传递、表达和调控的分子机制，为药用植物资源的开发利用提供基础理论方法支撑。

本书是陈士林研究员及其带领的本草基因组学科研团队在药用植物遗传资源领域多年来探索、融合、创新性研究工作的总结。本书根据长期的研究经验提出了药用植物分子遗传学研究体系，对药用植物遗传资源的研究进行了细致的梳理和总结，对学科内容、研究理念、研究思路和应用前景进行了阐述。本书分为绪论、基础理论、实验技术和实践应用四部分，以理论体系、研究手段和经典案例作为各章节的展现模式。

本书可作为高等院校中医药、药学、植物学、园艺学等相关专业师生的教学参考书，也可作为科研院所从事药用植物研究与开发等相关专业技术人员的科研参考书。

图书在版编目（CIP）数据

药用植物分子遗传学 / 陈士林主编 . —北京：科学出版社：2022.6
ISBN 978-7-03-070807-6

Ⅰ . ①药… Ⅱ . ①陈… Ⅲ . ①药用植物 - 分子遗传学 Ⅳ . ① S567 ② Q949.95

中国版本图书馆 CIP 数据核字（2021）第 257110 号

责任编辑：刘　亚 / 责任校对：申晓焕
责任印制：李　彤 / 封面设计：黄华斌

科 学 出 版 社 出版
北京东黄城根北街 16 号
邮政编码：100717
http://www.sciencep.com

北京建宏印刷有限公司 印刷
科学出版社发行　各地新华书店经销

*

2022 年 6 月第　一　版　开本：889×1194　1/16
2023 年 1 月第二次印刷　印张：20 1/2
字数：528 000
定价：218.00 元
（如有印装质量问题，我社负责调换）

前　言

　　药用植物资源是大自然赠予人类的珍贵礼物，它们在人类与疾病的斗争过程中发挥了重要的作用，是人类繁衍生息的关键保障之一。据保守估计，全球约有28 187种植物被记录为具有药用价值，因此，针对药用植物资源的保护和利用一直是各国政府关注的重点。太平洋战争爆发后美国政府启动了名为"金鸡纳任务"（Cinchona Mission）的药用植物资源调查研究，目的就是能够帮助美国在非洲以及东南亚作战期间拥有充足的抗疟药物奎宁。美国学者在太平洋紫杉中发现了抗癌活性成分——紫杉醇，为癌症患者开启了一道生命之门。为了获得充足的紫杉醇原料，业界已经普遍采用人工种植选育的红豆杉属植物品种或半合成紫杉醇等方法来替代野生资源提取。我国学者屠呦呦从黄花蒿中提取青蒿素作为一种用于治疗疟疾的药物，挽救了全球特别是发展中国家数百万人的生命，并在2015年获得诺贝尔生理学或医学奖。"十三五"期间，我国启动了针对黄花蒿种质资源收集、遗传评价及青蒿素生物合成调控及育种的重点专项。在撰写本书时，新型冠状病毒正在全球肆虐，中草药以独特的优势在中国疫情防控中起到了重要作用。

　　目前药用植物原料仍然主要依赖于野生资源，虽然部分药用植物已经具有一定的栽培历史和种植规模，但尚缺乏系统和稳定的品种选育和分子遗传学研究。因此如何更好地利用丰富的资源优势并结合现代的科学理论与技术，对药用植物的科学培育、种植和开发进行指导，满足人们日益增长的对药用植物资源的需求，是编写《药用植物分子遗传学》一书的初衷。本书以药用植物作为对象，采用分子遗传学中正向遗传学以及反向遗传学的思路，聚焦药用植物有效成分合成和调控的遗传规律，寻找基因型与表现型之间的关系，解决药用植物资源可持续利用实践过程中的关键问题，以期与读者共同推动我国药用植物的分子遗传学研究进程。

　　本书分为绪论、基础理论、实验技术和实践应用四部分，以理论体系、研究手段和经典案例作为各章节的展现模式。

　　绪论主要针对药用植物分子遗传学的概念、形成与发展过程、研究重点和未来研究方向进行总论。

　　基础理论部分包括药用植物遗传的分子基础、药用植物资源遗传评价、药用植物次生代谢物合成途径及相关酶和药用植物次生代谢物的转录调控等4章。其中第2章以药用植物作为示范对象，重点介绍遗传的分子基础即基因和基因组，搭建药用植物分子遗传学知识体系，为后续章节深入介绍药用植物品质形成的分子基础进行铺垫。第 3 章从哈迪 - 温伯格（Hardy-Weinberg）基础理论及分子标记讲起，重点突出药用植物的遗传多样性评价、药用植物谱系地理、药用植物亲缘关系及鉴定等分支学科的研究理论基础及研究内容。第 4、5 章从催化酶和代谢调控两个角度介绍药用植物次生代谢物的合成与调控。第 4 章针对药用植物的主要次生代谢物如苯丙烷类、萜类和生物碱类物质的生源途径进行了阐述，着重介绍萜类合成酶、聚酮合酶等骨架酶和氧化酶、糖基转移酶、酰基转移酶等修饰酶的发现及催化机制。第 5 章主要介绍药用植物有效成分的生物合成在时空上的分子调控机制，从转录因子调控及表观调控两个层面详细地介绍药用植物是如何感知自身及外界信号来调控次生代谢物的合成。

实验技术部分包括药用植物组织培养和基因工程及药用植物功能基因研究方法两章。第 6 章介绍药用植物分子遗传学基因功能验证研究中常用的不定根、毛状根、悬浮细胞、原生质体等组织的培养技术以及植物再生技术，重点介绍药用植物基因工程研究中常用的遗传转化技术以及基因改造技术。第 7 章按照功能基因的研究方法，依次介绍突变体库的构建、功能基因的克隆及功能验证，重点阐述在植物体内和体外鉴定基因功能的方法，如表达模式分析、亚细胞定位分析、蛋白质相互作用研究技术和蛋白质与核酸的相互作用技术等。

实践应用部分包括药用模式生物实验平台、药用植物分子育种、药用植物次生代谢物的合成生物学及药用植物遗传资源等共 4 章。第 8 章按照次生代谢物类型精选了在药用植物分子遗传学领域研究较深入的黄花蒿、丹参、大麻、长春花等植物进行详细介绍，分别从基因组、次生代谢功效物质的合成及调控层面探讨其作为药用模式植物的研究方法和研究进展。第 9 章对药用植物分子育种的目标、材料，分子研究深度以及法规等进行分析，介绍分子标记辅助育种、基因工程育种以及分子设计育种在药用植物分子育种上的应用，强调四阶式分子育种在药用植物现阶段的优势，并展望药用植物分子育种的未来发展方向。第 10 章介绍药用植物次生代谢物合成途径的遗传解析，在微生物或者植物细胞中构建相应次生代谢物的合成途径，实现药用植物次生代谢物工厂化生产。本书最后一章第 11 章重点向读者介绍保障药用植物分子遗传研究所需的资源库和数据库的建设情况，并论述国家药用植物种质资源库和国家中药基因库等在资源发掘和利用中的重要性。

《药用植物分子遗传学》的编写是一次新的尝试，本草基因组学研究团队根据学科发展的需求，经过多年探索和研究汇编本书。由于药用植物的分子遗传学研究涉及的研究领域较多，因此本书还可能存在许多不足之处，期待各位同行的批评与指正。

陈士林

2021 年 7 月

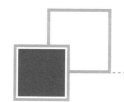

目 录

第 1 章 绪 论

　　药用植物是一类具有药物属性的植物，它和粮食作物一样在人类文明和社会的发展过程中起着极其重要的作用，是人类生存和健康管理的重要保障。人类对药用植物药效的发现是一个从宏观到微观的过程，古生物学研究显示在约 6 万年前的史前人类尼安德特人的坟墓里保存有药用植物麻黄 *Ephedra altissima* 和黄矢车菊 *Centaurea solstitialis* 的化石，这表明尼安德特人在寻找植物源食物的过程中，发现部分植物可以用于驱赶蚊虫、治疗疾病等，从而学会了应用药用植物管理他们的健康。在中国、古印度、古埃及和古罗马等文明古国的早期文字中也有大量药用植物从形态到使用的记载，这表明药用植物在古代东西方各国已经成为人类治疗和预防疾病的有效手段。

　　随着现代科学技术的发展与完善（特别是药用植物分类鉴定、活性成分分离提取、结构鉴定、药效学评价等技术），药用植物的药效物质基础开始逐渐被人们认识。药用植物中天然产物的单体化合物的分离及结构鉴定是 19 ~ 20 世纪的植物化学研究的突出成果，科学家们借助于现代的色谱、光谱、质谱以及核磁等技术，从药用植物中分离、纯化和鉴定出了如青蒿素、紫杉醇、奎宁、吗啡、大麻二酚等单体天然产物成分，用于治疗疟疾、癌症、疼痛等疾病（图 1-1）。1897 年，拜耳公司首次将柳树皮中的水杨酸合成为酰基水杨酸（阿司匹林），用于治疗头痛与发热、血小板聚集，减少动脉粥样硬化患者的心肌梗死等疾病，这一经典天然产物药物一直沿用到现在并不断焕发新的活力。据统计，现今 30% ~ 50% 的化学药物都是来自于天然产物、植物药或半合成天然产物及其衍生物。天然产物结构的新颖性和多样性为药物研发提供了大量的候选。但目前部分药企已经放弃了筛选植物源小分子化合物用于治疗各种疾病的项目，主要原因之一是无法获得足量的天然化合物用于后续的开发与应用。越来越多的合成生物学和基因工程的研究案例表明，在应用分子遗传学的方法成功解析药用植物有效成分生物合成途径的基础上，使用生物技术方法大量生产这些有效成分或通过组织培养方式配合基因工程大量繁殖药用植物及其有效部位，将极大地促进药用植物天然产物的开发与利用。

　　在全球范围内除了药用植物天然产物单体化合物及有效组分外，以药用植物提取物和药材作为原料的药物制剂如传统草药、中成药、汉方药等不同形式的药用植物产品在治疗或预防疾病方面也起到了不可或缺的关键性作用。由于传统草药具有治疗疾病的独特疗效优势，据统计，目前全球约 85% 的人口特别是发展中国家仍然在应用传统草药治疗疾病，因此充足的药用植物资源是保障民众身体健康的前提。由于药用植物的种类繁多且用药部位多样，导致了不同种类的药用植物的人工选育水平和种植规模差距很大。依据现阶段药用植物原料来源情况，可以将其主要分为以下三大类：①已经具有一些代表性的商业化品种以及成熟的种植技术和大面积的人工种植品种如罂粟、长春花、大麻、人参、西洋参、枸杞等。②虽然已经实现大面积种植，但种质大多直接来自于野生种群的营养体或杂交后代，尚缺乏一致性及稳定性等系统选育的品种如甘草、大黄、重楼等。③主要依赖于野生群体的药用植物如红景天、升麻、七叶树等。针对药用植物品种选育中存在的各种问题，应用药用植物遗传原理解析药用植物有效性背后的分子遗传机制，根据每一种药用植物各自的驯化程度充分选育药用植物使其成为优质的品种用于实际生产。

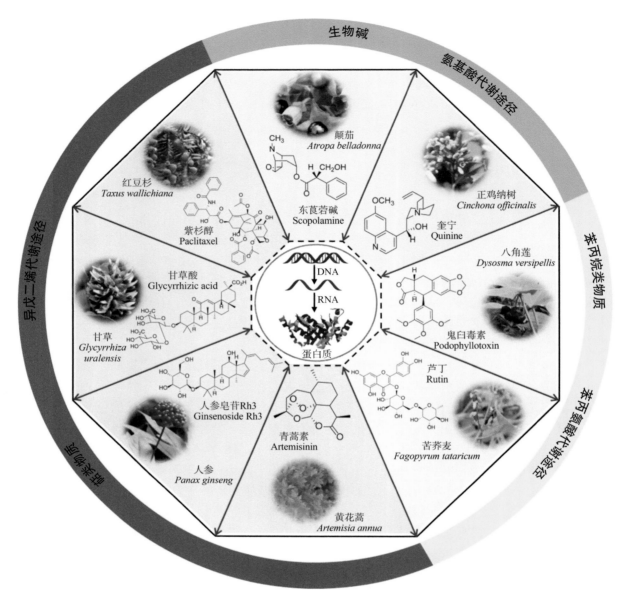

图 1-1　代表性药用植物次生代谢物及代谢途径分类

本书是以药用植物作为研究对象，聚焦药用植物资源开发利用领域的焦点问题；关注应用遗传学研究体系，特别是从分子遗传层面，结合当前遗传学、组学、系统生物学的理论和技术，探讨解决药用植物资源可持续利用实践过程中的关键问题；以期与读者共同推动我国药用植物的分子遗传学研究。本书囊括了药用植物正向遗传学以及反向遗传学的方法，以理论体系、研究手段和经典案例为展现模式，描述药用植物的生物学特征，揭示药用植物有效成分的遗传规律，寻找基因型与表现型之间的关系。

1.1　药用植物分子遗传学的形成和发展过程

植物遗传学经历了孟德尔遗传学和植物分子遗传学两个重要的发展阶段。奥地利的生物学家格雷戈尔·孟德尔（Gregor Mendel，1822～1884 年）是遗传学的奠基人，被誉为遗传学之父。他通过豌豆杂交试验发现了遗传学两大基本定律即分离定律和自由组合定律。虽然当时孟德尔并不确定遗传物质的分子基础和基因等概念，但已发现植物体内遗传物质可有规律地影响后代的表型特征，这是现今植物遗传学研究的理论依据和实践指导。在药用植物关键性状的遗传规律研究过程中，孟德尔遗传以及基于孟德尔遗传的衍生理论都起到了至关重要的作用，对部分易杂交的一年生药用植物如黄花蒿、大麻等都有大量的相关研究。20 世纪初期，遗传学家摩尔根通过果蝇的遗传实验，认识到基因存在于染色体上，并在染色体上呈线性排列，从而得出染色体是基因载体的结论。1909 年丹麦遗传学家约翰逊（W. Johansen 1859 ~ 1927 年）在《精密遗传学原理》一书中正式提出"基因"概念。其研究发现基因有两个特点，一是能忠实地复制自己，以保持生物的基本特征；二是在繁衍后代过程中基因能够突变和变异。植物分子遗传学从 20 世纪中期开始迅速发展，这一学科的代表人物是植物遗传学家芭芭拉·麦克林托克（Barbara McClintock）。40 年代初期，她用传统的遗传学和细胞学研究的手段发现了玉米叶片以及种子中一些斑点的形成机制，得出了"转座子"的概念，即基因能够"转座"和"跳动"。这一研究结果改变了传统认为基因在染色体上是固定不变的观念。1953 年沃森和克里克发现了 DNA 分子的双螺旋结构，使得人类对生命体有了更进一步的认识，即生命体的基因组包含了其全部遗传信息，这些信息由 A-T、C-G 四种碱基两两配对后排列成的长链 DNA 分子携带。随后 DNA 的复制、表达和突变成为分子遗传学形成的基础。一些革命性的技术如 DNA 测序技术、聚合酶链反应等则推动着分子遗传学的发展。

药用植物分子遗传学是研究药用植物遗传和变异规律的综合性学科。该学科主要研究药用植物性状（有效成分含量、产量、抗性等）和基因型的关系，从分子水平上研究药用植物基因的结构与功能，遗传与变异，从而揭示药用植物在生长发育和环境应答过程中遗传信息传递、表达和调控的分子机制。药用植物分子遗传学与粮食及园艺作物的分子遗传学研究重点不同，除了抗病、抗逆、高产等基本农艺性状外，药用植物还对有效成分含量这一特殊的性状进行重点研究。同时，由于药用植物的地理分布、驯化以及栽培历史的不同，药用植物主要特征如药用活性成分（次生代谢物）的形成、调控机制往往复杂多样。药用植物分子遗传学研究起步相对较晚，其研究发展过程并未完全遵从经典和现代分子遗传学发展的轨迹。随着组学技术的快速发展，目前大部分药用植物的遗传学研究已经跨过经典遗传学直接进入到了分子遗传学研究的层面。

值得注意的是一些长期致力于药用植物分子遗传学研究的著名学者都提出了相应的学科概念及研究思路。2010 年陈士林研究团队首先提出了本草基因组学的学科概念，编写的《本草基因组学》一书由科学出版社出版，该书被纳入普通高等教育"十三五"规划教材及全国高等医药院校规划教材，并在《科学》（Science）专刊发表"Herbal genomics：Examining the biology of traditional medicines"一文。本草基因组学（herbgenomics）是从组学水平研究中药及其与人体的相互作用，进而阐明中药防治人类疾病分子机制的一门前沿学科。研究内容涉及结构基因组、转录组、功能基因组、蛋白质组、代谢组、表观基因组、宏基因组、药用模式生物、基因组辅助分子育种、中药合成生物学、DNA 鉴定、中药体内代谢基因组研究和生物信息学及数据库等多个方面。本草基因组学作为新兴学科，主要研究内容包括系统发掘中药活性成分合成及优良农艺性状相关基因，为中药道地品种改良和基因资源保护奠定基础；建立含有重要活性成分的中药原物种基因组研究体系，为中药药性研究提供理论基础，对传统药物学理论研究和应用具有重要意义；从基因组层面阐释中药道地性的分子基础，推动中药创新药物研发，为次生代谢物的生物合成和代谢工程提供技术支撑；创新天然药物研发方式，为优质高产药用植物品种选育奠定坚实基础，推动中药农业的科学发展，对揭示药用植物生物学本质具有重要价值。2011 年由美国国立卫生院支持的由乔·查普尔（Joe Chappell）教授领衔的 Medicinal Plant Consortium 项目组提出了药用植物多组学计划，该项目通过解析中药药用植物颠茄、红豆杉、银杏等 14 个物种的代谢组和转录组学数据及部分其他物种的基因组学数据联合挖掘相关代谢产物的合成机制。2013 年日本的 Kazuki Saito 教授团队在 Current Opinion in Plant Biology 杂志提出了植物化学基因组学（phytochemical genomics）概念，该学科主要关注在基因组学背景下运用多组学联合分析解析植物代谢物产生的分子机制。在药用植物学领域，该团队以甘草作为研究对象运用多组学联合分析的手段成功地解析了乌拉尔甘草的基因组，同时挖掘到了三萜类物质甘草次酸合成过程中的两个关键步骤所涉及的

P450 酶的功能。另外越来越多的来自欧洲、亚洲的实验室在药用植物分子遗传学领域做出了卓有成效的工作。

由此可见，药用植物分子遗传学既囊括了传统植物分子遗传学的研究内容，同时也针对药用植物的特殊性，以研究药效成分形成、分布、积累、转运、代谢、多样性等直接决定药用植物成药的遗传机理作为核心任务；该学科既借鉴了传统模式植物、粮食作物等较为成熟的分子遗传学研究体系，又针对药用植物物种层面的多样性，对每种药用植物遗传规律和成药的遗传机理进行个性化研究；既关注植物生长、发育和繁育宏观表型，又侧重药效成分等分子层面微观表型；既强调植物自身的遗传规律的揭示，又不排斥使用现代遗传学技术对药效成分进行定向富集乃至体外生产制备。总之，药用植物分子遗传学，无论从重要性或是研究的维度，都值得单独作为分子遗传学的一个分支进行探讨，这也是本书的一个目标。

1.2 药用植物分子遗传学的研究重点

由于药用植物各自地理分布、驯化栽培历史程度的不同，药用植物主要特征如药用活性成分（次生代谢物）的形成、调控机制往往复杂多样。药用植物分子遗传学与粮食及园艺作物的分子遗传学研究重点不同，除了抗病、抗逆、高产等基本农艺性状外，该学科还对药用植物的有效成分含量这一特殊的性状进行重点研究。现阶段药用植物分子遗传学有以下研究重点，分别为：①研究药用植物个体和群体的遗传和变异规律。②研究药用植物药效物质的形成、调控及进化。③研究药用植物体内外因子对药用植物关键性状形成的分子遗传调控机制。④药用植物分子遗传工程与分子辅助育种。

1.2.1 药用植物个体和群体的遗传和变异规律

遗传多样性是生物表型和进化多样性的基石。药用植物个体或群体间存在的广泛遗传差异导致了不同个体间、居群间样本形态、代谢产物和适应性的差异，从而影响其生产和应用过程。同其他植物一样，生态或地理隔离是药用植物群体产生遗传分化的主要外因，遗传漂变、突变以及由于自然或人为原因导致的遗传混杂等内在因素也会直接造成药用植物个体的遗传差异。比如我国北方地区黄花蒿 *Artemisia annua* 的青蒿素含量约 0.1%，导致没有工业提取价值，而重庆地区的黄花蒿群体青蒿素含量高到达约 0.6%，药用价值明显较高。再如同处于云南文山的三七 *Panax notoginseng* 个体表型差异十分明显，茎和根的颜色有绿色和紫色之分，休眠芽的颜色有红绿之别；花序有伞形和复伞形花序；而叶片则分一轮生、二轮生和三轮生掌状复叶，包括卵形、狭叶披针形、倒卵状椭圆形等多样化的小叶；果实有肾形、近球形、三棱形等不同的形状以及朱红色、紫红色、黄白色等不同的颜色；不同形态的三七最终可以发展为不同经济价值的品种。不同紫苏 *Perilla frutescens* 品种，也表现出了株型、叶色、叶形、种子大小等广泛的多样性（图 1-2）。因此，研究药用植物个体和群体遗传变异的方式，探索药用植物个体或群体间表型差异的遗传基础，是保障药用植物种源品质多样性和稳定性的根本。

正向遗传学研究是解析植物个体或群体间表型差异所对应的分子遗传基础的通用手段，通过构建遗传群体观察群体后代表型性状的分离规律确定表型为数量性状（quantitative traits）或质量性状（qualitative traits）并进一步检测基因型和表型的相关性是正向遗传学的常用方法。例如，通过对宁杞 5 号和中科绿川 1 号的杂交 F_1 代群体进行遗传分析发现，共有 29 个和 3 个数量性状基因座（quantitative trait locus，QTL）分别决定了枸杞的光合效率及胸径性状；通过对高秆和矮秆的蓖麻进行杂交，可以鉴定到多个蓖麻株高相关的 QTL；将丹参根中脂溶性有效成分高的品系与低的品系进行杂交并进行遗传分析，发现多个丹参酮 II_A、丹酚酸 B 相关的 QTL。这些药用植物表型性状相关的 QTL 的发现，为进一步的功能基因挖掘奠定了基础。同时也有助于相关分子标记的开发及其在分子辅助育种中的应用。

图 1-2　紫苏不同品种间丰富的形态多样性

本图展示了共计 8 个不同品种紫苏的株形、叶色、叶形和种子的形态

药用植物种类繁多，部分药用植物已经实现了大规模的人工栽培种植，但尚有大量的药用植物原料依然依赖于野生资源的采集利用。不论是野生还是栽培的药用植物，其进化繁衍或人工驯化的过程中都会经历进化选择作用。药用植物群体或个体间存在的遗传多样性是选择作用的基础。因此，探究优质道地药材形成的机制需要利用分子遗传学的手段从群体遗传学的角度去研究自然或者人工选择的过程及其所导致的遗传效应。自然选择和人工驯化都会对药用植物群体的多样性形成重要的影响，并可能导致瓶颈效应的产生（图 1-3）。相比而言，在自然选择压力下，药用植物面临的瓶颈效应较弱且形成过程相对缓慢，其后代群体可以在相当长一段时间内维系祖先群体的基因多样性；而经过人工驯化的植物在短时间内经历了较强的瓶颈效应，一部分基因被筛选淘汰，另一部分基因也因搭载效应被筛选出去，导致基因池发生巨大变化，与祖先群体呈现明显的差异。虽然在物种进化或驯化的历程中其基因池总体上都是在发生变化，但不同的选择压力可导致不同的基因和遗传多样性丧失或影响其变化的速度，进而影响药用植物的生存适合度和品质稳定性。在自然条件下，野生药材受到的选择压力小，群体基因池稳定，从而保障了野生药材相对稳定的药效。人类过度采挖野生药用植物导致其自然群体数量减少。同时，生态的破坏又减少或改变了野生药材的栖息地，在双重压力下野生药用植物往往难以维持种群数量，加速基因多样性的波动或丧失。因此，在药用植物生产繁育的时候，结合现代分子遗传学的手段，能够更好地评估和保护药用植物的遗传资源多样性，从而保障优质药材的生产和可持续利用。

同农作物驯化育种一样，药用植物的人工驯化和定向选择虽然可能导致其部分基因多样性的减少或丧失，但对药用植物关键目标表型性状相关优异基因和基因型的筛选以及高品质药用株系或品系的选择育种具有重要作用。随着大量药用植物人工种植的规模化开展，通过分子遗传学的手段进行人工定向选育药用植物新品种是高质量中药农业可持续健康发展的关键。在大麻的驯化育种中，普通大麻的大麻二酚（cannabidiol，CBD）含量不到 1%，而经过人工选择驯化的医用大麻的 CBD 含量可以高达 25%，表现出了与被用来获取植物纤维的祖先大麻完全不同的品质特征和利用价值。随着全球气候变化的加剧和区域性自然生境破碎化的日趋严重，部分野生道地药材也会为了适应不断变化的外部环境而面临加速的方向性自然选择（图 1-3），从而形成变化的药用表型特征。从分子遗传学角度研究药用植物自然群体所面临的不同选择压力和方向，一方面有助于我们保护野生药用植物的基因多样性，另一方面也有助于我们传承和创新药用植物培育的使用方法，高效地选择和提升特定品种的品质，并进行定向选育。

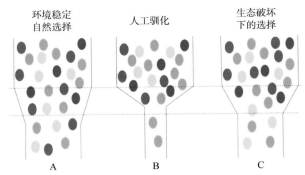

环境稳定　　　　人工驯化　　　生态破坏
自然选择　　　　　　　　　　下的选择

A　　　　　　　　B　　　　　　　C

图 1-3　自然选择和人工驯化对群体多样性的瓶颈效应示意图

遗传（基因）多样性由不同颜色来表示：A. 野生药用植物通常面临的选择压力小、时间长，被筛选的基因少、基因池稳定；B. 被栽培的药用植物面临的人工选择压力大，短时间内有大量基因被筛选淘汰；C. 生态被破坏后野生药用植物面临的选择压力增大，被淘汰的基因相对于环境稳定时更多

1.2.2　药用植物基因组解析和基因组特征研究

药用植物基因组是药用植物遗传信息的承载体，因此基因组的完整拼接、组装及注释是药用植物分子遗传学研究的基础。由于药用植物人工选育历史较短，多数药用植物依然处于"野生"状态，其杂合度较高，组装难度大且费用高，直接限制了药用植物的遗传研究。随着高通量测序技术从二代测序技术发展到目前的三代测序技术，测序读长从几十碱基飞跃到百万碱基级别，结合遗传图谱、物理图谱技术或高通量染色体构象捕获技术（high-throughput chromosome conformation capture，Hi-C）等极大地提高了药用植物基因组的组装质量。同时一系列的基因组生物信息学软件工具如雨后春笋般涌现，如 CANU、FLACON、FLYE、SMARTdenovo 等在药用植物基因组研究中广泛应用。配合 HiC-Pro、LACHESIS、ALLHIC 等软件的辅助，基因组组装已达到染色体级别水平；应用 RepeatModeler、RepeatMasker、MAKER、Augustus、LTR_FINDER、tRNAscan-SE、INFERNAL 等软件可预测基因组的重复序列、基因模型及转座子等；应用 OrthoFinder、PAML、MCScan、wgd 等软件可分析药用植物基因组进化历程中的全基因组复制事件及近缘物种的共线性分析，揭示药用植物形态特性及起源演化、活性成分合成等基础问题。

通过解析具有重大经济价值和典型次生代谢途径的药用植物基因组能够阐明具有相同或者相似有效成分药用植物物种间的基因组进化历程，使研究者可以从基因组层面比较近缘物种的差异性和相似性；同时药用植物基因组的解析可提供大量的遗传信息如代谢基因簇、分子标记、转录因子等，加速了药用植物代谢合成途径挖掘及分子辅助育种工作。第一个药用植物基因组的成功解析可以追溯到 2011 年发表在基因组生物学（*Genome Biology*）杂志上的大麻基因组。该研究使用二代测序 illumina 和 454 测序技术对高四氢大麻酚栽培品种 Purple Kush（PK）进行从头至尾基因组测序组装，研究人员成功组装出一个大小为 786Mb 的基因组图谱，并在此基础上发现四氢大麻酚酸合成酶（tetrahydrocannabinolic acid synthase，THCAS）基因存在于 PK 基因组。结合对高大麻二酚品种 Finola 进行重测序，研究人员发现大麻二醇酸合成酶（cannabidiolic acid synthase，CBDAS）基因只出现在 Finola 基因组中。2012 年，中国学者完成草药灵芝染色体水平基因组图谱绘制，提出首个药用真菌模式物种研究体系，并得到媒体的关注报道。

截至目前，已有几十种药用植物物种的全基因组被相继报道。陈士林 "本草基因组学"研究团队、中国医学科学院药用植物研究所和云南农业大学药用植物基因组研究团队、美国密歇根大学 Robin Buell 教授团队等在药用植物基因组学领域做出了突出贡献。本草基因组学团队的研究对象主要集中在传统草药类植物的基因组解析，近年来完成发表了一系列的重要草药基因组的研究工作，其中包括人参、菊花、丹参、灵芝、穿心莲、卷柏、栀子、茯苓、黄芩、半枝莲、金银花、罂粟等基因组。其研究团队成功解析了植物复苏机制及进化的理想材料卷柏药用植物基因组，研究揭示卷柏复苏及耐旱相关分子机制，包括独特叶绿体基因组结构、显著扩张及脱水状态高表达的 PPR 和 Oleosin 基因家族、显著收缩的 ELIP 基因家族以及活性氧（ROS）的产生和清除机制，回答了复苏植物耐旱机制的国际关注热点问题。瓦赫宁恩大学希尔霍斯特（Hilhorst）教授在《分子植物》（*Molecular Plant*）杂志中评述：通过比较复苏植物卷柏和干旱敏感植物江南卷柏的基因组揭示物种特异的耐旱防御机制，创新性发现卷柏叶绿体基因组大片段结构重排及叶绿体 NADPH 脱氢酶基因的缺失，为复苏植物耐旱分子机制研究提供新的思路。2018 年该团队运用三代测序技术 Nanopore 长读长的特点，成功完成了菊科代表物种野菊花 *Chrysanthemum nankingense* 约 3Gb 基因组的组装工作，共鉴定出了 56 870 个编码蛋白的基因。在 2020 年成功完成了茜草科药用植物栀子基因组的解析，研究团队进一步通过基因组、转录组及生化研究鉴定了完整的西红花苷合成途径。云南农业大学药用植物基因组研究团队相继完成了丹参、三七、石斛、玛卡、辣木、灯盏花等药用植物基因组的解析。罗宾·比尔（Robin Buell）团队则将研究重点放在天然药用植物的基因组解析上，近几年也分别完成了喜树、钩吻、长春花等基因组的组装与注释。这些药用植物全基因组的解析极大地推动了药用植物基础研究，并为不同药理活性的天然产物生物合成研究提供了坚实的基础。

1.2.3　药用植物的药效成分生物合成途径和调控演化规律研究

药用植物的活性成分多为次生代谢物，按照生源途径不同，次生代谢物主要分为苯丙素类、萜类和生物碱类等，其生源途径分别为来自于苯丙氨酸、异戊二烯基焦磷酸和氨基酸。大量前期研究表明，几乎每类药用植物次生代谢物中都有一些化合物已经被开发成为上市临床药物，如萜类化合物的青蒿素、紫杉醇和甘草酸；苯丙素类化合物包括芦丁和咖啡酸；生物碱类如东莨菪碱、长春新碱、吗啡等。按照合成途径的结构催化特点，可以将参与次生代谢物合成的酶分为碳骨架的形成酶和骨架修饰酶，前者包括萜类合酶、聚酮合酶和异胡豆苷合酶等，后者包括细胞色素 P450、糖基转移酶、甲基转移酶、酰基转移酶、双加氧酶、羧酸酯酶、脱氢酶/还原酶和转氨酶等。目前以药用植物作为研究对象，应用药用植物分子遗传学所涉及的正向遗传学和反向遗传学的手段搭配高通量测序技术和代谢组学技术已广泛应用于次生代谢物分子合成途径的解析。

药用植物多组学研究表明，在药用植物次生代谢物生物合成过程当中，参与代谢途径的基因会以共表达的形式在药用成分储存器官中表达。此外，代谢途径相邻步骤的酶基因有些会以串联排布成簇状即基因簇的形式存在，因此，可以通过寻找基因簇和共表达分析筛选次生代谢途径相关的功能基因（图 1-4）。例如，通过对过表达转录因子 ORCA2 或 ORCA3 的长春花悬浮细胞转录组的测序分析，发现有 3 个氧化还原酶、4 个细胞色素 P450 和 1 个糖基转移酶与途径中已知基因 *GES/G8O* 有显著的共表达趋势。通过功能验证鉴定出其中 4 个酶参与了环烯醚萜途径的形成，分别是 8-羟基香叶醇氧化还原酶、环烯醚萜氧化酶、7-脱氧马钱苷酸糖基转移酶和 7-脱氧马钱苷酸羟基化酶。诺斯卡品（noscapine）是一种来源于罂粟 *Papaver somniferum* 的具有抗癌活性的生物碱。Thio 等（2012）通过反向遗传学和正向遗传学相结合的研究方法，发现了一个合成诺斯卡品生物碱的基因簇。通过对含诺斯卡品的 HN1 和不含诺斯卡品的 HM1 和 HT1 3 个罂粟品种进行转录组分析，发现有 10 个基因仅在品种 HN1 中表达。用 HM1 与 HN1 进行杂交产生 271 株 F_2 代，对 F_2 代进行基因型及诺斯卡品含量分析，发现与 HN1 相关的特异基因与诺斯卡品的含量呈一定相关性，因此推测参与诺斯卡品生物合成的基因以基因簇形式存在。进一步构建 HN1 的 BAC 文库并筛选克隆测序，组装得到 1 个 401kb 的基因簇，功能验证证实该基因簇参与诺斯卡品的生物合成。使用稳定同位素标记前体化合物，示踪其在植物或细胞中的代谢流描绘目标次生代谢物的生物合成框架；在此基础上挖掘参与各个反应步骤的催化酶是次生代谢途径解析的经典策略。例如，Di 等（2013）通过 ^{13}C 同位素标记的苯丙氨酸前体饲喂丹参毛状根，探索丹参酚酸类成分的生物合成途径，发现了与报道的彩叶草、紫草等唇形科植物不同的丹参迷迭香酸特有生物合成途径，并推测丹参酚酸 B 由两个分别于 2 位、8 位发生电子重排的迷迭香酸分子结合而成，漆酶（laccase）家族基因可能参与了这一重要催化过程。近几年组学技术的发展大大促进了药用植物次生代谢途径的一次性或者关键步骤的解析，如秋水仙碱、依托泊苷元、薯蓣皂苷元、甘草酸、丹参酮等的代谢途径解析工作。

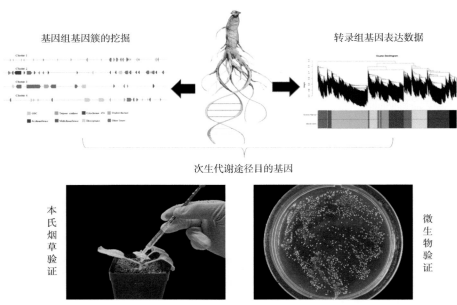

图 1-4　药用植物功能基因搜索及酶学验证手段

　　植物次生代谢途径的演化与多样化是伴随着物种本身的进化同步发生的，在进化过程中次生代谢物逐渐多样化以适应不同的生存环境和繁育方式。苯丙烷类是最早出现在陆生植物中的次生代谢物，这些物质使植物能够抵御紫外线辐射，帮助早期藻类转变为适应陆生环境的地衣和苔藓。被子植物大约出现在 1.45 亿年前，这之后的 1000 万年间，是植物生命史上最大的物种形成时期。随之而来的是次生代谢物种类的爆发，植物产生了颜色、香气和味道等性状，这是开花植物成功繁殖的关键。苯丙烷类化合物（黄酮、黄酮醇、花青素、花色苷等）、萜类化合物（类胡萝卜素）及生物碱（甜菜碱）使植物具有丰富的颜色吸引传粉者和共生者来协助植物成功授粉。萜烯（特别是单萜烯）、酚类、苯甲酸衍生物和脂肪族化合物共 1700 多种挥发性物质是花香形成的原因，其中不乏大量的次生代谢物具有重要的药用价值。

　　植物次生代谢物种类繁多，其中大多数次生代谢物生物合成相关的基因是从初生代谢基因进化而来。某一类次生代谢物特别是具有药用价值的化合物在被子植物进化谱系中产生的分子机制是现今研究次生代谢物进化起源的热点。例如，在被子植物的进化历程中是如何在远缘不同目植物中产生相似化合物如靛蓝（indigo）、咖啡因（caffein）的（图 1-5）？产生这些物质背后的分子机制是否一致？近缘物种又是如何进化出截然不同的化合物？新化合物的产生往往和催化该代谢过程的新基因的出现紧密相关。新基因编码的代谢酶与其祖先基因编码的酶催化相似的生化反应，但催化底物不同；或者催化同一底物进行不同的化学反应。全基因组复制（whole-genome duplication，WGD）或古多倍化事件、串联复制事件等使植物基因组快速进化重组，加速基因分化和结构变异，对植物次生代谢物的多样化极其重要。比如托品烷类生物碱（tropane alkaloids）的生物合成过程中，负责托品酮还原步骤的酶在被子植物中是独立多次起源的。但苄基异喹啉类生物碱（benzylisoquinoline alkaloid）生物合成过程的去甲乌药碱合成酶的进化则是早于双子叶植物的单系起源。基于茜草科植物栀子 *Gardenia jasminoides*、咖啡 *Coffea canephora* 以及钩吻科植物常绿钩吻藤 *Gelsemium sempervirens* 的基因组共线性分析发现，与钩吻科植物分化后，茜草科植物进化出咖啡因生物合成相关的 N- 甲基转移酶祖先基因 *NMT4a* 和 *NMT4b*，而咖啡进一步通过串联复制进化出咖啡因合成的 *N*- 甲基转移酶基因簇 *CcMTL-CcNMT-CcXMT*，从而揭示了茜草科植物咖啡因特异形成的基因组学基础。同时，在栀子基因组中发现了西红花苷合成关键酶基因 *CCD4* 的串联复制基因簇 *GjCCD4a-4b-4c-4d*，而咖啡基因组仅含有 1 个 *CcCCD4* 基因，证明栀子与咖啡物种分化后，通过串联复制进化出西红花苷合成关键酶基因 *CCD*。该研究揭示了在茜草科植物咖啡和栀子进化过程中，基因组基因串联复制导致的咖啡因与西红花苷生物合成的趋异进化机理，为基因串联复制在药用植物特定代谢途径的进化中的角色研究提供了重要参考。

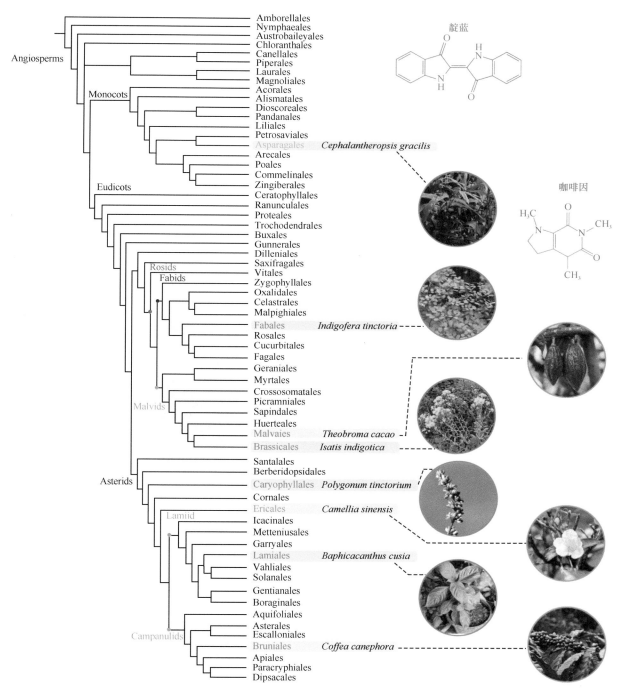

图 1-5　被子植物进化历程中不同类化合物的平行进化

蓝色背景长方形标注了能够产生靛蓝分子的被子植物（黄兰 .*Cephalantheropsis gracilis*，木蓝 . *Indigofera tinctoria*，大青叶 . *Isatis indigotica*，蓼蓝 . *Polygonum tinctorium*，南板蓝根 . *Baphicacanthus cusia*）；棕色背景长方形标注的为产生咖啡因分子的植物（可可 . *Theobroma cacao*，茶 . *Camellia sinensis*，咖啡 . *Coffea canephora*）

1.2.4 药用植物内外因子的协同调控和药效物质形成之间的关系

药用植物次生代谢物的合成和积累具有种属特异性、时空特异性或环境特异性等复杂的调控网络。药用植物的组织分化与分工会直接影响药效成分的合成（或关键性状的形成），比如青蒿素、大麻二酚主要分布在腺毛当中，七叶皂苷主要分布在娑罗子的种仁中，丹参酮主要分布在丹参的根部等。除此之外，环境因子包括生物和非生物因素对药用植物表型性状的形成和多样化具有重要影响。应用分子遗传学手段，可从转录调控、表观遗传修饰等不同的水平寻找药用植物体内外因子对药用植物关键性状形成过程的影响，全面揭示药用植物品质特征形成的分子网络调控机制（图1-6）。由于植物本身无法运动而只能直面外部环境因子的变化，所以对于药用植物研究而言，研究重点之一是在探讨药用植物在面对不同的环境条件时其药用次生代谢物生物合成和积累的差异，进而阐述相关的分子遗传机理。同一种基因型的药用植物处于不同的环境下，所表现出来的有效成分积累的种类和含量也会有差异。其中，非生物环境因子包括土壤的类型、土壤中的营养元素、温度、光照、水分等；生物因子主要包括微生物和食草动物（昆虫）等。生物和非生物的环境因子共同影响药用植物的生长、发育和代谢产物的积累。例如，在药用植物番泻叶的培养土中添加了充裕的微量元素后，可以明显观察到番泻叶中的初生代谢物质在不断地增加，同时药效次生代谢物也在不断地积累。红光和蓝光照射可以显著增加黄花蒿叶片中青蒿素的积累，而茉莉酸甲酯处理后的穿心莲小苗中其穿心莲内酯类化合物的含量明显增加。这些环境信号对药用植物次生代谢物的合成具有重要影响，可能直接作用于次生代谢途径基因的转录和表观遗传调控，促进环境适应性的次生代谢物多样化。

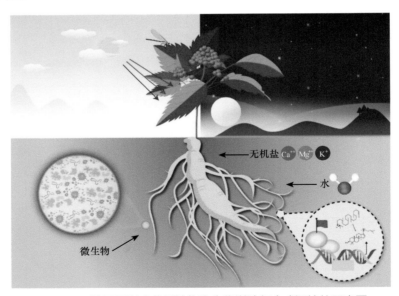

图1-6 环境因子影响药用植物次生代谢途径合成调控的示意图
药用植物的生长环境受到多重生态因子的影响，其中非生物因子包括光照、温度、水分、无机盐等，生物因子包括微生物、昆虫、食草动物等。这些影响因子通过转录调控、转录后调控及表观遗传等方式对代谢途径结构基因的表达产生影响，从而调节次生代谢物含量

目前，药用植物次生代谢物的分子调控机制主要包括转录因子调控和表观遗传学调控等（图1-7）。其中，与转录因子调控相关的研究进展居多。转录因子是一类可以靶向结合药用植物代谢途径中关键结构基因非编码区域［顺式调控元件，cis-regulatory element 或增强子元件，enhancer）］的蛋白质。编码这一类蛋白质的基因约占真核生物基因组所有基因的3%～10%。转录因子的基础特征包括DNA的结合结构域、激活（抑制）区以及其他功能区域。它可以特异性地识别基因的启动子区域并调节其表达。根据其调节基因表达的高低，转录因子可以分为激活子（activator）和抑制子（suppressor）两大类。转录因

子之间主要以三种形式结合到相关 DNA 结合位点：①非依赖性的转录因子通过分别结合各自的 DNA 结合位点调控目的基因的表达。②不同转录因子之间以竞争的形式结合到 DNA 结合位点从而达到调控的作用。③部分转录因子和其他转录因子形成蛋白复合体，直接或间接的与 DNA 结合位点结合，进而调控目标次生代谢途径基因的表达。药用植物次生代谢物质的调控所涉及的转录因子种类繁多，其中以长春花、黄花蒿、丹参的转录因子报道最多，例如在长春花中相继报道了 APETALA2/ETHYLENE（AP2/ERFs）型转录因子 ORCA2/ORCA3/ORCA4/ORCA5，CR1、basic helix-loop-helix（bHLH）型转录因子 CrMYC2 和 BIS1/BIS2，锌指型转录因子 ZCT1/ZCT2/ZCT3，MYB-like 型转录因子 CrBPF1，WRKY 型转录因子 CrWRKY1 和 GATA 型转录因子 CrGATA1 等。这些转录因子在长春花碱等代谢途径中均具有重要的调控功能。除此之外，转录因子的翻译后修饰如蛋白质磷酸化（protein phosphorylation）也在调控转录因子的活性上起到了关键性的作用。已报道的转录因子蛋白磷酸化是由丝裂原活化蛋白激酶级联系统 [MAP kinase-kinase-kinase（MAPKKK），MAP kinase-kinase（MAPKK）和 MAP kinase（MAPK）] 以及蔗糖非发酵相关蛋白激酶 2 家族（sucrose non-fermenting-related protein kinase 2，SnRK2）介导的。在长春花中丝裂原活化蛋白激酶 CrMAPKK1 和 MAPK3/6 参与了 ORCA3 转录因子的磷酸化从而调控 *STR* 的表达，最终实现长春花碱的合成。通过对黄花蒿中 SnRK2 的基因家族成员的组织特异性表达分析，结合酵母双杂交筛选，发现 APK1 可以结合磷酸化正调控青蒿素生物合成的转录因子 bZIP1，从而在转录修饰水平调控青蒿素的合成。

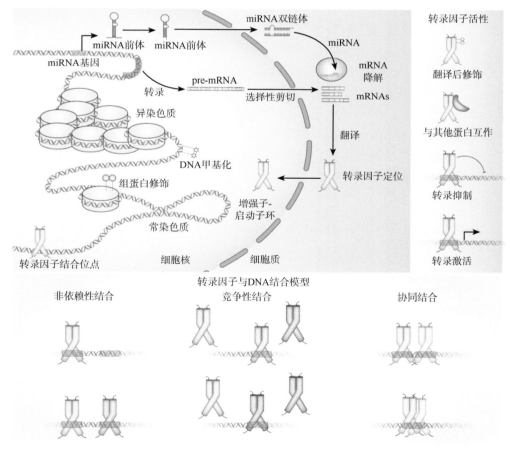

图 1-7　转录因子调控和表观遗传学调控示意图

　　表观遗传学（epigenetics）是研究在没有 DNA 序列变化的前提下，由某些机制引起的可遗传的基因表达的改变。表观遗传现象不符合孟德尔遗传规律，它是在经典遗传学和分子生物学基础上进一步发展而形成的，是经典遗传学的重要补充。植物表观遗传修饰主要包括 DNA 甲基化（DNA methylation）、非编码 RNA（non-coding RNA）调控、组蛋白修饰（histone modification）和染色质重塑（chromatin remodeling）等。

目前，药用植物表观遗传学研究主要集中在药用植物的 DNA 甲基化和非编码 RNA 调控研究等方面，但大多仅限于一些简单的组学描述，往往缺乏充分功能验证。如利用 5-azaC 处理石斛组培苗，研究者发现多糖含量和生物碱含量明显上升，编码生物碱合成酶的基因相对表达量均显著上调，这些发现说明 DNA 去甲基化修饰对石斛次生代谢物的生物合成具有重要的调控作用。非编码 RNA 在药用植物上的功能验证是在广藿香中首先实现的，研究者在广藿香醇合成调控研究中发现，超表达 *MIR156* 转基因系中 *PatPTS* 的表达量降低，且无法检测到广藿香醇，从而证明非编码 RNA 在次生代谢物生物合成调控中起到重要作用。

1.2.5　药用植物分子遗传学工程与分子辅助育种

药用植物分子遗传工程主要包括药用植物本体的遗传改造以及药用活性成分的异源生物的代谢工程。药用植物本体的遗传改造是指通过应用植物组织培养与基因工程技术实现提高药用植物次生代谢物产量、繁育良种、验证基因功能、改良药用植物品质等目的。主要研究内容包括药用植物的组织器官、悬浮细胞、原生质体等的培养技术，药用植物的毛状根和转基因植株等遗传转化技术（图 1-8）。药用植物的次生代谢物的合成往往具有组织器官特异性，因此通过合理地使用植物生长激素，可以有效诱导特异性的药用植物组织、器官以及植株中次生代谢物的累积，比如原生质体制备、不定根和毛状根的诱导、愈伤组织以及植物干细胞等。应用合理激素诱导培养的不同形式的药用植物组织和器官则可以通过永久遗传转化方法和瞬时转化方法包括基因枪法、农杆菌转化法、花粉管通道法等来进行外源 DNA 和质粒的转化。其中发根农杆菌 Ri 质粒转化形成毛状根，根癌农杆菌 Ti 质粒转化形成冠瘿瘤组织或者再生植株是药用植物生物技术研究的主流方向，已成为次生代谢物生物合成研究的重要途径。拥有了成熟的遗传转化体系，科学家们可以通过基因过表达技术、病毒介导的基因沉默技术（virus induced gene silencing，VIGS）、RNA 干扰技术（RNA inference，RNAi）和新兴的基因编辑技术规律成簇的间隔短回文重复 /Cas9（clustered regularly interspaced short palindromic repeats，CRISPR/Cas9）等基因工程技术对药用植物体内的特定基因进行遗传操作，进而实现药用植物的基因功能鉴定和遗传改良，对于优化药用植物种质资源、培育高药效成分含量的新型药材、提高药用植物抗性或以基因工程细胞生产药用价值高、来源有限的药用植物活性成分具有重要意义。

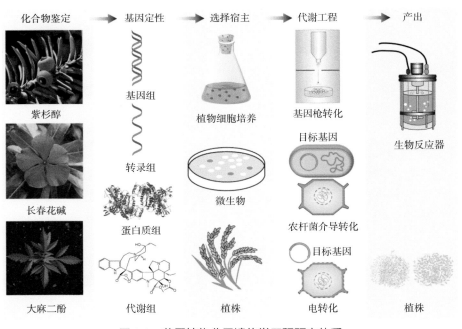

图 1-8　药用植物分子遗传学工程研究体系

药用植物天然产物的生物合成即代谢工程是基于分子遗传学技术，将合成目标天然产物的功能基因在微生物或者植物细胞中重构，随后通过复制、转录和翻译，实现在微生物或者植物细胞中异源合成药用植物功效成分。目前已实现在酿酒酵母或大肠杆菌中合成多种天然产物功效成分，比如青蒿酸、大麻素、人参皂苷 Rh2、丹参酮前体、灯盏花素、大黄素等。药用活性成分的生物合成研究依据底盘细胞的不同主要可分为两类，一类是以微生物作为底盘细胞，另一类是以植物作为底盘细胞。利用基因编辑技术对不同的底盘细胞进行遗传改造，通过代谢调控手段优化细胞内代谢流，可以进一步提高目标次生代谢物的产量。

大肠杆菌和酿酒酵母具有繁殖速度快，遗传操作简便等优势，常作为生产药物活性成分的底盘菌株细胞。目前，萜类、苯丙素类以及生物碱类等的微生物细胞工厂均已被构建。很多药用植物活性成分在酵母或者大肠杆菌中实现了异源合成，且随着发酵条件的不断优化，异源合成的活性成分浓度在逐步提高。其中青蒿酸、大麻素、吗啡、原人参二醇等的微生物异源生物合成具有重要的学术和经济价值。来自美国加州大学伯克利分校的杰伊·基斯林（Jay Keasling）团队历经 10 年在该领域取得了突破性进展，最终在酿酒酵母细胞中合成产量达 25g/L 青蒿素的前体物质青蒿酸，初步实现了工业化水平。戴住波等通过将达玛二烯合成酶基因（*PgDDS*）、原人参二醇合成酶基因（*CYP716A47*）以及 *AtCPR1* 基因在酿酒酵母中进行异源表达，随后经过一系列的条件优化，成功构建了产原人参二醇的酵母工程菌株，原人参二醇的产量达到 1.2g/L，相较原始菌株产量提高了 262 倍，首次实现了从葡萄糖到人参皂苷前体物质的生物合成。

相较于微生物，植物自身可进行光合作用，而且植物可以利用自身特有的催化系统更利于药用植物天然产物相关基因的正确表达。因此，一些模式植物如烟草、番茄、水稻等经济作物也都被选为底盘细胞用于生产天然产物。比如安妮·奥斯本（Anne Osbourn）团队应用本氏烟草作为底盘，通过细胞瞬时表达三萜代谢途径基因，从而生产出大量三萜化合物。范斯坦（Vainstein）团队则通过稳定转化烟草，在烟草中重构了青蒿素的合成途径，最终在烟草细胞中合成了青蒿素。尽管青蒿素干物质含量仅有 6.8mg/g，但是该工作展示了利用烟草等植物底盘进行青蒿素合成的可能。

分子育种是药用植物分子遗传学的主要应用之一。常见的育种目标有高产育种、高天然产物含量育种、抗虫抗病育种、抗旱抗高温育种等，其中提高具有药用价值的天然产物的含量是药用植物分子育种的特色目标。药用植物分子育种技术主要包括分子标记辅助育种、基因工程育种和分子设计育种。其中，分子标记辅助育种是利用分子标记与控制目的性状的基因紧密连锁的特点，通过检测分子标记来快速、准确、高效的检测目的基因是否存在，达到快速选择具有目标性状的药用植物的育种方式，是药用植物目前应用最广泛的分子育种方式。基因工程育种是通过基因工程技术将外来或人工合成的 DNA 或 RNA 分子导入受体材料，使后代获得某些特性的育种方法，该方法是随着药用植物遗传转化体系的建立发展起来的育种方式。植物分子设计育种是通过各种技术的集成与整合，在田间试验之前利用计算机对育种过程中的遗传因素和环境因素对生长发育的影响进行模拟、筛选和优化，提出最佳的符合育种目标的基因型组合以及亲本选配策略，以提高育种过程中的预见性和育种效率的育种技术。

青蒿素是我国著名科学家屠呦呦从黄花蒿中提取的具有抗疟疾疗效的萜类化合物。野生黄花蒿中青蒿素含量较低，通常不到总重量的 0.8%，因此提高青蒿素含量意义重大。有研究者对青蒿素含量差异较大的 2 个亲本黄花蒿及对 F_1 群体进行研究发现，青蒿素含量、叶片面积、腺毛密度、植株鲜重等 14 个影响青蒿素最终产量的表型具有较高或中等的遗传力，在 0.41 到 0.65 之间，并在 LG1、LG4 和 LG9 三条染色体上鉴定了三个青蒿素含量相关的主效 QTL，最高贡献率达到 38%。利用 F_1 代鉴定的 QTLs 作为分子标记对 F_2 代个体进行筛选发现，在杂合度下降的情况下，通过 DNA 分子鉴定筛选出来的 F_2 代单株青蒿素含量高于 F_1 代。说明在杂种优势退化的情况下，通过单一位点的分子标记仍然能够筛选出青蒿素含量高的单株，这为更大规模的分子克隆以及分子设计育种提供了理论依据。罂粟作为重要的药用植物，其果实中含有吗啡（morphine）、可待因（codeine）、蒂巴因（thebaine）、罂粟碱（papaverine）等具有临床治疗作用或药物合成重要中间介质的次生代谢物，在几千年前就成为重要的药用植物。弗里克（Frick）等将罂粟中苄基异喹啉生物碱分支点中间体上的关键酶基因 *CYP80B3* 过表达，培育出其胶状物中生物碱总量提高 450% 的转基因植株。德斯加涅（Desgagne）等过表达乌头碱 *N-* 甲基转移酶基因，也能够得到罂粟碱显著提高的转基因植株。四氢大麻酚（THC）是大麻中具有麻醉作用的天然产物，斯塔吉努斯（Staginnus）等开发了多个 PCR 标记，能够在两个分离群体中鉴定出与 THC 或 THC 中间产物相关的假定的 B 位点，这为分子标记辅助育种打下了基础。陈士林团队采用简化基因组测序技术，快速筛选出苗乡三七 1 号的 12 个特异性单核苷酸多态性（SNP）位点，其中一个位点与三七抗根腐病显著相关，可作为分子标记辅助选择三七抗根腐病品种，能有效的缩短育种年限。睡莲具有药食两用性，然而具有较高观赏价值和药用价值的睡莲因耐低温性差，种植面积受到极大的限制。研究人员通过花粉管通道将与低温诱导启动子连接的胆碱氧化酶（CodA）基因转化进不耐低温的睡莲，获得的转基因睡莲耐低温性明显提升，能够将睡莲的种植范围从之前最北的北纬 24.3° 向北推移 6°，该育种方法扩大了睡莲可种植环境范围。Chen 等利用农杆菌将拟南芥 *ATHK1* 基因导入枸杞离体叶片，并使其成功表达，转基因枸杞表现出抗盐、抗旱特性。

1.3　药用植物分子遗传学未来研究方向

药用植物药效次生代谢物产生和含量的差异及药用部位的生长发育性状等形成的遗传机制是药用植物分子遗传学研究的核心。随着组学技术的快速发展，药用植物的研究已经直接迈入分子遗传学阶段。因此将更多的技术引入药用植物分子遗传研究，有望获得更多的新发现。基于药用植物分子遗传学研究的重点研究方向，笔者认为药用植物分子遗传学未来重点研究方向主要包括以下几个方面。

1.3.1　应用正向遗传学及比较基因组学原理解析药用植物个体和群体遗传的规律

应用正向遗传学的研究策略解析药用植物关键性状差异背后的遗传变异，充分发挥药用植物种质资源的遗传多样性优势。在此基础上构建核心种质资源库，可以促进药用植物资源的遗传评价和分子辅助遗传育种，拓展资源的应用潜力。科研工作者可以通过选择不同关键性状的个体，构建药用植物的双亲群体如 F_1 拟测交群体、F_2 群体、BC_1 群体等及多亲群体如巢式关联作图群体（nested association mapping，NAM）和多亲本高世代杂交群体（multiparent advanced generation inter-cross，MAGIC）进行 QTL 分析，或者应用药用植物野生自然群体应用 SNP 位点进行基因组关联分析（genome wide association study，GWAS），从而对药用植物关键性状基因进行定位（图 1-9）。如杏仁中苦杏仁苷的有无是一个重要的育种目标，桑切斯佩雷斯（Sánchez-Pérez）等在杏（*Prunus armeniaca* L.）基因组研究的基础上，构建 F_1 代杏仁苦味分离群体，利用图位克隆方法，鉴定到一个 46kb 长的基因簇序列区域，该区域存在 5 个编码 bHLH 转录因子的基因，功能鉴定显示 bHLH2 能够控制 *PdCYP79D16* 和 *PdCYP71AN24* 的转录，而这两个基因参与了苦杏仁苷的生物合成通路。bHLH2 蛋白的二聚化结构域中一个非同义替换（亮氨酸替换为苯丙氨酸）可导致这两个基因的转录降低，导致杏仁苦味消失。随着越来越多的高质量药用植物基因组被报道，除了应用 SNP 位点进行关键性状的关联分析，还可以通过泛基因组（pan-genome）策略评估药用植物种质的核心基因和特异基因，关注个体基因组水平的结构变异和基因拷贝数变异特征，挖掘这些变异与代谢成分多样性的关联性。

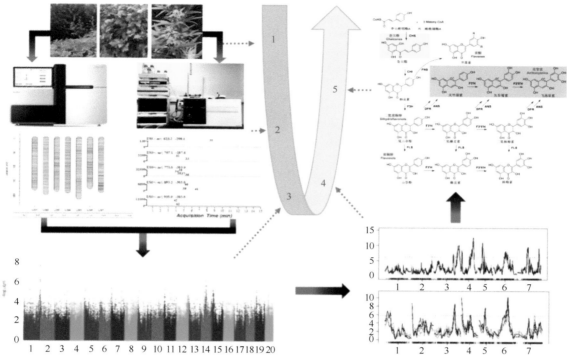

图 1-9 通过代谢物全基因组关联研究（mGWAS）及 mQTL 手段对药用植物自然群体及杂交群体次生代谢物进行关联分析，确定催化过程的相关基因过程

1. 药用植物群体资源的种植及收集，用于提取 DNA 及检测代谢成分在不同品系中的含量特征；2. 药用植物个体的高通量测序及代谢检测；

3. mGWAS 研究；4.mQTL 研究；5. 对确认的功能基因进行体外和体内的试验

1.3.2 药用植物代谢产物的合成、催化机制及代谢工程

随着植物基因组测序费用的大幅度降低，更多的药用植物基因组得以组装和注释，这将极大地推动药用植物代谢途径关键酶的解析工作（图 1-10）。例如，雷公藤（*Tripterygium wilfordii*）由于生长缓慢且活性物质含量极低，因此迫切需要解析雷公藤甲素和雷公藤红素的生物合成途径。高伟研究组联合黄璐琦研究组在雷公藤基因组测序、转录组测序以及代谢途径解析方面取得较大进展。他们通过多组学联合分析手段，成功筛选并鉴定出细胞色素 P450（*CYP728B70*）基因。这是 CYP728 家族第一个被明确功能的基因，其可催化松香烷型二萜烯（miltiradiene）发生三步氧化反应生成雷公藤甲素中间体脱氢松香酸（dehydroabietic acid）。除此之外，化学蛋白质组学（chemical proteomics）为次生代谢途径挖掘提供了另一条途径。化学蛋白质组学是一种寻找与小分子化合物发生相互作用的蛋白质，进而发现小分子靶点的方法。化学蛋白质组学借助分子探针特异性靶向与化学小分子具有相互作用的亚蛋白质组，从而找到包括天然产物在内的小分子的靶点蛋白。例如 Gao 等基于生物合成中间体分子探针技术，利用分子探针从桑树（*Morus alba*）中挖掘得到了自然界中首个催化分子间 [4+2] 环加成反应的 DA 酶（MaDA）。MaDA 可高效催化多种底物并生成相应的 D-A 类型化合物，具有一定的底物杂泛性。DFT 计算及 MaDA 晶体结构解析则进一步揭示了其催化分子间 DA 反应的分子机制。通过蛋白纯化、同源建模、分子对接、蛋白晶体结构解析等技术可以精准地分析蛋白结构和催化机理。例如，通过转录组数据分析及活性筛选，Wang 等从黄芩（*Scutellaria baicalensis*）中挖掘得到了一条具有宽泛的底物杂泛性以及糖基供体杂泛性的黄酮类 3-*O*- 糖基转移酶 UGT78B4，并通过同源模建及分子对接对糖供体杂泛性的机制进行了探讨。He 等从金莲花（*Trollius chinensis*）中发现了第一个黄酮类 8-*C*- 糖基转移酶 TcCGT1，并报道了其晶体结构，这也是第一个植物 CGT 结构。该研究中作者发现底物可通过自发脱质子进行糖基化反应，同时基于晶体

结构及分子对接，对 *C*- 糖基化机制及 *O*- 糖基化机制进行了研究，并实现了将 TcCGT1 由 CGT 功能向 OGT 功能的改造。

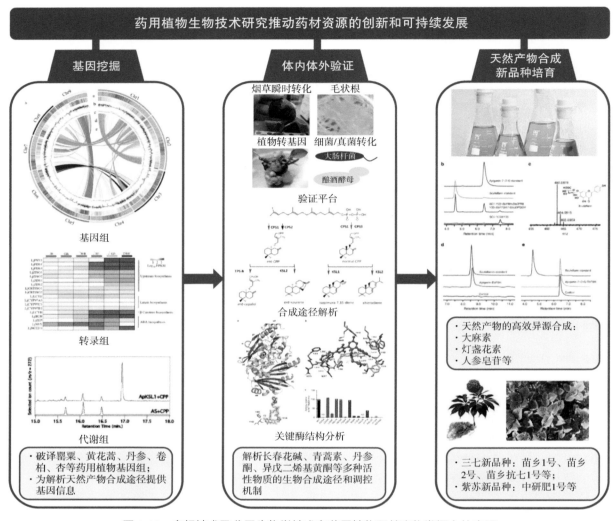

图 1-10 多组技术及分子生物学技术在药用植物天然产物发掘上的应用

1.3.3 药用植物关键性状形成遗传调控网络研究及代谢产物的转运机制

药用植物关键性状的形成过程是由复杂的分子遗传调控网络控制的。运用利用转座酶研究染色质可及性的高通量测序技术（assay for transposase-accessible chromatin with high throughput sequence，ATAC-seq）、染色质免疫沉淀测序（chromatin immunoprecipitation sequencing，ChIP-seq）、反向染色质免疫沉淀（reverse chromatin immunoprecipitation，R-ChIP）、Hi-C（high-throughput chromosome conformation capture）等技术，以及甲基化测序、乙酰化、磷酸化、其他酰基化等组学技术从转录因子、转录后调控及表观遗传水平全局评估环境因子对药用植物关键性状的调控作用，表型组学对药用植物完整生长周期的关键表型特征进行数字化采集，结合分子功能基因的验证工作将更加清晰地阐释重要药用植物性状形成的调控网络和分子机制，建立准确有效的（转录 - 代谢 - 表型）相关性预测模型，解析药用植物道地适应生长的遗传应答规律。药用植物中的次生代谢物在合成后的转运机制也是未来的研究重点之一，现在相关的研究还很少，在小蔓长春花和黄花蒿中发现的 ATP 结合盒（ATP-binding cassette，ABC）转运体（transporter）基因家族成员 *VmABCG1* 和 *AaPDR3* 分别参与了非挥发性单萜吲哚生物碱长春胺（vincamine）和倍半萜石竹烯的转运。

参 考 文 献

陈士林 . 2016. 本草基因组学 . 北京：科学出版社 .

陈士林，吴问广，王彩霞，等 . 2019. 药用植物分子遗传学研究 . 中国中药杂志，44（12）：2421.

陈士林，孙伟，吴问广，等 . 2020. 药用植物分子遗传学研究规律的探讨 . 中国中药杂志，45（23）：5578.

陈士林，孙弈，万会花，等 . 2020. 中药与天然药物 2015-2020 年研究亮点评述 . 药学学报，（12）：11.

郭林林 . 2016. 丹参基因组 SSR 标记的开发及其在连锁图谱构建的应用 . 济南：山东农业大学 .

刘臣 . 2014. 蓖麻遗传图谱构建及株高性状的 QTL 定位分析 . 湛江：广东海洋大学 .

马婷玉，向丽，张栋，等 . 2018. 青蒿（黄花蒿）分子育种现状及研究策略 . 中国中药杂志，43（15）：3041.

倪竹君，殷丽丽，应奇才，等 . 2014. 5- 氮杂胞苷对石斛生物活性成分的影响 . 浙江农业科学，（7）：1018-1020.

孙玉琴，陈中坚，李一果，等 . 2003. 三七的植株性状差异观察 . 现代中药研究与实践，（S1）：16-17，8.

吴问广，董林林，陈士林 . 2020. 药用植物分子育种研究方向探讨 . 中国中药杂志，45（11）：2714.

赵小惠，刘霞，陈士林，等 . 2019. 药用植物遗传资源保护与应用 . 中国现代中药，21（11）：1456.

Balunas M J，Kinghorn A D，2005. Drug discovery from medicinal plants . Life Sciences，78（5）：431-441.

Chebbi M，Ginis O，Courdavault V，et al. 2014. ZCT1 and ZCT2 transcription factors repress the activity of a gene promoter from the methyl erythritol phosphate pathway in *Madagascar periwinkle* cells . J Plant Physiol，171（16）：1510-1513.

Chen S L，Song J Y，Sun C，et al. 2015. Herbal genomics：Examining the biology of traditional medicines . Science，347（6219）：S27-S29.

Chen S L，Xu J，Liu C，et al. 2012. Genome sequence of the model medicinal mushroom *Ganoderma lucidum* . Nature Communications，3：913.

Christ B，Xu C C，Chao Xu，et al. 2019. Repeated evolution of cytochrome P450-mediated spiroketal steroid biosynthesis in plants . Nature Communications，10（1）：3206.

Chun Y L，Alex L L，Guy W S，et al. 2013. The ORCA2 transcription factor plays a key role in regulation of the terpenoid indole alkaloid pathway . BMC Plant Biol，13（1）：155.

Cui G H，Duan L X，Jin B L，et al. 2015. Functional divergence of diterpene syntheses in the medicinal plant *Salvia miltiorrhiza* . Plant Physiol，169（3）：1607-1618.

Delgoda R，Murray J E. 2017. Evolutionary perspectives on the role of plant secondary metabolites. in Pharmacognosy：Fundamentals，Applications and Strategy，93-100.

Di P，Zhang L，Chen J F，et al. 2013. ^{13}C tracer reveals phenolic acids biosynthesis in hairy root cultures of *Salvia miltiorrhiza* . ACS Chem Biol，8（7）：1537-1548.

Eran P，David R G. 2000. Genetics and biochemistry of secondary metabolites in plants：an evolutionary perspective . Trends Plant Sci，5（10）：439-445.

Glenn I. 2005. The role of plant secondary metabolites in mammalian herbivory：ecological perspectives . Proc Nutr Soc，64（1）：123-131.

Goklany S，Rizvi N F，Loring R H，et al. 2013. Jasmonate-dependent alkaloid biosynthesis in *Catharanthus roseus* hairy root cultures is correlated with the relative expression of orca and zct transcription factors. Biotechnol Prog，29（6）：1367-1376.

Gong H，Rehman F，Yang T，et al. 2019. Construction of the first high-density genetic map and QTL mapping for photosynthetic traits in *Lycium barbarum* L. Mol Breeding，39（7）：106.

Guo J，Ma X H，Cai Y，et al. 2016. Cytochrome P450 promiscuity leads to a bifurcating biosynthetic pathway for tanshinones . New Phytol，210（2）：525-534.

Guo J，Zhou Y J，Hillwig M L，et al. 2013. CYP76AH1 catalyzes turnover of miltiradiene in tanshinones biosynthesis and enables heterologous production of ferruginol in yeasts . Proc Natl Acad Sci U S A，23（7）：1702-1708.

Jirchitzka J，Schmidt G W，Reichelt M，et al. 2012. Plant tropane alkaloid biosynthesis evolved independently in the *Solanaceae* and *Erythroxylaceae* . Proc Natl Acad Sci U S A，109（26）：10304-10309.

Kellner F，Kim J，Clavjo B J，et al. 2015. Genome-guided investigation of plant natural product biosynthesis . Plant J，82（4）：680-692.

Lachini E，Goossens A. 2020. combinatorial control of plant specialized metabolism：mechanisms，functions，and consequences. Annu Rev Cell Dev Biol，36：291-313.

Lau W，Sattely S E. 2015. Six enzymes from mayapple that complete the biosynthetic pathway to the etoposide aglycone. Science，349（6253）：1224-1228.

Lichman B R，Godden G T，Hamilton J P，et al. 2020. The evolutionary origins of the cat attractant nepetalactone in catnip. Sci Adv，6（20）：eabaot21.

Liscombe D K，Macleod B P，Loukanina N，et al. 2005. Evidence for the monophyletic evolution of benzylisoquinoline alkaloid biosynthesis in angiosperms. Phytochemistry，66（11）：1374-1393.

Liu J Q，Gao F Y，Ren J S，et al. 2017. A novel AP2/ERF transcription factor CR1 regulates the accumulation of vindoline and serpentine in *Catharanthus roseus* . Front Plant Sci，8：2082.

Liu Y L，Patra B，Pattanaik S，et al. 2019. GATA and phytochrome interacting factor transcription factors regulate light-induced vindoline biosynthesis in *Catharanthus roseus* . Plant Physiol，180（3）：1336-1350.

Lyn W，Chiristine S，Marion B，et al. 2011. Middle stone age bedding construction and settlement patterns at Sibudu，South Africa. Science，334（6061）：1388-1391.

Maite C，Alain G. 2018. Combinatorial transcriptional control of plant specialized metabolism . Trends in Plant Sci，23（4）：324-336.

Miettinen K，Dong L，Navrot N，et al. 2014. The seco-iridoid pathway from *Catharanthus roseus*. Nat Commun，5（1）：3606.

Mortensen S，Weaver J D，Sathitloetsakun S，et al. 2019. The regulation of ZCT1，a transcriptional repressor of monoterpenoid indole alkaloid biosynthetic genes in *Catharanthus roseus*. Plant Direct，3（12）：e0013.

Nett R S，Lau W，Sattely S E. 2020. Discovery and engineering of colchicine alkaloid biosynthesis . Nature，584（7819）：148-153.

Nitima S，Sitakanta P，Manish K，et al. 2011. The transcription factor CrWRKY1 positively regulates the terpenoid indole alkaloid biosynthesis in *Catharanthus roseus*. Plant Physiol，157（4）：2081-2093.

Nomura Y，Seki H，Suzuki T，et al. 2019. Functional specialization of UDP - glycosyltransferase 73P12 in licorice to produce a sweet triterpenoid saponin，glycyrrhizin . Plant J，99（6）：1127-1143.

Patra B，Pattanaik S，Schluttenhofer C，et al. 2018. A network of jasmonate-responsive bHLH factors modulate monoterpenoid indole alkaloid biosynthesis in *Catharanthus roseus* . New phytol，217（4）：1566-1581.

Patra B，Schluttenhofer C，Wu Y M，et al. 2013. Transcriptional regulation of secondary metabolite biosynthesis in plants . Biochim Biophys Acta，1829（11）.

Paul P，Singh S K，Patra B，et al. 2017. A differentially regulated AP2/ERF transcription factor gene cluster acts downstream of a MAP kinase cascade to modulate terpenoid indole alkaloid biosynthesis in *Catharanthus roseus* . New phytol，213（3）：1107-1123.

Pauw B，Hilliou F A O，Martin V S，et al. 2004. Zinc finger proteins act as transcriptional repressors of alkaloid biosynthesis genes in *Catharanthus roseus*. J Biol Chem，279（51）：52940-52948.

Peebles C A M，Hughes E H，Shanks J V，et al. 2009. Transcriptional response of the terpenoid indole alkaloid pathway to the overexpression of ORCA3 along with jasmonic acid elicitation of *Catharanthus roseus* hairy roots over time . Metab Eng，11（2）：76-86.

Petrovska B B. 2012. Historical review of medicinal plants' usage . Pharmacogn Rev，6（11）：1-5.

Pu X D，Li Z，Tian Y，et al. 2020. The honeysuckle genome provides insight into the molecular mechanism of carotenoid metabolism underlying dynamic flower coloration . New Phytol，227（3）：930-943.

Rahn B. Which cannabis strains are highest in CBD，according to lab data?. ［2019-02-08］. https：//www. leafly. com/news /strains-products /high-bd-marijuana-strains-according-to-lab-data.

Rizvi N F，Weaver J D，Cram E J，et al. 2016. Silencing the transcriptional repressor，ZCT1，illustrates the tight regulation of terpenoid indole alkaloid biosynthesis in *Catharanthus roseus* hairy roots . PLoS One，11（7）：e0159712.

Seki H，Ohyama K，Sawai S，et al. 2008. Licorice β-amyrin 11-oxidase，a cytochrome P450 with a key role in the biosynthesis of the triterpene sweetener glycyrrhizin. Proc Natl Acad Sci U S A，105（37）：14204-14209.

Seki H，Sawai S，Ohyamak，et al. 2011. Triterpene functional genomics in licorice for identification of CYP72A154 Involved in the biosynthesis of glycyrrhizin . Plant Cell，23（11）：4112-4123.

Song C，Liu Y F，Song A P，et al. 2018. The Chrysanthemum nankingense genome provides insights into the evolution and diversification of chrysanthemum flowers and medicinal traits . Mol Plant，11（12）：1482-1491.

Sun W，Leng L，Yin Q G，et al. 2019. The genome of the medicinal plant *Andrographis paniculata* provides insight into the biosynthesis of the bioactive diterpenoid neoandrographolide . Plant J，97（5）：841-857.

Thilo W，Valeria G，Zhesi H，et al. 2012. A Papaver somniferum 10-gene cluster for synthesis of the anticancer alkaloid noscapine . Science，336（6089）：1704-1708.

Van D F L，Memelink J. 2000. ORCA3，a jasmonate-responsive transcriptional regulator of plant primary and secondary metabolism . Science，289（5477）：295-297.

Van D F，Zhang H，Menke F L H. 2000. A Catharanthus roseus BPF-1 homologue interacts with an elicitor-responsive region of the secondary metabolite biosynthetic gene *Str* and is induced by elicitor via a JA-independent signal transduction pathway. Plant Mol Biol，44（5）：675-685.

Van M A，Steensma P，Gariboldi I，et al. 2016. The basic helix-loop-helix transcription factor BIS2 is essential for monoterpenoid indole alkaloid production in the medicinal plant *Catharanthus roseus*. Plant J，88（1）：3-12.

Van M A，Steensma P，Schweizer F，et al. 2015，The bHLH transcription factor BIS1 controls the iridoid branch of the monoterpenoid indole alkaloid pathway in *Catharanthus roseus*. Proc Natl Acad Sci，112（26）：8130-8135.

Vining K J，Johnson S R，Ahkami A，et al. 2017. Draft genome sequence of mentha longifolia and development of resources for mint cultivar improvement . Mol Plant，10（2）：323-339.

Wang S C，Alseekhl S，Fernie A R，et al. 2019. The structure and function of major plant metabolite modifications. Mol Plant，12（7）：899-919.

Xu G，Cai W，Gao W，et al. 2016. A novel glucuronosyltransferase has an unprecedented ability to catalyse continuous two-step glucuronosylation of glycyrrhetinic acid to yield glycyrrhizin. New Phytol，212（1）：123-135.

Xu H B，Song J Y，Luo H M，et al. 2016. Analysis of the genome sequence of the medicinal plant *Salvia miltiorrhiza*. Mol Plant，9（6）：949-952.

Xu J，Chu Y，Liao B S，et al. 2017. Panax ginseng genome examination for ginsenoside biosynthesis. GigaScience，6（11）：1-15.

Xu Z C，Pu X D，Gao R R，et al. 2020. Tandem gene duplications drive divergent evolution of caffeine and crocin biosynthetic pathways in plants . BMC Biol，18（1）：1-14.

Yamada Y，Koyama T，Sato F. 2011. Basic helix-loop-helix transcription factors and regulation of alkaloid biosynthesis . Plant Signal Behav，6（11）：1627-1630.

Yu Z X，Wang L J，Zhao B，et al. 2015. Progressive regulation of sesquiterpene biosynthesis in *Arabidopsis* and *Patchouli*（*Pogostemon cablin*）by the miR156-targeted SPL transcription factors. Mol Plant，8（1）：98-110.

Zhang D，Sun W，Shi Y H. 2018. Red and blue light promote the accumulation of Artemisinin in *Artemisia annua* L. Molecules，23（6）：1329.

Zhang F Y，Xiang L，Yu Q，et al. 2018. Artemisinin Biosynthesis promoting kinase 1 positively regulates artemisinin biosynthesis through phosphorylating AabZIP1. J Exp Bot，69（5）：1109-1123.

Zhao D，Hamilton J P，Bhat W W，et al. 2019. A chromosomal-scale genome assembly of *Tectona grandis* reveals the importance of tandem gene duplication and enables discovery of genes in natural product biosynthetic pathways. GigaScience，8（3）：giz005.

Zhao D Y，Hamilton J P，Pham G M，et al. 2017. De novo genome assembly of Camptotheca acuminata，a natural source of the anti-cancer compound camptothecin. GigaScience，6（9）：1-7.

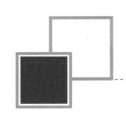

第2章 药用植物遗传的分子基础

在 DNA 双螺旋结构被发现之前，遗传学三大基本定律基因分离定律、基因自由组合定律、基因连锁和交换定律就已经被发现。随着现代分子生物学的不断发展，人们对遗传学现象的理解越来越深入，如 DNA 上的基因是怎样从分子上实现上述遗传规律的，这打开了分子遗传学的大门，也成为现代生物学的重要分支。沃森和克里克发现 DNA 双螺旋结构，桑格尔等发明 DNA 测序技术，以及模式动植物的基因组图谱绘制等为分子遗传学研究提供重要的理论基础。分子遗传学是在 DNA、RNA 和蛋白质等分子水平上研究生物的遗传和变异，药用植物分子遗传学关注的是分子上的遗传规律和变异等对药用植物生物体表型及有效成分合成的影响。药用植物资源丰富，随着 DNA 测序技术的飞速发展，药用植物基因组研究及基因挖掘等研究及应用受到广泛关注。基因和基因组是分子遗传学的分子基础，本章将介绍药用植物基因和基因组研究的内涵、研究方法及最新研究进展，为后续药用植物基因功能研究及分子遗传学等研究奠定基础。

2.1 药用植物基因

基因（gene）的概念从被提出开始一直在变化，现在一般是指染色体上一段具有遗传功能的片段，这个片段可以是指导合成蛋白质的，也可以是不指导蛋白质合成的微 RNA（miRNA），非编码 RNA 等或是其他对遗传功能具有影响的片段。基因上碱基的排序方式代表着遗传信息，可以在亲代和子代之间复制传递。基因在时间和空间上具有特定的表达方式，这也决定了它们的功能（图 2-1）。基因在复制和传递的过程中，

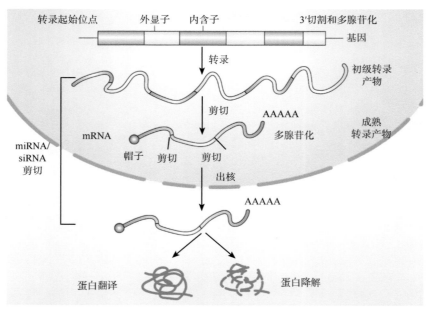

图 2-1 分子遗传学中心法则从基因到蛋白的过程

可能会出现与之前不同的序列，即突变。由于复杂的突变产生了新基因，或衍生新的功能，或参与基因调控等，这为生物的演化提供了分子上的支持。而药用植物重点关注药用活性成分生物合成与调控、抗逆性等相关基因的结构与功能，这些基因功能的发现将为药用活性成分体外合成生物学研究等提供重要物质基础，如在微生物或烟草中生产青蒿酸、大麻素、秋水仙碱、吗啡等重要药用成分。此外，与活性成分合成和调控及药用植物抗逆性相关基因的鉴定为高品质药用植物分子辅助育种研究提供重要支撑。

等位基因（alleles）是同源染色体上同一位点（locus）上的不同基因（图 2-2）。等位基因组成了一个生物体的基因型（genotype），而一个生物体由基因型表达出来的特征叫表现型（phenotype，简称表型）。分子遗传学的主要研究内容就是探索基因型与表型之间的关系。药用植物研究中，研究者关注的表型十分丰富，具体可以分为农艺性状，如紫苏植株的高度、开花期、种子大小，黄芪根的分枝数等；抗性性状，如三七的抗连作障碍，莲的耐冷性，卷柏的抗旱性等；化合物的种类和含量，如黄花蒿中青蒿素的含量，人参中皂苷的种类和含量，罂粟中吗啡的含量等。化合物的种类和含量又被称为化学型（chemotype）。基因型的研究是所有生物的通用法则，受物种限制较小，表型的研究则存在较强的物种特异性，不同的物种在不同的时空下，表型具有一定差异，而且研究价值也不尽相同，例如在大麻的研究中，工业大麻关注大麻纤维的产量，而药用大麻更关注大麻二酚（Cannabidiol，CBD）的含量。因此在研究的时候需要重点考虑所研究的表型是否有价值，是否容易入手。

等位基因　　　　　表型

图 2-2　等位基因与表现型示意图（等位基因与叶片颜色）

2.2　药用植物结构基因组

基因组（genome）是指细胞内所有的遗传信息，传统意义上的全基因组序列指细胞内一套单体的基因组序列信息。真核生物基因组包括核基因组（nuclear genome）和细胞器基因组（organelle genome）。结构基因组学（structural genomics）是以全基因组序列测定为途径，确定基因组的组织结构、基因组成及基因定位的一个基因组学分支。结构基因组学系统研究基因组的基因数量、基因的线性分布（位置和距离），以及每个基因编码区和基因间隔区的核酸序列结构。其研究成果集中反映在遗传图谱、物理图谱、序列图谱的建立上。药用植物结构基因组学研究，顾名思义，是以药用植物为研究对象，解析其结构基因组。

我国药用资源种类繁多，因此全基因组测序的物种选择应该综合考虑物种的经济价值和科学意义，并按照基因组从小到大、从简单到复杂的顺序进行测序研究。由于多数药用植物都缺乏系统的分子遗传学研究，因此在开展全基因组测序计划之前进行基因组预分析非常必要。基因组预分析主要包括染色体倍性和条数，基因组大小、杂合度和重复序列类型与比例等内容。近年来，第二代和第三代高通量测序技术逐步成熟，新启动的测序计划多以这两类测序平台为主。由于药用植物丰富的多样性，不同物种的基因组大小和复杂程度千差万别，因此药用植物的全基因组测序需要根据基因组预分析结果，结合不同测序技术的优缺点，综合设计研究方案。构建遗传图谱和物理图谱对于提升植物基因组组装质量具有重要作用。借助于遗传图谱或物理图谱中的分子标记，可将测序拼接产生的重叠群（contigs 或 scaffolds）按顺序定位到染色体上。药用植物结构基因组的解析为药用植物分子遗传学的研究及利用提供了重要的遗传信息基础。基于药用植物基因组和分子遗传的药用品质机制研究主要包括药用模式生物体系构建、次生代谢产物合成及调控、分子辅助育种、中药分子鉴定、药用植物宏基因组等。

近年来，药用植物的物种鉴定、种质资源调查及保护、栽培育种、活性化学成分分离及药理毒理学等方面的研究都取得了重大进展。现代分子生物学技术的应用大大促进了药用植物分子水平的研究进程，如利用突变体库构建、基因芯片分析以及基因遗传转化等方法，许多次生代谢物合成关键酶的编码基因相继从药用植物中被克隆鉴定（图 2-3）。但药用植物有限的全基因组信息大大制约了其分子水平研究的深入开展，严重阻碍了天然药物产业的规模化发展。

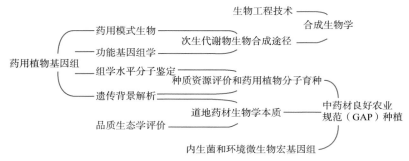

图 2-3　药用植物基因组主要研究内容和应用领域

结构基因组序列包含物种起源、进化、生长发育、重要农艺性状及活性化学成分合成代谢的遗传信息。药用植物结构基因组学的研究通过对具有典型次生代谢途径的药用植物物种进行全基因组测序和结构基因组学分析，推动这些物种成为药用模式物种，从而在古老的中药和现代生命科学之间架起一座沟通的桥梁，将现代生命科学的先进技术和理念引入到中药基原物种研究中，推动中药现代化研究进程。

2.2.1　药用植物核基因组

药用植物主要为真核生物，真核生物细胞核内整套染色体含有的全部 DNA 序列称为核基因组（nuclear genome）。与真核生物基因组特点一致，植物核基因组主要包括蛋白质编码基因、顺式作用元件、非编码基因和重复序列等。目前药用植物研究主要关注功能性编码基因、顺式作用元件及调控性非编码基因（图 2-4）。

（1）蛋白质编码基因，也就是狭义的基因，具有能够编码蛋白质的可读框（open reading frame，ORF）。编码蛋白质的基因转录成信使 RNA（mRNA），经过一系列的处理和修饰，通过核糖体将成熟的 mRNA 翻译成为多肽链。生物的表现型在本质上是由基因型决定的；而生物的基因型又取决于基因的数目、结构和组成等。因此，研究真核生物编码蛋白质的基因有助于我们更深入地了解药用植物的多样性。药用植物核基因组的解析有助于在全基因组水平上鉴定与药用植物生理表型、药用活性成分生物合成及调控相关的基因，为药用植物功能基因的开发及利用提供海量的数据支撑。现阶段药用植物核基因组中研究较为深入的是活性成分途径编码酶的基因以及转录因子基因即反式作用因子。

真核生物编码蛋白质的基因有一个显著的结构特点，即非连续性（有时也称"断裂基因"）。真核生物的基因可由多个内含子（intron）的非编码区和外显子（exon）的编码区间隔排列而成。这就使得真核基因在表达的过程中伴随着 RNA 的剪接过程（splicing），即从 mRNA 前体分子中切除内含子，再将

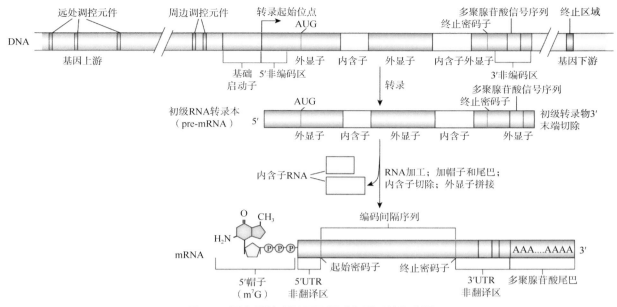

图 2-4　蛋白质编码基因及顺式作用元件示意图

外显子拼接形成成熟 mRNA。同一基因的转录产物可以由于不同的剪接方式而形成不同的 mRNA，这种现象被称为"可变剪接"或"选择性剪接"。可变剪接被认为是导致蛋白质功能多样性的重要原因之一，它使一个基因可编码多个不同转录产物；同时可变剪接也是产生基因组规模与生物复杂性不一致的原因之一。药用植物活性成分生物合成及调控相关基因的可变剪接异构体的发现也受到国际关注，如研究人员联合二代及三代测序技术首次在植物领域构建全长转录组数据库，揭示药用植物丹参的丹参酮生物合成的组织特异性及关键酶基因可变剪切的差异表达规律，预测催化丹参酮合成的候选基因，为中药活性成分生物合成途径解析提供新的思路。此外，中药黄芩、穿心莲、人参、黄花蒿等物种的全长转录组及全基因组水平的可变剪接异构体鉴定等研究相继被报道，为中药活性成分生物合成及调控相关基因结构和功能的多样性研究奠定基础。

顺式作用元件。顺式作用元件是指存在于基因旁侧序列中能影响基因表达的序列，包括启动子、增强子和沉默子等。顺式作用元件是反式作用因子的结合位点，它们通过与转录因子结合而调控基因转录的精确起始和转录效率。反式作用因子是指能特异性结合靶基因顺式元件的，对真核生物基因的转录起促进或阻遏作用的一类蛋白调节因子，包括转录激活因子、转录遏制因子和共调节因子等。在转录因子对药用植物生长发育和次生代谢积累的影响研究中，以黄花蒿、长春花和丹参的调控研究居多。不同转录因子对不同类型的化合物积累的调控机制及进化机制属于热点研究，如长春花中的生物碱类化合物、黄花蒿中的倍半萜类成分、丹参中的二萜类和酚酸类化合物等。黄花蒿的腺毛发育及青蒿素合成调控相关转录因子及其复合物的研究为药用植物活性成分生物合成调控机制研究提供了重要的模式参考。本书第 5 章对于药用植物转录因子的调控机制研究进行详细的归纳总结。

（2）非蛋白质编码基因，又称非编码 RNA，这些区域只进行 RNA 的转录并可以形成三级结构（如发卡结构）以行使功能，或通过互补配对影响其他基因的表达。这些区域包括但不限于：①转运 RNA（tRNA），作为蛋白质合成模板（即 mRNA）与氨基酸之间的关键接合体，tRNA 负责准确无误地将所需的氨基酸运送至核糖体上。②核糖体 RNA（rRNA），既是核糖体的重要结构成分，同时也是核糖体发挥生物功能的重要元件。rRNA 在蛋白质合成方面扮演着非常重要的角色，可为 tRNA 提供结合位点，为多种蛋白质合成因子提供结合位点，在蛋白质合成起始时，参与同 mRNA 选择性的结合以及在肽链的延伸中与 mRNA 结合等。③miRNA，长度为 20 ～ 24 个核苷酸，在细胞内具有多种重要的调节作用。每个 miRNA 可以有多个靶基因，而几个 miRNA 也可以调节同一个基因。这种复杂的调节网络既可以通过一个 miRNA 来调控多个基因的表达，也可以通过几个 miRNA 的组合来精细调控一个基因的表达。④长链非编码 RNA（lncRNA），lncRNA 在剂量补偿效应、表观遗传调控、细胞周期调控和细胞分化调控等众多生命活动中发挥重要作用。⑤小分子干扰 RNA，包含能促使 mRNA 降解，或阻止和干扰靶 mRNA 翻译的 miRNA；负责基因沉默，阻止翻译和染色质重建等的干扰小 RNA（siRNA）；抑制内源逆转座子表达，保持基因组稳定性的 Piwi 相互作用 RNA（piRNA）。药用植物非编码 RNA 的研究进展主要集中在 miRNA 和 lncRNA 的发现及调控机制方面。非编码 RNA 通过调控药用植物生长发育及活性成分合成和调控相关基因的表达来影响药用植物品质形成。其中，丹参作为药用模式物种，丹参 miRNA 和 lncRNA 的研究较为深入，如 miRNA156/157 对丹参花器官发育的调控；miRNA159/828/858 等调控 MYB 转录因子影响酚酸类化合物的合成，以及丹参 lncRNA 参与对茉莉酸甲酯、酵母提取物或银离子的响应等。卢善发等编著的《药用植物品质生物学》一书对药用植物非编码 RNA 的研究进行了详尽的归纳梳理。

（3）重复序列。真核生物的基因组庞大而复杂，主要原因为其含有大量的重复序列，蛋白质和非蛋白质编码基因只占全基因组的 5% 左右（图 2-5）。在高等植物基因组中，重复序列通常占有较高的比例，药用植物也不例外。如人参重复序列占比 62%、野菊重复序列占比 69.6%。重复序列主要包括高度重复序列和中度重复序列两种。高度重复序列的重复单位长度在数个碱基至数千个碱基之间，拷贝数在几百个到上百万个之间。串联重复排列在异染色质区域，特别是在着丝粒或端粒附近，如卫星 DNA。卫星 DNA 指以相对恒定的短序列为重复单位，首尾相接，串联连接形成的重复序列。根据其重复单位的长度，又可细分为卫星 DNA、小卫星 DNA 和微卫星 DNA。中度重复序列往往分散在基因组中的不重复序列中，包括短散在元件和长散在元件等。另外，在真核生物中很值得关注的一类重复序列为转座子（transposons），它在相当程度上影响基因组的膨胀、基因功能的改变、基因组的重排、表观遗传的重构以及物种进化的建立。长末端重复序列（long terminal repeat，LTR）属于转座子，是真核生物基因组中普遍存在的一类重复序列元件，可以通过"复制、粘贴"机制在基因组中不断自我复制，能够造成真核生物的染色体重排、大片段基因组转移等现象，对植物多样性及功能分化等具有重要推动作用。自然界存在如此多性状相似但药效各异的药用植物，也与其息息相关。

　　■■■ 插入的串联重复序列（intercalary tandem repeat）
　　■ 着丝粒相关串联重复序列（centromere-associated tandem repeat）
　　■ 端粒和亚端粒重复（telomeric and sub-telomeric repeat）
　　■ 散在的串联重复（dispersed tandem repeat）
　　■■ 分散的长末端重复序列逆转座子与微卫星[dispersed long terminal repeat（LTR）retroelements and microsatellite]
　　■ 非长末端重复序列逆转座子（non-LTR retroelements）
　　□ 单个或者低拷贝序列包括基因（single and low-copy sequences including gene）

图 2-5　染色体结构示意图

　　自 2000 年第一个高等植物——拟南芥的全基因组测序完成以来，数十个重要植物的国际基因组测序联盟如国际水稻基因组、棉花基因组联盟等成立，并投入巨额资金开始进行全基因组序列测定。迄今为止，已有数百种陆生植物和藻类的全基因组正在测序或已经完成测序，其中包括灵芝、丹参、长春花等高等生物在内的多种药用生物的全基因组序列已经公开发表。全基因组信息的获得极大地推进了植物领域的基础研究和产业开发，促进了多种重要经济作物农艺性状的分子水平研究，培育了大量具有巨大经济价值的优质、高产、抗病、抗逆新品种，为解决社会的经济、能源、环境及人类健康问题做出了重大贡献。随着测序技术的迅猛发展，测序成本大大降低，由主要农作物向一般经济作物推广。作为天然药物的主要来源，药用植物的基因组测序工作受到空前关注。本章节，我们归纳整理了已发表的药用植物基因组信息，见表 2-1。此外，案例部分我们选择罂粟、金银花、穿心莲和大麻基因组及其功能研究展开描述。

表 2-1 已发表的药用植物基因组和文献

中文名	种名	科名	基因组大小	文献
蓖麻	*Ricinus communis*	Euphorbiaceae 大戟科	350.6Mb	（Chan et al.，2010）
大麻	*Cannabis sativa*	Moraceae 桑科	534Mb	（Van Bakel et al.，2011）
赤芝	*Ganoderma lucidum*	Ganodermataceae 多孔菌科	43.3Mb	（Chen et al.，2012）
桑	*Morus notabilis*	Moraceae 桑科	357.4Mb	（He et al.，2013）
莲	*Nelumbo nucifera*	Nymphaeaceae 睡莲科	929Mb 792Mb	（Ming et al.，2013） （Wang et al.，2013）
桃	*Prunus persica*	Rosaceae 蔷薇科	224.6Mb	（The International Peach Genome et al.，2013）
萝卜	*Raphanus sativus*	Brassicaceae 十字花科	402Mb	（Kitashiba et al.，2014）
亚麻	*Linum usitatissimum*	Linaceae 亚麻科	302Mb	（Wang et al.，2014）
芝麻	*Sesamum indicum*	Pedaliaceae 胡麻科	274Mb	（Wang et al.，2014）
枣	*Ziziphus jujuba*	Rhamnaceae 鼠李科	437.65Mb	（Liu et al.，2014）
长春花	*Catharanthus roseus*	Apocynaceae 夹竹桃科	523Mb	（Kellner et al.，2015）
赤小豆	*Vigna angularis*	Fabaceae 豆科	466.7Mb	（Yang et al.，2015）
紫芝	*Ganoderma sinensis*	Ganodermataceae 多孔菌科	48.96Mb	（Zhu et al.，2015）
海带	*Saccharina japonica*	Laminariaceae 昆布科	537Mb	（Ye et al.，2015）
铁皮石斛	*Dendrobium officinale* （*D. catenatum*）	Orchidaceae 兰科	1.35Gb	（Yan et al.，2015） （G. Q. Zhang et al.，2016）
玛卡	*Lepidium meyenii*	Brassicaceae 十字花科	743Mb	（J. Zhang et al.，2016）
牵牛花	*Ipomoea nil*	Convolvulaceae 旋花科	734.8Mb	（Hoshino et al.，2016）
银杏	*Ginkgo biloba*	Ginkgoaceae 银杏科	10.61Gb	（Guan et al.，2016）
广藿香	*Pogostemon cablin*	Labiatae 唇形科	1.15Gb	（He et al.，2016）
丹参	*Salvia miltiorrhiza*	Labiatae 唇形科	538Mb	（H. Xu et al.，2016）
人参	*Panax ginseng*	Araliaceae 五加科	3.43Gb 3.00Gb	（Xu et al.，2017） （Jayakodi et al.，2018）
三七	*Panax notoginseng*	Araliaceae 五加科	1.85Gb 2.39Gb	（Chen et al.，2017） （D. Zhang et al.，2017）

续表

中文名	种名	科名	基因组大小	文献
灯盏花	*Erigeron breviscapus*	Asteraceae 菊科	1.20Gb	（Yang et al.，2017）
大花红景天	*Rhodiola crenulata*	Crassulaceae 景天科	344.5Mb	（Fu et al.，2017）
苦瓜	*Momordica charantia*	Cucurbitaceae 葫芦科	339Mb	（Urasaki et al.，2017）
乌拉尔甘草	*Glycyrrhiza uralensis*	Fabaceae 豆科	379Mb	（Mochida et al.，2017）
欧薄荷	*Mentha longifolia*	Labiatae 唇形科	353Mb	（Vining et al.，2017）
喜树	*Camptotheca acuminata*	Nyssaceae 蓝果树科	384.5Mb	（Zhao et al.，20170029）
博落回	*Macleaya cordata*	Papaveraceae 罂粟科	378Mb	（Liu et al.，2017）
石榴	*Punica granatum*	Punicaceae 石榴科	328.38Mb	（Qin et al.，2017）
茶	*Camellia sinensis*	Theaceae 山茶科	3.02Gb	（Xia et al.，2017）
黄花蒿	*Artemisia annua*	Asteraceae 菊科	1.78Gb	（Shen et al.，2018）
菊花	*Chrysanthemum nankingense*	Asteraceae 菊科	2.53Gb	（Song et al.，2018）
天麻	*Gastrodia elata*	Orchidaceae 兰科	1.06Gb	（Yuan et al.，2018）
罂粟	*Papaver somniferum*	Papaveraceae 罂粟科	2.72Gb 2.71Gb	（Guo et al.，2018） （Li et al. 2020）
月季	*Rosa chinensis*	Rosaceae 蔷薇科	503Mb	（Raymond et al.，2018）
卷柏	*Selaginella tamariscina*	Selaginellaceae 卷柏科	301Mb	（Xu et al.，2018）
君迁子	*Diospyros lotus*	Diospyros 柿树科	877.7Mb	（Akagi et al. 2019）
灯盏细辛	*Erigeron breviscapus*	Asteraceae 菊科	1.2Gb	（Yang et al. 2019）
牛樟	*Cinnamomum kanehirae*	Lauraceae 樟科	730.7Mb	（Chaw et al. 2019）
构树	*Broussonetia papyrifera*	Moraceae 桑科	383Mb	（Peng et al. 2019）
穿心莲	*Andrographis paniculate*	Acanthaceae 爵床科	269Mb	（Sun et al. 2019）
芫荽	*Coriandrum sativum*	Apiaceae 伞形科	2147.13Mb	（Song et al. 2019）
阿月浑子	*Pistacia vera*	Anacardiaceae 漆树科	569.12Mb	（Zeng et al. 2019）

中文名	种名	科名	基因组大小	文献
胡椒	*Piper nigrum*	Piperaceae 胡椒科	761.2Mb	（Hu et al. 2019）
金银花	*Lonicera japonica*	Caprifoliaceae 忍冬科	843.2Mb	（Pu et al. 2020）
芡实	*Euryale ferox*	Nymphaeaceae 睡莲科	725.2Mb	（Yang et al. 2020）
睡莲	*Nymphaea colorata*	Nymphaeaceae 睡莲科	409Mb	（Zhang et al. 2020）
旱芹	*Apium graveolens*	Apiaceae 伞形科	2.21Gb	（Li M. Y. et al. 2020）
雷公藤	*Tripterygium wilfordii*	Celastraceae 卫矛科	315.08Mb	（Tu et al. 2020）
薏苡	*Coix lacryma-jobi*	Gramineae 禾本科	1.66Gb	（Guo et al. 2020）

2.2.2　药用植物叶绿体基因组

植物叶绿体具有独立的基因组，称为叶绿体基因组（chloroplast genome）。科学界一般认为叶绿体起源于蓝藻，是质体的一种，存在于光合藻类和高等植物细胞中，是自养生物进行光合作用的中心。尽管叶绿体是世界上异养生物的能量转换器，具有举足轻重的地位，但对叶绿体的生物学研究在近几十年才逐步展开。叶绿体基因组一般是双链环状 DNA 分子，极少为线状，在细胞中是多拷贝的，大小一般在 120～160kb，其 DNA 约占叶片中全部 DNA 的 10%～20%。叶绿体基因组的结构十分保守，可分为大单一序列（large single copy sequence，LSC）、小单一序列（small single copy sequence，SSC）、重复序列 A（inverted repeat sequence A，IRA）和重复序列 B（inverted repeat sequence B，IRB）四段（图 2-6）。其中 IRA 和 IRB 区域的序列相同，但是方向相反。植物在漫长的进化过程中这几个部分的结构顺序保持不变，不同物种之间的差异主要由 IR 区域的长度以及方向变化体现，如药用植物卷柏叶绿体基因组具有同向的重复序列。

叶绿体基因组包含了大量的功能基因，主要包括光合作用的相关基因、编码蛋白质合成相关基因和其他生物合成的有关基因三类。IR 区域主要分布了一些编码 rRNA 的基因，包括编码 16S rRNA 和 23S rRNA 的基因，中间被编码 4.5S tRNA 和 5S tRNA 的基因分开。分布在 LSC 和 SSC 区域的主要是与光系统有关的基因，以及编码核酮糖 -1，5- 双磷酸羧化酶 / 加氧酶（Rubisco）大亚基的基因（*rbcL*）和小亚基（*rbcS*）的基因、tRNA 的基因（*trn*）、ATP 酶基因（*atp*）、NADH 质体醌氧化还原酶基因（*ndh*）和 RNA 聚合酶基因（*rpo*）等。上述基因在大多数植物中都保守存在，但也有例外，如药用植物卷柏和寄生植物桑寄生等叶绿体基因组的 *ndh* 基因缺失。

由于内共生的关系，叶绿体基因、核基因和线粒体基因之间存在复杂的基因转移关系。在物种进化的历史长河中，有些叶绿体基因转移并整合到核基因组中，甚至也向线粒体中转移（这种转移仅出现在高等植物中）。转移到线粒体中的基因往往变成没有生物功能的假基因，仅在极少数情况下会发挥生物功能。叶绿体基因组的基因拷贝数高，每个基因在叶绿体中的拷贝数可多达上万个，在 IR 区域甚至可以加倍。同时，叶绿体基因表达出来的蛋白中，可溶性蛋白所占的比例高。因此，叶绿体被认为是非常适合做遗传转化的材料。

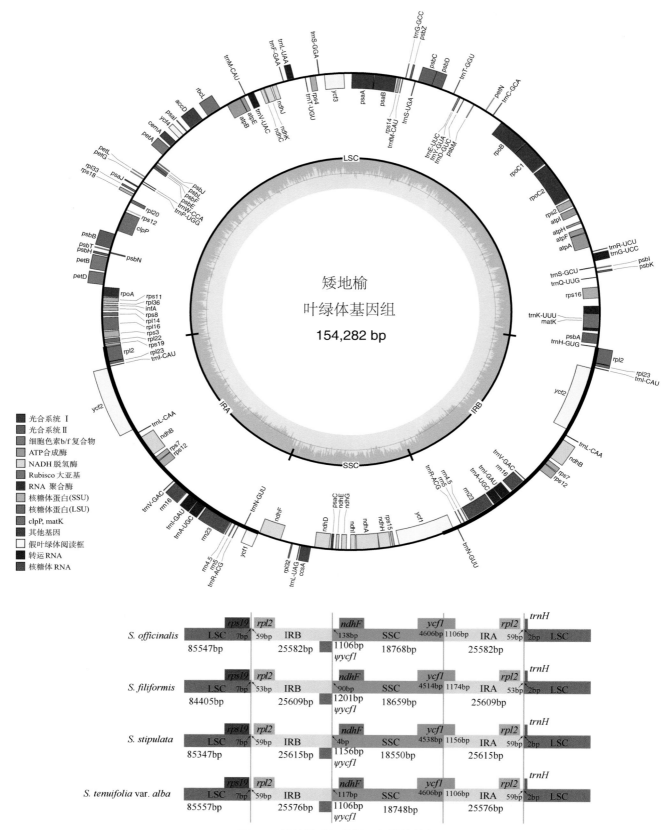

图 2-6　矮地榆叶绿体基因组结构特征

鉴于叶绿体基因组是除核基因组以外的最大基因组，它可以为植物系统发育研究提供较大的数据基础。除此之外，叶绿体基因组的编码区和非编码区的进化速度有显著差异，这一特点非常适合应用于不同层次的系统学研究。叶绿体基因组结构和序列的信息在揭示物种起源、进化演变及不同物种之间的亲缘关系等方面具有重要价值。叶绿体基因组在药用植物分子鉴定领域发挥重要作用，陈士林等建立了中药材 DNA 条形码分子鉴定体系，该体系以叶绿体 *psbA-trnH* 间隔区和核糖体第二内部转录间隔区（ITS2）作为植物类药材的核心条形码序列，应用于中药材的准确鉴定，为中药材建立"基因身份证"，从基因层面解决中药材与混伪品的物种识别问题，推动中药材鉴定迈入规模化、标准化基因鉴定时代。

2.2.3　药用植物线粒体基因组

目前科学界普遍认为线粒体是由线粒体的祖先 α-proteobacteria 入侵类似古细菌的宿主细胞形成的，时间在大约 15 亿年前，略早于叶绿体。在线粒体的形成机制上存在两种假说。第一种"一步形成"假说认为真核细胞与线粒体同时形成；第二种"两步形成"假说认为古细菌先与 α-proteobacteria 形成不含线粒体的真核细胞，后与 α-proteobacteria 内共生形成线粒体。线粒体 DNA（mtDNA）在线粒体中有 2 ～ 10 个备份，呈双链环状（但也有呈线状的特例存在）。线粒体中的独立 DNA 称为线粒体基因组（mitochondrial genome），一般有几万至数十万个碱基对。高等植物线粒体除氧化磷酸化产生 ATP 提供能量外，还参与氨基酸、脂类、维生素和辅酶因子的生物合成与代谢。1997 年第一个被子植物拟南芥线粒体基因组测序完成，随后甜菜、油菜、烟草、水稻、小麦的线粒体基因组相继公布。高等植物在所有生物物种中拥有最大的线粒体，其长度从数百 kb 到十几 Mb 不等，在近缘物种中线粒体基因组也可能存在巨大的长度差异。与动物线粒体保守的特性完全不同，植物线粒体基因组结构复杂。目前已观察到的植物线粒体分子的构型有 Y 型、H 型、多元线形、单线形、环形以及环形与线形共存等。但目前报道的植物线粒体基因组绝大多数以环形表示，其包含了所代表物种线粒体的所有遗传信息，被定义为主环（master circle）。当前对于主环是否在线粒体内真实存在仍有争议，植物的线粒体基因组很可能是各种 DNA 分子的复合体。

高等植物线粒体分子内存在由重复序列介导的频繁重组现象。通常，同向重复序列介导的重组产生大小亚环，反向重复序列介导的重组产生异构体。在黄瓜（*Cucumis sativus* Linn）的线粒体中，除了一个大小为 1556kb 的大环外，还发现同时存在两个大小分别为 84kb 和 45kb 的小环。线粒体基因组重组频率与重复序列的大小相关：大片段重复序列（＞ 1000bp）重组非常频繁，中等片段重复序列（100 ～ 1000bp）重组频率较低，短片段重复序列（＜ 100bp）重组极少发生。线粒体基因组重组已在胡萝卜、黄瓜、小麦、猴面花、水稻等植物中进行了较为深入的分析。重组是线粒体基因组进化的重要方式，也可能是线粒体 DNA 多分支复杂结构的成因。

被子植物线粒体基因组内含子总数 19 ～ 25 个，主要存在于 *cox1*、*cox2*、*ccmFc*、*nad1*、*nad2*、*nad4*、*nad5*、*nad7*、*rpl2*、*rps3*、*rps10* 等基因中，除 *cox1* 外，其余基因的内含子基本为 Ⅱ 型内含子。*nad1*、*nad2* 和 *nad5* 基因中部分内含子为反式剪接内含子，这是高等植物线粒体基因组的特征之一。高等植物线粒体基因组中还存在许多 ORF，部分 ORF 可能与线粒体基因组中缺失的功能基因相关。与叶绿体基因组类似，部分线粒体基因也常作为植物分子鉴定的候选基因片段。

然而由于药用植物物种数量繁多、进化历史复杂、基因组高变异性和高复杂性，以及近缘类群间杂交事件的广泛存在，使序列长度和信息位点有限的 DNA 条形码在近缘类群间的应用方面存在一定局限性。随着测序技术和生物信息学技术的快速发展，完成线粒体基因组测序的物种越来越多，这些完整的线粒体基因组序列或者串联的基因序列可作为超级条形码序列进行复杂进化关系物种的鉴定研究。

2.2.4　药用植物进化基因组和比较基因组

基因组中庞大的序列信息包含了物种本身的进化历史信息，也包括药用生物的形成历史信息，其中的线索有待我们重构和发掘。进化基因组学（evolution genomics）是应用进化研究策略分析基因组数据来理解生物多样性及物种演化。随着药用植物基因组数据的公开，通过进化基因组学研究药用植物的起源及进化，有助于理解药用植物活性成分及品质形成的分子机理，为药用植物资源开发等提供重要的理论基础。遗传变异是物种进化的基础，而单核苷酸多态性（SNP）和基因组结构变异是遗传变异的重要组成部分。基因组结构变异包括基因拷贝数的变异（插入、删除、复制）、染色体倒位以及全基因组复制或大片段复制引起的结构变异等（图 2-7），这些结构变异是物种进化的主要驱动力。全基因组结构复制、基因的串联复制等是植物进化及物种多样性的重要因素，通过物种旁系同源基因及直系同源基因对的同义突变速率可以追踪基因组的复制事件。药用植物活性成分（次生代谢物）的生物合成与环境胁迫密切关联，而由基因组复制引起的物种进化及多样性可能与植物应对不同的胁迫环境相关，环境胁迫下全基因组复制事件及基因数量的增加与植物对环境胁迫的适应正相关。因此，理解药用植物进化过程中的基因复制事件对药用植物品质形成的分子机制的阐明具有重要的意义。

比较基因组学（comparative genomics）基于基因组图谱，对不同物种或种内个体的基因和基因组结构进行比较，以了解基因的功能和物种的进化，其主要研究内容是相关生物间基因组的相似性和差异性。在许多亲缘物种之间，可以通过单拷贝基因重构系统发育树来评估物种的分化时间，通过基因组的结构即基因的排列顺序研究基因组间的共线性。两个物种基因组的共线性程度是衡量它们之间的物种进化距离的标尺。基因组共线性程度的高低，在基因组内的高度保守区域和高度变异区域间是存在较大差异的。同时，基因组中也存在许多破坏其共线性的因素，如基因转座、插入缺失、染色体重排和区段加倍等。很多药用植物来源于同科同属，而有效成分却差异显著；很多药用植物亲缘关系非常远，却能够合成相同的活性成分。通过比较基因组学解析物种间的基因组结构复制（全基因组复制事件）或串联复制事件能够深入理解结构复制引起的药用植物活性成分合成的进化差异。

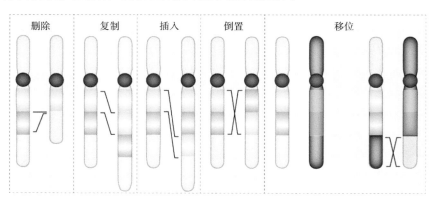

图 2-7　染色体区段变异模式

全基因组复制事件：高通量测序技术的不断革新使测序读长更长、更准确，加快了植物参考基因组序列的组装进程，为古基因组学研究提供了大批量可靠的现存物种的基因组序列资源。基于基因组旁系同源基因的同义替换速率及基因组内部共线性分析，推断物种在进化过程中经历的全基因组复制事件（whole-genome duplication，WGD），也称古多倍化。全基因组复制使植物基因组快速重组，丢失大量基因，增加结构变异，对植物进化历程的推演极其重要。不同证据表明，全基因组复制事件发生于植物演化的不同时期，有大量的重复事件发生于白垩纪 - 第三纪大灭绝事件（Cretaceous–Paleogene，K-Pg），暗示全基因组复制事件在物种适应恶劣环境中发挥重要作用。此外，植物在经历该大灭绝事件和全基因组复制事件后，保留下来的复制基因均与相关的环境胁迫一致，共表达网络与共线性研究也支持这一点，植物通过这些古多倍化事件参与抵抗各种环境胁迫的进程。浦香东等（2020）基于金银花基因组，通过基因组进化及比较基因组分析揭示金银花基因组与菊目植物分化后发生一次特有的全基因组复制（WGD）事件。研究发现金银花类胡萝卜素合成及代谢相关基因如编码八氢番茄红素合成酶（PSY）、类胡萝卜素裂解双加氧酶（CCD）等的进化与该 WGD 事件相关。

基因串联复制：在植物进化过程中，相比较于全基因组复制事件，基因组内部的基因发生串联复制的概率比较高，是植物基因组的基因拷贝数增加以及影响等位基因的变异。串联复制形成的基因家族成员通常紧密排列在同一条染色体上，形成一个序列相似、功能相近的基因簇。物种分化后，植物通过特异的串联复制进化出的基因在植物演化过程中会进一步发生功能分化，在植物环境适应及趋异进化中发挥重要作用。药用植物活性成分生物合成关键酶编码基因的复制及扩张与其活性成分的合成和积累密切相关，如在黄芩基因组中发现催化黄芩素合成的酶编码基因 CYP82D 在黄芩属中通过串联复制及转座等形成特异性的扩张。徐志超等（2020）基于茜草科植物栀子（*Gardenia jasminoides*）、咖啡（*Coffea canephora*）以及钩吻科植物常绿钩吻藤（*Gelsemium sempervirens*）的基因组共线性分析，显示与钩吻科植物分化后，茜草科植物进化出咖啡因生物合成相关的 N- 甲基转移酶祖先基因 NMT4a 和 NMT4b，而咖啡进一步通过串联复制进化出咖啡因合成的 N- 甲基转移酶基因簇 CcMTL-CcNMT-CcXMT，揭示咖啡因在茜草科植物咖啡中特异形成的基因组学基础。同时，在栀子基因组中发现西红花苷合成关键酶基因 CCD4 的串联复制基因簇 GjCCD4a-4b-4c-4d，而咖啡基因组仅含有一个 CcCCD4 基因，证明与咖啡物种分化后，栀子通过串联复制进化出西红花苷合成关键酶 CCD 基因。该研究揭示了在茜草科植物咖啡和栀子进化过程中，基因组基因串联复制导致的咖啡因与西红花苷生物合成的趋异进化机理，为研究基因串联复制在植物特定代谢进化中的作用提供重要参考。

2.2.5　结构基因组指导的药用活性成分生物合成途径解析

次生代谢物的生物合成及其调控是药用植物分子遗传学关注的主要内容之一。在植物中，许多功能相近或相关的编码酶基因由于进化的关系形成了串联基因簇（gene cluster）。通常 1 个次生代谢基因簇中有至少 3 个彼此相邻的用于合成特异化合物的非同源基因。在这些非同源基因中，有的基因编码的酶用于合成次生代谢物的骨架，这样的基因 / 酶被称作 "标志" 基因 / 酶（signature gene /enzyme）。其他基因编码的酶称作 "剪裁" 酶（tailoring enzyme），用于对上述骨架化合物进行修饰，催化得到最终产物。"标志" 基因通过在周围集合 "剪裁" 基因来形成一个代谢基因簇。罂粟生物碱诺斯卡品的生物合成是药用植物活性成分生物合成基因簇的发现及功能鉴定研究的典型案例。Winzer（2012）通过对含诺斯卡品和不含诺斯卡品的不同罂粟品系进行转录组，以及杂交后代的基因型和含量分离规律研究，推测参与诺斯卡品生物合成的基因在罂粟基因组中呈基因簇分布。进一步通过 BAC 文库及测序锚定一个 401kb 的基因簇，并鉴定了 10 个催化诺斯卡品生物合成的功能基因。基因形成基因簇的优势主要包括：促进基因功能改善、基因有益性状稳定遗传、基因簇中的基因共同被调控等。编码蛋白复合体的基因形成基因簇后可以完善蛋白复合体中各组分的最优比例，使复合体更好地发挥功能。基因簇的另一优势是通过不同调控因子和染色质重塑等调节作用，实现基因簇中各基因的共表达和共调控，从而使代谢途径的调控更具有协同性（图 2-8）。

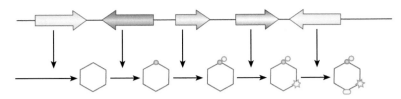

图 2-8 基因簇结构示意图及编码酶催化过程

然而，随着越来越多的植物基因组被测序，植物次生代谢的生物合成呈现基因簇的现象却不是普遍规律，更多的是次生代谢生物合成基因散落在植物基因组的不同区域。目前，药用植物次生代谢途径生物合成基因的筛选更多的依赖于共表达分析。因为植物不同组织部位处于不同的生存环境或胁迫条件，其次生代谢的积累规律不同，如丹参酮主要在根的周皮中合成和积累。因此，根据不同组织部位或胁迫处理下的基因差异表达与次生代谢的合成规律可以初步筛选候选基因，进一步通过体外酶促反应或转基因手段解析候选基因的功能。

2.3 药用植物基因组研究方法

药用植物基因组研究包括基因组的测序、组装、基因功能注释和预测等。由于药用植物多为复杂基因组，组装难度较大、费用高，其基因组研究开展较晚。随着高通量测序技术从二代到三代的飞速发展，测序读长从几十碱基到数万碱基，且测序成本不断降低，药用植物基因组测序研究获得巨大推动。此外，基因组的组装技术也在不断提升，除了构建遗传图谱辅助基因组组装外，光学图谱和高通量染色体构象捕获技术等物理图谱技术的发展极大地提高了基因组的组装质量。基因组测序和组装技术以及生物信息分析软件的联合发展，大大提高了药用植物的基因组组装水平，为揭示药用植物遗传信息，解析药用活性成分合成途径和药用植物分子辅助育种奠定了坚实的基础。药用植物的基因组研究方法主要包括高通量测序技术、遗传图谱、物理图谱的构建、基因组组建技术和 Hi-C 技术等。

2.3.1 测序技术

（1）第一代测序技术 1977 年桑格（Sanger）提出双脱氧链末端终止法，并完成首个物种全基因组测序，噬菌体 φX174 基因组，大小为 5.836kb。其原理是在反应体系中加入一定比例的脱氧核糖核苷三磷酸（dNTP）和双脱氧核糖核苷三磷酸（ddNTP），由于 DNA 聚合酶不能区分 dNTP 和 ddNTP，当 ddNTP 聚合到 DNA 链的末端时，DNA 链终止延伸，随后通过凝胶电泳和放射自显影确定 DNA 序列；随后荧光比较和毛细管电泳技术的引入加速了 Sanger 测序技术的自动化进程，该测序方法操作简单、测序准确度高且读长长。迄今为止，Sanger 测序法仍然是测序领域的金标准，但相对于其他高通量测序技术，一代测序通量低且成本较高。Sanger 测序目前主要应用于 PCR 产物或短片段的测序。

（2）第二代测序技术 随着科学的发展，传统的 Sanger 测序已经不能完全满足研究的需要，如模式生物基因组重测序、非模式生物的基因组测序以及转录组测序等都需要费用更低、通量更高、速度更快的测序技术，以 Illumina/Solexa、Roche/454 和 ABI/SOLID 为代表的第二代测序技术（next-generation sequencing）应运而生。

Illumina/Solexa 是目前性价比最高、应用最广泛的测序技术，其原理是利用桥式 PCR 与可逆的荧光标记链终止法来实现 DNA 测序。桥式 PCR 是将 DNA/cDNA 打断至 100 ~ 200bp，两端加接头后 PCR 扩增，带有接头的 DNA 片段绑定在测序芯片上，形成桥式结构进行不同片段扩增成簇；可逆的荧光标记链终止法是加入四种不同荧光标记的碱基，DNA 合成时在 DNA 聚合酶作用下合成到模板簇的位点上，激光激发识别碱基类型，该技术对链的终止属于可逆反应，去除荧光基团继续合成下个碱基。Illumina 测序技术具有高通量、高灵敏度、高准确性及低成本等诸多优势，其数据质量高、流程简单、样本需求低等特点已推动其成为目前全基因组从头（de novo）测序、重测序、宏基因组测序及转录组测序等最主流的测序方法。其缺点在于读长较短，目前主流的 HiSeq 系列测序平台读长约双端 150bp，在复杂基因组的测序中劣势较明显，但这同样也是所有二代测序技术面临的挑战。

454 生命科学公司是第二代测序技术的奠基者，于 2003 推出焦磷酸测序技术；2005 年被罗氏（Roche）公司收购。454 测序技术与其他二代测序平台相比最大的优势在于读长较长，454 GS FLX 读长能够达到 750bp；缺点在于缺乏终止连续碱基结合的机制，对于多聚核苷酸的测序识别有较大偏差，并且成本偏高。454 测序技术在全基因组 de novo 测序、转录组测序、扩增子测序及宏基因组测序中应用广泛，以药用植物或真菌为例，如灵芝（Ganoderma lucidum）基因组测序、人参（Panax ginseng）转录组测序、三七（Panax notoginseng）转录组测序、蛇足石杉（Huperzia serrata）转录组测序、喜树转录组测序等。然而由于 Illumina 推出的 Miseq 测序平台对市场的冲击等诸多方面原因，最终 Roche 公司于 2013 年宣布关闭 454 生命科学测序业务。

SOLID 测序平台由 ABI 公司 2007 年推出，采用双碱基编码的原理，在边测序边合成过程中以连接反应取代聚合反应，其测序准确率高。相对于 Illumina/Solexa 和 Roche 454 测序平台，SOLID 测序平台因其测序读长较短、运行时间长、成本等问题所以应用较少，市场份额较少。

（3）第三代测序技术　单分子测序技术，其革命性的特点是超长的读长，其原理是单分子荧光测序，脱氧核苷酸用荧光标记，显微镜可以实时记录荧光的强度变化。目前应用最多的是太平洋生物科学（Pacific Bioscience）公司推出的 SMRT 测序平台，其测序芯片包含数百万个零波导孔（ZMW），每个 ZMW 的信号独立的被底部相机捕获，此外，如果 DNA 模板存在特殊修饰的碱基，其在 DNA 聚合时耗费的时间与无修饰的碱基有较大差别，而且不同类型的修饰其差别也特异，因此 SMRT 测序在 DNA 甲基化等修饰的测序中优势明显。然而，SMRT 测序时 DNA 聚合反应不存在终止停顿，并且每个碱基合成的速度较快，其读长极长也是因为在特定酶活时间内读取较快，但是会导致测序时出现错误，测序准确度仅有 85%，最主要的错误类型为插入删除，此错误是随机的，并没有偏好性。

PacBio SMRT 测序的高错误率大大限制了其发展，针对此问题，也有相应方法解决。① CCS（circular consensus read）测序策略，主要是对相对较小的 DNA 片段进行测序，例如将测序片段打断为 1～2kb，假设 SMRT 测序读长为 20kb，在测序时测序读长将覆盖插入片段多次，也就是说每个测序位点被测序多次将随机错误校正，获得高质量的 CCS 测序读长。② Cluster 方法，构建 10～20kb 的文库，大幅提高 DNA 测序的通量，将不同 ZMW 产生的多条一致序列聚集在一起，然后校正随机错误，但是此方法的缺点是基因组 DNA 高重复区会导致校正错误，并且 SMRT 测序的通量较低，提升通量的同时大大提升测序成本。③高质量测序数据校正低质量的 SMRT 测序数据，主要是构建 10～20kb 文库，利用其他测序平台获得的高质量、高覆盖度的测序数据校正 SMRT 的随机错误，此方法应用较多，其缺点是由于校正覆盖度的问题，可能会出现插入或缺失错误。SMRT 测序由于读长优势，目前广泛应用于药用植物基因组 de novo 组装和转录组测序，如穿心莲、丹参和三七等基因组的组装。

（4）纳米孔（oxford nanopore）测序　该技术同样为单分子测序技术，也常被归类为第三代测序技术，其主要测序原理为利用一个纳米孔，将一个纳米孔蛋白固定在电阻膜上，然后使 DNA 双链解链成单链，再利用一个马达蛋白牵引 DNA 单链穿过纳米孔，因为不同碱基属于生物大分子，本身带有不同电荷，因此通过纳米孔的时候会引起电阻膜上电流的变化，通过捕获电流变化来识别碱基。纳米孔测序由于不依赖 DNA 聚合酶的活性，具有显著的优势，其测序读长只与文库相关，也就是说，文库 DNA 分子越长，读长越长。但与 PacBio 测序平台类似，其准确度较低。目前，纳米孔测序技术用在高复杂性药用植物基

因组的 *de novo* 测序如野菊、栀子、黄芩和金银花等。

2.3.2 遗传图谱

遗传图谱（genetic map）又被称为连锁图谱（linkage map），是指以遗传标记（已知性状的基因或特定 DNA 序列）间重组频率（单位为厘摩尔，cM）为基础的染色体或基因位点的相对位置线性排列图。例如，两个基因或两个分子标记之间的遗传距离为 1.2cM 表示减数分裂时的重组频率为 1.2%。这里的遗传距离指的是相对距离而不是染色体上的物理距离。两者的遗传距离越近，发生重组的概率就会越低，反之亦然。数量性状是指表型呈现连续变化的性状，如药用植物的次生代谢物的含量，较容易受到多种因素的影响。控制数量性状的基因在基因组上的位置被称作数量性状基因座（QTL）。寻找 QTL 在染色体上的位置并估计其遗传效应，称作 QTL 作图（QTL mapping）。构建图谱需要有大量的分子标记作为辅助，传统的分子标记包括扩增片段长度多态性标记（AFLP）、限制性片段长度多态性标记（RFLP）、微卫星重复序列标记（SSR）等。但是用这些标记去定位区间存在标记密度过低，构建费时费力等问题，逐渐被 SNP 标记给替代（相关分子标记介绍见第 3 章）。利用全基因组重测序或简化基因组测序的方法得到高密度的 SNP 标记定位 QTL 已经成为主流。

通过遗传连锁分析，可解析调控天然代谢产物合成等复杂性状的基因间的相互关系，为药用植物育种提供理论支撑和实践指导。基因的加性效应（additive effect）是指基因位点内等位基因的累加效应，是上下代遗传可以固定的分量，又称为"育种值"，是性状表型值的主要成分。显性效应（dominant effect）是指基因位点内等位基因之间的互作效应，是可以遗传但不能固定的遗传因素，是产生杂种优势的主要部分。上位性效应（epistatic effect）是指不同基因位点的非等位基因之间相互作用所产生的效应，起抑制作用的基因称为上位基因，被抑制的基因称为下位基因。由于加性效应可以在上下代得以传递，选择过程中可以累加，且具有较快的纯合速度，具有较高加性效应的数量性状在低世代选择时较易取得育种效果。显性效应则与杂种优势的表现有着密切关系，杂交一代中表现尤为强烈，在杂交稻等作物的组合选配中可以加以利用。但这种显性效应会随着世代的递增和基因的纯合而消失，且会影响选择育种中早代选择的效果，故对于显性效应为主的数量性状应以高代选择为主。上位性效应是由非等位基因间互作产生的，也是控制数量性状表现的重要遗传分量。其中加性 × 加性上位性效应部分也可在上下代遗传，并经选择而被固定；而加性 × 显性上位性效应和显性 × 显性上位性效应则与杂种优势的表现有关，在低世代时会在一定程度上影响数量性状的选择效果。

遗传连锁图谱的构建是药用植物基因组研究中的重要环节，也是基因定位与克隆、分子标记辅助育种及数量性状定位等研究的基础，加之分子标记技术的蓬勃发展，为构建高密度遗传连锁图谱奠定了技术基础（图 2-9）。此外，遗传连锁图谱为药用植物的分类、种质资源保存及基因资源的整合等研究提供了科学依据。构建遗传图谱首先需要根据遗传标记的多态性，筛选合适的亲本组合，建立作图群体。

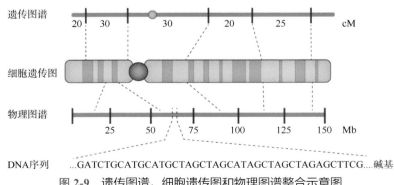

图 2-9　遗传图谱、细胞遗传图和物理图谱整合示意图

　　杂交亲本是指药用植物杂交时选用的雌雄个体，参与杂交的雄性个体叫父本，参与杂交的雌性个体叫母本，亲本杂交产生的子一代叫 F_1 群体。回交是指双亲或杂种中的其他后代与亲本之一的杂交方式。其中被用来回交的亲本叫做轮回亲本。通过杂交、自交或回交等多种方式创制各种作图群体（图 2-10）。

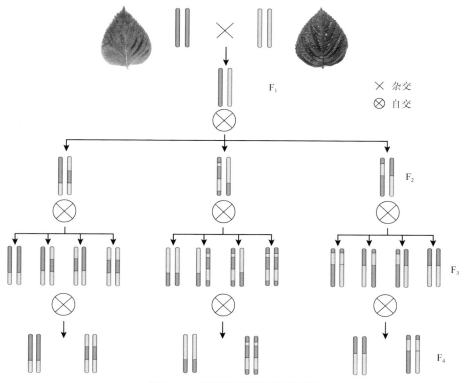

图 2-10　重组自交系的构建流程

　　根据其遗传稳定性可将群体分成两大类：一类称为临时群体，如 F_1、F_2、F_3、F_4、BC、三交群体等，这类群体中分离单位是个体，个体自交后将出现分离，无法永久使用。可以通过扦插、组织培养等无性繁殖技术，延长临时群体的使用时间。另一类称为永久性分离群体，如重组自交系（recombinant inbreed lines，RIL）群体、双单倍体（doubled haploid，DH）群体等，这类群体中的分离单位是株系，每一株系在遗传上是纯合的，可以不断繁殖，永久使用，主要用于高精度和高密度作图（图 2-11）。

　　F_1 群体为亲本杂交一代产生的群体。药用植物等驯化程度较低、杂合度较高的物种常利用 F_1 群体进行遗传连锁作图。例如，黄花蒿通过杂交获得 F_1 群体，利用转录组测序开发 SNP 标记，构建遗传连锁图谱，在此基础上对青蒿素含量相关性状进行定位，研究结果对黄花蒿的分子标记辅助育种具有重要意义。F_1 子代自交后获得 F_2 杂交群体，有许多药用植物的遗传连锁图谱是用 F_2 群体构建的，例如利用长春花的 F_2 群体构建遗传连锁图谱，该图谱包含 14 个连锁群，图谱总长度为 1131.9cM。由 F_1 群体与亲本回交一到数次获得 BC 群体。BC 群体可以用来检验雌、雄配子在基因间的重组率上是否存在差异。其方法是比较正、反回交群体中基因的重组率是否不同。对于一些自交不亲和的植物，可以建立三交群体，即（A×B）×C。由于存在自交不亲和性，这样的三交群体中不存在假杂种现象。

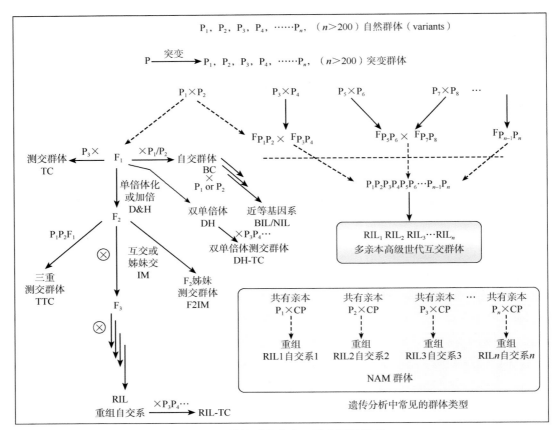

图 2-11　植物群体分类和彼此间的关系

NIL 群体即近等基因系群体，群体内不同个体的染色体绝大部分区间完全相同，只有少数几个或一个区间彼此存在差异；NIL 群体可以将多个 QTL 位点分解成单个孟德尔遗传因子，将数量性状转化为质量性状，从而可以对主效 QTL 进行精细定位和图位克隆。DH 群体是配子基因型经染色体加倍形成的，不同个体基因型稳定，属于永久作图群体。NIL 群体和 DH 群体对于解析复杂性状具有重要意义，但是由于药用植物遗传背景复杂、很多种类自交不亲和等原因，药用植物目前还没有构建 NIL 群体和 DH 群体。

NAM（nested association mapping）群体即巢式关联作图群体，是不同的亲本材料分别与同一材料做杂交，再在杂交后代内部分别进行连续自交（单粒传法）或同胞交配以创制不同的一系列重组自交系（RIL）。这些重组自交系均含有一个相同亲本（CP），不同的重组自交系都是基于两个亲本所创制的。NAM 群体结合了双亲群体和自然群体（natural population）的优点，可以用来做关联 - 连锁不平衡分析。除玉米、水稻等大田作物外，高粱等药用植物也已构建 NAM 群体，用于药用植物活性物质或农艺性状相关基因定位和研究。

MAGIC（multi-parent advanced generation intercross）群体即多亲本高级世代互交群体，首先有多个双亲进行两两杂交，来自于两个亲本的杂交 F₁ 代再分别两两杂交产生双交（double hybrids）后代，两个双交后代 F₁ 再进一步杂交，这样产生的后代就分别来自 8 个不同的亲本。这个杂交过程可以持续进行，以尽可能包含更多的亲本材料。最后这些复合杂交的后代经过自交或染色体加倍而形成一系列 RIL 群体或 DH 群体。水稻、玉米等大田作物均已构建 MAGIC 群体，用于复杂形状的研究，目前药用植物还未构建 MAGIC 群体，在今后的研究中，可尝试构建药用植物的 MAGIC 群体，加速药材复杂性状解析和分子育种进程。

2.3.3　物理图谱的构建

物理图谱是一种基于单分子荧光显微技术的高分辨率、有序、全基因组水平的限制性酶切图谱（图2-9）。应用限制性内切核酸酶原位酶切铺展在电荷化修饰的微流控光学芯片表面的单个 DNA 分子，获得显微镜下可见的有序酶切片段，综合分析后提供不依赖于序列的类似"指纹"或"条形码"的基因组整体构建信息。在原核生物光学图谱构建时，将静止生长期细胞固定在低熔点琼脂糖胶栓中，使用裂解液和琼脂糖酶等释放胶栓中的基因组 DNA。在真菌中，由于基因组规模的增大，常要对胶栓中释放的核 DNA 进行脉冲场凝胶电泳（PFGE），选取适当长度的 DNA 条带进行固定、原位酶切、荧光显微检测。基于 PFGE 对大分子 DNA 的出色分离能力，可以直接对真菌基因组进行染色体初步分离。在高等植物中，一般直接选取幼嫩组织在液氮中进行研磨，使用核分离缓冲液得到混悬的细胞核，再使用适当的裂解液释放基因组 DNA。

2.3.4　Hi-C 技术

染色体构象捕获（chromosome conformation capture，3C）技术，利用高通量测序技术，结合生物信息分析方法，研究全基因组范围内整个染色质 DNA 在空间位置上的关系，获得高分辨率的染色质三维结构信息（图2-12）。Hi-C 技术不仅可以研究染色体片段之间的相互作用，建立基因组折叠模型，还可以应用于基因组组装、单体型图谱构建、辅助宏基因组组装等，并可以与 RNA-Seq、ChIP-Seq 等数据进行联合分析，从基因调控网络和表观遗传网络来阐述生物体性状形成的相关机制。研究将三代测序技术和 Hi-C 技术等结合在一起，获得了高质量染色体级别的三七、金银花、栀子、穿心莲等物种的参考基因组序列，为基因组测序领域带来了新的风向标。

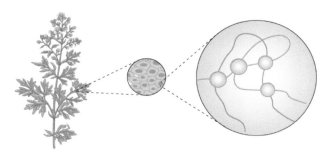

图 2-12　Hi-C 技术的原理及辅助组装的呈现模式

2.3.5　基因组组装技术

迄今为止的测序技术都不能一次性获得高等生物的全基因组序列。测序所产生的下机序列长度和准确度都有一定的限制。基因组组装技术就是将一定长度的下机数据通过计算机系统和生物信息算法连接成较长的基因组片段直至组装构建成全基因组序列。一般来讲，序列的组装过程包括碱基读取（base calling）、质控、过滤、重叠（Contig）拼接、支架（Scaffold）组装和补洞（fill gap）等步骤。序列组装策略分为基于参考序列的组装、de novo 组装和多策略结合组装等。组装完成后的基因组序列需要经过全基因组质控。全基因组序列组装的质控方法主要包括通过 Contig N50、Scaffold N50 数值对组装序列的完整性进行初步评估，以及常染色体区域覆盖度、基因区和基因覆盖度、遗传标记、基因组测序深度和 Scaffold 定位方向等评估方法。现阶段常用的基因组大小及组装结果评价如下。

　　基因组大小的 *K-mer* 评价：*K-mer* 是指将 1 条读长（read）连续切割，逐个碱基滑动得到的一系列长度为 *K* 的核苷酸序列，在测序读长中从头开始迭代截取 *K-mer*，统计所出现的 *K-mer* 类型及各类型 *K-mer* 的出现频数，其结果常用于基因组大小和测序深度的估算，以及基因组杂合度和重复序列的评估等。

　　Contig：在基因组组装中，基于不同的测序平台获得的测序读长，采用基因组组装软件根据测序读长之间的重叠（overlap）区进行拼接，拼接获得的序列被称为重叠群（contig）。Contig 的 N50 常被用于评价基因组组装的初级指标。

　　Scaffold：在获得初步的 Contig 组装后，构建长片段文库进行测序如 Mate-pair 文库测序等，获得的双端序列能够确定一些 Contig 之间的顺序关系，根据插入片段的长度，在 Contig 的顺序连接中填补缺失碱基，组成 Scaffold。

　　N50：将拼接后的序列长度相加获得序列总长度，将所有序列按照其长度从大到小排列，然后按照此顺序逐条序列依次累加，当相加的序列长度达到序列总长度的一半时，最后一个加入的序列长度即为 N50 长度。N50 是基因组拼接结果的一个评价指标，包括 Contig N50 和 Scaffold N50。

　　基因组及注释结果完成性评估：普遍通用的是单拷贝直系同源测试（benchmarking universal single-copy orthologs，BUSCO），BUSCO 是一款使用 python 语言编写的对基因组组装质量进行评估的软件。基本原理为应用已发表的基因组数据库鉴定相对保守的单拷贝基因序列，BUSCO 评估使用这些保守序列与组装或注释的结果进行比对，鉴定组装的结果是否包含这些序列，包含单条、多条还是部分或者不包含等情况来给出结果，因此，BUSCO 常用来评估基因组和注释信息的完整性。

案例 1　罂粟基因组

　　吗啡类生物碱为基础的镇痛药，提取自罂粟科植物罂粟。为解析吗啡生物合成途径，解析罂粟植物的进化和苄基异喹啉类生物碱 BIA 物质合成途径的形成、调控和进化机制，2018 年研究人员利用多种前沿基因组测序技术、深度挖掘及分析方法成功破译罂粟基因组并揭示其进化历史，首次在国际上完成了罂粟全基因组测序及高质量组装分析。该研究以自交 2 代后获得的单一植株叶片为测序材料，通过 Illumina Paired-End/Mate-Pair（214 ×），10× Genomics linked reads（40 ×），PacBio（66.8 ×）联合拼接，获得 2.72Gb 的罂粟基因组，进一步通过遗传图谱将 81.6% 的测序基因组挂载到染色体上。重复序列占罂粟基因组的 70.9%，共注释 51 213 个罂粟基因组蛋白编码基因和 9494 条非编码 RNA。

　　同源基因的同义突变速率及共线性分析显示，罂粟在 7.8 百万年前发生了一次物种特异的全基因组加倍事件；系统发育分析结果表明罂粟与毛茛科和睡莲科的分歧时间分别在 110 百万年前和 125 百万年前（图 2-13）。此外，该研究首次将诺斯卡品合成相关的超级基因簇定位在 11 号染色体，该基因簇在根和茎特异表达且呈现共表达。同源性分析结果表明编码细胞色素 P450 和氧化还原酶的基因 *STORR*[(*S*)-to-(*R*)-reticuline] 为罂粟吗啡合成途径必需基因，该基因的加倍、重排和融合事件与罂粟特异性代谢途径和产物关系紧密。

　　Li 等（2020）利用 Hi-C 技术，在 2018 年公布的罂粟参考基因组的基础上，以 Roxanne 品种的染色体构象信息为指导，重新组装了 11 条染色体水平的超级 Scaffolds（cScafs），解决了之前未锚定的包含重要苄基异喹啉生物碱（BIA）合成相关基因 COR、TNMT、CODM、T6ODM 等的约 420.9Mb 基因组序列归属问题，给出了罂粟染色体大小排序的信息，见图 2-14。在更新后的罂粟基因组中，占预估基因组大小 97.7% 的序列均可定位到 cScafs 上。基于更新版本的罂粟基因组，研究人员着重关注了 BIA 合成

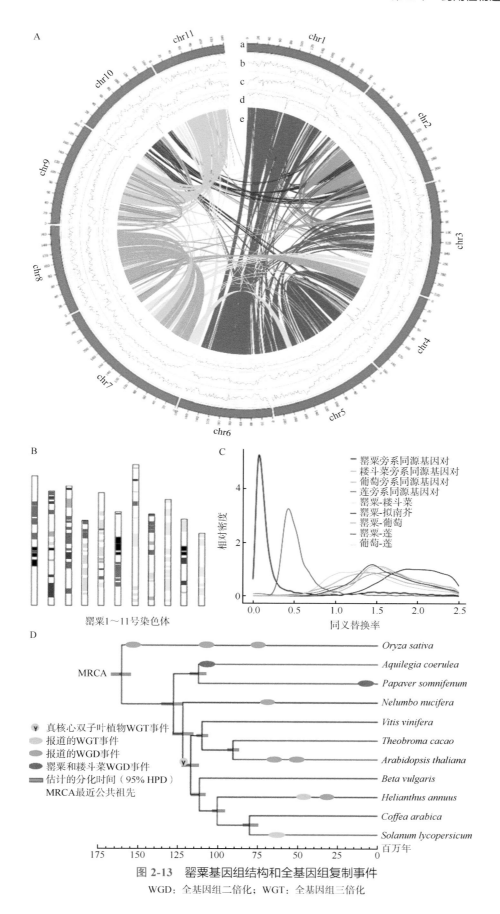

图 2-13　罂粟基因组结构和全基因组复制事件

WGD：全基因组二倍化；WGT：全基因组三倍化

相关基因，以及这些基因表达差异、基因拷贝数变异和生物碱代谢之间的关系。通过对 109 个 BIA 合成相关基因（58 个核心基因和 51 个旁系同源序列）进行启发式的"基因簇"筛查，研究人员发现了 BIA 合成相关基因在基因组上广泛的聚集事件。109 个基因中，70% 聚集分布于以 100kb 为最大间隔的"基因簇"中，并且表现出在染色体层面上的显著非随机性分布。分析 Roxanne 品种不同生长阶段、不同组织的转录组测序结果发现，除同一个基因簇内的基因以及来自同一个通路的基因均有一定共表达的倾向外，基因簇的空间排列与合成通路、共表达之间还存在其他值得关注的联系。

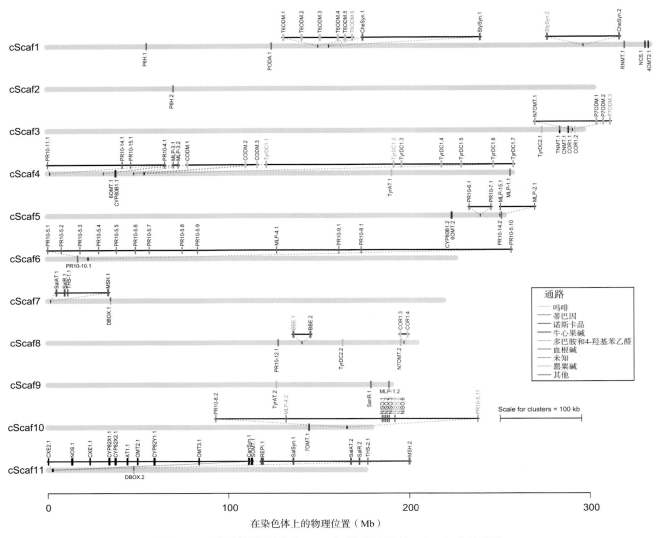

图 2-14　罂粟基因组结构与 BIA 合成相关基因在 cScafs 上的定位

此外，对包含 Roxanne 在内的从世界各地收集的 10 个罂粟品种进行了 16.8 ～ 26.1 倍覆盖度的 Illumina 基因组重测序，以考察 BIA 合成相关基因的拷贝数变异（CNV）情况。结果显示，109 个 BIA 合成相关基因中的 63 个表现出了拷贝数变化，突出于全基因组范围内的基因拷贝数变异背景（图 2-15）。在单个基因层面，拷贝数变异与各品种的生物碱含量密切相关。如在缺乏诺斯卡品的 5 个品种中，均观察到诺斯卡品通路的 11 个基因的完全丢失，而在丢失了 T6ODM 基因簇的品系中也观察到吗啡（morphine）与可待因（codeine）的前体化合物蒂巴因（thebaine）的高度积累。T6ODM 基因是吗啡合成途径中的关键基因，其编码蒂巴因 -6-O- 脱甲基酶催化蒂巴因向尼奥品酮（neopinone）的转化，该研究是对低吗啡/可待因罂粟品种基因组层面遗传机制的首次解析，体现了高质量基因组组装结果对药用植物分子遗传学研究的重要意义。

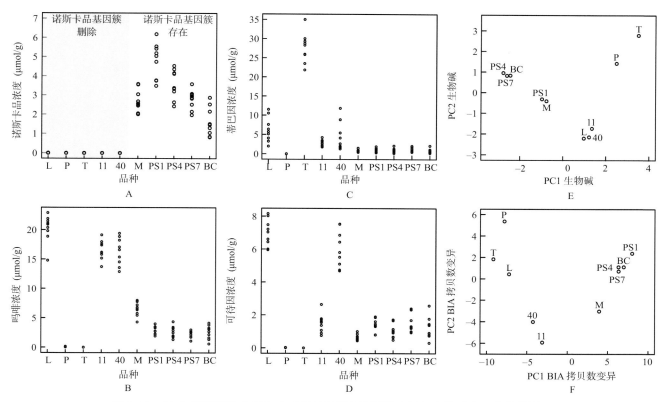

图 2-15 10 个罂粟品种中 BIA 合成相关基因的拷贝数变异与生物碱含量变化的关系

案例 2 金银花基因组

天然产物是药物研发的重要来源，不同类型的天然产物，如花青素、类胡萝卜素等也赋予植物各种各样的颜色。植物花色形成与其授粉、育种及天然产物的开发密切相关，其分子机制是国际研究热点。类胡萝卜素的合成与降解和植物所呈现出的黄色花具有密切联系。类胡萝卜素裂解双加氧酶（CCD）在类胡萝卜素的降解途径中发挥重要作用，会导致类胡萝卜素含量产生变化，进而影响植物色泽。研究显示，白菊花及黄菊花的颜色差异即是受到 CmCCD4a 的影响；柑橘中的 CitCCD4b1 作用于玉米黄质和 β- 隐黄质，产生以 β- 橙色素为主的 C30- 脱辅基类胡萝卜素，赋予柑橘鲜艳的橙红色，类似的研究还有很多。植物花色变化分子机制的研究，将为利用分子手段对其花期、花色调控及分子育种等研究奠定基础。

金银花来源于忍冬科植物忍冬（*Lonicera japonica*）的干燥花蕾或带初开的花，具有清热解毒、疏散风热的功效，属于传统中药材之一。金银花花蕾初开时为白色，后转为黄色，在园艺观赏上也具有很大价值。研究表明，金银花花色白黄交替变化主要受到其中类胡萝卜素含量变化的调控，但类胡萝卜素含量变化的内在分子机制尚无研究报道。多组学及分子生物学手段联用大大推动了金银花花色变化分子机制的破译研究。

结合二代（Illumina 公司）、三代（Oxford Nanopore Technologies 公司）以及 Hi-C 测序平台对中国医学科学院药用植物研究所种质编号为 10107428（http：//www.cumplad.cn）的金银花植株进行测序。通过生物信息学分析，得到染色体水平高质量金银花基因组，同时也是忍冬科的首个植物基因组，其大小为 843.2Mb（Scaffold N50 ～ 84.4Mb），基因组共注释 33 939 个编码基因。进化分析发现，金银花与菊科的物种有着更近的关系，如菊花和莴苣，它们的分化时间大约在 87 百万年前，且在物种形成后，金银花又经历了染色体重排及全基因组复制事件（图 2-16）。

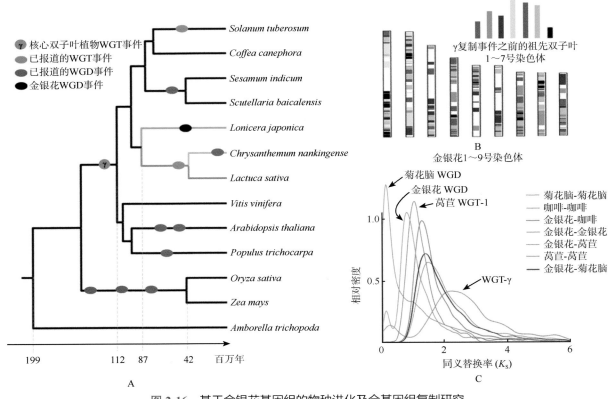

图 2-16　基于金银花基因组的物种进化及全基因组复制研究

WGD：全基因组二倍化；WGT：全基因组三倍化

　　根据金银花花器官的形态及颜色，将其分为 6 个发育阶段（幼蕾期、绿蕾期、大白期、银花期、金花期、枯萎期）。基于二代测序平台对其进行转录组测序分析，探究类胡萝卜素代谢途径相关基因的表达情况。金银花 6 个发育阶段花器官的类胡萝卜素总含量分析结果显示：从幼蕾期至大白期，含量持续减少；大白期至银花期，含量略微上升；银花期至金花期，含量急剧上升；金花期至枯萎期，含量下降。此外，液相色谱分析结果显示叶黄素与 β- 胡萝卜素为其中的主要类胡萝卜素。这些变化皆表明金银花花色变化与类胡萝卜素含量变化密切相关，为其花色变化研究奠定基础。

　　结合金银花不同发育时期花器官的转录组学研究结果，对类胡萝卜素代谢途径进行研究（图 2-16，图 2-17），主要涉及八氢番茄红素合成酶基因（PSY）、八氢番茄红素脱氢酶基因（PDS）、番茄红素 β-环化酶基因（LCYB）以及番茄红素 ε- 环化酶基因（LCYE）。金银花基因组共注释 5 个 PSY 基因，其中只有 LjPSY1 表达，且其在黄花期的表达量是幼蕾期至银花期表达量的 100 多倍，对类胡萝卜素上游产物的积累具有至关重要的作用。基因组共线性分析结果表明 LjPSY1 和 LjPSY3 的复制事件与金银花全基因组复制事件相关，同时也表明金银花全基因组复制事件对类胡萝卜素生物合成途径的潜在影响。PDS 是类胡萝卜素生物合成过程中催化无色八氢番茄红素形成红色番茄红素的关键酶的基因，其表达模式与 PSY 相似。LCYE 与 LCYB 分别为催化叶黄素和 β- 胡萝卜素形成的关键酶基因，其表达模式与花器官中类胡萝卜素的含量变化一致。这些结果对于类胡萝卜素的积累及花的着色研究具有重要意义。

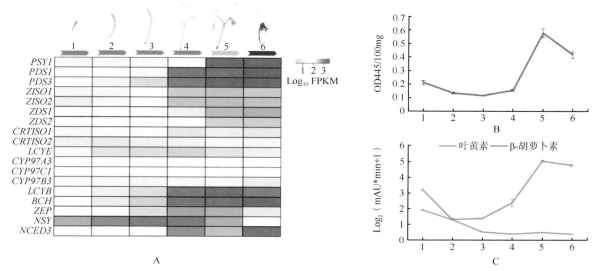

图 2-17 类胡萝卜素代谢途径相关基因表达及其含量变化分析

1.幼蕾期；2.绿蕾期；3.大白期；4.银花期；5.金花期；6.枯萎期

类胡萝卜素裂解双加氧酶 CCD 参与类胡萝卜素的降解，胡萝卜素很大程度上赋予植物果实、花等组织部位不同的颜色，如橙色、黄色、橘色等，CCD 的降解与植物颜色也密切相关。金银花基因组共注释到 7 个 *CCD* 基因（2 个 *CCD1*，1 个 *CCD1L*，1 个 *CCD4*，1 个 *CCD7* 和 2 个 *CCD8*）（图 2-18）。其中只有 *CCD1b* 与 *CCD4* 表达，*CCD1b* 在整个花期稳定表达，*CCD4* 的表达模式与类胡萝卜素的积累降解模式一致。通过原核表达体系，体外粗酶功能验证发现：CCD1b 具有裂解叶黄素与 β- 胡萝卜素 9，10（9′，10′）碳碳双键的功能；CCD4 具有裂解叶黄素与 β- 胡萝卜素 9，10（或 9′，10′）碳碳双键的功能，从而产生颜色较浅的 C27- 脱辅基类胡萝卜素、C14- 二醛以及挥发性的 C13- 脱辅基类胡萝卜素（图 2-19）。研究发现金银花 CCD 与金银花的花色变化相关，金银花基因组研究对其花期调控、药材品质形成机制及分子遗传育种等具有重要指导意义。

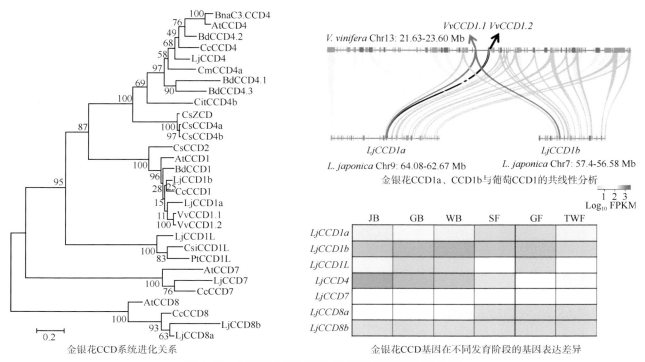

图 2-18 金银花 CCD 家族成员进化及基因表达分析

JB：幼蕾期；GB：绿蕾期；WB：大白期；SF：银花期；GF：金花期；TWF：枯萎期

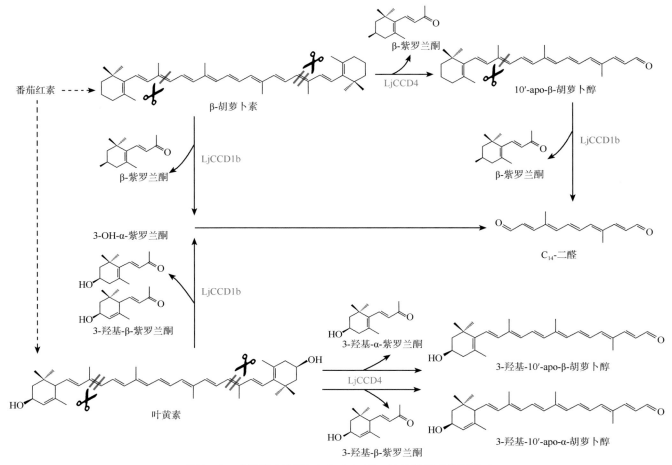

番茄红素

β-胡萝卜素

β-紫罗兰酮

LjCCD4

10′-apo-β-胡萝卜醇

β-紫罗兰酮

LjCCD1b

β-紫罗兰酮

LjCCD1b

3-OH-α-紫罗兰酮

3-羟基-β-紫罗兰酮

LjCCD1b

C₁₄-二醛

3-羟基-α-紫罗兰酮

3-羟基-10′-apo-β-胡萝卜醇

叶黄素

LjCCD4

3-羟基-β-紫罗兰酮

3-羟基-10′-apo-α-胡萝卜醇

图 2-19 金银花 LjCCD1b 和 LjCCD4 的体外催化活性鉴定

案例 3 穿心莲基因组

穿心莲 [*Androgrophis paniculate*（Burm. F.）Nees] 是唇形目爵床科的药用植物，分布于亚洲热带和亚热带地区，在中国、印度、泰国、马来西亚及其他东南亚国家传统医药中常用于治疗肺部疾病、肝炎、神经退行性疾病、自身免疫性疾病和炎性皮肤病等，被《中华人民共和国药典》和《印度阿育吠陀药典》等药典收录（图 2-20）。穿心莲主要药用活性成分为二萜内酯类物质穿心莲内酯、新穿心莲内酯及其类似物，被认为是下一代天然抗炎药物。

Sun 等（2019）首先利用流式细胞术检测和 *K*-mer 分析预估穿心莲基因组大小分别是 280Mb 和 281.26Mb。通过 PacBio SMRT 长读长测序平台对穿心莲基因组进行了 42 倍覆盖度的测序，共生成数据量 11.8Gb。初步的拼接组装穿心莲基因组大小为 269Mb，包括 1278 个 Contig。Contig N50 为 388kb，最长的 Contig 长度为 2.07Mb；进一步通过 Hi-C 测序技术将 95% 的拼接序列挂载到 24 个假染色体上，长度范围为 7.7Mb 到 14.7Mb。注释结果显示穿心莲基因组共有 25 428 个蛋白编码基因，每个基因平均含有 5.79 个外显子，*CDS* 的平均长度为 1255bp。穿心莲基因组中 1290 个基因家族呈现基因扩张，通过 InterProScan 对扩张的基因进行详细注释，结果发现了两类和穿心莲内酯合成相关的关键基因萜类合成酶（TPS）（IPR001906，$P = 0.000\ 13$）和细胞色素 P450（IPR001128，$P = 0.000\ 43$）明显富集（图 2-21）。

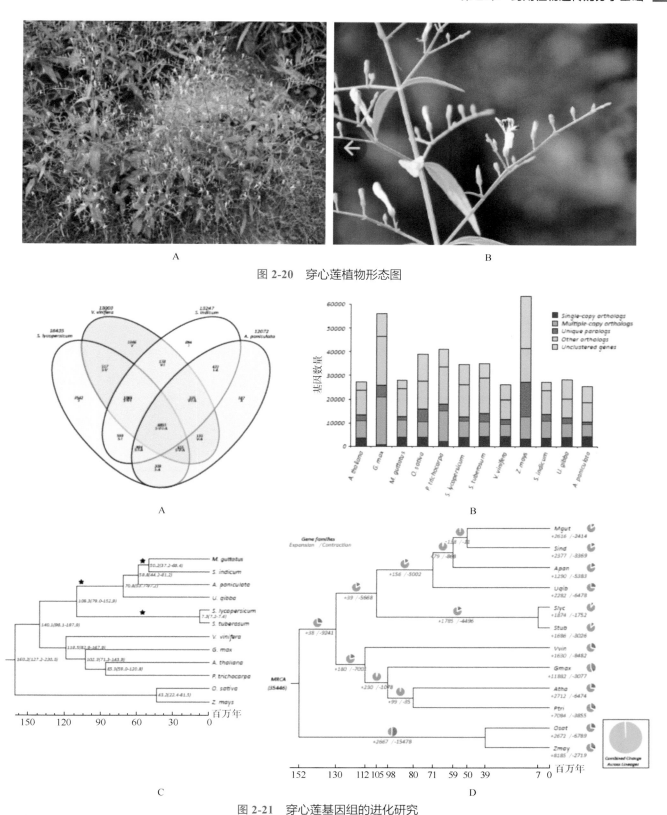

图 2-20　穿心莲植物形态图

图 2-21　穿心莲基因组的进化研究

A. 番茄、葡萄、芝麻和穿心莲四个物种间直系同源基因家族的韦恩图；B. 12 个植物基因组中直系同源基因的数量；C. 直系同源单拷贝基因预测穿心莲与其他植物的分化时间；D. 12 个植物基因组中基因家族的扩张和收缩情况

　　穿心莲内酯类化合物属于半日花烷类二萜，它的主要合成途径来自 MEP（甲羟戊酸）途径或者 MVA（脱氧木酮糖 -5- 磷酸）途径的 DMAPP（二甲基丙烯焦磷酸），在 GPPS（牻牛儿基焦磷酸合酶）和 GGPPS（牻

牛儿牻牛儿基焦磷酸合酶)两步催化下生成GGPP(牻牛儿牻牛儿基焦磷酸)，随后在DiTPSⅡ(二萜合酶Ⅱ型)催化下生成 *ent*-CPP(柯巴基焦磷酸)，推测其在去磷酸化酶、细胞色素(CYP)450和糖基转移酶的催化作用下，最终生成穿心莲内酯类化合物。穿心莲内酯合成途径关键酶大多都未被鉴定，如DiTPS1、去磷酸化酶、CYP450和糖基转移酶等。鉴于糖基转移酶位于该途径的末端，对穿心莲内酯类化合物，特别是新穿心莲内酯的稳定起到重要作用，因此糖基转移酶的鉴定将对整个途径的解析起到重要的推动作用。该研究共鉴定了参与穿心莲中二萜合成过程的3个CPS和2个KSL的催化功能，并鉴定了1个糖基转移酶ApUGT73AU1可以催化新穿心莲内酯苷元(andrograpanin)形成新穿心莲内酯(neoandrographolide)(图2-22)。

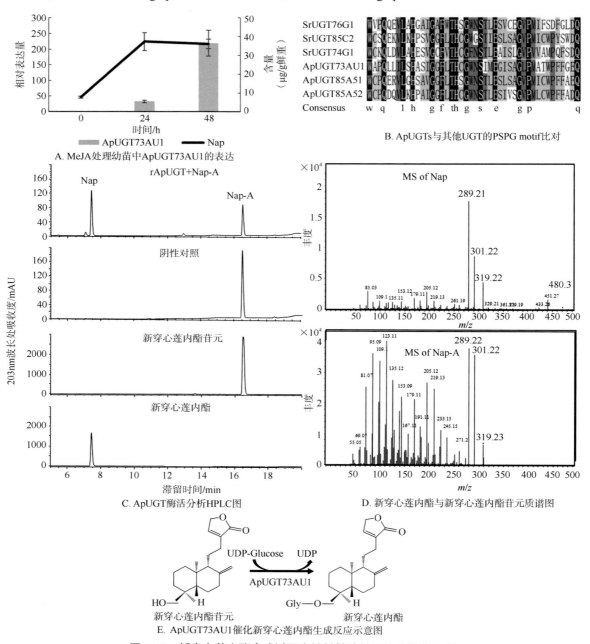

图 2-22　新穿心莲内酯合成过程中糖基转移基因的功能鉴定图

案例4　野菊花基因组

菊科物种是被子植物最大的科，其物种数大约占到被子植物总数的10%。菊属作为菊科极具观赏价值、药用价值的属，包括菊组和苞叶组两大分支。大家较熟悉的野菊、甘菊、菊、异色菊等属于菊组成员，其特有的花瓣形态与颜色，多样的染色体结构与倍性，以及复杂的杂交事件，一直备受植物学家的关注。同时《中华人民共和国药典》2020 年版收录菊属的野菊（*Chrysanthemum indicum* L.）和菊（*Chrysanthemum morifolium* Ramat.）分别为中药材野菊花和菊花的基原植物。针对菊属植物复杂的染色体遗传结构以及丰富的种质资源遗传多样性，Song 等（2019）利用 Oxford Nanopore 测序技术结合 Illumina 公司二代测序技术完成了菊花脑的全基因组测序、组装、注释及相关分析工作，该研究对于揭示菊属物种的起源进化及物种多样性具有重要的意义。

通过 Oxford Nanopore 公司测序技术获得了 105.2Gb 的原始数据，共计 570 万条单分子的读长，平均长度 17.7kb；结合 362.3Gb 的 Illumina 公司测序数据，采用混合拼接的方法，组装出约 2.53Gb 的菊花脑基因组，约占预测基因组大小的 82%，注释 56 870 个蛋白编码基因。进一步分析发现野菊基因组中约69.6% 为重复序列，其中长末端重复逆转录转座子最多，LTR/Copia 占据基因组的 25.4%。与已发表的 15个植物基因组进行系统进化分析发现野菊中有 1 939 个特异的基因家族共计 8 009 个基因，并且 1 965 个基因家族发生了扩张和 1 777 个基因家族发生了收缩（图 2-23）。扩张基因的功能注释结果显示转移酶和萜类合成酶基因功能明显富集，推测基因的扩张可能与次生代谢物的合成相关。

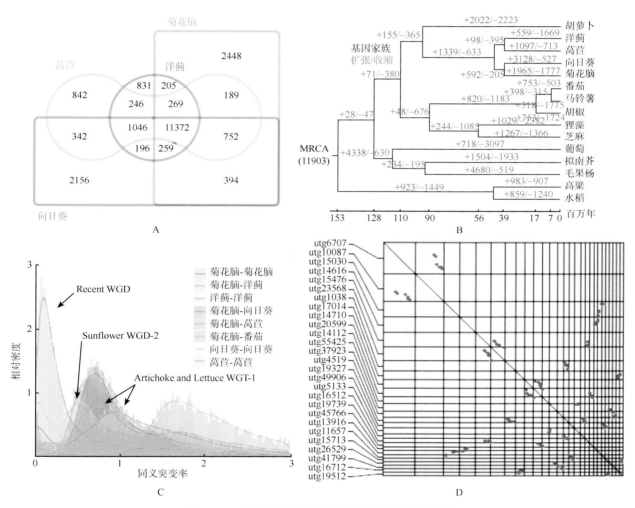

图 2-23　野菊花基因组与其他物种基因组比较分析

A. 菊花脑基因组与莴苣、洋蓟、向日葵基因组中共享及各自的基因家族数目；B. 15 个物种的基因家族扩张和收缩分析；C. 菊花脑与其他 3 种菊科生物共线性区段的同义替换率；D. 菊花脑基因组内旁系同源区段分析

在菊花的进化历史上，发生了多次的全基因组复制事件：核心真双子叶植物共享的古六倍化事件；

与近缘物种向日葵在约 57 百万年前共享一次全基因组三倍化事件；在约 5.8 百万年前发生了一次菊花脑物种特异的全基因组复制事件。研究发现，菊花基因组的近期复制事件可能直接导致了与花发育及重要药效成分合成相关基因的加倍，这些事件可能与菊花的种质多样性及药效成分多样性相关。此外，研究还针对花瓣对称性基因 TCP 转录因子、花型 MADS-box 转录因子、类胡萝卜素代谢途径、黄酮代谢相关转录因子、萜类合成酶及 *CYP450* 基因簇进行系统分析（图 2-24，图 2-25）。

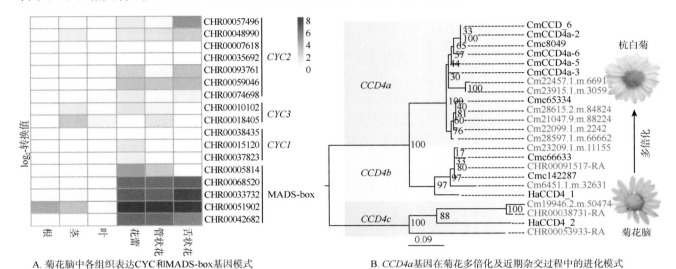

A. 菊花脑中各组织表达CYC和MADS-box基因模式

B. *CCD4a*基因在菊花多倍化及近期杂交过程中的进化模式

图 2-24 野菊花型、花色进化相关基因分析

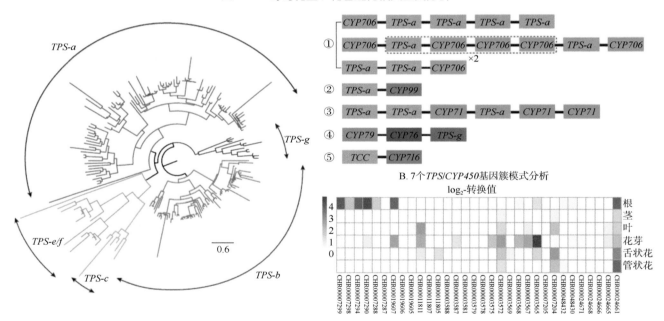

A. 菊花脑中158个*TPS*基因的系统发育重建。不同颜色代表不同亚家族

B. 7个*TPS/CYP450*基因簇模式分析

C. 7个*TPS/CYP450*基因簇成员的组织表达特异性分析

图 2-25 野菊花基因组 *TPS* 基因和 *TS/CYP* 基因簇

依据该研究的发现并结合已经完成的药用菊花代谢物品质研究，研究团队通过遗传标记筛选、产量性状选育及代谢组学数据统计现已选育多个黄酮及酚酸含量较高的杭白菊品种作为优质良种，正在进行大规模无公害种植以期进入到下游产品中，将推动药用菊花（野菊和菊花）的精准品种选育。该项研究首次完成了药用菊花品种——野菊（菊属植物代表）的全基因组测序，同时还完成了重要的药用菊花品种——杭白菊的全长转录组遗传信息发掘。野菊全基因组测序对于阐释被子植物的进化尤其是菊科植物多样性具有极其重大的科学意义，同时将极大地促进菊花药效成分、香气、花型及花色相关基因的深入

挖掘和分子育种模式下的药用菊花品种选育。

案例 5　大麻基因组

大麻（*Cannabis sativa*）广泛应用于纤维工业、药用等领域，是最早被人类驯化利用的药用植物之一。大麻素在大麻的花序中含量丰富，对人体作用独特。THC（四氢大麻酚）是大麻的主要精神活性物质，具有镇痛、止吐、刺激食欲等作用，同时也具有一定的致幻和成瘾的能力，而 CBD（大麻二酚）在治疗精神分裂、阿尔茨海默病以及护肤等方面具有一定的功效。大麻中的 THC 具有一定的成瘾性，在很多国家被列为禁品或限制品；但 CBD 具有重要的医疗价值。因此，研究大麻基因组，探究 THC 和 CBD 等大麻素的合成及调控途径，有可能培育出更符合当代人药用需求的大麻品种。

巴克尔（Bakel）研究小组于 2011 年对大麻 marijuana 品种 Purple Kush（PK，THC 含量高）和 hemp 品种 Finola（FN，THC 含量低）进行基因组和转录组测序及组装，获得了大麻基因组的草图。转录组分析显示在 PK 中大麻素合成通路上的 19 个基因中有 18 个有表达，而且在开花前及花期表达量最高，与大麻素在雌花腺毛中的合成规律一致，仅有 CBDAS（大麻二酚酸合酶）的编码基因没有表达。与 FN 相比，PK 中多数大麻素合成通路上的基因具有更高的表达量，此外 THCAS（四氢大麻酚酸合酶）编码基因仅出现在 PK 的转录组中，而在 FN 中则被 CBDAS 编码基因取代，这可能解释了为什么 THCA（四氢大麻酚酸）在 PK 中含量高，而 CBDA（大麻二酚酸）在 FN 中含量高（图 2-26）。

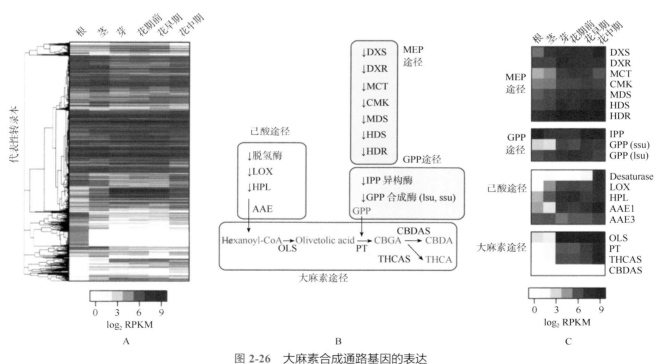

图 2-26　大麻素合成通路基因的表达

2019 年，凯特琳（Kaitlin）等对雌性 PK 和雄性 FN 进行了基因组二代、三代测序及组装，并对这两个材料杂交的 99 个 F$_1$ 代样品进行了重测序。结果表明，PK 中 *THCAS* 只有一个拷贝，但没有与 *CBDAS* 一致性超过 95% 的基因；FN 则与 PK 相反，有一个 *CBDAS* 拷贝，而没有 *THCAS*，这两个基因组里面都包含有 CBCAS（大麻色烯酸合酶），这一结果与 Bakel 等的研究一致。*THCAS* 和 *CBDAS* 都定位到

6 号染色体的一个已知与 *THCA* 和 *CBDA* 相关的标记附近，在两个基因组中包含 *THCAS* 和 *CBDAS* 的两个 Scaffold 之间差异巨大，且在基因组的其他位置也缺少相对应的区域。然而，PK 中 *THCAS* 所在的 Scaffold 上存在一个与 *CBDAS* 一致性达到 94% 的假基因，该基因中有一个 Gypsy 转座子元件插入。假如这些基因有共同的祖先，那么在出现分化后，显然已经有了广泛的重排。*THCAS* 所在的 Scaffold 有约 250kb，*CBDAS* 所在的 Scaffold 有约 750kb，这两个 Scaffold 之间除了大量的 LTR 逆转录转座元件外，几乎没有任何的相似性。通过对 99 个 F₁ 的重组分析发现，这两个 Scaffold 之间没有发生重组，也就是说这两个基因位于基因组的不同区域。大麻基因组及重测序为大麻素合成途径的鉴定，及大麻不同用途的新品种选育等研究奠定基础。

参 考 文 献

陈士林，宋经元 . 2016. 本草基因组学 . 中国中药杂志，41（21）：3881-3889.

陈士林，孙永珍，徐江，等 . 2010. 本草基因组计划研究策略 . 药学学报，45（7）：807-812.

陈士林，朱孝轩，李春芳，等 . 2012. 中药基因组学与合成生物学 . 药学学报，47（8）：1070-1078.

钱俊 . 2014. 丹参的叶绿体和线粒体基因组研究 . 北京：北京协和医学院 .

宋经元，徐志超，陈士林 . 2018. 本草基因组学专辑简介 . 中国科学：生命科学，48（4）：349-351.

孙超，胡鸢雷，徐江，等 . 2013. 灵芝：一种研究天然药物合成的模式真菌 . 中国科学：生命科学，43（5）：1-10.

王庆浩，陈爱华，张伯礼 . 2009. 丹参：一种中药研究的模式生物 . 中医药学报，37（4）：1-4.

Akagi T，Shirasawa K，Nagasaki H，et al. 2020. Correction：the persimmon genome reveals clues to the evolution of a lineage-specific sex determination system in plants. PLoS Genet，16（5）：e1008845.

Akagi T，Shirasawa K，Nagasaki H，et al. 2019. The persimmon genome reveals clues to the evolution of a lineage-specific sex determination system in plants. PLoS Genetics，16（2）：e1008566.

Amamoto K，Takahashi K，Mizuno H，et al. 2016. Cell-specific localization of alkaloids in Catharanthusroseus stem tissue measured with imaging MS and single-cell MS. Proc Natl Acad Sci USA，11（14）：3891-3896.

Chan A P，Crabtree J，Zhao Q，et al. 2010. Draft genome sequence of the oilseed species Ricinus communis. Nat Biotechnol，28：951.

Chaw S M，Liu Y C，Wu Y W，et al. 2019. Stout camphor tree genome fills gaps in understanding of flowering plant genome evolution. Nat Plants，5（1）：63-73.

Chen S L，Song J Y，Sun C，et al. 2015. Herbal genomics：Examining the biology of traditional medicines. Science，347（6219 Suppl）：S27-29.

Chen S L，Xu J，Liu C，et al. 2012. Genome sequence of the model medicinal mushroom Ganoderma lucidum. Nat Commun，3：913.

Chen S，Pang X，Song J，et al. 2014. A renaissance in herbal medicine identification from morphology to DNA. Biotechnol Adv，32（7）：1237-1244.

Chen S，Xu J，Liu C，et al. 2012. Genome sequence of the model medicinal mushroom *Ganodermalucidum*. Nat Commun，3（2）：177-180.

Chen S，Yao H，Han J，et al. 2010. Validation of the ITS2 region as a novel DNA barcode for identifying medicinal plant species. PLoS One，5（1）：8613.

Dolezel J，Greilhuber J，Suda J. 2007. Estimation of nuclear DNA content in plants using flow cytometry. Nat Protoc，2（9）：2233-2244.

Fu Y，Li L，Hao S，et al. 2017. Draft genome sequence of the Tibetan medicinal herb Rhodiola crenulata. GigaScience，6（6）：1-5.

Gao W，Hillwig M L，Huang L，et al. 2009. A functional genomics approach to tanshinone biosynthesis provides stereochemical insights. Org Lett，11（22）：5170-5173.

Graham I A，Besser K，Blumer S，et al. 2010. The genetic map of *Artemisia annua* L. identifies loci affecting yield of the anti- malarial drug artemisinin. Science，327：328-331.

Guan R，Zhao Y，Zhang H，et al. 2016. Draft genome of the living fossil Ginkgo biloba. GigaScience，5（1）：1-14.

Guo C，Wang Y，Yang A，et al. 2020. The coix genome provides insights into panicoideae evolution and papery hull domestication. Molecular Plant，13（2）：309-320.

Guo J，Zhou Y J，Hillwig M L，et al. 2013. CYP76AH1 catalyzes turnover of miltiradiene in tanshinone biosynthesis and enables heterologous production of ferruginol in yeasts. Proc Natl Acad Sci USA，110：12108-12113.

Guo L，Winzer T，Yang X，et al. 2018. The opium poppy genome and morphinan production. Science，362（6412）：343-347.

He N，Zhang C，Qi X，et al. 2013. Draft genome sequence of the mulberry tree Morus notabilis. Nat Commun，4：2445.

He Y，Xiao H，Deng C，et al. 2016. Survey of the genome of Pogostemon cablin provides insights into its evolutionary history and sesquiterpenoid biosynthesis. Sci Rep，6：26405.

Hirschberg J. 2001. Carotenoid biosynthesis in flowering plants. Curr Opin Plant Biol，4：210-218.

Hoshino A，Jayakumar V，Nitasaka E，et al. 2016. Genome sequence and analysis of the Japanese morning glory Ipomoea nil. Nat. Commun，7：13295.

Hu L，Xu Z，Wang M，et al. 2019. The chromosome-scale reference genome of black pepper provides insight into piperine biosynthesis. Nature Communications，10（1）：4702.

Initiative A G. 2000. Analysis of the genome sequence of the flowering plant *Arabidopsis thaliana*. Nature，408（6814）：796-815.

Jayakodi M，Choi B S，Lee S C，et al. 2018. Ginseng Genome Database：an open-access platform for genomics of Panax ginseng. BMC Plant Biol，18（1）：62.

Kai G，Xu H，Zhou C，et al. 2011. Metabolic engineering tanshinone biosynthetic pathway in *Salvia miltiorrhiza* hairy root cultures. Metab Eng，13：319-327.

Kellner F，Kim J，Clavijo B J，et al. 2015. Genome-guided investigation of plant natural product biosynthesis. The Plant J，82（4）：680-692.

Kitashiba H，Li F，Hirakawa H，et al. 2014. Draft Sequences of the Radish（Raphanus sativus L.）Genome. DNA Res，21（5）：481-490.

Lam E T，Hastie A，Lin C，et al. 2012. Genome mapping on nanochanned arrays for structural variation analysis and sequence assembly. Nat Biotechnol，30（8）：771-776.

Lau W，Sattely E S. 2015. Six enzymes from mayapple that complete the biosynthetic pathway to the etoposide aglycone. Science，349（6253）：1224-1228.

Li M Y，Feng K，Hou X L，et al. 2020. The genome sequence of celery（*Apium graveolens* L.），an important leaf vegetable crop rich in apigenin in the *Apiaceae* family. Horticulture Research，7（1）：9.

Li M，Zhang D，Gao Q，et al. 2019. Genome structure and evolution of *Antirrhinum majus* L. Nat Plants，5（2）：174-183.

Li Q，Ramasamy S，Singh P，et al. 2020. Gene clustering and copy number variation in alkaloid metabolic pathways of opium poppy. Nat Commun，11（1）：1190.

Liang Y，Xiao W，Hui L，et al. 2015. The genome of dendrobium officinale，illuminates the biology of the important traditional Chinese orchid herb. Mol Plant，8（6）：922-934.

Liu M J，Zhao J，Cai Q L，et al. 2014. The complex jujube genome provides insights into fruit tree biology. Nat Commun，5：5315.

Liu X，Chen J，Zhang G，et al. 2018，Engineering yeast for the production of breviscapine by genomic analysis and synthetic biology approaches. Nat Commun，9：448.

Liu X，Liu Y，Huang P，et al. 2017. The Genome of Medicinal Plant Macleaya cordata Provides New Insights into Benzylisoquinoline Alkaloids Metabolism. Mol Plant，10（7）：975-989.

Ming R，VanBuren R，Liu Y，et al. 2013. Genome of the long-living sacred lotus（Nelumbo nucifera Gaertn.）. Genome Bio，14（5）：R41.

Mochida K，Sakurai T，Seki H，et al. 2017. Draft genome assembly and annotation of Glycyrrhiza uralensis，a medicinal legume. The Plant J，89（2）：181-194.

Ohmiya A，Kishimoto S，Aida R，et al. 2006. Carotenoid cleavage dioxygenase（CmCCD4a）contributes to white color formation in chrysanthemum petals. Plant Physiol，142：1193-1201.

Paddon C J，Westfall P J，Pitera D J，et al. 2013. High-level semi-synthetic production of the potent antimalarial artemisinin. Nature，496：528-532.

Peng X，Liu H，Chen P，et al. 2019. A Chromosome-Scale Genome Assembly of Paper Mulberry（Broussonetia papyrifera）Provides New Insights into Its Forage and Pa-permaking Usage. Mol Plant，12（5）：661-677

Pu X，Li Z，Tian Y，et al. 2020. The honeysuckle genome provides insight into the molecular mechanism of carotenoid metabolism underlying dynamic flower coloration. New Phytol，doi：10. 1111/nph. 16552227（3）：930-943.

Qin G，Xu C，Ming R，et al. 2017. The pomegranate（Punica granatum L.）genome and the genomics of punicalagin biosynthesis. The Plant J，91（6）：1108-1128.

Raymond O，Gouzy J，Just J，et al. 2018. The Rosa genome provides new insights into the domestication of modern roses. Nat Genet，50（6）：772-777.

Rodrigo M J. Alquezar B，Alos E. 2013. A novel carotenoid cleavage activity involved in the biosynthesis of citrus fruit-specific apocarotenoid pigments. J Exp Bot，64：4461-4478.

Sachidanandam R，Weissman D，Schmidt S C，et al. 2001. A map of human genome sequence variation containing 1. 42 million single nucleotide polymorphisms. Nature，409（6822）：928-933.

Sanger F，Air G M，Barrell B G，et al. 1977. The nucleotide sequence of bacteriophage phix174 DNA. Nature，265（5596）：687-695.

Scherf U，Ross D T，Waltham M，et al. 2000. A gene expression database for the molecular pharmacology of cancer. Nat Genet，24（3）：236-244.

Shen Q，Zhang L，Liao Z，et al. 2018. The Genome of Artemisia annua Provides Insight into the Evolution of Asteraceae Family and Artemisinin Biosynthesis. Mol Plant，11（6）：776-788.

Song C，Liu Y，Song A，et al. 2018. The Chrysanthemum nankingense genome provides insights into the evolution and diversification of chrysanthemum flowers and medicinal traits. Mol Plant，11（12）：1482-1491

Song X，Wang J，Li N，et al. 2019. Deciphering the high-quality genome sequence of coriander that causes controversial feelings. Plant Biotechnology

Journal, 18（6）：1444-1456.

Sun W, Leng L, Yin Q, et al. 2019. The genome of the medicinal plant *Andrographis paniculata* provides insight into the biosynthesis of the bioactive diterpenoid neoandrographolide. The Plant Journal：for Cell and Molecular Biology, 97（5）：841-857.

Tanaka Y, Sasaki N, Ohmiya, A. 2008. Biosynthesis of plant pigments：anthocyanins, betalains and carotenoids. Plant J, 54：733-749.

The International Peach Genome I, Verde I, Abbott A G, et al. 2013. The high-quality draft genome of peach（Prunus persica）identifies unique patterns of genetic diversity, domestication and genome evolution. Nat Genet, 45：487.

Tu L, Su P, Zhang Z, et al. 2020. Genome of Tripterygium wilfordii and identification of cytochrome P450 involved in triptolide biosynthesis. Nature Communications, 11（1）：971.

Urasaki N, Takagi H, Natsume S, et al. 2017. Draft genome sequence of bitter gourd（Momordica charantia）, a vegetable and medicinal plant in tropical and subtropical regions. DNA research, 24（1）：51-58.

van Bakel H, Stout J M, Cote A G, et al. 2011. The draft genome and transcriptome of Cannabis sativa. Genome Biol, 12（10）：R102.

Venter J C, Adams M D, Sutton G G, et al. 1998. Shotgun sequencing of the human genome. Science, 280（5369）：1540-1542.

Vining K J, Johnson S R, Ahkami A, et al. 2017. Draft Genome Sequence of Mentha longifolia and Development of Resources for Mint Cultivar Improvement. Mol Plant, 10（2）：323-339.

Wan Y, Fan G, Liu Y, et al. 2013. The sacred lotus genome provides insights into the evolution of flowering plants. The Plant J, 76（4）：557-567.

Wang L, Yu S, Tong C, et al. 2014. Genome sequencing of the high oil crop sesame provides insight into oil biosynthesis. Genome Bio, 15（2）：R39.

Wang Z, Hobson N, Galindo L, et al. 2012. The genome of flax（Linum usitatissimum）assembled de novo from short shotgun sequence reads. The Plant J, 72（3）：461-473.

Wei S, Liang L, Yin Q, et al. 2018. The medicinal plant andrographis paniculata genome provides insight into biosynthesis of the bioactive diterpenoid neoandrographolide. The Plant J, 97（5）.

Xia E H, Zhang H B, Sheng J, et al. 2017. The Tea Tree Genome Provides Insights into Tea Flavor and Independent Evolution of Caffeine Biosynthesis. Mol Plant, 10（6）：866-877.

Xie D, Xu Y, Wang J, et al. 2019. The wax gourd genomes offer insights into the genetic diversity and ancestral cucurbit karyotype. Nature Communications, 10（1）：5158.

Xu H, Song J, Luo H, et al. 2016. Analysis of the Genome Sequence of the Medicinal Plant *Salvia miltiorrhiza*. Mol Plant, 9（6）：949-952.

Xu H, Song J, Luo H, et al. 2016. Analysis of the genome sequence of the medicinal plant Salvia miltiorrhiza. Mol Plant, 9：949-952.

Xu J, Chu Y, Liao B, et al. 2017. Panax ginseng genome examination for ginsenoside biosynthesis. Gigascience, 6（11）：1-15.

Xu Z, Peters R J, Weirather J, et al. 2015. Full-length transcriptome sequences and splice variants obtained by a combination of sequencing platforms applied to different root tissues of *Salvia miltiorrhiza* and tanshinone biosynthesis. Plant J, 82（6）：951-961.

Xu Z, Xin T, Bartels D, et al. 2018. Genome Analysis of the Ancient Tracheophyte Selaginella tamariscina Reveals Evolutionary Features Relevant to the Acquisition of Desiccation Tolerance. Mol plant, 11（7）：983-994.

Yan L, Wang X, Liu H, et al. 2015. The genome of dendrobium officinale illuminates the biology of the important traditional chinese orchid herb. Mol Plant, 8（6）：922-934.

Yang J, Zhang G, Zhang J, et al. 2017. Hybrid de novo genome assembly of the Chinese herbal fleabane Erigeron breviscapus. GigaScience, 6（6）：1-7.

Yang K, Tian Z, Chen C, et al. 2015. Genome sequencing of adzuki bean（Vigna angularis）provides insight into high starch and low fat accumulation and domestication. Proc Natl Acad Sci U S A, 112（43）：13213-13218.

Yang Y, Sun P, Lv L, et al. 2020. Prickly waterlily and rigid hornwort genomes shed light on early angiosperm evolution. Nat Plants, 6（3）：215-222.

Yao Y F, Wang C S, Qiao J, et al, 2013. Metabolic engineering of *Escherichia coli* for production of salvianic acid A via an artificial biosynthetic pathway. Metab Eng, 19：79-87.

Ye N, Zhang X, Miao M, et al. 2015. Saccharina genomes provide novel insight into kelp biology. Nat Commun, 6：6986.

Yuan Y, Jin X, Liu J, et al. 2018. The Gastrodia elata genome provides insights into plant adaptation to heterotrophy. Nat. Commun, 9（1）：1615.

Zeng L, Tu X L, Dai H, et al. 2019. Whole genomes and transcriptomes reveal adaptation and domestication of pistachio. Genome Biol, 20（1）：79.

Zhang D, Li W, Xia E H, et al. 2017. The medicinal herb *Panax notoginseng* genome provides insights into ginsenoside biosynthesis and genome evolution. Mol Plant, 10：903-907.

Zhang G Q, Xu Q, Bian C, et al. 2016. The *Dendrobium catenatum* Lindl. genome sequence provides insights into polysaccharide synthase, floral development and adaptive evolution. Sci Rep, 6（19029）：1-10.

Zhang J, Tian Y, Yan L, et al. 2016. Genome of Plant Maca（Lepidium meyenii）Illuminates Genomic Basis for High-Altitude Adaptation in the Central Andes. Mol Plant, 9（7）：1066-1077.

Zhang L, Chen F, Zhang X, et al. 2020. The water lily genome and the early evolution of flowering plants. Nature, 577（7788）：79-84.

Zhao D, Hamilton J P, Pham, G M, et al. 2017. De novo genome assembly of Camptotheca acuminata, a natural source of the anti-cancer compound camptothecin. GigaScience, 6 (9): 1-7.

Zhao L, Zhang F, Ding X, et al. 2018. Gut bacteria selectively promoted by dietary fibers alleviate type 2 diabetes. Science, 359 (6380): 1151-1156.

Zhou Y J, Gao W, Rong Q, et al. 2012. Modular pathway engineering of diterpenoid synthases and the mevalonic acid pathway for miltiradiene production. J Am Chem Soc, 134: 3234-3241.

Zhu Y, Xu J, Sun C, et al. 2015. Chromosome-level genome map provides insights into diverse defense mechanisms in the medicinal fungus Ganoderma sinense. Sci Rep, 5: 11087.

Zhu Y, Xu J, Sun C, et al. 2015. Chromosome-level genome map provides insights into diverse defense mechanisms in the medicinal fungus *Ganoderma sinense*. Sci Rep, 5: 1-14.

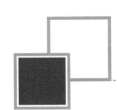

第3章 药用植物资源遗传评价

药用植物资源是医药产业的关键组成部分。我国药用植物物种丰富，资源分布广泛，了解掌握药用植物的资源现状是保障中医药瑰宝传承与发扬的重要基础。药用植物资源遗传评价是将药用植物的基因组成与结构和时间、空间相结合，研究药用植物的遗传进化及地理分布特点。通过研究药用植物遗传物质的内在组成与表型性状之间的关系，了解药用植物对不同环境的适应机制，有利于药用植物资源的保护；同时有效地促进药用植物的良种选育工作，极大地缩短育种年限，节省人力物力。另外，研究药用植物在不同时间、不同地理区域之间发生的遗传变异，可帮助解决不同物种间的历史起源、亲缘关系、系统进化等问题。通过研究药用植物的品质性状同地理区域、气候变化、土壤性质、环境因子等之间的相互关系，探究道地药材的品质形成机理。本章主要介绍药用植物资源的遗传多样性评价、谱系地理学研究以及遗传评价在药用植物研究中的相关应用，以促进药用植物资源的合理保存利用，从而保障中医药产业的可持续发展。

3.1 药用植物资源遗传多样性评价

3.1.1 遗传多样性的概念

我国野生药用植物资源种类丰富，第三次全国中药资源普查结果显示我国药用植物资源共有 11 146 种。如何对这些资源进行有效的收集、保存和遗传评价是对其进一步开发和利用的关键。在药用植物众多的表型、代谢特征和环境适应能力的多样性变异中，内在的遗传多样性是其生命适应和进化的物质基础，是药用植物对环境变化成功做出反应的决定因素。物种个体的遗传多样性与其各种表型性状的差异紧密相关，如药材的产量、代谢产物的成分与含量等。物种的遗传多样性或变异越丰富，其对环境变化的适应能力越强，进化的潜力也越大，或者说遗传多样性为药用植物的进化和特征多样化提供了潜在的原料储备。对药用植物资源进行有效的遗传评价，最重要的研究内容是对其地理分布区内代表性的自然居群样本进行遗传多样性的全面分析，寻找遗传多样性与地理环境、生态气候、人为干扰等生物和非生物因子变化的相关性以及所呈现的空间遗传结构特征和谱系进化特征，为优异种质资源的发掘利用提供理论数据支撑。

3.1.2 遗传多样性的检测方法

遗传多样性通常用目标 DNA 片段或基因所呈现的多态位点比率（P）、平均杂合度（H）、等位基因多样性（A）等遗传参数来描述，而分子标记（molecular marker）则在生物遗传多样性的检测中起到关键作用。在遗传多样性研究中，每个能反映遗传变异或能提供居群遗传信息的多态性位点称为一个分子标记；在遗传育种研究中，每个与目标性状或目的基因连锁的多态性位点也称为一个分子标记。分子标记技术以分子遗传信息为基础，在植物资源的遗传评价、亲缘关系界定、遗传育种及分子系统发育等领域具有广泛的应用。

常用的分子标记有依赖于蛋白质变异的同工酶技术和基于 DNA 序列变异的 DNA 分子标记技术。其中，后者通过分析生物体间具有遗传信息差异的 DNA 片段，进而揭示生物内在核酸碱基的排布与其表型性状的关系。DNA 分子标记位点遍布物种的整个基因组，数量众多，且 DNA 分子标记技术具有检测速度快、灵敏度高、特异性强、准确可靠等优点，不受生物体生长发育阶段、供试部位、试验条件等因素的影响。目前 DNA 分子标记技术已广泛应用于植物资源遗传评价、遗传育种、起源进化、分类鉴定等多个领域。DNA 分子标记技术可在药用植物分类及亲缘关系鉴定、道地性研究、生物多样性保护及推进中药产业现代化等各方面展示其广阔的应用前景。

3.1.3 DNA 分子标记的种类及优缺点

根据原理不同，可将 DNA 分子标记分为三类：第一类分子标记以酶切或分子杂交为核心，如限制性片段长度多态性（restriction fragment length polymorphism，RFLP）、扩增片段长度多态性（amplified fragment length polymorphism，AFLP）、酶切扩增多态性序列（cleaved amplified polymorphism sequence，CAPS）等；第二类分子标记是基于 PCR 反应，如随机扩增多态性 DNA（pandom amplified polymorphism DNA，RAPD）、特异性片段扩增区域（sequence-characterized amplified region，SCAR）、短串联重复序列标记（short tandem repeat，STR）、简单序列重复区间标记（inter-simple sequence repeat，ISSR）等；第三类是基于单核苷酸多态性（single nucleotide polymorphism，SNP）的 DNA 标记，SNP 是指在基因组水平上由单碱基转换、颠换、插入和缺失所引起的序列多态性，在药用植物分类鉴定中广泛使用的 DNA 条形码技术即是利用目标序列间的 SNP 位点实现对不同物种的分类与鉴定。此外，这些分子标记还可以分为显性和共显性分子标记两大类，其中 AFLP、RAPD 等为显性标记，所得标记结果只能按照条带有无统计；而 SSR 标记则为典型的共显性标记，所得分析结果可以区分所研究对象的纯合子和杂合子以及样本的倍性水平。

（1）以酶切为核心的分子标记 该类标记技术是利用限制性内切酶对样品 DNA 进行切割，产生一定量数目、种类和大小不一的序列片段，进而利用凝胶电泳等技术分离被酶解的 DNA，从而识别样本之间所呈现的 DNA 序列条带多态性。该类标记比较典型的代表为 RFLP 和 AFLP 标记。RFLP 是由博塞因（Botsein）等提出的应用最早的分子标记，于 1974 年开始作为遗传分析工具，20 世纪 80 年代应用于植物的分析鉴定。该标记已被应用于药用植物鉴定、亲缘关系分析、群体遗传多样性测定以及构建基因连锁图谱等方面。但 RFLP 技术操作复杂，耗时长，限制性内切酶的选用要求严格，且多样性检测时涉及放射性物质的使用，对操作人员的身体健康存在潜在威胁，在一定程度上影响了该技术的应用。

AFLP 是 1992 年由萨博（Zabeau）和沃斯（Vos）开发出来的一种检测 DNA 多态性的方法。其在限制性内切酶切割基因组 DNA 的同时，进一步通过引物筛选和 PCR 扩增获取特定目标范围的 DNA 片段长度多态性。相比 RFLP 标记技术，AFLP 标记技术具有分辨率高、重复性好和灵敏度高等优点，可准确有效地分析种以下水平的变异，在群体结构调查和亚种分化的研究中发挥重要作用。因此被广泛地应用于遗传结构和地理位置关系的研究、遗传多样性的计算、物种起源的确定以及属和种间关系的研究。

（2）以 PCR 技术为核心的分子标记 该类分子标记基于随机或特异引物进行 PCR 反应获取样本扩增产物条带的多态性。RAPD 和 STR 技术属于典型的此类标记技术，其中 RAPD 标记不需要特意设计扩增引物，可用于研究基因组核苷酸序列未知的供试样品，引物可以随机合成或任意选定，长度一般为 10 个寡核苷酸。但此类标记扩增的特异性差，可重复率较低，目前已不再被广泛使用。

STR 又称微卫星 DNA（microsatellite DNA），是一段简单的串联重复序列，广泛分布于动植物基因组中，重复次数在不同基因型间差异较大。通过获取 SSR 的侧翼保守序列可设计引物对目标微卫星区域进行扩增，进而获取样本间串联重复序列长度的多态性。该技术由于可重复性好、可靠性高且具有共显性等特征，广泛应用于植物遗传多样性研究中的种质资源鉴定和资源评价。早期的 SSR 分析由于缺乏可用的基因组序列信息，需要通过较为复杂的方法如磁珠富集法等进行 SSR 标记引物的开发。随着药用植物基因组或转录组序列的迅速增加，获取该类标记引物变得更加快捷，其应用也更加广泛。

（3）基于单核苷酸多态性的分子标记　SNP 标记被称作第三代 DNA 遗传标记，其主要是利用广布于动植物基因组的单核苷酸碱基差异或者小的插入、缺失变异等。由于 SNP 标记可通过细微的碱基差异区分样本个体，较传统分子标记其多态性更高，获得的遗传信息也更加精确（图 3-1）。早期发展的 DNA 芯片技术可用于 SNP 位点的检测分析。随着测序成本的降低、通量的升高，基于新一代测序技术的简化基因组分析、重测序分析等大大方便了 SNP 标记位点的发掘利用，正逐步替代芯片等传统技术，在药用植物遗传多样性检测和资源遗传评价中得到广泛的应用。

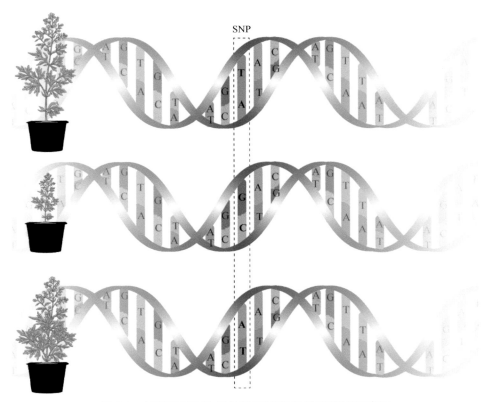

图 3-1　与药用植物生长性状相关联的 SNP 突变示意图

在药用植物的分子鉴定中，DNA 条形码（DNA barcoding）是一种广泛应用的技术。该技术的本质是基于 SNP 位点的变异信息鉴定物种，在物种间和样本间引物通用性较强，且操作简便、准确率高，研究人员短时间即可掌握，通过建立可视化的 DNA 条形码信息数据库，制定标准的实验操作流程，可使物种鉴定更加规范科学。DNA 条形码技术的发展推动了传统中药鉴定走向标准化和规范化，是药用植物分子鉴定方法学的创新。

除了上述常用的分子标记外，其他的一些分子标记技术例如 SCAR、STS（sequence-tagged site，序列标记位点）、SSCP（single-strand conformation polymorphism，单链构象多态性）、CAPS 等都是在前述标记类别基础上的衍生与特异化，在药用植物研究中分别有不同的应用。分子生物学技术的快速发展，促进了众多分子标记技术的产生并广泛地应用于生物学研究的各个领域。分子标记间各有优势与不足，不同的标记技术相互结合后，又可产生新的标记技术。当前已有几十种分子标记技术，且各有其特点，根据不同的研究对象、目的及研究深度，研究者可进行合理选择（表 3-1）。

表 3-1　不同分子标记技术之间的比较

分子标记名称	原理	优点	缺点
RFLP	酶切片段多态性	稳定，重复性好，能够区分纯合和杂合，探针可遍及整个基因组	DNA 用量较大，技术复杂，周期长；遗传图谱饱和度低
RAPD	DNA 扩增多态性	操作简单，DNA 用量少，引物可通用，无须目的片段序列信息	无法鉴别纯合和杂合，重复性较差
SSR	重复序列扩增多态性	重复性好，结果可靠，变异位点广泛，能鉴别纯合和杂合，可自动化分析	具有专一性，引物设计较困难，耗时耗力，扩增条件要求不同
SNP	单核苷酸多态性	通量大，多态性丰富；自动化分析程度高，速度快，易于建立标准化操作	芯片设计成本较高，需供试样品全基因组序列信息
AFLP	酶切片段多态性	标记可覆盖整个基因组，多态性高；对模板浓度变化不敏感，快速、可靠	对模板 DNA 质量、PCR 反应条件要求较高，同位素、荧光标记价格高昂
ISSR	重复序列扩增多态性	操作简单、高效；引物专一性强，可重复性较好	PCR 反应条件要求较高，无法区分纯合和杂合
DNA 条形码	DNA 片段特异性及多样性	操作简单，对操作人员专业性要求较低，可快速鉴定大量样本，结果不易受外界条件影响，准确性高	无适用于所有物种的通用条形码序列

3.1.4　遗传多样性的评价指标

遗传多样性评价是群体遗传学研究的重要内容。在群体遗传学研究中，哈迪 - 温伯格（Hardy-Weinberg）定律是其核心理论基础，主要描述在没有选择作用、突变、漂移和迁徙等情况的较大随机交配的理想群体中，样本个体基因位点的基因型频率和基因频率可跨世代保持平衡。如果在群体遗传和进化研究中得到的数据结果与哈迪 - 温伯格定律预测的不一致，则表明该群体的繁殖方式不是随机交配，或基因成分发生了变化。根据这个原理，群体遗传学通过运用数学和统计学方法研究群体基因型频率和基因频率的变化规律，从而形成衡量群体遗传多样性和变异水平的变量参数。

常用的遗传多样性评价指标如下。

多态位点百分率（percentage of polymorphic loci，P）：表示多态性位点占总位点数的百分比，是反映遗传多样性的重要指标之一。

预期杂合度（excepted heterozygosity，He）：衡量群体内遗传变异的有效指标，是根据哈迪 - 温伯格定律计算得出的杂合度，取值范围从 0 到 1，反映群体中等位基因的丰富程度和均匀程度，期望杂合度越大，群体的遗传变异程度越大。

多态信息含量（polymorphism information content，PIC）：用于对标记基因多态性的估计，是表示 DNA 变异程度高低的一个指标。当某标记基因 PIC ＞ 0.5 时，即表明该标记为高度多态标记；0.25 ＜ PIC ＜ 0.5 时，为中度多态标记；PIC ＜ 0.25 时，为低度多态标记。

有效等位基因数（mean effective number of alleles per locus，Ne）：有效等位基因数是在群体中起作用的等位基因的数目，是反映群体遗传变异大小的一个指标，其数值越接近所检测到的等位基因的绝对数，表明等位基因在群体中分布越均匀。

Nei's 基因多样性指数 H：通过计算遗传距离来分析遗传多样性的指标，即通过计算单倍型多样性指数来计算群体间的核苷酸序列歧化距离，是根据种群间不同基因所占的比例算出的遗传多样性。

遗传分化系数 F_{ST}：代表不同群体间的遗传分化水平，F_{ST} 值的范围是 0 ～ 1，值越大，亚群间的分化程度越高，基因流水平越低。

基因流 *Nm*：由不同繁育种群间个体的偶然交配导致的遗传交换，即指一个种群的基因进入另一个种群（同种或不同种）的基因库，使接受者种群的基因频率发生改变，基因流的基本作用是弱化种群间的遗传分化。

物种遗传多样性不仅包括遗传变异的大小，也包括遗传变异分布格局即居群的遗传结构。居群遗传结构主要通过基于贝叶斯定理、溯祖理论（coalescent theory）和马尔可夫链蒙特卡洛算法（Markov chain Monte Carlo algorithms）等遗传理论进行评价和估算。相关分析方法如基于 Structure 软件的贝叶斯分配分析、PCoA 聚类分析、Mantel 检测等都涉及样本群体的遗传结构分析，包括估测有效居群大小（effective population size）、测度基因流（gene flow）、检测亲缘关系（kin relationship）、推测居群历史及揭示居群地理空间分布格局等。

3.2　药用植物谱系地理学研究

3.2.1　谱系地理学概念

如果遗传多样性的检测主要考虑样本在一定空间分布范围内的变异方式和格局，那么药用植物的谱系地理学研究则更多地是考虑目前的空间多样性变异格局相对于时间梯度的演化过程。目前国际上对经济作物的起源历史已有了较大的研究进展，但在药用植物的起源地、演化历史方面尚未充分研究。药用植物在世界范围有悠久的利用历史，针对药用植物的物种起源、谱系地理结构、进化历史等问题，科研人员正在从分子谱系地理学方面加以解决。20 世纪 80 年代 DNA 测序技术的突破，引起了进化生物学的革命性进展。在这次变革中，谱系地理学（phylogeography）脱颖而出，逐渐成为一个具有极高影响力的学科。谱系地理学由阿维塞（Avise）及其同事于 1987 年提出，为研究物种内或近缘种间的谱系地理格局，以及相关形成机制及形成过程的一门综合交叉学科。他们发现种内线粒体 DNA（mtDNA）基因树的支系结构常常表现出显著的地理格局，主要研究内容包括：① mtDNA 分子之间的系统发育关系。②类群的地理分布格局。谱系地理学从时间和空间维度对物种的谱系地理结构进行解析，探究地质历史、生态和生物多样性之间的联系。谱系地理学需要结合分子遗传学、群体遗传学、生态学、群体统计学、进化生物学、古生物学、地质学和古地理学等学科，从中探究造成物种谱系地理结构的进化历程、群体动态和生物地理进程等。

谱系地理学的主要研究内容有：依据质体 DNA 和核基因等分子数据评估各基因谱系和各地理群体间的遗传变异及地理分布式样，结合一些相关历史地质事件（山脉隆升、河流形成、火山爆发、冰期运动等）、物种的历史群体变化（交配方式及子代散布形式、物种的历史迁徙或传播路径等），推测群体扩张、瓶颈效应、地理隔离分化和迁移等历史事件，以及进化事件，如杂交、基因渐渗和分歧事件等。谱系地理学的主要研究目的是通过评估物种总体水平及群体水平的遗传多样性与遗传分化格局，推断物种可能的冰期避难所，估算近缘物种之间的分化历史，计算物种以及近缘物种的分歧时间和追溯物种的驯化过程等。进化生物学一直以来的命题就是如何由物种内的微观进化（microevolution）推断物种间或者更高分类系统中的宏观进化（macroevolution）。谱系地理学是连接微观进化和宏观进化的交叉学科，通过研究不同时空尺度上的种群间基因交流、地理隔离和二次接触等模式的历史变化，探讨生物多样性热点地区的形成机制，并为濒危物种制定保护策略提供理论依据。

3.2.2 分子谱系地理学的分子标记发展

将 DNA 序列变异用于系统发育重建始于 20 世纪 70 年代，随着 PCR 技术的出现，基于 DNA 序列的系统发育研究迅速发展起来。1987 年，美国学者 Avise 及其同事应用 mtDNA 研究了动物种内居群间的地理分化格局，提出了谱系地理学的概念，并开创了 mtDNA 在动物分子谱系地理中的应用。初始的谱系地理研究使用 mtDNA 判定动物群体间、亚种间及近缘种间的系统发育关系，分析群体谱系关系与地理分布之间的关联。由于 mtDNA 在动物群体中的突变速率较快，能够提供充分的 DNA 变异位点，这使得基于 mtDNA 的谱系地理学相继在人类的起源进化研究和动物的种群演化方面发挥了巨大的作用。当然，mtDNA 数据只能评估谱系的一个特殊组成部分——单亲世系，所以记录在 mtDNA 中的物种历史进程不能完整反映物种内的系统发育关系，尤其对两个亲本谱系间具有显著谱系地理差异的物种而言。尽管如此，mtDNA 是第一个可在种内水平分析"基因谱系"的稳定、广泛的分子标记。

由于植物的线粒体基因进化速率较低，植物 mtDNA 序列存在容易发生基因顺序变化和遗传重组等缺陷，mtDNA 不是植物种内谱系地理研究的理想标记。基于植物 mtDNA 的缺陷，谱系地理学在植物中的应用相较于动物类群滞后。21 世纪以来，随着植物叶绿体 DNA（cpDNA）的测序发展及深入研究，基于 cpDNA 的植物谱系地理学研究数量急剧增长。植物 cpDNA 为单系遗传，多为母系遗传，遗传过程中不经历基因重组，可作为体现物种母系来源和演化历史的可靠工具。特别是叶绿体基因组中的非编码区序列，由于所受的选择压力小，可清楚反映植物的群体演化历史，被广泛地应用于植物系统发育和谱系地理等研究中。目前用于谱系地理研究的 cpDNA 标记很多，各基因序列都各自具有不同的适用范围（表 3-2）。

表 3-2　分子谱系地理分析常用 cpDNA 标记举例

标记名称	特点	适用范围
trnH-psbA	叶绿体 DNA 突变率最高的基因间隔区	被推荐为陆生植物系统分析的通用标记，被用于很多的被子植物和苔藓植物的系统发育及分子谱系地理研究中
trnK	该内含子序列的简约信息特征和系统发育结构优于快速进化的编码基因（如 *matK* 基因），种内变异较高	种内系统发育树重建和种群遗传研究的理想标记之一
matK	全长约 1500bp，为 *trnK* 基因的一段内含子区域	不仅可以用于物种水平的系统发育研究，对种下水平的系统发育关系评估也非常有效
atpB-rbcL	最早运用于植物系统发育研究的 cpDNA 基因间隔区序列	在推断高层级植物类群的系统发生关系时，该标记的效果十分理想，该 DNA 片段在亲缘关系较近的物种之间也存在着相当丰富的序列变异
trnT-trnF	植物系统发育研究中使用最为频繁的 cpDNA 标记之一	该区域变异性较高，常被应用于推测种内和属内系统发育关系

虽然 cpDNA 在植物谱系地理研究中有广泛的应用，并取得了良好的效果，但在探讨物种内的基因交流和遗传渐渗等事件时，cpDNA 标记并不适用，并且 cpDNA 进化速率相对保守，在一些植物种群的研究中无法提供充分的遗传变异信息。而核基因由于是双亲遗传，能更准确地反映物种间关系，在谱系地理中加入核基因研究，可与 cpDNA 数据的分析结果形成互补。常用的核基因序列有 ITS 基因序列等，ITS 为编码核糖体 DNA 的基因内转录间隔区，分为 ITS1 和 ITS2 序列。ITS 序列具有序列碱基变异速率相对较快、引物通用性强、拷贝数量多的优点，能够提供详尽的系统学分析所需要的可遗传性状，这使得 ITS 序列在植物系统发育研究中受到广泛应用。但 ITS 序列也具有一些缺陷，阿尔瓦雷斯（Alvarez）和温德尔（Wendel）于 2003 年对五年间的系统发育研究进行了总结，他们认为 ITS 序列由于具有协同进化、趋同性、多拷贝、基因重组等特点，在系统发育研究中容易产生错误的进化树，有必要从核基因组中开发单拷贝或低拷贝的基因序列用于今后的系统进化研究。

相较于 cpDNA 序列，单 / 低拷贝的核基因序列，由于具有更快的变异速率，可在植物系统发生关系构建时提供更高的准确性和分辨率，在分子谱系地理学研究中显得尤为重要。核 DNA 序列多态位点丰富，能更准确揭示种群的历史动态、基因流和历史事件的遗留痕迹。所以，结合叶绿体和核基因标记进行谱系地理学分析具有非常重要的意义。目前已经挖掘并应用于谱系地理研究的单 / 低拷贝核基因有很多，如 *CHS* 基因（查耳酮合成酶基因）、*LEAFY* 基因（调控花分生组织和花期等功能）、*PHY* 基因（光敏色素基因）、*rpb2* 基因（编码 RNA 聚合酶 Ⅱ 的第二大亚基）、*β-amylase* 基因（β- 淀粉酶基因）等。

为了解决在植物中获取单拷贝核基因较为困难的问题，近年来大量的谱系地理学研究采用 SSR 标记及 SNP 数据作为 DNA 序列数据的补充。SSR 分子标记不适用于系统发育分析，只能从基因频率的角度对群体进行遗传聚类分析，严格讲并不属于 Avise 最初定义的谱系地理学的范畴；但如果恰当使用，SSR 标记能与 cpDNA 序列数据形成良好互补，在推断植物种群地理格局的形成机制时发挥作用。此外，随着高通量测序技术的发展及测序成本的降低，第二代测序技术（NGS）也被引入到分子谱系地理学研究中，与传统测序技术相比，NGS 可以大规模开发基因组水平的 SNP 位点。特别是近年来发展起来的基于酶切的简化基因组测序技术（如 RAD-seq、GBS 及相关衍生技术）可以省时且经济地检测模式及非模式物种基因组水平的 SNP，具有周期短、准确、数据量多、性价比高等优点，近几年来已逐渐成为分子谱系地理学研究的主流方法。

3.2.3 谱系地理学的理论模型和分析方法

1. 谱系地理学的理论模型

谱系地理学的基础理论之一为溯祖理论，即用数学和统计学方法探讨追溯等位基因共同祖先进化过程中的谱系变化，依据现存居群存在的中性遗传变异，回推变异产生的历史过程。近年来，分子谱系地理学发展迅速，已成为探究物种群体演化历史的主要手段，并产生了很多相关的理论模型。

分子进化中性理论（the neutral theory of molecular evolution），该学说由木村（Kimura）于 1968 年首次提出，他认为突变一般导致种群的遗传变异，而绝大多数等位基因都是中性突变，不受自然选择的影响，而是随机在种群中保留和消失，随机的遗传漂变是影响群体分化的主要因素。Avise 等（1987）在 mtDNA 研究的基础上，更详细地阐述了谱系地理的理论假说：

（1）大多数物种的地理种群都处在种内系统发育树的不同分支上，这种系统发育分支的地理划分称为谱系地理结构，进化分支间的遗传距离可大可小，但有时地理支系间存在较大的系统发育隔断。

（2）没有明显谱系地理结构的物种，其物种生命周期有利于群体的散布，并且分布区域没有阻碍群体间基因流的因素。这些物种在近期进化历程中要么具有相对高的地理散布能力，要么所有群体从一个避难所迅速扩张而来。

（3）存在显著遗传隔断的单系群体通常由长期的地理及基因流隔离造成，因为群体间的杂交繁衍会导致谱系间的基因交流。隔离种群在长期隔离情况下才能形成单系群，并且隔离的时间应该与谱系间的分化程度正相关（其他条件一致的情况下）。这个假说导致了一系列的推论：①随着隔离时间的增长，由不同基因分别推断的基因谱系地理格局之间的一致性会增加，也就是说，长期隔离群体间的系统发育分化应该同等反映在核基因和质体基因上。②具有相同地理分布区域的不同物种间的系统发育隔断应该是一致的，也就是说，对分布于相同地理区域上的具有类似生活史的物种而言，长期的地理隔离应该趋于在不同物种间形成类似的谱系地理模式。

冰期避难所及后冰期扩张，冰川期温度骤降，会在地球高纬度地区形成大陆冰原，此时期的气候、生态系统改变，会使无法适应环境的生物物种的分布范围缩小，并向适宜生境迁移。而冰期避难所（glacial refugia）则是指在盛冰期，由于该地区生态系统相对稳定，可为动植物提供相对适宜生存环境的集中区域，该区域也常是冰期过后种群重新扩张的起始点。当前谱系地理研究的普遍理论认为，位于冰期避难所中的群体保留着较高的遗传多样性，具有广布的古老单倍型。而在地理分布上，不同冰期避难所的物种群体之间往往是存在地理隔离的，这阻碍了群体间的基因交流，从而加剧了种间和种内的遗传分化，促使亚种和新种的形成。目前，通过谱系地理学研究，结合孢粉化石、植物区系特点等证据可间接推断冰期避难所的位置。而冰川期过后，随着气温回升，躲避于避难所中的生物群体开始向适宜生存的生境区域扩张，种群分布范围逐渐扩大并重新分布，即后冰期扩张（postglacial recolonizaton）。冰期避难所及后冰期物种的扩张路线，为研究不同地理区域物种之间的关系、历史形成机制及物种多样性推测提供了有力的论据。

2. 谱系地理学的常用分析方法

当 DNA 数据被用于谱系地理研究后，DNA 单倍型（haplotype）之间的亲缘关系是谱系地理学的关键问题之一，植物群体间遗传变异的分布一方面受到当前宏观进化因素的强烈影响，如基因流、自然选择等；另一方面也受到群体及物种系统发育历史的影响。但由于谱系间基因交流的网状关系，了解进化历史和当今进化事件对植物演化的共同作用是一个非常困难的事情。

研究人员经过详细探讨，认为种内的谱系遗传关系跟种间的遗传关系的差异如下：①种内的遗传分化相对种间更低。②祖先单倍型通常现存于种内。③一个单倍型可以与其他多个单倍型之间具有网状关系。④具有更高概率的重组同质关系。由于这四个特性，相较于种间的二歧分化进化树，网状进化图更适合展现种内的进化关系。构建网状进化关系的方法有多种，如 TCS、NETWORK、PopArt 等。

在谱系地理研究中，除了常用的基于单倍型的系统进化树和 NETWORK 网状进化关系外，为了评估等位基因频率的空间分布，基于理想种群遗传平衡的种群遗传学分析方法也被应用于谱系地理学研究当中。常用于种群遗传多样性及遗传分化评价的参数有：核苷酸多态性（π）、单倍型多样性（H_d）、私有等位基因数目及分布、群体间遗传分化指数（F_{ST}）等。此外，一些统计学方法也被应用于分子谱系地理研究当中，如分子方差分析（analysis of molecular variance，AMOVA）被用来统计种群间的遗传变异分布；而曼特尔检验（Mantel test）分析遗传距离与地理距离之间的相关性，也常被用于检验种群间是否存在距离隔离效应（isolation by distance，IBD）。

3.3　药用植物资源遗传评价研究与应用

科学合理的药用植物资源遗传评价是促进资源保护，保障临床用药安全的根本，同时也是现代中医药产业发展的基础。当前药用植物已不仅仅局限于医药使用，而是广泛应用于保健、食用、化妆品、绿色农药等各个方面。随着对药用植物资源的多元化开发利用，其社会需求迅速增长，也导致了药用植物资源的过度损耗，生物多样性减少，野生资源严重萎缩，一些珍稀药用植物已经灭绝或濒临灭绝。我国作为世界重要的中草药资源大国，药用植物资源的收集、保护和遗传评价尤为重要。

目前药用植物资源遗传评价研究的内容主要包括珍稀濒危药用植物的资源保护与保育遗传学研究、药用植物资源鉴定和道地性研究、药用植物亲缘关系鉴定及分子谱系地理研究、药用植物的遗传多样性及分类学研究、药用植物的分子标记辅助优良品种的选育等。因生长环境、栽培方式、采收时期与方法、药用部位、繁殖方式、播种时期等多方面因素都会对药用植物的产量和品质产生影响，故对药用植物种质资源评价研究又存在一定的特殊性。因此，为保证药用植物资源的可持续利用，需进一步建立完善的药用植物种质资源保护评价体系，加大药用植物遗传品质的研究力度，培育优良品种，综合利用药用植物资源。

3.3.1　药用植物资源保护与保育遗传学研究

保育遗传学是保护生物学的一个新分支，是建立在生物类群遗传多样性评价基础之上的一门应用学科，其主要目的是服务于生物多样性的保护和可持续利用。随着我国中医药事业的发展，对各类野生中药材资源的需求不断增加，加强对药用植物保育遗传学研究尤显重要。遗传多样性是生态系统多样性和物种多样性的基石，也是生命适应和进化的内在根本。影响物种濒危甚至灭绝的因素很多，其中全球变化、人为干扰和生境片段化等是主要的外在因素，但其根本原因在于内在因素，即遗传多样性的丧失，进而影响到物种对环境变化的适应能力。研究表明，遗传多样性的降低将影响物种抵抗病虫害的能力，可直接导致某些物种的灭绝。

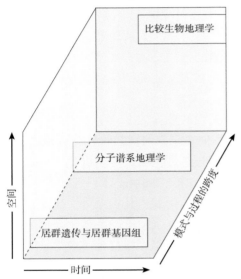

图 3-2　基于多重尺度（空间、时间及过程尺度）的保育遗传学研究

对珍稀濒危药用植物而言，加强保育遗传学研究，促进遗传多样性评价是科学合理地制定保育策略，推动有序开发利用的关键。以分子标记为手段的研究应用有助于了解药用植物资源的进化历史、种群间关系及种群动态，从而进一步制定合理的物种保护和种群控制措施（图 3-2）。此外，利用 DNA 分子标记研究濒危药用植物遗传多样性，有助于评估特定居群的保护价值，并进一步制定具体、科学的濒危药用植物保护措施，包括引种栽培、迁地保护、规划自然保护区等。

以木通科藤本药用植物三叶木通（*Akebia trifoliata*）为例，其干燥近成熟果实及干燥藤茎均可供药用，具有疏肝理气，利尿通淋，清心除烦等功效。野生三叶木通主要分布于黄河流域、华中及秦岭地区，由于目前野生生境遭到破坏以及过度采收，导致三叶木通的野生资源急剧下降。2003 年科技部将其列为濒危紧缺中药材。张铮等利用 AFLP 标记研究三叶木通种质资源的遗传多样性，通过对陕西秦岭地区 6 个天然居群的 111 份三叶木通种质的分析，发现陕西秦岭地区三叶木通天然居群的遗传多样性水平较低，居群内与居群间的遗传变异程度基本相同，推测三叶木通居群间有限的基因流动是其遗传多样性降低的主要原因。利用 AFLP 标记对陕西秦岭地区三叶木通种质的遗传多样性、居群亲缘关系和遗传变异进行评估，将为保护和合理利用三叶木通野生资源，以及制定育种策略提供一定的理论依据。

此外，在其他药用植物的保护研究方面，闫小玲对我国及日本等地银杏群体样本进行了基于 cpDNA 的谱系地理及基于 SSR 标记的群体遗传结构分析，该研究评估了银杏的遗传多样性水平、地理分布格局和历史成因，并提出了保护策略。刘晓光等运用分子谱系地理学方法探讨了黄芩（*Scutellaria baicalensis*）及黄连（*Coptis chinensis*）两种药用植物资源的遗传多样性和遗传分化格局，根据研究结果提出了两种植物的野生资源保护及核心种质构建策略。侯北伟采用核 DNA ITS 序列、cpDNA 非编码区序列以及 nSSR 序列，对铁皮石斛（*Dendrobium officinale*）这一珍稀濒危药用植物进行了分子谱系地理研究，研究认为，铁皮石斛不同地理分布地的居群应划分 4 个进化显著单元（ESU），且应对铁皮石斛开展就地保护，以确保铁皮石斛的遗传多样性水平并保护其进化潜力。

3.3.2　药用植物种质鉴定与道地性研究

基于分子标记的遗传分析除了可筛查资源群体中真实优质的种质材料外，还可用于在药用植物资源的保存管理过程中去伪存真，发现并剔除重复样品，提高保存效率；在中药材流通环节鉴定区分混伪品，保障中药材质量。传统的鉴定方法建立在植物表型特征的基础上，以形态及显微性状观测和化理分析为主要研究手段。然而，对一些易混淆种、疑难种及近缘种的鉴定，传统方法往往较难得出准确的结论，且对鉴定工作者专业水平要求较高。而分子标记技术通过直接分析药用植物的遗传信息，从本质上反映个体或群体间的差异，实现物种间的快速鉴别。此外，对名优道地药材的分子遗传信息进行比较分析，可进一步找到划分药用植物种质优劣的分子标记，促进药用植物的道地性研究。

在药用植物种质资源鉴定及道地性研究中，DNA 条形码、SSR 等分子标记技术为中药资源的种质鉴定提供了一个新思路，其操作简单、快速有效，不易受外界因素影响。人参（*Panax ginseng*）与西洋参（*P.quinquefolius*）同属五加科人参属药用植物，均具有补益的功效，二者在形态特征及化学成分方面存在较大的相似性，易造成人为地混用或者误用，利用传统鉴定方法难以准确区分，尤其将其加工成饮片或粉末后，进一步加大了鉴定二者的难度。王雪松等通过建立 PCR-RFLP 指纹图谱的方法鉴定西洋参和人参，利用 PCR 技术扩增特定序列，RFLP 方法酶切后进行指纹图谱的鉴别比较。结果发现经酶切后的西洋参显示出 80bp 和 42bp 的两条基因片段，而人参只显示 122bp 的单一片段，通过此方法可快速有效地鉴定人参和西洋参。王景等利用 SNP 分子标记技术鉴定人参品种大马牙，根据大马牙的特异 SNP 位点，设计特异性引物，并建立鉴定大马牙的多重 PCR 体系。结果显示只有大马牙产生了 410bp 的特异性条带，该方法可实现大马牙快速有效地鉴定。赵俊生等利用高分辨率熔解曲线对 21 份化橘红（*Exocarpium citri Grandis*）及 3 份近缘种质蜜柚（*Citrus grandis* Osbeck）和黄皮（*Clausena lansium* Skeels）的 25 个 SNP 位点进行了基因分型，结果将全部的 24 份样本分为 3 类，化橘红种质单独聚为一类，表明 SNP 分子标记可有效鉴定化橘红种质，促进道地药材的甄别。

3.3.3　药用植物亲缘关系鉴定及分子谱系地理研究

分子标记通过直接分析植物群体的 DNA 遗传信息，能够从本质上反映药用植物间的亲缘关系，为药用植物分类提供更加方便可靠的技术手段。通过对药用植物的遗传信息进行分析比较，并建立可视化的信息数据库，绘制系统发育框图，可使药用植物资源的分类及其他相关研究更加科学规范。受自然选择、迁移、突变等多种因素的影响，天然群体的基因频率会在一定的水平上波动，并直接反映在 DNA 水平上。因此，利用 DNA 分子标记研究药用植物的遗传变异水平和地理空间分布的遗传结构，可以有效地揭示种群间及种群内的遗传分化规律，了解种内和种间的基因流，为制订基因保存时的取样策略、进行种源区划以及鉴定最佳搭配的杂交群体提供参考；同时，可促进药用植物种质资源进化过程，指导药用植物的遗传育种及引种驯化。

目前在药用植物的起源地、演化历史等方面尚未有深入研究报道，针对药用植物的物种起源、谱系地理结构等问题，有必要从 DNA 分子水平加以解决。而且，针对古地质及气候影响下药用植物的避难所以及群体迁移／扩散路线等问题，谱系地理学可为药用植物的群体演化规律提供新的研究思路。借鉴分子谱系地理学方法，在药用植物的产地变迁、遗传分化方面开拓出新的局面，可为药用植物的物种保护和质量研究提供新的理论依据。

在亲缘鉴定方面，王丹丹等采用 EST-SSR 分子标记技术对 126 个东北红豆杉（*Taxus cuspidata*）杂交样本及其亲本基因组 DNA 进行了研究，分析了杂交种与其父、母本间扩增谱带的多态性，建立了杂交种快速鉴定体系；王岚等利用 ISSR 分子标记技术，对来自国内 17 个居群的 285 个川芎（*Ligusticum chuanxiong*）个体进行道地性分析，结果显示采自四川省内的 10 个川芎居群表现出更近的亲缘关系，各个川芎居群间具有较高的遗传多样性；此外，曹亮等通过建立 RAPD 分子标记技术对吴茱萸（*Evodia rutaecarpa*）的道地性遗传背景进行分析探讨，发现不同品种吴茱萸之间遗传差异较大。Yu 等（2011）利用 ISSR 技术研究濒危药用植物厚朴（*Magnolia officinalis*）的遗传多样性及亲缘关系，结果表明厚朴种群变化和遗传进化与地理隔离之间存在重要相关性。

在药用植物的起源及演化历史等方面，陈川采用 cpDNA 片段（*psbA-trnH* 和 *trnL-F*），结合 AFLP

标记对玄参的栽培及野生群体进行了分子谱系地理分析。结果表明，仅有极少数的野生个体参与了玄参的栽培起源，多年的无性繁殖栽培方式使玄参栽培资源相较于野生资源具有很低的遗传多样性。研究还发现栽培玄参与多个不同的野生居群之间均具有共享单倍型，说明玄参的栽培可能是多次栽培起源的形式。韩雪婷等对我国整体地理分布范围内的 31 个远志（*Polygala tenuifolia*）自然群体进行了 cpDNA（*trnL*内含子序列）序列扩增，并对该物种进行分子谱系地理分析，揭示了远志当前地理分布格局的形成机制，推测第四纪冰期远志在中国北方和南方地区存在多个避难所；冰期后或间冰期，北方地区种群发生了明显的居群扩张事件；南、北组群间的分化可能是由于长期的地理隔离所致。张雪梅等利用 ITS 序列检测了青藏高原多年生草本植物青海当归（*Angelica nitida*）的 16 个居群（147 份个体）的 DNA 变异，研究阐明了青海当归的谱系地理格局及历史形成机制，而且探讨了第四纪冰期气候波动与该物种迁移 - 扩张 - 再迁移 - 再扩张的关系。张晓芹对 34 个大黄居群进行了分子谱系地理学研究，发现大黄存在显著的谱系地理结构。唐古特大黄（*Rheum tanguticum*）地理结构的形成是地理隔离、异域片段化、长距离的群体迁移等因素造成的，而异域片段化和地理隔离则是掌叶大黄（*R. palmatum*）谱系地理结构的主要成因。

3.3.4 药用植物品质性状及抗病性研究

药用植物品种多、生长环境复杂多样，且大部分为多年生植物，其在生长发育过程中易受各种病害的威胁，引起产量和质量的双重下降，不利于中医药产业的健康发展。实践证明，培育优质抗病品种是控制药用植物病害、保证药用植物品质最为安全有效的措施。常规育种方法周期长、效率低，且易受环境因素和育种者经验的影响，尤其是药用植物病害种类繁多，鉴定复杂，更加不利于育种工作的实施。DNA 分子标记技术将 DNA 序列信息与药用植物优质、高产、抗病等表型相关联，通过该技术研究与药用植物品质、抗病性相关的功能基因，可辅助新品种的选育、提升药用植物质量，且该技术具有高度稳定性、准确性和高效性。

董林林等通过筛选与三七（*Panax notoginseng*）抗病相关的 SNP 位点，选育出了三七新品种，与常规栽培种相比，该品种种苗根腐病及锈腐病的发病率分别下降 83.6% 和 71.8%。Feng 等（2019）利用 SSR 找出与丹参酚酸含量相关的 QTL 位点。陈大霞等利用 SCOT 标记将 8 个黄花蒿（*Artemisia annua*）品种聚为两类，并通过 SRAP 标记了青蒿素含量较高的 4 个产地的黄花蒿之间的多态位点，有利于品种选育过程中有益基因的相互渗透；Asghari 等（2015）也利用 SCAR 标记筛选出蒿属植物中青蒿素含量较高的品种。因此，通过分子育种的方法，结合表型和基因型，可缩短育种年限，提高育种效率，并筛选出优质、高产、抗性强的药用植物新品种。具体详见第 9 章相关内容。

案例 1 甘草资源的遗传多样性评价

1. 研究背景

甘草为我国常用大宗药材，药用价值广泛，素有"国老"之称。乌拉尔甘草（*Glycyrrhiza uralensis*）、胀果甘草（*G. inflata*）和光果甘草（*G. glabra*）是《中国药典》甘草药材的三个基原物种。20 世纪后半叶，由于国内外甘草市场供不应求，我国甘草资源被掠夺式采挖，生态环境遭到严重破坏，野生甘草储量在 30 年间骤减，甘草生境片段化严重。同时由于栽培甘草有效成分含量低，更使得优质甘草的供应进入瓶颈阶段。甘草野生种质资源保护和优质种质资源挖掘成为甘草规模化栽培和避免环境破坏的关键。物种遗传多样性及居群遗传结构的研究是种质资源保护和利用的关键，对人为生境破坏的甘草居群开展遗传多样性评估和遗传结构分析直接关系到野生甘草资源合理保护策略的制定和提出。同时，甘草现有种质资源和遗传多样性的收集评价，也可为甘草优异种质资源的挖掘利用提供材料，推动栽培甘草新品种的繁育和应用。

2. 研究方法和分子标记技术

目前，AFLP 分子标记、SSR 标记、ITS 序列、EST-SSR 分子标记等多种分子标记技术被用于甘草资源的遗传多样性评价及居群遗传结构研究。

3. 结果与结论

先前的研究利用不同的分子标记技术调查了我国野生甘草资源的遗传多样性变异水平。葛淑俊等利用 AFLP 分子标记对甘草主产区的 16 个野生种群 320 个单株进行遗传多样性研究，结果显示遗传多样性水平较高的为来自宁夏、内蒙古等地的居群，较低的为甘肃酒泉等地的居群。刘亚令等通过 SSR 标记对 4 种甘草 43 个种群 736 份样品进行遗传多样性分析，结果显示甘草属具有丰富的遗传多样性，其中乌拉尔甘草遗传多样性最高，胀果甘草遗传多样性较低；不同物种间遗传距离较远，特别是胀果甘草和刺果甘草；甘草种内存在较高的基因流，种群内受到较强的自然选择。该研究为甘草种质资源的合理开发、保护和可持续利用提供了科学依据。

杨路路等利用 EST-SSR 分子标记全面系统地比较和分析了三种药用甘草资源的遗传多样性及居群遗传结构。首先，他们在对来自我国九个省份的 67 个自然居群的野生乌拉尔甘草样本进行了群体遗传多样性研究。结果表明，我国野生乌拉尔甘草保持了中等水平的遗传变异（$H_E = 0.38$），但是居群间的遗传分化水平较高（$F_{ST} = 0.367$、$G_{ST} = 0.343$），且居群遗传分化与地理距离、气候条件如降水等具有显著的相关性。利用基于贝叶斯理论的 STRUCTURE 软件对乌拉尔甘草样本进行了遗传聚类分析，结果显示在 K 值为 3 时，乌拉尔甘草获得最合理的群体结构，所有样本依据自然分布从西至东依次形成三个区域亚群，即华北东北组、内蒙古西部组和新疆组。这三个亚群间的变异占到整个遗传变异的 21.85%。同时，对这三个亚群遗传多样性的比较分析发现，新疆组的居群遗传多样性最高，而华北东北组的最低。比较分析进一步表明，内蒙古西部区域受遗传瓶颈效应影响的居群所占的比例最高，而其他两个区域受遗传瓶颈影响的居群相对较低，仅存的也大多集中于甘草资源的主产区。三个区域亚群的局部遗传结构均主要受到遗传漂变的影响，个别小区域内相邻居群间表现出以基因流为主导的遗传结构。

其次，杨路路等进一步分析了新疆和甘肃主产区的 25 个胀果甘草居群的遗传多样性及居群遗传结构。研究结果表明，胀果甘草保持了中等水平的遗传多样性（$H_E = 0.38$）以及相比乌拉尔甘草稍低的遗传分化水平（$F_{ST} = 0.257$），且其居群遗传分化水平与地理距离具有显著的相关性，但与气候因子的相关性不显著。胀果甘草样本从西到东也具有一定的亚群分化，且与其地理分布范围内的水系统分布具有一定的相关性；基因流在生境片段化加剧的过程中进一步减小，同时约 60% 的研究居群经历了近期的遗传瓶颈效应。

最后，杨路路等也利用分子标记探讨了我国新疆地区光果甘草居群的群体遗传多样性，并得到类似结果。这些光果甘草居群保持了中等水平的遗传多样性（$H_E = 0.407$）和较高的居群间的遗传分化（$F_{ST} = 0.244$）。这也可能是受最近的居群片段化和遗传瓶颈效应的双重影响，导致较低的当代基因流。

对三种药用甘草遗传多样性的比较可以看出，在物种水平三种药用甘草没有显著的差异（H_E），但居群遗传分化（F_{ST}）和基因流（N_m）呈现一定程度的不同，例如乌拉尔甘草居群分化水平相对较高，居群间基因流水平较低，且与其他两个物种差异显著（$P < 0.05$）。同时，乌拉尔甘草遗传位点的总等位基因数要低于胀果甘草，受遗传瓶颈影响的居群数也显著高于胀果甘草和光果甘草。这些结果表明乌拉尔甘草受到生境片段化的影响最大，资源受人为破坏最严重。

案列 2　人参属植物遗传种质鉴定与道地性研究

1. 研究背景

道地药材的优良品质是其基因型与特定环境长期相互作用的结果。道地药材与非道地药材由于来源于相同或相近的物种种类，在形态、生药性状及化学成分等特征上表现出较高的相似度，采用传统方法难以进行鉴别，存在很大的主观性和随意性。利用 DNA 分子遗传标记对研究对象进行全面的遗传多样性评估和遗传变异分析，可快速、准确地鉴定道地药材，促进资源评价研究。人参属（*Panax*）药用植物隶属于伞形目五加科，该属代表性药材人参、三七、西洋参等因其药效独特，应用范围广且具有药食同源属性，市场销售潜力巨大，经济价值高，从而造成药材市场销售产品参差不齐，以次充好、以假乱真现象频发。因此，基于分子标记的遗传分析在人参属植物的种质鉴定和道地性研究中起到了关键作用。

2. 研究方法和分子标记技术

DNA 分子标记技术在人参属药用植物遗传种质鉴定与道地性研究中应用广泛，如 RAPD、ITS、AFLP、5.8S rRNA、18S rRNA 及 cpDNA 等分子标记技术用于人参属植物遗传多样性评价研究和亲缘进化关系分析。此外，RAPD、ITS、AFLP、RFLP 等分子标记技术也可用于人参属药材的鉴定。

3. 结果与结论

Shaw 等（1995）首先采用 RAPD 方法鉴定了人参属的 3 种药材人参、西洋参、三七和 4 种伪品桔梗、紫茉莉、栌兰及商陆。Kim 等（2003）的研究表明 RAPD 标记可以方便有效地将韩国人参和其他人参属植物鉴别开。马小军等采用 RAPD 技术研究发现野山参与栽培人参之间的遗传变异比人参与西洋参之间的遗传差距要小，采用银染 DNA 测序法对野山参和栽培人参、西洋参的 ITS 序列进行比较，发现人参与西洋参之间具有比人参种内变异更稳定的遗传差异。丁建弥等也采用 RAPD 技术有效鉴别了野山参、移山参与栽培人参，并找出野山参的特异性条带，以此来鉴别野山参和栽培人参。王琼等采用类似 RAPD 技术的直接扩增片段长度多态性（direct amplification of length polymorphism，DALP）技术进行野山参与栽培人参的遗传差异研究，发现两者的指纹图谱存在差异，且各自存在一条特异性条带。

除了 RAPD 分子标记，其他技术也展现了对人参属植物鉴定分析的精确性。曹晖等采用 PCR 直接测序技术测定了三七及 4 种伪品竹节参、蓬莪术、温莪术、桂莪术的 18S rRNA 基因和 *matK* 基因核苷酸序列，根据它们的序列差异可有效鉴别出三七正品。Choi 等（2008）采用扩增片段长度多态性（AFLP）衍生出的 SCAR 标记技术首次获得了一个清晰的竹节参 AFLP 特异性标记 JG14，可将竹节参与人参、西洋参和三七区分开来，为竹节参的快速鉴定奠定了基础。Fushimi 等（2001）利用 DNA 测序技术对不同产地三七的 *matK* 基因和 18S rRNA 基因进行测序分析，发现广西产与云南产三七样本间的 18S rRNA 和 *matK* 基因序列存在两个基因型，分别存在 5 个碱基变异位点，说明三七基因序列具有遗传异质性特点，这为鉴定三七药材的道地性提供了分子依据。Um 等（2001）采用 RFLP 技术分析了来自中国和韩国 4 个产地的人参并构建 DNA 指纹图谱，结果表明，4 个产地人参的相似系数极低（0.197～0.491），且韩国产人参间的指纹图谱存在很大的差异性，因此能将不同产地的人参进行区分。

基于分子标记技术也开展了大量的人参属药用植物遗传多样性评价研究和亲缘进化关系分析，对进一步了解其种质资源的进化过程、开展遗传育种和引种驯化工作具有重要的指导意义。马小军等利用 RAPD

技术证明在人参栽培群体中存在较丰富的遗传多样性，RAPD 多态位点为 46.1%。段承俐等采用该技术对三七栽培群体中的七个变异类型进行了遗传多样性分析，发现变异类型之间的多态性差异达 75.5%，说明三七栽培群体具有丰富的遗传多样性。Zhou 等（2005）则利用 ITS 序列和 AFLP 标记对三七栽培群体和野生屏边三七的遗传多样性进行比较研究，结果表明三七栽培群体的多态性低于野生屏边三七的多态性；Wang 等（1996）采用荧光 AFLP 技术对云南省文山州四个乡镇三七样品的遗传多样性进行了研究，发现所分析样品不仅形态特征变异较大，其样本遗传多样性也较高，其多态性条带比例参数 PIC 达到了93.5%，说明人工种植的三七群体仍存在较高水平的种质多样性，这为三七的育种工作提供了丰富的遗传资源。

在进化与亲缘关系研究方面，齐姆（Zimme）等对人参属 12 种植物的 ITS 区和 5.8S rRNA 基因区的序列进行了分析比对，发现起源于美洲东北部的西洋参与三叶人参中，西洋参与东亚种人参、竹节参和三七的亲缘关系更近，而且 ITS 序列证明人参、西洋参和三七不是一个单系群，喜马拉雅和中国的中西部是人参属植物的多样性中心。Yoo 等（2001）将 cpDNA 用于人参属的分类研究，证实 cpDNA 的独特性能够提供分类单位的准确信息，来自中国的竹节参、人参与喜马拉雅人参属植物的 cpDNA 之间存在明显差异。研究人员先后利用叶绿体 DNA 以及 *trnC-trnD* 基因间区的序列分析来研究人参属植物的亲缘关系，发现它们能提供与 ITS 序列相似的系统信息特征，这些序列同样可用于有花植物的系统分化研究。Komatsu 等（2001）利用 DNA 测序技术测定了越南人参及其 5 种相关植物人参、西洋参、竹节参、珠子参和假人参的 *matK* 基因和 18S rRNA 基因序列，通过序列同源性比较和所建立的分子系统树可看出，越南人参与其他 5 种植物具有重叠的地理分布，并和珠子参及假人参具有较近的亲缘关系。

案例 3　银杏亲缘地理学和进化遗传学研究

1. 研究背景

活化石类群起源古老，往往一个支系仅现存一个物种，形态性状保守，现存分布范围狭窄，具有重要的保护价值，因此达尔文认为活化石是研究物种灭绝、竞争、适应性进化等进化生物学核心问题的绝佳体系。银杏（*Ginkgo biloba* L.）是著名的活化石森林树种，其祖先起源于 2.45 亿年前。尽管经历了地质历史时期的多次全球气候震荡以及人类历史时期的人类活动干扰，但银杏仍然存活至今，并在全球范围内广泛栽培。因此，银杏被认为是人类保护和复兴濒危物种的正面案例。同时银杏作为重要的药用植物，其含有的黄酮类化合物和二萜类化合物具有重要的药理作用。由于银杏在进化和药物生产中的重要价值，针对是否应该得到重点保护一直存在很大争议，具体体现为两个核心科学问题：一是银杏是否仍存在野生种群？野生种群分布在中国哪些地方？二是银杏是如何幸存下来？其进化潜力如何？这些问题都有待利用现代分子遗传技术来分析解决。

2. 研究方法和分子标记技术

对来自全球 51 个群体的 545 棵银杏树进行全基因组重测序分析，构建基因组序列变异数据库并发掘大量的 SNP 分子标记变异位点。基于这些 SNP 标记位点，进行银杏种群遗传结构和动态历史模拟分析（图 3-3）。

3. 结果与结论

在完成染色体水平的银杏基因组组装和分析的基础上，最近的研究进一步利用现代基因组重测序技术，对采自全球 51 个种群的 545 棵银杏大树进行了全基因组重测序分析，获得了 44 Tb 的海量基因组数

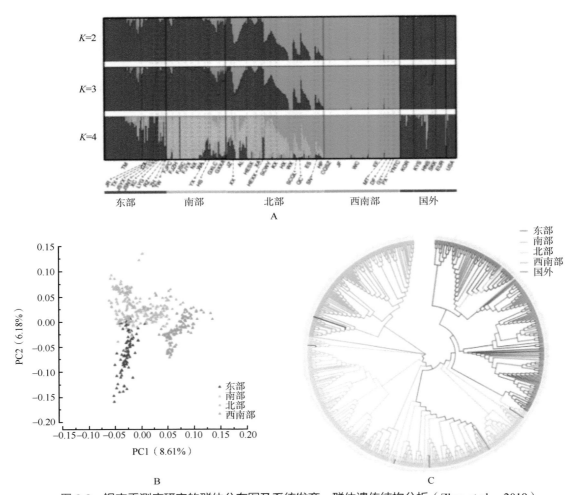

图 3-3　银杏重测序研究的群体分布图及系统发育、群体遗传结构分析（Zhao et al.，2019）

A. ADMIXTURE 分析得到的群体遗传聚类柱形图（*K* 从 2 到 4）；B. 中国样品的 PCA 分析结果，PC1 与 PC2 分别解释了 8.61% 与 6.18% 的遗传变异；C. 基于所有 545 棵银杏样本的全基因组 SNP 数据构建的邻接系统发育树（NJ）

据资源，构建了迄今为止最大规模的非模式药用植物物种的基因组序列变异数据库并发掘了大量的 SNP 分子标记变异位点。基于这些 SNP 标记位点分析以及种群遗传结构和动态历史模拟分析发现，在过去的进化历史中，银杏在中国存在 3 个冰期避难所：东部（浙江天目山为代表）、西南（贵州务川、重庆金佛山为代表）以及南部（广东南雄、广西兴安为代表），大巴山脉和湖北大洪山区分布的银杏是南部和西南部种群在冰期形成的混合种群，更新世晚期（51 万至 14 万年前）的多次冰期既导致了不同避难所种群之间的分化，也促进了不同避难所特有遗传成分的混合，从而在物种水平维持了这一活化石植物较高的遗传变异。

　　该研究进一步表明，遍布全球的银杏几乎均源自以浙江天目山种群为代表的中国东部种群，银杏迁移到日本和韩国要早于其迁移到欧美，且发现欧洲的银杏源自中国而非此前认为的源自日本，证实了人类活动在银杏从避难所走向中国其他地区以及向全球迁移过程中的重要作用，从而揭示了现存银杏全球分布格局的基本成因。该研究还借助全基因组扫描方法尝试寻找与银杏适应环境密切相关的基因和代谢途径，为进一步探讨银杏濒危的可能机制以及这一明星物种的保护、栽培和扩繁提供了有重要价值的资料。

　　研究获得的多项证据结合现存银杏全球分布格局表明，银杏并非处于灭绝旋涡或进化末端，而是具有足够适应潜力的活化石物种。同时，本研究证实的银杏野生种群大多不在自然保护地内，受人类活动干扰严重，而且种群较小，十年野外监测几乎未见幼树和幼苗的天然更新。因此，银杏野生种群及其核心种质资源亟须重点和精准保护。该项工作不仅为银杏的后续研究建立了进化框架，为其种质资源开发提供了宝贵的遗传资源，而且为其他活化石物种的研究和保护提供了可借鉴的范例，有助于最终揭示物种适应和灭绝的规律和机制。

案例 4 羌活四个种的谱系地理和物种分化机制研究

1. 研究背景

羌活属（*Notopterygium* H. de Boissieu），隶属于伞形科（Apiaceae），是濒危的中草药类群，主要分布在青藏高原及其周边高海拔地区。根据《中国植物志》记载，该属由六个物种构成，分别为羌活（*N. incisum* C. C. Ting ex H. T. Chang）、卵叶羌活（*N. oviforme* R. H. Shan）、宽叶羌活（*N. franchetii* H. de Boissieu）、澜沧羌活（*N. forrestii* H. Wolff）、细叶羌活（*N. tenuifolium* M. L. Sheh and F. T. Pu）和羽苞羌活（*N. pinnatiinvolucellum* F. T. Pu and Y. P. Wang）。其中，羌活和宽叶羌活分别在 3200～5100m 和 1700～4500m 的海拔范围内广泛分布，而卵叶羌活在青藏高原东麓 1700～3200m 的区域有分布。其他三个种，澜沧羌活、细叶羌活、羽苞羌活的分布非常有限，只生长于我国西部的高山草甸地区，其海拔分布范围分为 3400m、4300m 和 3400m。近年来，由于市场需求量大，人工过度采挖导致野生羌活资源急剧减少。羌活现已被列入世界自然保护联盟（International Union for Conservation of Nature，IUCN）红色名录，迫切需要加强对羌活的资源保护与管理研究。物种的地理分布信息和遗传多样性，对制定有效的野生资源保护策略尤为重要。然而，目前大多数羌活的研究主要集中于系统进化关系、形态学及生理特性等，对羌活的遗传分化及群体动态历史研究甚少。

高海拔山区的地质变化和气候波动对物种的分布和群体历史具有显著的影响。而青藏高原作为世界上海拔最高、面积最大的高原，其山脉的隆升更是促进了物种的分化和遗传结构的演化。而羌活这一高海拔草本植物，为研究青藏高原隆升及冰川气候波动对植物遗传结构及物种分化的影响提供了良好的物种材料。

2. 研究方法和分子标记技术

Shahzad 等（2017）对青藏高原及邻近区域的四个羌活种（羌活、卵叶羌活、宽叶羌活、澜沧羌活）进行了全分布范围采样，共采集 74 个居群，559 份样本；并用三个叶绿体 DNA 片段（*trnS-trnG*、*matK*、*rbcL*）和一个核基因片段（ITS）研究了四个羌活种的群体历史和物种演化历程。

3. 结果与结论

研究结果表明，在 4 个物种中共检测到 45 个叶绿体 DNA 单倍型（图 3-4A），48 个 ITS 单倍型（图 3-4B）；除宽叶羌活和卵叶羌活共享一个叶绿体单倍型（H32）之外，其他单倍型都是物种特有（图 3-4A）。系统发育分析以很高的支持率支持四个种形成独立的单系群，宽叶羌活与卵叶羌活是姊妹群。此外，在 ITS 基因树中，所有样本也按照各自的物种形成独立的单系群（图 3-4B）。群体动态分析和物种分布模型分析表明，羌活和宽叶羌活这两个广布种在更新世冰期具有显著的群体扩张。分子年代推测（molecular dating）指出，四个羌活种的分化时间在 1.2～3.6 个百万年，这与青藏高原的近期隆起时间显著吻合。研究结果支持了山脉隆升和第四纪冰川气候波动显著影响羌活物种的遗传分化和群体动态这一假说。该研究为了解青藏高原隆升和气候变化影响高海拔山区物种谱系地理和物种分化的机制提供了重要的理论数据。研究结论也为制订羌活属濒危物种的保育策略提供了参考。

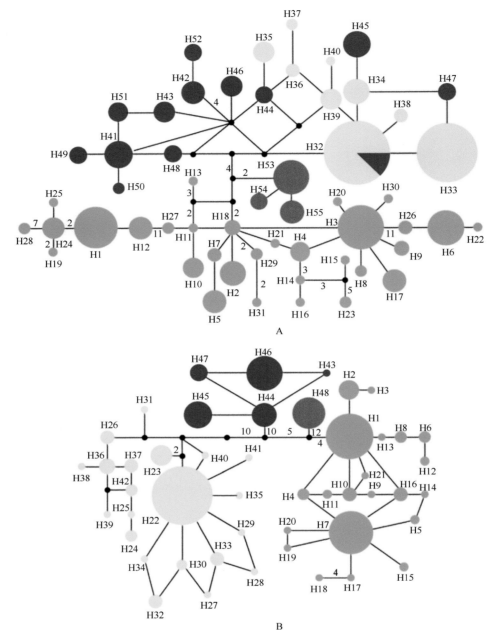

图 3-4 羌活属四个种的单倍型 NETWORK 网状进化关系图（Shahzad et al.，2017）

A. 基于 cpDNA 单倍型序列的 NETWORK 网状进化图；B. 基于 ITS 单倍型序列的网状进化关系图

案例 5　应用 AFLP 技术对淫羊藿属物种系统分类的研究

1. 研究背景

　　淫羊藿属（*Epimedium* L.）为小檗科多年生草本植物，是我国传统的重要药用植物之一，在国际上与秘鲁的玛咖、印度的黎豆并称为三大"天然伟哥"，具有补肾阳、提高免疫力和抑制肿瘤等方面的明显功效，为最具开发潜力的中药之一。在各版《中国药典》中均收录了 5 种淫羊藿，分别是淫羊藿（*Epimedium brevicornu* Maxim）、箭叶淫羊藿 [*E. sagittatum*（Sieb. & Zucc.）Maxim]、柔毛淫羊藿（*E.*

pubescens Maxim）、巫山淫羊藿（*E. wushanense* T. S. Ying）和朝鲜淫羊藿（*E. koreanum* Nakai）。此外，淫羊藿属植物因花型奇特艳丽、地被覆盖性强和耐粗放管理等特征，也广泛应用于园林绿化，市场潜力巨大。

淫羊藿属始创于 1694 年，并在 1700 年用 *Epimdium* 定义。早在 1834 年，莫伦（Morren）和德凯纳（Decaisne）对淫羊藿属进行首次系统分类时仅确认了 6 个种，但一个世纪之后，斯特恩（Stearn）在 *Epimedium and Vancouveria*（Berberidaceae），*A Monograph* 专著中鉴定了 21 个种。Stearn 又于 2002 年出版的淫羊藿属专著中记载了 54 个物种，并将其分为 2 个亚属（*Epimedium* 和 *Rhizophyllum*），4 个组（*Diphyllon*、*Macroceras*、*Polyphyllon* 和 *Epimedium*），其中 *Diphyllon* 组全部来自中国。但近几十年的研究使该属新种不断涌现，全世界目前已知淫羊藿属植物有 50 余种，中国有 40 余种，为其地理分布中心和多样性中心。淫羊藿属植物的化学成分及其药理作用一直是国内外研究的重点，自从 1935 年日本学者 Akai 从大花淫羊藿中分离得到了第一个黄酮类苷成分——淫羊藿苷（icariin）以来，大量化学成分得到分离鉴定。到 2003 年止，从淫羊藿属中分离得到了 130 多个化合物，主要以黄酮类为主。由于淫羊藿属植物种类繁多、形态鉴定困难，同一物种存在多次发表等问题，使得该属分类存在很大问题。同时基于中国产淫羊藿属植物的分子系统学结果和传统的经典形态分类如花粉类型、核型分析以及化学分类的结果不一致，造成了淫羊藿分类的混乱，阻碍了其资源的有效开发利用。

2. 研究方法和分子标记技术

杜明凤等通过 AFLP 技术从全基因组层面进行了变异位点的扫描分析，针对中国产淫羊藿属植物进行系统发育重建和分类学研究。该研究一共收集分析了 58 个淫羊藿属的物种共计 144 个样品，并选择近缘物种 *Vancouveria hexandra* 作为进化分析的外类群。

3. 结果与结论

Zhang 等（2014）基于筛选获取的 8 对 AFLP 分子标记引物组合，共产生了 549 个 AFLP 的片段条带，其中 511 个为多态性扩增片段，表明样本间存在较为丰富的遗传变异。系统发育树重建显示，淫羊藿属药用植物物种可以分为两个主要的单系类群，分别对应为 *Rhizophyllum* 亚属和 *Epimedium* 亚属。在 *Epimedium* 亚属中，所有的四个组 *Diphyllon*、*Macroceras*、*Epimedium* 和 *E. elatum*（sect. *Polyphyllon*）都获得了较高的支持率，表明其为单系进化类群。从 AFLP 的结果分析进一步显示，中国分布的 *Diphyllon* 组淫羊藿物种大部分可以分成 5 支，这和之前的花部形态分类特点一致（图 3-5）。结果同时支持革叶淫羊藿、巫山淫羊藿、镇坪淫羊藿、金城山淫羊藿、单叶淫羊藿、绿药淫羊藿、短茎淫羊藿和箭叶淫羊藿复合体的存在，表明了这些淫羊藿物种间较为复杂的进化关系。该研究为淫羊藿属药用植物资源的保护、分子鉴定及新品种选育提供了重要的数据支撑。

案例 6　药用植物黄连的物种亲缘关系与遗传多样性分析

1. 研究背景

黄连为常用名贵中药材，其始载于《神农本草经》，在我国已有 2000 多年的药用历史。黄连性寒、味苦，根茎入药，具有清热燥湿、泻火解毒等功效，临床上还广泛用于细菌性痢疾、局部化脓性感染、心律失常、胃炎及十二指肠溃疡等疾病治疗。我国分布的《中国药典》收录的黄连基原植物主要有三种，包括黄连（*Coptis chinensis* Franch.）、三角叶黄连（*C. deltoidea* C. Y. Cheng et Hsiao）及云南黄连（*C. teetoides* C. Y.

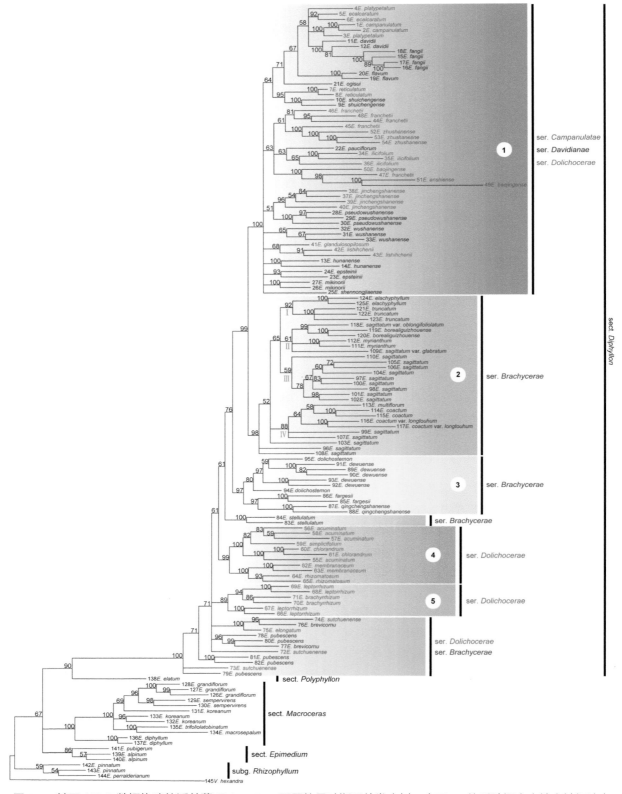

图 3-5　基于 AFLP 数据构建的淫羊藿 *Epimedium* 亚属的贝叶斯系统发育树，大于 50 的后验概率支持率被标注在
相应进化支上（Zhang et al., 2014）

Cheng）。此外，分布于其他地区的一些地方黄连物种，如四川峨眉、雅安与洪雅地区的峨眉野连、西藏南部昌都地区的西藏黄连以及四川马边的线萼黄连等也在民间常作药用。日本的日本黄连（ $C.$ $japonica$ Makino.）被《日本药局方》收录，也具有广泛的医药用途。厘清黄连物种间的进化遗传和亲缘关系，准确地进行基原鉴定并对其自然居群进行遗传多样性评估，是确保黄连临床用药安全的重要环节。

2. 研究方法和分子标记技术

目前已有多个研究将 SCoT、ISSR、SNP、ITS 等多种分子标记技术应用于药用植物黄连的物种亲缘关系分析与遗传多样性评价。此外，ITS2 序列也被应用于黄连属植物的鉴定。

3. 结果与结论

陈大霞等采用起始密码子多态性（start codon targeted polymorphism，SCoT）分子标记对黄连、峨眉黄连、三角叶黄连和日本黄连 4 种药用植物进行了遗传多样性和亲缘关系分析，结果表明黄连属药用植物种间的遗传变异较高（ N_e=1.329，H=0.212），但种内的遗传多样性较低。种间的遗传分化系数为 G_{ST}=0.794，表明约 80% 的遗传变异来源于种间。该研究进一步表明，同种黄连药用植物的研究样本通过聚类分析较好地聚集在一起，从而证实 SCoT 分子标记可以作为黄连属植物资源鉴定区分的有效分子方法之一。孙涛等采用 ITS2 序列对黄连属 3 个物种 6 个样本进行了 PCR 扩增与测序分析，结果表明这些黄连样本其 ITS2 序列的种间遗传距离大于种内，可以有效的区分不同的物种类群及潜在的混伪品类群。基于 6 个 DNA 分子标记及相关的 SNP 变异位点信息，Xiang 等对世界分布的 15 种黄连物种的系统发育和进化关系进行了深入分析，结果表明黄连物种的遗传分化与多样化主要出现在距今约 9.5 百万年前的早中新世晚期，其中晚中新世的地质事件导致了东亚和北美黄连间断群的产生。在东亚类群里，中国的黄连类群较好地聚集在一起，这为中国该属植物的药用研究和替代资源发掘利用提供了理论支撑。

在单个黄连物种的遗传多样性评价分析上，张春平等采用 ISSR 技术对黄连物种 7 个野生居群共 78 个样本个体进行了遗传多样性分析。通过随机扩增的 106 条清晰条带中，有 72 条具有多态性（67.92%）。对其 Nei's 的基因多样性指数（ H=0.1803 ）和居群遗传分化指数（ G_{ST}=0.6815 ）进一步分析表明，黄连物种在种的水平具有较高的遗传多样性，但遗传变异主要存在于居群间，且与地理距离呈现明显的相关性。另一项研究同样利用 ISSR 分子标记对栽培和野生黄连居群的遗传多样性水平进行了比较分析，结果显示 7 个野生黄连居群与 3 个栽培居群的遗传多样性水平相当，表明目前的黄连栽培居群并未经历严重的瓶颈或者建立者效应，其遗传多样性未受到严重的侵蚀。这些分子遗传研究从根本上反映了黄连居群具有丰富的遗传变异基础，为进一步的优异种质资源筛选和应用提供了机会。

参 考 文 献

白伟宁，张大勇 . 2014. 植物亲缘地理学的研究现状与发展趋势 . 生命科学，26（2）：125-137.

曹晖，刘平萍，伏见裕利，等 . 2002. 三七及其伪品的 DNA 测序鉴别 . 2002 中药研究论文集 . 北京：中国中医研究院中药研究所 .

曹亮，李顺祥，魏宝阳，等 . 2010. 吴茱萸 RAPD 体系构建及道地性遗传背景研究 . 中草药，41（6），975-978.

陈川 . 2011. 药用植物玄参的栽培起源、亲缘地理及东亚玄参系统发育研究 . 杭州：浙江大学 .

陈大霞 . 2011. 我国黄花蒿天然群体遗传多样性的 SRAP 分析 . 中草药，42（8）：1591-1595.

陈大霞，王钰，张雪，等 . 2017. 黄连属部分药用植物遗传多样性与亲缘关系的 SCoT 分析 . 中国中药杂志，42（3）：473-477.

陈大霞，张雪，崔广林，等 . 2015. 川续断野生种质资源遗传多样性的 SCoT 分析 . 中国中药杂志，40（10）：1898-1903.

陈名红，李玉，黄相中，等 . 2011. 分子标记技术在药用植物研究中的应用前景 . 贵州农业科学，39（2）：19-22.

陈士林，庞晓慧，罗煜，等 . 2013. 生物资源的 DNA 条形码技术 . 生命科学，25（5）：458-466.

陈士林，吴问广，王彩霞，等 . 2019. 药用植物分子遗传学研究 . 中国中药杂志，44（12）：2421-2432.

陈蔚文，徐鸿华．2009．南药资源的保护与可持续利用研究．广州中医药大学学报，26（3）：201-203．

程芳婷．2015．地黄属植物的谱系地理学研究，西安：西北大学．

丁家玺，陈世丽，周天华．2017．天麻种质资源研究进展．现代农业科技，（6）：100-107．

丁建弥，万树文，梅其春，等．2001．用随机扩增多态 DNA（RAPD）技术鉴定野山人参．中成药，23（1）：3-5．

董静洲，易自力，蒋建雄．2005．我国药用植物种质资源研究现状．西部林业科学，34（2）：95-101．

董林林，陈中坚，王勇．2017．药用植物 DNA 标记辅助育种（一）：三七抗病品种选育研究．中国中药杂志，42（1）：56-62．

杜明凤．2008．淫羊藿属（*Epimedium*）植物的 DNA 遗传多样性及其系统关系研究，贵阳：贵州师范大学．

葛淑俊，李广敏，马峙英，等．2009．甘草野生种群遗传多样性的 AFLP 分析．中国农业科学，42（1）：47-54．

龚苏晓．2002．参三七中核糖体 RNA 基因和 matK 基因的异质性．国外医学中医中药分册，24（1）：49-50．

韩雪婷，房敏峰，李忠虎，等．2014．基于叶绿体 DNA trnL 内含子序列变异的远志谱系地理学研究．中草药，45（22）：3311-3316．

侯北伟．2014．珍稀铁皮石斛的谱系地理学及保护遗传学研究．南京：南京师范大学．

黄海，李劲松，曹兵．2010．分子标记技术在石斛属植物种质资源研究中的应用．生物技术通报，（4）：79-84．

黄鑫，陈万生，张汉明，等．2015．生物技术在药用植物研究与开发中的应用和前景．中草药，46（16）：2343-2354．

蒋舜媛，孙辉，黄雪菊，等．2005．羌活和宽叶羌活的环境土壤学研究．中草药，36（6）：918-921．

李菁，向婷婷，许成，等．2015．分子谱系地理学在药用植物基因水平的研究进展．中草药，46（8）：1243-1246．

李晓岚，陆嘉惠，谢良碧，等．2015．4 种甘草属植物 EST-SSR 引物开发及其亲缘关系分析．西北植物学报，35（3）：480-485．

李珍珍，郑司浩，尚兴朴，等．2019．分子标记技术在甘草中的应用．中国现代中药，21（5）：684-688．

刘丽，王艇，苏应娟．2018．中国特有濒危植物南方红豆杉的谱系地理学研究．云南昆明：云南省科学技术协会中国植物学会八十五周年学术年会论文摘要汇编（1993-2018）．

刘亚令，宋美玲，侯俊玲，等．2017．药用甘草 SSR-PCR 反应体系的优化与引物筛选．时珍国医国药，28（3）：740-744．

陆海燕，周玲，林峰，等．2019．基于高通量测序开发玉米高效 KASP 分子标记．作物学报，45（6）：872-878．

马小军，汪小全，邹喻苹，等．1998．人参 RAPD 指纹鉴定的毛细管 PCR 方法．中草药，29（3）：191-194．

马小军，肖培根．1998．种质资源遗传多样性在药用植物开发中的重要意义．中国中药杂志，23（10）：579-581．

彭昕，吉庆勇，梁雅清．2016．珍稀药用植物三叶青种质资源研究现状．中国现代中药，18（8）：1088-1092．

申毓晗．2017．西部药用植物种质资源可持续利用．江西农业，（5）：61．

苏建荣，缪迎春，张志钧．2009．云南红豆杉紫杉醇含量变异及其相关的 RAPD 分子标记．林业科学，45（7）：16-20．

孙涛，孔德英，滕少娜，等．2013．基于 ITS2 序列的黄连及其伪混品的分子鉴定．贵州农业科学，41（9）：20-22．

万秋池，郑卓，黄康有，等．2013．华南亚热带植物末次盛冰期避难所和冰后期地理迁移：化石花粉与遗传分子结合研究．中国古生物学会孢粉学分会一次学术年会．广西桂林：中国古生物学会孢粉学分会．

王丹丹，张彦文．2019．东北红豆杉杂交种鉴定及遗传多样性分析．东北师大学报（自然科学），51（1）：113-118．

王景，张甜甜，李萌，等．2015．利用 SNP 分子标记对人参品种大马牙的特异鉴定研究．中药材，38（11）：2298-2300．

王岚，肖海波，马逾英，等．2008．川芎道地性的 ISSR 分析．四川大学学报（自然科学版），45（6）：1472-1476．

王萌．2013．丹参种质资源鉴定及遗传多样性研究．成都：四川农业大学．

王平．2017．岩风的遗传多样性与谱系地理学研究．西安：西北农林科技大学．

王琼，程舟，张陆，等．2004．野山人参和栽培人参的 DALP 指纹图谱．复旦学报（自然科学版），43（6）：1030-1034．

王小刚，陈家春．2007．分子标记在药用植物种质资源鉴定中的应用．湖北省药学会第十一届会员代表大会暨 2007 年学术年会论文汇编．武汉：湖北省科学技术协会．

王雪松，周雨晴，李丹，等．2018．基于 PCR-RFLP 的西洋参和人参指纹特征鉴定．北华大学学报（自然科学版），19（1）：49-52．

韦永诚．2015．关于中药材种质资源建设与可持续开发利用的几点思考．中国中医药信息杂志，22（6）：5-8．

肖复明，熊彩云，刘江毅．2002．分子标记技术与物种多样性保护．江西林业科技，（1）：25-28．

肖伟，张铭芳，贾桂霞，等．2019．百合不同杂种系品种遗传多样性的 ISSR 分析．分子植物育种，17（18）：6169-6178．

解兵斌．2019．罗汉果的谱系地理学研究．桂林：广西师范大学．

谢开庆．2013．基于 cpDNA 序列对天山茶藨子（*Ribes meyeri*）的谱系地理学研究，石河子：石河子大学．

徐刚标．2011．种内谱系地理学及在植物遗传多样性保护中的应用．中南林业科技大学学报，31（12）：1-6．

徐荣，陈君．2006．DNA 分子标记在药用植物种质资源研究中的应用．世界科学技术：中医药现代化，8（5）：58-62．

闫小玲．2010．基于 cpDNA 单倍型和 SSR 分析的银杏群体遗传结构和谱系地理学研究．杭州：浙江大学．

闫志峰，张本刚，张昭，等．2005．DNA 分子标记在珍稀濒危药用植物保护中的应用．中国中药杂志，30（24）：1885-1889．

杨丽英，杨斌，李林玉，等．2010．6 种云南道地中药材病害发生及抗病育种研究进展．中药材，33（7）：1186-1188．

杨路存，刘何春，周学丽，等．2016．Characteristic of molecular evolution of *Notopterygium incisum* based on nrDNAITS and cpDNA rpl20-rps12 sequence analysis. 植物研究，36（2）：291-296．

杨路路．2016．我国三种药用甘草遗传多样性和居群遗传结构评价及核心种质的构建．北京：中国科学院大学．

杨梅，刘维，吴清华，等．2015．我国药用植物种质资源保存现状探讨．中药与临床，6（1）：4-7．

岳建萍 . 2003. DNA 分子标记技术在植物种质资源鉴定中的应用 . 生物学通报，38（12）：15-16.

张春平，何平，胡世俊，等 . 2009. 药用三角叶黄连遗传多样性的 ISSR 分析 . 中国中药杂志，34（24）：3176-3179.

张春平，何平，王瑞波，等 . 2009. 峨眉野连种质资源遗传关系的 ISSR 分析 . 中国中药杂志，34（2）：236-238.

张开元，尹显梅，饶文霞 . 2016. 我国中药资源的开发利用、保护及可持续发展研究进展 . 全国民族医药传承与创新研究生论坛论文集 . 武汉：湖北省科学技术协会 .

张晓芹 . 2014. 基于 *matK* 基因研究大黄功效组分地理变异形成的分子谱系地理学证据 . 北京：北京中医药大学 .

张雪梅，何兴金 . 2013. 青藏高原特有植物青海当归的谱系地理学初探 . 植物分类与资源学报，35（4）：505-512.

张铮，蹇君艳，王喆 . 2016. 陕西秦岭地区三叶木通遗传多样性的 AFLP 分析 . 中草药，47（21）：3890-3895.

赵俊生，杨晓燕，曾祥有 . 2016. 利用 SNP 分子标记分析化橘红种质资源 . 分子植物育种，14（5）：1203-1211.

Álvarez I，Wendel J F. 2003. Ribosomal ITS sequences and plant phylogenetic inference. Molecular Phylogenetics and Evolution，29（3）：417-434.

Asghari M，Naghavi M R，Hosseinzadeh A H，et al. 2015. Sequence characterized amplified region marker as a tool for selection of high-artemisinin containing species of Artemisia. Research in Pharmaceutical Sciences，10（5）：453-459.

Avise J C. 2000. Phylogeography：The History and Formation of Species. Cambridge，Massachusetts：Harvard University Press.

Avise J C，Arnold J，Ball R M，et al. 1987. Intraspecific phylogeography：the mitochondrial DNA bridge between population genetics and systematics. Annual Review of Ecology and Systematics，18（1）：489-522.

Biswas R，Biswas K，Kapoor A. 2013. Authentication of herbal medicinal plant-*Boerhavia diffusa* L. using PCR-RFLP. Current Trends in Biotechnology and Pharmacy，7（3）：725-731.

Boore J L，Collins T M，Stanton D，et al. 1995. Deducing the pattern of arthropod phylogeny from mitochondrial DNA rearrangements. Nature，376（6536）：163-165.

Cariou M，Duret L，Charlat S. 2013. Is RAD-seq suitable for phylogenetic inference? An in silico assessment and optimization. Ecology & Evolution，3（4）：846-852.

Choi Y E，Ahn C H，Kim B B，et al. 2008. Development of species specific AFLP-derived SCAR marker for authentication of *Panax japonicus* C. A. MEYER. Biological and Pharmaceutical Bulletin，31（1）：135-138.

Clugston J A R，Kenicer G J，Milne R，et al. 2019. RADseq as a valuable tool for plants with large genomes：A case study in cycads. Molecular Ecology Resources，19（6）：1610-1622.

Corneo G，Zardi L，Polli E. 1968. Human mitochondrial DNA. Journal of Molecular Biology，36（3）：419-423.

Donoghue M J，Baldwin B G，Winkworth L R C. 2004. Viburnum phylogeny based on chloroplast trnK intron and nuclear ribosomal ITS DNA sequences. Systematic Botany，29（1）：188-198.

Dreyer C. 2011. Paired-end RAD-seq for *de novo* assembly and marker design without available reference. Bioinformatics，27（16）：2187-2193.

Dumolin-Lapegue S，Demesure B. 1997. Phylogeographic structure of white oaks throughout the European continent. Genetics，146（4）：1475.

Fehrer J，Gemeinholzer B，Chrtek J S，et al. 2007. Incongruent plastid and nuclear DNA phylogenies reveal ancient intergeneric hybridization in *Pilosella hawkweeds*（Hieracium，Cichorieae，Asteraceae）. Molecular Phylogenetics and Evolution，42（2）：347-361.

Fei Z，Chen S，Chen F，et al. 2010. A preliminary genetic linkage map of *Chrysanthemum*（*Chrysanthemum morifolium*）cultivars using RAPD，ISSR and AFLP markers. Scientia Horticulturae，125（3）：422-428.

Feng Y Y，Guo L L，Jin H，et al. 2019. Quantitative trait loci analysis of phenolic acids contents in *Salvia miltiorrhiza* based on genomic simple sequence repeat markers. Industrial Crops and Products，133：365-372.

Gielly L，Taberlet P. 1994. The use of chloroplast DNA to resolve plant phylogenies：noncoding versus rbcL sequences. Molecular Biology and Evolution，11（5）：769-777.

Hall J C，Tisdale T E，Donohue K，et al. 2011. Convergent evolution of a complex fruit structure in the tribe *Brassiceae*（Brassicaceae）. American Journal of Botany，98（12）：1989-2003.

Hare M P. 2001. Prospects for nuclear gene phylogeography. Trends in Ecology & Evolution，16（12）：700-706.

Hewitt M G. 2004. Genetic consequences of climatic oscillations in the Quaternary. Philosophical Transactions of The Royal Society B Biological Sciences，359（1442）：183-195.

Hickerson M J，Carstens B C，Cavender-Bares J，et al. 2010. Phylogeography's past，present，and future：10 years after. Molecular Phylogenetics and Evolution，54（1）：291-301.

Holder K，Montgomerie R，Friesen V L. 1999. A test of the glacial refugium hypothesis using patterns of mitochondrial and nuclear DNA. Evolution，53（6）：1936-1950.

Hoot S B，Douglas A W. 1998. Phylogeny of the proteaceae based on *atpB* and *atpB-rbcL* intergenic spacer region sequences. Australian Systematic Botany，11（3-4）：301-320.

Hughes C E，Atchison G W. 2015. The ubiquity of alpine plant radiations：from the Andes to the Hengduan Mountains. New Phytologist，207（2）：275-282.

Jehan T，Lakhanpaul S. 2006. Single nucleotide polymorphism（SNP）-methods and applications in plant genetics：a review. Indian Journal of Biotechnology，5（4）：435-459.

Jiao Y, Ming Y, Niu C, et al. 2017. Comparative analysis of the complete chloroplast genome of four endangered herbals of *Notopterygium*. Genes, 8 (4): e124.

Joey S. 2005. The tortoise and the hare II: relative utility of 21 noncoding chloroplast DNA sequences for phylogenetic analysis. American Journal of Botany, 92 (1): 142-166.

Joey Shaw E B L, Edward E, Schilling, Small R L. 2007. Comparison of whole chloroplast genome sequences to choose noncoding regions for phylogenetic studies in angiosperms: the tortoise and the hare III. American Journal of Botany, 94 (3): 275-288.

Kim C, Choi H K. 2003. Genetic diversity and relationship in Korean Ginseng (*Panax schinseng*) based on RAPD analysis. Korean Journal of Genetics, 25 (3): 181-188.

Kim C, Shin H, Chang Y T, Choi H K. 2010. Speciation pathway of *Isoë tes* (Isoëtaceae) in East Asia inferred from molecular phylogenetic relationships. American Journal of Botany, 97 (6): 958-969.

Koch M A, Christoph D, Thomas M O. 2003. Multiple hybrid formation in natural populations: concerted evolution of the internal transcribed spacer of nuclear ribosomal DNA (ITS) in North American *Arabis divaricarpa* (Brassicaceae). Molecular Biology and Evolution, 20 (3): 338-350.

Komatsu K, Zhu S, Fushimi H, et al. 2001. Phylogenetic analysis based on 18S rRNA gene and matK gene sequences of *Panax vietnamensis* and five related species. Planta Medica, 67 (5): 461-465.

Kress W J, Erickson D L, Shiu S H. 2007. A two-locus global DNA barcode for land plants: the coding *rbcL* gene complements the non-coding *trnH-psbA* spacer region. Plos One, 2 (6): e508.

Leblois R, Estoup A, Rousset F. 2009. IBDSim: A computer program to simulate genotypic data under isolation by distance. Molecular Ecology Resources, 9 (1): 107-109.

Lee C, Wen J. 2004. Phylogeny of *Panax* using chloroplast *trnC-trnD* intergenic region and the utility of *trnC-trnD* in interspecific studies of plants. Molecular Phylogenetics and Evolution, 31 (3): 894-903.

Leigh J W, Bryant D, Nakagawa S. 2015. *PopART*: full - feature software for haplotype network construction. Methods in Ecology and Evolution, 6 (9): 1110-1116.

Li L, Abbott R, Liu B, et al. 2013. Pliocene intraspecific divergence and Plio-Pleistocene range expansions within *Picea likiangensis* (Lijiang spruce), a dominant forest tree of the Qinghai-Tibet Plateau. Molecular Ecology, 22 (20): 5237-5255.

Liang H, Hilu K W. 1995. Application of the matK gene sequences to grass systematics. Canada Journal of Botany, 74 (1): 125-134.

Liu J, Moller M, Provan J, et al. 2013. Geological and ecological factors drive cryptic speciation of yews in a biodiversity hotspot. New Phytologist, 199 (4): 1093-1108.

M. C. 2000. TCS: a computer program to estimate gene genealogies. Molecular ecology, 9: 1657-1659.

Mammadov J, Aggarwal R, Buyyarapu R, et al. S. 2012. SNP markers and their impact on plant breeding. International Journal of Plant Genomics, (3): 1-11.

Matheny P B, Wang Z, Binder M, et al. 2007. Contributions of rpb2 and tef1 to the phylogeny of mushrooms and allies (Basidiomycota, Fungi). Molecular Phylogenetics & Evolution, 43: 430-451.

Mazer S J, Dawson K A. 2001. Phylogenetic relationships in the *Caesalpinioideae* (Leguminosae) as inferred from chloroplast trnL intron sequences. Systematic Botany, 26 (3): 487-514.

Meirmans P G. 2006. Using the AMOVA framework to estimate a standardized genetic differentiation measure. Evolution, 60 (11): 2399-2402.

Meng L, Yang R, Abbott R J, et al. 2007. Mitochondrial and chloroplast phylogeography of *Picea crassifolia* Kom. (Pinaceae) in the Qinghai-Tibetan Plateau and adjacent highlands. Molecular Ecology, 16 (19): 4128-4137.

Minaya M, Díaz-Pérez A, Mason-Gamer R, et al. 2015. Evolution of the beta-amylase gene in the temperate grasses: Non-purifying selection, recombination, semiparalogy, homeology and phylogenetic signal. Molecular Phylogenetics and Evolution, 91: 68-85.

Muchugi A, Muluvi G M, Kindt R, et al. 2008. Genetic structuring of important medicinal species of genus Warburgia as revealed by AFLP analysis. Tree Genetics and Genomes, 4 (4): 787-795.

Paetzold C, Wood K R, Eaton D A R, et al. 2019. Phylogeny of *Hawaiian melicope* (Rutaceae): RAD-seq resolves species relationships and reveals ancient introgression. Frontiers in Plant Science, 10: 1074.

Palmer J D, Herbon L A. 1988. Plant mitochondrial DNA evolves rapidly in structure, but slowly in sequence. Journal of Molecular Evolution, 28 (1-2): 87-97.

Pu F, Wang P, Zheng Z, et al. 2000. A reclassification of *Notopterygium boissieu* (Umbelliferae). Acta Phytotaxonomica Sinica, 38: 430-436.

Ran J H, Wei X X, Wang X Q. 2006. Molecular phylogeny and biogeography of *Picea* (Pinaceae): Implications for phylogeographical studies using cytoplasmic haplotypes. Molecular Phylogenetics and Evolution, 41 (2): 405-419.

Richardson L R, Gold J R. 1995. Evolution of the *Cyprinella lutrensis* species group. III. Geographic variation in the mitochondrial DNA of *Cyprinella lutrensis*: the influence of Pleistocene glaciation on population dispersal and divergence. Molecular Ecology, 4 (2): 163-171.

Rieseberg L H, Carter R, Zona S. 1990. Molecular tests of the hypothesized hybrid origin of two diploid *Helianthus* Species (Asteraceae). Evolution, 44 (6): 1498-1511.

Robinson A J, Love C G, Batley J, et al. 2004. Simple sequence repeat marker loci discovery using SSR primer. Bioinformatics, 20（9）: 1475-1476.

Rova J H E, Delprete P G, Ersson L, et al. 2002. A trnL-F cpDNA sequence study of the condamineeae-rondeletieae-sipaneeae complex with implications on the phylogeny of the rubiaceae. American Journal of Botany, 89（1）: 145-159.

Rozas A, Hernandez J M, Cabrera V M, et al. 1990. Colonization of America by *Drosophila subobscura*: Effect of the founder event on the mitochondrial DNA polymorphism. Molecular Biology and Evolution, 7（1）: 103-109.

Segraves K A, Thompson J N, Soltis P S, et al. 1999. Multiple origins of polyploidy of the geographic structure of *Heuchera grossularifolia*. Molecular Ecology, 8（2）: 253-262.

Shahzad K, Jia Y, Chen F-L, et al. 2017. Effects of mountain uplift and climatic oscillations on phylogeography and species divergence in four endangered Notopterygium herbs. Frontiers in Plant Science, 8: 1929.

Shaw P, But P. 1995. Authentication of panax species and their adulterants by random-primed polymerase chain reaction. Planta Medica, 61（5）: 466-469.

She M L, Pu F. 1997. A new species of *Notopterygium* de Boiss. from China. Journal of Plant Resources and Environment, 6: 41-42.

Soltis D E, Morris A B, Mclachlan J S, et al. 2006. Comparative phylogeography of unglaciated eastern North America. Molecular Ecology, 15（14）: 4261-4293.

Sun G, Ni Y, Daley T. 2008. Molecular phylogeny of RPB2 gene reveals multiple origin, geographic differentiation of H genome, and the relationship of the Y genome to other genomes in *Elymus* species. Molecular Phylogenetics and Evolution, 46（3）: 897-907.

Sun Y, Abbott R, Li L, et al. 2014. Evolutionary history of Purple cone spruce（*Picea purpurea*）in the Qinghai-Tibet Plateau: homoploid hybrid origin and Pleistocene expansion. Molecular Ecology, 23（2）: 343-359.

Tan B, Liu K, Yue X L, et al. 2008. Chloroplast DNA variation and phylogeographic patterns in the Chinese endemic marsh herb *Sagittaria potamogetifolia*. Aquatic Botany, 89（4）: 372-378.

Tang S, Dai W, Li M, et al. 2008. Genetic diversity of relictual and endangered plant *Abies ziyuanensis*（Pinaceae）revealed by AFLP and SSR markers. Genetica, 133（1）: 21-30.

Templeton A. 2001. Using phylogeographic analyses of gene trees to test species status and processes. Molecular Ecology, 10（3）: 779-791.

Tharachand C, Immanuel S C, Mythili M N. 2012. Molecular markers in characterization of medicinal plants: An overview. Research in Plant Biology, 2（2）: 1-12.

Um J Y, Chung H S, Kim M S, et al. 2001. Molecular authentication of *Panax ginseng* species by RAPD analysis and PCR-RFLP. Biological and Pharmaceutical Bulletin, 24（8）: 872-875.

Vos P, Hogers R, Bleeker M, et al. 1995. AFLP: a new technique for DNA fingerprinting. Nucleic Acids Research, 23（21）: 4407-4414.

Wang H, Laqiong, Sun K, et al. 2010. Phylogeographic structure of *Hippophae tibetana*（Elaeagnaceae）highlights the highest microrefugia and the rapid uplift of the Qinghai-Tibetan Plateau. Molecular Ecology, 19（14）: 2964-2979.

Wang Y P, Fa-Ding P U, Wang P L, et al. 1996. Studies on the systematics of the Chinese endemic genus *Notopterygium*. Acta Botanica Yunnanica, 18: 424-430.

Willis K J, Whittaker R J. 2000. The refugial debate. Science, 287（5457）: 1406-1407.

Witas H W, Zawicki P. 2000. Mitochondrial DNA and human evolution: A review. Zoological Research, 26: 251.

Wolfe K H, Li W H, Sharp P M. 1987. Rates of nucleotide substitution vary greatly among plant mitochondrial, chloroplast, and nuclear DNAs. Proceedings of the National Academy of Sciences, 84（24）: 9054-9058.

Wu Z Y, Raven P H, Hong D Y, et al. 2005. Apiaceae through Ericaceae. Flora of China. Beijing: Science Press.

Xu T, Abbott R J, Milne R I, et al. 2010. Phylogeography and allopatric divergence of cypress species（*Cupressus* L.）in the Qinghai-Tibetan Plateau and adjacent regions. BMC Evolutionary Biology, 10: 194.

Yang L, Chen J, Hu W, et al. 2016. Population genetic structure of *Glycyrrhiza inflata* B.（Fabaceae）is shaped by habitat fragmentation, water resources and biological characteristics. Plos One, 11（10）: e0164129.

Yao X, Deng J, Huang H. 2012. Genetic diversity in *Eucommia ulmoides*（Eucommiaceae）, an endangered traditional Chinese medicinal plant. Conservation Genetics, 13（6）: 1499-1507.

Yoo K O, Malla K J, Wen J. 2001. Chloroplast DNA variation of *Panax*（Araliaceae）in Nepal and its taxonomic implications. Brittonia, 53（3）: 447-453.

Yu H H, Yang Z L, Sun B, et al. 2011. Genetic diversity and relationship of endangered plant *Magnolia officinalis*（Magnoliaceae）assessed with ISSR polymorphisms. Biochemical Systematics and Ecology, 39（2）: 71-78.

Zhang Q, Chiang T, George M, et al. 2005. Phylogeography of the Qinghai-Tibetan Plateau endemic *Juniperus przewalskii*（Cupressaceae）inferred from chloroplast DNA sequence variation. Molecular Ecology, 14（11）: 3513-3524.

Zhang W, Kaneko T, Takeda K. 2004. Beta-amylase variation in wild barley accessions *Hordeum*. Breedingence, 54（1）: 41-49.

Zhang Y, Yang L, Chen J, et al. 2014. Taxonomic and phylogenetic analysis of *Epimedium* L. based on amplified fragment length polymorphisms. Scientia Horticulturae, 170: 284-292.

Zhao H，Ju Y，Jiang J，et al. 2019. Downy mildew resistance identification and SSR molecular marker screening of different grape germplasm resources. Scientia Horticulturae，252：212-221.

Zhao Y P，Fan G，Yin P P. 2019. Resequencing 545 ginkgo genomes across the world reveals the evolutionary history of the living fossil. Nature Communications，10：1-10.

Zhou S L，Xiong G M，Zhong-Yi L I，et al. J. 2005. Loss of genetic diversity of domesticated *Panax notoginseng* F. H. Chen as evidenced by ITS sequence and AFLP polymorphism：A comparative study with *P. stipuleanatus* H T Tsai et K. M. Feng. JIPB，47（1）：107-115.

Zhou W，Ji X，Obata S，et al. 2018. Resolving relationships and phylogeographic history of the *Nyssa sylvatica* complex using data from RAD-seq and species distribution modeling. Molecular Phylogenetics & Evolution，126：1-16.

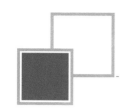

第4章　药用植物中次生代谢物合成途径及相关酶

　　人类对酶的认识最早起源于发酵，早在夏禹时代，人们就通过发酵掌握了酿酒技术。英文"Enzyme"一词来自希腊文，意为"在发酵中"。布赫（Bucher）兄弟于1897年通过实验证实发酵是由于酶的作用，并获得1911年的诺贝尔化学奖。

　　生物的几乎所有生命活动都与酶的催化息息相关，包括生长发育、繁殖、运动、神经传导等，药用植物也不例外。由于大多数药用植物的药效成分为次生代谢物，因此解析参与药用植物次生代谢物合成的关键酶是后基因组（功能基因）研究的重要部分。

　　近年来，随着基因组学和分子生物学技术的快速发展，药用植物次生代谢物的合成途径及相关酶的挖掘研究取得迅猛进展，包括以青蒿素、紫杉醇为代表的萜类，以大麻素、芦丁、灯盏花素、淫羊藿苷为代表的多酚类和以吗啡、秋水仙碱为代表的生物碱类。本章介绍了酶的定义、次生代谢物合成途径及相关酶，并重点阐述催化（或参与）药用植物次生代谢物合成途径的关键酶。例如，碳骨架形成酶和修饰酶，前者包含萜类合酶、查耳酮合酶和生物碱骨架形成的关键酶，后者包括细胞色素P450酶、糖基转移酶、酰基转移酶和异戊烯基转移酶等；并列举了药用植物中具有代表性的次生代谢物合成途径及相关酶解析的案例。

4.1　药用植物次生代谢物合成途径中酶的概述

4.1.1　次生代谢物合成途径中酶的命名、分类和特征

　　我国对酶的运用实践最早可以追溯到8000年前，通过生产和生活中的积累，酶的应用已经进入到生活的多个领域。西方对酶的研究来源于酿酒发酵，1810年贾瑟夫·盖鲁萨克（Jaseph Gaylussac）发现酵母可以将糖转化为乙醇，这一过程中酵母所产生的酶起到了关键性作用。库恩（Kuhne）于1878年对酶进行了系统的命名。作为生物催化剂，酶的研究和催化反应分不开，酶的催化反应机理现存3个学说——"锁与钥匙"学说、中间复合物学说和稳态学说。"锁与钥匙"学说是由费希尔（Fisher）于1894年提出，该学说很好地解释了酶催化作用的专一性。中间复合物学说是由亨利（Henri）于1903年提出，米凯利斯（Michaelis）等根据该学说于1913年进一步推导出米氏方程式，该方程式是现今酶促动力学研究的基础；稳态学说是布里格斯（Briggs）等于1925年提出，他们将米氏方程式进行了重要修正，指出酶促反应第二步平衡的重要性，用稳态代替了平衡态，即现代酶促动力学研究理论或稳态理论。

　　自1833年帕恩（Payen）和佩尔索（Persoz）从麦芽中分离淀粉酶制剂以来，人类一直在探索酶的本质。萨姆纳（Sumner）、诺斯罗普（Northrop）和库尼茨（Kunitz）于1926年至1936年间分别获得了脲酶、胃蛋白酶、胰蛋白酶和胰凝乳蛋白酶的结晶，这些发现在当时证明了酶的本质是蛋白质，Northrop和Kunitz因此而获得了1949年诺贝尔化学奖。酶是蛋白质这一观念直到19世纪80年代初才被切赫（Cech）

和阿特曼（Altman）打破，他们发现了核酶——具有催化功能的 RNA，并获得了 1989 年诺贝尔化学奖。

1. 次生代谢物合成途径中酶的命名

根据 1961 年国际生物化学学会酶学委员会推荐，每一种酶应有惯用名和系统名称。惯用名由于简单易懂且应用历史较长，至今仍被广泛使用，惯用名通常体现酶的反应特征，比如以结合酶的来源和底物命名——胃蛋白酶；以催化反应性质和类型命名——水解酶、转移酶、氧化酶。国际系统命名法是以催化的整体反应为基础，规定每种酶的名称应当明确标明底物及催化反应的性质，如果是两个底物，则用"："将底物名称隔开表示；当其中一个底物为水时，可以将水略去。表 4-1 列出了部分药用植物次生代谢物合成途径中相关酶的命名。

表 4-1　次生代谢物合成途径中相关酶的命名

代谢产物	惯用名	系统名称
类黄酮	类黄酮 UDP 糖基转移酶	UDPG：类黄酮糖基转移酶
青蒿素	紫穗槐二烯合酶	紫穗槐二烯连接酶
萜类	氧化鲨烯环化酶	2,3-氧化鲨烯环化酶
紫杉醇	10-deacetylbaccatin Ⅲ -10-O- 酰基转移酶	10-deacetylbaccatin Ⅲ：acetyl CoA 转移酶
萜类	类丝氨酸羧肽酶酰基转移酶	萜类：1-O-β- 葡萄糖酯转移酶
大麻多酚	Olivetolate 异戊烯基转移酶	香叶基焦磷酸：橄榄酸香叶基转移酶

2. 次生代谢物合成途径中酶的分类

根据功能分类，酶可分为氧化还原酶、转移酶、水解酶、裂合酶、异构酶和连接酶六大类。

氧化还原酶是一类催化氧化还原反应的酶，包括氧化酶和脱氢酶。药用植物次生代谢物合成途径中代表性的氧化酶有细胞色素 P450 酶（CYP450），2- 氧化戊二酸依赖的双加氧酶（2OGD）等；代表性脱氢酶有乙醇脱氢酶（ADH）和乙醛脱氢酶（ALDH）等。

转移酶是指催化化合物某个基团的转移，即将一种分子中的某一个基团转移到另一种分子上的反应。例如，糖基转移酶可以将尿苷二磷酸葡萄糖（uridine diphosphate glucose，UDPG）中的葡萄糖转移到类黄酮、萜类等化合物上；酰基转移酶将乙酰辅酶 A（Acetyl-CoA）的乙酰基转移到另一化合物上；异戊烯基转移酶可以将二甲基丙烯焦磷酸（dimethylallyl pyrophosphate，DMAPP）中的异戊烯基转移到另一化合物的碳原子上。

水解酶是指催化水解反应的酶，大多为胞外酶。该酶是生物体内分布最广和数量最多的酶，常见的有蛋白酶、淀粉酶、核酸酶和脂肪酶等。

裂合酶可以催化从底物移去一个基团形成双键的反应或其逆反应。包括最常见的 C-C、C-O、C-N、C-S 裂解酶亚类。

异构酶可以催化各种同分异构体之间的相互转变，加速分子内部基团的重排。包括消旋酶、差向异构酶、顺反异构酶、分子内氧化还原酶、分子内转移酶和分子内裂解酶等，比如，催化类黄酮 C6-C3-C6 骨架形成的查耳酮异构酶。

连接酶或合成酶催化有腺苷三磷酸（ATP）参与的合成反应，即两种化合物合成一种新化合物的反应。无论是萜类、类黄酮还是生物碱类生物合成途径中都存在这类合酶，如二萜合酶（DiTPS）、三萜合酶（OSC）和查耳酮合酶（CHS）。

3. 次生代谢物合成途径中酶的特征

酶是一种生物催化剂，具有专一性和高效性的特征。专一性又可分为绝对专一性和相对专一性，分别对某一种和某一类化合物起催化作用；高效性则主要用酶促反应动力学特征参数表征，酶的环境参数——温度、pH 和反应缓冲液等也会影响酶促反应的效率。

（1）酶动力学特征　酶促反应动力学方程式是动力学特征的基础。1913 年 Michaelis 等在中间复合物理论的基础上提出该方程式，1925 年 Briggs 等对其修正（图 4-1），最终得到了酶促反应动力学的几大特征常数。现在通常利用这些特征常数来表征一个酶的整体特性。

$$E + S \xrightarrow{k_1/k_{-1}} ES \xrightarrow{k_2/k_{-2}} P + E$$

$$V = \frac{V_{\max}[S]}{K_m + [S]}$$

图 4-1　米氏方程式

其中 K_m 值称为米氏常数，$V_{\max}$ 是酶被底物饱和时的反应速度，$[S]$ 为底物浓度，V 为反应速率

$V_{\max}$，酶被底物完全饱和时的最大反应速率。

K_m 值，反应速度达到最大反应速度一半时的底物浓度，单位为 mol/L。K_m 的大小只与酶的性质有关，与酶的浓度无关。酶对不同底物的 K_m 值不一样，K_m 值可近似地反映酶与底物的亲和力大小：K_m 值大，表明亲和力小；K_m 值小，表明亲合力大。K_m 值最小的那个底物，被称为该酶的最适底物。

k_{cat}，酶被底物饱和时，每秒钟每个酶分子转换底物的分子数，此转换常数即为催化常数。酶对某底物的 k_{cat} 值越大，表明催化效率越高。

k_{cat}/K_m，酶和底物反应形成产物的表观二级速率常数，或叫专一性常数。该常数同时反映了酶对底物的亲和力和催化能力，因此可以用于比较不同酶对特定底物的催化效率或同一种酶对不同底物的催化效率。

（2）最适 pH　酶对底物催化活力最大时的缓冲液 pH。酶的最适 pH 受多因素影响，包括底物种类和浓度、缓冲液成分和浓度。植物中酶的最适 pH 一般在 4.5 ～ 6.5。

（3）最适温度　温度是影响酶活反应速率的关键，反应速率最大时的温度被称为最适温度。植物细胞中酶的最适温度一般在 40 ～ 50℃。Q_{10} 表示反应的温度系数，是指反应温度每提高 10℃反应速率与原反应速率之比。

次生代谢物是药用植物中主要药效成分之一，其中主要包括萜类、酚类和生物碱三类。关于这三类代谢物合成途径及相关酶的鉴定是药用植物功能基因组研究的核心内容。下面将重点讲述上述三类次级代谢物合成途径及关键酶。

4.1.2　药用植物中萜类生物合成途径

萜类化合物是药用植物中药物研发的重要对象，比如黄花蒿中的青蒿素、人参中的人参皂苷、穿心莲中的穿心莲内酯等。下面以这三种萜类化合物为代表，阐释它们的生物合成途径及其关键酶。

青蒿素是黄花蒿中最重要的抗疟活性成分，属于倍半萜类化合物，我国科学家屠呦呦因为发现该化合物的抗疟活性于 2016 年获得诺贝尔生理学或医学奖。与其他萜类化合物相同，青蒿素合成的前体异戊烯焦磷酸（isopentenyl pyrophosphate，IPP）和二甲基丙烯焦磷酸（dimethylallyl pyrophosphate，DMAPP），由甲羟戊酸（MEP）途径或脱氧木酮糖 -5- 磷酸（MVA）途径合成而来；进一步由紫穗槐 -4, 11- 二烯合酶（amorpha-4, 11-diene synthase，ADS）催化 C15 的法尼基二磷酸（farnesyl diphosphate，FPP）形成青蒿素的初始碳骨架结构紫穗槐二烯；该骨架化合物进一步经过 CYP71AV1 进行两次单加氧化修饰，生成青蒿醛（artemisinic aldehyde）；最后，青蒿醛分别由青蒿醛 Δ11（13）双键还原酶［artemisinicaldehydeΔ11（13）reductase，DBR2］和醛脱氢酶 1（aldehyde dehydrogenase 1，ALDH1）两步催化，生成青蒿素的前体化合物双氢青蒿酸（图 4-2）。

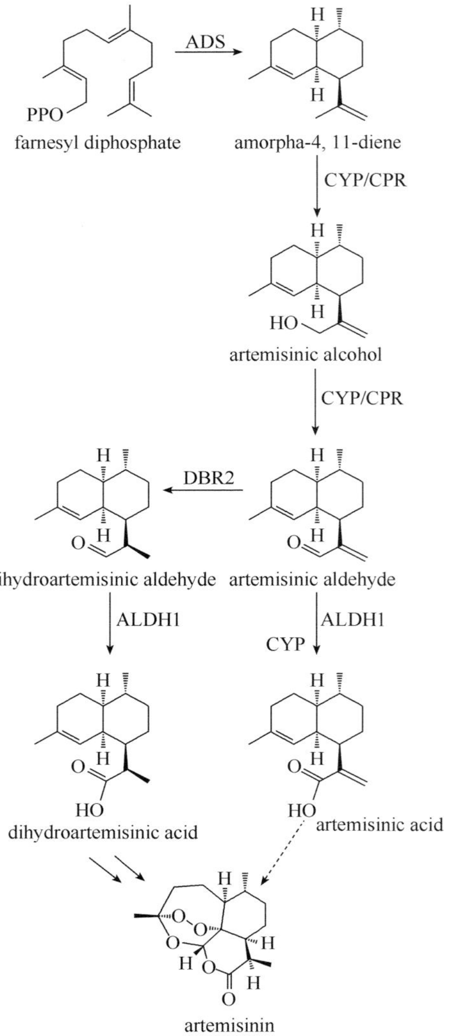

图 4-2　青蒿素生物合成途径

ADS，紫穗槐二烯合酶；ALDH1，醛脱氢酶 1；DBR2，青蒿醛 Δ11（13）双键还原酶；farnesyl diphosphate，法尼基二磷酸；amorpha-4, 11-diene，紫穗槐二烯；artemisinic alcohol，青蒿醇；artemisinic aldehyde，青蒿醛；artemisinic acid，青蒿酸；dihydroartemisinic aldehyde，双氢青蒿醛；dihydroartemisinic acid，双氢青蒿酸；artemisinin，青蒿素

　　人参皂苷是人参中的主要药效成分，属于三萜类化合物。研究人员从人参中分离得到的人参皂苷单体约 300 种，其中 150 多种属于达玛烷型和齐墩果烷型三萜皂苷。2, 3-氧化鲨烯（2, 3-oxidosqualene，C30）是三萜类化合物生物合成的共同前体物质。人参中达玛烷型三萜皂苷的生物合成途径如下（图 4-3），达玛烯二醇合酶（dammarenediol synthase，DDS）催化 2, 3-氧化鲨烯生成达玛烷骨架化合物达玛烯二醇-Ⅱ（dammarenediol II），该骨架化合物在 P450 酶 CYP716A47 的氧化修饰作用下生成原人参二醇（protopanaxadiol，PPD），PPD 进一步在 CYP716A53V2 的催化下生成原人参三醇（protopanaxatriol，PPT）。人参中齐墩果烷型三萜皂苷的生物合成途径如下，β-amyrin 合酶催化 2, 3-氧化鲨烯生成 β-amyrin（齐墩果烷）碳骨架，再经过一系列 P450 酶（CYP716A12，CYP716A15/17，CYP716A52v2，CYP716A75，CYP716AL1）的氧化修饰作用，最后形成齐墩果酸（图 4-3）。人参皂苷苷元的糖基化由糖基转移酶（uridine diphosphate-glucosyltransferases，UGTs，EC 2.4.1.x）催化完成；UGTs 是人参皂苷生物合成途径的最后一步修饰酶，决定了人参皂苷的多样性。

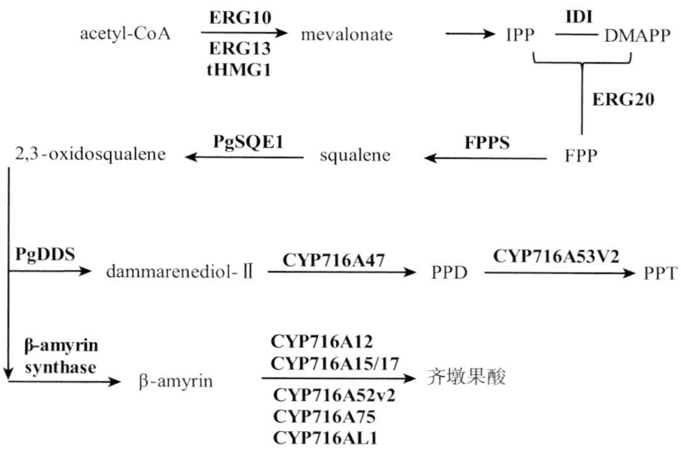

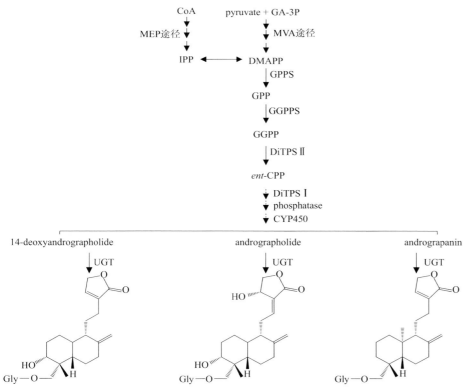

图 4-3　人参皂苷骨架生物合成途径

acetyl-CoA，乙酰辅酶 A；mevalonate，甲羟戊酸；IPP，异戊烯焦磷酸；DMAPP，二甲基烯丙基焦磷酸；FPP，法尼基焦磷酸；squalene，角鲨烯；2, 3-oxidosqualene，2, 3- 氧化鲨烯；dammarenediol- II，达玛烯二醇 - II；PPD，原人参二醇；PPT，原人参三醇；ERG10，乙酰乙酰辅酶 A 硫解酶；ERG13，3- 羟基 -3- 甲基戊二酰辅酶 A 氧化酶；tHMG1，3- 羟基 -3- 甲基戊二酰辅酶 A 还原酶1；IDI，异戊烯基焦磷酸异构酶；FPPS，法尼基焦磷酸合酶；ERG20，角鲨烯合酶；PgSQE1，角鲨烯环化酶；PgDDS，达玛烯二醇合酶；CYP，细胞素 P450 酶；β-amyrin synthase，β- 香树脂醇合成酶；β-amyrin，β- 香树脂醇

穿心莲内酯类化合物是穿心莲的主要活性成分，属于半日花烷类二萜。其主要合成途径如图 4-4 所示，来自甲羟戊酸（MEP）途径或者脱氧木酮糖 -5- 磷酸（MVA）途径的二甲基丙烯焦磷酸（DMAPP），在牻牛儿基焦磷酸合酶（GPPS）和牻牛儿牻牛儿基焦磷酸合酶（GGPPS）两步催化下生成牻牛儿牻牛儿基焦磷酸（GGPP），随后在二萜合酶 II 型（DiTPS II）作用下生成 ent-CPP，随后经去磷酸化酶、P450 酶和 UGTs 的修饰，最终生成穿心莲内酯类化合物。

图 4-4　穿心莲内酯生物合成途径

实线箭头标示已鉴定的路径，虚线箭头标示还未鉴定的路径；MEP，甲羟戊酸；MVA，脱氧木酮糖 -5- 磷酸；CoA，辅酶 A；IPP，异戊二烯焦磷酸；pyruvate，丙酮酸；GA-3P，甘油醛 -3- 磷酸；DMAPP，二甲基丙烯焦磷酸；GPP，牻牛儿基焦磷酸；GGPP，牻牛儿牻牛儿基焦磷酸；ent-CPP，柯巴基焦磷酸；14-deoxyandrographolide，14- 去氧穿心莲内酯；andrographolide，穿心莲内酯；andrograpanin，新穿心莲内酯苷元；14-deoxyandrographiside，14- 去氧穿心莲内酯苷；andrographiside，穿心莲内酯苷；neoandrographolide，新穿心莲内酯；Gly，葡萄糖基；GPPS，牻牛儿基焦磷酸合酶；GGPPS，牻牛儿牻牛儿基焦磷酸合酶；DiTPS II，二萜合酶 II 型；DiTPS I，二萜合酶 I 型；phosphatase，磷酸酶；CYP450，细胞素 P450 酶；UGT，尿苷二磷酸糖基转移酶

4.1.3 药用植物中酚类生物合成途径

酚类是药用植物中非常重要的一类次生代谢物，其代表化合物有大麻酚萜类化合物和类黄酮。大麻酚萜类化合物是大麻中主要药效成分，具有阻断乳腺癌转移、治疗癫痫、抗类风湿关节炎、抗失眠等一系列生物活性。人们熟知的大麻多酚化合物为反式 -Δ^9- 四氢大麻酚 [（ - ）-Δ^9-*trans*-tetrahydrocannabinols，Δ^9-THC] 和大麻二酚（cannabidiol，CBD），有关大麻多酚合成途径的研究也主要集中在这两个化合物上。如图 4-5 所示，大麻萜酚酸（cannabigerolica acid）是 THC 和 CBD 合成途径的共同碳骨架前体，由 CCBGAS，CsAPT4 催化牻牛儿基焦磷酸（geranylpyrophosphate，GPP）和橄榄烯酸（olivertolic acid，OA）而成。其中 GPP 来源于萜类合成途径；橄榄烯酸来源于脂肪酸合成途径，关键酶包含 AAE（acyl activating enzyme），OLS（olivetol synthase）和 OAC（olivetolic acid cyclase）。在 THC 合成途径中，大麻萜酚酸在 THCAS 酶催化下环化为 Δ^9- 四氢大麻酚酸（Δ^9-tetrahydrocannabinolic acid，Δ^9-THCA），经自发脱羧形成 Δ^9-THC；在 CBD 合成途径中，大麻萜酚酸在 CBDAS 的催化下生成大麻二醇酸（cannabidiolic acid），进一步自发脱羧生成 CBD。

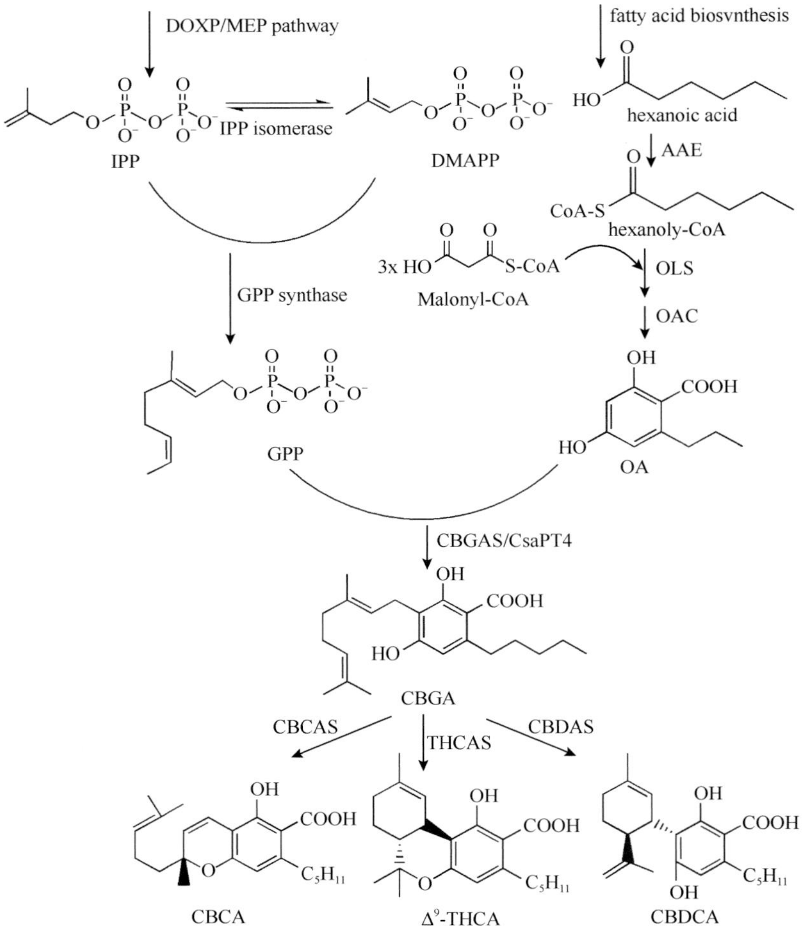

图 4-5 大麻中大麻多酚生物合成途径

DOXP/MEP pathway，5- 磷酸脱氧木酮糖 /2C- 甲基 -4- 磷酸 -4D- 赤藓糖醇途径；fatty acid biosythesis，脂肪酸生物合成；IPP，isopentenyl pyrophosphate，异戊烯焦磷酸；IPP isomerase，IPP 异构酶；DMAPP，dimethylallyl pyrophosphate，二甲基烯丙基焦磷酸酯；hexanoic acid，己酸；AAE，acyl-activating enzyme，酰基活化酶；Hexanoly-CoA，己酰辅酶 A；GPP，geranyl pyrophosphat 牻牛儿基焦磷酸；GPP synthase，牻牛儿基焦磷酸合成酶；malonyl-CoA，丙二酰辅酶 A；OLS，olivetol synthase，聚酮合酶；OAC，olivetolic acid cyclase，橄榄烯酸环化酶；OA，oliverolic acid，橄榄烯酸；CBGAS，cannabigerolic acid synthase，大麻萜烯酸合成酶；CsAPT4，*C. sativa* aromatic prenyltransferase 4，大麻芳香异戊烯基转移酶 4；CBGA，cannabigerolic acid，大麻萜烯酸；CBCAS，cannabichromenic acid synthase，大麻色烯酸合成酶；CBCA，cannabichromenic acid，大麻色烯酸；CBDAS，cannabidiolic acid synthase，大麻二酚酸合成酶；CBDA，cannabidiolic acid，大麻二酚酸；THCAS，tetrahydrocannabinolic acid synthase，四氢大麻酚酸合成酶；Δ^9-THCA，Δ^9-tetrahydrocannabinolic acid，Δ^9- 四氢大麻酚酸

类黄酮化合物是药用植物中重要的次生代谢物之一，可将其分成不同亚类，如黄酮、异黄酮、黄酮醇、花青素等。柚皮素（naringenin）是类黄酮化合物的共同前体物质，由查耳酮合成酶（CHS）和查耳酮异构酶（CHI）催化一分子的 4- 香豆酰辅酶 A 和三分子的丙二酰辅酶 A 形成（图 4-6）。在类黄酮不同亚类合成途径中，异黄酮合成酶（IFS）、黄酮合成酶（FS）和黄烷酮 3- 羟化酶（F3H）分别是异黄酮、黄酮、黄酮醇及花青素分支的关键酶；黄烷酮醇是黄酮醇及花青素分支的共同中间体；黄烷酮醇在黄酮醇合成酶（FLS）和 UGT 作用下，最终生成黄酮醇及其糖苷；黄烷酮醇在 DFR、ANS（花青素合成酶）和 UGT 的作用下，最终生成花青素。

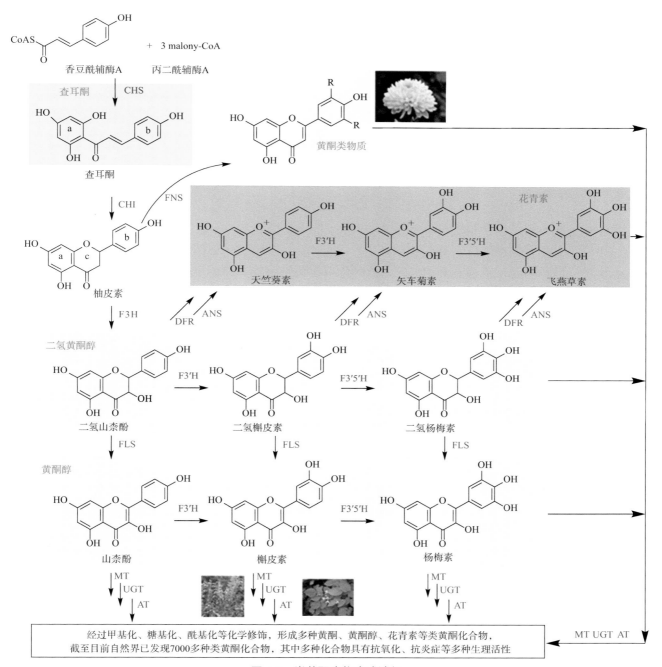

图 4-6 类黄酮生物合成途径

CHS：查耳酮合成酶；CHI：查耳酮异构酶；F3H：类黄酮 3- 羟化酶；F3'H：类黄酮 3'- 羟化酶；F3'5'H：类黄酮 3'5'- 羟化酶；FNS：黄酮合成酶；FLS：黄酮醇合成酶；DFR：二氢黄酮醇还原酶；ANS：花青素合成酶；UGT：UDP- 糖基转移酶；MT：甲基转移酶；AT：酰基转移酶

4.1.4　药用植物中生物碱合成途径及相关酶

生物碱以含负氧化态氮原子环状化合物的形式存在于生物有机体中，一般呈碱性且能和酸结合生成盐。低分子胺类（甲胺、乙胺）；氨基酸、氨基糖、肽类、蛋白质、核酸、核苷酸、卟啉类或维生素这些含氮化合物不能归类到生物碱中。目前从植物中鉴定的生物碱化合物已达 21 120 个，包含 1870 种生物碱骨架结构类型。早在 21 世纪初，研究人员就统计了植物中生物碱的分布情况，仅存在于约 14.2% 的高等植物中 ［1730/7231，基于 2001 年科德尔（Cordell）、奎因（Quinn）和法恩斯沃思（Farnsworth）对 83 个高等植物目的统计结果］。

1. 药用植物中生物碱的特征

生物碱多数由 C、H、O、N 组成，其中 N 一般在环上，与多酚类或萜类的存在形式不同，多酚类或萜类主要以糖苷的形式存在，而生物碱在植物中的多数以盐的形式存在，少数碱性极弱的游离碱可以和不同的酸类成盐，如柠檬酸、酒石酸、乌头酸、绿原酸等。除此之外生物碱还以苷类、酰胺类、N- 氧化物、氮杂缩醛类、烯胺、亚胺等形式存在。

2. 生物碱的种类

生物碱骨架类型或终产物数量都要多于萜类和类黄酮。从结构来分，可以把生物碱分为十大类。吡咯烷衍生物类包括古柯中的红古豆碱和益母草中的水苏碱；哌啶类比如槟榔中的槟榔碱（治疗青光眼）和叶萩中的一叶萩碱（治疗小儿麻痹症）；喹啉类以金鸡纳树皮中的奎宁（抗疟成分）和喜树中的喜树碱（抗癌成分）为人熟知；异喹啉类包括罂粟中的罂粟碱、小檗中的小檗碱和吗啡碱。吲哚类生物碱以长春花中的长春花碱研究较多。毛果芸香碱则属于咪唑类生物碱；萜类生物碱以来自龙胆科植物的龙胆碱研究较多；甾类生物碱包括 C27 胆甾烷类生物碱、C24 黄杨生物碱类、异甾烷类生物碱、C21 孕甾烷类生物碱等；来自麻黄的麻黄碱和从百合科植物秋水仙中提取的秋水仙碱则是有机胺类生物碱的重要代表；天然存在于卫矛科植物卵叶美登木果实中的美登碱是大环生物碱类的一种。

3. 生物碱合成途径及相关酶

生物碱的种类繁多且生物合成途径多样，下文主要以异喹啉类的吗啡碱和吲哚类的长春花碱合成途径及相关酶为例进行介绍。

吗啡是罂粟蒴果被切开后流出的白色乳汁的主要成分，它被作为药效很强的阿片类药物之一，能够减轻病人手术疼痛和癌症晚期的剧痛，但病人对该化合物易产生耐受性和成瘾性。吗啡的生物合成途径如图 4-7 所示，R- 牛心果碱在蒂巴因合成酶（salutaridine synthase，SalSyn）、蒂巴因还原酶（salutaridine reductase，SalR）和氨苄啶醇酰基转移酶（salutaridinol acetyltransferase，SalAT）三个酶的催化作用下生成蒂巴因（thebaine），完成了所有的环化。蒂巴因在蒂巴因 6-O- 去甲基酶（T6ODM）、司待因酮还原酶（COR）和可待因 -O- 脱甲基酶（CODM）的作用下，经去甲基和还原反应，最终生成了吗啡碱（morphine）。

长春花是夹竹桃科长春花属的一种重要的药用植物。该植物含有长春碱（vinblastine）、长春新碱（vincristine）、阿吗碱（ajmalicine）、蛇根碱（serpentine）和文多灵碱（vindoline）等 100 多种萜类吲哚生物碱且多数具有生物活性，其中长春碱可用于治疗霍奇金病、恶性淋巴肿瘤和急性淋巴细胞性白血病等。

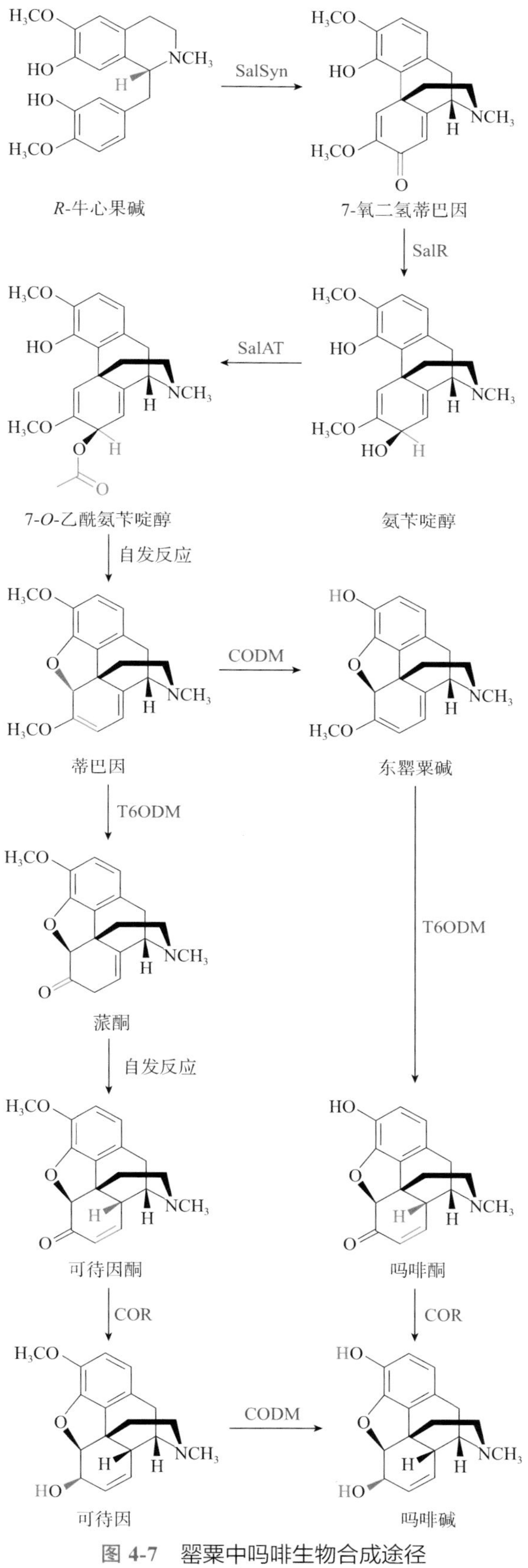

图 4-7 罂粟中吗啡生物合成途径

SalSyn，蒂巴因合成酶；SalR，salutaridine reductase，蒂巴因还原酶；SalAT，salutaridinol acetyltransferase，氨苄啶醇酰基转移酶；T6ODM，thebaine 6-O-demethylase，蒂巴因 6-O- 去甲基酶；COR，codeinone reductase，可待因酮还原酶；CODM，codeine-O-demethylase，可待因 -O- 脱基酶

　　萜类吲哚生物碱的生物合成一般包括莽草酸途径（或吲哚途径）和甲羟戊酸途径（或类萜途径）（图4-8）。经甲羟戊酸途径产生的香叶醇在香叶醇-8-羟化酶（G8H）催化生成 8-羟基牻牛儿醇，经多步反应生成裂环马钱子苷（scologanin），裂环马钱子苷再与莽草酸途径生成的色胺（tryptamine）在异胡豆苷合成酶（STR）作用下耦合成吲哚耦生物碱的共同前体 3α（S）-异胡豆苷 [3α（S）-strictosidine]，异胡豆苷再经多步酶促反应生成文多灵碱和长春质碱（catharanthine），缩合后得到 α-3, 4- 脱水长春碱（α-3, 4-anhydrovinblastine），最终生成长春碱（vinblastine）和长春新碱（vincristine），如图4-8所示。

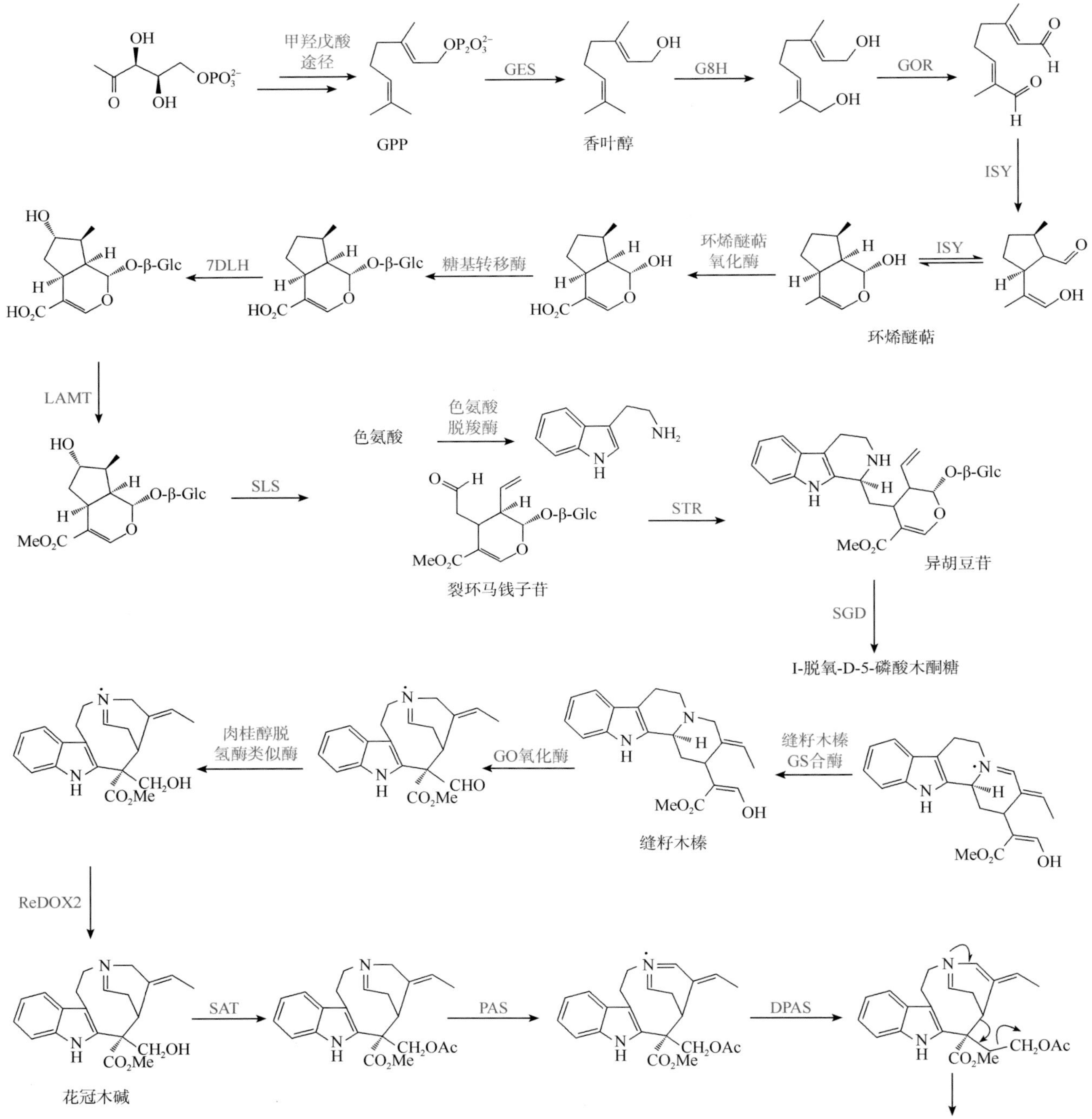

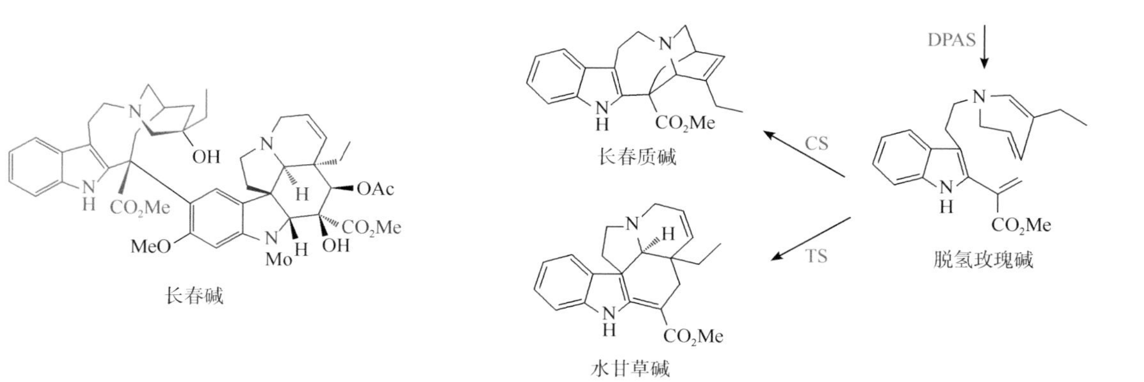

图 4-8　长春花中长春碱生物合成途径

（https：//www.sarahoconnor.org/research）

GES，香叶醇合酶；G8H，香叶醇 -8 羟化酶；GOR，8- 羟基香叶醇还原酶；ISY，环烯醚萜合酶；7DLH，7- 脱氧有机酸羟化酶；LAMT，马钱苷酸甲基转移酶；SLS，裂环马钱子苷合成酶；STR，异胡豆苷合酶；SGD，异胡豆苷去糖化酶；DPAS，脱氢玫瑰碱合酶；CS，长春质碱合酶；SAT，花冠木碱甲基转移酶；TS，水甘草碱合酶；PAS，玫瑰碱合酶

4.2　药用植物中次生代谢物碳骨架形成酶

合酶一般需要 ATP 来提供能量，它催化的反应直接决定了药用植物中次生代谢物的碳骨架结构。萜类合酶催化了 C_{5n}（$n \geqslant 2$）的环化，分别形成了单萜、倍半萜、二萜、三萜等；类黄酮 C_6—C_3—C_6 骨架的形成依赖于查耳酮合酶；生物碱骨架结构更为复杂，按照来源可以大致分为氨基酸类和异戊烯类；生物碱的生物合成包括了环化反应、C—C 键、C—N 键的裂解反应，以及某些重排、取代基的形成、增减、消除和转化等，而其中环化反应是其骨架形成的基础。

4.2.1　萜类生物合成途径中的萜类合酶

萜类化合物（terpenoids）是药用植物中结构及数量极其丰富的次生代谢物，它们源自一个或多个五碳的异戊二烯单元（C_5 isoprene units）。根据异戊二烯的五碳单元的加倍可以将萜类化合物分为 C_{10}、C_{15}、C_{20}、C_{25}、C_{30}、C_{40}，分别对应单萜（monoterpenes）、倍半萜（sesquiterpenes）、二萜（diterpenes）、二倍半萜（sesterterpenes）、三萜（triterpenes）和四萜（tetraterpenoids）。在植物体内异戊二烯并不直接参与萜类的形成，它是由酶催化异戊二烯单元的二磷酸酯——焦磷酸二甲烯丙酯（dimethylallyl diphosphate，DMAPP）和焦磷酸异戊烯酯（isopentenyl diphosphate，IPP）生成。形成萜类化合物复杂骨架生物合成中的关键酶，包括萜类合酶和 2,3- 氧化鲨烯环化酶等，前者主要负责单萜、倍半萜、二萜和二倍半萜骨架的形成，2,3- 氧化鲨烯环化酶主要负责三萜骨架的形成。

4.2.1.1　萜类合成酶

萜类合成酶（terpene synthase）是以焦磷酸香叶酯（geranyl diphosphate，GPP）、法尼烯基焦磷酸（farnesyl diphosphate，FPP）、香叶基香叶基焦磷酸（geranylgeranyl diphosphate，GGPP）为底物形成一系列萜类骨架的关键酶。该酶具有 3 个不同的蛋白结构域（γ、β、α），部分萜类合成酶只具有部分结构域。根据结构特点和催化机制可以将萜类合酶划分为 Class Ⅰ 和 Class Ⅱ 两大类。Class Ⅰ 的特征基序天冬氨酸富集区（$DD_{XX}D$），位于 C 端的 α 结构域，该类酶主要是通过离子化作用脱去底物的焦磷酸基团，进而形成碳正离子的中间产物；而 Class Ⅱ 的特征基序天冬氨酸富集区（D_XDD）则是在 N 端的 β 结构域，其催化机制与 Class Ⅰ 不同，主要是通过质子化作用脱去底物的焦磷酸基团。

单萜、倍半萜和二倍半萜只需要一个 Class Ⅰ 型的萜类合成酶就能够形成骨架结构，二萜化合物则一般需要 Class Ⅱ 和 Class Ⅰ 的依次催化才能形成二萜骨架结构。Class Ⅱ 型二萜合成酶（diTPS）起到关键性作用，这类酶催化产生一系列立体双键异构体和羟基化产物，例如 *ent*-CPP、与 *ent*-CPP 相似的对映体（＋）-CPP、禾本科植物中的 *syn*-CPP，*ent*-CPP、（＋）-CPP 和 *syn*-CPP 是大多数半日花烷型二萜的前体物质。

近年来，药用植物中二萜活性物质的生物合成途径研究成为热点，如紫杉醇、丹参酮、雷公藤甲素、弗斯可林等成分的二萜骨架及后期修饰过程逐步被解析。药用植物中 Class Ⅱ 二萜合成酶可以产生一些新颖的结构，如唇形科植物墨西哥鼠尾草（*Salvia leucatha*）和卫矛科植物雷公藤（*Tripterygium wilfordii*）中的 clerodienyl diphosphate 合酶可以催化 GGPP 形成 kolavenyl（clerodienyl）diphosphate 二萜骨架结构；菊科植物大胶草（*Grindelia robusta*）中的 7, 13-CPP 合酶可以催化 GGPP 形成 7, 13-CPP 二萜；广藿香中的 PcTPS1 被鉴定可以催化形成 *ent*-8, 13-CPP；欧夏至草（*Marrubium vulgare*）中的 MvCPS1 可以催化形成 PPP（peregrinol diphosphate）等。

大部分二萜合成酶的产物为多羟基碳氢化合物（图 4-9），对药用植物中 Class Ⅰ DiTPS 的研究表明这类酶可以催化 Class Ⅱ DiTPS 产物的 C-8 或者 C-9 位羟基化，从而产生异戊烯基二磷酸产物。此外，Class Ⅰ 的 diTPS 在进化过程中不断扩增产生了 7 个亚家族，TPS-a、TPS-b、TPS-c、TPS-d、TPS-e/f、TPS-g、TPS-h，其中 TPS-d 仅存于裸子植物中。被子植物中的 TPS-e/f 发生了大量的复制及新功能化，可以将 Class Ⅱ DiTPS 所产生的不同骨架的中间产物进一步催化生成半日花型二萜。Class Ⅰ DiTPS 的多样性可以增加更多物种特异的二萜类化合物产物，这一过程可以通过催化方式的改变从而使碳正离子重排产生不同骨架结构的二萜，如海松烷、松香烷、克罗烷、贝壳杉等。

4.2.1.2　三萜合酶

OSC（2, 3- 氧化鲨烯环化酶，oxidosqualene cyclase，EC5.4.99.X）可催化线状 2, 3- 氧化鲨烯环化形成多环的三萜母核。该催化反应是三萜皂苷生物合成途径的一个分支点，因此 OSC 是整个三萜皂苷生物合成的关键酶。目前研究发现 OSC 可催化 2, 3- 氧化鲨烯环化生成 100 多种不同碳骨架的三萜化合物，该环化是经过一系列的质子化、环化、重排和去质子化等完成的，2, 3- 氧化鲨烯在被环化的过程中可产生"椅 - 椅 - 椅"（CCC）和"椅 - 船 - 椅"（CBC）两种不同的构象，甾醇类物质主要通过"椅 - 椅 - 椅"构象形成原甾醇阳离子（protosteryl cation），最终形成羊毛甾醇、葫芦二烯醇、环阿屯醇等甾醇类化合物；而三萜类化合物主要通过"椅 - 椅 - 椅"构象形成达玛脂阳离子（dammarenyl cation），最终形成羽扇豆醇、多氯酚、α- 香树脂和 β- 香树脂等产物（图 4-10）。

1. OSC 的特点及分类情况

OSC 是一个超基因家族，在同一植物中可能会产生多种三萜骨架。例如，拟南芥基因组中存在 13 个 *OSC* 基因，编码了环阿屯醇合成酶（AtCAS1）、羊毛甾醇合成酶（AtLSS1）、β- 香树脂合酶（AtLUP4）和几种多功能 OSCs，这些 *OSC* 基因编码的蛋白质能催化产生 β- 香树脂醇、羽扇豆醇和羊毛甾醇等一系列产物，另外还有一些 OSC 能产生"特殊"的三萜，如 marneral（AtMRN1），thalianol（AtTHAS1）和 arabidiol（AtPEN1），这 13 个 OSC 具有不同的表达模式，并能催化产生不同的主要产物，表明它们具有专门的催化功能。

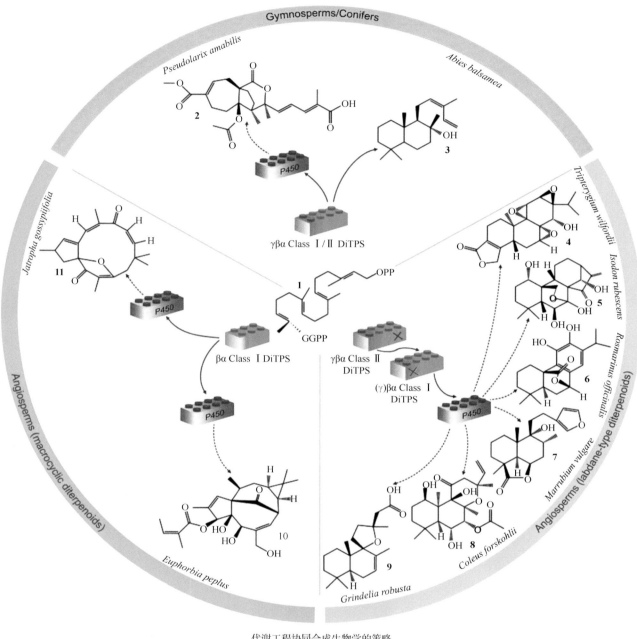

代谢工程协同合成生物学的策略

天然或非天然的二萜生物合成产物

图 4-9　药用植物中二萜合成酶的功能及搭配 P450 基因后的催化产物

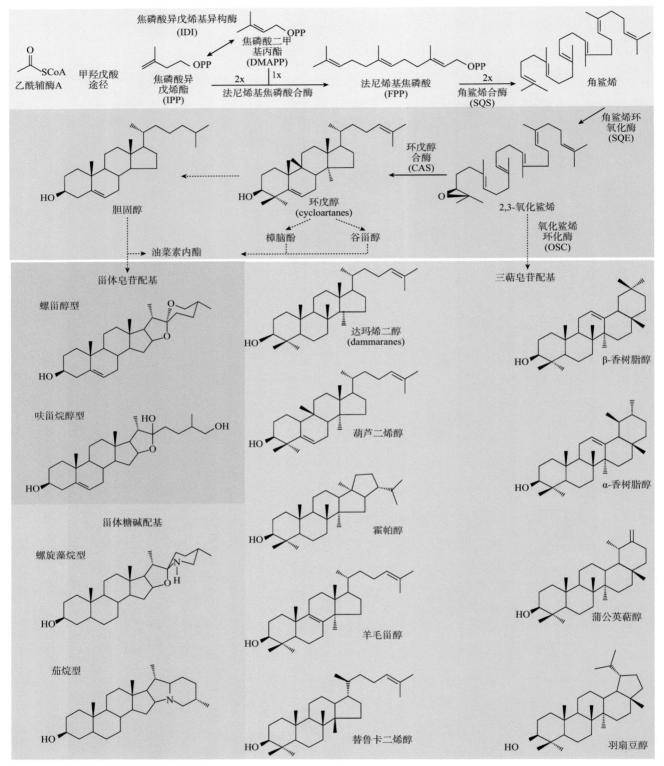

图 4-10　植物中 2, 3- 氧化鲨烯环化酶基因的催化产物

　　OSC 基因家族具有两个高度保守的序列——DCTAE 和 QW（QXXXXXW）。保守序列 DCTAE 可能参与底物结合；而芳香族氨基酸保守序列 QW 带有负电荷，能稳定 2, 3- 氧化鲨烯环化反应中产生的碳阳离子，可能参与稳定蛋白结构和其功能。β- 香树脂醇合成酶中还有一个较为保守的结构域 MWCHCR。

根据其催化产物的种类 OSC 可分为单功能酶和多功能酶。远志（*Polygala tenuifolia*）中的 PtBS 和蒺藜苜蓿中的 MtAMY1 均为单功能酶，只催化产生 β- 香树脂（β-amyrin）一种产物。多功能酶可催化生成两种或两种以上产物，长春花（*Catharanthus roseus*）及岗梅（*Ilex asprella*）中的 CrAS 和 IaAS1 均能同时催化产生 β-amyrin 和 α- 香树脂（α-amyrin），前者产物比例为 5 ∶ 2，后者产物比例为 1 ∶ 4；红海榄（*Rhizophora stylosa*）中的 RsM1 可以催化三种产物生成，分别为计曼尼醇（germanicol）、β-amyrin 及羽扇豆醇（lupeol），产物比例为 66 ∶ 33 ∶ 1；来自拟南芥的 AtBARS1 是目前已知能催化产生最多产物的 OSC，其主产物为 baruol（约占 90%），另外还有 22 个微量副产物，包括单环、二环、三环、四环和五环结构的三萜类化合物。

2. 已鉴定的 OSC

大部分 OSC 的功能验证实验是通过酵母异源表达来实现，因为酵母固有的 2, 3- 氧杂环烯生物合成途径使其成为 OSC 功能验证的理想体系（表 4-2）。已鉴定的 OSC 中大约三分之一为甾醇合酶，包括环阿屯醇合酶和羊毛甾醇合酶。羊毛甾醇合成酶长期以来被认为仅存在于真菌和动物中，最近才在植物中发现其存在，但具体作用尚不清楚。另外三分之二的 OSC 主要是可形成“椅 - 椅 - 椅”构象并最终形成三萜类化合物的 α- 香树脂合成酶（α-amyrin synthase，α-AS；EC 5.4.99.40）、β- 香树脂合成酶（β-amyrin synthase，β-AS；EC 5.4.99.39）、达玛烷二醇合成酶（dammarenediol synthase，DS；EC 4.2.1.125）和羽扇豆醇合成酶（lupeol synthase，LUS，EC 5.4.99.41）等。目前已有 90 多个来源于植物的 OSC 获得了功能验证，比如在人参中共鉴定了 β- 香树脂合成酶（beta-amyrin synthase，β-AS）、达玛烷二醇合成酶（dammarenediol synthase，DS）、环阿屯醇合成酶（cycloartenol synthase，CAS）和羊毛甾醇合成酶（lanosterol synthase，LS）的功能，在朝鲜蒲公英（*Taraxacum coreanum*）和药用蒲公英（*Taraxacum officinale*）中鉴定到了参与蒲公英赛醇（taraxerol）、羽扇豆醇等一系列三萜骨架的 *OSC* 基因。

表 4-2　药用植物中部分已鉴定的 OSC

基因	来源	基因 ID	产物
PNZ1	*Panax ginseng*	AB009031	羊毛甾醇
PNX	*Panax ginseng*	AB009029	环阿屯醇
CASPEA	*Pisum sativum*	D89619	环阿屯醇
TwOSC4	*Tripterygium wilfordii*	MH310939	环阿屯醇
TwOSC6	*Tripterygium wilfordii*	MH310938	环阿屯醇
CPQ	*Cucurbita pepo*	AB116238	葫芦二烯醇
TCOSC4	*Taraxacum coreanum*	MK351899.1	蒲公英赛醇
OEA	*Olea europaea*	AB291240	α- 香树脂
bAS	*Artemisia annua*	EU330197	β- 香树脂
PNY1	*Panax ginseng*	AB009030	β- 香树脂
PNY2	*Panax ginseng*	AB014057	β- 香树脂
PSY	*Pisum sativum*	AB034802	β- 香树脂
bAS	*Polygala tenuifolia*	EF107623	β- 香树脂
TTS1	*Solanum lycopersicum*	HQ266579	β- 香树脂
TCOSC3	*Taraxacum coreanum*	MK351898.1	β- 香树脂
TwOSC8	*Tripterygium wilfordii*	MK541924	β- 香树脂

续表

基因	来源	基因 ID	产物
TwOSC2	Tripterygium wilfordii	KY885469	β- 香树脂醇
BPW	Betula platyphylla	AB055511	羽扇豆醇
LUS	Bruguiera gymnorrhiza	AB289586	羽扇豆醇
LUS1	Glycyrrhiza glabra	AB116228	羽扇豆醇
KdLUS	Kalanchoe daigremontiana	HM623871	羽扇豆醇
OSC3	Lotus japonicus	AB181245	羽扇豆醇
OEW	Olea europaea	AB025343	羽扇豆醇
RcLUS	Ricinus communis	DQ268869	羽扇豆醇
TRW	Taraxacum officinale	AB025345	羽扇豆醇
PNA	Panax ginseng	AB265170	达玛烷二醇
BOS	Stevia rebaudiana	AB455264	氧化酒神菊萜
TCOSC1	Taraxacum coreanum	MK351896.1	混合产物
TCOSC2	Taraxacum coreanum	MK351897.1	混合产物
TwOSC1	Tripterygium wilfordii	KY885467	混合产物
TwOSC3	Tripterygium wilfordii	KY885468	混合产物

3. OSC 的进化分析

对已鉴定的 OSC 开展系统进化分析，结果表明产生 C-20 达玛烯基阳离子的三萜合酶聚为一大类，固醇合酶聚为一类，这些三萜合酶可能是通过环阿屯醇合酶基因的复制和分化直接或间接产生的。有四种三萜合酶来自单子叶植物：OsIAS（主产物异硼烷醇，来自水稻）、OsOSC8（薯醇 B，来自水稻）、AsbAS1（β- 香树脂醇，来自二倍体燕麦）以及 CsOSC2（β- 香树脂醇、羽扇豆醇、计曼尼醇和其他未鉴定的环化产物，来自闭鞘姜），与其他三萜合酶相比，单子叶三萜合酶与来自双子叶植物的甾醇合酶亲缘关系更近，并形成一个离散的亚组。曾有报道燕麦中的 β- 香树脂醇合成酶（唯一被鉴定的单子叶植物的 β- 香树脂醇合成酶）独立于双子叶植物的 β- 香树脂醇合成酶进化，并且与环阿屯醇合成酶同源性更高。进化树分析表明，双子叶植物的 β- 香树脂醇合酶聚为一支，单子叶植物的 β- 香树脂醇合酶形成另一支。因此，在植物进化过程中，催化合成 β-amyrin 的 OSC 似乎已独立进化多次。

4.2.2 多酚类碳骨架合成的查耳酮合酶

查耳酮合酶（CHS）是苯丙氨酸多酚类次生代谢物特别是类黄酮生物合成途径的关键酶，属于聚酮合酶Ⅲ型，CHS 催化丙二酰辅酶 A 与酰基硫酯，释放 CO_2 形成克莱森酯类缩合物。CHS 是一个超基因家族，包括一系列通过基因复制和功能分化衍生出的类 CHS（CHS-like）基因，家族成员源自共同的祖先型，序列同源性非常高，且结构和催化机制也都具有极大的相似性。CHS 是 40 ～ 45kDa 亚基构成的同型二聚体，均包括由 3 个保守氨基酸 Cys-His-Asn 构成的三联体催化活性中心（图 4-11）。例如，在药用植物中决明子和大黄属的 CHS 功能研究有相关报道。研究人员通过解析决明子基因组，在其种子中鉴定了一个 CHS-like 酶（CHS-L9）。可以催化丙二酰辅酶 A 形成蒽醌类化合物阿托黄松羧酸（atrochrysone carboxylic acid）和内啡肽，该酶是植物界发现的第一个和蒽醌代谢相关的酶。

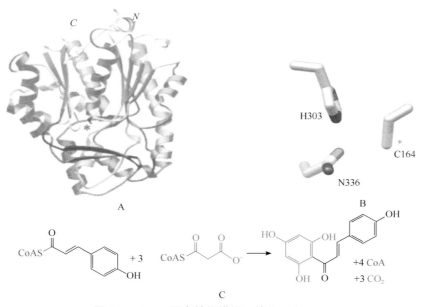

图 4-11　CHS 蛋白结构模拟和催化反应示意图

A. CHS 蛋白结构模拟；B. 催化活性关键氨基酸；C. CHS 催化柚皮素查耳酮的反应式

1. 查耳酮合酶 CHS 的历史和催化特征

CHS 是第一个被发现的 Ⅲ 型 PKS 酶。德国学者最早从欧芹悬浮培养细胞中分离得到 CHS 蛋白。1972 年，克鲁扎勒（Kreuzaler）和哈尔布洛克（Hahlbrock）使用同位素标记的方法证明了丙二酰辅酶 A 和 p- 香豆酰辅酶 A 可以生成柚皮素，当时研究人员误以为 CHS 参与催化柚皮素的合成并错误地将其称为"黄烷酮合酶"。后期研究发现柚皮素是随着 CHS 释放的柚皮素查耳酮再次环闭合而形成的，查耳酮异构酶（CHI）催化了环闭合反应。1980 年，CHS 的错误名称得到纠正，其蛋白纯化过程和酶特征被揭示，并于 1983 年克隆到 *CHS* 基因。

2. 查耳酮合酶结构

Tropf 等（1994）对 CHS 酶的结构分析发现 αβαβα 五层核心以及活性位点和二聚界面的位置在所有含硫折叠的酶中都是保守的。CHS 的 αβαβα 模块由两个伪对称 αβα 核心结构域组成，每个结构域由五个 β 折叠和三个 α 螺旋组成，该模块可能来源于一个古老的基因复制事件的结果。每个 αβα 核心结构域都可与磷酸葡萄糖变位酶中的 αβα 结构域重叠。CHS 的二聚界面包含疏水和亲水残基，除了一对 N 端螺旋缠绕在同源二聚体的"顶部"外，其他的空间构象都相对平坦（图 4-11）。CHS 同源二聚体包含两个不同的双叶活性中心空腔，位于每个单体保守 αβαβα 核心结构域的底部边缘（如果 N 端螺旋被认为在顶部）。在二聚体界面，每个单体中都有一段由六个氨基酸组成的区域，并且将两个单体的活性中心彼此分离。Met137 的邻接侧链形成了两个多肽链，形成另一个单体活性中心空腔，这个硫醚侧链整齐地插入在另一个单体上，形成一个孔（图 4-11）。CHS 的活性位点是由 Cys164、His303 和 Asn336 组成的催化三联体（图 4-12 和图 4-13）。

3. 查耳酮合酶 CHS 的进化和功能分歧

CHS 在体外可以催化肉桂酰、苯甲酰和短 / 中 / 长脂肪酰等多种辅酶 A 硫酯类的延伸。随着反应体系中起始底物的加入，限制环化反应终止，进而主要产生线性或内酯类中间产物。CHS 酶的底物多样性

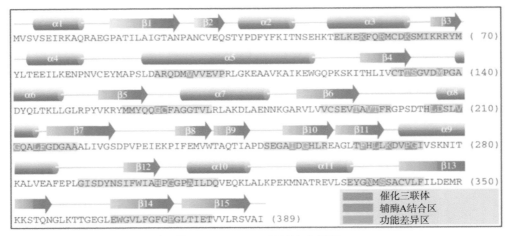

图 4-12   CHS 二级结构分析图

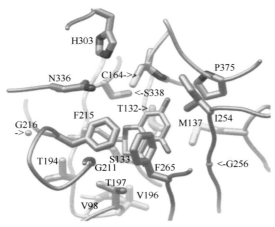

图 4-13   CHS 的催化反应结构基础

使得评估其体内生物功能更复杂，只能通过其催化反应的总体特征来推测其在体内的真实底物，如偏好较大或较小分子、芳香族或脂肪族、直链或支链起始底物。一般根据体内辅酶 A 硫酯的可用性和产物的胞内分布来衡量 CHS 对一系列底物的相对活性。来自不同植物的 CHS 合成的天然产物对进化快的微生物病原体具有抗性，故 CHS 的底物多样性可能是其快速出现新活性的一种进化策略。在 CHS 进化出新活性过程中，特定底物体内催化效率的变化可能在起始阶段发挥主要作用，随后突变体才获得新的底物催化能力。

4.2.3   生物碱碳骨架合成的酶

皮克特 - 斯宾格勒（Pictet-Spengler）缩合反应是生物碱骨架结构形成的关键反应，它是指具有苯乙胺结构的化合物与具有醛或酮基团的化合物缩合脱水生成席夫碱或亚胺，再通过环化形成各种结构生物碱的过程。科学家已在酶水平上对三类生物碱家族中这一反应进行表征。第一类为包括吗啡、可待因等 6000 余个化合物的异喹啉结构生物碱，该类生物碱骨架由去甲乌药碱合成酶（norcoclaurine synthase，NCS）将多巴胺（dopamine）与对羟基苯乙醛（4-hydroxyphenylacetaldehyde）缩合形成；第二类为包括抗癌药长春碱、长春新碱等约 2000 种结构复杂的重要成分在内的单萜类吲哚生物碱，该类生物碱是由异胡豆苷合成酶（strictosidine synthase，STR）催化色胺（tryptamine）和裂环马钱子苷（secologanin）之间的 Pictet-Spengler 缩合反应从而形成该类的骨架化合物异胡豆苷（strictosidine）（图 4-14，图 4-15）。第三类为数量较少的单萜类异喹啉类生物碱，包括催吐毒素等。下文将对异胡豆苷合成酶的蛋白结构及催化机理进行详细介绍。

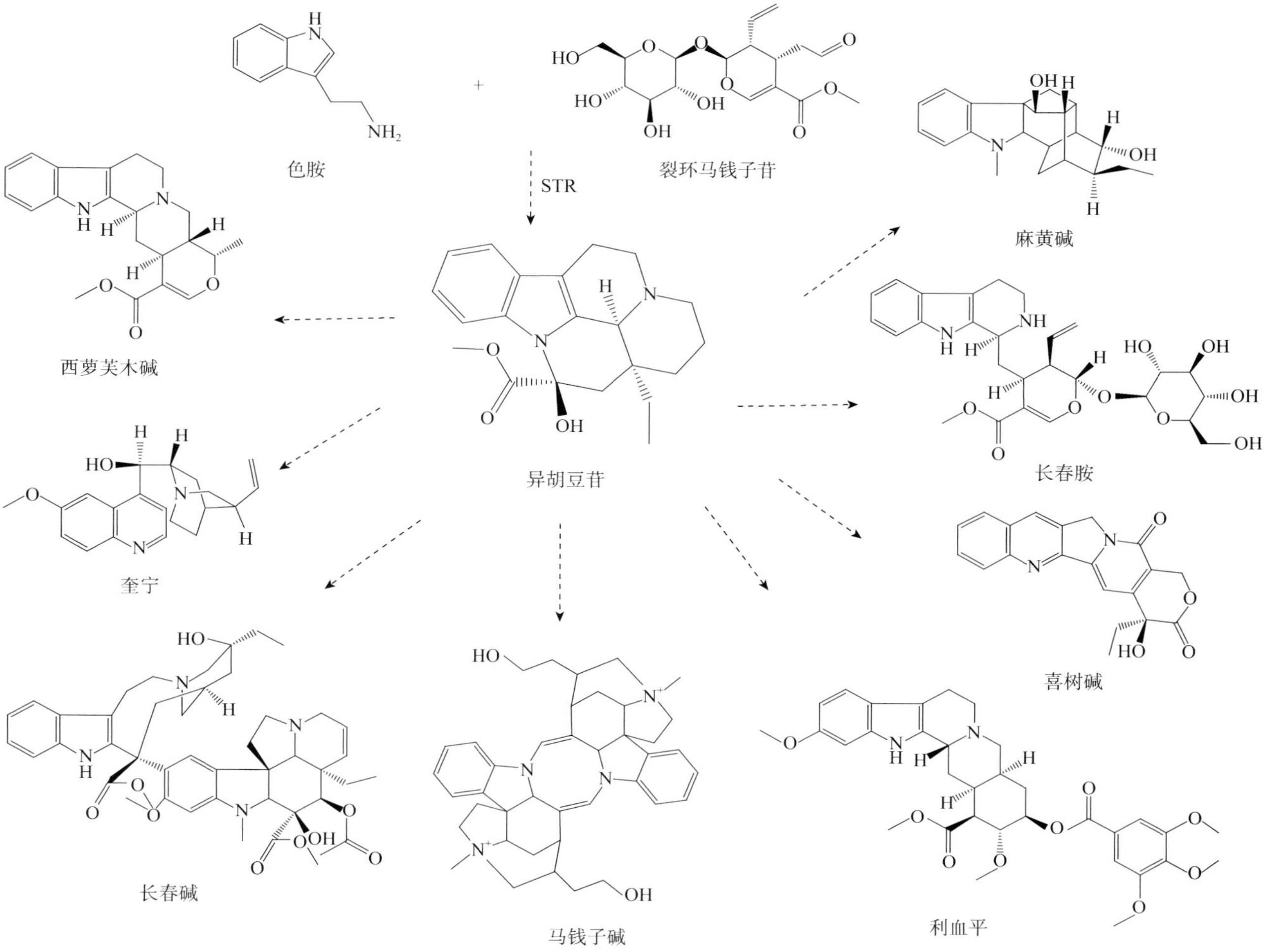

色胺　+　裂环马钱子苷

STR

异胡豆苷

西萝芙木碱

奎宁

长春碱

马钱子碱

利血平

麻黄碱

长春胺

喜树碱

图 4-14　单萜类吲哚生物碱

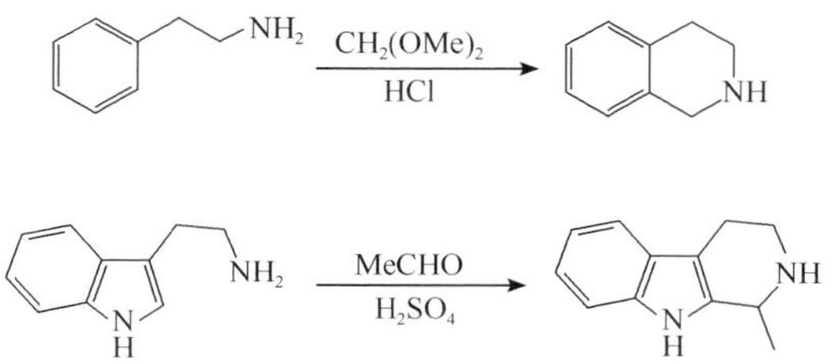

$$CH_2(OMe)_2 / HCl$$

$$MeCHO / H_2SO_4$$

图 4-15　Pictet-Spengler 反应

1. 异胡豆苷合成酶 STR 反应机制

研究人员相继在长春花（*Catharanthus roseus*）、印度蛇根草（*Rauvolfia serpentina*）和短小蛇根草（*Ophiorrhiza pumila*）的细胞悬浮培养物中发现并生化鉴定了异胡豆苷酶（STR），该酶与天然底物——色氨酸和裂环马钱子苷共结晶结构的解析，有效揭示了其酶活反应机制。Loris（2007）将印度蛇根草（*R. serpentina*，*Rs*）STR1 的晶体结构与其产物 3α-(*S*)- 异胡豆苷进行了对接分析，根据对接结果进一步设计具备催化多种色胺类化合物的 STR1 突变体，并结合定点突变实验制备相应的异胡豆苷衍生物。该策略可以被用来改良 STR1 的底物特异性，旨在开发组合仿生方法，以生成包含数千种新产物的新型和大型生物碱文库。此外，酶 - 底物复合体晶体结构的解析还提供了与异胡豆苷分子相互作用的关键氨基酸信息，对未来工程酶的改造具有重要指导意义。

2. 异胡豆苷合成酶 STR 结构基础

*Rs*STR1 的结构外观和一个六叶 β 螺旋桨折叠类似，所有六个叶片都围绕一个伪六次对称轴，每个叶片包含扭曲的四股反平行 β 折叠。酶的活性中心位于伪六次旋转对称轴附近（图 4-16）。*Rs*STR1 与异胡豆苷的复合物结构进一步提供活性位点的详细信息（分辨率为 3.0Å，图 4-16），色胺单元的吲哚环位于由 5 个残基（Phe226、Val208、Val167、Trp149、Tyr151）排列构成的疏水囊中（图 4-17）。

图 4-16　STR1 与异胡豆苷的复合物的晶体结构

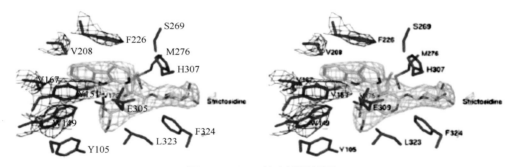

图 4-17　STR 结合域局部图

异胡豆苷分子的色胺部分位于 2 个芳香氨基酸 Tyr151 和 Phe226 之间，被科研人员形象地称为"吲哚三明治"，通过与芳香氨基酸的 ρ-ρ 相互作用以及与其他 3 个疏水性氨基酸 Val208、Val167 和 Trp149 的范德瓦耳斯力（van der Waals force）相互作用，该结构在保持或稳定吲哚环空间结构上发挥着重要作用。在已知的 STR 序列中，这些氨基酸是保守的。后三种氨基酸特别是 Val208 靠近异胡豆苷的空间位置 C10 和 C11（分别位于色胺中的 C5 和 C6 位置）（图 4-18），如果色胺衍生物的上述位置被基团取代，它们将会抑制酶和底物的相互作用。该效应已经在长春花 STR 底物多样性实验中得到验证，当这些位置被相对较小的取代基（氟、羟基）取代时，以色胺衍生物为底物的酶活反应受到的干扰很小，而以 6- 甲氧基色胺为底物则显示出较低的转化率（相对色胺的酶活为 2%），*Rs*STR1 甚至对 5- 甲氧基或 5- 甲基色胺没有活性。然而，色胺的 5 位和 6 位对药理活性至关重要，许多有价值的药物如长春花碱、长春新碱、利血平或奎宁在这些位置都含有甲氧基。

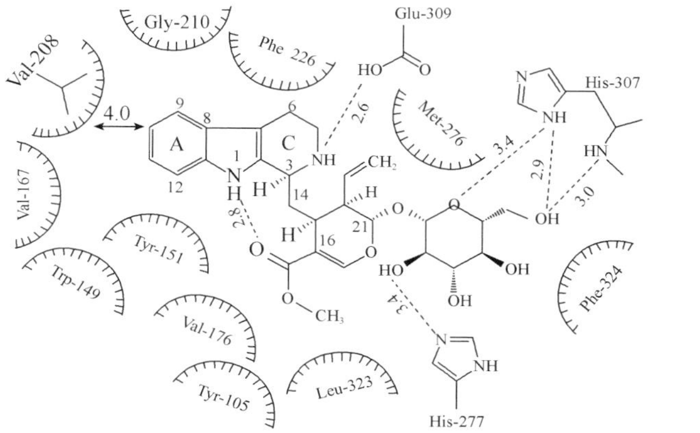

图 4-18　STR 酶的关键位点分析

3. 异胡豆苷合成酶 STR 特性研究

STR1- 异胡豆苷分子对接结果显示色胺 C5 位上的甲氧基与 Val208 的物理位置非常接近，为了设计一种新的 STR1 突变体可以以 5- 甲氧基或 5- 甲基色胺作为底物，研究人员将分子体积较大的 Val208 替换为 Ala，发现突变体 STR1-Val208Ala 可以催化 5- 甲氧基和 5- 甲基色胺与裂环马钱子苷合成相应的异胡豆苷（表 4-3），高效液相色谱、液相色谱 - 质谱、^{1}H- 和 ^{13}C-NMR 联用鉴定了这些产物的结构。此外，动力学和转化效率实验表明，突变体对 6- 甲基和 6- 甲氧基色胺的催化活性也比天然酶更强。

表 4-3　**STR1 酶促动力学参数**

底物	酶	K_M（mmol/L）	K_{cat}（s^{-1}）	K_{cat}/K_M
色胺	野生型	0.072（±0.02）	10.65	147.92
	Val208Ala	0.219（±0.04）	54.09	246.99
5- 甲基色胺	野生型	n.d.	—	—
	Val208Ala	0.281（±0.13）	6.56	23.35
5- 甲氧基色胺	野生型	n.d.	—	—
	Val208Ala	3.592（±1.12）	79.66	22.18
6- 甲基色胺	野生型	0.393（±0.17）	2.32	5.90
	Val208Ala	0.762（±0.21）	10.95	14.37
6- 甲氧基色胺	野生型	0.962（±0.15）	5.32	5.53
	Val208Ala	0.307（±0.01）	16.66	54.27
5- 呋喃色胺	野生型	0.259（±0.10）	37.46	144.63
	Val208Ala	1.302（±0.13）	21.24	16.31
6- 呋喃色胺	野生型	0.136（±0.05）	23.37	171.84
	Val208Ala	0.356（±0.09）	13.63	38.29
5- 羟基色胺	野生型	2.255（±1.76）	562.14	249.29
	Val208Ala	0.844（±0.34）	18.12	21.47

长春花 STR1 突变体对 5- 羟色胺 K_M 值远低于野生型，突变体与野生型的活性差异是建立 N- 异育亨宾（N-heteroyohimbine）生物碱库的基础上。缬氨酸（Val208）的取代实验体现了该残基在异胡豆苷的吲哚部分底物识别中的关键作用（表 4-3）。此外，长春花（C. roseus）STR 的饱和突变法研究也表明缬氨酸（Val208）在底物识别中的重要作用。长春花 STR1 结构的解析加深了对其关键氨基酸的认识，可以帮

助明确突变体的设计方向。

4. 异胡豆苷合成酶 STR 的应用和展望

单萜吲哚类生物碱具有结构多样、药理活性广泛等特点，然而该类生物碱的提取与分离较为困难，因此开发新的药用生物碱生产策略是一个重要目标。STR1 的晶体结构很好地诠释了酶对底物的偏好性，并为工程酶的合理改造提供指引。利用 STR1 突变体 Val208Ala，增加异胡豆苷衍生物的种类，并成功构建了新型吲哚生物碱类似物的文库（图 4-19）。

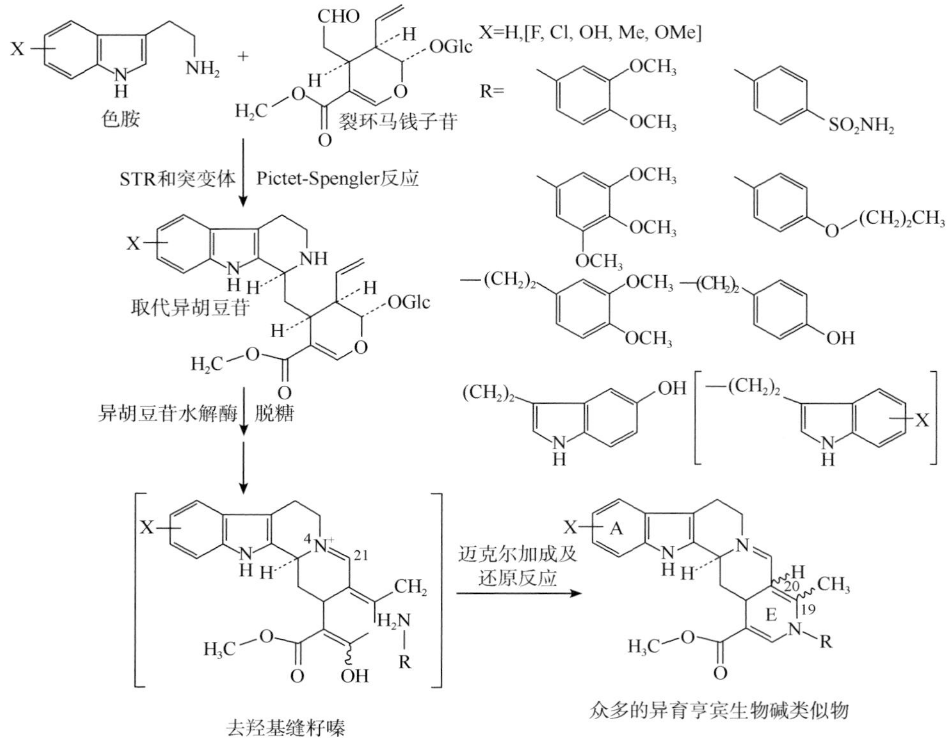

图 4-19 STR 与吲哚生物碱类似物的文库

4.3 药用植物中次生代谢物的修饰酶

药用植物中的次生代谢物结构的多样性，是在骨架结构形成的基础上经过多种修饰酶催化后形成的。三大次生代谢物中最多的骨架类型为生物碱类（已报道约 100 种）；骨架类型最少的为类黄酮，植物中已发现了超过 10 000 个类黄酮化合物。修饰酶不仅在丰富化合物种类方面起到关键作用，还决定了次生代谢物在细胞中的物理、化学和生理特性，这些酶包括氧化酶（CYP450 和 2OGD）、糖基转移酶（glycosyltransferase，GT）、甲基转移酶（methyltransferase，MT）、酰基转移酶（acyltransferase，AT）和异戊烯基转移酶（prenyltransferase，PT）等。

4.3.1 药用植物中次生代谢物合成途径中的氧化酶

氧化酶是药用植物次生代谢物骨架结构形成和碳链修饰的关键酶，目前研究主要集中在单加氧酶 CYP450 和双加氧酶 2OGD 上。

4.3.1.1　细胞色素 P450 酶

外源化合物与植物内源分子之间的互作一直被人们所关注。研究发现微粒体中存在多种催化外源化合物代谢的酶，CYP450（P450）即是其中一种。该类酶的催化反应于 1955 年被首次发现，伯纳德·布罗迪（Bernard Brodie）和他的同事注意到兔肝微粒体可以氧化异源化合物，如巴比妥酸盐、麻黄碱和其他药物。研究人员发现还原态的 P450 结合的是一氧化碳（CO），而不是氧气（O_2），且 P450 结合 CO 后呈现显著的光谱特征变化：在 450nm 波长下出现强吸收峰，与其他血红蛋白与 CO 结合物的吸收峰明显不同（在 420nm 左右），因此该类酶被正式命名为 P450，P 为 pigment 的缩写。P450 催化的酶活反应需要氧化剂和还原剂的共同参与。药用植物中 P450 的基因约占基因组总基因的 1%，拟南芥基因组中注释出 250 余个 P450，其中包括 244 个功能基因和 28 个假基因。P450 蛋白是一种膜蛋白，其相关深入研究涉及的技术相对较难，目前药用植物中只有为数不多的 P450 功能得到了解析。

1. 细胞色素 P450 酶的命名和分类

作为一个古老的超基因家族，根据其编码蛋白序列的相似程度，P450 可分为不同的家族和亚家族。氨基酸序列相似度大于 40% 的 P450 被归为同一家族，氨基酸序列相似度大于 55% 的 P450 归为同一亚家族；相似度低于 40% 的则属于不同的 P450 家族。P450 的命名如青蒿素合成途径中 CYP71AV1 所示，CYP 代表细胞色素，CYP 后的数字 71 代表家族，字母 A 代表亚家族（如字母后面有数字代表同工酶），等位基因在名称的最后用 V1 表示，如是假基因用字母 P 表示。

植物中发现的 P450 基因家族超过了 60 个，可以分为 A- 型和非 A- 型两类。A- 型 P450 主要包含多种次生代谢物如苯丙素类化合物合成相关的酶，例如 CYP93 家族成员与类黄酮的生物合成密切相关，CYP716 家族与三萜类成分的生物合成有关。相比之下，非 A- 型 P450 的部分保守结构与非植物 P450 具有较高的相似性，底物包括初生代谢产物如甾醇类、脂肪酸和信号分子等。

2. 细胞色素 P450 基因的结构

在不同家族 P450 的蛋白结构相对保守，一般具有三个保守结构区——脯氨酸富集区（proline-rich region）、血红素结合区（heme-binding region）和催化中心（catalytic property）。如图 4-20 所示。

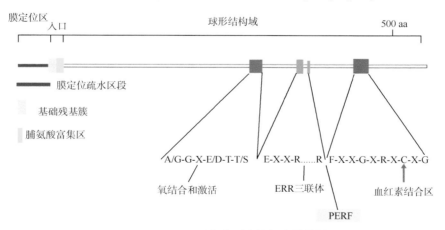

图 4-20　P450 蛋白序列中的保守结构域

P450 蛋白通过 N 端一条疏水性的螺旋结构锚定在膜上（图 4-20），N 端疏水螺旋紧接着一段富含脯氨酸（P）氨基酸片段，即脯氨酸富集区（P/I）PGPx（G/P）xP。氧结合区对氧气的结合和活化具有关键作用。P450 蛋白靠近中央的区域有一个保守的血红素结合区 FXXGXRXCXG，该结合域是鉴定 P450 的主要特征之一，其中半胱氨酸（C）是亚铁血红素的轴配体，在所有的 P450 蛋白中完全保守。除此之外，P450 还有几个保守的螺旋区，如含有保守的 EXXR 序列螺旋 K-helix 以及 PERF 保守序列，K-helix 中的谷氨酸（E）和精氨酸（R）以及 PERF 区中的精氨酸（R）组成的 E-R-R 在所有的植物 P450 中都是保守的，能够使血红素口袋固定在正确的位置，并确保保守区域的稳定性。

细菌中的 P450 均是可溶性蛋白，相反，真核生物中 P450 多数为膜锚定蛋白，这使得它的生物学功能更多样，但同时为其相关研究带来了诸多麻烦。绝大多数植物 P450 可以通过 N 端的疏水肽与内质网结合，并将其余定位于内质网膜外胞质面，进而形成跨膜结构。内质网是蛋白质、脂类（如甘油三酯）和糖类合成的重要基地，这种定位方式有利于 P450 蛋白与其他定位于此的蛋白之间相互作用，共同参与合成和代谢过程。

3. 细胞色素 P450 的作用

细胞色素 P450 家族催化反应类型包括烷基的羟化、烃基的氧化和烯基的环氧化，还有氮、硫、氧位的脱烷基、氧化性的碳—碳键断裂，以及氧化性脱氨、脱卤、脱硫和脱氢等。P450 催化如此复杂而广泛的反应，但其本质都是生物氧化反应。如图 4-21 所示，P450 通过加一个氧原子来对不同种类的小分子底物进行氧化，因此也被称为单加氧酶。

$$RH + O_2 + NADPH + H^+ \xrightarrow{CYP450} ROH + H_2O + NADP^+$$

图 4-21   CYP450 催化反应图示

根据酶的功能分类，P450 参与的反应主要可分为生物合成和生物解毒两大类。与生物合成途径相关的 P450 参与了包括脂肪酸类、苯丙烷类、生物碱、萜类、植物激素等多种代谢中间产物的合成。P450 家族参与合成的物质在植物生长发育中承担着重要的角色，如合成色素（花青素），辅助色素（类胡萝卜素），防御性化合物（植物抗毒素），紫外保护剂（黄酮和芥子酸酯），结构聚合物（木质素），信号分子（各种激素如赤霉素、脱落酸、植物油菜素类固醇激素等），降解内源和外源的除草剂、杀虫剂和污染物等。在药用植物次生代谢物的生物合成过程中，大量的 P450 基因参与了次生代谢物的氧化过程，例如在紫杉醇的生物合成过程中，共 6 个 P450 酶被成功克隆，分别为 C5α- 羟化酶、C10β- 羟化酶、C2α- 羟化酶、C9α- 羟化酶、C13α- 羟化酶和 C7β- 羟化酶，且 6 个酶均表现出单氧化酶的催化活性；在甘草中 CYP88D6、CYP93E3 和 CYP72A154 参与甘草次酸的生物合成过程。

4.3.1.2   酮戊二酸依赖性双加氧酶

酮戊二酸依赖性双加氧酶（2-oxoglutarate-dependen dioxygenase，2OGD）超家族是植物中第二大基因家族，其成员参与多种氧化还原反应。2OGD 是非血红素含铁蛋白，定位于细胞质中，为可溶性蛋白。2OGD 超家族广泛存在于微生物、真菌和动植物中，植物 2OGD 参与多种生理进程，如 DNA 去甲基化、脯氨酸羟基化、植物激素合成以及多种次生代谢物合成。目前，从模式植物拟南芥，水稻和衣藻中分别鉴定到 130、114 和 41 个 2OGD 基因。植物 2OGD 超家族可划分为三组，分别是 DOXA、DOXB 和 DOXC，其中 DOXC 被进一步分为 DOXC1 ～ 57 亚家族（图 4-22），DOXC 成员已被证实参与植物次生代谢物的氧化反应。

1. 2OGD 参与赤霉素生物合成

赤霉素（GA）的生物合成途径比较清晰，需要多种酶的参与，如古巴焦磷酸合成酶（CPS）、贝壳杉烯合成酶（KS）、贝壳杉烯 19- 氧化酶（EKO）、贝壳杉烯酸 7β 羟化酶、GA12 醛合成酶、GA7 氧化

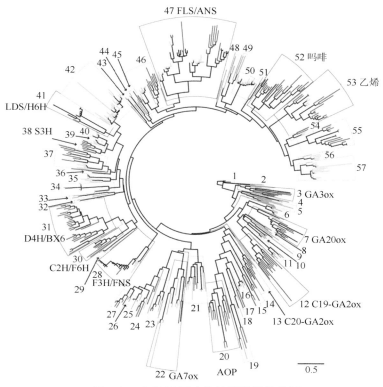

图 4-22 DOXC 亚家族的系统进化分析

酶（GA7ox）、GA13 羟化酶（GA13ox）、GA20 氧化酶（GA20ox）、GA3β 羟化酶（GA3βox）和 GA2 氧化酶（GA2ox）。GA20ox 和 GA3βox 属于 2OGD 的 DOXC7 和 DOXC3 亚家族，GA20ox 催化 GA12 的 C-20 位连续氧化和脱羧反应产生 C19-GA9，GA3βox 分别在 C-3β 位催化 GA9 和 GA20 的羟基化反应生成 GA4 和 GA1。GA20ox 和 GA3βox 存在于低等维管植物卷柏和高等植物拟南芥和水稻中，表明 *GA20ox* 基因广泛存在于所有维管植物中。拟南芥和水稻 *GA20ox* 和 *GA3βox* 的旁系同源基因表明单子叶植物和双子叶植物分化后 DOXC3 和 DOXC7 亚家族发生基因复制。此外，笋瓜（*Cucurbita maxima*）的 *GA7ox* 基因属于 2OGD 的 DOXC22 亚家族，它催化醛的 C-7 位生成 GA12，该反应通常由植物保守的 *CYP88A* 基因来完成。水稻中也存在 DOXC22 亚家族的 *GA7ox* 同源基因，而拟南芥中没有，推测 2OGD 类型的 *GA7ox* 基因仅存在于特有的物种中。此外，4 个卷柏和 2 个云杉的 *DOXC22* 基因功能未知。

2. 2OGD 参与黄酮化合物代谢

参与黄酮类化合物的 2OGD 基因分别属于 DOXC28 和 DOXC47 亚家族。DOXC28 成员主要行使黄酮 3-羟化酶（F3H）的功能，在 C-3β 位催化黄酮转化为二氢黄酮醇。二氢黄酮醇作为黄酮醇、花青素和原花青素的共同前体。卷柏和小立碗藓也存在二氢黄酮醇衍生物，但其基因组中未发现 2OGD 类型的 *F3H* 基因同源物，表明低等植物中参与二氢黄酮醇合成的 *F3H* 基因可能为非 *2OGD* 基因。催化黄烷酮合成黄酮化合物的黄酮合成酶（FNSII）通常属于 *CYP450* 基因家族。部分伞形科物种存在独特的 2OGD 类型的黄酮合成酶（FNSI），其蛋白结构与 F3H 相似，表明伞形科植物 *FNSI* 基因的祖先可能来自于 *F3H* 基因的复制。非同义替换速率（dn）/ 同义替换速率（ds）结果显示 DOXC28 谱系的 *FNSI* 基因面临与黄酮合成酶活性相关的正向选择，多数正向选择的氨基酸位点与底物识别和催化相关。

DOXC47 亚家族成员具有黄酮醇合成酶（FLS）和花青素合成酶（ANS）两种功能，该催化反应发生在 F3H 的下游。FLS 和 ANS 在 C-3α 位催化羟基化反应。部分 ANS 同样具有 FLS 功能，表明两种不同功能的蛋白由一个祖先 2OGD 进化而来。2OGD 的两种 FLS 和 ANS 功能均存在于裸子植物和被子植物中，说明该功能分化发生在被子植物和裸子植物分离之前。由于 F3H 催化反应为 FLS 和 ANS 提供底物，推测 FLS 和 ANS 的进化发生在 F3H 功能出现之后。

3. 2OGD 参与生物碱生物合成

长春花中 DOXC31 的成员 CrD4H 参与长春碱和长春新碱等萜类吲哚生物碱的生物合成，其在文多灵生物合成的后期催化了去乙酰氧基文多灵 C4 位点的羟基化反应。此外，DOXC31 亚家族包含功能多样的 2OGD 成员，参与多种生物胁迫响应相关的物种特异的次生代谢物质合成。三个来自于 DOXC52 亚家族的 2OGD 成员与异喹啉类生物碱的合成相关。罂粟中蒂巴因 6-*O*- 脱甲基酶（T6ODM）和可待因 -*O*- 脱甲基酶（CODM）在吗啡生物合成的最后步骤中催化两步连续的脱甲基反应。独特的 2OGD 依赖的去甲基化反应对甲氧基进行羟基化，然后释放甲醛。第三个报道的参与异喹啉类生物碱合成的 2OGD 成员是黄连的去甲乌药碱合成酶（CjNCS1），它催化多巴胺和 4- 羟基苯乙醛缩合形成去甲乌药碱。拟南芥和水稻中分别含有 5 个和 13 个 DOXC52 成员，但拟南芥和水稻中不存在异喹啉类生物碱，其生化功能也未知。DOXC41 的莨菪碱 6β 羟化酶（H6H）催化一种托品烷类生物碱东莨菪碱的生物合成。由于莨菪碱和东莨菪碱属于物种特异的代谢物，DOXC41 的 H6H 功能仅限于茄科的少部分物种中。

4.3.2 药用植物次生代谢物合成途径中的糖基转移酶

糖基转移酶（glycosyltransferase，EC2.4.x.y，GT）是普遍存在于生物体中能够通过合成糖苷键将糖基连接到特定受体的一大类酶，它们催化了糖苷键的形成。自然界中所有寡糖、多糖和各种复合糖类（糖蛋白、糖脂等）中的糖部分，以及各类糖苷（*O*- 糖苷、*N*- 糖苷和 *C*- 糖苷）的生物合成均离不开糖基转移酶。糖基转移酶超基因家族依据序列相似性和底物特异性被分为 111 个家族和一个未分类群（http://www.cazy.org/，2020-6-16）；该酶催化过程中活性中心可以容纳糖基供体和受体，催化机理如图 4-23 所示。

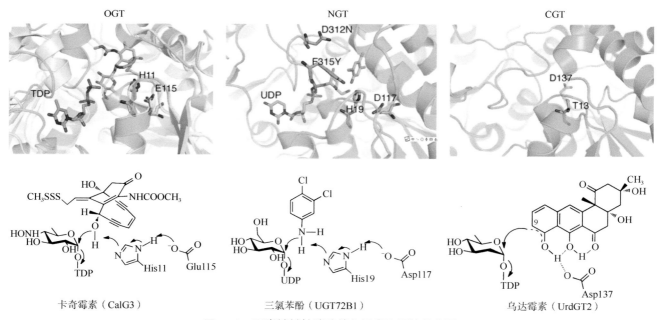

图 4-23　三类糖基转移酶催化示意和活性位点图

底物和催化残基用棍状表示；CalG3，OGT，PDB ID：3OTI；UGT72B1，NGT，PDB ID：2VCE；UrdGT2，CGT，PDB ID：2P6P

植物次生代谢过程中的糖基转移酶的糖基供体主要是核苷二磷酸糖，最常见的是 UDP- 糖，故这类酶又被称为尿苷二磷酸糖基转移酶（UGT）。UGT 主要的糖基供体为 UDP- 葡萄糖，另外还有 UDP- 半乳糖和 UDP- 鼠李糖等。目前，拟南芥 UGT 已超过 120 个成员，苜蓿中含有 187 个成员，大豆中包括 182 个成员，人参中含有 225 个 UGT。Hughes（2015）根据木薯属的 8 个 UGT 的氨基酸序列比对分析发现它们都具有一个保守结构域——植物次级产物糖基转移酶（plant secondary product glycosyltransferase，PSPG）盒，即在 C 端包含 44 个氨基酸的保守结构域。大部分 UGT 属于 111 个 GT 家族里的第一个家族。

基因组和转录组学数据将为植物中 UGT 家族分析和进一步糖基化网络的绘制提供充实的数据基础。基于基因组或转录组的数据不同植物的 UGT 得到了系统的鉴定（表 4-4）。

表 4-4 不同物种基因组中 UGT 基因

种名	预测基因数	基因组大小（Mb）	检索推测 UGTs	推测 UGT 数目
Arabidopsis thaliana	27 416	135	120	107
Malus domestica	57 524	750	232	241
Vitis vinifera	33 514	487	210	181
Populus trichocarpa	45 654	485	223	178
Glycine max	46 430	1115	231	182
Cucumis sativus	26 682	243	101	85
Mimulus guttatus	28 282	321.7	130	100
Oryza sativa	25 012	389	200	180
Sorghum bicolor	27 640	730	191	180
Selaginella moellendorffii	22 285	212.5	139	74
Physcomitrella patens	38 354	480	15	12
Chlamydomonas reinhardti	17 114	112	1	1
Lotus japonicus	29 750	472	188	71
Panax giseng	42 006	3414	225	148

4.3.2.1 类黄酮糖基转移酶

类黄酮糖基转移酶对植物中类黄酮的稳定积累起到关键作用，其糖基化的位点包括在类黄酮 3、5、7、3′、4′ 和 5′ 位的羟基。糖基化的类黄酮还可以被二次糖基化，比如，UFGT 既可以催化类黄酮骨架结构的糖基化，也可以催化糖苷的二次糖基化。

由于药用植物中含有丰富的以苷类形式存在的黄酮类物质如淫羊藿苷、芦丁、灯盏乙素等，所以针对其 UFGT 基因的功能被陆续报道，这些 UFGT 基因的功能鉴定将为药用植物资源的开发提供理论基础。其中淫羊藿苷中糖基化的过程就是典型的例子。淫羊藿是一种应用广泛的药用植物，其作为中药已经有 1000 年的使用历史，其中的淫羊藿苷具有多种生物活性，包括抗氧化、抗炎、抗骨质疏松、神经保护、改善卒中后痴呆、抗抑郁和肿瘤多药阻力逆转活动等。淫羊藿苷被认为是这类植物中的主要药效活性成分，是一种 7-*O*- 类黄酮糖苷。至今还未见淫羊藿植物中催化 7-*O*- 类黄酮糖苷糖基转移酶的报道。研究团队从拟巫山淫羊藿（*E. pseudowushanense* B. L. Guo）中鉴定了一个糖基转移酶 Ep7GT，实验结果表明它可以对宝藿苷（baohuoside）的 7-OH 位糖基化产生淫羊藿苷。研究人员发现，Ep7GT 可以利用不同的糖基供体如 UDP- 葡萄糖，UDP- 果糖，UDP-*N*- 乙酰氨基葡萄糖，UDP- 鼠李糖，UDP- 半乳糖，UDP- 葡萄糖醛酸和 TDP- 葡萄糖，是比较特殊的一种糖基转移酶。进而，研究人员通过体外酶活实验，得到了两个淫羊藿苷的新的衍生物 7-*O*-β-D-[2-（乙酰氨基）-2- 脱氧 - 吡喃葡萄糖]- 宝藿苷（1b）和 7-*O*-β-D- 木糖

基 - 宝藿苷（1c）。利用带有 Ep7GT 的大肠杆菌工程菌，以宝藿苷为底物全细胞生物转化得到 10.1μg/mL 淫羊藿苷。苦荞麦中的芦丁和大黄素苷具有良好的保健功能，研究人员利用基因组和转录组信息，不仅在基因组水平上全面分析了 106 个 FtUGT，还从中选择了 21 个候选基因进行了功能验证；利用毛状根和体外酶活实验验证了 rFtUGT73BE5 可以促进芦丁和大黄素苷的积累。红花（*Carthamus tinctorius*）作为传统的药用植物，含有稀少的 C- 糖基化的喹查耳酮（quinochalcones）和类黄酮 O- 糖苷；研究人员克隆 UGT73AE1 并通过酶活证实了它可以催化如淫羊藿苷和大黄素等 19 种不同形式的底物，呈现出多种糖基化类型——N- 糖基化、O- 糖基化和 S- 糖基化。其他的药用植物类黄酮糖基转移酶还包括西红花（*Crocus sativus*）中的 UGT707B1 参与了 3- 槐糖黄酮醇苷的合成；黄芩（*Scutellaria baicalensis*）中的 F7GT 催化黄酮的糖基化；PfA5GT 是紫苏（*Perilla frutescens*）中花青素合成的关键酶。

底物特异性和空间结构的关系是目前该酶研究的热点之一。大量研究表明，在 UFGT 催化类黄酮物质糖基化反应的底物特异性研究中位点特异性研究尤为重要。如洋葱（*Allium cepa*）中 UGT73G1 重组蛋白以多种类黄酮及非黄酮类物质作为底物，该酶催化过程的糖基化位点主要是黄酮类的 C-3、C-7 和 C-4′ 位羟基，以及异黄酮的 C-7 位羟基。彩虹菊（*Dorotheanthus bellidiformis*）中 6-GT 具有广泛的底物，包括甜菜苷配基、花青素和槲皮素，但这些底物的糖基化位点却是专一的，都为 C 环上的 3- 羟基位。水稻（*Oryza sativa*）中 UGT706C1、UGT707A3 和 UGT709A4 的功能也被鉴定：UGT706C1 和 UGT707A3 主要以黄酮醇为糖基受体，糖基化位点主要为 C-3 的羟基；UGT709A4 的底物为异黄酮（黄豆苷元与染料木素），糖基化位点为 C-7 的羟基。

4.3.2.2　萜类糖基转移酶

药用植物中的萜类物质往往与其药效密切相关，现已有大量研究对萜类 UGT 的功能进行报道。番红花（藏红花）作为一种最古老的食品和药材，具有红色的柱头。这些红色柱头组织积累了大量的糖基化的脱辅基类胡萝卜素（apocarotenoids）、藏红花苷（crocins）和苦番红花素（picrocrocin）等。脱辅基类胡萝卜素的生物合成途径起始于玉米黄质（zeaxanthin，3, 3′- 二羟基 -β- 胡萝卜素）的去氧化，然后生成藏红花苷和苦番红花素，之后苦番红花素被转变为藏红花醛（safranal），这类物质赋予了藏红花特殊的香味。在藏红花转录组分析差异表达的 UGT，研究人员发现了脱辅基类胡萝卜素的糖基转移酶 UGT709G1。该酶可以催化 2, 6, 6- 三甲基 -4- 羟基 -1- 吡咯甲醛 -1- 环己烯（2, 6, 6-trimethyl-4-hydroxy-1-carboxaldehyde-1-cyclohexene，HTCC）产生藏红花醛的前体苦番红花素。在不同的藏红花品种中，该基因的表达与否和 HTCC 和苦番红花素的积累相关；且烟草中共转 CsCCD2L 也验证了 UGT709G1 的催化能力。其他糖基化萜类物质的研究如欧洲山芥（*Barbarea vulgaris*）中的四个 BvUGT（BvUGT73C10 ～ BvUGT73C13）参与了齐墩果烷型和常春藤苷配基的糖基化。人参（*Panax ginseng*）中的 PgUGT71A27 催化达玛烷 Ⅱ 型的 C-20 位的糖基化，生成化合物 K；PgUGT74AE2 催化原人参二醇和化合物 K 的 C-3 位羟基的糖基化，分别生成 Rh2 和 F2。PgUGT94Q2 可以催化 Rh2 和 F2 的 C-3 位糖基上糖基化，分别生成 Rg3 和 Rd。PgUGTPg45 和 PgUGTPg29 分别催化原人参二醇和 Rh2 的 C-3 羟基的糖基化；PgUGTPg100 和 UGTPg101 则分别催化原人参三醇的 C-6 和 C-20 位羟基的糖基化。罗汉果（*Siraitia grosvenorii*）中的罗汉果苷的糖基化是由 SgUGT74AC1 参与完成的，它可以催化罗汉果苷 IE 的生成。

4.3.2.3　糖基转移酶的研究方向

1. 多步糖基化的解析一直是糖基转移酶研究的难点

药用植物中特异的多步糖基化次生代谢物如甘草酸、七叶皂苷、薯蓣皂苷、芦丁等为药物发现提供了更加丰富结构的生物活性分子资源，而多步糖基化的解析一直是糖基转移酶研究的难点。甘草酸苷（glycyrrhizin）和观音兰黄酮苷（montbretin A，MbA）的多步糖基化反应解析就是典型的例子。甘草酸是甘草中重要的三萜糖苷，具有两步葡糖醛酸化反应，将甘草次酸（glycyrrhetinic acid）先生成甘草次酸单葡糖醛酸（glucopyranosiduronic acid），再生成甘草酸。通过体外酶活实验，研究人员鉴定了 GuUGAT 酶可以完成催化这个两步反应，并利用定点突变的方法，发现了 Gln-352 决定该酶的第一步催化功能，而 His-22，Trp-370，Glu-375 和 Gln-392 在第二步葡萄糖醛酸化上起到重要作用。观音兰黄酮苷 A（MbA），即酰基化黄酮醇糖苷和其前体化合物都是人胰腺 α- 淀粉酶的抑制剂，作为候选药物正在被开发用来治疗 2 型糖尿病。由于该类化合物主要在鸢尾科植物 *Crocosmia x crocosmiiflora* 的球茎中积累，导致目前大规模生产 MbA 并不现实。代谢分析发现，在球茎发育的早期开始积累 MbA 的前体化合物黄酮醇杨梅素。酶活实验表明 CcUGT77B2 和 CcUGT709G2 分别参与催化杨梅素生成杨梅素 3-*O*- 鼠李糖苷（MR）和 MR 生成杨梅素 3-*O*- 鼠李糖葡糖苷（MRG）的反应，并利用酰基转移酶 CcAT1 和 CcAT2 最终产生了 mini-MbA，CcUGT703E1 催化 mini-MbA 的 1, 2- 葡萄糖基化生成三糖苷产物杨梅素 3-*O*-（葡萄糖基 -6′-*O*- 咖啡酰）- 葡萄糖基鼠李糖苷。研究人员最终利用木氏烟草系统瞬时表达上述基因成功得到了三糖苷化合物。

2. C- 糖苷形成的分子遗传学研究

C- 糖苷类化合物具有潜在的生物活性和在胃肠道水解酶环境下高度的稳定性，因此它被认为是一类成药性强的重要天然产物，比如用于治疗冠心病的葛根素（daidzein 8-*C*-glucoside）和抑制糖尿病血管炎的牡荆苷 -2（apigenin 6, 8-di-*C*-glucoside）。植物中，C- 糖基转移酶（CGT）催化了 C- 糖苷的形成，可以作为生物合成 C- 糖苷的工程酶。在次生代谢物的糖基化修饰中 C- 糖基化修饰研究相对较少，部分 CGT 被报道以异黄酮、黄酮、间苯二酚或三羟基苯乙酮等小分子作为底物。相较于 C- 糖苷单步反应，多步糖基化研究相对缺乏，包括柑橘类植物的 FcCGT 和 CuCGT 与杧果中的 MiCGTb 被报道具有多步糖基化的作用。在甘草中研究人员也鉴定了一个高效催化 C- 糖苷的二次 C- 糖基化的 GgCGT。该酶可以催化含三羟苯丙酮基团底物的两步 C- 糖基化反应，转化率大于 98%。甜荞（*Fagopyrum esculentum* M.）中富含丰富的 C- 黄酮苷，当种子萌发时 FeCGTa（UGT708C1）和 FeCGTb（UGT708C2）在子叶里特异地表达；体外酶活实验表明它们可以催化 2- 羟基黄烷酮、二氢查耳酮和三羟基苯乙酮等类似 2′, 4′, 6′- 三羟基苯乙酮的 C- 糖基化反应，进而生成黄酮 -C- 糖苷。

3. 糖基转移酶晶体结构及反应催化机理

碳水化合物 - 活性酶数据库（carbohydrate-active enzymes，CAZy）注释了来自整个自然界的近 500 000 个 GT 序列，这些序列被分为 111 不同的家族。1990 年第一个 GT 的晶体被解析——兔聚糖磷酸酶（rabbit glycogen phosphorylase），而从 2000 年后，已经有来自 53 个不同的 GT 家族的近 209 个 GT 结构（56% 细菌，38% 真核生物，4% 古细菌，1% 病毒）被完整解析，结果显示虽然生物中存在大量的 GT 家族，但是对 GT 家族成员进行结构分析后表明它们的催化结构域可分为三种蛋白折叠形式，分别为 GT-A、GT-B 和 GT-C。GT-A 类酶含有一个结合核苷酸的 Rossmann-like 折叠和一个稳定金属离子和核糖分子的 DxD 基序，其活性依赖于二价金属离子。GT-B 折叠则含有两个 Rossmann-like 折叠功能结构域，但不含有 DxD 基序，且其活性不依赖于二价金属离子。GT-C 折叠含有多个跨膜的 α 螺旋，该结构负责结合脂糖供体，比如聚糖转移酶。

负责药用植物次生代谢物糖基化的 UGT 大多属于 GT1，且它们的蛋白构象为 GT-B 类。自从第一个植物 UGT 蛋白晶体 UGT72B1 被 Brazier-Hicks 等（2007）成功解析以来，已经有超过 15 个植物 UGT 蛋白晶体陆续被报道。这些数据为酶的可塑性研究和工程酶的改造提供了重要的参考。UGT72B1 可以催化两种糖基化类型的反应分别为 N- 糖基化和 O- 糖基化。研究人员在 1.45 Å 的分辨率水平上呈现了其蛋白结构，同时还解析了结合供体类似物和三氯苯酚的 Michaelis 复合物（图 4-24）。利用定点突变和区段转移方法鉴定了该酶 N/O- 糖基化特性的关键位点；D312N 和 F315Y 直接赋予了 BnUGT（*Brassica napus*，欧洲油菜）突变体蛋白高的 N- 糖基化活性。

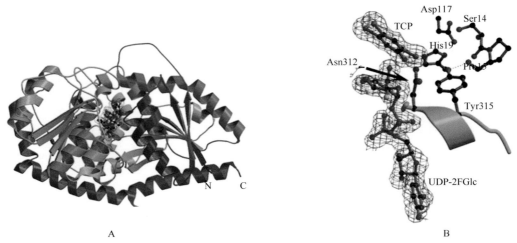

图 4-24　UGT72B1 蛋白结构和分子对接图

A. UGT72B1 蛋白的 3D 结构图，图为"颜色渐变"，从 N 端（蓝色）到 C 端（红色）；B. UGT72B1 的活性中心观察到的 2, 4, 5- 三氯苯酚和 UDP-2- 脱氧 -2- 氟葡萄糖（UDP-2FGlc）的电子密度

在药用植物中能够催化 C- 糖苷形成的 UGT 酶的蛋白晶体结构近年来被广泛关注。叶敏教授课题组在甘草中对结合多种糖基供体的 GgCGT 晶体结构进行了解析，首次解析了两个复杂的晶体复合物——GgCGT、UDP 和三羟基苯酚丙酮（phloretin），GgCGT、UDP 和三羟基苯酚丙酮 C- 糖苷结构。晶体结构分析表明，GgCGT 的 D390 和其他关键残基通过氢键与糖基供体的羟基结合，进而决定了该酶催化反应中对糖基供体的选择性。晶体结构显示 G389 是底物结合通道的关键氨基酸；定点突变实验也表明突变体 G389K 可以实现催化能力从双碳糖基化（di-C）到单碳糖基化（mono-C）的转变。

4. 糖基转移酶家族的进化

糖苷类代谢产物形成过程中 UGT 基因的功能进化模式是另外一大研究热点。田丽教授团队基于已经公开的 65 个植物基因组数据（包括银杏、人参、薯蓣、木麻黄、石斛、莲、蓖麻、丹参和枸杞等重要的药用植物），结合系统发育重建方法分析了植物 UGT 的进化模式。研究显示除了揭示植物 UGT 的整体进化外，系统基因组分析还解决了无孢子植物和裸子植物 UGT 的系统发育关系，并在种子植物中发现了一个额外的 UGT 进化组（R 进化组）。此外，在被子植物中检测到基因组中 UGT 总数大体保持不变的情况下，UGT 进化的特异性扩张和收缩。拟南芥和穿心莲 UGT 进化分组如图 4-25。在禾本目（Poales）和十字花目（Brassicales）中未发现 Q-UGT 进化组，与拟南芥的染色体共线区域没有 Q 进化组同源基因的结果一致。通过基因树的分支位点分析，鉴定了 Q-UGT 进化组的随机阳性选择的分支和氨基酸位点。通过分析代表性 Q-UGT 进化组的 PgUGT95B2 发现，阳性选择的位点远离活性位点，而位于模拟蛋白结构的表面，暗示了它们可能在蛋白质折叠、稳定性和互作上起到重要作用。

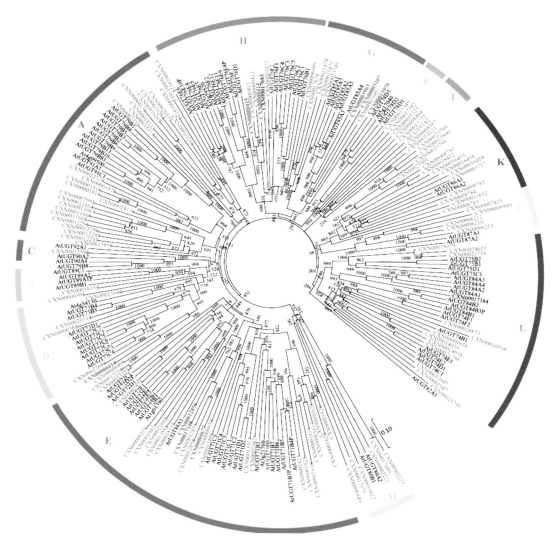

图 4-25　拟南芥和穿心莲 UGT 进化树分组
绿色标志为穿心莲基因组注释的 UGT，黑色基因号为拟南芥的 UGT

4.3.3　药用植物次生代谢物合成途径中的酰基转移酶

酰基转移酶（acyltransferase，AT）是一类能够将供体分子上激活的酰基转移到受体分子的羟基、氨基或硫醇基团上形成酰基共轭物的酶，两个酰基转移酶家族——酪胺 N- 羟基肉桂酰转移酶 / 血清素 N- 羟基肉桂酰转移酶（BAHD-AT，以家族的前四种生物化学特征酶的首字母组合命名）和类丝氨酸羧肽酶酰基转移酶（serine carboxypeptidase like-acyltransferases，SCPL-AT）主要参与了植物中次生代谢物的酶促酰化反应。BAHD-AT 和 SCPL-AT 这两个酰基转移酶家族分别使用不同的酰基作为供体；BAHD-AT 使用酰基辅酶 A 硫酯作为供体分子，而 SCPL-AT 使用 1-O-β- 葡萄糖酯作为供体。SCPL-AT 和 BAHD-AT 催化的酰基转移反应在不同的亚细胞位置进行。根据 N 端分泌信号肽的预测及实验结果，大多数 SCPL-AT 蛋白分布在植物细胞的中央液泡；例如，拟南芥中成熟的 1-O- 芥子酰葡萄糖：苹果酸亚基转移酶（AtSMT）被确认为是一种液泡蛋白，而许多 BAHD-AT 蛋白由于没有转运肽或其他信号肽则定位于胞质。

1. BAHD-AT 家族

BAHD 家族参与的酰基化反应主要包括两类，一类是以醇（含有 O 原子）为受体（黄酮、花青素、萜类等）生成相应的酯类，另一类是以胺（含有 N 原子）类为受体（多胺、生物碱等）生成相应的酰胺类化合物（图 4-26）。前者修饰的供体包括直链酰基化供体和苯环酰基（或羟基肉桂酰基）化供体。直链酰基化基团包括乙酰基（acetyl）、丙二酰基（malonyl）、甲基化的丙二酰基、琥珀酰（succinyl）等。苯环酰基基团主要包括肉桂酰（cinnamoyl）、香豆酰（coumaroyl）、咖啡酰（caffeoyl）、阿魏酰（feruloyl）和芥子酰（sinapoyl）基等。

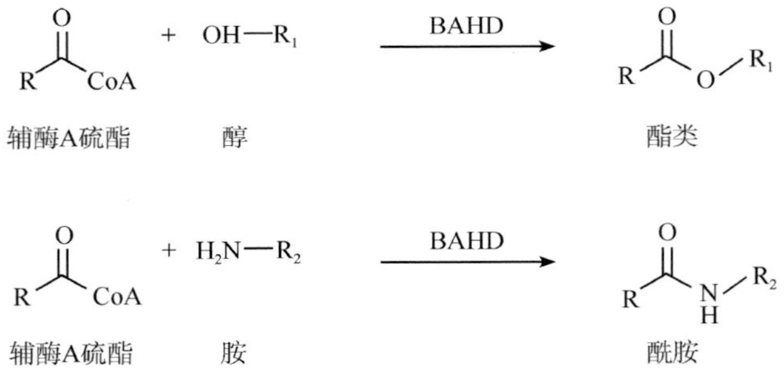

图 4-26　BAHD-AT 催化反应示意图

如今已经鉴定的 BAHD-AT 家族大部分属于单体酶，分子质量的范围为 48～55kDa，平均氨基酸数量为 445 个。BAHD-AT 家族成员之间的相似性范围仅在 25%～34%，但将不同物种功能相似的成员进行比较发现序列相似性可达 90%。BAHD-AT 家族成员均含有 HXXXD 和 DFGWG 2 个保守结构域。前者位于蛋白序列的中部，后者位于蛋白序列的末端，其对于 CoA 的结合或催化有重要作用。通过定点突变实验，即使这 2 个保守区域中有 1 个氨基酸位点发生突变，都会使该酶活性大大降低。另外，晶体结构分析结果显示，HXXXD 保守结构域定位于催化反应中心，而 DFGWG 则远离活性位点。通过对氨基酸序列分析可以发现 BAHD-AT 一级结构存在较大差别，但空间结构上却相似。基于系统发育建树，研究人员将植物 BAHD -AT 家族分为 5 个分支（图 4-27）。

分支 I 内的家族成员大部分进行的是酚糖苷修饰。花青素类 BAHD-AT 的底物特异性和功能特性方面研究较为深入。花青素类的 3-O 和 5-O 上的糖基经过羟基肉桂酰基化后会使颜色更深，而经过丙二酰基化修饰则会提高化合物的稳定性。该分支成员除了都含有 HXXXD 和 DFGWG 这两段保守结构域外，一些成员还含有 YFGNC 结构域。

分支 II 仅有两个成员——CER2（来自拟南芥）和 Glossy2（来自玉米）。它们主要参与表皮蜡质碳链的延长，阻止水分的流失以及抵御病原体的侵蚀。但这两个成员并不含有 HXXXD 和 DFGWG 保守序列，因此是否属于 BAHD-AT 家族还存在争议。

分支 III 类成员一般可以接受不同结构的醇酰基受体，从而生成相应的酰基化产物。主要表现为：一部分的成员可以参与催化生物碱的修饰，如文多灵、二甲基吗啡；另一部分占比相对较大，主要参与挥发性酯类化合物的合成。它们大部分以乙酰辅酶 A 为酰基供体，不同种类的醇类化合物如香叶醇、正辛醇等为受体。例如，来自月季的 RhAAT1 可以催化香叶醇乙酰酯的生成。

分支 IV 只有一个成员即香豆酰胍丁胺转移酶 ACT，这一分支成员以胺（含有 N 原子）类为受体生成相应的酰胺类化合物。值得注意的是，该分支成员的 DFGWG 保守序列中的甘氨酸被色氨酸所替代。

分支 V 可分为三个部分：第一部分参与合成挥发性酯类化合物，例如，邻氨基苯甲酰辅酶 A 甲醇酰基转移酶 AMAT 催化合成甲基邻氨基苯甲酸盐，巴豆酰酰基转移酶 HMT/HLT 催化合成吡咯联啶生物碱；第二部分成员参与合成紫杉醇类化合物；第三部分是以羟基肉桂酰 / 苯甲酰辅酶 A 作为酰基供体的酶 HCT 和 HQT，参与合成羟基肉桂酰奎尼酸 / 莽草酸酯。

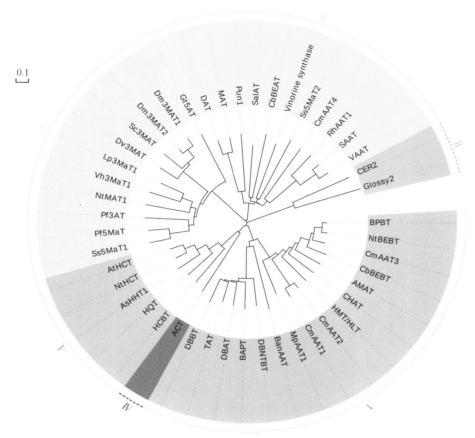

图 4-27 BAHD 酰基转移酶家族进化分析示意图

ACT，AAO73071；AMAT，AAW22989；BanAAT，CAC09063；BAPT，AAL92459；BPBT，AAU06226；CbBEAT，AAC18062；CHAT，AAN09797；CmAAT1-4，CAA94432，AAL77060，AAW51125，AAW51126；DAT，AAC99311；DBAT，AAF27621；DBBT，Q9FPW3；DBNTBT，AAM75818；Dm3MAT1/Dm3MAT2，AAQ63615，AAQ63616；HMT/HLT，BAD89275；MAT，AAO13736；MpAAT1，AAU14879；NtHCT，CAD47830；SalAT，AAK73661；RhAAT1，AAW31948；SAAT，AAG13130；VAAT，CAC09062；TAT，AAF34254；Gt5AT，BAA74428；Dv3MAT，AAO12206；Sc3MaT，AAO38058；Dm3MAT1，AAQ63615；Dm3MAT2 AAQ63616；Dm3MAT3 BAF50706；NtMAT1，BAD93691；Vh3MAT1，AAS77403；Lp3MAT1，AAS77404；Pf3AT，BAA93475；Ss5MaT1，AAL50566；Ss5MaT2，AAR26385；Pf5MaT，AAL50565；HQT1，CAM84302；HCBT，CAB06430；AsHHT，BAC78633；CbBEBT，AAN09796；NtBEBT，AAN09798

2. 类丝氨酸羧肽酶酰基转移酶 SCPL 家族

作为液泡定位蛋白，SCPL-AT 是另一种酰基酶。它与胞质定位的 BAHD-AT 家族在空间上互补。几十年前就有学者报道 1-*O*-β- 葡萄糖酯的转酰化反应，该反应决定了各种酚类化合物的生物合成，如芥子酰酯类和没食子酸。然而，第一个编码 1-*O*-β- 葡萄糖酯转酰化酶的基因直到 21 世纪初才被鉴定出来。这类酰基转移酶与丝氨酸羧肽酶（SCP）同源，因此被命名为类丝氨酸羧肽酶（SCPL-AT）。

大多数 SCPL-AT 利用酚酸 1-*O*-β- 葡萄糖酯作为底物，部分以脂肪酸的 1-*O*-β- 葡萄糖酯为底物（图 4-28）。SCPL-AT 的酰基供体底物范围从相对简单的 *O*- 异丁酰基葡萄糖到更复杂的芳香族化合物的葡萄糖酯——芥子酸酯或 *N*- 甲基邻氨基苯甲酸等。酰基受体底物的范围从低分子量化合物如胆碱和 L- 苹果酸到较为复杂的分子如花青素和三萜糖苷等。

SCP 和 SCPL-AT 属于 α/β 水解酶超家族，并且都含有由三个非连续氨基酸（丝氨酸、组氨酸和天冬氨酸）组成的基序。这个催化三联体是水解和其他相关功能所必需的基序，可以解释在次生代谢物酰化进化过程中 SCPL-AT 的聚集现象。但从功能角度看 SCPL-AT 已经失去了水解的酶活性，它与水解酶的主要区别为：SCPL-AT 内的氢键网络已被修饰以适应底物酰基葡萄糖。应用这种氢键变化相关的基序将 SCPL-AT 与肽

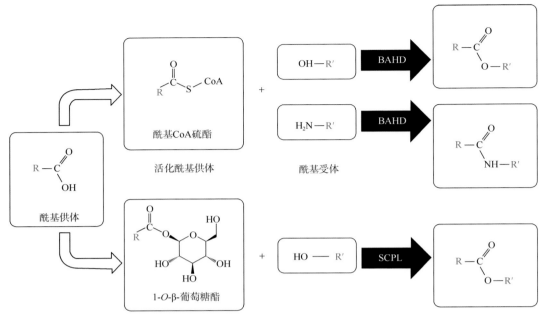

图 4-28　SCPL-AT 和 BAHD 催化反应对比示意图

酶区分开。通过功能元件的变异（如催化三联体、氧阴离子孔和底物识别氢键网络），SCPL-AT 和水解酶的共同祖先开始出现功能分歧。生物信息学分析显示，SCPL-AT 的 N 端含有信号肽，表明该蛋白是在液泡内分泌途径中加工的，在植物的液泡中可以检测到 SCPL-AT 蛋白。此外，已有报道显示酵母细胞中表达的胆碱芥子酰基转移酶（SCT）可以以异二聚体发挥作用。在燕麦幼苗根或在烟叶中表达的 SCPL 1 的免疫印迹分析也证实了该结论。

　　关于植物中糖基化与酰基化发生的先后顺序一直存在着争议。有学者推测糖基化产物存在于可能发生酰基化的液泡中。苹果酸是一种潜在的酰基受体，它可以直接进入液泡。此外，葡萄糖酯也可以通过内膜运输。在欧洲葡萄中的 ABCC1 被鉴定为一种 ATP 结合盒（ATP-binding cassette，ABC）蛋白，将花青素糖苷运入液泡。ABC 型和质子梯度驱动转运体都与液泡中脱落酸葡萄糖酯的富集有关。因此学者推测糖基化除了为 SCPL-AT 提供激活态底物外，还赋予了转运体识别所必需的葡萄糖标记。此外，有学者认为 BAHD-AT 酰化的产物进入液泡后仍可被 SCPL-AT 再次酰基化。

　　由于 SCPL-AT 是一种需要经历复杂翻译后修饰才能成熟（去除信号肽、二硫键形成、糖基化和内切蛋白水解切割）的分泌蛋白，异源表达活性蛋白只能在真核基因表达和蛋白转运系统中进行。在测试的几种宿主细胞中，改良的酵母细胞和植物系统中表达 SCPL-AT 都是有效的；而 BAHD-AT 在大肠杆菌这类原核表达系统中就能得到具有活性的重组蛋白。

案例 1　红豆杉中酰基转移酶（AT）参与紫杉醇的生物合成

1. 研究背景

　　紫杉醇是一类骨架结构为 3 环二萜的天然产物，主要分布于红豆杉属植物的枝条中。紫杉醇的生物合成中包含了至少 19 步酶催化反应（图 4-29），目前 5 个 BAHD 酰基转移酶——TAT、TBT、DNTBAT、DBAT 和 BAPT 已被功能鉴定。

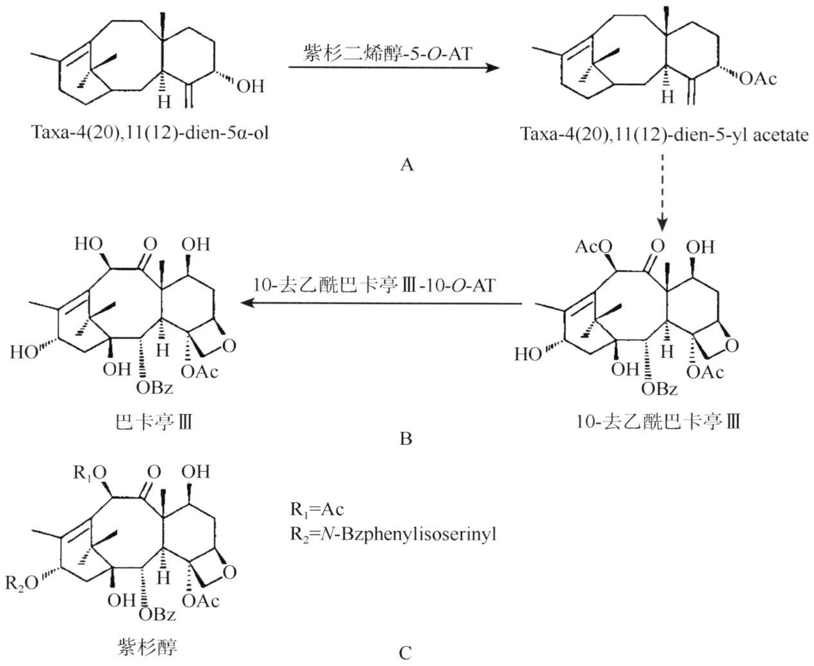

图 4-29　紫杉醇生物合成途径中的酰基化修饰
A. 紫杉醇生物合成途径中的 5- 羟基位的酰基化；B. 10- 羟基位的酰基化反应；C. 紫杉醇结构式。Ac，乙酰基；AT，酰基转移酶

2. 研究方法

沃克（Walker）等基于同源 PCR 克隆策略首先克隆到了一个 911bp 的基因片段，推测它可能是催化 10- 去乙酰巴卡亭Ⅲ形成巴卡亭Ⅲ的酰基转移酶。他们通过茉莉酸甲酯（MeJA）处理前后的紫杉醇细胞的转录组差异分析来构建转录组数据库并以该基因片段比对分析（Blastn）找到了该酶的全长编码序列。研究人员利用原核系统表达该基因的编码蛋白并进行催化反应，应用 HPLC（高效液相色谱）分析酶活产物发现新的产物峰，最终通过质谱和 ^{1}H-NMR 确认了该产物为巴卡亭（Baccatin）Ⅲ。

3. 结果和结论

研究人员通过对植物来源的酰基转移酶进行一致性序列分析后，采用基于同源 PCR 克隆策略从 *Taxus cuspidata* 克隆到目的基因片段，它可能编码了 10- 去乙酰巴卡亭Ⅲ-10-O- 酰基转移酶。前期研究表明 MeJA 可以促进紫杉醇的积累，作者通过分析 MeJA 处理的紫杉醇细胞的转录组信息，以 911bp 序列进行比对分析，最终找到了该酶的全长编码序列。作者选择大肠杆菌 JM109 作为宿主表达该基因，并通过质谱和 ^{1}H-NMR 均确认了 10- 去乙酰巴卡亭Ⅲ和乙酰 CoA 可以生成 baccatin Ⅲ（图 4-30）。作者还对该酶的特征进行了表征——对于 10- 去乙酰巴卡亭Ⅲ和乙酰 CoA 的 K_m 值分别为 10mmol/L 和 8mmol/L，对于 taxane 的 10- 位羟基具有位点特异性，催化最适 pH 为 7.5。

该酰基转移酶编码基因长度为 1320bp，ORF 对应 440 个氨基酸，理论分子量为 49 052Da。该酶的氨基酸序列与 taxadienol-5-O- 酰基转移酶的氨基酸序列具有较高的相似度。DBAT 和其他的酰基转移酶一样也具有负责将乙酰辅酶 A 中的酰基转移到底物醇上的 HXXXDG 基序（图 4-31，残基分别为 H162、D166 和 G167）。

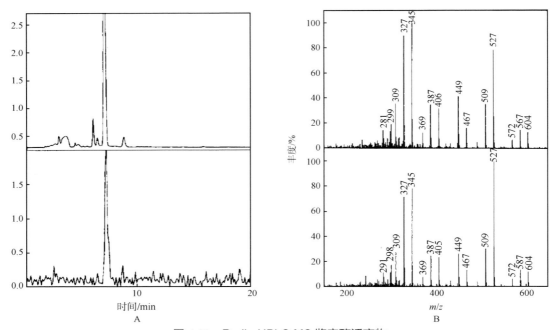

图 4-30 Radio-HPLC-MS 鉴定酶活产物

A. Radio-HPLC 分析酶活产物（保留时间 = 7.0min）（10- 去乙酰巴卡亭Ⅲ +[2-³H] 乙酰辅酶 A+ 重组蛋白），上图为 228nm 处紫外色谱图，下图为放射性分布图（mV），均与标准品 baccatin Ⅲ一致；B. 酶活产物（10- 去乙酰巴卡亭Ⅲ +[2-³H] 乙酰辅酶 A+ 重组蛋白）的 HPLC-MS 结果，上图为样品新产物的质谱图（保留时间 = 8.6min），下图为标准品巴卡亭Ⅲ（baccatin Ⅲ）质谱图（保留时间 =8.6min），判定质谱碎片信息为：m/z 605（巴卡亭Ⅲ +NH₄⁺），587（巴卡亭Ⅲ H⁺），572（巴卡亭Ⅲ H⁺ − CH₃），527（巴卡亭Ⅲ H⁺ − CH₃COOH）和 509（巴卡亭Ⅲ H⁺ − CH₃COOH − H₂O）。

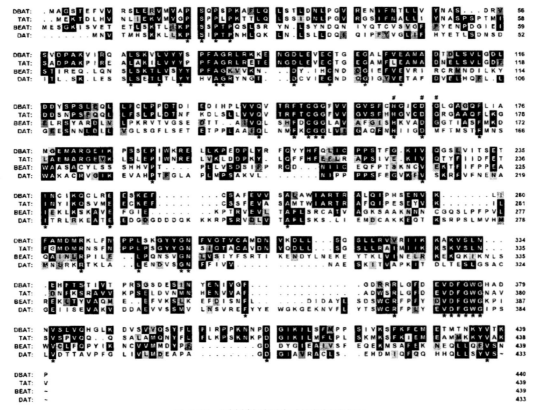

图 4-31 酰基转移酶氨基酸序列比对

比对氨基酸序列包括：DBAT，*T. cuspidata*，Accession NO：AF193765；TAT（taxadien-5α-ol-O- 乙酰转移酶），*T. cuspidata*，Accession NO：AF190130；BEAT（苯甲醇乙酰转移酶），*Clarkia breweri*，Accession NO：AF043464；DAT（deacetylvindoline-4-O- 乙酰转移酶），*Catharanthus roseus*，Accession NO：AF053307。黑色标记的氨基酸为至少两条序列中是一致的。* 表示在所有植物来源的酰基转移酶具有的保守氨基酸；# 表明的是出现在比对的 4 条序列中的可能的酰基转移基序（HXXXDG）。

4. 亮点评述

紫杉醇生物合成途径中的第一个酰基转移酶为 taxadien-5a-ol-*O*- 乙酰转移酶，可以催化 taxa-4（20），11（12）-dien-5a-ol 酰基化 taxa-4（20），11（12）-dien-5a-yl acetate。该案例鉴定催化了紫杉醇最后的一个中间产物巴卡亭生成的酶即 10- 去乙酰巴卡亭Ⅲ -10-*O*- 酰基转移酶，对于该化合物的合成途径的完整解析具有重要的意义。

案例 2　人参和甘草中三萜皂苷生物合成的关键酶（OSC 和 UGT）

一、人参皂苷生物合成的关键酶（OSC 和 UGT）

1. 研究背景

根据苷元基本骨架的分类，人参皂苷可以分为达玛烷型和齐墩果烷型。在人参中分离得到的 300 余种人参皂苷的单体中，超过 150 种属于达玛烷型和齐墩果烷型皂苷。因此在人参皂苷的生物合成途径中，决定三萜骨架特征的 OSC 以及糖基化修饰的 UGT 尤为重要。

2. 研究方法

OSC 氨基酸序列具有高度保守性，而 UGT 含有保守结构域 PSPG 基序；研究人员基于此从转录组或基因组信息中分别获得 OSC 和 UGT 序列，结合系统进化树重建推测它们的催化功能。将组织代谢谱与质谱成像技术结合挖掘 UGT 与人参皂苷的时空关联，研究人员进一步锁定候选基因（图 4-32）。研究人员利用原核表达系统验证 UGT 的体外酶活特性，通过酵母表达系统对 OSC 进行体外表达，最后利用 UPLC 和质谱来分析和鉴定酶活产物。

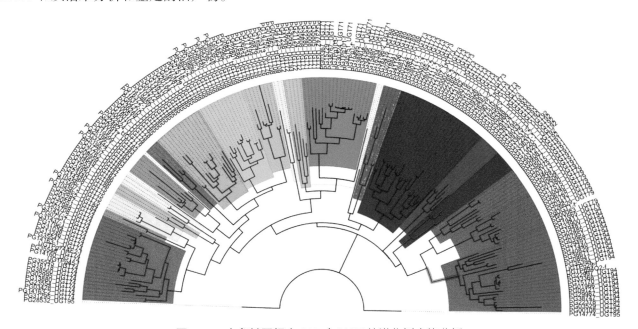

图 4-32　人参基因组中 225 个 UGT 的进化树家族分析

3. 研究结果和结论

迄今为止，研究人员已从人参中共鉴定了 4 种类型的 OSC 基因——β- 香树脂醇合成酶（beta-amyrin synthase，β-AS）、达玛烷二醇合成酶（dammarenediol synthase，DS）、环阿屯醇合成酶（cycloartenol synthase，CAS）和羊毛甾醇合成酶（lanosterol synthase，LS）（图 4-33）。1998 年日本东京大学的 Kushiro 首次通过基于同源性 PCR 方法从人参的毛状根中分别获得 β-AS 及 CAS 的 cDNA，并在羊毛甾醇合成酶缺失的酵母突变菌株中证明其具有合成 β- 香树精和环阿屯醇的功能；该团队于 2006 年鉴定了人参中另一个 OSC- 达玛烷二醇合成酶，同年 Suzuki 鉴定了人参中的一个羊毛甾醇合成酶。β- 香树脂醇合成酶（Pgβ-AS）和达玛烯二醇合酶（PgDS）是人参三萜类皂苷生物合成的关键酶。研究表明，通过 RNAi 技术在人参不定根中沉默 PgDS 能使人参皂苷含量降低 84.5%。

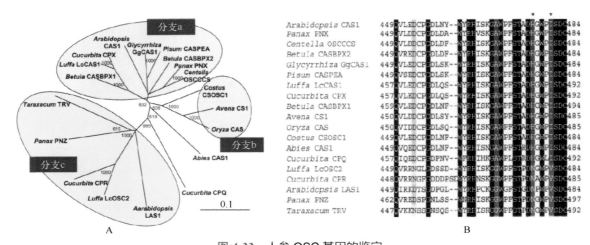

图 4-33　人参 OSC 基因的鉴定

A. 人参和其他植物 OSC 进化树分析；B. 不同植物 OSC 保守基序比对分析

目前糖基化的研究主要集中在达玛烷型人参皂苷的形成上。已经完成解析的包括催化 PPD 型 CK、F2、Rd、Rh2 和 Rg3，PPT 型 F1、Rg1 和 Rh1 皂苷的 6 个 PgUGT 的功能。其中 UGTPgl 催化达玛烷 II 型的 C-20 位的糖基化，生成化合物 K（CK）；PgUGT74AE2 催化原人参二醇和化合物 K（CK）的 C-3 位羟基的糖基化，分别生成 Rh2 和 F2，而 PgUGT94Q2 则可以催化 F2 的 C-3 位糖基上糖基化生成 Rd。PgUGTPg45 和 PgUGTPg29（与 PgUGT94Q2 氨基酸序列相同）分别催化原人参二醇和 Rh2 的 C-3 羟基的糖基化；PgUGTPg100 和 UGTPg101 则分别催化原人参三醇的 C-6 和 C-20 位羟基的糖基化（图 4-34）。

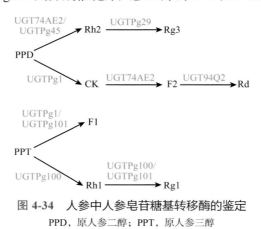

图 4-34　人参中人参皂苷糖基转移酶的鉴定

PPD，原人参二醇；PPT，原人参三醇

Xu 等（2016）基于人参基因组对 225 个糖基转移酶进行了系统的分析和整理，将代谢组、转录组和基因组与酶学实验结合推动了人参皂苷糖基化网络的绘制（图 4-35）。

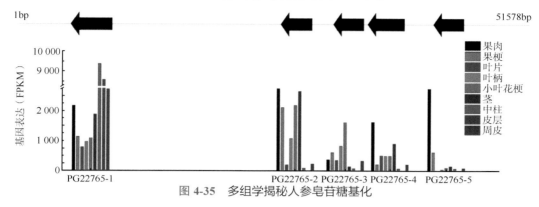

图 4-35 多组学揭秘人参皂苷糖基化

4. 亮点评述

人参皂苷种类的多样化提示人参中存在复杂的三萜糖基化网络。随着人参遗传背景的揭示，该网络的关键节点已经完整地得以呈现，人参皂苷的多样性资源最终将得以利用。

二、甘草中甘草酸生物合成的关键酶（OSC 和 UGT）

1. 研究背景

甘草为豆科植物甘草（*Glycyrrhiza uralenssis* Fish.）、胀果甘草（*Glycyrrhiza inflata* Bat.）或光果甘草（*Glycyrrhiza glabra* L.）的干燥根及根茎，具有补脾益气、清热解毒、祛痰止咳、缓急止痛、调和诸药等功能，主要含皂苷类、黄酮类、多糖类等成分。甘草酸和甘草次酸是甘草中最主要的皂苷类成分，均属于齐墩果烷型五环三萜类化合物。研究甘草酸和甘草次酸合成途径，将有助于实现该类化合物的生物合成。

2. 研究方法

Hayashi 等（2001）利用拟南芥 LL1P1（羽扇豆醇合酶）作为异源杂交探针，从培养 14 天的甘草细胞构建了一个 λ 2Ap cDNA 文库，进而筛选到 3 个阳性克隆。研究人员利用羊毛甾醇合酶突变酵母 GIL77 来验证 β- 香树脂醇合酶的功能。

利用原核蛋白表达系统体外酶活实验鉴定发现 GuUGAT 催化这两步反应。通过定点突变进一步挖掘关键氨基酸——Gln352 决定该酶的第一步催化功能，而 His22、Trp370、Glu375 和 Gln392 在第二步葡糖醛酸化上起到重要作用。

刘春生教授团队分别以甘草次酸（glycyrrhetinic acid）和甘草次酸单葡糖醛酸（glucopyranosiduronic acid）为底物，进行 GuUGAT 酶活实验，利用 HPLC-ESI-LTQ-Orbitrap MS，进一步鉴定酶活产物结构，糖基化的途径如图 4-36。

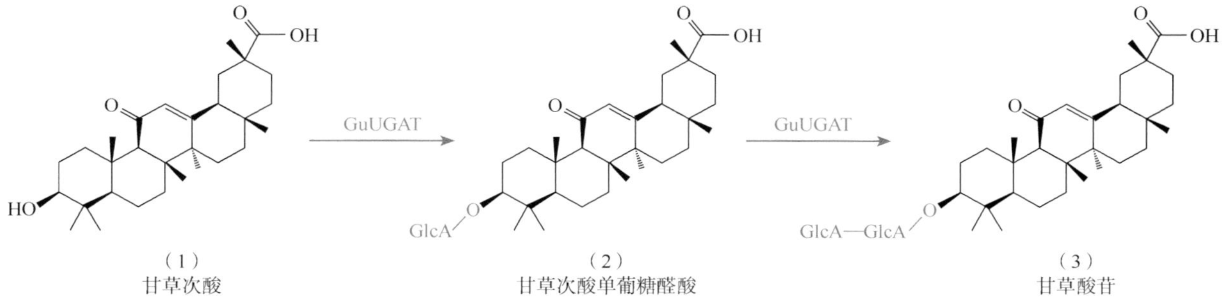

（1） 甘草次酸	（2） 甘草次酸单葡糖醛酸	（3） 甘草酸苷

图 4-36 甘草中甘草酸糖基化步骤

通过进化树分析,作者发现GuUGAT归类于UGT73亚家族(图4-37)。该亚家族包含了以类黄酮、萜类、玉米素和苯丙烷类化合物为底物的糖基转移酶。值得一提的是,GuUGAT和其他的萜类糖基转移酶在进化树上的距离较远,和类黄酮相关的糖基转移酶聚为一小支,该结果暗示了GuUGAT是这个亚簇的新代表。

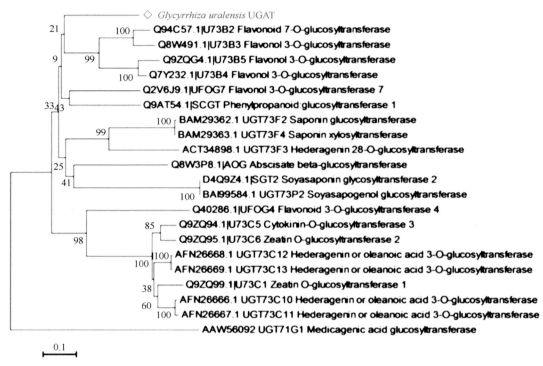

图 4-37　GuUGAT 进化树分析

3. 研究结果和结论

来自日本岐阜药科大学的 Hayashi 2001 年和 2004 年鉴定了光果甘草的两种 OSC,分别为 β-AS 和羽扇豆醇合成酶(图 4-38);来自北京中医药大学的 Honghao Chen 则在另一个种 *G. uralenssis* 中克隆并鉴定了另一个 β-AS。β-AS 是形成甘草主要活性三萜类化合物甘草酸和甘草次酸的关键酶。

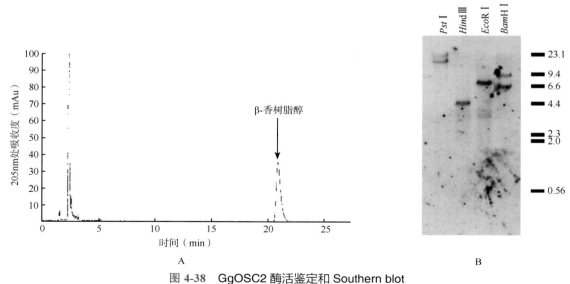

图 4-38　GgOSC2 酶活鉴定和 Southern blot

A. 甘草中的 OSC2 酶活产物 HPLC 分析,产物为 β- 香树脂醇;B. 羽扇豆醇合成酶的 Southern blot 分析

β-AS 基因在甘草的根尖高表达，但在叶和枝中基本没有表达。根尖新陈代谢非常旺盛，同时也是甘草酸和甘草次酸积累的主要部位，说明 β-AS 的表达模式与甘草酸的积累模式相一致。羽扇豆醇合成酶则与甘草中羽扇豆烷型三萜生物合成有关。

甘草酸具有两步葡糖醛酸化反应，将甘草次酸先生成甘草次酸单葡糖醛酸，再生成甘草酸苷（glycyrrhizin）。

研究人员发现当以甘草次酸为底物时，可以生成两个酶活产物——甘草次酸单葡糖醛酸和甘草酸苷，而当以甘草次酸单葡糖醛酸为底物时，直接生成甘草酸苷。利用高分辨率的 HPLC-ESI-LTQ-Orbitrap MS 对产物进行鉴定，发现在保留时间为 4.48min 的产物的精确荷质比为 821.39865，具有和甘草酸苷相同的特征碎片信息（m/z 645.45285、m/z 469.34904 和 m/z 351.03306）（图 4-39）。同时，该酶对 UDP- 葡糖醛酸具有供体专一性，当使用 UDP- 葡萄糖和 UDP- 半乳糖时，不能催化底物的糖基化反应。

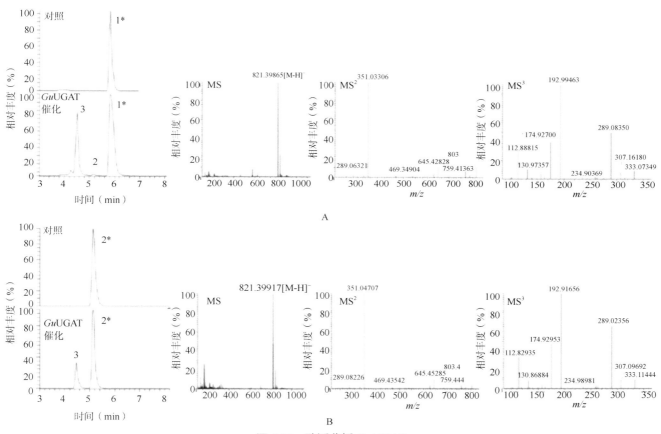

图 4-39　酶活分析 GuUGAT

A. 添加底物甘草次酸（glycyrrhetinic acid，1）的 GuUGAT 酶活反应 UPLC-MS 图谱，左图为液相图，甘草次酸单葡糖醛酸（glucopyranosiduronic acid，2）和甘草酸苷（glycyrrhizin，3），右图为甘草酸苷的质谱图谱；B. 添加底物甘草次酸单葡糖醛酸的 GuUGAT 酶活反应 UPLC-MS 图谱，左图为液相图，右图为甘草酸苷的质谱图谱

4. 亮点评述

甘草酸是临床上用于治疗慢性肝炎的一种重要的生物活性物质，在世界范围内也被用作甜味剂。体外酶法测定候选 UGAT 的催化功能，GuUGAT 催化了甘草次酸连续两步葡糖醛酸基化反应生成甘草酸。该发现增加了对传统糖基转移酶的理解，并为甘草酸的生物全合成铺平了道路。

案例 3 藏红花中醛脱氢酶的鉴定

1. 研究背景

藏红花的干燥柱头是全世界闻名的香料和药材。其柱头的鲜艳红色是一种类胡萝卜素类物质——藏红花苷，它主要积累在柱头的液泡中，约占到柱头干重的 10%。在藏红花的柱头上，藏红花苷的生物合成起始于类胡萝卜素裂解双加氧酶（carotenoid cleavage dioxygenase），这类酶针对玉米黄质（zeaxanthin）双键 C7、C8 和 C7′、C8′ 的不对称剪切后形成藏红花醛（crocetin dialdehyde）。像许多醛类物质一样，藏红花醛是一类高度活跃的中间产物，很快会被氧化成为藏红花酸（crocetin），但这一中间步骤所参与的酶在藏红花中依然不清楚（图 4-40）。

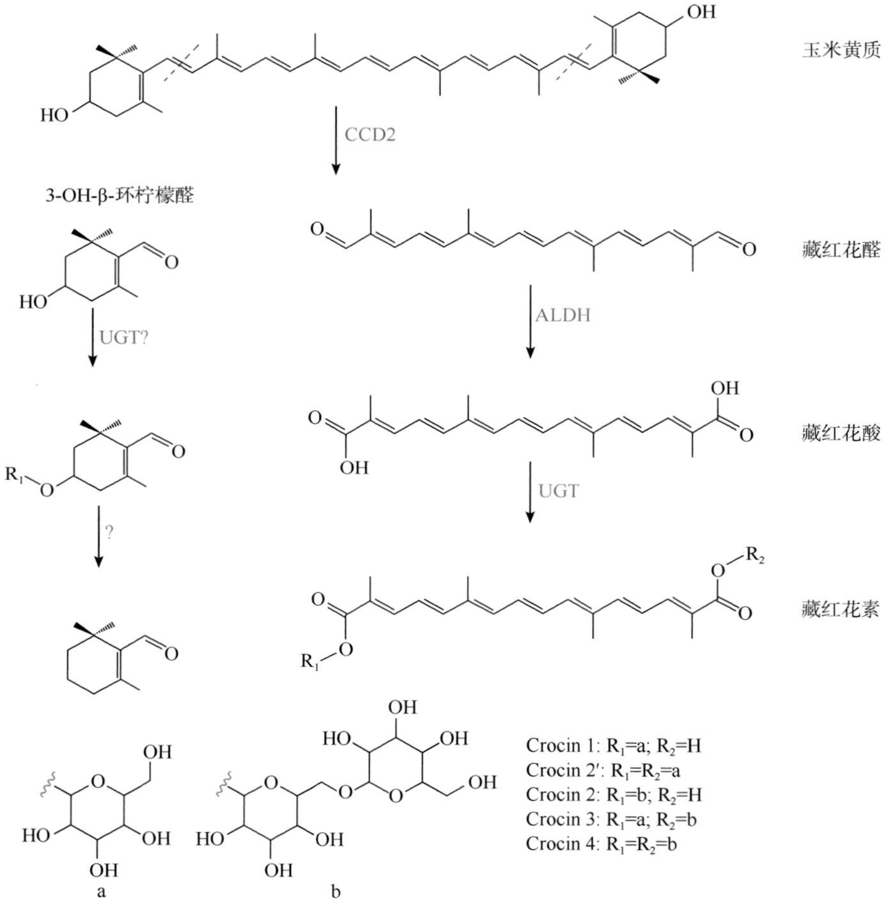

图 4-40 藏红花中藏红花酸的可能通路
CCD2，类胡萝卜素裂解双加氧酶 2；ALDH，乙醛脱氢酶；Crocin，藏红花素

2. 研究方法

乔瓦尼·朱利亚诺（Giovanni Giuliano）教授团队对藏红花柱头的转录组数据进行筛选，以粗糙脉孢菌中的 *ALDH3* 基因、拟南芥中的 *ALDH3I1* 基因和 *ALDH3H1* 基因、红木中的 *BoALDH* 基因等作为搜索序列，在藏红花转录库中共搜索得到 6 个 *ALDH* 候选基因。

将 6 个基因以融合基因的形式构建到原核表达载体 pTHIO 中，并和 pTHIO-CsCCD2 质粒共转到产玉米黄素的大肠杆菌中，通过蛋白质印迹法（Western-blot）检验了蛋白的表达情况。确定目标蛋白表达后，作者运用质谱检测手段分析了菌株中玉米黄质（zeaxanthin）、藏红花酸二醛（crocetin dialdehyde）和藏红花酸（crocetin）三者化合物的变化情况。

3. 研究结果和结论

研究结果发现含有 *CsALDH3I1* 基因的大肠杆菌和其他含有 *ALDH* 基因菌株相比藏红花酸二醛含量急剧降低，藏红花酸含量增高，从而证明 *CsALDH3I1* 基因是催化藏红花酸二醛形成藏红花酸的重要基因。有意思的是，作者同时发现了催化产物是顺式和反式的混合物。从序列角度可以看到 CsALDH3I1 酶具有一个 C 端的疏水结构域，这和粗糙脉孢菌中的脱辅基类胡萝卜素醛脱氢酶 YLO-1 很相似。针对 CsALDH3I1 酶的底物特异性，作者检测了 CsALDH3I1 酶与不同的脱辅基胡萝卜醛和非脱辅基类胡萝卜素醛的催化活性。

结果显示 CsALDH3I1 酶针对长链脱辅基胡萝卜醛和二脱辅基类胡萝卜素类化合物有更好的催化率，对 8′- 脱辅基胡萝卜醛（C30）、藏红花酸二醛（C20）和视黄醛（C20）三种化合物 60min 的转换率分别为 93.3%、76.4% 和 3.6%（图 4-41）。该酶对一些非脱辅基胡萝卜素醛（脂肪类）化合物如月桂醛、己醛和苯甲醛的 4-OH 没有活性。

4. 亮点评述

2014 年以来，Giovanni Giuliano 教授实验室陆续验证了藏红花中 CCD、ALDH 和 UGT 的体外酶活功能，完成了藏红花苷在原核系统中的 3 步生物合成途径解析。结合烟草柱头和烟草叶片转基因表达的蛋白定位分析发现 CsCCD2、CsALDH3I 和 CsUGT74AD1 分别定位于质体、内质网和细胞质，且这些酶可能参与了细胞骨架结构的形成。

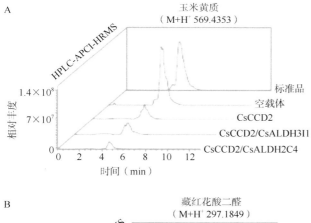

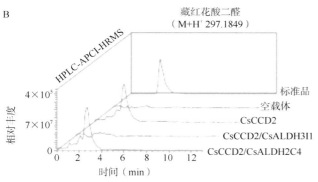

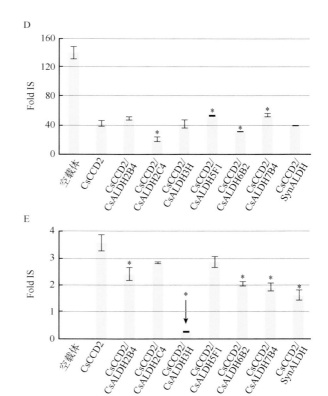

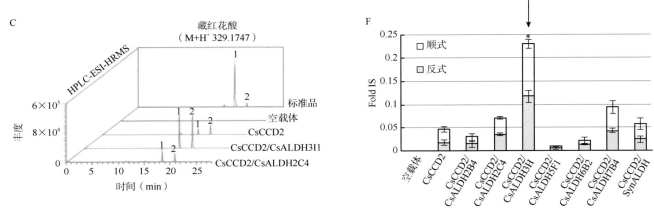

图 4-41　藏红花中醛脱氢酶的鉴定

A 至 C，从含有 pTHIO 空载体或单独过表达 CsCCD2 或与 CsALDH3I1 或 CsALDH2C4 共过表达的细菌克隆中提取的玉米黄质（A）、藏红花酸二醛（B）和藏红花酸（C）的准确质谱图，从细菌细胞中提取极性组分和非极性组分，HPLC-PDA-HRMS 检测，并与标准品比对运行，代谢物具有的准确质量数和出峰时间，与标准品相同，同时检测到藏红花酸的两个峰（1，反式异构体，2，顺式异构体）；D 到 F，重组克隆中玉米黄质（D）、藏红花酸二醛（E）和藏 0 红花酸（F）的 HPLC-APCI -HRMS（D 和 E）和 HPLC-ESI-HRMS（F）的相对含量

案例 4　重楼中 CYP450 参与薯蓣皂苷元的生物合成

1. 研究背景

基于已报道的几种真核生物 CYP450 可催化甾醇化合物合成的成功例子，Christ 等（2019）提出假设："薯蓣皂苷元生物合成中螺酮的形成可能是由一个或多个以胆固醇为前体的 CYP450 酶催化介导的"（图 4-42）。

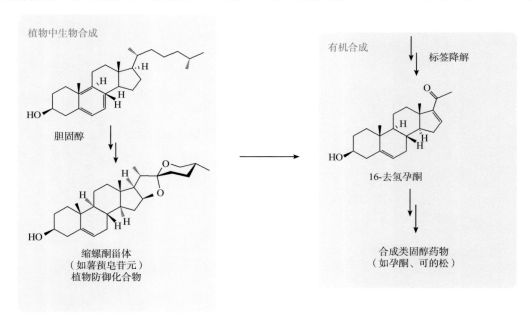

图 4-42　重楼中薯蓣皂苷元可能的合成途径

2. 研究方法

为了筛选薯蓣皂苷元生物合成的关键基因，作者对重楼（根、茎、叶和果实）和胡卢巴（茎、叶、花和发育中的豆荚）的不同组织进行转录组测序和分析。

　　Christ 等（2019）利用进化树分析了甾醇类化合物的起源，同时对从转录组获得的 CYP450 的基因进行了分类（图 4-43）。然而，在排除一些功能高度保守的 CYP450 后，研究人员还是很难根据序列特征来缩小候选 CYP450 的范围。本案例创新性地利用烟草瞬时表达系统设计了一种逐步加减 - 混池筛选策略（图 4-44），来验证候选 CYP450 的功能。

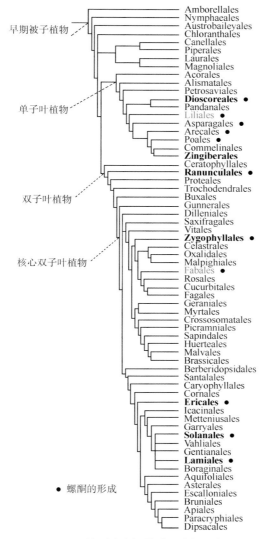

图 4-43　进化树分析甾醇化合物的起源

归属于百合科和豆科的重楼和胡卢巴（红色标记）均含有该类甾醇类化合物

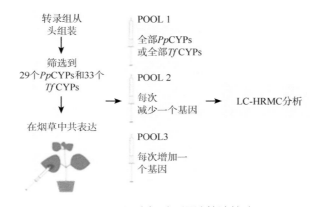

图 4-44　逐步加减 - 混池筛选策略

3. 研究结果和结论

在本项研究中作者分别挑选了重楼和胡卢巴中的 29 和 33 个 CYP450 候选基因进行功能验证（图 4-45）。作者分别将重楼和胡卢巴的所有 CYP450 候选基因混在一起（混池 1，POOL1）在本氏烟草中共表达，利用 LC-MS 数据来监测薯蓣皂苷元的产生情况。在混池 2（POOL2）中，Christ 等通过分别减少一个 CYP450 基因，将剩余 CYP450 候选基因在本氏烟草中共表达。结果表明 *PpCYP90G4* 和 *TfCYP90B50* 分别是重楼和胡卢巴中催化薯蓣皂苷元合成过程的必需基因。在混池 3（POOL3）中，作者将 *PpCYP90G4* 与重楼中的其他候选基因在烟草中共表达，*TfCYP90B50* 与胡卢巴中的其他候选基因在本氏烟草中共表达。热图结果显示 *PpCYP94D108*、*PpCYP94D109* 和 *PpCYP72A616* 是重楼中薯蓣皂苷元合成的关键基因，*TfCYP82J17* 和 *TfCYP72A613* 是胡卢巴中薯蓣皂苷元合成的关键基因。

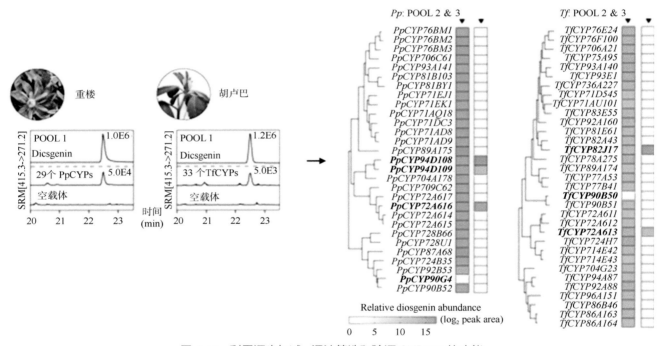

图 4-45　利用逐步加减 - 混池筛选和验证 CYP450 的功能

第一步，利用组合瞬时基因表达系统在本氏烟草中进行筛选薯蓣皂苷元生物合成 CYP。筛选出 29 个 PpCYP 和 33 个 TfCYP。在最初的筛选（POOL1）中，根据 LC-MS 数据（显示峰值强度）的选定目标监测色谱图中可以发现所有 PpCYP 或 TfCYP 的共表达导致了薯蓣皂苷元的积累。在第二步（POOL 2）中，对一批 CYP 中分别单个去除一个 CYP 后进行测试。*PpCYP90G4* 和 *TfCYP90B50* 被认为是本氏烟草中重建薯蓣皂苷元合成通路所必需的。在 POOL 3 中，每个 *PpCYP* 或 *TfCYP* 分别与 *PpCYP90G4* 或 *TfCYP90B50* 共表达。结合 *PpCYP90G4* 或 *TfCYP90B50*，三个 *PpCYP*（*PpCYP94D108*、*PpCYP94D109* 和 *PpCYP72A616*）和 2 个 *TfCYP*（*TfCYP82J17* 和 *TfCYP72A613*）被鉴定可以完成合成薯蓣皂苷元。第四步，根据序列的最大似然性来构建的 CYP 候选基因的系统发生树。热图标记瞬时表达基因的本氏烟草中薯蓣皂苷元积累的相对水平。

Christ 等（2019）利用逐步加减 - 混池筛选策略成功鉴定出 *PpCYP90G4*、*PpCYP94D108*、*PpCYP94D109* 和 *PpCYP72A616* 是重楼中合成薯蓣皂苷元的关键基因，*TfCYP90B50*、*TfCYP82J17* 和 *TfCYP72A613* 是胡卢巴中合成薯蓣皂苷元的关键基因。

4. 亮点评述

薯蓣皂苷元是从植物中提取的一种甾体天然产物，是世界甾体激素工业中最重要的前体物质。薯蓣皂苷元在远缘植物中的零星出现暗示了可能的独立生物合成起源。薯蓣皂苷元中特有的 5, 6- 螺旋体部分使人联想到从放线菌分离的驱虫阿维菌素中存在的螺旋体部分。植物是如何生物合成含该螺旋结构的天然产物的机制尚不清楚。本案例报道了重楼中薯蓣皂苷元的生物合成途径，这是一种具有止血和抗菌特性的单子叶药用植物，以及胡卢巴——一种常用于催乳的食用草本双子叶植物。这两种植物都独立地招募了一对细胞色素 P450 的基因，它们催化胆固醇氧化 5, 6- 螺旋酸化生成薯蓣皂苷元，进化的祖先可追溯到保守的植物激素代谢。该案例为在异源宿主中生产薯蓣皂苷元及其类似物奠定了基础。

案例 5　金银花中的新型紫松果黄素合酶

1. 研究背景

紫松果黄素是一种广泛存在于植物以及某些鸟类和鱼类中的红色类胡萝卜素。目前植物类胡萝卜素的生物合成途径及其相关酶系中核心部分的反应过程已非常清晰，然而反式类胡萝卜素合成途径的关键酶还知之甚少。紫松果黄素属于非典型的反式类胡萝卜素，其生物合成过程尚未得到解析，本案例鉴定了一种异型 β- 胡萝卜素羟化酶（β-carotene hydroxylase，BCH）即忍冬属羟化酶（lonicera hydroxylase，LHRS），该酶作为膜定位的二铁酶可以催化 β- 胡萝卜素生成紫松果黄素；同时，本项研究还确定了 LHRS 中负责催化紫松果黄素形成的关键氨基酸（图 4-46）。

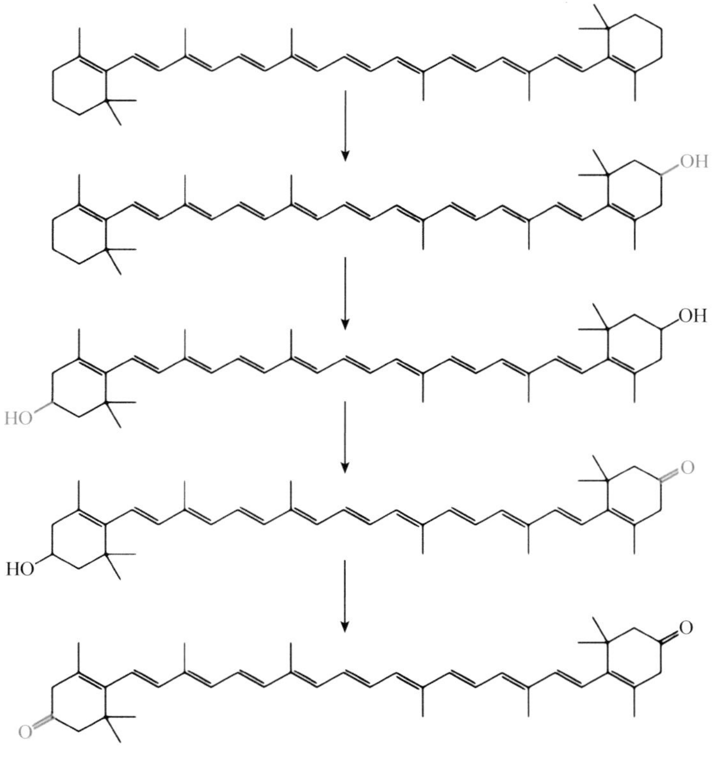

β-胡萝卜素（536 Da）

β-隐黄质（552 Da）

玉米黄质（568 Da）

Cmpd Ⅰ（566 Da）

Cmpd Ⅱ（564 Da）

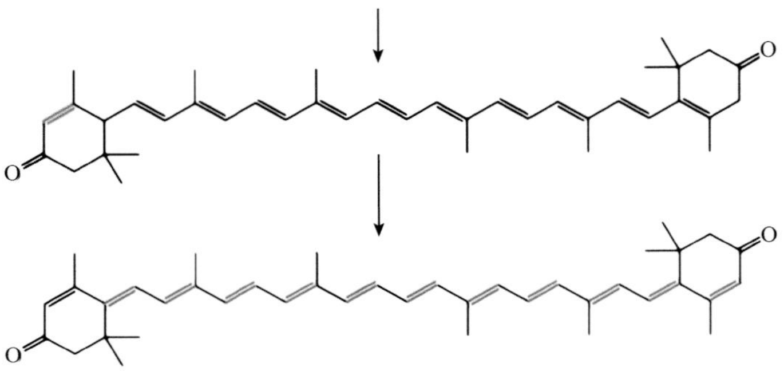

图 4-46 紫松果黄素（Rhodoxanthin）形成的中间结构和途径

Cmpd I 为 β，β- 胡萝卜素 -3-ol，3′- 酮；Cmpd II 为 β，β- 胡萝卜素 -3-ol，3′- 二酮；Cmpd III 为 ε，β- 胡萝卜素 -3, 3′- 二酮；红色区域表示该途径中每个步骤的特定修饰

2. 研究方法

Royer 等（2020）通过高效液相色谱分析在同一地域生长的 2 种忍冬属植物（Bolton Red 和 Bolton Orange）红色和橙色浆果的提取物。结合转录组和蛋白质组检测浆果及叶片的 mRNA 和蛋白表达水平，从而筛选紫松果黄素合成相关的候选基因。

研究人员将带候选基因的 cDNA 转入本氏烟草和大肠杆菌，随后检测紫松果黄素类物质的生成情况，从而确定其功能。根据 LHRS 与 BCH 氨基酸序列比对分析后，发现保守序列上的变异位点；并对 23 个差异位点进行定点突变。作者通过紫松果黄素得率的变化来确定决定该酶催化能力的关键氨基酸。基于酵母鞘脂羟化酶 Scs7P 的晶体结构，作者模拟 LHRS 的结构模型来揭示其催化机制。

3. 研究结果和结论

（1）差异转录组和蛋白组锁定关键基因　利用转录组和蛋白质组分析后，研究人员在忍冬属植物的成熟红色浆果和绿色叶片中均检测到参与紫松果黄素生物合成的相关基因。其中 1 个 BCH 类似基因（BCHL）在红色浆果中高表达，而几乎不在叶中表达。相反，另一个 BCH 的基因在两个组织中均表达。蛋白质组学结果显示红色和橙色浆果中许多类胡萝卜素生物合成酶的丰度差异较小，而在红色浆果中 BCHL 的丰度明显高于橙色浆果（表 4-5）。基于转录组和蛋白质组数据，作者锁定了一个 BCH 的基因作为候选基因进行功能研究。

表 4-5　红色和橙色浆果中类胡萝卜素生物合成途径关键基因的蛋白组分析

	红色	橙色	红色 / 橙色
香叶基焦磷酸合酶	5 504	7 230	0.8
前番茄红素合酶	33 303	30 639	1.1
八氢番茄红素脱氢酶	131 947	221 823	0.6
胡萝卜素脱氢酶	97 890	164 652	0.6
番茄红素环化酶	335 719	485 908	0.7
β- 胡萝卜素羟化酶类似酶	48 365	326	148.2
类胡萝卜素裂解酶	590 400	447 943	1.3
β- 微管蛋白	161 357	148 729	1.1

（2）番茄 BCH 向紫松果黄素合成酶的转变　在本案例中，作者利用原核系统对 LHRS 酶的活性进行鉴定。为了测试上述 LHRS 的 10 个残基对紫松果黄素合成的重要性，作者将 10 个 LHRS 保守氨基酸残基替换为典型的玉米黄素生成 BCH 的相应位置的残基从而获得突变体——CRTR-B2_10。天然 CRTR-B2 的表达导致 β- 隐黄质和玉米黄质的积累，而突变体 CRTR-B2_10 的表达导致了紫松果黄素的积累。

Royer 等（2020）评估了这 10 个残基各自的贡献，数据表明 Thr72、Ile102 和 Pro103 对紫松果黄素的形成影响最大（图 4-47）。将这 3 个残基单独或组合引入野生型 BCH CRTR-B2，Phe 替换 Ile102 的野生型 CRTR-B2 导致紫松果黄素的生成。F102I 与 A72T 或 A103P 或两者结合，紫松果黄素积累可达到与 CRTR-B2_10 相似的水平，证实了这 3 个位点在紫松果黄素形成中起主要作用。LHRS 不仅可以催化 β- 胡萝卜素羟基化，还加速了 β- 胡萝卜素转化为紫松果黄素所必需的酮化、去饱和和双键重排。BCH 是功能多样的二价铁酶的成员，可催化去饱和与羟基化反应。本案例显示少量氨基酸取代会导致催化活性发生较大变化。3 个氨基酸的取代使酶催化底物范围扩大，形成了一种多功能酶——该酶保留了最初的羟化酶活性并获得了导致紫松果黄素形成的多种活性。LHRS 通过一系列不同的氧化步骤介导了从 β- 胡萝卜素到紫松果黄素的多步反应，其中每个步骤的产物成为下一催化反应的底物。

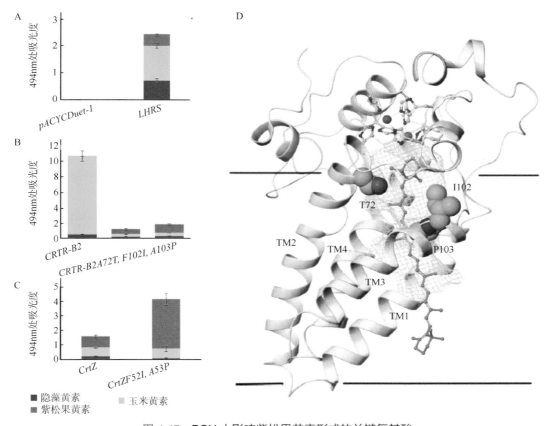

图 4-47　BCH 中影响紫松果黄素形成的关键氨基酸

A. 空载体对照（pACYCDuet-1）和表达 LHRS 的大肠杆菌中的叶黄素积累；B. *S. lycopersicum* BCH 基因 *CRTR-B2* 和 *CRTR-B2 A72T*、*F102I*、*A103P*；C. *P. agglomerans* BCH 基因（*CrtZ*）和 *CrtZ F52I*、*A53P*；D. 嵌入膜中的 LHRS 模型结构，以绿色标记表示了 3 个取代位点的位置控制紫松果黄素形成。严格保守的催化功能域 His- 金属簇以球和棒的形式显示。His- 金属簇的空腔显示为蓝色网格

为了检测 3 个残基的作用，研究人员进一步研究了与 *P. agglomerans*（Erwinia herbicola Eho10）有同源性但进化关系较远的细菌 BCH CrtZ 的基因，它与 LHRS 仅有 36% 的氨基酸相似度，缺乏 LHRS 和植物 BCH 共有的跨膜结构域，22 位的 Thr 相当于 LHRS 的 T72。在大肠杆菌 MB8167 菌株中表达野生型酶会使紫松果黄素积累，F52I 和 A53P 的突变体产生紫松果黄素最多。基于酵母鞘脂羟化酶 Scs7P 的晶体结构模拟 LHRS 的结构模型（图 4-47D）后发现。已确定的 8 个保守的组氨酸残基与脂肪酸 γ- 羟化酶的晶体结构中的相同位点重叠。

（3）中间体的鉴定和 β- 胡萝卜素向紫松果黄素合成途径的推测　转 LHRS 大肠杆菌中紫松果黄素的积累趋势表明胡萝卜素、β- 隐黄质、玉米黄质和紫松果黄素积累的顺序（图 4-48A）。研究人员进一步使用质谱（MS）分析了 CrtZ_F52I、A53P 的大肠杆菌培养物中类胡萝卜素的形成，显示了 β- 隐黄质、玉米黄质、3 个未知物（Cmpd Ⅰ、Cmpd Ⅱ 和 Cmpd Ⅲ）以及最后的紫松果黄素的顺序积累（图 4-48B）。

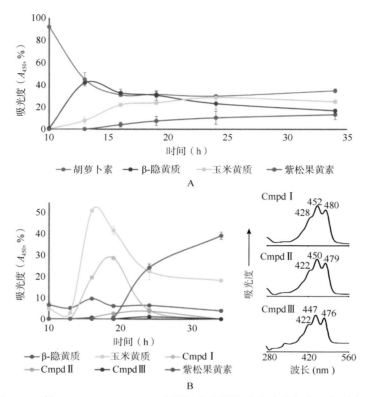

图 4-48 转 CrtZ_ F52I、A53P 大肠杆菌中类胡萝卜素中间体和红球色素
A. 在表达 LHRS、CrtZ_F52I、A53P 的大肠杆菌中类胡萝卜素积累的时间进程；B. 类胡萝卜素在 CrtZ_F52I、A53P 表达过程中
积累的时间进程和 PDA 谱

本案例利用转录组和蛋白质组首次鉴定了 LHRS——BCH 酶变体，在缺乏紫松果黄素的植物表达系统和细菌表达系统中表达时，生物合成了紫松果黄素。LHRS 是一种多功能酶，既可羟基化 β- 胡萝卜素，又可催化紫松果黄素生物合成所需的独特的酮基化、去饱和化和双键重排。LHRS 的鉴定为反式类胡萝卜素化合物的生物合成途径及其调控的相关研究及应用提供了理论基础。

4. 亮点评述

该案例解析紫松果黄素的生物合成途径——第一步是典型的 BCH 的反应，紫松果黄素的生物合成中包含了独特的氧化途径，通过将玉米黄质的羟基顺序转换为交替环上的酮基，然后进行异构化将一个环从 β 转变为 ε，最终去饱和形成额外的双键，并且键从标准构型向逆构型转化，从而形成紫松果黄素。

案例 6 颠茄中莨菪碱脱氢酶的鉴定和莨菪烷类生物碱的合成

1. 研究背景

茄属植物中的莨菪烷类生物碱(tropane alkaloids，TA)是神经递质抑制剂，主要用于治疗神经肌肉疾病。由于该类药物主要依赖于植物资源，澳大利亚丛林大火和 COVID-19 大流行等事件造成了该类药品供应的短缺性。生物合成该类药物是解决该类药物短缺的有效途径，但颠茄（ *Atropa belladonna* ）中莨菪碱脱氢酶可能催化莨菪碱醛生成莨菪碱，而这一过程所涉及的酶始终未得到鉴定（图 4-49），制约了该类生物碱的生物全合成。

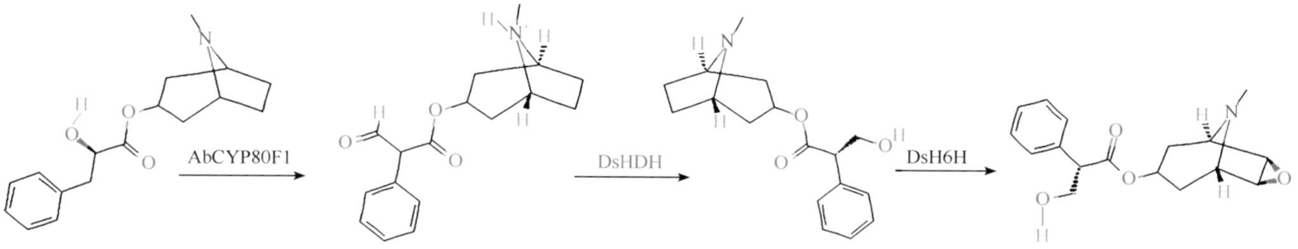

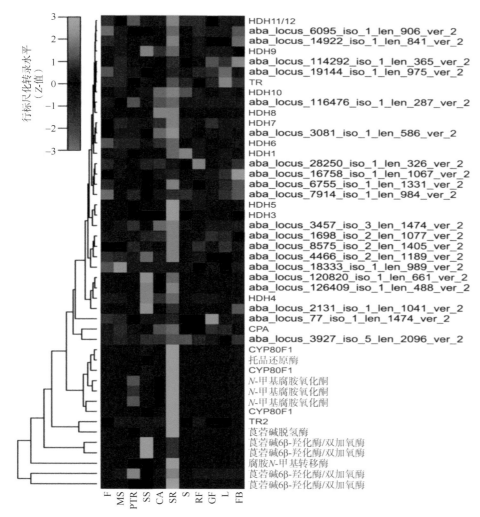

图 4-49　莨菪碱生物合成途径中最后 3 步

红色标注的 DsHDH 酶的活性一直未有报道

2. 研究方法

Srinivasan 等（2020）运用功能基因组学的方法在颠茄中发现了一个能够催化莨菪碱醛还原为莨菪碱的酶即莨菪碱脱氢酶（HDH）。通过挖掘一个公开的颠茄转录组数据，作者发现了在颠茄次生根组织中与 TA 生物合成基因共同表达的基因。从 40 000 多个已鉴定的转录物中去除没有脱氢酶或还原酶结构域的转录物片段，并通过将诱饵利托林变位酶基因 *AbCYP80F1* 和 *AbH6H*（图 4-50）的组织特异性表达谱进行比对进一步筛选。

图 4-50　颠茄转录组鉴定的 HDH 的组织特异性表达谱热图

转录表达水平使用正态分布，按行缩放，通过组织特异性表达谱对候选基因进行分层聚类成树。基因 ID 的配色模式：紫色，已知 TA 通路基因；蓝色，可能的 HDH 候选者（具有完整的可读框架序列）；黑色，候选 HDH 候选基因（具有不完整的可读框架序列）。基因缩写（纵轴）：CPA，*N*-氨甲酰腐胺酰胺酶。组织缩写（横轴）：F，花；MS，成熟种子；PTR，初生主根；SS，无菌苗；CA，愈伤组织；SR，次生根；S，茎；RF，成熟果实；GF，绿色果实；L，叶；FB，花蕾研究人员在酵母中表达候选基因用于挖掘或鉴定缺失的 HDH 活性。由于莨菪碱醛缺乏商业化的标准品，化学合成的收率也不够高。本案例采取三步生物合成途径（图 4-49）——在添加了利托林（m/z 290[M+H]$^+$）的酵母（转化了候选基因）培养液中检测莨菪碱（m/z 304[M+H]$^+$），来筛选候选 HDH 基因。

同源性模拟表明，AbHDH 是中链脱氢酶/还原酶（MDR）超家族的锌依赖性醇脱氢酶，使用 NADPH 作为莨菪碱醛还原的氢化物供体（图 4-50）。最终作者通过分子对接模拟和活性位点突变实验揭示了酶催化反应机制。

3. 研究结果和结论

（1）共表达分析筛选候选 AbHDH 的基因　几乎 TA 生物合成基因中的所有候选基因都在次生根特异地表达。由于缺失基因序列信息，研究人员使用 Trinity 软件包从原始 RNA 测序（RNA-seq）片段中重头组装，将不完整区域与新组装的转录组比对分析重建 12 个 HDH 候选基因的缺失片段。

（2）利用酵母系统鉴定候选 HDH 活性　作者将密码子优化的 AbCYP80F1 和曼陀罗（DsH6H）的 H6H 同源基因整合到酵母工程菌 CSY1251 的基因组中，构建了 HDH 筛选菌株（CSY1292）。其中一个候选基因 HDH2（即 AbHDH）表现出的莨菪碱醛水平减少 35%，而东莨菪碱积累增加到 7.2μg/L，这说明它具有了 HDH 活性（图 4-51）。

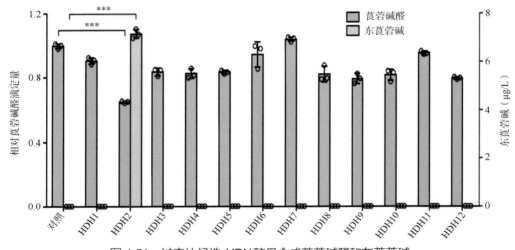

图 4-51　过表达候选 HDH 酵母合成莨菪碱醛和东莨菪碱

从 CSY1292 的低拷贝质粒中表达候选（BFP）或阴性对照；由于缺乏化学标准品，用相对滴定法比较了莨菪碱醛的积累

（3）AbHDH 结构和系统发育分析　分子对接模拟与定点突变实验发现，莨菪碱醛与氢化物互作形成的氧负离子中间物，Zn^{2+} 在其中起稳定作用；Cys52、His74、Cys168 可以和 Zn^{2+} 相互作用，而 Ser54 通过水分子与其间接作用（图 4-52）。

研究人员从曼陀罗植（*Datura innoxia* 和 *D. stramonium*）的转录组数据中鉴定了 AbHDH 的同源基因 DiHDH 和 DsHDH，在 CSY1292 质粒中将它们和 DsH6H 共表达，从而验证它们的活性。结果显示，DsHDH 和 DsH6H 共转菌消耗莨菪碱醛最多，且积累东莨菪碱的量最大（图 4-53）。

（4）TA 生物合成途径的重建　研究人员在酵母里过量表达最佳酶突变体和限速酶的编码基因，重建了药物 TA 的生物合成（5 个模块）（图 4-54）。作者将密码子优化的 WfPPR、AbUGT（模块Ⅲ）、DsHDH 和多拷贝的 DsH6H 整合到 CSY1294 菌株；这样该菌株中的核心酶包括了产生酰受体（托品；模块Ⅰ/Ⅱ）和酰基供体（PLA 葡糖苷；模块Ⅲ）的酶、用于将 TA 骨架修饰为东莨菪碱（模块Ⅳ）的酶以及最后一步酶利托林合成酶（模块Ⅴ）。本案例最终实现了 CSY1294 中添加利托林生成东莨菪碱的预期。

4. 亮点评述

本文是完整的代谢工程研究中的典范，体现了酶的鉴定与成熟的合成生物学平台之间的相互依存关系。作者构建的最终菌株包括 34 个染色体修饰（26 个基因，8 个基因干扰）；这些基因可以在不同的亚细胞位置（胞质、线粒体、过氧化物酶体、液泡、内质网和液泡膜）表达酶和转运体，最终形成了一个完整的细胞系统。作者结合功能基因组学和合成生物学平台，鉴定了一种氧化还原酶——HDH；它催化了莨菪碱和东莨菪碱生物合成途径中未鉴定的反应。

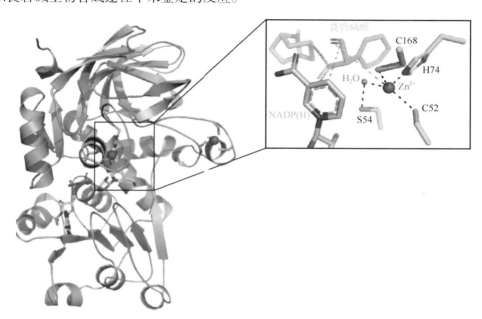

图 4-52 AbHDH 的同源模型

NADPH 和 Zn^{2+} 分别显示为橙色和粉红色。方框显示了带有 NADPH 和对接莨菪碱醛的 AbHDH 活性位点的放大视图，虚线表示催化作用的重要性

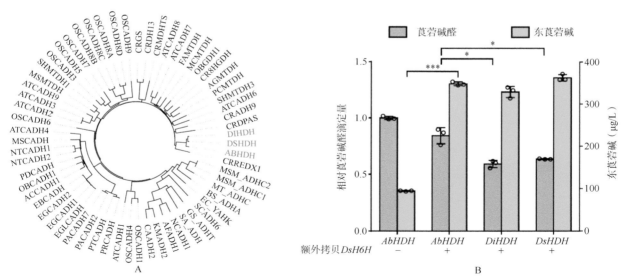

图 4-53 高催化活性 DsHDH 的鉴定

A. 由 AbHDH、DiHDH、DsHDH 与 UniProt/SwissProt 数据库中的同源基因氨基酸序列所构建的系统发育树。8HGDH，8- 羟基香叶醇脱氢酶；ADH，醇脱氢酶；CADH，肉桂醇脱氢酶；DPAS，脱氢二氢卡宾醋酸酯合酶；GDH，香叶醇脱氢酶；GS，盖索司基嗪合酶；MTDH，甘露醇脱氢酶；REDX，未指定氧化还原蛋白；B. HDH 同源基因（AbHDH、DiHDH 和 DsHDH）与来自 CSY1292 低拷贝质粒的 BFP 阴性对照（'−'）或 DsH6H（'+'）的附加拷贝共同表达。转化子在选择性培养基中培养 72h，然后利用 LC-MS/MS 分析培养上清液

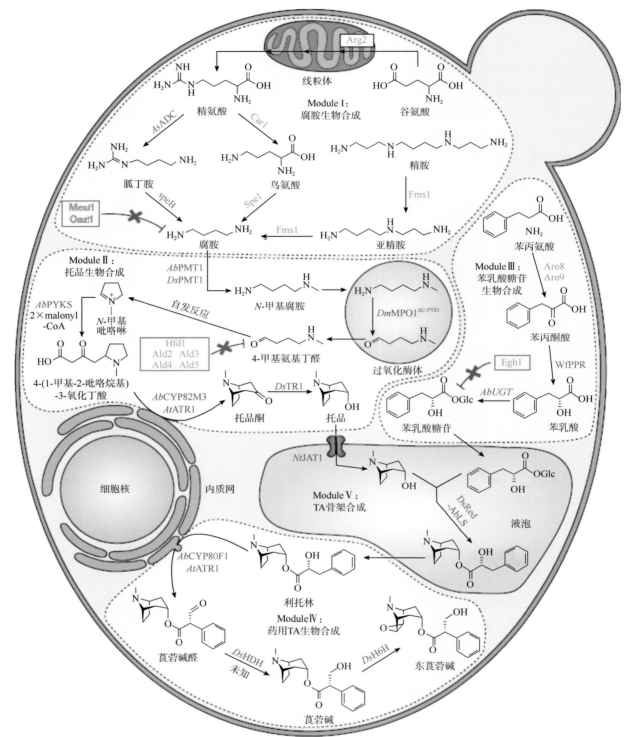

图 4-54 东莨菪碱在酵母中生物合成的构建

酶/蛋白颜色方案：橙色，酵母（过度表达）；绿色，植物；紫色，细菌；红色，其他真核生物；灰色，自发/非酶。红框表示酵母蛋白被破坏；液泡膜的虚线或实线表示功能性生物合成模块。DsRed–AbLS，*Discosma* sp. 红色荧光蛋白融合到颠茄利托林合酶的 N 端

　　基于 TA 生物合成途径中酶的鉴定，作者结合蛋白质工程集成了可在 6 个亚细胞位置上定位来自酵母、细菌、植物和动物的二十多种蛋白的系统，从而模拟了 TA 在植物中生物合成的过程。本案例最终利用微生物生物合成平台全合成 TA；该平台一旦规模化，就可以达到稳定、灵活地提供这些基本药物的目的。

参 考 文 献

徐洁森，等 . 2012. 植物细胞色素 P450 在三萜皂苷生物合成中的功能研究进展 . 中草药，43：1635-1640.

杨杰，詹亚光，肖佳雷，等 . 2018. 细胞色素 P450 在植物三萜和甾醇骨架修饰中的功能研究进展 . 中国科学：生命科学，48：1065-1083.

Ablajan K，Abliz Z，Shang X Y，et al. 2010. Structural characterization of flavonol 3，7-di-O-glycosides and determination of the glycosylation position by using negative ion electrospray ionization tandem mass spectrometry. Journal of Mass Spectrometry，41：352-360.

Alonso-Gutierrez J，Chan R，Batth T S，et al. 2013. Metabolic engineering of Escherichia coli for limonene and perillyl alcohol production. Metabolic Engineering，19：33-41.

Bassalo M C，Liu R，Gill R T. 2016. Directed evolution and synthetic biology applications to microbial systems. Current Opinion in Biotechnology，39：126-133.

Bar-Even A，Salah Tawfik D. 2013. Engineering specialized metabolic pathways：is there a room for enzyme improvements? Current Opinion in Biotechnology，24（2）：310-319.

Bar-Even A，Noor E，Savir Y，et al. 2011. The moderately efficient enzyme：evolutionary and physicochemical trends shaping enzyme parameters. Biochemistry，50：4402-4410.

Bernhardt R，Urlacher V B. 2014. Cytochromes P450 as promising catalysts for biotechnological application：chances and limitations. Applied Microbiology and Biotechnology，98：6185-6203.

Bowles D. 2006. Glycosyltransferases of lipophilic small molecules. Annual Review of Plant Biology，57：567-597.

Brazier-Hicks M，Offen W A，Gershater M C，et al，2007. Characterization and engineering of the bifunctional N- and O-glucosyltransferase involved in xenobiotic metabolism in plants. Proc Natl Acad Sci U S A，104（51）：20238-20243.

Brown S，Clastre M，Courdavault V，et al. 2015. De novo production of the plant-derived alkaloid strictosidine in yeast. Proceedings of the National Academy of Sciences，112：3205-3210.

Chandler S，Tanaka Y. 2007. Genetic modification in floriculture. Critical Reviews in Plant Sciences，26（4）：169-197.

Chapple，Clint. 1998. Molecular-genetic a nalysis of plant cytochrome P450-DEPENDENT MONOOXYGENASES. Annual Review of Plant Physiology & Plant Molecular Biology，49（1）：311-343.

Cheng W，Hong-Mi C，Tian-Hong H，et al. 2016. Identification and validation of reference genes for RT-qPCR analysis in non-heading Chinese cabbage flowers. Frontiers in Plant Science，7：811.

Chen S L，Zhu X X，Li C F，et al. 2012. Genomics and synthetic biology of traditional Chinese medicine. Acta pharmaceutica Sinica，47（8）：1070.

Chen Z，Zeng A. 2016. Protein engineering approaches to chemical biotechnology. Current Opinion in Biotechnology，42：198-205.

Cho S G，Kang G H，Lee E R. 2007. Effect of flavonoids on human health：old subjects but new challenges. Recent Patents on Biotechnology，1（2）：139-150.

Christ B，Xu C，Xu M，et al. 2019. Repeated evolution of cytochrome P450-mediated spiroketal steroid biosynthesis in plants. Nature Communications，10（1）：1-11.

Demurtas O C，Frusciante S，Ferrante P，et al. 2018. Candidate enzymes for saffron crocin biosynthesis are localized in multiple cellular compartments. Plant Physiology，177（3）：990-1006.

Dixon R A，Pasinetti G M. 2010. Flavonoids and isoflavonoids：From plant biology to agriculture and neuroscience. Plant Physiology，154（2）：453-457.

Dixon R A，Steele C L. 1999. Flavonoids and isoflavonoids-a gold mine for metabolic engineering. Trends in Plant Science，4（10）：394-400.

Falcone Ferreyra M L，Rodriguez E，Casas M I，et al. 2013. Identification of a bifunctional maize C- and O-glucosyltransferase. Journal of Biological Chemistry，288（44）：31678-31688.

Freitas N C，Barreto H G，Fernandes-Brum C N，et al. 2017. Validation of reference genes for qPCR analysis of Coffea arabica L. somatic embryogenesis-related tissues. Plant Cell Tissue & Organ Culture，128：663-678.

Fukushima E O，Hikaru S，Kiyoshi O，et al. 2011. CYP716A subfamily members are multifunctional oxidases in triterpenoid biosynthesis. Plant & Cell Physiology，（12）：2050-2061.

Feng W，Ling Y，Yan L，et al. 2002. A new flavonol oligosaccharide from the seeds of Aesculuschinensis. Chinese Chemical Letters，13（1）：59-60.

Ferreyra F M L，Rius S P，Casati P. 2012. Flavonoids：biosynthesis，biological functions，and biotechnological applications. Frontiers in Plant Science，3（222）：222.

Garfinkel D. 1958. Studies on pig liver microsomes. I. enzymic and pigment composition of different microsomal fractions. Archives of Biochemistry & Biophysics，409（1）：7-15.

Gantt R W，Peltier-Pain P，Thorson J S. 2011. Enzymatic methods for glycol（diversification/randomization）of drugs and small molecules. Natural

Product Reports，28：1811-1853.

Graham S E，Peterson J A. 1999. How similar are P450s and what can their differences teach us? Archives of Biochemistry & Biophysics，369（1）：29.

Hamilton K G A. 1985. Leafhoppers of ornamental and fruit trees in Canada.

Hasemann C A，Ravichandran K G，Peterson J A，et al. 1994. Crystal structure and refinement of cytochrome P450$_{terp}$ at 2·3Å. J Mol Biol，236（4）：1169-1185.

Hassan S，Mathesius U. 2012. The role of flavonoids in root-rhizosphere signalling：opportunities and challenges for improving plant-microbe interactions. Journal of Experimental Botany，63（9）：3429-3444.

Hayashi H，Huang P，Kirakosyan A，et al. 2001. Cloning and characterization of a cDNA encoding beta-amyrin synthase involved in glrcyrrhizin and soyasaponin biosyntheses in licorice. Biol Pharm Bull，24（8）：912-916.

He X Z，Wang X，Dixon R A. 2006. Mutational analysis of the *Medicago glycosyltransferase* UGT71G1 reveals residues that control regioselectivity for（iso）flavonoid glycosylation. Biophysical Journal，281（45）：34441-34447.

Himi E，Taketa S. 2015. Barley Ant17，encoding flavanone 3-hydroxylase（F3H），is a promising target locus for attaining anthocyanin/proanthocyanidin-free plants without pleiotropic reduction of grain dormancy. Genome，58（1）：43-53.

Hollman P C，Katan M B. 1999. Dietary flavonoids：intake，health effects and bioavailability. Food & Chemical Toxicology，37（9-10）：937-942.

Jackson R，Knisley D，Mcintosh C，et al. 2011. Predicting flavonoid UGT regioselectivity. Adv Bioinformatics，2011：506583.

Jiang W，Yin Q，Wu R，et al. 2015. Role of a chalcone isomerase-like protein in flavonoid biosynthesis in *Arabidopsis thaliana*. Journal of Experimental Botany，66（22）：7165-7179.

Jones P，Messner B，Nakajima J I，et al. 2003. UGT73C6 and UGT78D1，glycosyltransferases involved in flavonol glycoside biosynthesis in *Arabidopsis thaliana*. Journal of Biological Chemistry，278（45）：43910-43918.

Jung S T，Lauchli R，Arnold F H. 2011. Cytochrome P450：taming a wild type enzyme. Current Opinion in Biotechnology，22（6）：809-817.

Kang S H，Pandey R P，Lee C M，et al. 2020. Genome-enabled discovery of anthraquinone biosynthesis in *Senna tora*. Nature Communications，11（1）：5875.

Katsumoto Y，Fukuchi-Mizutani M，Fukui Y，et al. 2007. Engineering of the rose flavonoid biosynthetic pathway successfully generated blue-hued flowers accumulating delphinidin. Plant & Cell Physiology，48（11）：1589-1600.

Kawahigashi H，Hirose S，Ohkawa H，et al. 2005. Phytoremediation of metolachlor by transgenic rice plants expressing human CYP2B6. J Agric Food Chem，53（23）：9155-9160.

Kim J H，Kim B G，Park Y，et al. 2006. Characterization of flavonoid 7-*O*-glucosyltransferase from *Arabidopsis thaliana*. Bioscience Biotechnology & Biochemistry，70（6）：1471-1477.

Kozłowska A，Szostakwegierek D. 2014. Flavonoids：food sources and health benefits. Roczniki Pań stwowego Zakadu Higieny，65（2）：79-85.

Kramer C M，Prata R T N，Willits M G，et al. 2003. Cloning and regiospecificity studies of two flavonoid glucosyltransferases from *Allium cepa*. Phytochemistry（Amsterdam），64（6）：1069-1076.

Küçükkurt I，Ince S，Keleş H，et al. 2010. Beneficial effects of *Aesculus hippocastanum* L. seed extract on the body's own antioxidant defense system on subacute administration. Journal of Ethnopharmacology，129（1）：18-22.

Kusari S，Singh S，Jayabaskaran C. 2014. Rethinking production of Taxol®（paclitaxel）using endophyte biotechnology. Trends in Biotechnology，32（6）：304-311.

Lattanzio V，Lattanzio V M T，Cardinali A，et al. 2006. Role of phenolics in the resistance mechanisms of plants against fungal pathogens and insects. Phytochemistry，37（2）：23-67.

Liu C. 2017. Plant tissue culture and biosynthesis provide a fast way to produce active constituents of traditional Chinese medicines. Chinese Herbal Medicines，9（2）：99-100.

Lorenc-Kukua K，Korobczak A，Aksamit-Stachurska A，et al. 2004. Glucosyltransferase：The gene arrangement and enzyme function. Cellular & Molecular Biology Letters，9（4B）：935-946.

Loris E A，Panjikar S，Ruppert M，et al. 2007. Structure-based engineering of strictosidine synthase：auxiliary for alkaloid libraries. Chem Biol，14（9）：979-985.

Luo X，Reiter M A，d'Espaux L，et al. 2019. Complete biosynthesis of cannabinoids and their unnatural analogues in yeast. Nature. 567（7746）：123-126.

Lundemo M T，Woodley J M. 2015. Guidelines for development and implementation of biocatalytic P450 processes. Applied Microbiology and Biotechnology，99（6）：2465-2483.

Mau，C J D，Rodney C. 2006. Cytochrome P450 oxygenases of monoterpene metabolism. Phytochemistry Reviews，5（2-3）：373-383.

Marina A，Naoumkina LVM，David EUYT，et al. 2010. Genomic and coexpression analyses predict multiple genes involved in triterpene saponin biosynthesis in medicago truncatula. Plant Cell，22（3）：850-866.

Mizutani M. 2012. Impacts of diversification of cytochrome P450 on plant metabolism. Biological and Pharmaceutical Bulletin，35（6）：824-832.

Miettinen K，Pollier J，Buyst D，et al. 2017. The ancient CYP716 family is a major contributor to the diversification of eudicot triterpenoid biosynthesis. Nature Communications，8：14153.

Mizutani M，Ohta D，2010. Diversification of P450 genes during land plant evolution. Annual Review of Plant Biology，61：291-315.

Mizutani M，Ward E，Dimaio J，et al. 1993. Molecular cloning and sequencing of a cDNA encoding mung bean cytochrome P450（P450C4H）possessing cinnamate 4-hydroxylase activity. Biochemical & Biophysical Research Communications，190（3）：0-880.

Montefiori M，Espley R V，Stevenson D，et al. 2011. Identification and characterisation of F3GT1 and F3GGT1，two glycosyltransferases responsible for anthocyanin biosynthesis in red-fleshed kiwifruit（*Actinidia chinensis*）. Plant Journal，65（1）：106-118.

Moses T，Papadopoulou K K，Osbourn A，et al. ，2014. Metabolic and functional diversity of saponins，biosynthetic intermediates and semi-synthetic derivatives. Crit Rev Biochem Mol Biol，49（6）：439-462.

Nagashima S，Inagaki R，Kubo A，et al. 2004. cDNA cloning and expression of isoflavonoid-specific glucosyltransferase from *Glycyrrhiza* echinatacell-suspension cultures. Planta（Berlin），218（3）：456-459.

Nam H，Lewis N E，Lerman J A，et al. 2012. Network context and selection in the evolution to enzyme specificity. Science，337（6098）：1101-1104.

Naonobu N，Ryutaro A，Sanae K，et al. 2013. Genetic engineering of novel bluer-colored *Chrysanthemums* produced by accumulation of delphinidin-based anthocyanins. Plant & Cell Physiology，（10）：1684-1695.

Nebert D W，et al. 1989. The P450 superfamily：updated listing of all genes and recommended nomenclature for the chromosomal loci. DNA，8（1）：1-13.

Nelson，D，Werck Reichhart D. 2011. A P450 - centric view of plant evolution. The Plant Journal，66（1）：194-211.

Nelson DR. 2009. The cytochrome P450 homepage. Human Genomics，4（1）：59.

Nomura T，Gerard J B. 2006. Cytochrome P450s in plant steroid hormone synthesis and metabolism. Phytochemistry Reviews，5（2-3）：421-432.

Ogawa S，Kimura H，Niimi A，et al. 2009. Inhibitory effects of polyphenolic compounds from seed shells of Japanese horse chestnut（*Aesculus turbinata* Blume）on carbohydrate-digesting enzymes. Journal of the Japanese Society for Food Science & Technology，56（2）：95-102.

Osmani S A，Søren Bak，Møller B L. 2009. Substrate specificity of plant UDP-dependent glycosyltransferases predicted from crystal structures and homology modeling. Phytochemistry，70（3）：325-347.

Ozols J，Heinemann F S，Johnson E F. 1985. The complete amino acid sequence of a constitutive form of liver microsomal cytochrome P-450. Journal of Biological Chemistry，260（9）：5427-5434.

Peterson J A，Graham S E，1998. A close family resemblance：the importance of structure in understanding cytochromes P450. Structure，6（9）：1079-1085.

Persans M. 1995. Differential induction of cytochrome P450-mediated triasulfuron metabolism by naphthalic anhydride and triasulfuron. Plant Physiology，109（4）：1483-1490.

Petriccione M，Mastrobuoni F，Zampella L，et al. 2015. Reference gene selection for normalization of RT-qPCR gene expression data from *Actinidia deliciosa* leaves infected with *Pseudomonas syringae* pv. *actinidiae*. Scientific Reports，5：16961.

Port T D，Coon M J. 1991. Cytochrome P-450. Multiplicity of isoforms，substrates，and catalytic and regulatory mechanisms. Journal of Biological Chemistry，266（21）：13469-13472.

Provart N J，Jean-Franois G，Alexandre O，et al. 2008. An extensive（co-）expression analysis tool for the cytochrome P450 superfamily in *Arabidopsis thaliana*. BMC Plant Biology，8（1）：47.

Qian J，Feng W，Meng-Yao L，et al. 2014. Selection of suitable reference genes for qPCR normalization under abiotic stresses in *Oenanthe javanica*（Bl.）DC. PLoS ONE，9（3）：e92262.

Ranganathan R. 2018. Putting evolution to work. Cell，175（6）：1449-1451.

Ranu S，Priyabrata P，Suresh C G，et al. 2014. In-silico analysis of binding site features and substrate selectivity in plant flavonoid-3-*O* glycosyltransferases（F3GT）through molecular modeling，docking and dynamics simulation studies. PLoS ONE，9（3）：e92636.

Reed J，et al. 2017. A translational synthetic biology platform for rapid access to gram-scale quantities of novel drug-like molecules. Metabolic Engineering，42：185-193.

Renault H，Bassard JE，Björn Hamberger，et al. 2014. Cytochrome P450-mediated metabolic engineering：current progress and future challenges. Current Opinion in Plant Biology，19：27-34.

Robineau T，Batard Y，Nedelkina S，et al. 1998. The chemically inducible plant cytochrome P450 CYP76B1 actively metabolizes phenylureas and other xenobiotics. Plant Physiology，118（3）：1049-1056.

Royer J，Shanklin J，Balch-Kenney N，et al. 2020. Rhodoxanthin synthase from honeysuckle：a membrane diiron enzyme catalyzes the multistep conversation of β-carotene to rhodoxanthin. Sci Adv，6（17）：eaay9226.

Sakaguchi M，Mihara K，Sato R. 1987. A short amino-terminal segment of microsomal cytochrome P-450 functions both as an insertion signal and as a stop-transfer sequence. Embo Journal，6（8）：2425-2431.

Schneidman-Duhovny D，Inbar Y，Nussinov R，et al. 2005. Patchdock and symmdock：servers for rigid and symmetric docking. Nucleic Acids Research，33（Web Server issue）：363-367.

Shiota N，Kodama S，Inui H，et al. 2000. Expression of human cytochromes P450 1A1 and P450 1A2 as fused enzymes with yeast NADPH-cytochrome P450 oxidoreductase in transgenic tobacco plants. Bioscience Biotechnology & Biochemistry，64（10）：2025-2033.

Srinivasan P，Smolke C D. 2020. Biosynthesis of medicinal tropane alkaloids in yeast. Nature，doi：10. 1038/s41586-020-2650-9.

Stevens G A. 1947. Study of aesculus hippocastanum. Homoeopath Rec，63（1）：16-19.

Szczesnaskorupa E，Straub P，Kemper B. 1993. Deletion of a conserved tetrapeptide，PPGP，in P450 2C2 results in loss of enzymatic activity without a change in its cellular location. Archives of Biochemistry & Biophysics，304（1）：170-175.

Teutsch H G，Hasenfratz M P，Lesot A，et al. 1993. Isolation and sequence of a cDNA encoding the Jerusalem artichoke cinnamate 4-hydroxylase，a major plant cytochrome P450 involved in the general phenylpropanoid pathway. Proceedings of the National Academy of Sciences，90（9）：4102-4106.

Tropf S，Lanz T，Rensing S，et al. 1994 Evidence that stilbene synthases have developed from chalcone synthases several times in the course of evolution. J Mol Evol，38：610-618.

Tu L，Su P，Zhang Z，et al. 2020. Genome of *Tripterygium wilfordii* and identification of cytochrome P450 involved in triptolide biosynthesis. Nature Communications，11（1）：1-12.

Vogt T，Zimmermann E，Grimm R，et al. 1997. Are the characteristics of betanidin glucosyltransferases from cell-suspension cultures of *Dorotheanthus bellidiformis* indicative of their phylogenetic relationship with flavonoid glucosyltransferases? Planta，203（3）：349-361.

Wachenfeldt C V，Johnson E F. 1995. Structures of eukaryotic cytochrome P450 enzymes. Cytochrome P-450 Structure，Mechanism and Biochemistry，6：183-223.

Wang J，Li J L，Li J，et al. 2017. Production of active compounds in medicinal plants：from plant tissue culture to biosynthesis. Chinese Herbal Medicine，9（2）：115-125.

Wang S，Xu H，Guo L. 2015. Systems biology application in research on sustainable utilization of Chinese materia medica resources. Chinese Herbal Medicine，7（3）：196-203.

Wei F，Ma S C，Ma L Y，et al. 2004. Antiviral flavonoids from the seeds of *Aesculus chinensis*. Journal of Natural Products，67（4）：650-653.

Xu G，Cai W，Gao W，et al. 2016. A novel glucuronosyltransferase has an unprecedented ability to catalyse continuous two-step glucuronosylation of glycyrrhetinic acid to yield glycyrrhizin. New Phytol，212：123-135.

Yamada T，Kambara Y，Imaishi H，et al. 2000. Molecular cloning of novel cytochrome P450 species induced by chemical treatments in cultured tobacco cells. Pesticide Biochemistry & Physiology，68（1）：11-25.

Yamazaki S，Sato K，Suhara K，et al. 1993. Importance of the proline-rich region following signal-anchor sequence in the formation of correct conformation of microsomal cytochrome P-450s. Journal of Biochemistry，114（5）：652.

Yao L H，Jiang Y M，Shi J，et al. 2004. Flavonoids in food and their health benefits. Plant Foods for Human Nutrition，59（3）：113-122.

Yin R，Messner B，Faus-Kessler T，et al. 2012. Feedback inhibition of the general phenylpropanoid and flavonol biosynthetic pathways upon a compromised flavonol-3-*O*-glycosylation. Journal of Experimental Botany，63（7）：2465-2478.

Yin Q，Shen G，Chang Z，et al. 2017. Involvement of three putative glucosyltransferases from the UGT72 family in flavonol glucoside/rhamnoside biosynthesis in *Lotus japonicas* seeds. Journal of Experimental Botany，68（3）：597-612.

Zerbe P，hamberger，B，Yuen M M，et al. 2013. Gene discovery of modular diterpene metabolism in nonmodel systems-Plant physiol，162（2）：1073-1091.

Zhao Y J，Cheng Q Q，Su P，et al. 2014. Research progress relating to the role of cytochrome P450 in the biosynthesis of terpenoids in medicinal plants. Applied Microbiology & Biotechnology，98（6）：2371-2383.

Zhang M，Li F D，Li K，et al. 2020. Functional characterization and structural basis of an efficient Di-C-glycosyltransferase from *Glycyrrhiza glabra*. J Am Chem Soc，142（7）：3506-3512.

Zheng X，Li，Lu X. 2019. Research advances in cytochrome P450-catalysed pharmaceutical terpenoid biosynthesis in plants. Journal of Experimental Botany，70（18）：4619-4630.

Zhi-chao X U，Ai-jia Ji，Xin Zhang. 2016. Biosynthesis and regulation of active compounds in medicinal model plant *Salvia miltiorrhiza*. Chinese Herbal Medicines，8（1）：3-11.

Zuker A，Tzfira T，Ben-Meir H，et al. 2002. Modification of flower color and fragrance by antisense suppression of the flavanone 3-hydroxylase gene. Molecular Breeding，9（1）：33-41.

第5章 药用植物次生代谢物的转录调控

人类在使用药用植物来对抗疾病的实践过程中，掌握了如何应用药用植物的药用部位及药用植物种植和收获的特点。比如在我国广大农村地区流传的一句有关药用植物采收的谚语"三月茵陈四月蒿，五月六月当柴烧"，这表明药用植物的有效性具有明显的时间特征。另外，部分药用植物所产生的药效成分（次生代谢物）具有明显的空间分布特性，即组织特异性。例如，在雌雄异株药用植物大麻中，大麻二酚等酚萜类化合物主要积累在大麻雌性植株的花序及苞片的腺毛中；莨菪烷类生物碱主要分布在颠茄的根部中柱鞘和内皮层中；七叶皂苷类化合物主要分布在娑罗子的种子中。同时药用植物次生代谢物的合成会受到外界环境信号即生物胁迫和非生物胁迫的影响。例如紫外线 B 的照射可以明显增加黄花蒿叶片中青蒿素的积累；茉莉酸甲酯处理后的穿心莲、黄花蒿、长春花中的穿心莲内酯、青蒿素及长春碱的含量都有所增加等。因此，药用植物中次生代谢物的调控是在内部和外部信号综合作用下的过程。

次生代谢物在药用植物中的转录调控是由一套严密的分子网络机制控制的，因此，了解药用植物次生代谢物调控的分子机制有助于我们利用该机制来提高药用植物中药效成分的合成。在上一章的内容中，我们已经详细介绍了药用植物的次生代谢物是如何通过一系列酶催化形成最终的代谢产物。这一章我们将重点介绍药用植物次生代谢物的转录调控。目前，针对调控药用植物次生代谢物的分子机制的研究主要包括转录因子调控和表观遗传学调控，其中，以转录因子调控的研究居多。本章将重点介绍药用植物是如何通过转录调控实现时空上次生代谢物的合成。

在转录水平上，我们将重点介绍转录因子的概念、分类以及作用机制，介绍常见的药用植物次生代谢相关的转录因子如 MYB、bHLH、bZIP、AP2/ERF 等的结构与分类，同时重点介绍它们与下游代谢途径基因调控元件之间的关系、转录因子之间的相互作用以及转录后修饰等，最终形成通过转录因子的调控网络全面调控药用植物次生代谢物合成的内容。在表观遗传学水平上，我们将重点介绍 DNA 甲基化和小 RNA 对药用植物次生代谢调控的作用机制，以及转录物的可变剪切对次生代谢物合成的调控。最后以黄花蒿、长春花、丹参等基础研究比较系统的药用植物为例，介绍相关的转录因子在典型的药用植物活性成分的生物合成途径上的作用以及国内外的研究进展。同时，读者可以通过结合查阅第 6 章及第 7 章关于药用植物生物技术类方法学的内容，如基因克隆、载体构建、酵母单杂交、凝胶阻滞迁移实验、染色质免疫共沉淀、酵母双杂交、GST pull-down、遗传转化等技术，配合本章内容，理解药用植物转录调控研究，为未来相关研究提供思路。

5.1 药用植物次生代谢物的转录水平调控

药用植物次生代谢物的合成和积累受到严格的时间和空间上的调控，这一调控也受到外界生物胁迫和非生物胁迫的影响。从分子机制上讲，次生代谢物是由转录因子形成的复杂调控网络调控的。转录因子是一类可以靶向结合基因组的蛋白质，这一类基因约占真核生物基因组中所有基因的 3%～10%。转录因子的基础特征包括 DNA 的结合结构域和调控结构域，DNA 结合结构域可以特异性地识别基因的启动子区域并调节其表达，调控结构域根据其调节基因表达量的升降可以分为激活子（activator）和抑制子（repressor）两类。药用植物中，次生代谢合成相关基因的表达首先取决于当转录因子在接近代谢途径基因的顺式调控元件时所处的染色质结构状态以及组蛋白和 DNA 的表观修饰状态。转录因子所处的细胞核激活状态还受到转录后的蛋白修饰以及和其他蛋白相互作用的影响。作为转录因子的结合对象，代谢途径基因的顺式调控元件上有大量的转录因子结合位点，因此一个或者多个转录因子基因家族的不同成员可以共同调控代谢途径基因的表达。当药用植物面对着多变的环境及生长状态的变化时，不同的信号会诱导不同的转录因子，通过激活或者抑制目标基因表达，调控次生代谢物合成；另外，部分转录因子不直接结合 DNA，而是通过和其他转录因子形成蛋白复合体来调控目标次生代谢途径基因的表达。

　　2000 年，通过与酵母、线虫和果蝇 3 个真核生物进行系统比较，研究人员发现拟南芥中转录因子在整个基因组中的比例远高于上述 3 个物种。随着越来越多的植物基因组序列发布，科研人员陆续建立了拟南芥、水稻、杨树、小立碗藓以及莱茵衣藻等物种的转录因子数据库。药用植物次生代谢成分调控涉及的转录因子众多，其中以长春花、黄花蒿和丹参的相关研究相对比较深入。例如在长春花中已相继报道了 APETALA2/ETHYLENE 型转录因子 ORCA2/ORCA3/ORCA4/ORCA5 和 CR1；碱性螺旋 - 环 - 螺旋（basic helix-loop-helix，bHLH）型转录因子 MYC2、BIS1/BIS2 和 RMT1；Cys2/His2-type zinc finger 型转录因子 ZCT1/ZCT2/ZCT3；MYB-like 型转录因子 BPF1；bZIP G-box 型转录因子 GBF1 和 GBF12；WRKY 型转录因子 WRKY1；GATA 型转录因子 GATA1 在长春花碱代谢途径中的功能（图 5-1）。

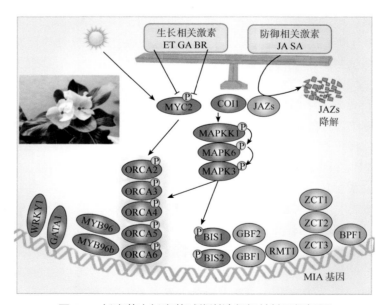

图 5-1　长春花中长春花碱代谢途径相关基因概括图

5.1.1　药用植物 MYB 型转录因子

　　MYB 型转录因子含有 1～4 个或者更多个不规则的 MYB 重复 DNA 结合结构域，是植物最大的转录因子家族之一。MYB 基因家族参与调控植物众多生物学过程，如调控次生代谢物的合成、控制细胞形态、调节分生组织形成、花和果实发育、细胞周期控制、响应防御和胁迫以及光、激素信号途径等，对植物生长发育起着重要作用。MYB 结构域长约 52 个氨基酸，其中含有间隔排列的保守色氨酸序列，并且每个 MYB 结构域均可以形成一个螺旋 - 转角 - 螺旋（helix-turn-helix）结构。由于最早发现的 MYB 蛋白 c-Myb 中的 3 个 MYB 重复被分别命名为 R1、R2 和 R3，因此，后续发现的其他 MYB 蛋白的重复便根据与 R1、R2 和 R3 的相似性来分类命名（图 5-2）。根据 MYB 结构域重复的个数，植物 MYB 蛋白可以分为四类：4R-MYB、3R-MYB，1R-MYB/MYB-related 和 R2R3-MYB。第一类 4R-MYB 含有 4 个 R1/R2-like 重复，目前对这类 MYB 的功能研究相对较少。第二类 3R-MYB 含有 R1、R2 和 R3 重复，在高等植物中一般存在 5 个 3R-MYB 基因。第三类 1R-MYB/MYB-related 蛋白含有一个 R1 或者 R2，或者部分 MYB 重复以及 R3 结构域，这类 MYB 蛋白称为 MYB-related 家族，此类型数量较多（如拟南芥 64 个），并且 R3-MYB 家族少数几个成员通过抑制 BMW（bHLH-MYB-WD40）复合物而参与表皮细胞命运（epidermal cell fates）的调控，如拟南芥 *AtMYBL2*，编码 R3-MYB related 蛋白，负调控花青素苷的合成。绝大多数植物 MYB 基因均编码第四类 MYB 蛋白即 R2R3-MYB 蛋白，此类型数量最多，涉及众多植物生理生化过程，因此对其研究也最为深入和广泛，而 MYB-related 基因家族的研究则相对比较滞后，仅报道了少数成员的基因功能。R2R3-MYB 蛋白中位于 N 端的 DNA 结合结构域 MYB 重复结构域非常保守，而 C 端变异极大，含有转录激活或者抑制结构域。根据位于 C 端的保守氨基酸基序，拟南芥 R2R3-MYB 家族进一步被分为 22 个亚组（sub-group，SG）。其中大部分具有转录激活功能，例如正调控花青素苷合成的 SG6；部分具有抑制功能，如 SG4 等。

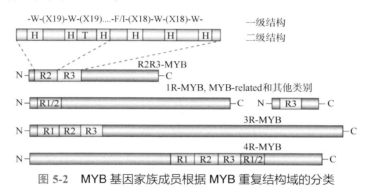

图 5-2　MYB 基因家族成员根据 MYB 重复结构域的分类

药用植物中，对 MYB 基因家族成员的功能研究相对较深的是丹参和黄花蒿。例如，丹参 *SmMYB39* 基因可以负调控丹参酚酸代谢途径酪氨酸氨基转移酶（tyrosine aminotransferase，TAT）和肉桂酸 4 羟基化酶（cinnamic acid-4-hydroxylase，C4H）的表达；*SmMYB4* 可以负调控 *C4H* 基因表达，从而抑制丹参酚酸的积累；*SmMYB111* 和 *SmMYB98* 则可以正向调控丹参酚酸的积累。药用植物腺毛的发育直接关系到药用成分的合成以及分泌。研究证明，黄花蒿腺毛中一个 R2R3-MYB 类转录因子基因 *AaMIXTA1* 可通过控制黄花蒿叶片表皮毛外表皮蜡质合成基因的表达有效调控青蒿素的合成，并且转基因实验发现，超表达 *AaMIXTA* 基因的黄花蒿品系的表皮毛形态未发生异形改变，但青蒿素的含量却得到了提高，这为转基因育种提供了更好的研究思路。读者可以参考本章案例中 MYB 转录因子在调控淫羊藿黄酮醇类代谢产物和苦荞麦中芦丁类化合物的相关研究，了解在药用植物上开展的针对该类转录因子的研究工作。

5.1.2　药用植物 bHLH 类转录因子

bHLH 蛋白是植物第二大类转录因子，因其含有保守的 bHLH 结构域而得名。其广泛分布于真菌、动物和植物中，但在原核生物中尚未发现。bHLH 结构域长约 60 个氨基酸，包含碱性区（basic）和 HLH 区，其中碱性区域位于 bHLH 结构域的 N 端，长约 15 个氨基酸（包含 6 个碱性氨基酸），是 DNA 的结合区域；而 HLH 区域则由一个环（loop）连接两个 α 螺旋组成，通过 α 螺旋的相互作用形成同源或者异源二聚体（图 5-3）。bHLH 转录因子的碱性区主要负责与 DNA 上的顺式作用元件 E-box

（5′-CANNTG-3′）结合，其中大多数的 E-box 为其亚型 G-box（5′-CACGTG-3′）；还有一小部分 bHLH 转录因子可以特异性结合 N-box（5′-CACGNG-3′）。

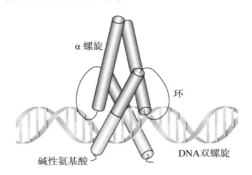

图 5-3　bHLH 蛋白示意图

植物 bHLH 转录因子参与调控众多的生物学过程和多种信号转导过程，例如光信号转导、腺毛和根毛发育、激素合成、逆境胁迫以及植物次生代谢调控等。根据 bHLH 蛋白的进化关系、bHLH 蛋白与 DNA 结合的序列特征以及其功能属性，研究者们对植物中的 bHLH 进行了分类。Heim 等（2003）将拟南芥 *bHLH* 基因分为 12 个主要家族和 21 个亚家族；Atchley 等（1999）通过对 295 个植物 *bHLH* 基因的进化分析，将植物 bHLH 蛋白分为 15 个分支，其中与次生代谢物相关的 *bHLH* 基因集中在 Ⅲ f 和 Ⅲ（d+e）亚家族中。随着越来越多非典型 bHLH 蛋白的发现，仅根据保守序列进行预测分类已经无法满足要求。因此，有学者根据 INTERPRO 001092 结构域将 638 个 *bHLH* 基因（包括拟南芥的非典型 *bHLH*，以及杨树、水稻、小立碗藓和 5 种藻类的 *bHLH*）重新分成了 32 个亚家族。

目前功能已知的植物 bHLH 蛋白大部分来自于拟南芥，而与次生代谢合成调控相关的 bHLH 转录因子的功能研究主要集中在矮牵牛、玉米、拟南芥、苜蓿和药用植物中。例如 AtTT8（bHLH）、AtTT2（MYB）和 AtTTG1 形成稳定的三元复合体，共同调控原花青素类物质在拟南芥种皮中的积累；AtGL1/GL3/EGL3、AtTT8 与 AtTTG1 的复合体控制着表皮细胞向表皮毛的转化。近些年 bHLH 转录因子对长春花、丹参以及甘草等药用植物中关键次生代谢物的调控也有一些研究报道，主要集中在 bHLH 类蛋白能单独结合于代谢途径关键酶靶序列启动子区域或者与 MYB 转录因子形成二聚体发挥其对酚酸类、黄酮类和萜类代谢途径的转录调控作用。比如在甘草中，*GubHLH3* 基因编码的蛋白可以通过结合 *CYP93E3* 基因启动子中的 E-box 和 N-box 调控大豆皂苷代谢途径 *CYP93E3* 和 *CYP72A566* 基因的表达，从而达到调控大豆皂苷的合成。在药用植物长春花的有效成分长春花碱的转录调控研究中发现，不同亚族的 bHLH 转录因子 CrMYC2、IRIROID SYNTHESIS1（BIS1）和 BIS2 可以调控单萜吲哚生物碱（MIA）途径中的环烯醚萜分支，其中 BIS1 和 BIS2 可以形成同源或者异源二聚体行使其协同的激活作用。在长春花悬浮细胞系中超表达 *BIS1* 或者 *BIS2* 基因，或者在长春花的花中瞬时表达 *BIS2* 基因可提高环烯醚萜代谢途径基因以及 MEP 代谢途径基因的表达；相反，在长春花毛状根中沉默 *BIS1* 基因可以降低单萜吲哚生物碱的含量，而 *BIS2* 基因的沉默可以完全抑制环烯醚萜代谢途径以及单萜吲哚生物碱的积累。在黄花蒿中，bHLH 类转录因子也参与了青蒿素的代谢调控，比如黄花蒿的 AaMYC2 可以协同 *artemisinic aldehyde Δ11（13）reductase2*（DBR2）基因结合 *CYP71AV1* 基因启动子的 G-box 区域，并且黄花蒿 *AaMYC2* 基因的过表达可以提高青蒿素代谢途径基因的表达，从而提高青蒿素的含量；相反通过 RNAi 抑制 *AaMYC2* 基因的表达则可以起到相反的作用。进一步研究表明，AaMYC2 蛋白是通过和茉莉酸途径的抑制因子 JAZ（jasmonate ZIM-domain）蛋白发生相互作用，启动茉莉酸信号途径，从而调节青蒿素代谢途径关键基因的表达（图 5-4）。

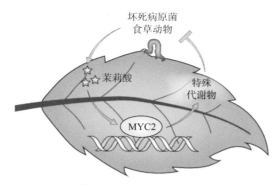

图 5-4　茉莉酸信号途径诱导次生代谢物示意图

5.1.3　药用植物 TIFY 类转录因子

TIFY 家族是植物中特有的一类转录因子，以高度保守的 TIFY 结构域为特征，此结构域长约 28 个氨基酸，包含一个核心基序 TIF[F/Y]XG。TIFY 结构域也被注释为 ZIM（锌指蛋白在花序分生组织中的表达）结构域。TIFY 家族根据结构域不同可分成四个不同的亚家族（TIFY、PPD、JAZ 和 ZML）。拟南芥中 16 个 TIFY 家族成员分为 ZML 蛋白以及含有 Jas 结构域（At4g32570 除外）的 JAZ 蛋白两个亚家族。水稻中的 20 个 TIFY 家族成员包含 4 个 ZML 蛋白、15 个 JAZ 蛋白以及 1 个仅含有 TIFY 结构域的蛋白。JAZ 蛋白是植物响应茉莉酸（jasmonic acid，JA）信号的关键蛋白。JA 作为一类重要的植物激素，对植物的生长发育至关重要，其功能主要体现在以下三个方面：①调节与植物生长反应相关的生物进程，包括根的伸长生长、叶片衰老和表皮毛生长等。②介导植物抵抗生物胁迫，如昆虫噬咬、病原菌侵染等；介导植物抵抗非生物胁迫，如低温、干旱、臭氧、紫外线和机械损伤等。③参与调控植物体内能量代谢，协调和平衡植物的生长发育与防卫反应。在药用植物研究领域，药用植物在受到逆境胁迫或激素诱导时可产生并积累大量次生代谢物如生物碱、萜类和苯丙烷类（黄酮）物质以应对外界胁迫。JA 一方面可以调控特定的初生代谢途径（莽草酸途径、三羧酸循环、脂肪酸代谢等），从而为次生代谢提供必要的前体物质；另一方面可以诱导次生代谢途径相关基因的表达，促进次生物质的合成；另外，JA 还可以抑制与生长发育相关的生物进程使更多能量物质流向次生代谢。在植物体内 JA 水平较低时，JAZ 蛋白可与共抑制因子 Novel interactor of JAZ（NINJA）、Topless（TPL）蛋白和转录因子蛋白（如 MYC2）形成复合物，从而抑制转录因子活性，进一步抑制下游基因的转录。在受到外界胁迫时，植物合成内源 JA 活性物质 JA-Ile，JA-Ile 可介导 SCF/COI1 复合体中的 COI1 蛋白与 JAZ 蛋白结合，从而释放转录因子使其参与基因的转录调控（图 5-5）。

目前拟南芥和水稻中分别有 13 和 15 个 JAZ 蛋白。拟南芥 JAZ1 和 JAZ12 蛋白均含有 ZIM 结构域。该结构域位于蛋白中间部位，含有一个保守的 TIF[F/Y]XG 基序，介导 JAZ 蛋白之间形成同源或异源二聚体。JAZ5/6/7/8/13 自身含有 LxLxL 类 EAR 基序，通过该基序形成同源二聚体或者与其他 JAZ 形成二聚体的方式招募 TPL 蛋白。而其他的 JAZ 可以通过 ZIM 结构域的 TIFY 基序与 NINJA 接头蛋白结合，后者含有 EAR 基序，从而招募 TPL 蛋白。

JAZ 在次生代谢调控中起着关键的作用，比如 JAZ 能够与 MYB-bHLH-WD40 复合物（MBW）中的 bHLH 或 R2R3 MYB 转录因子结合来抑制花青素的合成。此外，在拟南芥中 JAZ 可以和 YABBY 家族转录因子 FIL/YAB 互作，通过抑制 FIL 对 At MYB75 的转录激活从而抑制花青素的合成。在苹果中，MdJAZ18 通过与 MdbHLH3 结合来抑制 MBW 复合物的转录功能，从而调控花青素和原花青素的合成。JAZ 也能够调控芥子油苷的合成，例如在拟南芥中，MYC2/3/4 能够结合到芥子油苷相关合成基因的启动子序列上，通过直接调控这些基因的表达来调控芥子油苷的生物合成，也可以通过与 R2R3-MYB 家

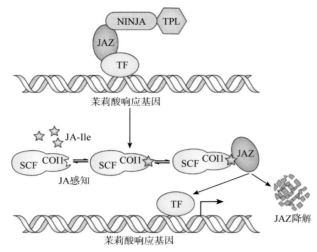

图 5-5　茉莉酸（JA）信号转导的简化模型

JA 低水平状态下，JAZ 与辅助抑制因子和各种转录因子形成复合物，从而抑制 JA 靶向基因的表达。JA 高水平状态下，
与 COI1 结合，形成 COI1-JA 复合物，与 JAZ 竞争结合，从而释放转录因子，激活 JA 靶向基因的表达

族转录因子形成复合物调控该次生代谢物的积累，而 JAZ 与 MYC2/3/4 的结合可以阻碍这些转录因子与 MYB34/51/122 的相互作用来调控芥子油苷的代谢。在长春花（*Catharanthus roseus*）中，长春花碱合成的转录调控主要由两条相互独立的途径来完成，分别受 bHLH Ⅲ e 亚家族的 CrMYC2 和 Ⅳ a 亚家族的 CrBIS1 和 CrBIS2 调控。其中 CrMYC2 蛋白能够激活 AP2/ERF 家族的转录因子 OCTADECANOID DERIVATIVE-RESPONSIVE CATHARANTHUS APETALA2-DOMAIN2（CrORCA2）和 CrORCA3 的表达，随后由 CrORCA2 和 CrORCA3 激活下游长春花碱前体物质色胺和断马钱子苷代谢途径关键酶的转录；而 CrBIS1 和 CrBIS2 主要激活长春花碱前体物质环烯醚萜代谢途径关键酶基因的表达。而 CrJAZs 能够与 CrMYC2 或 CrBIS1、CrBIS2 相互作用并抑制这些转录因子的活性。与长春花碱合成的转录调控类似，尼古丁的合成也受 JAZ-bHLH-ERF 的转录调控。在青蒿素合成调控中与 JA 信号途径相关的转录因子包括 WRKY 家族转录因子 AaGSW1，AP2/ERF 家族转录因子 AaORA 以及 TCP 家族转录因子 AaTCP14。其中 AaORA 和 AaTCP14 形成转录复合物来激活下游青蒿素合成基因的表达；AaMYC2 和 AaGSW1 可以结合到青蒿素相关合成基因的启动子序列上直接调控这些基因的表达，也可以通过激活 AaORA 的表达来启动青蒿素合成基因的表达；AaJAZ8 能够与 AaMYC2 结合并抑制其转录活性，也可以和 AaORA 或 AaTCP14 结合并阻碍它们形成转录复合物来抑制青蒿素的合成。此外，Yan 等（2017）发现一个 HD-ZIP 家族的转录因子正调控表皮毛的生成和青蒿素的合成，并且该转录因子的活性受 AaJAZ8 的抑制。

5.1.4　药用植物 WD40 类转录因子

WD40 转录因子家族是一个古老的家族，广泛分布于真菌、动物和植物等真核生物中，在蓝绿藻中发现了极少量 WD40 的存在，细菌中并未发现其踪迹。WD40 家族成员之间无明显的序列相似性，是一类由甘氨酸 - 组氨酸二肽（GH）和色氨酸 - 天冬氨酸二肽（WD）组成的 40 个氨基酸残基核心区域，且这一核心区域串联重复排列 4 ～ 16 次。WD40 转录因子参与众多细胞过程，如细胞分裂、颗粒形成与运输、信号转导、RNA 编辑和转录调控等。WD40 蛋白无内在酶活性功能，仅有助于蛋白互作，并且 WD 结构域担负着互作位点的角色。在拟南芥中，含有 4 个或者更多个 WD 串联重复的 WD40 蛋白有 237 个，被分成 143 个家族，大约 113 个家族或者单个蛋白与其他物种的 WD40 有着高度同源性。拟南芥 AtTTG1 不仅调控类黄酮合成途径，还控制着表皮毛（trichome）和根毛（root hair）的分化以及种皮黏液（seed mucilage）的产生。在药用植物的次生代谢调控研究中已有丹参、苦荞麦、淫羊藿等报道过该类基因的功能。

5.1.5　药用植物 AP2/ERF 转录因子

AP2/ERF 转录因子家族是植物最大的转录因子家族之一，该家族转录因子最早在 1990 年前后被报道参与了调控拟南芥花发育的过程。随后科学家们发现 AP2/ERF 转录因子不仅与植物发育相关，而且还参与植物胁迫响应和次生代谢物质的调控，研究对象也逐渐从经典模式植物扩展到了农作物和药用植物。AP2/ERF 作为一类重要的转录因子，存在于所有的植物中，在数量上占有较大的比重。AP2/ERF 转录因子至少具有一个 60 ~ 70 个氨基酸组成且高度保守的 AP2 结构域，根据 AP2 结构域的数量和识别序列不同，该家族被分为 5 个亚家族：AP2（APETALA2）、乙烯反应因子（ethylene-responsive factor，ERF）、脱水应答元件结合蛋白（dehydration-responsive element binding proteins，DREB）、RAV（related to ABI3/VP1）和 Soloist（图 5-6）。从成员数目分布上来看，DREB 和 ERF 亚家族成员数最多，约占总数的 80%，其次是 AP2 亚家族，成员数最少的为 RAV 和 Soloist（表 5-1）。

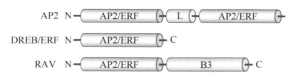

图 5-6　AP2/ERF 家族成员代表性结构域特征

表 5-1　转录因子 AP2/ERF 五个亚家族识别序列与主要功能

亚家族	结构域	识别序列	主要功能
AP2	AP2+AP2	GCAC（A/G）N（A/T）TCCC（A/G）ANG（C/T）	生长发育
DREB	AP2	DRE/CRT 元件：（A/G）CCGAC T（T/A）ACCGCCTT[*] CE1 元件：CACCG[*]	非生物胁迫响应
ERF	AP2	GCC box 元件：AGCCGCC	胁迫响应，次生代谢
RAV	AP2+B3	CAACA	生长发育，胁迫响应
Soloist	AP2	/	生物胁迫响应

注：*DREB 亚家族特殊识别序列

AP2 亚家族有两个重复的 AP2 结构域，分别为 AP2-R1 和 AP2-R2。根据两个结构域是否含有插入序列将 AP2 亚家族分为 ANT 和 euAP2 组，ANT 组在 R1 结构域中有 10 个氨基酸插入，在 R2 结构域中有 1 个氨基酸插入；而 euAP2 组结构域中不存在氨基酸插入，但是 euAP2 组含有 microRNA172 的结合位点。ERF 亚家族和 DREB 亚家族均仅含有 1 个 AP2 结构域，这两个亚家族的基因几乎不含内含子（图 5-7）。2002 年，Sakuma 等根据序列同源性把拟南芥中 DREB 和 ERF 亚家族分别分为 6 个亚组（A1 ~ A6；B1 ~ B6）。2006 年，Nakano 等根据拟南芥和水稻的内含子 – 外显子结构和其他基序特征进一步把拟南芥 DREB 和 ERF 亚家族分为 12 个亚组（I ~ X；VI-L；Xb-L）。RAV 亚家族含有两个不同的 DNA 结合结构域：AP2 和 B3。B3 结构域为另一类转录因子 B3 家族成员所共有，RAV 亚家族既属于转录因子 AP2/ERF 家族也属于 B3 家族。Soloist 亚家族含有一个 ERF-like 蛋白，但与其他亚家族相比，同源性非常低，识别序列尚不清楚，所以单独归为一类。

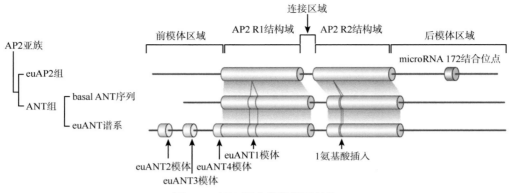

图 5-7　AP2 亚家族的基因结构

AP2/ERF 类转录因子在经典模式植物和重要作物中的调控作用已被广泛研究，近年来，以长春花为主的许多药用植物 AP2/ERF 转录因子也陆续被分离鉴定。目前药用植物 AP2/ERF 转录因子研究主要集中在紫草、黄花蒿、丹参以及长春花等中的活性成分生物合成的调控方面。

5.1.6　药用植物 WRKY 转录因子

WRKY 转录因子是一类 DNA 结合蛋白，WRKY 转录因子 N 端具有保守的 WRKYGQK 基序，C 端具有 C2H2（C-X4-5-C-X22-23-H-X1-H）或 C2HC（C-X7-C-X23-H-X1-C）锌指基序。根据氨基酸序列中包含的 WRKY 结构域数量以及其中的锌指基序种类，WRKY 转录因子可以分成 3 个亚家族（图 5-8）：第 I 亚家族含 2 个 WRKY 结构域和 2 个锌指 C2H2 型基序；第 II 亚家族含 1 个 WRKY 结构域，锌指基序为 C2H2 型，其中第 II 亚家族又根据进化关系可分成 a、b、c、d 和 e 5 个小亚族；第 III 亚家族含 1 个 WRKY 结构域，其中的锌指基序为 C2HC 型。除 WRKY 结构域外，大多数 WRKY 转录因子还可能具有核定位信号、亮氨酸拉链、富含丝氨酸 / 苏氨酸区域、富含谷氨酰胺区域、富含脯氨酸区域、激酶结构域和白细胞介素 –1 受体 – 核苷酸结合位点 – 富亮氨酸重复序列［TIR-NBS-LRR（toll-interleukin-1 receptor，TIR；nucleotide binding site，NBS；leucine-rich repeat，LRR）］等结构，这些结构域赋予 WRKY 转录因子不同的转录调节功能。WRKY 转录因子主要结合 DNA 区域尤其是启动子区域的 W-box，即（T）（T）TGAC（C/T）基序。

已有研究表明 WRKY 转录因子可以调节苯丙烷类、生物碱类和萜类这三大类植物次生代谢物的合成。WRKY 转录因子调节包括木质素在内的多种酚类化合物的产生。由于木质素与其他酚类化合物一样来自苯丙烷途径，因此 WRKY 家族调节木质素的合成和积累可能直接或间接影响其他通过苯丙烷途径合成的酚类化合物（例如类黄酮、木脂素）的合成。另外，调节木质素合成的 WRKY 基因的直系同源基因也控制其他次生代谢物的生物合成。研究发现，在烟草中分别过表达四个蒺藜苜蓿 WRKY 转录因子均可提高木质素和可溶性多酚的含量，这表明多个 WRKY 转录因子可以影响同一代谢物的积累。Suttipanta 等（2011）发现，长春花 CrWRKY1 正向调节色氨酸脱羧酶，长春花锌指转录因子 ZCT1、ZCT2 和 ZCT3 等调控吲哚生物碱合成通路基因的表达，同时 CrWRKY1 可直接结合到色氨酸脱羧酶的启动子上。此外，在 RNA 干扰 CrWRKY1 的毛状根培养物中，来自吲哚生物碱合成途径两个不同分支的产物，长春碱和蛇根碱积累量不同，这一现象表明 CrWRKY1 可能具有调节控制本途径内合成产物种类的作用。对 CrWRKY1 的启动子分析发现，启动子上具有 bHLH、单锌指 DNA 结合蛋白以及 MYB 等特异性结合蛋白的顺式作用元件，

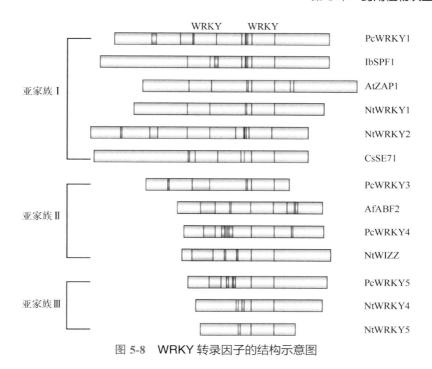

图 5-8　WRKY 转录因子的结构示意图

表明其他转录因子可能也参与调节 *CrWRKY1* 基因表达；启动子删减试验表明，激活序列（as-1，TGACG）与 CT 富集元件对 *CrWRKY1* 启动子活性贡献显著。与吲哚生物碱类似，苄基异喹啉生物碱合成也受到 WRKY 转录因子的调节。Kato 等（2007）发现日本黄连（*Coptis japonica*）中的 CjWRKY1 转录因子调控了参与小檗碱生物合成的 9 种基因的表达，但似乎对初级代谢没有影响。Yamada 等（2016）对两种不同小檗碱产量的日本黄连细胞系进行分析后发现，CjWRKY1 蛋白 WRKYGQK 基序中酪氨酸（Y）磷酸化现象和 CjWRKY1 蛋白快速降解机制可能在小檗碱合成中起到重要的翻译后调节作用。Apuya 等（2008）研究发现，在花菱草（*Eschscholzia californica*）中异源过表达拟南芥 *AtWRKY1* 上调了 *N*- 甲基乌药碱 -3′- 羟化酶基因（*EcCYP80B1*）和小檗碱桥酶基因（*EcBBE*）的表达，从而显著提高了血根碱和白屈菜玉红碱的含量（分别提高了 30 和 34 倍）。Mishra 等（2013）发现罂粟的 1 个 WRKY 转录因子可以结合在酪氨酸脱羧酶启动子上，可能参与调节苄基异喹啉生物碱合成，同时发现 W-box 存在于 7 种已知的苄基异喹啉生物碱合成基因启动子上。

近几年也有一些 WRKY 转录因子被鉴定出参与药用植物萜烯类物质合成的调控。在黄花蒿腺毛中特异表达的 *AaWRKY1* 受到 AaMYC2 和 AabZIP 转录因子的调控，从而控制青蒿素的合成。Li 等（2012）研究发现红豆杉（*Taxus chinensis*）中 TcWRKY1 可以正调节紫杉醇合成途径的限速酶（10- 去乙酰基巴卡亭 Ⅲ -3-*O*- 乙酰转移酶）基因的表达。Zhang 等（2011）通过转录组学分析和转基因验证试验发现，过表达 *TcWRKY8* 和 *TcWRKY47* 显著提高了红豆杉中紫杉醇合成相关基因的表达。Singh 等（2017）对南非醉茄（*Withania somnifera*）的研究发现，WsWRKY1 通过直接正调节鲨烯合酶和鲨烯环氧化酶来促进三萜化合物睡茄交酯的积累。Yu 等（2014）分析了丹参基因与丹参酮产量间的相关性，推测 9 个 WRKY 转录因子（SmWRKY1、7、19、29、45、52、56、58 和 68）可能参与丹参酮的生物合成。随后 Cao 等（2018）证实了 SmWRKY1 通过正调控 5- 磷酸脱氧木酮糖还原异构酶基因（*SmDXR*）的转录来正调节丹参酮生物合成。

5.1.7　药用植物 bZIP 类转录因子

转录因子家族的重要成员碱性亮氨酸拉链（basic leucine zipper，bZIP）蛋白，是真核生物中分布广泛且非常保守的一类蛋白，它们在植物信号转导、生物及非生物胁迫响应、生长发育调控和次生代谢物生物合成等方面发挥着重要作用。bZIP 转录因子，即碱性亮氨酸拉链转录因子，由碱性（basic）区和亮氨酸拉链（leucine zipper）区 2 部分构成（图 5-9）。其碱性区高度保守，位于 bZIP 结构域的 N 端，有16 ～ 20 个碱性氨基酸残基（如赖氨酸和精氨酸），且含有核定位序列及 DNA 识别结构域，能特异结合DNA 序列，其核心结合序列为 ACGT。亮氨酸拉链区保守度较低，位于 bZIP 结构域的 C 端，是由 1 个或多个七肽重复区构成 1 个 α 螺旋；每个七肽重复区包括 1 个亮氨酸或其他疏水残基，如异亮氨酸、缬氨酸和甲硫氨酸等。疏水氨基酸之间产生疏水作用力使 2 个 bZIP 转录因子彼此缠绕成为二聚体，形成超卷曲结构。同一亚家族的 bZIP 单体相互结合形成同源二聚体，而不同亚家族 bZIP 单体相互结合形成异源二聚体。在不同的环境中，bZIP 单体有选择地相互结合形成不同的二聚体，并被赋予不同的功能。此外，磷酸化修饰可以影响 bZIP 转录因子的活性。bZIP 转录因子发挥调控作用时，其二聚体 C 端亮氨酸拉链区的 2 个螺旋缠绕在一起，与 N 端碱性区渐渐拉开距离形成 1 个"大"字型结构，并与靶基因启动子区顺式作用元件结合，激活或抑制靶基因的转录，从而影响植物各种生物学过程。

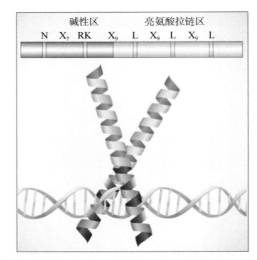

图 5-9　bZIP 转录因子结构氨基酸水平示意图及蛋白识别 DNA 示意图

　　根据碱性区及其他保守序列的相似性，Jakoby 等（2002）利用 MEME（multiple EM for motif elicitation）分析工具将拟南芥的 75 个 AtbZIP 转录因子分为 A ～ I 和 S 共 10 个亚家族。各亚家族的命名原则不同，一些亚家族的名称来源于其主要成员，如 ABF/AREB/ABI5、CPRF、GBF、HY5/HYH 分别属于 A、C、G、H 亚家族；另一些亚家族的名称表示蛋白质的分子量，如 S 亚族代表蛋白质的分子量较小，B 亚族代表蛋白质的分子量较大。同一亚家族成员之间具有一些共同特征，如氨基酸序列长度相似亮氨酸拉链的大小相近以及能识别相似的顺式作用元件等。不同亚家族成员的结构和功能各不相同。

　　目前已有植物 bZIP 转录因子在黄花蒿、水稻、长春花和短角蒲公英（*Taraxacum brevicorniculatum* Korol.）中调控萜、黄酮类及生物碱类化合物合成的相关研究的报道。根据这些研究，Zhang 等（2018）从黄花蒿腺毛高表达的 64 个 bZIP 转录因子中鉴定出 6 个 A 亚家族成员，命名为 AabZIP1 ～ AabZIP6。将鉴定出的 6 个转录因子及 *ADS* 和 *CYP71AV1* 基因启动子转化烟草（*Nicotiana tabacum* Linn.）叶片，双萤光素酶检测结果预测 AabZIP1 可激活这 2 个关键酶基因的启动子。酵母单杂交实验结果显示，AabZIP1 可与 *ADS* 和 *CYP71AV1* 基因启动子元件 ABRE 直接结合。构建 AabZIP1 过表达载体转化青蒿植株，检测发现青蒿素含量明显增加，说明转录因子 AabZIP1 正向调控青蒿素的合成。双萤光素酶检测结果显示 ABA 能增强 AabZIP1 对 *ADS* 和 *CYP71AV1* 启动子的转录活性。

　　另外 bZIP 转录因子可以调控合成不同种类的黄酮类化合物，从而达到防御病原微生物、适应环境胁迫和提高品质等目的。覆盆子（*Rubus idaeus* Linn.）果实的颜色有红色、金色和黑色，黄酮类次生代谢物花青素是影响其果实颜色的重要因素。研究表明 bZIP 转录因子可影响红色覆盆子中花青素的合成。在生物碱调控研究领域，bZIP 转录因子调控长春花生物碱的研究开展较为深入。帕斯夸利（Pasquali）等对长春花异胡豆苷合酶（STR）基因启动子序列分析发现，该启动子含有顺式作用元件 G-box（CACGTG）。电泳迁移率实验（EMSA）结果显示，烟草 bZIP 转录因子 GBF 可与 G-box 元件结合。Sui 等（2018）从长春花中分离出编码 bZIP 转录因子 G 亚家族成员 CrGBF1 和 CrGBF2。EMSA 实验结果证明，CrGBF1 和 CrGBF2 能特异性结合 STR 基因启动子的 G-box 区。将 CrGBF1 和 CrGBF2 融合基因转化长春花细胞，检测到 STR 基因表达被显著抑制，说明 GBF1 和 GBF2 负调控关键酶 STR 基因的表达。

5.1.8　转录因子的磷酸化修饰

当药用植物受到非生物和生物胁迫时，它可以通过转录因子快速介导调控影响次生代谢途径基因的表达。但也有一些情况，转录因子的表达量已经在一定水平，药用植物可以通过对转录因子蛋白的进一步修饰从而改变转录因子的活性，这就是转录后的修饰。较为常见的转录因子修饰有磷酸化修饰和泛素化修饰等。在药用植物的调控研究中，转录因子的磷酸化有一些报道。这一过程经常包括细胞内的信号通路和一系列的酶的级联反应，比如激酶介导的蛋白磷酸化和磷酸酶介导的蛋白去磷酸化过程。蛋白的磷酸化和去磷酸化可以通过不同的方式改变转录因子的活性。比如有些转录因子的磷酸化和去磷酸化修饰可以决定转录因子在细胞中的定位，有些转录因子的磷酸化和去磷酸化修饰可以改变其稳定性。转录因子发生磷酸化的位点一般为丝氨酸、苏氨酸和酪氨酸，偶尔发生在组氨酸。负责磷酸化的酶分别为丝氨酸 - 苏氨酸蛋白激酶、酪氨酸蛋白激酶和组氨酸蛋白激酶。MAPK 是信号从细胞表面转导到细胞核内部的重要传递者。这一类激酶包括丝裂原激活蛋白激酶（mitogen-activated protein kinase，MAPK）、钙依赖性蛋白激酶（calcium-dependent protein kinase，CDPK）、周期蛋白依赖性激酶（cyclin dependent kinase，CDK）和蔗糖非发酵相关蛋白激酶 SnRK（SNF1-related protein kinase）等。丝裂原激活蛋白激酶是一组能被不同的外刺激激活的丝氨酸 - 苏氨酸蛋白激酶。这个级联反应开始于一个 MAP 激酶激酶激酶（MAPKKK）磷酸化一个 MAP 激酶激酶（MAPKK），之后再由 MAPKK 磷酸化 MAP 激酶（MAPK）（图 5-10）。在整个 MAPK 级联激活的最下游，一系列转录因子蛋白的丝氨酸和苏氨酸被磷酸化。在药用植物长春花和黄花蒿中有和次生代谢合成相关转录因子蛋白磷酸化修饰的报道，详见案例。

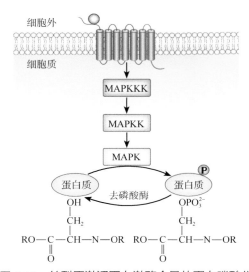

图 5-10　丝裂原激活蛋白激酶介导的蛋白磷酸化

5.1.9 可变剪接的机制及影响

在植物中，大约 90% 的蛋白编码基因是中断基因，即基因的编码区被内含子分开。因此，基因表达的基本步骤是通过剪接前体 mRNA（pre-mRNA）去除内含子。剪接的过程是通过剪接体实现的。剪接体是一种大型核糖核蛋白复合物，其在 pre-mRNA 分子的内含子区的剪接位点周围组装，然后通过磷酸二酯转移反应来去除内含子。它执行两个酯交换反应，这两个反应必须切除内含子并将选定的外显子连接在一起。内含子中的剪接体装配是一个动态高度有序的过程，其由共有序列指导。在可变剪接中，通过使用选择性剪接位点，单个 pre-mRNA 可以产生多于一个的 mRNA。可变剪接是一个调节过程，可以增加生物体转录组和蛋白质组的多样性。

可变剪接事件有以下几种主要类型：内含子保留（intron retention，IR）、3′ 选择性剪接（alternative 3′acceptor sites，AA）、5′ 选择性剪接（alternative 5′donor sites，AD）、外显子跳跃（exon skipping，ES）等（图 5-11）。在人类细胞/基因组中，最常见的剪接事件是外显子跳跃，接着是 3′ 或 5′ 选择性剪接，而内含子保留是最不常见的。相比之下，内含子保留在拟南芥和水稻中记录的选择性剪接事件中占据较大的比例（超过 30%），而外显子跳跃事件则发生较少。选择性剪接对蛋白质组扩增的影响包括产生显示功能缺失或增加和（或）改变的亚细胞定位、稳定性、酶活性或翻译后修饰的蛋白质亚型。另外，非翻译区（UTRs）内的选择性剪接可能会影响 mRNA 转录物的稳定性或翻译效率。最后，选择性剪接也常常产生含有提前终止密码子（premature termination codons，PTC）的非功能性 mRNA，其可以被无义介导的衰变（nonsense mediated decay，NMD）靶向降解，此过程为一种监测机制，可防止截短的和潜在有害的蛋白质的积累，将选择性剪接偶联到 NMD 可以起到负反馈的作用，有效地下调生理转录物以控制功能蛋白的量。这种机制在植物基因表达中也具有重要意义。

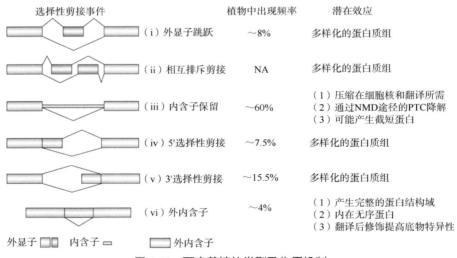

图 5-11 可变剪接的类型及作用机制

2001 年前，植物中可变剪接事件的研究大多局限于对单个基因的分析，在拟南芥中也只发现了少于 40 个基因经历了可变剪接，因此人们认为这种转录后调节机制在植物中并不常见。随着测序技术的发展，越来越多的可变剪接事件被发现，利用第二代测序技术（second-generation sequencing，SGS）对人类基因组进行测序分析后发现，在人类中有高达 95% 的基因发生了可变剪接。同样，在拟南芥中这个数字从以前的 30% 增加到了现在的 60% 左右。对拟南芥选择性剪接复合物的同源性分析表明，拟南芥的蛋白质组分数量几乎是人类的 2 倍。植物中存在如此多的同源基因可能是由于整个基因组在进化过程中的复制和重排所导致的。目前，第三代测序技术（third-generation sequencing，TGS）可以帮助我们获得全长转录组，比起 SGS 技术，其对转录物的结构解析更加准确，并在药用植物丹参、穿心莲及黄芩等中广泛应用。

5.2　药用植物次生代谢物的表观遗传调控

　　表观遗传学（epigenetics）是指在 DNA 序列没有发生改变的情况下，基因表达和基因功能发生了可遗传的变化，并最终导致表型变化的遗传学。表观遗传现象不符合孟德尔遗传规律。在经典遗传学和分子生物学基础上进一步发展而形成的表观遗传学是对经典遗传学的重要补充。表观基因组学（epigenomics）是在基因组水平研究表观遗传变异的科学。研究发现，基因组含有两类遗传信息：DNA 序列所包含的遗传信息和表观遗传信息，后者为生物体提供了何时、何地、以何种方式去启动并应用遗传信息的正确指令。植物表观遗传修饰主要包括 DNA 甲基化（DNA methylation）、非编码 RNA（non-coding RNA）调控、组蛋白修饰（histone modification）和染色质重塑（chromatin remodeling）等（图 5-12）。它们广泛参与调控植物多种生长发育过程，在基因选择性转录和基因转录后调控等过程中发挥重要作用，而这些不同类型的表观遗传修饰之间也具有复杂的调控关系。中草药是我国医药学者在传统药物研究领域取得的重大成就，也是目前新药研发的宝贵资源。随着"组学"技术的快速发展。目前，在药用植物和药用真菌中，广泛开展了 DNA 甲基化和非编码 RNA 鉴定及其调控机制的研究，还对表观遗传修饰调控中草药次生代谢、生长发育、胁迫响应的分子机制展开研究。由于表观遗传修饰可用来检测生物体响应环境因子而形成的可观察的表型改变，而根据不同产地环境因子对中草药的品质产生的不同影响，研究人员认为中药材道地性的形成与环境因子对其表型的影响密切相关。

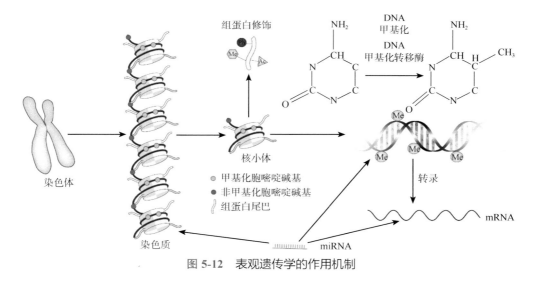

图 5-12　表观遗传学的作用机制

5.2.1　DNA 甲基化在药用植物中的研究

　　DNA 甲基化是表观遗传修饰的一种主要形式，在动物、植物、微生物基因组中普遍存在。甲基化的形成主要通过 DNA 甲基转移酶或 DNA 甲基酶的作用，将 S-腺苷甲硫氨酸（S-adenosylmethionine，SAM）的甲基基团转移至胞嘧啶上，部分甲基基团也可转移至腺嘌呤或鸟嘌呤。植物细胞中的 DNA 甲基化主要发生在 CG、CHG 和 CHH（其中 H 是 A、T 或 C）等基序中的胞嘧啶上，这种胞嘧啶甲基化呈现非随机分布的特点，主要发生在富含转座子的重组区域、着丝粒区等。胞嘧啶甲基化也发生在一些基因启动子区和高表达基因的编码区等。植物中甲基转移酶主要包括 MET 甲基转移酶家族、结构域重排甲基化酶和染色质甲基化酶。DNA 甲基化是一种较为保守的表观遗传学调控机制，主要负责调控植物的基因表达、细胞分化和代谢等生理生化过程。不同物种、同一物种不同器官或组织、不同发育时期其基因组甲基化水平不同。Zhu 等（2015）通过对紫芝进行全基因组测序发现，紫芝基因组内至少存在 29 个位于次生代谢基因簇中的转录因子，其中 7 个转录因子基因在紫芝生长发育过程中发生了甲基化修饰，并有 5 个转录因子基因由于甲基化发生了沉默。

5.2.2 非编码 RNA 在药用植物次生代谢调控中的作用

基因组的转录产物（transcripts）除了编码蛋白质的信使 RNA（messenger RNA，mRNA）外，还有部分可以转录为不编码蛋白质的非编码 RNA（noncoding RNA，ncRNA）。ncRNA 不具备典型的起始密码子、可读框以及终止密码子等特性。根据表达形式和功能的不同，ncRNA 分为管家非编码 RNA（housekeeping ncRNA）和调节非编码 RNA（regulatory ncRNA）。管家非编码 RNA 在生物体中组成型表达。调节非编码 RNA 根据序列长度差异分为长链非编码 RNA（long noncoding RNA，lncRNA）和小 RNA（small RNA，sRNA）。lncRNA 碱基组成从 200 nt 到 100 000 nt 不等，在生物体的组织 / 器官发育或细胞分化过程中特异性表达，或对外界环境产生的应激反应中特异性表达，主要参与调节基因表达，调控植物开花、春化等多种生长发育过程。还有一类特殊 lncRNA，它们像 mRNA 一样可以剪接、加帽和多聚腺苷酸化，称为 mlncRNA（mRNA-like npcRNA）。小 RNA 曾被赞誉为 2002 年的突破性成果，主要包括微小 RNA（microRNA，miRNA）和小干扰 RNA（small interfering RNA，siRNA）等。其中，miRNA 是一类长度为 21 ～ 24nt 的内源性非编码小分子单链 RNA，它们在转录水平和转录后水平负调控基因表达，广泛参与植物生长发育、胁迫响应和信号转导等调控过程。miRNA 基因在细胞核内被 RNA 聚合酶Ⅱ转录成原 miRNA（primary miRNA，pri-miRNA），随后通过 DICER-LIKE 1（DCL1）蛋白加工后成为成熟的 miRNA。这些成熟 miRNA 可以和 RNA 诱导沉默复合物（RISC）（RISC 由核糖核酸内切酶、Argonaute 蛋白和 siRNA 等多种生物大分子装配而成）结合配对到 mRNA 上，从而对 mRNA 进行剪切。miRNA 主要通过与靶 mRNA 反向互补配对，从而在转录水平或者转录后水平抑制其表达。siRNA 通常为 21 ～ 25nt 的 RNA 片段，主要参与真核生物体内的内源性或外源性 RNA 的降解，引发 RNA 沉默。RNA 沉默是真核生物基因表达调控的一种进化上的保守机制，包括基因转录沉默和转录后沉默。siRNA 参与的 RNA 降解途径和机制已研究得较为深入，主要参与调控植物发育、胁迫响应、防御反应等。近年来，随着高通量测序技术的迅猛发展，针对 miRNA 在药用植物中的功能的研究也出现了大量的报道，主要集中在 miRNA 对药用植物次生代谢物合成途径的影响，但大多停留在 miRNA 的靶标预测水平。Hao 等（2012）利用 RNA-seq 技术对红豆杉叶片开展了 miRNA 和降解组研究。该研究鉴定了一段来自紫杉二烯合酶的内含子序列的 miRNA 和部分 miRNA 的靶基因，并发现编码紫杉烷 13α- 羟基化酶和紫杉烷 2α- 苯甲酰基转移酶的基因分别是 miRNA164 和 miRNA171 的靶基因。Shao 等（2015）在丹参基因组中鉴定了 RNA 诱导沉默复合物的核心组分 AGO（argonaute）和 sRNA 生物合成途径中的依赖 RNA 的 RNA 聚合酶（RNA-dependent RNA polymerase，RDR）基因家族，为后续研究丹参中的 sRNA 的合成途径和 RNAi 作用机制奠定基础。本章的案例部分将介绍 miRNA156 在药用植物广藿香中调控次生代谢物质合成的机制。

案例 1　R2R3-MYB 转录因子调控黄酮合成的研究

1. 淫羊藿研究背景

淫羊藿（*Epimedium*），为我国传统中草药之一，具有补肾阳、强筋骨、祛风湿、增强免疫力、保护心血管、止咳平喘、抗炎、抗肿瘤等功效。淫羊藿主要活性成分为淫羊藿苷（icariin）、朝藿定 C（epimedin

C）、淫羊藿素（icaritin）等黄酮醇苷化合物，其生物合成途径及调控机制一直是国内研究热点。

2. 研究方法及结果

2016 年武汉植物园及华南植物园王瑛研究员团队分离鉴定到一个可以调控黄酮醇（flavonol）生物合成的 R2R3-MYB 转录因子，命名为 EsMYBF1。EsMYBF1 与葡萄 VvMYBF1、拟南芥 AtMYB12 等黄酮醇调控因子同属于 R2R3-MYB SG7 亚家族，主要在叶组织中表达，可能参与淫羊藿中黄酮醇生物合成的调控。作者进一步通过双萤光素酶实验和酵母双杂交实验发现 EsMYBF1 主要激活黄酮醇合成关键基因，黄烷酮 3- 羟化酶（flavanone 3-hydroxylase，F3H）和黄酮醇合成酶（flavonol synthase，FLS），并且不依赖于 TT8 bHLH 辅助因子。通过稳定转化烟草实验发现，EsMYBF1 过表达可以提高烟草花组织中黄酮醇的含量，而降低了花青素的含量，同时内源黄酮醇合成途径关键酶查耳酮合酶（chalcone synthase，CHS）、查耳酮异构酶（chalcone isomerase，CHI）、F3H 和 FLS 的基因被强烈诱导表达，而花青素合成途径关键酶二氢黄酮醇 4- 还原酶（dihydroflavonol 4-reductase，DFR）和花青素合成酶（anthocyanidin synthase，ANS）的基因显著下调表达。

淫羊藿不仅因为含有淫羊藿苷等黄酮醇类活性成分而常作为滋补类中草药使用，而且还因为富含花青素使得花色及叶色丰富多彩而常作为园艺观赏植物使用。黄酮醇和花青素分支途径同属于类黄酮生物合成途径（flavonoid biosynthetic pathway），由 DFR 和 FLS 共同竞争二氢黄酮醇（dihydroflavonols）同一底物而决定其分支走向。2013 年，武汉植物园王瑛研究员团队分离鉴定出一个控制花青素合成的 R2R3-MYB 转录因子，命名为 EsMYBA1。EsMYBA1 与拟南芥 AtPAP1，葡萄 VvMYBA1，苹果 MdMYB10 等花青素转录因子同属于 R2R3-MYB SG6 亚家族，主要在叶片，特别是富含花青素的红色叶片中表达。该团队通过双萤光素酶实验和酵母双杂交实验发现，EsMYBA1 主要激活 *DFR* 和 *ANS* 结构基因启动子的表达（图 5-13），并且与花青素相关的 bHLH 转录因子互作。通过稳定转化烟草和拟南芥实验表明 EsMYBA1 超表达可激活类黄酮途径关键基因的表达，特别是 DFR 和 ANS，还可激活 NtAN1a/b 等 bHLH 转录因子的表达，从而大幅提升花组织和叶组织中花青素的含量（图 5-14，图 5-15，图 5-16）。这些结果表明 EsMYBA1 极可能是一个控制淫羊藿叶片组织中花青素合成的转录因子。另外，该研究团队随后在 2016 年又鉴定出第二个控制花青素合成的 MYB 转录因子（EsAN2），EsAN2 很可能控制淫羊藿花组织中花青素的合成与积累。

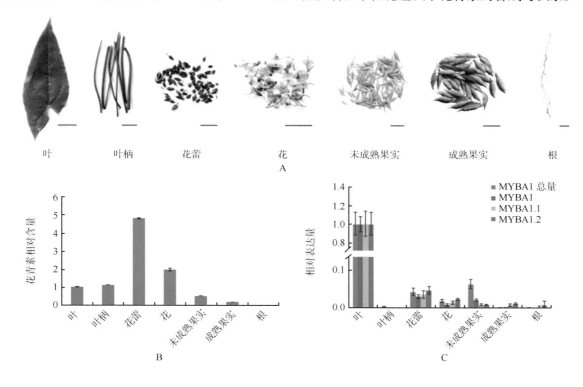

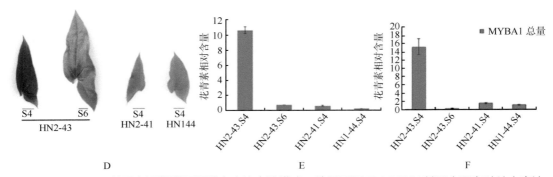

图 5-13　*EsMYBA1* 基因在淫羊藿不同器官中的表达模式。结果显示 *EsMYBA1* 基因主要在叶片中表达，特别是在富含花青素的红色叶片中表达

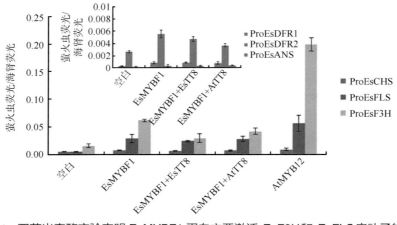

图 5-14　双萤光素酶实验表明 EsMYBF1 蛋白主要激活 *EsF3H* 和 *EsFLS* 启动子的表达，而且不依赖于 TT8 bHLH 辅助因子

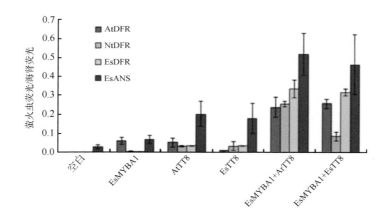

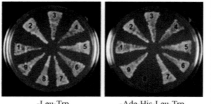

酵母双杂交EsMYBA1

-Leu-Trp　　-Ade-His-Leu-Trp

1. AD-EsMYBA1+BD-Myc-Rp[aa 1-199]
2. AD-EsMYBA1+BD-Delila[aa 1-201]
3. AD-EsMYBA1+BD-Lc[aa 1-212]
4. AD-EsMYBA1+BD-GL3[aa 1-209]
5. AD-EsMYBA1+BD-TT8[aa 1-204]
6. AD-EsMYBA1+BD-NtAn1a[aa 1-195]
7. AD-EsMYBA1+BD-NtAn1b[aa 1-195]
8. AD-EsMYBA1+BD
9. AD+BD-EsMYBA1

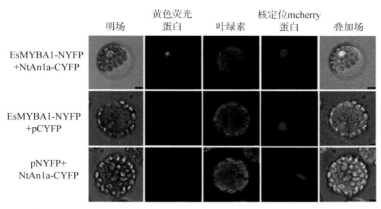

图 5-15　*EsMYBA1* 可与 AtTT8、NtAn1a 等 bHLH 调控因子互作，并激活 *DFR* 和 *ANS* 基因启动子的表达

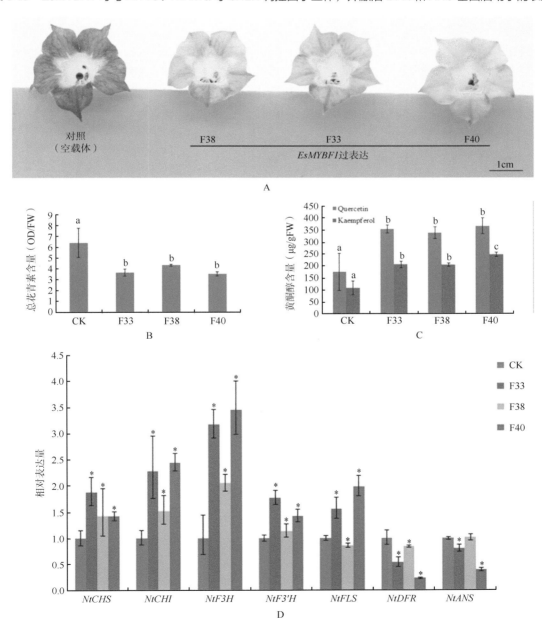

图 5-16　*EsMYBF1* 在烟草花组织中的过表达通过上调 *CHS*、*CHI*、*F3H* 和 *FLS* 基因的表达，下调 *DFR* 和 *ANS* 基因的表达从而增加黄酮醇的含量，降低花青素的含量

3. 研究结论

EsMYBF1 为黄酮醇特异的调控因子，极可能参与淫羊藿黄酮醇等活性成分的生物合成。

4. 亮点评述

该文通过反向遗传学的研究策略，针对非模式植物淫羊藿这一药用植物中参与黄酮醇合成调控的 MYB 基因进行了功能阐释。

5. 苦荞麦研究背景

苦荞麦（*Fagopyrum tataricum* Gaertn.）是蓼科荞麦属一年生草本植物，是典型的药食同源植物。野生苦荞麦多生长在海拔 2500m 以上的高寒山区。苦荞麦不仅能为人们提供粮食解决温饱问题，还是众所周知的健康食品，苦荞麦的种子中含有大量的氨基酸、脂肪酸、维生素 B、微量元素和膳食纤维，特别是黄酮类化合物含量较高。黄酮类化合物是植物中一类分布广泛的次生代谢物，它们对人体的健康有积极的影响。研究发现，芦丁、槲皮苷等黄酮类化合物具有抗氧化、抗炎和抗癌等特性，而且它们在对抗毛细血管脆弱、毛细血管通透性减弱以及在降低动脉硬化风险方面也发挥重要作用。光是一个重要的环境因子，它也能够调控植物的次生代谢。但是有关光对植物次生代谢的转录调控的研究较少。

6. 研究方法及结果

在本研究中，作者采用不同波段的光处理苦荞麦幼苗，发现红光和蓝光能够显著地促进苦荞麦中黄酮类物质如芦丁、槲皮素、槲皮苷（图 5-17）等的积累，并且能够促进黄酮合成途径相关结构基因如 *PAL*、*F3'H*、*CHI* 和 *FLS* 等的表达。作者首先通过已发表的苦荞麦全基因组信息结合共表达分析发现一个

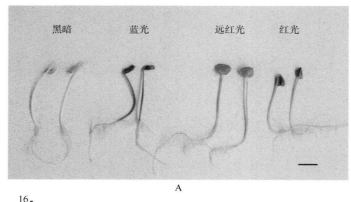

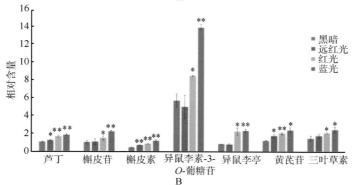

图 5-17　苦荞麦苗受到不同光照处理后的形态及代谢产物变化，苦荞麦幼苗在蓝光的照射下小苗的颜色发生变化，同时黄酮类次生代谢物质明显增加

新的 MYB 转录因子即 FtMYB116，它的表达受到红光和蓝光的诱导（图 5-18）。酵母单杂交和 EMSA 实验证明 FtMYB116 能够直接结合到黄酮合成结构基因 *F3′H* 的启动子区域，烟草瞬时表达研究发现 FtMYB116 能够直接促进 *F3′H* 的表达。之后，通过将 *FtMYB116* 转化到苦荞麦毛状根中发现，转基因后的毛状根能够明显的积累芦丁和槲皮素，而且还能够促进 *CHI*、*F3′H* 和 *FLS* 等基因的表达。

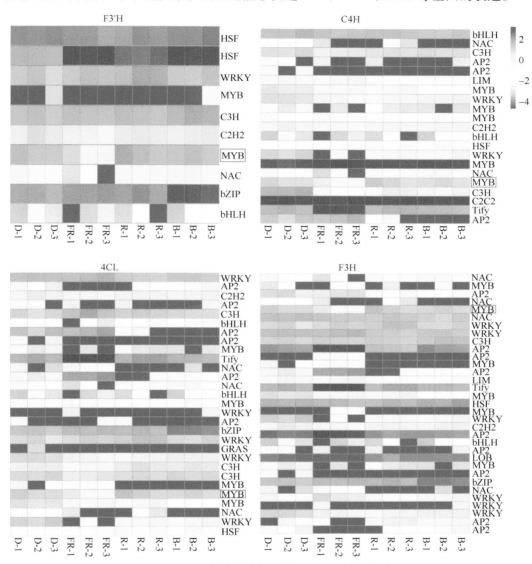

图 5-18　通过共表达分析筛选 *MYB116* 基因的过程

7. 亮点评述

药用植物的有效成分合成与所生长的环境息息相关，光作为重要的非生物因子对次生代谢物的调控起着关键性的作用。本文结合多组学分析阐释了芦丁等黄酮类化合物在不同光下代谢的分子基础。

案例 2　丹参中 AP2/ERF 蛋白功能的研究

1. 研究背景

丹参是最常用的中药材之一，为唇形科鼠尾草属多年生草本植物丹参 *Salvia miltiorrhiza* Bunge

的干燥根。丹参的有效成分主要包括以丹参酮 IIA 为代表的脂溶性丹参酮类化合物和以丹参酚酸 B （salvianolic acid B，Sal B）为主的水溶性丹参酚酸类化合物。其中，丹参酮类有效成分具有显著心脑血管保护的药理作用及抗菌消炎作用，临床应用广泛；丹参酚酸类化合物具有保护心肌等多种药理活性，市场潜力巨大。对植物来说，丹参酮和酚酸类化合物都是重要的次生代谢物，对植物抵御昆虫和真菌侵袭具备特殊功能，其含量不仅受植物基因型的影响，而且还可以通过各种生物和非生物处理来调控。

2. 研究内容

2016 年丹参基因组公布，中国医学科学院药用植物研究所宋经元团队基于丹参基因组信息鉴定到 170 个 AP2/ERF 转录因子，共分为 5 个亚家族（图 5-19）。结合丹参转录组数据进一步分析发现，包括 *SmERF128* 在内的 5 个基因在根周皮中表达最高。其中，*SmERF128* 和 *SmERF152* 属于 ERF-B3 亚组。通过与关键酶基因的共表达分析显示，*SmERF128* 与关键酶基因共表达系数达到 0.999，推测其表达产物有可能是调控丹参酮合成的重要转录因子。该团队通过遗传转化丹参毛状根体系验证 SmERF128 的调控功能，结果显示过表达 SmERF128 促进代谢途径关键酶基因 *CPS1*、*KSL1* 和 *CYP76AH1* 的表达；化合物检测发现 20 种丹参酮类化合物含量显著增加，而 SmERF128 抑制表达结果与之相反，说明 SmERF128 能够正向调控丹参酮合成（图 5-20）。作者进一步利用凝胶阻滞、微量热涌动和转录激活实验证明 SmERF128 通过结合 CPS1、KSL1 和 CYP76AH1 的启动子区顺式作用元件发挥调控作用（图 5-21）。该研究不仅揭示 AP2/ERF 转录因子如何调控二萜合成的分子基础，而且为通过代谢工程提高丹参酮的产量提供了潜在的基因调控元件。

3. 亮点评述

以上案例主要从反向遗传学的角度通过转录组数据寻找不同的转录因子，预测其参与到丹参酚酸或者丹参酮合成调控当中。并通过转基因毛状根、蛋白与 DNA 相互作用、蛋白与蛋白相互作用等体内体外研究进行验证。

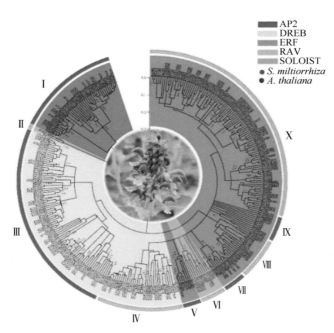

图 5-19　丹参与拟南芥 AP2/ERF 转录因子进化树，其中 SmERF128 属于 ERF 的 B3 组

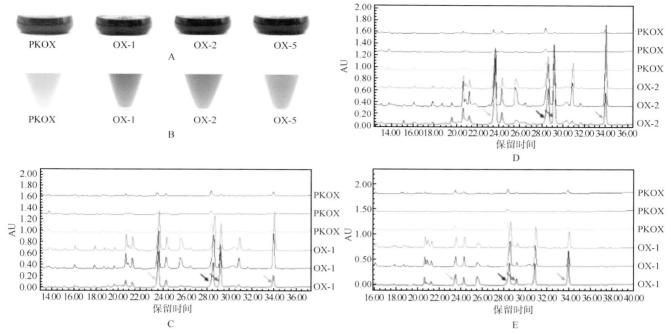

图 5-20 过表达毛状根株系（OX-1、OX-2 和 OX-5）和对照毛状根中二氢丹参酮Ⅰ、丹参酮Ⅰ、隐丹参酮和丹参酮ⅡA 含量检测及颜色变化

结果显示过表达株系明显增加了丹参酮类化合物的含量

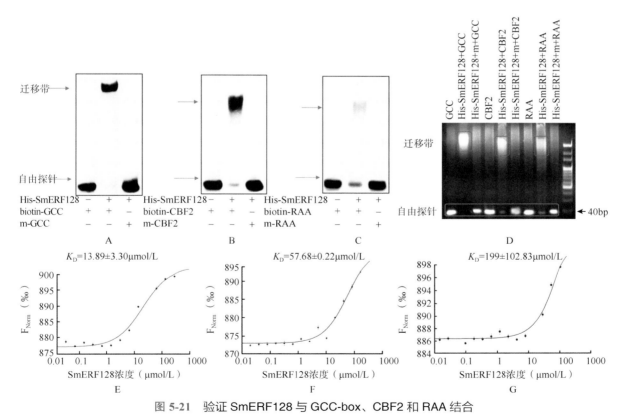

图 5-21 验证 SmERF128 与 GCC-box、CBF2 和 RAA 结合

A ～ D. 凝胶阻滞实验验证 SmERF128 与 GCC-box、CBF2 和 RAA 结合；E ～ G. 微量热涌动实验验证 SmERF128 与 GCC-box、CBF2 和 RAA 结合

案例 3　AP2/ERF 基因调控长春花生物碱的合成

1. 研究背景

长春花为夹竹桃科长春花属多年生草本植物，体内含有多种萜类吲哚生物碱（terpenoid indole alkaloids，TIA）。其中长春碱（vinblastine）和长春新碱（vincristine）是应用最为广泛的两种天然植物抗肿瘤药物。为解析其转录水平的调控机制，促进长春碱和长春新碱的生物合成，研究者在鉴定调控 TIA 代谢途径的转录因子及阐明其调控机制方面做了深入研究。1999 年，研究者利用酵母单杂交方法分离出长春花 ERF 亚家族成员 ORCA2，将其转化长春花悬浮细胞后，检测到生物碱合成途径关键酶基因 STR 被 ORCA2 显著激活，这是首次将转录因子 AP2/ERF 的功能扩展到 JA 参与的植物活性成分合成途径中。2000 年，研究者用 T-DNA 激活标签技术从长春花细胞中分离出 ORCA3 转录因子，转化悬浮细胞后发现，ORCA3 能够调控生物碱代谢途径中的多步反应，促进 TDC、STR、CPR 和 D4H 基因表达上调，表明 ORCA3 可能是核心调控因子。此后，研究者围绕核心转录因子 ORCA3 展开一系列研究，包括在不同底盘细胞体系下 ORCA3 对代谢途径的调控作用；ORCA3 和关键酶基因共表达对生物碱合成的影响；ORCA3 与其他蛋白互作共同调控生物碱的合成等。

2. 研究方法与内容

随着长春花基因组测序完成，肯塔基大学袁凌研究团队在长春花基因组中找到一个 AP2/ERF 基因簇，包含 ORCA3、ORCA4 和 ORCA5 三个 AP2/ERF 转录因子，分别过表达三者后，代谢产物含量都有升高。其中，过表达 ORCA3 增加了色氨酸和色胺的积累，但检测不到 TIA，说明下游支路被抑制。分别过表达 ORCA4 和 ORCA5 都能促进阿吗碱、水甘草碱和长春碱的增加，说明三者调控的代谢支路有差异。该团队同时揭示了基因簇内三个转录因子互相调控的机制，ORCA3 和 ORCA5 能够结合 ORCA4 启动子中富含 GC（GC-rich）基序，激活 ORCA4 的表达；ORCA5 通过正向调节回路，调控自身的表达，并间接激活 ORCA3 的转录（图 5-22）。

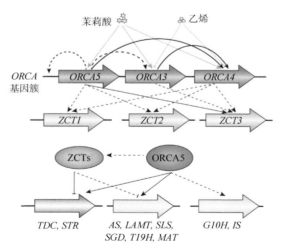

图 5-22　AP2/ERF 基因簇内三个转录因子相互调控机制

3. 亮点评述

该研究成果丰富了我们对植物次生代谢调控水平转录因子所形成的基因簇的分子基础的认识。

案例 4　AP2/ERF 和 WRKY 转录因子调控青蒿素的合成

1. 研究背景

疟疾流行于 97 个国家和地区，威胁着 32 亿人口的健康。以青蒿素为基础的联合用药（artemisinin-based combination therapie，ACT）是治疗疟疾，特别是恶性疟的最佳疗法，屠呦呦先生也因在青蒿素研究中的发现及疟疾治疗方面的巨大贡献获得 2015 年诺贝尔生理学或医学奖。此外，青蒿素及其衍生物的药理作用还表现在抗肿瘤、抗寄生虫、抗纤维化、抗心律失常和免疫等多方面，因此，青蒿素需求量巨大，如何提高产量，降低生产成本，是国际的研究热点。菊科蒿属药用植物黄花蒿是青蒿素的唯一天然来源，其干燥地上部分被称为中药青蒿。腺毛是青蒿素在黄花蒿中合成、分泌、积累及储存的场所，因此腺毛的正常发育、分布密度及合成效率直接关系到青蒿素的产量。

2. 研究方法与内容

TAR1 是从黄花蒿中克隆出的一个调控腺毛发育和青蒿素生物合成的关键转录因子，不仅调控分泌型和非分泌型腺毛的正常发育，还通过直接调控青蒿素生物合成关键酶基因 *ADS* 和 *CYP71AV1* 来调控青蒿素生物合成（图 5-23）。TAR1 属于 AP2/ERF 类转录因子，进化树及基因序列分析显示其同源基因多与蜡质合成相关。TAR1-GFP 融合蛋白亚细胞定位结果证实 TAR1 定位在细胞核；EMSA 实验证实，TAR1 具有 ERF 亚家族所特有的结合 GCC-box 的功能。时空表达 qRT-PCR 实验显示，*TAR1* 基因主要在幼嫩叶片和花苞中表达，且随叶片的发育成熟表达量逐渐降低。为进一步分析 TAR1 的表达特征，研究人员克隆了 *TAR1* 的启动子，进行了组织细胞定位及体内蛋白定位。β- 葡糖醛酸糖苷酶（GUS）基因显色证明 TAR1 在幼嫩叶片分生组织、花苞及分泌型和非分泌型腺毛中表达；通过 GFP 定位，转基因青蒿中 TAR1-GFP 融合蛋白荧光显示 TAR1 定位在幼嫩叶片的细胞核，再次证明 TAR1 在幼嫩组织中表达并发挥作用。

为解析 *TAR1* 基因的生物学功能，研究人员构建了 *TAR1* 基因的干扰（TAR1-RNAi）植株。当 *TAR1* 基因被干扰后，分泌型和非分泌型腺毛的发育都出现了异常。相比于同时期野生型植株的腺毛，TAR1-RNAi 植株中分泌型腺毛的头部异常膨大；非分泌型腺毛出现了明显的畸变，延伸并形成网状结构。扫描电镜结果显示 TAR1-RNAi 植株叶片表面出现了异常的蜡质堆积，提示 TAR1-RNAi 植株表面蜡质改变；当用 75% 乙醇处理时，TAR1-RNAi 植株的叶绿素相比较于野生型能够被迅速脱去，表明 TAR1-RNAi 植株叶表蜡质的改变影响了表皮的渗透性；通过 GC-MS 测定蜡质含量，结果证实蜡质含量确实发生了改变，部分成分含量显著降低，结果说明 *TAR1* 基因调控了蜡质合成，并可能通过调控蜡质合成影响腺毛发育。研究人员通过 HPLC-MS/MS 检测了 TAR1-RNAi 植株中青蒿素、青蒿酸和二氢青蒿酸的含量。在 TAR1-RNAi 的不同株系中青蒿素、青蒿酸和二氢青蒿酸的含量都出现了明显的降低。为了进一步研究 *TAR1* 调控青蒿素体内合成的分子机制，该研究分析了 9 个青蒿素生物合成相关基因在 TAR1-RNAi 植株中的表达情况。结果表明 TAR1 能影响青蒿素生物合成途径中多个基因的转录水平，特别是下游合成途径中的关键基因 *ADS* 和 *CYP71AV1*。当 *TAR1* 基因沉默时，*ADS* 和 *CYP71AV1* 的表达量显著降低，且 *ADS* 和 *CYP71AV1* 启动子区域具有 AP2 转录因子的结合位点 CRTDREHVCBF2（CBF2）和 RAV1AAT（RAA），因此 *TAR1* 基因可能直接对二者进行调控。研究人员又通过 EMSA 和酵母单杂交实验，证实 *TAR1* 可直接结合并调控这两个基因。因此，*TAR1* 可通过调控青蒿生物合成的关键基因 *ADS* 和 *CYP71AV1* 来调控青蒿素的合成。

通过以上实验，*TAR1* 基因的生物学功能得到了完整的解析。鉴于 *TAR1* 基因在腺毛发育和青蒿素生物合成上的重要作用，研究人员又建立了基于过表达该基因的代谢工程策略。结果表明，*TAR1* 基因过表达植株中，青蒿素、青蒿酸和二氢青蒿酸的含量均提高，而且青蒿素生物合成相关基因的表达也发生了变化。以上结果说明，基于过表达 *TAR1* 基因的代谢工程策略可提高青蒿素产量。*TAR1* 基因不仅能调控

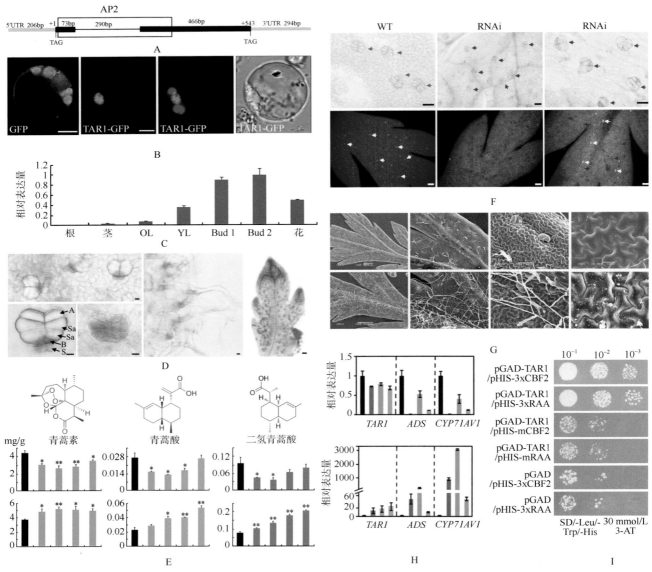

图 5-23　*TAR1* 在黄花蒿中的基因功能验证

A. *TAR1* 基因的序列特征；B. TAR1 定位在细胞核；C、D. *TAR1* 基因的表达特征；E. 在 *TAR1* 基因 RNAi（上）和过表达（下）不同株系中青蒿素、青蒿酸和二氢青蒿酸的含量变化；F. 在 TAR1-RNAi 中黄花蒿分泌型腺毛出现异常；G. 与野生型（上）相比 TAR1-RNAi（下）非分泌型腺毛形态异常；H. 在 *TAR1* 基因 RNAi（上）和过表达（下）不同株系中青蒿素合成途径基因表达异常，特别是 *ADS*、*CYP71AV1* 变化剧烈；I. TAR1 与 ADS 和 CYP71AV1 启动子 GCC、RAA、CBF2 结构域结合（Tan，2015）；OL，老的叶片；YL，幼嫩叶片；Bud1，幼嫩花苞；Bud2，成熟花苞

青蒿腺毛发育影响蜡质合成，并通过直接调控青蒿素生物合成途径关键基因 *ADS* 和 *CYP71AV1* 的表达来控制青蒿素、青蒿酸和二氢青蒿酸的产量。该研究成果加深了人类对分泌型及非分泌型腺毛发育以及青蒿素合成的认识。由于腺毛和非腺毛在次生代谢物合成及植物防御方面具有重要作用，*TAR1* 基因将是一个兼具改良青蒿抗性和青蒿素含量的十分有潜力的靶标基因，对于培育优质、高产青蒿品系意义非凡。该项研究既有较高的理论价值，又有重要的实践意义。

　　在另一项研究中，Chen 等（2017）鉴定到一个在腺毛位置特异表达的 WRKY 转录因子，命名为 AaGSW1（图 5-24）。对其表达模式进行研究发现其与青蒿素合成与调控相关基因的表达模式极为相似，推测其可能参与调控青蒿素的生物合成。作者进一步利用酵母单杂交与双萤光素酶报告系统证明 AaGSW1 通过直接结合启动子的 W-box 元件来正调控 CYP71AV1 和 AaORA 的表达。通过稳定遗传转化方法在青蒿中过表达 AaGSW1 可显著提高青蒿素和二氢青蒿酸的含量。此外，*AaGSW1* 可被 AaMYC2 和

AabZIP1 直接调控，这两个转录因子分别是茉莉酸和脱落酸介导的青蒿素合成的正调控因子（图 5-25）。这一研究不仅揭示了 WRKY 转录因子在青蒿素生物合成中的作用，同时将茉莉酸与脱落酸的诱导作用进行了整合，形成了一个三成员的前反馈模式（图 5-26）。

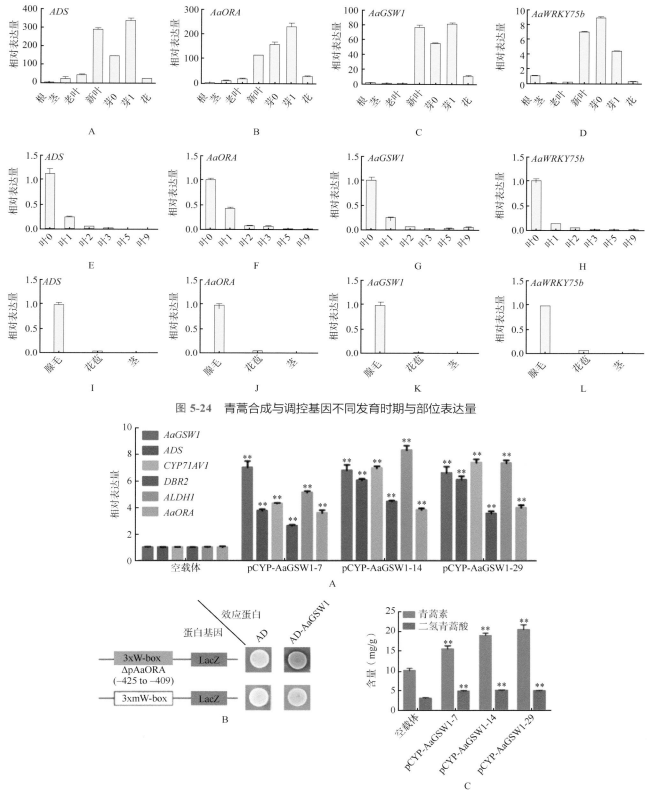

图 5-24　青蒿合成与调控基因不同发育时期与部位表达量

图 5-25　AaGSW1 直接结合并调控 *CYP71AV1* 启动子，稳定过表达 AaGSW1 提高青蒿素及二氢青蒿酸生物合成
（Chen，2017）

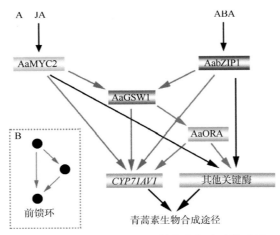

图 5-26 AaGSW1 参与青蒿素生物合成模式图

3. 亮点评述

青蒿素是药用植物黄花蒿的主要有效成分，也是植物代谢研究的重点调控对象。两项研究分别报道了 ERF/AP2 类和 WRKY 类转录因子对倍半萜物质的生物合成调控机制，为研究萜类物质代谢途径调控机制提供了参考。

案例 5　黄花蒿中磷酸化调控青蒿素的合成

1. 研究背景

黄花蒿是在转录水平调控相关研究报道最多的药用植物之一，主要包括茉莉酸甲酯诱导的转录因子 ORA、MYC2 和 bHLH1 等，脱落酸（abscisic acid，ABA）诱导的转录因子 bZIP1、NAC1 等。但针对转录后调控水平的研究还未见报道。

2. 研究方法与内容

为解析其转录后水平的调控，研究人员通过分析蔗糖非发酵相关蛋白激酶 2（sucrose non-fermenting-related protein kinase 2，SnRK2）家族的组织特异性表达，结合酵母双杂交筛选，发现 APK1 可以结合正调控青蒿素生物合成的转录因子 bZIP1。体外磷酸化分析表明 AaAPK1 能发生 ATP 依赖的自磷酸化，并且能够直接磷酸化 bZIP1。在烟叶中进行双萤光素酶分析（Dual-LUC）表明，APK1 增强了 bZIP1 对青蒿素生物合成基因的反式激活活性。为了进一步研究其磷酸化位点，研究者通过替换 Ser37 生成了 AabZIP1 的点突变体（AabZIP1 S37A），点突变结果表明 bZIP1 的 Ser37 位点是重要的发生磷酸化的位点。过表达 AaAPK1 青蒿转基因植株中青蒿素含量比野生型高出 60% 左右，同时青蒿素生物合成基因 ADS、CYP71AV1、DBR2 和 ALDH1 表达量与野生型相比也是有显著性提升。AaAPK1 能直接结合并磷酸化修饰 AabZIP1，磷酸化修饰之后的 AabZIP1 对青蒿素生物合成关键酶基因的激活能力得到显著提高。该结果首次证明了激酶可以通过对转录因子的磷酸化修饰调控青蒿素生物合成，将青蒿素生物合成调控机制的研究推进到了转录后调控水平。随后，研究发现 ABA 反应蛋白磷酸酶 PP2C1 通过去磷酸化修饰 AaAPK1 负调控青蒿素生物合成相关基因的表达，而且通过酵母双杂交和双分子荧光互补分析，PP2C1 与 AaAPK1 存在相互作用。体外磷酸化分析表明 PP2C1 去磷酸化修饰 APK1，抑制 APK1 的自激活。双萤光素酶分析表明 PP2C1 的存在减少了 AabZIP1 对青蒿素生物合成基因的反式激活,从而负调控青蒿素生物合成基因的表达。

综上,在没有 ABA 的情况下,AaPP2C1 通过脱磷酸作用与 AaAPK1 相互作用,抑制了 AaAPK1 磷酸化激活 AabZIP1,进一步抑制了青蒿素生物合成途径关键酶基因（*ADS*、*CYP71AV1*）的表达,从而抑制青蒿素的生物合成。在 ABA 存在下,ABA 响应元件 AaPYL9 与 AaPP2C1 结合,从而允许 AaAPK1 释放并使用 ATP 进行自磷酸化,随后,AaAPK1 将磷酸基团转移至 AabZIP1,以维持 AabZIP1 的磷酸化状态,并且 AaAPK1 也是受到 ABA 的诱导表达。这个情况下 AabZIP1 能够与下游启动子基序 ABRE 结合并启动转录,从而激活青蒿素的生物合成（图 5-27）。

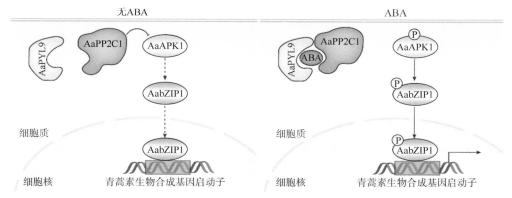

图 5-27　青蒿素代谢磷酸化和去磷酸化调控过程示意图

3. 亮点评述

本文从转录因子蛋白修饰水平为药用植物分子遗传学药用植物次生代谢物质调控研究提供了一个新的思路。

案例 6　长春花和黄连中磷酸化调控代谢产物合成

1. 长春花研究背景

在植物生长发育过程中存在丝裂原激活蛋白激酶级联反应,这个过程由三个核心蛋白激酶所组成,包括 MAP/ERK 激酶、MEK 和 MAP 激酶,它们通过线性途径彼此磷酸化并激活,在植物生长发育、防御以及次生代谢物合成中起作用。

2. 长春花研究方法与内容

在长春花中存在着一个MAP激酶级联包括CrMAPKKK、CrMAPKK1 和CrMAPK3/6,会受损伤、紫外、MeJA 诱导表达,并激活其激酶活性。双萤光素酶分析表明 CrMAPK3 会与 ORA 转录因子结合,并且可以增强其对长春花生物碱生物合成关键酶基因的转录激活活性。将 ORA 磷酸化位点 60 位丝氨酸和 132 位苏氨酸突变为丙氨酸后发现,CrMAPK3 对 ORA 转录因子的转录激活活性的促进作用会有显著的下降。研究发现 CrMAPKK1 也会促进 ORCA3/ORCA4/ORCA5 转录因子对于长春花生物碱生物合成关键酶基因 *STR* 的转录调控作用,而突变 CrMAPKK1 磷酸化位点则不会促进 ORCA3 对 *STR* 基因的转录激活作用。在过表达 CrMAPK3 和 CrMAPKK1 长春花转基因植株中,长春花生物碱生物合成关键酶基因的表达量,以及长春新碱、长春花碱等含量与野生相比有显著性提升。以上实验表明 CrMAPK3、CrMAPKK1 可以通过磷酸化 ORCA 转录因子来参与调控长春花生物碱的生物合成（图 5-28）。

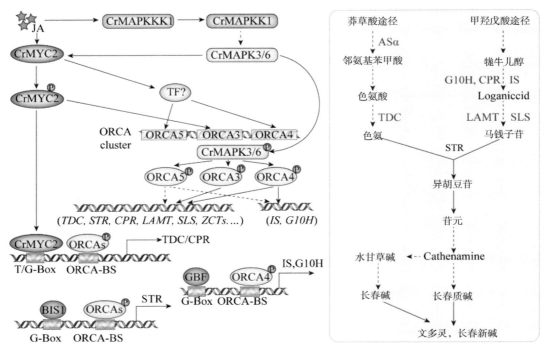

图 5-28　长春花中转录因子磷酸化过程调控长春花碱合成的机制

3. 黄连论文研究内容及结果

黄连中酪氨酸磷酸化和蛋白降解参与调控控制苄基异喹啉生物碱生物合成的 *WRKY* 基因的转录活性。苄基异喹啉生物碱（BIQ）是结构上最多样化且具有药用价值的次生代谢物。研究人员从黄连中分离出调控 BIQ 生物合成的 WRKY 类型转录因子 CjWRKY1。由于在低含量的 BIQ 植株中仍然检测到 *CjWRKY1* 基因的高表达水平，说明仅 *CjWRKY1* 基因的表达不足以激活 BIQ 生物合成酶的基因，还需要 CjWRKY1 转录因子的翻译后调控。通过运用胰蛋白酶处理 CjWRKY1 蛋白，并用液相色谱 - 串联质谱（LC-MS / MS）和 MassMatrix 分析表明，CjWRKY1 的 Tj115 处发生磷酸化。Tj115 是 WRKYGQK 核心序列的一部分，运用抗磷酸酪氨酸（pY）抗体进一步证实了 CjWRKY1 的酪氨酸磷酸化现象。用突变体 CjWRKY1 Y115F 来研究 CjWRKY1 在 Y115 的磷酸化。与野生型 CjWRKY1 WT-sGFP 相比，用抗 pY 抗体免疫沉淀的 CjWRKY1 Y115F-sGFP 观察到的信号弱得多。与野生型 CjWRKY1 相比，CjWRKY Y115E 磷酸化突变体丧失了核定位的特征，同时 EMSA 实验表明其 DNA 结合活性有显著下降，同时双萤光素酶实验表明其对 BIQ 生物合成途径关键酶基因的反式激活活性也有显著性的下降。以上实验说明 CjWRKY Y115E 磷酸化突变体蛋白酶不能进入细胞核，进而在细胞质或液泡中降解，从而不能激活编码 BIQ 生物合成酶的基因。

4. 研究亮点

两项研究以长春花和黄连作为研究对象，从转录后磷酸化调控进行研究，分别从挖掘磷酸化酶和磷酸化后转录因子的活性进行功能验证，为研究磷酸化调控次生代谢合成提供了研究思路。

案例 7　miRNA156-SPL9 介导的广藿香醇合酶的功能研究

1. 研究背景

药用植物广藿香是中国的道地药材之一，该植物是藿香正气水的主要原料。广藿香是唇形科一年生草本植物。广藿香的叶片中含有浓度较高的倍半萜类化合物即广藿香醇。其中倍半萜是法尼基二磷酸在萜类合成酶（TPS）的催化下形成的倍半萜类小分子化合物。

2. 研究方法及结果

前期研究结果显示广藿香中萜类合成酶 PatPTS 和 PatTps177 可以催化 FPP 形成广藿香醇（patchoulol）和其他 13 种倍半萜类化合物。但针对广藿香中倍半萜类化合物的合成调控还鲜有报道。研究者通过研究 miRNA 调控萜类合成酶的表达，从表观遗传学水平为次生物质生物合成提供了一个全新的研究思路。众所周知，miR156 是植物从营养生长到生殖生长中比较保守的小 RNA，这类小 RNA 可以靶向 *SQUAMOSA PROMOTER BINDING PROTEINLIKE*（SPL）转录因子，而 SPL 转录因子又可以调控下游各途径的基因表达。在次生代谢研究领域，前人发现 miR156 靶向的 SPL9 可通过降低 MYB-bHLH-WD40 复合物的稳定性实现抑制拟南芥的花青素合成。运用 GC-MS 分析不同生长阶段的广藿香叶片成分后发现，一年生植株中广藿香醇的含量是 1 月龄小苗的 12 倍。转录研究发现，随着广藿香的生长，*PatPTS* 基因的表达也是呈增长的趋势。由于之前有报道 *SPL9* 的过表达转基因植株会造成不育现象，因此，本研究选择在广藿香体内超表达 *SPL10* 基因。和对照对比，*SPL10* 超表达株系中 *PatPTS* 基因的转录物明显增加且广藿香醇含量增加，但是在超表达 *MIR156* 转基因系中 *PatPTS* 的表达量降低，且无法检测到广藿香醇。同时，研究人员观察到另外一个 *PatTpsBF2* 基因似乎也受到 miRNA156 和 SPL10 的影响。

3. 研究亮点

针对小 RNA 水平的调控主要集中在通过组学测序手段进行分析，大体都停留在描述阶段。本项研究是从小 RNA 角度研究调控次生代谢物质积累的经典案例。

参 考 文 献

Apuya N R，Park J H，Zhang L，et al. 2008. Enhancement of alkaloid production in opium and *California poppy* by transactivation using heterologous regulatory factors. Plant Biotechnology Journal，6（2）：160-175.

Atchley W R，Terhalle W，Dress A. 1999. Positional dependence，cliques，and predictive motifs in the bHLH protein domain. Journal of Molecular Evolution，48（5）：501-516.

Bai Y，Meng Y，Huang D，et al. 2011. Origin and evolutionary analysis of the plant-specific TIFY transcription factor family. Genomics，98（2）：128-136.

Baudry A，Heim M A，Dubreucq B，et al. 2004. TT2，TT8，and TTG1 synergistically specify the expression of BANYULS and proanthocyanidin biosynthesis in *Arabidopsis thaliana*. Plant Journal，39（3）：366-380.

Baulcombe D. 2004. RNA silencing in plants. Nature，431（7006）：356-363.

Berger S L，Kouzarides T，Shiekhattar R，et al. 2009. An operational definition of epigenetics. Genes and Development，23（7）：781-783.

Berkovits B D，Mayr C. 2015. Alternative 3′ UTRs act as scaffolds to regulate membrane protein localization. Nature，522（7556）：363-367.

Bernhardt C，Zhao M，Gonzalez A，et al. 2005. The bHLH genes GL3 and EGL3 participate in an intercellular regulatory circuit that controls cell patterning in the *Arabidopsis* root epidermis. Development，132（2）：291-298.

Bernstein E，Caudy A A，Hammond S M，et al. 2001. Role for a bidentate ribonuclease in the initiation step of RNA interference. Nature，409（6818）：363-366.

Besseau S，Li J，Palva E T. 2012. WRKY54 and WRKY70 co-operate as negative regulators of leaf senescence in *Arabidopsis thaliana*. Journal of Experimental Botany，63（7）：2667-2679.

Boter M，Golz J F，Giménez-Ibañeza S，et al. 2015. Filamentous flower is a direct target of JAZ3 and modulates responses to jasmonate. Plant Cell，27（11）：3160.

Cao W，Wang Yao，Shi M，et al. 2018. Transcription factor SmWRKY1 positively promotes the biosynthesis of tanshinones in *Salvia miltiorrhiza*. Frontiers in Plant Science，2779：554.

Carretero-Paulet L，Galstyan A，Roig-Villanova I L，et al. 2010. Genome-wide classification and evolutionary analysis of the bHLH family of transcription factors in *Arabidopsis*，poplar，rice，moss，and algae. Plant Physiology，153（3）：1398-1412.

Carvalho R F，Feijão C V，Duque P. 2013. On the physiological significance of alternative splicing events in higher plants. Protoplasma，250（3）：639-650.

Chen M，Yan T，Shen Q，et al. 2017. GLANDULAR TRICHOME-SPECIFIC WRKY 1 promotes artemisinin biosynthesis in *Artemisia annua*. New Phytologist，214（1）：304.

Chini A，Fonseca S，Chico J M，et al. 2009. The ZIM domain mediates homo- and heteromeric interactions between Arabidopsis JAZ proteins. Plant Journal，59（1）：77-87.

Chini A，Fonseca S，Fernández G，et al. 2007. The JAZ family of repressors is the missing link in jasmonate signalling. Nature，448（7154）：666-671.

Crick F. 1979. Split genes and RNA splicing. Science，204（4390）：264-271.

De Boer K，Tilleman S，Pauwels L，et al. 2011. A. apetala2/ethylene response factor and basic helix-loop-helix tobacco transcription factors cooperatively mediate jasmonate-elicited nicotine biosynthesis. Plant Journal，66（6）：1053-1065.

Deckert J，Hartmuth K，Boehringer D，et al. 2006. Protein composition and electron microscopy structure of affinity-purified human spliceosomal B complexes isolated under physiological conditions. Molecular and Cellular Biology，26（14）：5528.

Ding K，Pei T，Bai Z，et al. 2017. SmMYB36, a novel R2R3-MYB transcription factor，enhances tanshinone accumulation and decreases phenolic acid content in *salvia miltiorrhiza* hairy roots. Scientific Reports，7（1）：5104.

Du H，Feng B R，Yang S S，et al. 2012. The R2R3-MYB transcription factor gene family in maize. PLoS One，7（6）：e37463.

Du H，Wang Y Bin，Xie Y，et al. 2013. Genome-wide identification and evolutionary and expression analyses of MYB-related genes in land plants. DNA Research，20（5）：437：448.

Du H，Yang S S，Liang Z，et al. 2012. Genome-wide analysis of the MYB transcription factor superfamily in soybean. BMC Plant Biology，12（1）：106.

Dubos C，Stracke R，Grotewold E，et al. 2010. MYB transcription factors in *Arabidopsis*. Trends in Plant Science，15（10）：537-581.

Eulgem T，Rushton P J，Robatzek S，et al. 2000. The WRKY superfamily of plant transcription factors. Trends in Plant Science，5（5）：199-206.

Feller A，MacHemer K，Braun E L，et al. 2011. Evolutionary and comparative analysis of MYB and bHLH plant transcription factors. Plant Journal，66（1）：94-116.

Fong J H，Keating A E，Singh M. 2004. Predicting specificity in bZIP coiled-coil protein interactions. Genome Biology，5（5）：623-627.

Frerigmann H，Gigolashvili T. 2014. MYB34，MYB51，and MYB122 distinctly regulate indolic glucosinolate biosynthesis in arabidopsis *Thaliana*. Molecular Plant，7（005）：814-828.

Gao H，Li F，Xu Z，et al. 2019. Genome-wide analysis of methyl jasmonate-regulated isoform expression in the medicinal plant *Andrographis paniculata*. Industrial Crops and Products，135：39-48.

Gao T，Xu Z，Song X，et al. 2019. Hybrid sequencing of full-length cDNA transcripts of the medicinal plant *Scutellaria baicalensis*. International Journal of Molecular Sciences，20（18）：4426.

Goremykin V，Moser C. 2009. Classification of the *Arabidopsis ERF* gene family based on Bayesian Inference. Molecular Biology，43（5）：729-734.

Hao D C，Yang L，Xiao P G，et al. 2012. Identification of Taxus microRNAs and their targets with high-throughput sequencing and degradome analysis. Physiologia Plantarum，146（4）：388-403.

Hao X，Pu Z，Cao G，et al. 2020. Tanshinone and salvianolic acid biosynthesis are regulated by SmMYB98 in *Salvia miltiorrhiza* hairy roots. Journal of Advanced Research，23：1-12.

Heim M A，Jakoby M，Werber M，et al. 2003. The basic helix-loop-helix transcription factor family in plants：A genome-wide study of protein structure and functional diversity. Molecular Biology and Evolution，20（5）：735-747.

Hichri I，Barrieu F，Bogs J，et al. 2011. Recent advances in the transcriptional regulation of the flavonoid biosynthetic pathway. Journal of Experimental Botany，62（8）：2465.

Hichri I，Heppel S C，Pillet J，et al. 2010. The basic helix-loop-helix transcription factor MYC1 is involved in the regulation of the flavonoid biosynthesis pathway in grapevine. Molecular Plant，3（3）：509-523.

Hoo S C，Howe G A. 2009. A critical role for the TIFY motif in repression of jasmonate signaling by a stabilized splice variant of the JASMONATE ZIM-domain protein JAZ10 in *Arabidopsis*. Plant Cell，21（1）：131-145.

Huang W，Khaldun A B M，Chen J，et al. 2016. A R2R3-MYB transcription factor regulates the flavonol biosynthetic pathway in a traditional Chinese medicinal plant，*Epimedium sagittatum*. Frontiers in Plant Science，7：1089.

Huang W，Sun W，Lv H，et al. 2013. A R2R3-MYB transcription factor from *Epimedium sagittatum* regulates the flavonoid biosynthetic pathway. PLoS ONE，8（8）：e70778.

Izawa T，Foster R，Chua N H. 1993. Plant bZIP protein DNA binding specificity. Journal of Molecular Biology，230（4）：1131-1144.

Jakoby M，Weisshaar B，Dröge-Laser W，et al. 2002. bZIP transcription factors in *Arabidopsis*. Trends in Plant Science，7（3）：106-111.

Jiang Y，Zeng B，Zhao H，et al. 2012. Genome-wide transcription factor gene prediction and their expressional tissue-specificities in *Maize*. Journal of Integrative Plant Biology，54（9）：616-630.

Jones P A，Takai D. 2001. The role of DNA methylation in mammalian epigenetics. Science，293：1068-1070.

Jurica M S，Moore M J. 2003. Pre-mRNA splicing：Awash in a sea of proteins. Molecular Cell，12（1）：5-14.

Kato N，Dubouzet E，Kokabu Y，et al. 2007. Identification of a WRKY protein as a transcriptional regulator of benzylisoquinoline alkaloid biosynthesis in *Coptis japonica*. Plant and Cell Physiology，48（1）：8-18.

Katsir L，Chung H S，Koo A J，et al. 2008. Jasmonate signaling：a conserved mechanism of hormone sensing. Current Opinion in Plant Biology，11（4）：428-435.

Katsir L，Schilmiller A L，Staswick P E，et al. 2008. COI1 is a critical component of a receptor for jasmonate and the bacterial virulence factor coronatine. Proceedings of the National Academy of Sciences of the United States of America，105（19）：7100-7105.

Kelemen O，Convertini P，Zhang Z，et al. 2013. Function of alternative splicing. Gene1，514（1）：1-30.

Kim E，Magen A，Ast G. 2007. Different levels of alternative splicing among eukaryotes. Nucleic Acids Research，35（1）：125-131.

Klempnauer K H，Gonda T J，Michael Bishop J. 1982. Nucleotide sequence of the retroviral leukemia gene v-myb and its cellular progenitor c-myb：The architecture of a transduced oncogene. Cell，31（2pt1）：453-463.

Kranz H，Scholz K，Weisshaar B. 2000. c-MYB oncogene-like genes encoding three MYB repeats occur in all major plant lineages. Plant Journal，21（2）：231-235.

Levine M，Tjian R. 2003. Transcription regulation and animal diversity. Nature，424（6945）：147-151.

Li C Y，Leopold A L，Sander G W，et al. 2013. The ORCA2 transcription factor plays a key role in regulation of the terpenoid indole alkaloid pathway. BMC Plant Biology，13：155.

Li S tao，Zhang P，Zhang M，et al. 2012. Transcriptional profile of *Taxus chinensis* cells in response to methyl jasmonate. BMC Genomics，13：295.

Li S，Wu Y，Kuang J，et al. 2018. SmMYB111 is a key factor to phenolic acid biosynthesis and interacts with both SmTTG1 and SmbHLH51 in *Salvia miltiorrhiza*. Journal of Agricultural and Food Chemistry，66（30）：8069-8078.

Li X，Duan X，Jiang H，et al. 2006. Genome-wide analysis of basic/helix-loop-helix transcription factor family in rice and *Arabidopsis*. Plant Physiology，141（4）：1167-1184.

Licausi F，Ohme-Takagi M，Perata P，et al. 2013. APETALA2/ethylene responsive factor（AP2/ERF）transcription factors：mediators of stress responses and developmental programs. New Phytologist，199（3）：639-649.

Liu J，Cai J，Wang R，Yang S. 2017. Transcriptional regulation and transport of terpenoid indole alkaloid in *Catharanthus roseus*：Exploration of new research directions. International Journal of Molecular Sciences，18（1）：53.

Liu J，Osbourn A，Ma P. 2015. MYB transcription factors as regulators of phenylpropanoid metabolism in plants. Molecular Plant，8（5）：689-708.

Liu Y，Patra B，Pattanaik S，et al. 2019. GATA and phytochrome interacting factor transcription factors regulate light-induced vindoline biosynthesis in *Catharanthus roseus*. Plant Physiology，180（3）：1136-1350.

Lu X，Zhang L，Zhang F，et al. 2013. AaORA，a trichome-specific AP2/ERF transcription factor of *Artemisia annua*，is a positive regulator in the artemisinin biosynthetic pathway and in disease resistance to *Botrytis cinerea*，New Phytol，198（4）：1191-1202.

Marquez Y，Brown J W S，Simpson C，et al. 2012. Transcriptome survey reveals increased complexity of the alternative splicing landscape in *Arabidopsis*. Genome Research，22（6）：1184-1195.

Matus J T，Aquea F，Arce-Johnson P. 2008. Analysis of the grape MYB R2R3 subfamily reveals expanded wine quality-related clades and conserved gene structure organization across *Vitis* and *Arabidopsis genomes*. BMC Plant Biology，15（8）：1749-1770.

Matus J T，Poupin M J，Cañón P，et al. 2010. Isolation of WDR and bHLH genes related to flavonoid synthesis in grapevine（*Vitis vinifera* L.）. Plant Molecular Biology，72（6）：607-620.

Menke F L H，Champion A，Kijne J W，et al. 1999. A novel jasmonate- and elicitor-responsive element in the periwinkle secondary metabolite biosynthetic gene Str interacts with a jasmonate- and elicitor-inducible AP2-domain transcription factor，ORCA2. EMBO Journal，18（16）：4455-4463.

Mercer T R，Dinger M E，Mattick J S. 2009. Long non-coding RNAs：Insights into functions. Nature Reviews Genetics，10（3）：155-159.

Mishra S，Triptahi V，Singh S，et al. 2013. Wound induced tanscriptional regulation of benzylisoquinoline pathway and characterization of wound inducible PsWRKY transcription factor from *Papaver somniferum*. PLoS ONE，8（1）：e52784.

Moore M J，Proudfoot N J. 2009. Pre-mRNA processing reaches back totranscription and ahead to translation. Cell，136（4）：688-700.

Naoumkina M A，He X，Dixon R A. 2008. Elicitor-induced transcription factors for metabolic reprogramming of secondary metabolism in *Medicago truncatula*. BMC Plant Biology，8：132.

Ner-Gaon H，Halachmi R，Savaldi-Goldstein S，et al. 2004. Intron retention is a major phenomenon in alternative splicing in *Arabidopsis*. Plant Journal，39（6）：877-885.

Pan Q，Wang Q，Yuan F，et al. 2012. Overexpression of ORCA3 and G10H in catharanthus roseus plants regulated alkaloid biosynthesis and metabolism revealed by NMR-metabolomics. PLoS ONE，7（8）：e43038.

Patra B，Pattanaik S，Schluttenhofer C，et al. 2018. A network of jasmonate-responsive bHLH factors modulate monoterpenoid indole alkaloid biosynthesis in *Catharanthus roseus.* New Phytologist，217（4）：1566-1581.

Paul P，Singh S K，Patra B，et al. 2020. Mutually regulated AP2/ERF gene clusters modulate biosynthesis of specialized metabolites in Plants. Plant Physiology，182（2）：840-856.

Paul P，Singh S. K，Patra B，et al. 2017. A differentially regulated AP2/ERF transcription factor gene cluster acts downstream of a MAP kinase cascade to modulate terpenoid indole alkaloid biosynthesis in *Catharanthus roseus.* New Phytologist，213（3）：1107-1123.

Pauw B，Hilliou F A O，Martin V S，et al. 2004. Zinc finger proteins act as transcriptional repressors of alkaloid biosynthesis genes in *Catharanthus roseus.* Journal of Biological Chemistry，279（51）：52940-52948.

Pauwels L，Goossens A. 2011. The JAZ proteins：A crucial interface in the jasmonate signaling cascade. Plant Cell，23（9）：3089-3100.

Pei T，Ma P，Ding K，et al. 2018. SmJAZ8 acts as a core repressor regulating JA-induced biosynthesis of salvianolic acids and tanshinones in *Salvia miltiorrhiza* hairy roots. Journal of Experimental Botany，69（7）：1663-1678.

Pires N，Dolan L. 2010. Origin and diversification of basic-helix-loop-helix proteins in plants. Molecular Biology and Evolution，27（4）：862-874.

Qi T，Song S，Ren Q，et al. 2011. The jasmonate-ZIM-domain proteins interact with the WD-repeat/bHLH/MYB complexes to regulate jasmonate-mediated anthocyanin accumulation and trichome initiation in *Arabidopsis thaliana.* Plant Cell，23（5）：1795-1814.

Quadrana L，Colot V. 2016. Plant transgenerational epigenetics. Annual Review of Genetics，50：467-491.

Ramsay N A，Glover B J. 2005. MYB-bHLH-WD40 protein complex and the evolution of cellular diversity. Trends in Plant Science，10（2）：63-70.

Reddy A S N. 2001. Nuclear pre-mRNA splicing in plants. Critical Reviews in Plant Sciences，523-571.

Sakuma Y，Liu Q，Dubouzet J G，et al. 2002. DNA-binding specificity of the ERF/AP2 domain of *Arabidopsis* DREBs，transcription factors involved in dehydration- and cold-inducible gene expression. Biochemical and Biophysical Research Communications，290（3）：998-1009.

Schluttenhofer C，Pattanaik S，Patra B，et al. 2014. Analyses of *Catharanthus roseus* and *Arabidopsis thaliana* WRKY transcription factors reveal involvement in jasmonate signaling. BMC Genomics，15（1）：502.

Shao F，Qiu D，Lu S. 2015. Comparative analysis of the Dicer-like gene family reveals loss of miR162 target site in SmDCL1 from *Salvia miltiorrhiza.* Scientific Reports，5：9891.

Sharp P A. 2005. The discovery of split genes and RNA splicing In：Trends in Biochemical Sciences，30（6）：279-281.

Shen Q，Lu X，Yan T，et al. 2016. The jasmonate-responsive AaMYC2 transcription factor positively regulates artemisinin biosynthesis in *Artemisia annua.* New Phytologist，210（4）：1269-1281.

Shen Q，Yan T，Fu X，et al. 2016. Transcriptional regulation of artemisinin biosynthesis in *Artemisia annua* L. Science Bulletin，61（1）：18-25.

Shoji T，Kajikawa M，Hashimoto T. 2010. Clustered transcription factor genes regulate nicotine biosynthesis in tobacco. Plant Cell，22（10）：3390-3409.

Sibéril Y，Benhamron S，Memelink J，et al. 2001. *Catharanthus roseus* G-box binding factors 1 and 2 act as repressors of strictosidine synthase gene expression in cell cultures. Plant Molecular Biology，45（4）：477-488.

Singh A K，Kumar S R，Dwivedi V，et al. 2017. A WRKY transcription factor from *Withania somnifera* regulates triterpenoid withanolide accumulation and biotic stress tolerance through modulation of phytosterol and defense pathways. New Phytologist，215（3）：1115-1131.

Stracke R，Werber M，Weisshaar B. 2001. The R2R3-MYB gene family in *Arabidopsis thaliana.* Current Opinion in Plant Biology，4（5）：447-456.

Sui X，Singh S K，Patra B，et al. 2018. Cross-family transcription factor interaction between MYC2 and GBFs modulates terpenoid indole alkaloid biosynthesis. Journal of Experimental Botany，69（18）：4267-4281.

Suttipanta N，Pattanaik S，Kulshrestha M，et al. 2011. The transcription factor CrWRKY1 positively regulates the terpenoid indole alkaloid biosynthesis in *Catharanthus roseus.* Plant Physiology，157（4）：2081-2093.

Tamura K，Yoshida K，Hiraoka Y，et al. 2018. The basic Helix-Loop-Helix transcription factor GubHLH3 positively regulates soyasaponin biosynthetic genes in *Glycyrrhiza uralensis.* Plant and Cell Physiology，59（4）：778-791.

Tan H，Xiao L，Gao S，et al. 2015. Trichome and artemisinin regulator 1 is required for trichome development and artemisinin biosynthesis in *Artemisia annua.* Molecular Plant，8（9）：1396-1411.

Tang G，Reinhart B J，Bartel D P，et al. 2003. A biochemical framework for RNA silencing in plants. Genes and Development，17（1）：49-63.

Van Der Fits L，Memelink J. 2000. ORCA3，a jasmonate-responsive transcriptional regulator of plant primary and secondary metabolism. Science，289（5477）：295-297.

van Moerkercke A，Steensma P，Gariboldi I，et al. 2016. The basic helix-loop-helix transcription factor BIS2 is essential for monoterpenoid indole alkaloid production in the medicinal plant *Catharanthus roseus.* Plant Journal，88（1）：3-12.

van Moerkercke A，Steensma P，Schweizer F，et al. 2015. The bHLH transcription factor BIS1 controls the iridoid branch of the monoterpenoid indole alkaloid pathway in *Catharanthus roseus.* Proceedings of the National Academy of Sciences of the United States of America，112（26）：8130-8135.

van Nocker S，Ludwig P. 2003. The WD-repeat protein superfamily in *Arabidopsis*：Conservation and divergence in structure and function. BMC Genomics，4（1）：50.

Vaniushin B F. 2006. DNA methylation and epigenetics. Genetika，42（9）：1186-1199.

Walker A R，Davison P A，Bolognesi-Winfield A C，et al. 1999. The transparent testa glabra1 locus，which regulates trichome differentiation and anthocyanin biosynthesis in arabidopsis，encodes a WD40 repeat protein. Plant Cell，11（7）：1337-1349.

Wasternack C，Hause B. 2013. Jasmonates：Biosynthesis，perception，signal transduction and action in plant stress response，growth and development. An update to the 2007 review in Annals of Botany. Annals of Botany，111（6）：1021-1058.

Wasternack C，Song S. 2017. Jasmonates：Biosynthesis，metabolism，and signaling by proteins activating and repressing transcription. Journal of Experimental Botany，68（6）：1303-1321.

Wilkins O，Nahal H，Foong J，et al. 2009. Expansion and diversification of the *Populus* R2R3-MYB family of transcription factors. Plant Physiology，149（2）：981-993.

Xiao W，Custard R D，Brown R C，et al. 2006. DNA methylation is critical for *Arabidopsis* embroyogenesis and seed viability. Plant Cell，18（4）：805-814.

Xu W，Dubos C，Lepiniec L. 2015. Transcriptional control of flavonoid biosynthesis by MYB-bHLH-WDR complexes. Trends in Plant Science，20（3）：176-185.

Xu Z，Peters R J，Weirather J，et al. 2015. Full-length transcriptome sequences and splice variants obtained by a combination of sequencing platforms applied to different root tissues of *Salvia miltiorrhiza* and tanshinone biosynthesis. Plant Journal，82（6）：951-961.

Yamada Y，Sato F. 2016. Tyrosine phosphorylation and protein degradation control the transcriptional activity of WRKY involved in benzylisoquinoline alkaloid biosynthesis. Scientific Reports，6：31988.

Yamada Y，Yoshimoto T，Yoshida S T，et al. 2016. Characterization of the promoter region of biosynthetic enzyme genes involved in *Berberine* biosynthesis in *Coptis japonica*. Frontiers in Plant Science，7：1352.

Yan T，Chen M，Shen Q，et al. 2017. Homeodomain protein 1 is required for jasmonate-mediated glandular trichome initiation in *Artemisia annua*. New Phytologist，213（3）：1145-1155.

Yin W B，Reinke A W，Szilágyi M，et al. 2013. bZIP transcription factors affecting secondary metabolism，sexual development and stress responses in *Aspergillus nidulans*. Microbiology（United Kingdom），159（Pt-1）：77-88.

Yu Z X，Wang L J，Zhao B，et al. 2014. Progressive regulation of sesquiterpene biosynthesis in *Arabidopsis* and *Patchouli*（*Pogostemon cablin*）by the miR156-targeted SPL transcription factors. Molecular Plant，8（1）：98-110.

Zhang H，Hedhili S，Montiel G，et al. 2011. The basic helix-loop-helix transcription factor CrMYC2 controls the jasmonate-responsive expression of the ORCA genes that regulate alkaloid biosynthesis in *Catharanthus roseus*. Plant Journal，67（1）：61-71.

Zhang M，Chen Y，Nie L，et al. 2018. Transcriptome-wide identification and screening of WRKY factors involved in the regulation of taxol biosynthesis in *Taxus chinensis*. Scientific Reports，8（1）：5197.

Zhang T，Gou Y，Bai F，et al. 2019. AaPP2C1 negatively regulates the expression of genes involved in artemisinin biosynthesis through dephosphorylating AaAPK1. FEBS Letters，593（7）：743-750.

Zhang Y，Ji A，Xu Z，et al. 2019. The AP2/ERF transcription factor SmERF128 positively regulates diterpenoid biosynthesis in *Salvia miltiorrhiza*. Plant Molecular Biology，100（1-2）：83-93.

Zhou Y，Sun W，Chen J，et al. 2016. SmMYC2a and SmMYC2b played similar but irreplaceable roles in regulating the biosynthesis of tanshinones and phenolic acids in *Salvia miltiorrhiza*. Scientific Reports，6（1）：22852.

Zhu Y，Xu J，Sun C，et al. 2015. Chromosome-level genome map provides insights into diverse defense mechanisms in the medicinal fungus Ganoderma sinense. Scientific Reports，5：11087.

Zilberman D，Gehring M，Tran R K，et al. 2007. Genome-wide analysis of *Arabidopsis thaliana* DNA methylation uncovers an interdependence between methylation and transcription. Nature Genetics，39（1）：61-69.

Zimmermann I M，Heim M A，Weisshaar B，et al. 2004. Comprehensive identification of *Arabidopsis thaliana* MYB transcription factors interacting with R/B-like BHLH proteins. Plant Journal，40（1）：22-34.

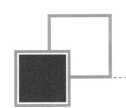

第6章 药用植物组织培养和基因工程

我国野生药用植物资源物种丰富。然而，近年来由于自然生态环境恶化、药用植物过度开发利用等原因，许多药用植物资源严重短缺甚至濒于枯竭，药材市场供不应求，已成为临床治疗和新药研发的瓶颈。植物组织培养技术是现代生命科学研究的常规手段。在药用植物中，组织培养技术可用于药用植物快速繁殖、育种改良、脱毒培养、种质资源保存、濒危资源保护、发育过程与功能基因研究等方面。此外，药用植物组织培养在生产具有药用功效的次生代谢物方面也具有重要应用价值和开发潜力。因此，药用植物组织培养技术的发展为中药资源的可持续发展带来了广阔的前景，也推动了药用植物基因工程的发展。药用植物基因工程技术在改良遗传性状、丰富种质资源、提高抗病性和抗逆性、培养高含量药用活性成分的药用植物中有着良好的应用前景。随着基因编辑和纳米技术等前沿技术在植物学研究中的深入应用，基因工程技术在药用植物品质改良中发挥着越来越重要的作用。

6.1 药用植物组织培养

植物组织培养（plant tissue culture）是指在无菌和人为控制的营养及环境条件下对植物的某一部位（器官、组织或细胞）进行培养的技术。1902 年，德国植物学家哈伯兰德（Haberlandt）提出了细胞全能性理论，认为植物的细胞具有发育成胚胎和植株的潜能。自 1934 年美国科学家怀特（White）首次由番茄根建立了第一个活跃生长的无性繁殖系以来，植物细胞的全能性不断得到验证，建立在此基础上的组织培养技术也取得了飞速发展。广义的植物组织培养又叫离体培养，指从植物体中分离出符合需要的组织、器官、细胞或者原生质体等，在无菌条件下接种在含有各种营养物质及植物激素的培养基上进行培养，获得再生的完整植株或生产具有经济价值的细胞、不定根等的过程。狭义的组织培养是指利用植物离体的器官（如根、茎、叶、花、果实等）或组织（如形成层、薄壁组织、叶肉组织、胚乳等）进行离体培养，获得再生植株的过程，也指在培养过程中从各器官上产生愈伤组织，再经过再分化形成再生植株的过程。目前，植物组织培养技术被广泛应用于植物快速繁殖、脱毒培养、原生质体培养、细胞悬浮培养、组织器官培养以及产生单倍体植物的花药或花粉培养等方面。

药用植物组织培养（medicinal plant tissue culture）是以药用植物作为研究对象，采用组织培养的手段，进行药用植物无性快繁与育种、药用活性成分生产等研究的技术方法体系，是药用植物分子遗传学研究与应用的一个重要组成部分。药用植物的组织培养主要包括药用植物的无菌再生、毛状根与不定根的培养、悬浮细胞培养以及原生质体培养等（图 6-1）。与传统的药用植物栽培相比，组织培养具有很大的优越性。该技术是在人工控制的光照、温度、湿度和营养条件下对药用植物进行培养，不受季节、气候条件与土壤环境等因素的制约，可大幅提高植物的繁殖效率，缩短生长周期，保护濒危珍稀药用植物资源；同时，通过离体培养药用植物的细胞、不定根、毛状根等，能够高效实现紫杉醇、人参皂苷等次生代谢物的合成累积，为生产具有重要药用价值的次生代谢物提供了一种有效的技术手段。此外，组织培养技术还用于药用植物重要基因的功能验证与遗传转化研究，是药用植物分子遗传学研究的重要技术手段之一。

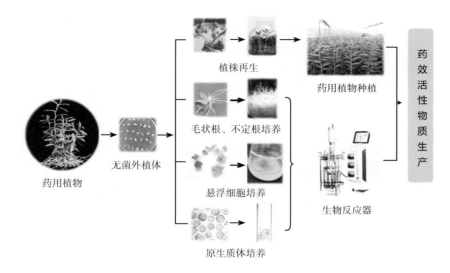

图 6-1　药用植物组织培养

6.1.1　药用植物再生技术

药用植物再生（medicinal plant regeneration）是指直接选择药用植物的根、茎、叶（段、片、块）等部位，利用适宜的培养基诱导愈伤组织或者不定芽，最终培养获得再生植株的技术。该技术主要用于药用植物的种质保存、快速繁殖、品种改良及遗传转化等方面，其显著优点是成本低、效率高、生产周期短、遗传特性一致，可以解决药用植物天然资源不足的棘手问题，或是提供药用植物人工栽培的起始材料，尤其是针对难以利用种子进行繁殖或者繁殖慢的药用植物品种。目前，已建立离体培养再生体系的药用植物有 200余种，包括红景天、西洋参、石斛、桔梗、丹参、金线莲、白及、西红花、麻黄、银杏、半夏、地黄、绞股蓝、杜仲、怀山药、五味子、苦丁茶、肉苁蓉、黄芪、雪莲、何首乌等。在育种方面，有的药用植物的种子发育不完善，发芽率低或收种困难，有的则栽种时耗种量大而繁殖系数小（如贝母、番红花），建立药用植物的再生技术体系可以在短期内繁殖出植株，解决供种不足的问题。在预防病虫害方面，再生体系的建立可有效解决受病虫害严重影响的药用植物的繁殖问题。如茎尖脱毒技术就是利用病毒在植物体内分布不均匀的特点，切取分裂旺盛的几乎不带病毒的茎尖生长点部位，经培养获得脱毒再生植株的技术。该技术已经在唐菖蒲、百合、地黄、太子参、西红花等药用植物的脱毒培养中成功应用。

6.1.2　药用植物不定根和毛状根培养

药用植物毛状根、不定根和细胞培养是生产药用植物次生代谢物非常有价值的工具。根是中药主要的入药部位之一，例如人参、甘草、黄芪、丹参等传统中药材都是根类药材。

植物不定根（adventitious root）是不按正常时序发生的，出现在非正常位置（如茎、叶）的根系。它并非直接或间接由胚根形成，多数情况下是由于植物器官受伤或受到植物激素、病原微生物等外界环境的刺激，通过植物的茎、叶、节、愈伤组织诱导而产生的，因此表现为植物的再生反应。植物的不定根培养具有生长周期短、培养条件可控、材料来源统一、遗传背景一致、重复性强、效率高和不受季节限制等优点。植物毛状根（hairy root）又称发状根，是指利用发根农杆菌（*Agrobacteriom rhizogenes*）侵染植物后，其 Ri 质粒的转移脱氧核糖核酸区（T-DNA）整合进植物细胞核基因组，诱导植物细胞产生的一种冠瘿组织。与植物不定根培养类似，植物毛状根培养同样具有增长速度快、遗传稳定、次生代谢成分积累能力强等特点。此外，毛状根还具有激素自养、能合成新的化合物等优点。因此，将植物不定根和毛状根培养技术应用于药用植物，能够加速药用次生代谢物的规模化生产，从而有效缓解野生药用资源不足的问题，为中药次生代谢物的生产提供有效途径。

目前，已建立上百种药用植物的不定根培养体系，如人参、三七、柴胡、甘草、丹参、黄芪、太子参、白术、雷公藤、贯叶连翘等，同时很多药用植物的毛状根诱导体系也已成功建立，如甘草、黄芩、长春花、何首乌、黄芪、人参、丹参等。利用药用植物的不定根和毛状根培养技术，已经实现多种具有药用价值的次生代谢物的生产，包括黄酮类、生物碱类、蒽醌类、萜类等。然而，尽管已报道的我国药用植物不定根和毛状根培养的种类很多，但是大多数仍都处于摇瓶培养阶段，仅有少数达到生产规模，应用生物反应器进行药用植物的不定根或者毛状根培养的还很少，距离工业化水平还有相当长的一段路要走。不定根和毛状根的培养受植物激素、外植体、培养基（如氮源、磷源、金属离子、无机盐、蔗糖）、接种量等因素影响。因此，科研人员仍需根据不同药用植物特性，系统优化培养条件，建立稳定、高效的药用植物不定根和毛状根培养技术体系，实现有效次生代谢物的量产，为中药天然产物的可持续利用提供有效途径。

6.1.3　药用植物悬浮细胞培养

植物悬浮细胞培养是指将植物细胞或较小的细胞团悬浮在液体培养基中进行摇床培养，在培养过程中细胞能够保持良好分散状态的培养方法。植物细胞能够合成许多具有重要药用价值的次生代谢物，细胞培养不受时令和地域的限制，能够实现次生代谢物的大规模生产。与植物愈伤组织的固体静止培养相比，植物细胞液体悬浮培养的优点主要是细胞增殖速度快、能提供大量均匀一致的培养物且能够进行大规模培养。在离体培养条件下，一些次生代谢物积累的含量要高于整个植株。因此，作为一种有效生产次生代谢物的技术，植物悬浮细胞培养技术为解决药用植物资源紧缺、生产具有工业价值的次生代谢产物提供了潜在的替代方式。

植物离体培养可产生愈伤组织，将疏松型的愈伤组织悬浮在液体培养基中，并在振荡条件下培养一段时间后，可形成分散悬浮培养物。良好的悬浮培养物应具备 3 个特征：①悬浮培养物易分散，细胞团相对较小，一般由数十个以内的细胞聚合而成。②大多数细胞在形态上具有分生细胞的特征，它们多呈等径形，细胞大小均一，形态一致，细胞颜色呈鲜艳的乳白色或淡黄色，培养基清澈透亮。③细胞具有旺盛的生长和分裂能力，增殖速度快，生长周期呈典型的"S"型。1958 年，植物细胞悬浮培养率先在草本植物胡萝卜上获得成功，美国科学家 F. C. 斯图尔德（F. C. Steward）以胡萝卜块根的韧皮部组织为外植体进行液体培养，建立了胡萝卜细胞悬浮系，并经体细胞胚胎发生途径再生完整植株。之后，一些重要的模式植物如烟草、拟南芥和一些具有重要农业价值的农作物和经济作物如水稻、玉米、大麦、小麦、香蕉等物种的悬浮细胞培养体系也相继建立，为这些物种的遗传改良和体细胞杂交等生物工程开辟了新途径。

目前植物悬浮细胞培养技术已经广泛应用于药用植物的次生代谢物生产。其中紫杉醇是最具有代表性的药用植物次生代谢物之一。自从 1991 年克里森（Christen）等申请了有关红豆杉组织培养的第一个专利以来，全世界已有数十家实验室进行红豆杉属植物的组织培养研究。近年来，紫杉醇含量已提高了 100 多倍，达到153mg/L。此外，悬浮细胞培养技术也在其他一些重要药用植物中实现了次生代谢物的大量生产，如通过希腊毛地黄细胞培养生产地高辛、日本黄连细胞培养生产黄连碱、人参根细胞培养生产人参皂苷等。对药用植物悬浮细胞培养来说，选择适宜培养基是首要条件，通过培养基中养分的调节可改变植物细胞生长及物质合成能力。此外，光照、温度、pH 值、电磁场等环境中物理因素以及培养基中碳氮磷源组成、溶解氧、激素和一些微量的金属离子等化学因素也对细胞的生长和次生代谢物合成具有很大影响。通过细胞培养条件的优化，许多种类的药用植物细胞培养技术已达到中试水平，如长春花细胞培养生产长春花碱、丹参细胞培养生产丹参酮、黄花蒿细胞培养生产青蒿素、红豆杉细胞培养生产紫杉醇、紫草细胞培养生产萘醌以及三七细胞培养生产皂苷等。然而，由于悬浮细胞培养在放大过程中仍然存在剪切力等限制因素，利用药用植物悬浮细胞培养实现紫杉醇等药用次生代谢物的工业化生产目前仍存在问题。如能解决以上问题实现工业放大，利用植物细胞大规模培养生产药用活性成分将大有可为。

6.1.4 药用植物原生质体培养

原生质体（protoplast）是指植物细胞中除去细胞壁后有生命活性的部分。除去细胞壁的原生质体能够直接摄入外源的细胞器、DNA、病毒、质粒等，是进行遗传转化研究的理想受体。原生质体作为遗传转化的外植体具有以下 3 个优点：①可用于细胞融合。②有利于外源基因的导入。③能够通过离体培养再生出完整植株。因此，原生质体培养是药用植物筛选高产、稳定细胞的良好途径，也为以原生质体为受体的药用植物外源基因转化奠定了基础。

原生质体的培养包括原生质体的分离纯化和培养两大部分。其中原生质体的分离纯化主要包括原始材料的选择、原生质体分离及纯化。药用植物原生质体培养常用的培养基有 KM8P、MS、LS 培养基等。培养基中的碳源和渗透压是原生质体培养的关键。研究表明葡萄糖是比较理想的渗透压稳定剂和碳源。药用植物的原生质体培养方法包括液体浅层培养和固液双层培养等。王义等以人参愈伤组织细胞悬浮系为材料，在加入 1% 纤维素酶、0.5% 果胶酶、0.7mol/L 甘露醇的酶解液中酶解 8h 分离得到的人参原生质体产量最高。迄今已成功分离和培养原生质体的药用植物包括人参、西洋参、党参、南蛇藤、曼陀罗、颠茄和绞股蓝等。

6.2 药用植物基因工程

植物基因工程，是指应用重组 DNA 技术将人工分离和改良过的外源基因导入植物基因组中，使其遗传性状发生改变，从而提高植物抗病虫性、抗逆性或改良其品质的技术。基因工程技术是 20 世纪 70 年代发展起来的有革命性的研究技术。它通过 DNA 重组技术改变生物的遗传组成，增加生物的遗传多样性，赋予生物新型转基因生物的表型特征。药用植物是我国中药宝库的重要组成部分，但巨大的需求和消耗使得许多野生药用植物资源供不应求，甚至濒于枯竭，给我国中药材的生产带来巨大挑战。以黄花蒿为例，作为一线药物青蒿素的唯一植物来源，天然黄花蒿中青蒿素含量很低（占植株干重 0.01% ～ 1%），而每年青蒿素的国际需求量呈指数增长，造成巨大的供需缺口。因此，药用资源短缺、品种匮乏成为中药发展的瓶颈之一。虽然药用植物基地规范化种植的发展在一定程度上缓解了部分药材的资源紧张问题，但其在大面积集中种植中仍存在连作障碍、病害严重等问题，而以常规育种手段难以克服上述问题。因此，应用药用植物基因工程技术提高药用植物抗病性，优化中药植物种质资源，培育药效成分含量高的新型药用植物品种，或以基因细胞工程生产药用价值高、来源有限的中药活性成分，对中药现代化和可持续性发展具有重要意义。

6.2.1 药用植物遗传转化方法

植物遗传转化（plant genetic transformation）是指利用基因工程原理与技术，将外源基因导入植物细胞、组织和器官，获得转基因植株的过程。遗传转化方法的建立是药用植物基因工程需解决的首要问题。

植物遗传转化分为两大类：一类是直接基因转移技术，包括基因枪法、电击转化法、聚乙二醇（PEG）转化法、超声波法和种子浸泡法等；另一类是生物介导的转化法，包括农杆菌介导和病毒介导两种。每种转化技术都有自身的优缺点。比如电击法和 PEG 转化法在原生质体转化中应用最为成功，因为这两种方法直接打开了细胞壁这一 DNA 进入植物细胞前的屏障，但是大部分植物从原生质体到再生植物仍有很大困难。目前药用植物中最常用的遗传转化方法是基因枪介导法和农杆菌介导法（图 6-2）。基因枪法，又叫粒子轰击细胞法或微弹技术，其基本原理是通过动力系统将带有基因的金属颗粒（金粒或钨粒），以一定的速度轰击进入植物细胞中，从而达到转化 DNA 的目的。基因枪法转化是一个物理过程，其转化的受体可以是所有具有再分生能力的细胞与组织。它的最大优点是无受体材料的限制，可以转化线粒体和叶绿体，同时还具有应用面广、方法简单和转化时间短等优点。但与农杆菌介导法相比，基因枪法仍存在着转化率低、遗传稳定性较差、外源 DNA 整合机理不清楚、存在嵌合体以及转基因沉默现象突出等缺点。然而，对于一些农杆菌不易侵染的植物，尤其是单子叶植物来说，基因枪法仍是目前实现其遗传转化的最佳选择。农杆菌介导法是一种天然的植物遗传转化系统，其介导的遗传转化属于纯生物学的过程。农杆菌是普遍存在于土壤中的一种革兰氏阴性菌，它能在自然条件下趋化性地感染大多数双子叶植物、裸子植物的受伤部位。用于植物转化的农杆菌目前主要有两大类，一类是根癌农杆菌（*Agrobactertium tumefaciens*），另一类是发根农杆菌（*Agrobacterium rhizogenes*）。根癌农杆菌和发根农杆菌的细胞中分别含有 Ti（tumor inducing）质粒和 Ri（root inducing）质粒，能够分别诱导植物产生冠瘿瘤或毛状根。与其他转化方法相比，农杆菌介导的遗传转化具有明显的优点，主要包括：①转化机理清晰。②转化频率高。③可导入大片段的 DNA，且导入植物细胞的片段确切。④导入基因拷贝数低，大多只有 1～3 个。⑤表达效果好且能稳定遗传，多数符合孟德尔遗传规律。⑥所需仪器设备简单，易操作。因此，根癌农杆菌和发根农杆菌介导的遗传转化已成为目前药用植物基因工程中使用的主要方法，广泛应用于药用植物次生代谢物的生产、基因功能研究以及药用资源的品种改良。

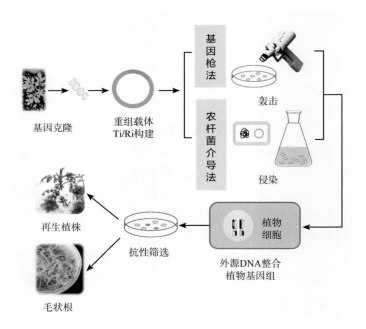

图 6-2 药用植物基因工程图示

6.2.1.1 根癌农杆菌介导的遗传转化

根癌农杆菌是一种革兰氏阴性菌。根癌农杆菌含有的 Ti 质粒，是游离于染色体外的遗传物质，为大小约 200kb 的双链共价闭合的环状 DNA 分子。Ti 质粒包括毒性区（vir）、接合转移区（con）、复制起始区（ori）和 T-DNA 区四个部分，其中的 vir 区和 T-DNA 区与冠瘿瘤生成有关。T-DNA（transfer

DNA）为 Ti 质粒中一段特殊的 DNA 区段，它能自发转移进植物细胞并插入受体植物的染色体 DNA 中。当农杆菌侵染植物后，植物损伤部位会分泌出酚类物质、乙酰丁香酮（acetosyringone，AS）和羟基乙酰丁香酮，这些酚类物质能诱导 Ti 质粒上的 *vir* 基因以及根癌农杆菌染色体上的一个操纵子表达。*vir* 基因产物将 Ti 质粒上的 T-DNA 单链切下，而根癌农杆菌染色体上的操纵子表达产物则与单链 T-DNA 结合形成复合物，使得 T-DNA 区段脱离质粒而整合到受体植物的核基因组中，合成正常植株所没有的冠瘿碱类，破坏控制细胞分裂的激素调节系统，从而诱导植物产生冠瘿组织。因此，T-DNA 可携带任何外源基因整合到植物基因组中，是当前植物基因工程操作中使用最广、效果最佳的克隆载体。根癌农杆菌介导的遗传转化能够诱导植物产生愈伤组织或者叶片丛生芽，进而形成再生植株，是药用植物基因功能研究的重要技术手段之一。

根癌农杆菌介导的遗传转化技术依赖于成熟的植物再生体系。有些药用植物的再生体系比较成熟，如黄花蒿、丹参、甘草、毛地黄、玄参等（表 6-1）。这些植物均有根癌农杆菌介导的遗传转化研究的报道，并能够通过再生成功获得转基因植株，为药用植物基因功能的解析提供了有力的技术方法。而有些药用植物的再生比较困难，仅能从外植体诱导形成愈伤组织，尚不能或者很难分化出再生植株，尤其是一些木本的药用植物银杏、红豆杉等。这类药用植物的遗传转化应用研究仍受到很大限制，其中涉及基因功能研究的工作仍需要借助一些其他模式植物遗传转化系统来完成。

6.2.1.2　发根农杆菌介导的毛状根转化

发根农杆菌也是一种革兰氏阴性菌，能侵染大多数的双子叶植物、少数单子叶植物及个别的裸子植物，通过自身的 Ri 质粒将携带外源基因的 T-DNA 转移并整合到植物基因组中，诱导被感染植物的受伤部位长出毛状根。Ri 质粒是发根农杆菌染色体外的遗传物质，属于巨大质粒，其大小为 200 ~ 800kb。Ri 质粒和 Ti 质粒不仅结构、特点相似，而且具有相同的寄主范围和相似的转化机理，与 Ri 质粒转化相关的也主要为 Vir 区和 T-DNA 区两部分。Ri 质粒的 T-DNA 也存在冠瘿碱合成基因，且这些基因只在被侵染的真核细胞中表达。但与根癌农杆菌不同的是，发根农杆菌从植物伤口入侵后，不能诱发植物产生冠瘿组织，而是诱发植物产生许多不定根，这些不定根生长迅速，不断分枝成毛状，故称之为毛状根或发状根（hairy root）。早在 1982 年，奇尔顿（Chilton）等就报道了利用发根农杆菌感染植物能够产生毛状根的研究。与传统植物栽培、组织培养等技术相比，毛状根培养具有激素自主性、生长周期短、次生代谢成分积累能力强且稳定、能合成新化合物、生长繁殖能力快等优点，因此被广泛应用于药用植物的次生代谢物生产和基因功能研究。此外，由 Ri 质粒诱发产生的毛状根，经离体培养后，也可再生成完整的植株。因此，利用 Ri 质粒作为转基因植物的载体，同样具有广泛的应用前景。

不同药用植物，毛状根的诱导方式不尽相同。根据转化受体的不同，毛状根的诱导方法分为：外植体共培养法、直接感染法和原生质体共培养法。在实际应用中以外植体共培养法为主，主要步骤分为外植体准备、农杆菌侵染、共培养、除菌诱导培养和毛状根扩繁。丹参、冬凌草等药用植物的毛状根诱导均采用该方法。此外，直接注射法是将发根农杆菌直接注射活体无菌苗的茎、叶或者接种到其伤口上，培养一段时间后诱导毛状根，如何首乌。与外植体共培养法相比，直接感染法操作更简单，但其诱导率相对较低。此外，也有些药用植物采用原生质体共培养的方法诱导毛状根，如胡诚等采用纤维素酶和果胶酶处理人参根愈伤组织获取原生质体，并使用发根农杆菌侵染共培养后得到人参毛状根。

近年来，药用植物毛状根培养已在 26 科 100 多种植物中获得了成功（表 6-1），在银杏、长春花、黄花蒿、甘草、商陆、人参、西洋参、丹参等药用植物中获得了许多有开发价值的次生代谢物，其中药用价值较高的有生物碱类（小檗碱，长春花碱）、苷类（人参皂苷、甜菜苷）、黄酮类、醌类（如紫草宁等）、多糖类、蛋白质（如天花粉蛋白等）和一些重要的生物酶（如超氧化物歧化酶）。

表 6-1 已建立遗传转化体系的药用植物汇总

药用植物物种
再生植株 黄花蒿（*Artemisia annua*）、长春花（*Catharanthus roseus*）、兴安藜芦（*Veratrum dahuricum*）、丹参（*Salvia miltiorrhiza*）、乌拉尔甘草（*Glycyrrhiza uralensis*）、贯叶连翘（*Hypericum perforatum*）、鱼腥草（*Houttuynia cordata*）、半夏（*Pinellia ternata*）、菊花（*Chrysanthemum morifolium*）、地黄（*Rehmannia glutinosa*）、罗汉果（*Siraitia grosvenorii*）、盾叶薯蓣（*Dioscorea zingiberensis*）、玄参（*Scrophularia buergeriana*）、黄芩（*Scutellaria baicalensis*）、山楂（*Crataegus pinnatifida*）、白花蛇根草（*Ophiorrhiza pumila*）等
毛状根 人参（*Panax ginseng*）、西洋参（*Panax quinquefolius*）、颠茄（*Atropa belladonna*）、何首乌（*Polygonum multiflorum*）、乌拉尔甘草（*Glycyrrhiza uralensis*）、菘蓝（*Isatis indigotica*）、杜仲（*Eucommia ulmoides*）、黄芩（*Scutellaria baicalensis*）、地黄（*Rehmannia glutinosa*）、金荞麦（*Fagopyrum cymosum*）、苦荞麦（*Fagopyrum tataricum*）、三分三（*Anisodus acutangulus*）、曼地亚红豆杉（*Taxus media*）、短葶飞蓬（*Erigeron breviscapus*）、大花红景天（*Rhodiola crenulata*）、紫锥菊（*Echinacea purpurea*）、乳茄（*Solanum mammosum*）等

6.2.1.3 农杆菌介导遗传转化的关键影响因素

农杆菌介导的药用植物遗传转化是一个复杂且连续的过程，外植体选择、农杆菌类型与活力、外植体侵染时间、共培养时间、筛选压确定等是影响药用植物遗传转化的重要因素。

（1）外植体的选择 药用植物的遗传转化操作中，外植体的选择非常重要。研究发现，植物的子叶、叶柄、真叶、茎段、下胚轴、叶以及根茎等均可作为农杆菌转化的外植体，且不同外植体的转化效率存在明显差别。幼嫩的叶片、茎尖、胚性愈伤等生长旺盛、分生能力强的组织、器官和细胞有利于 T-DNA 的整合，能够有效提高植物的转化效率，是转基因受体的最佳材料。

（2）农杆菌的类型 根癌农杆菌包括 GV3101、EHA105、LBA4404、AGL1 等，最为常用的是 GV3101、EHA105、LBA4404，广泛应用于拟南芥、水稻、烟草等模式植物，以及黄花蒿、丹参、苦荞等药用植物的遗传转化中。常用的发根农杆菌主要有 ACCC10060、ATCC15834、R1000、R1500、C58C1、A4、R1601、LBA9402 和 R1200 等，如菌株 ACCC10060 成功用于丹参和苦荞麦毛状根诱导。同一菌种在不同药用植物中转化效率存在很大差别。有研究人员利用 5 种发根农杆菌（ATCC31798、ATCC43057、AR12、A4 和 A13）诱导乳茄（*Solanum mammosum*）毛状根，发现虽均有毛状根的产生，但 AR12 和 A13 诱导能最快产生毛状根，而 A4 和 A13 诱导率最高。

（3）农杆菌的活力与侵染时间 农杆菌的活性与植物遗传转化的效率密切相关。为了保证农杆菌的活力，通常会在转化前将 $-80℃$ 保存的携带目标质粒的农杆菌在固体抗性培养基上活化 1～2 次，然后转接到液体抗性培养基培养至菌液的浓度 OD_{600} 值为 0.5～0.6，之后离心沉淀，再用悬浮液将农杆菌浓度调节至受体药用植物最适宜的农杆菌浸染浓度进行侵染。不同植物、不同外植体的菌液侵染浓度和时间均有差别，如黄花蒿遗传转化选择的外植体为 10 d 左右的无菌苗的真叶，通常用 OD_{600} 为 0.2 的菌液侵染 15min 即可，而人参的毛状根诱导时选择的外植体为根的切片，需用 OD_{600} 为 0.6～1.0 的菌液侵染 20min 甚至更长时间。

（4）培养条件 首先，外植体的预培养对植物转化有一定影响。研究表明，外植体的预培养可促进细胞分裂，提高外源基因的瞬时表达和转化率，对外植体起到驯化作用，同时预培养可使外植体提前适应离体的培养条件。不同植物外植体的预培养时间也存在一定的差异。外植体经预培养达到最佳状态可提高转化效率，但时间过长并不利于农杆菌的侵染。其次，超声辅助、共培养时间、外源诱导物乙酰丁香酮等因素均影响植物的转化效率。此外，物理因素如光照、培养温度、pH 值等也同样对植物遗传转化产生影响。

（5）抗性基因与筛选压 无论是 Ri 质粒还是 Ti 质粒的植物表达载体，都会携带抗性基因。在有选择压力的条件下，利用抗性基因在转化细胞内的表达，有利于从大量的非转化细胞中选择出转化克隆。目前使用的选择性抗性基因主要有抗生素类、除草剂类、氨甲蝶呤和氨基酸类等。其中抗生素类的抗性基因包括具有卡那霉素抗性的新霉素磷酸转移酶基因（*npt II*）、具有潮霉素抗性的潮霉素磷酸转移酶基因（*hpt*）和具有链霉素抗性的链霉素磷酸转移酶基因（*spt*）等。除草剂类抗性基因有抗草甘膦的 5- 烯醇式丙酮酰莽草酸 -3- 磷酸合酶基因（*Epsps*）、抗草铵膦的双丙氨磷抗性基因（*bar*）和膦丝菌素乙酰转移酶基因（*pat*）等。抗生素类的筛选基因应用最广泛，常用的筛选浓度为 15 ～ 50mg/L。此外，标记基因还包括一些报告基因，如绿色荧光蛋白基因（green fluorescent protein gene，*gfp*）、β- 葡糖醛酸糖苷酶基因（β-glucuronidase，*GUS*）和萤火虫萤光素酶报告基因（firefly luciferase reporter gene）等。

在实际应用中，只有结合药用植物的自身特点，优化其遗传转化过程中的众多因素，才能摸索出适合特定植物的最优遗传转化体系，为药用植物的基因工程提供技术保障。

6.2.2　药用植物基因改造技术

随着药用植物遗传转化技术的不断成熟，越来越多的基因工程技术在药用植物中得以应用。目前，药用植物的基因工程技术主要包括基因过表达、基因沉默以及新兴的基因编辑技术等。这些技术在提高药用植物药效成分、改良药材品质、增强药用植物抗逆性等方面发挥了重要作用。

6.2.2.1　基因过表达技术

基因过表达（gene overexpression）是将某个基因超量表达的过程，其基本原理是通过人工构建的方式在目的基因上游加入调控元件，使基因可以在人为控制的条件下实现大量转录和翻译，从而提高基因产物的生成和累积。基因过表达可以在基因原本所在的细胞中进行，也可在其他表达系统中进行。基因过表达技术的两大关键步骤为过表达载体的构建和植物遗传转化。目前常用的药用植物过表达载体主要是 pCAMBIA 系列载体，有 pCAMBIA1300 和 pCAMBIA2300 等，也有一些商业化的植物表达载体可供选择。构建过表达载体常用的启动子分为组成型启动子、特异型启动子以及诱导型启动子。药用植物转化中广泛使用的组成型启动子有花椰菜花叶病毒 CaMV35S 启动子、胭脂碱合成酶基因 Nos 启动子、水稻 Ubiquitin 启动子等。特异型启动子指只在特异的组织器官表达的启动子，如油菜种子特异表达启动子 *napin* 等。常用终止子包括 *T-NOS*、*T-35S* 和 *T-OCS* 等。药用植物基因过表达的目的主要有两个，一是用强表达的启动子，超量表达目标基因，获取大量的目的基因编码蛋白，从而改良药用植物某一性状；二是用于研究某一基因的生物学功能。

6.2.2.2　基因沉默技术

基因沉默（gene silencing）是植物界中普遍存在的一种抗病毒反应。在长期的生物进化中，植物为了保护自己，限制外源核酸入侵，形成了基因沉默这种防卫保护机制。基因沉默发生在两种水平上，一种是由于 DNA 甲基化、异染色质化以及位置效应等引起的转录基因沉默（transcriptional gene silencing，TGS），另一种是转录后基因沉默（post-transcriptional gene silencing，PTGS），即在基因转录后的水平上通过对靶标 RNA 进行特异性降解而使基因失活。在这两种水平上引起的基因沉默都与入侵核酸片段和宿主基因的同源性有关。人们根据基因沉默的机制，发展了调控基因表达的技术，如 RNA 干扰（RNA interference，RNAi）、病毒诱导的基因沉默等。基因沉默技术和基因过表达技术是研究基因功能的两个重要技术手段。

RNA 干扰是指在进化过程中高度保守的、由双链 RNA（double-stranded RNA，dsRNA）导入某些生物和细胞而诱发的同源 mRNA 高效特异性降解的现象。RNAi 是一种转录后基因沉默，具有高度保守的作用机制（图 6-3）：dsRNA 在体内被 Dicer 二聚体切割成 21 ～ 25bp 的小分子干扰 RNA（small interfering RNA，siRNA），然后 siRNA 磷酸化形成成熟的 siRNA，再与核糖核酸酶复合物一起形成 RNA 诱导沉默复合体（RNA induced silencing complex，RISC），在 siRNA 的引导下，靶向降解体内的同源 mRNA。由于使用 RNAi 技术可以特异性敲除特定基因的表达，所以该技术已被广泛用于基因功能探索研究，为功能基因组学、基因治疗学、药物开发等众多领域带来新的突破，是近年来生命科学领域最为重大的发现之一。在药用植物研究中，利用 RNAi 技术还可以对药用植物次生代谢物的生物合成途径进行调控，从而调控天然产物的生物合成。RNAi 技术应用过程中需要根据靶基因来设计 siRNA，然后将 siRNA 构建在植物表达载体上，导入植物细胞，实现靶基因的抑制。目前 RNAi 技术作为一种反义调控技术已经相当成熟，在药用植物基因功能研究和代谢产物合成调控领域得到广泛应用。例如：可待因（codeine）和吗啡（morphine）共同的前体分子（S）- 网状番茄枝碱 [（S）-reticuline] 是能高效治疗疟疾等疾病的生物碱，但其仅为代谢的中间产物，含量低且不稳定。2004 年，澳大利亚的科学家们通过 RNAi 技术抑制罂粟中可待因酮还原酶（codeinone reductase，COR）基因家族中所有基因的表达，使其上游前体（S）- 网状番茄枝碱在转基因罂粟中大量积累，而吗啡、可待因、蒂巴因（thebaine）等生物碱的含量下降。该项研究成功应用 RNAi 技术实现了罂粟中次生代谢物的合成调控，是利用 RNAi 技术提高药用活性物质含量和解析生物碱次生代谢调控的典型案例之一。

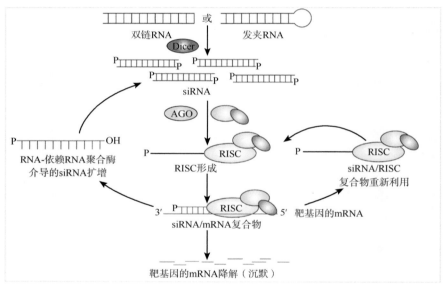

图 6-3　RNA 干扰（RNAi）原理图

病毒诱导的基因沉默（virus induced gene silencing，VIGS），是通过插入目的基因片段的重组病毒来抑制植物内源基因表达的遗传技术。VIGS 技术是根据植物对 RNA 病毒的防御机制发展起来的一种技术，其内在的分子基础是转录后基因沉默。VIGS 技术是研究植物基因功能的反向遗传学手段，已成为植物基因功能研究的有力工具。当携带目标基因 cDNA 片段的病毒载体侵染植物细胞后，其在植物细胞内复制与表达的过程中会形成 dsRNA；dsRNA 作为基因沉默的激发子先在细胞中被特异核酸内切酶 Dicer 类似物切割成 21 ～ 25bp 的 siRNA；siRNA 在植物细胞内被依赖 RNA 的 RNA 聚合酶进一步扩增，并以单链形式与 agronatute 2（AGO2）等结合形成 RISC；RISC 又特异地与细胞质中植物内源的同源 RNA 结合，造成同源 RNA 降解导致产生转录后水平的基因沉默，从而引起植物的表型变化，进而根据表型变异研究目标基因的功能（图 6-4）。

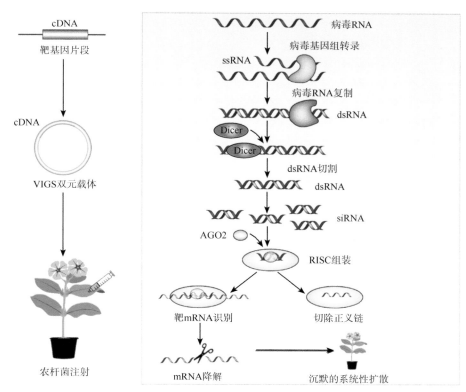

图 6-4　病毒诱导的基因沉默（VIGS）原理图

与传统的基因敲除等方法相比，VIGS 技术用于植物基因功能研究有如下优点：①快速、高效，能够在侵染植物当代对目标基因进行沉默和功能分析。②属于瞬时基因沉默方法，不需要复杂的遗传转化体系，克服了很多药用植物不能实现转基因的技术瓶颈。③可在不同遗传背景下起作用，对基因功能分析更透彻。因此，VIGS 系统一经建立，即被视为研究植物基因功能的强有力工具，得到了深入的研究和广泛应用。用于 VIGS 的常用病毒载体有基于烟草花叶病毒（tobacco mosaic virus，TMV）、番茄金色花叶病毒（tomato golden mosaic virus，TGMV）、大麦条纹花叶病毒（barley stripe mosaic virus，BSMV）、烟草脆裂病毒（tobacco rattle virus，TRV）和马铃薯 X 病毒（potato virus X，PVX）等病毒介导的沉默载体。虽然 VIGS 技术功能强大，在基因功能研究方面展现出很大的优势，但由于 VIGS 载体病毒寄主范围有限，针对不同的寄主往往需要开发不同的病毒载体。目前，VIGS 技术已应用于罂粟、枸杞、大麻等药用植物的基因功能验证研究。

6.2.2.3　基因编辑技术

基因编辑是利用人工设计和改造的核酸酶对基因组进行精确的定点修饰技术，包括对基因组进行靶向基因敲入（knock-in）、基因敲除（knock-out）以及有目的的片段替换，其在基因功能研究和改造、生物医学和植物遗传改良等方面具有重大的应用价值。

当前的基因编辑技术主要包括 ZFNs（zinc-finger nucleases，锌指核酸酶）、TALENs（transcription activator-like effector nucleases，转录激活子样效应因子核酸酶）和 RNA 介导的 CRISPR/Cas 系统（clustered regularly interspaced short palindromic repeats/CRISPR-associated Cas）三种类型。ZFNs 和 TALENs 是由特异性的 DNA 结合蛋白与一个非特异性的核酸酶 Fok I 融合组成，DNA 结合蛋白特异识别并结合靶 DNA 序列，然后在 Fok I 的作用下引起靶位点的 DNA 双链断裂（double strand breaks，DSBs）；而 CRISPR/Cas 系统，则是由小分子向导 RNA 通过碱基互补配对与靶基因组序列结合，而引导 Cas 核酸酶切割靶位点而形成 DSBs。其中 CRISPR/Cas 系统是第三代基因编辑系统，通过简单的核苷酸互补配对方式与特定的位点结合，即可实现对靶基因的编辑，其实验设计简单、操作简便、成本低，目前已经成为应用最为广泛的基因组编辑技术。CRISPR/Cas 是细菌和古细菌中的一种适应性免疫系统，能特异地降解入侵噬菌体或外源质粒的 DNA。其中 CRISPR 是成簇的规律间隔的短回文重复序列的简称，而 Cas 是指与 CRISPR RNA 结合的蛋白。该系统包括 CRISPR/Cas、CRISPR/Cpf1、CRISPR/C2c1 和 CRISPR/C2c2 等亚类型，但目前应用最多、最成熟的是 CRISPR/Cas9。CRISPR/Cas9 靶向编辑基因组序列的原理是利用 Cas9 和靶位点特异的 sgRNA 切割基因组，在设计的靶位点处形成 DSB，然后利用生物体内的 DNA 修复机制（非同源末端连接和同源重组）对 DNA 序列进行修复，从而实现基因组靶向编辑（图 6-5）。CRISPR/Cas9 可用于靶向基因的敲除、敲入或替换以及靶向基因的转录调控等。相较于传统的转基因技术，CRISPR/Cas9 技术更加高效、精准、操作简便，敲除效率更高，大大降低了脱靶概率，而且基因组编辑在靶向修饰特定基因后，能通过自交或杂交剔除外源基因以消除转基因安全顾虑。目前，CRISPR/Cas9 技术已成功应用于拟南芥、水稻、玉米、小麦、大豆、番茄、马铃薯等模式植物和作物中重要基因的编辑与遗传改良，为植物基因组编辑、突变体创制、功能研究和品种改良提供了新的技术工具，必将成为植物遗传改良和分子设计育种的核心技术之一。

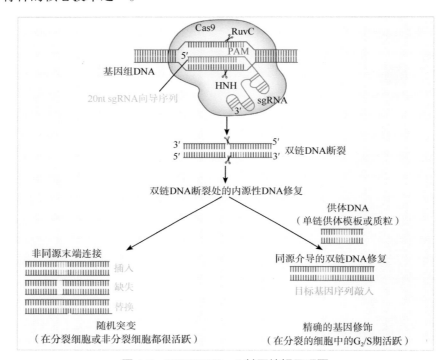

图 6-5　CRISPR/Cas9 基因编辑原理图

RuvC 和 HNH 是决定 Cas9 核酸酶剪切活性的两个结构域，分别负责切割 DNA 的两条链

　　CRISPR/Cas9 技术在药用植物中的应用研究还处于初期，仅在丹参、罂粟、铁皮石斛、盾叶薯蓣和百脉根等几种药用植物中有研究报道。2016 年，Yagiz 等将 CRISPR/Cas9 技术应用到罂粟中，通过敲除罂粟中特征药效成分苄基异喹啉类生物碱（benzy lisoquinoline alkaloids，BIAs）生物合成途径中的 3′- 羟基 -N- 甲基丙氨酸 4′-O- 甲基转移酶基因（4′-OMT2），调节罂粟中 BIAs 的代谢和生物合成。随后，Li 等（2017）应用 CRISPR/Cas9 技术成功突变了丹参酮合成途径中的关键基因——二萜类合成酶基因 SmCPS1。Kui 等（2017）应用 CRISPR/Cas9 编辑系统分别成功编辑了 5 个木质纤维素生物合成途径的靶基因 C3H、C4H、4CL、CCR 和 IRX，通过敲除木质素生物合成途径中的基因来研究铁皮石斛中木质纤维素的含量是否降低，从而提升其品质。CRISPR/Cas 等前沿基因编辑技术在药用植物中的应用，将突破传统转基因技术的安全顾虑，在药用植物的功能基因解析、遗传改良和新品种选育中具有重大的应用价值。

案例 1　丹参的毛状根培养体系

1. 研究背景

丹参（*Salvia miltiorrhiza*）为唇形科鼠尾草属多年生草本植物，以根及根茎入药，具有"祛瘀止痛、活血通经、清心除烦"等传统功效。《神农本草经》中将丹参列为上品，其性微寒，味苦，入心肝二经。临床研究表明丹参在治疗心脑血管疾病、抗氧化方面具有显著疗效。丹参的药效物质基础主要是脂溶性的丹参酮类和水溶性的丹酚酸类。其中脂溶性成分包括丹参酮 I、丹参酮 IIA 和隐丹参酮等，水溶性成分包括丹参素、丹酚酸、迷迭香酸、原儿茶醛和迷迭香酸等。由于丹参有效成分在原植物根中含量低、生长周期长，在传统的栽培模式下又面临着品质严重退化、农药残留及占用大量耕地资源等问题。由发根农杆菌侵染植物形成的丹参毛状根系统，生长速度较快，遗传性稳定，成为生产丹参中药用活性成分的良好培养系统。

2. 研究方法

张荫麟等在 1995 年就报道了丹参的毛状根培养体系。该研究用在 1/2MS 培养基上生长的丹参无菌苗作为试验材料，用发根农杆菌 15834 菌株直接侵染的方式进行 Ri 质粒转化，并在无激素的 MS 培养基上成功诱导培养获得丹参的毛状根。该研究通过对比毛状根在 67-V、MS 和 RC 三种液体培养基中的增殖状况，发现 67-V 培养基是最适合丹参毛状根继代培养的培养基。最后用 DNA 印迹法（Southern blotting）检测证实发根农杆菌 Ri 质粒的 T-DNA 区成功转化到丹参细胞的 DNA 中。实验还发现毛状根能积累一定量的丹参酮，但含量较低。因此，将毛状根做液体悬浮培养，待培养物充分增殖后在培养基中加入茯苓、凤尾菇、紫芝、密环菌等真菌诱导子，培养 3～4 日后收集，用紫外分光光度法分析毛状根中丹参酮的含量，结果表明真菌诱导子对促进毛状根丹参酮的累积是有效的，且在短期内（3～4 日）即有明显效果，其中以密环菌的诱导效果最好，丹参酮的含量已接近生药水平。

刘晓艳等采用发根农杆菌 R1601 菌株浸染丹参叶片、茎段、叶柄、带节茎段等外植体，研究结果发现相比茎和叶柄，丹参叶片更适宜诱导毛状根，带节茎段经发根农杆菌 R1601 侵染后，幼苗根系较为发达、粗壮，而由其他外植体诱导产生的毛状根生长相对较慢，形成的根较细而弱。谈荣慧等对丹参毛状根及其培养条件进行优化，以发根农杆菌 A4、LBA9402、15834 菌株分别侵染丹参，发现 3 种发根农杆菌均诱导出丹参毛状根，且发根农杆菌 LBA9402 和 A4 诱导的丹参毛状根在 pH 值为 4.81 的 MSOH 液体培养基 [MSOH 培养基是指在 MS 培养基的基础上由 1g/L 水解酪蛋白替代硝酸铵（NH_4NO_3）] 中培养的丹酚酸含量较高。郭妍宏等采用半乳糖、果糖、乳糖、葡萄糖、阿拉伯糖和蔗糖（对照）等 6 种碳源处理毛状根，通过测定毛状根的鲜重、干重以及丹酚酸类、丹参酮类成分的含量与产量，评价不同碳源对丹参和藏丹参毛状根产量和活性成分积累的影响。结果表明，半乳糖对丹参和藏丹参毛状根的生长最为有利，而乳糖和阿拉伯糖不利于 2 种毛状根生长。对于丹参毛状根，果糖显著促进了丹酚酸 B 的积累，含量与产量分别比对照组提高了 5.801、10.151 倍；葡萄糖显著促进了丹酚酸的积累，其中迷迭香酸的含量和产量分别为对照组的 7.674、9.260 倍，丹酚酸 B 的含量和产量分别为对照组的 5.532、6.675 倍。

3. 研究结果

多个研究团队成功建立了丹参的毛状根培养体系，并在外植体、发根农杆菌菌株和继代培养基选择等方面对丹参毛状根的转化效率和继代培养生产丹参酮、丹酚酸的培养条件进行了优化，目前已经形成了成熟的丹参毛状根诱导和培养体系（图 6-6）。

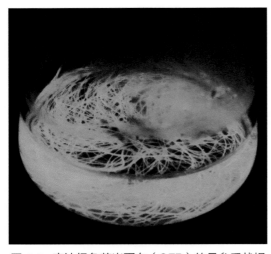

图 6-6 表达绿色荧光蛋白（GFP）的丹参毛状根

结合文献和本研究团队工作，总结丹参毛状根诱导培养的详细步骤如下。

（1）无菌苗培养　筛选饱满的丹参种子，流水冲洗 3 次后用 0.1% 的升汞溶液灭菌 5min，再用蒸馏水漂洗 3 次，之后撒播在灭菌后的湿滤纸上。待种子发芽后，转移到 MS 培养基上，即可获得丹参无菌植株。也可将丹参无菌株的茎尖切下移植到 1/2MS 培养基上，由茎尖直接发根并长成植株。

（2）外植体准备　将丹参无菌苗幼嫩叶片剪成 0.5～1cm² 大小的叶盘，放置比 MS 固体培养基上预培养 2～3 天。

（3）农杆菌侵染　将含有重组质粒的发根农杆菌接种在对应抗性的 YEB 培养基中，28℃摇床至 OD_{600} 约为 0.5。然后离心收集菌体，用等体积的 MS 液体培养基重悬菌体。之后，将预培养的叶盘于 MS 重悬液中浸泡侵染 10min，无菌纸吸干后，放置在 MS 固体培养基上 25℃黑暗条件下共培养 48～72h。

（4）除菌诱导培养　共培养后的叶盘置于含 500mg/L 头孢霉素的无菌水中清洗 10min，随后转入含 500mg/L 头孢霉素和对应抗性的 MS 固体培养基中，黑暗中筛选，每 10 天继代一次。

（5）继代培养　选择长势快的、具有抗性的毛状根，切下 2～3cm，在 MS 或者其他适宜的固体或者液体培养基上继代培养。

4. 亮点评述

丹参是我国常用的中草药之一，被广泛用于治疗冠心病、心绞痛、心肌梗死等心脑血管疾病，且疗效显著。许多中成药如复方丹参注射液、丹参舒心片、丹参酮片、复方丹参片、复方丹参滴丸等均以丹参为主。丹参毛状根诱导培养体系的建立和继代培养技术的不断优化，为丹参中丹参酮、丹酚酸等药用活性成分的生产提供了一种新的高效、快速的手段，同时也为丹参的基因功能验证和利用基因工程技术提高丹参中有效物质累积提供了重要的方法体系。成熟的丹参毛状根培养体系、基因工程技术以及生物反应器的放大培养技术，将为丹参有效药用成分的大规模生产和丹参资源的可持续开发利用奠定技术基础。

案例 2　利用形成层分生组织细胞培养生产抗癌药物紫杉醇

1. 研究背景

植物天然产物不仅是药物的直接来源，也可作为药物先导化合物进行开发，对人类的生命健康具有重要意义。药用植物是大量重要天然产物的直接来源，其细胞培养技术为天然产物的生产提供了一种非常有效的途径。植物愈伤组织细胞，又称脱分化细胞（dedifferentiated cell，DDC）是植物已分化的器官经细胞脱分化所形成的细胞系。这些细胞在理论上可以进行无限次分裂，是永生的。因此，自 20 世纪 40 年代组织培养技术应用以来，涉及脱分化过程的植物细胞悬浮培养技术迅速发展。脱分化使得特定器官内的特殊细胞的有丝分裂重新激活，产生增殖细胞的多细胞混合物。但由于在此过程中可能发生一些遗传和表观遗传的变化，使得悬浮培养物生长较差，天然产物的产量也较低且不一致。因此用 DDC 进行天然产物的规模化生产仍然存在困难，难以商业化。植物干细胞（plant stem cell）是植物体内具有自我更新和多向分化潜能的细胞群体，属于先天未分化的细胞。它们主要位于植物体茎尖分生组织、根尖分生组织和维管形成层中，既可以通过细胞分裂维持自身细胞群体的大小，也可以分化成为各种不同的组织器官。Lee 等（2010）分离了红豆杉（*Taxus cuspidata*）的形成层分生细胞（cambial meristematic cell，CMC）并建立了高效的培养体系，用于紫杉醇中活性萜类化合物的生产，为可持续生产各种重要的植物天然产物建立了一种新的经济、高效且环保的技术体系。

2. 研究方法

研究团队采集红豆杉（*T. cuspidata*）的嫩枝，将形成层、韧皮部、皮层、表皮组织与木质部剥离，在固体培养基上培养 30d 后分离 CMC 和 DDC（图 6-7）。该团队也利用此技术成功获得了人参（*Panax ginseng*）、银杏（*Ginkgo biloba*）和番茄（*Lycopersicon esculentum*）的 CMC 和 DDC 细胞系。然后，对分离培养的细胞系进行形态观察并分析其对博莱霉素（zeocin）的敏感性，证明 CMC 细胞系具备植物干细胞的特性。进一步通过红豆杉转录组分析确定了与干细胞特性一致的标记基因的转录水平变化。

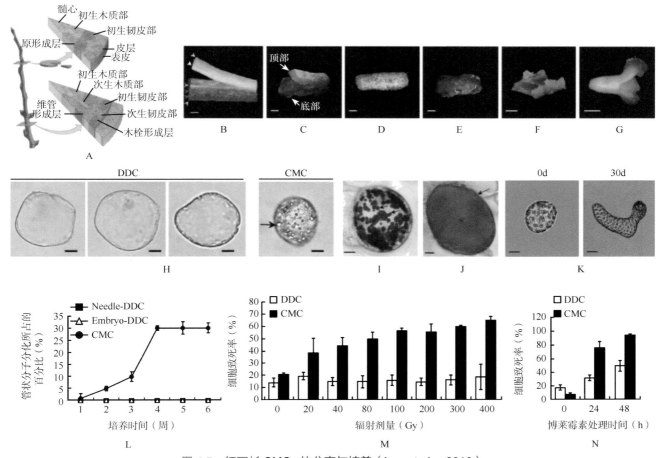

图 6-7　红豆杉 CMCs 的分离与培养（Lee et al.，2010）

A. 形成层细胞横截面示意图。B. 从木质部剥离形成层、韧皮部、皮层和表皮细胞制备外植体。细胞类型用不同颜色箭头表示：黄色，髓心；白色，木质部；绿色，形成层；红色，韧皮部；蓝色，皮层；绿松石绿，表皮。标尺，0.5mm。C. 韧皮部，皮层和表皮细胞诱导的 DDC 中 CMCs 的自然分裂。顶层由 CMC 组成，底层由 DDC 组成。标尺，1mm。D. 从形成层细胞中增殖形成的 CMC，标尺，1mm。E. 从韧皮部、皮层和表皮细胞诱导产生的 DDC。标尺，1mm。F. 从外植体边缘诱导产生的 DDC，标尺，0.5mm。G. 从胚的边缘诱导产生的 DDC，标尺，0.5mm。H. DDC 和单个 CMC 的显微照片，CMC 体积小，且具有特征性的大量、小的液泡状结构，黑色箭头表示液泡状结构，标尺，20μm。I. 中性红染色的单个 CCM，染色的液泡用黑色箭头指示，标尺，10μm。J. 中性红染色的针源性 DDC，单个大液泡用黑色箭头指示，标尺，10μm。K. 添加分化培养基后，CMC 分化为管状分子，标尺，25μm。L. DDC 和 CMC 细胞分化为管状分子的时间过程。M. DDC 和 CMC 细胞在不同程度电离辐射量下的致死率。N. DDC 和 CMC 对博莱霉素的敏感性。数据以平均值 ±SD 表示研究人员在固体培养基中培养 CMC 和 DDC 22 个月后，发现 CMC 的总干细胞重是 DDC 的 4000 倍，且在接下来的 22 个月 CMC 仍在快速地生长，而 DCC 则有明显的坏死斑块。为了比较 CMC 和 DDC 中产生紫杉醇的能力，研究人员将在 125ml 的培养瓶中培养了 14d 的 CMC 转移到含有 MeJA、壳聚糖（chitosan）以及前体苯丙氨酸的培养基中诱导紫杉醇的合成，继续培养 10d 后收集细胞，利用 HPLC 法测定紫杉醇的产量。结果发现 CMC 最终产生了 102mg/kg 鲜重的紫杉醇，大约是 DDC 的 5 倍，同时紫杉醇生物合成的关键酶基因在 CMC 中比在 DDC 中表达更高。

为了进一步验证 CMC 工业化应用的潜能，研究者研究了其在 3L、10L 和 20L 生物反应器中的性能，均发现 CMC 能够快速增长。CMC 对生物反应器剪切力的相对耐受性可能归因于其体积较小且富含液泡、聚集减少和细胞壁薄。随后研究人员测定了在 3L 和 20L 气举式生物反应器中红豆杉细胞悬浮液中紫杉醇的生产水平。在诱导 10d 后，3L 的反应器中胚胎源性的 DDC 中紫杉醇的产量增加了 4.33 倍（13mg/kg），而 CMC 中则比诱导前提高了 140 倍（98mg/kg）。相应的培养基中 CMC 分泌的紫杉醇也比 DCC 分泌的高 720 倍。在 20L 的反应器中，CMC 合成的紫杉醇达到 268mg/kg，表明 CMC 在大容量反应器中更能响应诱导。由于灌注培养能够促进次生代谢物分泌到培养基中，有利于目标物的纯化，因此该团队也比较了灌注培养后紫杉醇的分泌情况，发现灌注培养 45d 后，CMC 可产生 264mg/kg 鲜重紫杉醇，其中直接分泌到培养基中的占 74%。因此 CMC 的灌注培养既促进了紫杉醇的生物合成，又增加了次生代谢物分泌到培养基中的比例，使得纯化成本更低、效益更高。同时，CMC 悬浮培养物中三环二萜衍生物红豆杉素 A 和红豆杉素 C 的含量也远远高于这些活性成分在 DCC 悬浮培养物中的含量。

此外，为了考察来自其他植物物种的 CMC 是否在工业化天然产物的生物合成方面也表现出优异的性能。研究人员用 3L 气举式生物反应器培养人参的 CMC 悬浮细胞，其产生的人参皂苷 F2 和绞股蓝皂苷 XVII 分别比先前报道的人参根中的含量高 23.8 倍和 24.1 倍（图 6-8）。因此培养的 CMC 细胞为紫杉醇以及其他重要的天然产物提供了一个经济有效、环保且可持续的来源。与人工栽培生产不同的是，该方法不受气候或者其他不可预测因素的影响，而且一些物种的 CMC 也为探索植物干细胞功能研究提供了重要的生物学工具。

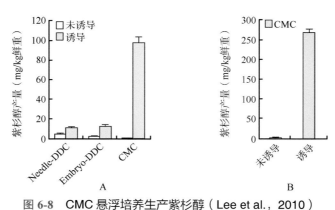

图 6-8 CMC 悬浮培养生产紫杉醇（Lee et al., 2010）

A. 在 3L 气举式生物反应器中培养 6 个月后不同细胞中的紫杉醇产量；B. 在 20 L 气举式生物反应器中培养 28 个月后 CMC 中的紫杉醇产量

3. 研究结果

Lee 等成功从药用植物红豆杉中分离了 CMCs，并建立了 CMCs 细胞悬浮培养体系，为抗癌药物紫杉醇等天然产物的工业化生产提供了新的途径。

4. 亮点评述

紫杉醇是从药用植物红豆杉树皮中分离的一种二萜类化合物，具有天然的抗癌功效，1992 年被美国食品和药物管理局（FDA）正式批准为抗癌新药，能够有效治疗卵巢癌、乳腺癌、肺癌、大肠癌、恶性黑色素瘤等。但由于紫杉醇在红豆杉树皮中的含量极低（每生产 1kg 紫杉醇需红豆杉树皮 30t），而且必须以成年树木为原料，因此传统生产方法不但周期长、效率低，还会破坏大量的森林资源。随着国际市场对紫杉醇需求量的日益增长，资源量本来就十分有限的红豆杉远远不能满足市场需求。在利益的驱使下，不少红豆杉惨遭不法分子剥皮，野生红豆杉资源遭到严重破坏，濒临灭绝。英国爱丁堡大学生物科学学院加里·洛克教授和他的同事从红豆杉树皮中提取了一种用于生产紫杉醇的植物干细胞。利用这种能够不断分裂繁殖的植物干细胞可以生产大量具有活性的化合物，这为紫杉醇等药物的提取提供充足的原料，可克服现有的植物细胞悬浮培养的技术局限性，且不会产生有害副产物。此外，借助该方法，研究人员在人参、银杏等具有重要药用价值的植物中也成功分离出 CMC，为可持续生产复杂多样的天然药物提供了新的经济、高效且环保的途径，同时对药用资源的可持续利用具有重要意义。

案例 3　利用雷公藤形成层分生组织细胞生产萜类化合物

1. 研究背景

雷公藤（*Tripterygium wilfordii*）是来源于卫矛科的一种重要药用植物，以干燥根入药，主要用于治疗恶性肿瘤、艾滋病和帕金森病等疾病。雷公藤富含二萜和三萜类化合物，其中雷公藤内酯、雷酚内酯和雷公藤红素是应用于临床的主要活性物质。然而，其原植物、毛状根和愈伤组织中这些萜类化合物含量仍达不到临床用药需求。为了进一步提高雷公藤中活性萜类化合物的产量，桑（Song）等建立了具有干细胞特性的形成层分生细胞（CMC）的培养体系。该体系细胞活力强，天然产物合成效率高，可生产大量的萜类化合物。

2. 研究方法

研究人员首先采集雷公藤的茎，去除木质部和髓心，在固体分离培养基上培养含有形成层、韧皮部、皮层和表皮的组织。培养 30d 后，暗色 CMC 很容易从白色和不规则的 DDC 中分离出来。通过分析细胞形态特征、对 Zeocin 的敏感性以及细胞壁的高度和厚度，再结合 CMC 和 DDC 代谢产物鉴定所分离的细胞是否为 CMC 细胞，且是否表现出植物干细胞的特征。进一步根据转录组的比较分析挖掘在 CMC 和 DDC 差异表达的基因。

进一步，研究者利用 50μmol/L 的茉莉酸甲酯（MeJA）诱导培养 10 d 的 CMC 细胞系，然后采用超高效液相色谱法（UPLC）测定了诱导 0h、12h、24h、48h、120h、240h、360h 和 480h 后雷公藤甲素、雷公藤素和雷公藤酚内酯的产量，考察茉莉酸甲酯对这些化合物合成的诱导情况。在此基础上，通过定量反转录 PCR（qRT-PCR）检测萜类化合物生物合成通路上基因的表达变化，解释 MeJA 引起萜类化合物产量变化的可能原因。

3. 研究结果

本研究成功建立了雷公藤的 CMC 培养体系（图 6-9），并发现茉莉酸甲酯诱导培养 CMC 后，雷公藤甲素、雷公藤红素和雷酚内酯含量分别比对照组提高 312%、400% 和 327%（图 6-10）。该研究表明 MeJA 长期诱导可促进萜类化合物在 CMC 细胞和培养基中的产生。进一步验证发现萜类化合物产量的增加可能是由于 CMC 中 1- 脱氧 -D- 木糖 -5- 磷酸合成酶（DXS）、1- 脱氧 -D- 木糖 -5- 磷酸还原异构酶（DXR）和羟甲基戊二酰 -CoA 合成酶（HMGS）基因的表达量受到 MeJA 诱导后显著上调所致。

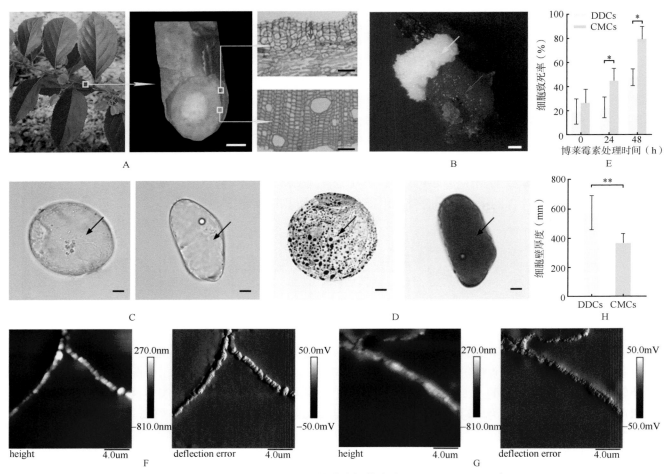

图 6-9　雷公藤 CMC 和 DDC 的分离与鉴定（Song et al.，2019）

A. 从木质部和表皮组织一侧剥离形成层、韧皮部和皮层，形成层（橙色箭头）与韧皮部组织的横断面，底部显微照片为木质部（固绿染色），白色标尺，0.25mm，黑色标尺，10μm；B. 可见的 CMC（红色箭头）与 DDC（黄色箭头）自然分裂。标尺，1mm；C.CMC 和 DDC 的显微照片，CMC 有丰富而小的液泡（其中一个用黑色箭头标记），DDC 只有一个大液泡（黑色箭头），标尺，10μm；D. 用中性红对单个 CMC 和 DDC 细胞染色，黑色箭头表示液泡，标尺，10μm；E.CMC 和 DDC 对博莱霉素（zeocin）的敏感性，数值以平均值 ±SD 表示，$n=3$，*$P < 0.05$；F. 通过原子力显微镜（AFM）观察 CMC 的细胞壁表面形态（height 和 deflection error），标尺，4.0μm；G. 通过 AFM 观察 DDC 的细胞壁表面形态（height 和 deflection error），标尺，4.0μm；H.CMC 和 DDC 细胞壁的厚度，数值以平均值 ±SD 表示，$n=30$，**$P < 0.01$

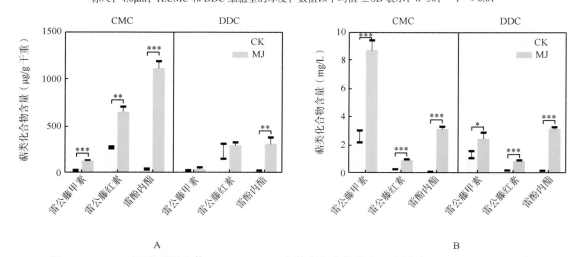

图 6-10　MeJA 诱导后雷公藤 CMC 和 DDC 中萜类化合物的含量比较（Song et al.，2019）

A. MeJA 诱导培养后细胞中萜类化合物的含量；B. MeJA 诱导培养后培养基中分泌的萜类化合物含量；DW：干重，数值以均值 ±SD，$n=4$，**$P < 0.01$，***$P < 0.001$；CK：对照组；MJ：MeJA，茉莉酸甲酯

4. 亮点评述

该研究首次在雷公藤中分离鉴定 CMC 细胞，并发现 CMC 悬浮培养能够稳定、高效地生产大量的萜类化合物。因此，CMC 培养可为萜类化合物的可持续生产提供一个有效且可控的途径，与原有的 DDC 培养相比，将是一个更好的选择。

案例 4　黄花蒿的稳定遗传转化体系

1. 研究背景

黄花蒿是中药青蒿的基原植物，是抗疟一线药物青蒿素的唯一天然来源。随着青蒿素及其衍生物新适应证的大力开发，如双氢青蒿素片在治疗免疫性疾病系统性红斑狼疮等疾病中的应用，国际市场对黄花蒿原料药材的需求必然会显著提升。青蒿素年需求量在 200 t 以上，国内黄花蒿种植面积约 8 万亩（1亩 $\approx 666.7m^2$），供应全球青蒿素及衍生产品 90% 以上的原料。黄花蒿广布于欧洲和亚洲，世界大部分地区黄花蒿中青蒿素含量低于 0.2%，无工业提取价值。我国黄花蒿资源中青蒿素含量呈现由南到北逐渐降低的特点。黄花蒿属于异花授粉植物，杂合度高，常采用系统选育、集团选育、混合选育等传统方法结合组织培养等进行育种，但依然存在后代分化严重，育种周期长、效率低，需要持续选育等缺点。现在生产上大面积使用的黄花蒿品种中青蒿素含量偏低，仅为 1.0% 左右，且由于长期人工栽培植株出现耐涝性差、病虫害严重等问题。因此，迫切需要发展有效的育种方法进行黄花蒿的品种改良。基因工程育种可以按照人们的意愿定向改造生物、能够打破不同物种间的基因交流障碍，缩短良种选育周期，为黄花蒿的良种选育提供了有力手段，而稳定的遗传转化方法是黄花蒿基因工程育种和基因功能研究的前提。

2. 研究内容、方法与结果

黄花蒿的遗传转化技术目前已经比较成熟，具体步骤如下（图 6-11）。

（1）种子消毒　筛出一定量较为纯净的黄花蒿种子，放在 1.5ml 离心管中；75% 乙醇消毒 1min，立即用无菌水冲洗；0.1% 升汞灭菌 8min，无菌水洗 4 ～ 5 遍；将种子均匀铺在 MS0 固体培养基（MS+ 植物琼脂）上，放置在 25℃，光周期为 16/8 h 的温室，大约 7d 发芽。

A　　　　　　　　B　　　　　　　　C　　　　　　　　D　　　　　　　　E

图 6-11　黄花蒿的遗传转化
A. 无菌苗培养；B. 共培养；C. 丛生芽诱导；D. 生根；E. 幼苗移栽

（2）外植体选择 当小苗长到 4 ～ 5cm 时，剪取幼苗叶片，将叶片切成 0.5cm 左右小块。

（3）农杆菌侵染 挑取携带目标质粒的根癌农杆菌 EH105，活化 2 次，待农杆菌长到 $OD_{600}=1.0$ 左右，5000 r/min 离心 8min，然后用 MS0 液体培养基（MS）重悬 $OD_{600}=0.4$ 或 0.5，侵染外植体 20min，然后移液枪吸干农杆菌。

（4）共培养 将侵染好的外植体放置在 MS0 固体培养基上，25℃暗培养 3 d。

（5）诱导筛选培养 将侵染的叶片转移到诱导筛选培养基 MS1（MS0+2.5mg/L N6- 苯甲酰基腺嘌呤 +0.3mg/L 萘 -1- 乙酸 +50mg/L 卡那霉素 +250mg/L 羧苄青霉素）上，每 10d 更换 1 次培养基；20 ～ 30d 能诱导出丛生芽。

（6）生根培养 将丛生芽转移到生根培养基 MS2（1/2MS0+250mg/L 羧苄青霉素）上，约 2 周后生根，之后转移至土壤中在植物温室培养。

3. 亮点评述

黄花蒿是少数成功实现稳定遗传转化并能够获得转基因植株的药用植物之一。高效、稳定的遗传转化体系不仅加速了黄花蒿的基因功能与作用机理研究，同时为黄花蒿的基因育种奠定了技术基础。通过转基因对现有黄花蒿资源进行遗传改良也成了近年来黄花蒿品质改良的有效手段之一。通过过量表达 *ADS*、*DRB2* 等青蒿素合成途径中的关键酶基因，或抑制和突变与青蒿素合成竞争相同底物的代谢途径的关键基因，均能够有效提高黄花蒿中青蒿素的含量，获得高青蒿素含量的黄花蒿新种质资源，为青蒿素的可持续利用提供保障。

案例 5 枸杞中病毒诱导的基因沉默（VIGS）技术的应用

1. 研究背景

宁夏枸杞（*Lycium barbarum*）和黑果枸杞（*Lycium ruthenicum*）是茄科枸杞属的两个物种。宁夏枸杞是我国宁夏地区重要的经济作物，也是我国传统的药食两用食物。其富含枸杞多糖、类黄酮、类胡萝卜素、甜菜碱等，具有免疫调节，降低血糖，抗氧化、抗衰老、抗肿瘤等功效。黑果枸杞也是分布于我国西北地区的一种重要的药用植物，其果实中富含花青素、精油及多糖等物质。因此，这两种枸杞既是我国重要的中药材，也是我国及亚洲各国广泛应用的新型功能蔬菜和水果。此外，这两种植物都具有复杂的次生代谢途径，对盐碱胁迫具有很高的耐受性和适应性，是生化途径分析和遗传研究的好材料。虽然枸杞能够通过遗传转化再生获得稳定的转基因植株，但是这一过程非常耗费人力和时间。病毒诱导的基因沉默（VIGS）是一种 RNA 介导的植物抗病毒机制，该技术研究周期短，不需要遗传转化，具有低成本、高通量等特点，在基因功能研究中具有重要优势。本案例首次尝试应用 VIGS 技术成功实现了两种枸杞物种中目标基因的敲减，为 VIGS 技术在枸杞属植物上的应用奠定了技术基础。

2. 研究方法

该研究首先以转录组数据为参考，设计引物，克隆宁夏枸杞和黑果枸杞中的目标基因 *PDS*（phytoene desaturase）和 *ChlH*（Mg-chelatase H subunit）。再选用烟草脆裂病毒（TRV）载体 pTRV2 为骨架载体分别构建两个枸杞物种的 VIGS 重组载体 pTRV2-LbPDS 和 pTRV2-LbChlH，并转化农杆菌 GV3101。后将含有 pTRV1 的农杆菌侵染液和含有 pTRV2 的农杆菌侵染液等体积混合，制成最终的侵染液。之后分别采用幼苗真空侵染法、叶片注射法、浇灌侵染法和种芽真空侵染法 4 种侵染方法对宁夏枸杞和黑果枸杞进行了 VIGS 实验，探索对其最有效的侵染方式。侵染 3 周后取新长出的叶片，提取 RNA，逆转录并 PCR 检测植物材料中是否有病毒转录物 TRV1 和 TRV2。在此基础上，选取有明显沉默表型的枸杞叶片组织和空载体为对照材料，通过半定量 RT-PCR 检测目标基因的表达沉默情况，同时测定叶绿素含量变化，证实 VIGS 系统是否在两个枸杞物种中成功。

3. 研究结果

该研究发现，在侵染 3 周后的新生枸杞叶片中均检测到 TRV1 和 TRV2 转录产物的存在。从侵染结果可以看出，TRV 侵染后的枸杞幼苗与未侵染的枸杞幼苗相比并没有明显的病毒侵染表型，而在 3 个重复的新生叶片中都可以检测到病毒转录产物的存在。这些结果证实了两种枸杞对 TRV 的敏感性，表明 TRV 可以在宁夏枸杞和黑果枸杞植物体内传播，即有效地侵染这两种枸杞。

通过幼苗真空侵染的方法，在宁夏枸杞受到携带 *LbPDS* 和 *LbChlH* 片段的 TRV 载体（分别为 pTRV1+pTRV2-LbPDS 和 pTRV1+pTRV2-LbChlH）侵染后 25d 左右，新生叶片显示出叶片变白或变黄的表型（图 6-12）。pTRV1 和 pTRV2-LbPDS 处理的叶片显示白色，可能因为叶片中类胡萝卜素合成受阻而导致的光氧化作用，叶绿素被降解；而 pTRV1 和 pTRV2-LbChlH 处理的叶片显示为浅黄色，可能是因为叶绿素合成受阻，叶片中类胡萝卜素的颜色显现出来。叶绿素含量的测定结果证实了目标载体对叶绿素的降解作用。半定量 RT-PCR 实验显示，与无沉默表型的对照相比，显示白色或黄色表型的叶片中 *PDS* 和 *ChlH* 的表达量明显减少（图 6-13）。这表明 TRV 介导的 VIGS 可成功下调了两种枸杞幼苗中 *PDS* 和 *ChlH* 的表达，并且导致相应的白化苗表型。该研究成功实现了 TRV 介导的 VIGS 系统在宁夏枸杞和黑果枸杞中的应用。

该研究还通过比较叶片注射、浇灌、真空压缩等多种侵染方法，发现叶片注射法不适用于宁夏枸杞和黑果枸杞的侵染，浇灌法侵染的基因沉默效率也非常低，而真空侵染法（幼苗真空侵染或种芽真空侵染）是目前宁夏枸杞和黑果枸杞最佳的 VIGS 侵染方法。

图 6-12　TRV 对宁夏枸杞和黑果枸杞的侵染（Liu et al.，2014）

A.TRV（pTRV1 + pTRV2）侵染的宁夏枸杞幼苗（右）与未处理的宁夏枸杞幼苗（左）相比没有明显染病性状；B.TRV 侵染的黑果枸杞幼苗（右）与未处理的黑果枸杞幼苗（左）相比没有明显染病性状；C、D. 3 个重复的 TRV 侵染幼苗（宁夏枸杞和黑果枸杞）均可检测到 TRV 表达

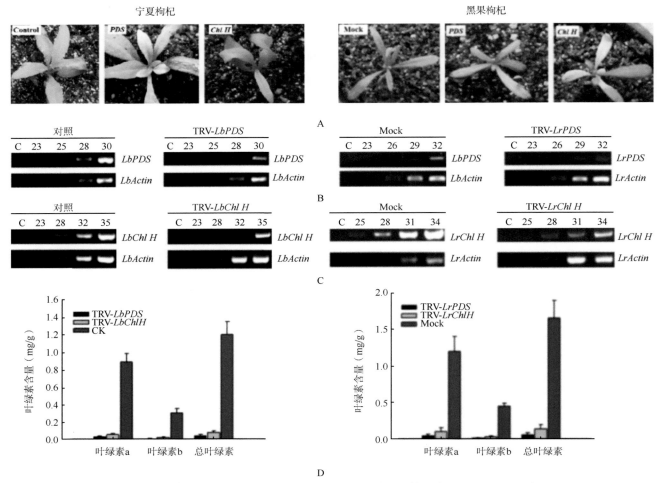

图 6-13　宁夏枸杞和黑果枸杞中 *PDS* 和 *Chl H* 基因的敲减（Liu et al.，2014）

A. 与对照相比，*PDS* 沉默和 *ChlH* 沉默的植株叶片有明显的白色和浅黄色的表型；B. 和 C. 半定量 RT-PCR 结果显示目标基因的表达量有明显的降低；D. 白色和浅黄色叶片中叶绿素的含量大幅减少

4. 亮点评述

　　宁夏枸杞和黑果枸杞是重要的药食同源植物，被称为"超级食品"。作为茄科中的木本植物，宁夏枸杞和黑果枸杞的生长周期较长，并且遗传转化难以施行，这使得基因功能研究难以深入。本研究选择 TRV 作为枸杞 VIGS 的介导病毒，在宁夏枸杞和黑果枸杞中实现了 VIGS 技术的成功应用。宁夏枸杞和黑果枸杞都是西北地区重要的优良抗逆植物，能较好适应极端干旱和盐碱不良生境。这是枸杞与其他重要茄科物种相比所具有的一个特色。VIGS 在枸杞中的应用为在分子层面揭示枸杞的抗逆性提供了技术基础。此外，枸杞叶因其富含多种营养物质而越来越多地被作为蔬菜或茶叶食用，其中营养物质合成及调节的分子机制也可通过 VIGS 进行深入研究。同时，VIGS 也将有助于枸杞生长发育机制等其他方面的深入研究。

案例 6　CRISPR/Cas9 技术在药用植物丹参、石斛和盾叶薯蓣中的应用

一、丹参

1. 研究背景

中药丹参来源于唇形科鼠尾草属植物丹参（*Salvia miltiorrhiza*）的干燥根和根茎，是我国常用的传统中药材，广泛分布于我国各地。丹参具有祛瘀活血、调经止痛、养血安神等作用。近年来，丹参常被用于治疗冠心病、脑血管疾病、肝炎、肝硬化、慢性肾功能衰竭、痛经等疾病。研究表明，丹参的主要活性成分是脂溶性的二萜醌类以及水溶性的酚酸类化合物。目前临床应用以人工栽培品为主。然而，由于人工栽培过程中长期只种不选，不可避免地造成了品种退化，药材质量和药用价值都大幅度下降。因此，利用组织培养技术和基因工程技术等改良提高丹参品质被越来越多的学者认可。CRISPR/Cas9 技术作为一种有力的基因编辑技术，已成功应用于拟南芥、水稻、小麦、大豆等植物中，但在药用植物丹参中尚未有报道。因此，建立基于 CRISPR/Cas9 的丹参基因编辑系统，将为丹参的基因功能研究和基因工程育种提供新的技术手段。

2. 研究方法

本研究拟敲除的目的基因为丹参酮合成途径中的关键基因二萜类合成酶基因 *SmCPS1*。首先设计 *SmCPS1* 的 sgRNA（sgRNA1-sgRNA3），以 AtU6-26SK、35S-Cas9-SK 和 pCambia1300 三个载体作为基础载体，分别构建三个 sgRNA 的 CRISPR/Cas9 植物转化载体，其中 sgRNA 由拟南芥的 AtU6 启动子驱动，*Cas9* 基因由两个串联的 CaMV 35S 驱动（图 6-14A）。将表达载体转入发根农杆菌 ACCC10060，用农杆菌介导的遗传转化法侵染丹参幼嫩叶片，诱导获得丹参毛状根。然后取培养 1.5 个月的毛状根，提取基因组 DNA，在包含 sgRNA 靶位点的区域设计引物，通过 PCR、聚丙烯酰胺凝胶电泳（PAGE）和 Sanger 测序检测转基因毛状根中目标序列的突变情况。在此基础上，通过 UPLC-ESI-qTOF-MS 检测 *SmCPS1* 突变后转基因毛状根中隐丹参酮（cryptotanshinone）、丹参酮 IIA（tanshinone IIA）和丹参酮 I（tanshinone I）的含量变化。

3. 研究结果

李（Li）等应用 CRISPR/Cas9 技术成功敲除了丹参酮合成途径中的二萜类合成酶基因 *SmCPS1*。利用发根农杆菌介导的毛状根转化方法，从 26 个独立的转基因丹参毛状根系中获得了 3 个纯合突变体和 8 个嵌合突变体（图 6-14）。基于 UPLC-ESI-qTOF-MS 的代谢组学分析表明，纯合突变体内几乎检测不到丹参酮 I、丹参酮 IIA 和隐丹参酮这 3 种主要的丹参酮类化合物，但其他酚酸代谢产物的含量不受影响。相比之下，在嵌合突变体中丹参酮含量也有下降但仍可检测到，这与先前报道的 *SmCPS1* 的 RNAi 研究结论相似（图 6-15）。纯合突变体中由于 *SmCPS1* 的突变使其基因功能缺失，导致丹参酮类化合物的生物合成途径被打断，而在嵌合突变体中，*SmCPS1* 基因表达水平降低，丹参酮类化合物的生物合成途径同样受到抑制。该研究也进一步证实了 *SmCPS1* 是丹参酮类化合物合成途径上的关键酶这一结论。

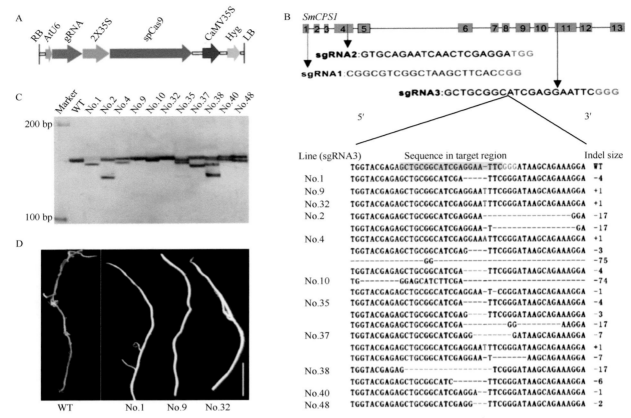

图 6-14　CRISPR/Cas9 介导的丹参基因编辑（Li et al.，2017）

A. CRISPR/Cas9 表达载体；B.*SmCPS1* 基因的 sgRNA 设计（上图）和靶位点基因突变检测（下图）；C. 变性 PAGE 胶检测野生型丹参和基因编辑株系的 PCR 产物；D. 野生型和基因编辑丹参株系的毛状根表型。WT 为野生型

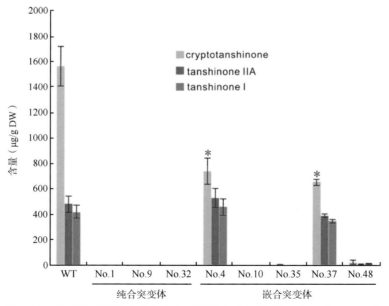

图 6-15　丹参毛状根突变体中丹参酮类化合物的检测（Li et al.，2017）

3 种丹参酮类化合物分别为隐丹参酮（cryptotanshinone）、丹参酮 IIA（tanshinone IIA）和丹参酮 I（tanshinone I）。WT 为野生型，No.1、No.9、No.32 为纯合突变体（homozygous mutant lines），No.4、No.10、No.35、No.37、No.48 为嵌合突变体

4. 亮点评述

该研究成功建立了利用 CRISPR/Cas9 基因编辑技术靶向突变丹参酮次生代谢合成途径基因的系统，并结合代谢分析检测突变体内次生代谢物含量的变化，进而阐释相关基因的功能。研究表明 CRISPR/Cas9 技术是丹参基因组编辑的一种简单有效的工具。该研究对丹参次生代谢物的合成途径解析和品质改良具有重要意义。

二、石斛

1. 研究背景

兰科（Orchidaceae）是开花植物第二大科，具有重要的观赏价值和应用价值。铁皮石斛（*Dendrobium officinale*）是一种名贵的兰科石斛属药用植物，以干燥茎入药，具有消炎去热、养阴生津、补益脾胃等功效。同时，铁皮石斛花型美丽，兼具观赏价值。铁皮石斛具有成熟稳定的遗传转化体系且基因组草图已经发布，因此成为研究兰科植物进化、发育和遗传研究的理想模型。建立铁皮石斛的 CRISPR/Cas9 编辑系统，将为铁皮石斛乃至整个兰科植物的基因功能及育种研究提供新的技术手段。

2. 研究方法

Kui 等（2017）首次将 CRISPR/Cas9 介导的基因编辑应用到铁皮石斛中，为铁皮石斛等兰科物种的遗传改良提供了一种新的基因改造方式。铁皮石斛因有可参考的基因组序列，可为 CRISPR/Cas9 中目标序列的选择和脱靶率的预测提供准确的序列信息，从而提高了基因组编辑的效率和准确性。木质纤维素的含量是衡量铁皮石斛品质的一个重要指标，因此，研究人员以此为切入点，探索是否可以应用 CRISPR/Cas9 技术成功敲除木质纤维素生物合成通路上的基因，以有效降低铁皮石斛中的木质纤维素含量。第一步，选择参与木质素生物合成途径的 5 个基因：香豆酸 -3- 羟化酶（*coumarate 3-hydroxylase*，*C3H*）、香豆酸 -4- 羟化酶（*cinnamate 4-hydroxylase*）、4- 香豆酸辅酶 A 连接酶（*4-coumarate：coenzyme a ligase*，*4CL*）、肉桂酰辅酶 A 还原酶（*cinnamoyl coenzyme a reductase*，*CCR*）和 *IRX*（*irregular xylem5*）作为靶基因，构建 CRISPR/Cas9 基因编辑载体。以参考基因组序列信息为参考，每个靶基因分别设计 3 个 sgRNA，并通过 BLAST 对 sgRNA 的特异性进行检测。然后以 p1300DM-OsU3（*Hind*III-*Aar*I）-Cas9 作为骨架载体，在该载体的 2 个 *Aar* I 酶切位点区域插入靶基因的 sgRNA 表达盒，重组构建成为最终铁皮石斛的靶基因 CRISPR/Cas9 基因编辑载体（图 6-16）。其中，sgRNA 由水稻 OsU3 启动子驱动，*Cas9* 基因经过密码子优化，由 CaMV35S 启动子驱动，且带有 SV40 核定位信号，能够引导成熟的 CRISPR/Cas9 复合体进入细胞核。第二步，转基因铁皮石斛的获得。将重组载体转化农杆菌 EHA105，以铁皮石斛无菌原球茎（protocorms）为外植体，切成 3 ～ 5mm 大小，通过农杆菌介导法转化最终获得转基因再生植株。第三步，检测转基因阳性植株和靶基因突变情况。提取转基因植株的基因组 DNA，设计潮霉素抗性基因（*HygR*）检测引物，通过 PCR 检测转基因植株是否为阳性植株。因为 *Cas9* 表达框与 *HygR* 基因表达框是融合的，所以也可以通过检测 *HygR* 基因的存在证实 *Cas9* 表达框也插入了转基因植株的基因组中。另外，设计每个 CRISPR/Cas9 靶基因的靶位点序列检测引物，通过 PCR 扩增包含基因编辑位点的区段，并通过测序检测靶基因的突变情况。

3. 研究结果

该研究随机选取了 47 个铁皮石斛的转基因再生株系，潮霉素基因 *HygR* 的 PCR 检测结果显示，44 个株系为转基因阳性，即转基因阳性率 93.6%。进一步通过特异引物 PCR、DNA 测序检测 CRISPR/Cas9 系

统对 5 个靶基因的编辑情况，结果表明 CRISPR/Cas9 成功实现了铁皮石斛中靶基因的编辑。不同 sgRNA

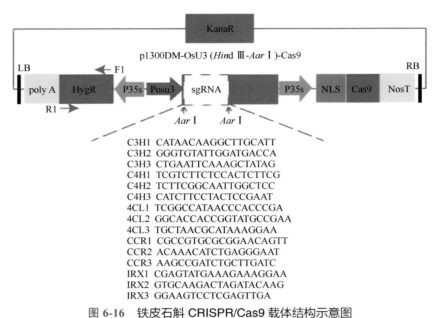

图 6-16 铁皮石斛 CRISPR/Cas9 载体结构示意图

绿色箭头代表启动子，黄色矩形代表终止子，蓝色矩形代表抗生素选择标记

的编辑效率存在差异，获得突变体的概率为 10% ～ 60%。5 个靶基因均筛选出有效编辑的 sgRNA，且获得不同数量的编辑株系（图 6-17），具体基因编辑的类型包括碱基插入、缺失、替换等。但由于转基因植株还比较小，本研究并未对转基因的铁皮石斛中木质纤维素以及其合成通路上相关化合物的含量进行检测分析。

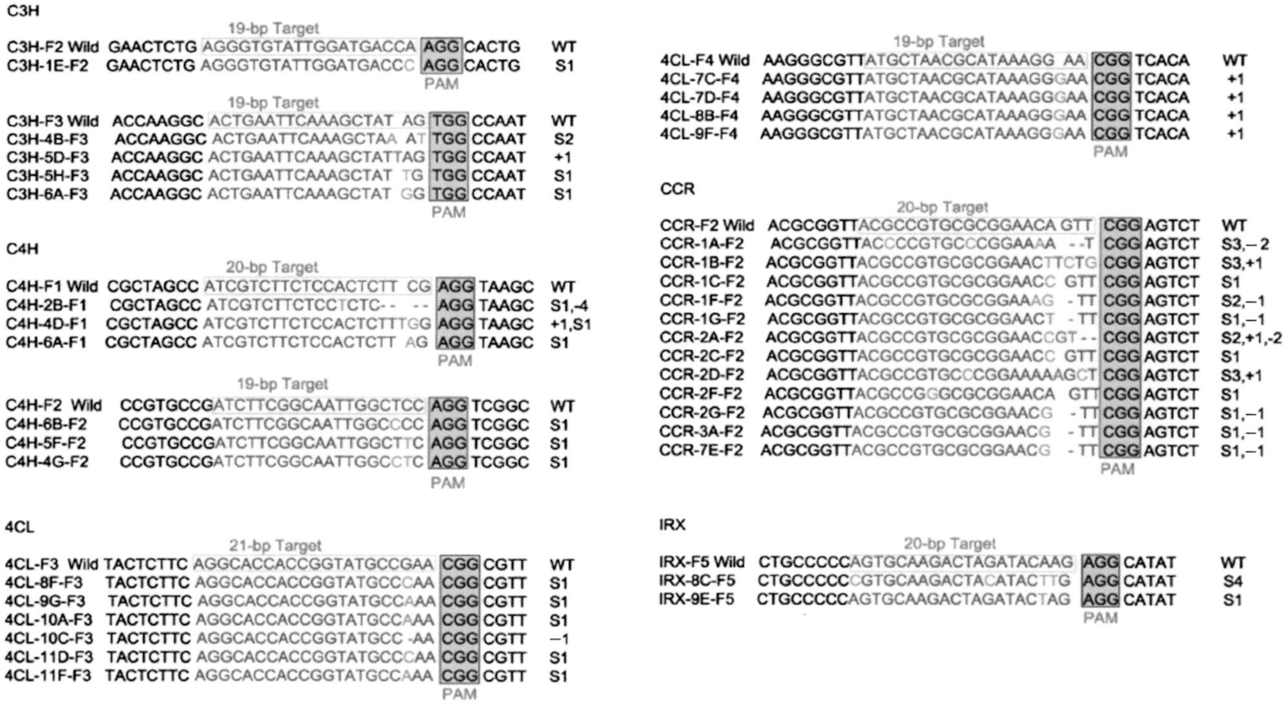

图 6-17 铁皮石斛中 5 个靶基因的突变检测（Kui et al.，2017）

图中仅列出成功编辑的一些株系中靶基因的突变情况。红色字体表示 sgRNA 区，蓝色块表示 PAM 区，蓝色字体表示碱基替换，绿色字体表示碱基插入。"S"表示碱基替换的数目，"+"表示插入碱基的数量，"-"表示缺失碱基的数量

4. 亮点评述

CRISPR/Cas9 技术在铁皮石斛中的成功应用，不仅有助于培育新的铁皮石斛品种，还将为培育高抗性、高观赏性或高药用成分的兰科植物品种提供一种新的育种手段，促进兰科植物的分子遗传育种研究。

三、盾叶薯蓣

1. 研究背景

盾叶薯蓣（ *Dioscorea zingiberensis* ）属于薯蓣科，是一种单子叶药用植物。盾叶薯蓣根茎中富含薯蓣皂苷元，是类固醇激素重要的前体物质，具有极大的药用研究价值。由于市场对薯蓣皂苷元的巨大需求以及其野生资源的减少，盾叶薯蓣供不应求。虽然通过无性繁殖可以暂缓其紧张的供需关系，但多代的无性繁殖会引起种质退化，导致薯蓣皂苷含量逐渐下降，同时从薯蓣中提取薯蓣皂苷的过程会造成严重的环境问题。基因工程技术是获得高薯蓣皂苷元含量种质资源的有力手段。CRISPR/Cas9 技术作为新兴的基因编辑技术，已经在一些药用植物中成功应用，但薯蓣属的植物中尚未见报道。

2. 研究方法

有研究者利用 CRISPR/Cas9 技术成功实现了盾叶薯蓣中基因的靶向突变。该研究以参与薯蓣皂苷元生物合成的关键酶法呢基焦磷酸合酶（farnesyl pyrophosphate synthase，DZFPS）作为靶基因。该基因催化二甲基甲酰二磷酸（DMAPP）和牻牛儿基二磷酸（GPP）产生 *E*- 异构体法尼酰焦磷酸（FPP），是薯蓣皂苷元合成的前体。首先利用在线工具 CRISPR-P2.0（http：//crispr.hzau.edu.cn/CRISPR2）设计靶基因 *Dzfps* 的 sgRNA。其次，构建 CRISPR/Cas9 表达载体。该载体中 sgRNA 由 OsU3 启动子驱动，Cas9 则由 CaMV35S 启动子驱动。再次，将构建好的 CRISPR/Cas9 表达载体转化根癌农杆菌 GV3101，获得转基因阳性苗并进行 PCR 和测序检测，分析转基因阳性株系中靶基因的突变情况和基因表达情况。最后，通过气相色谱 - 质谱（GC-MS）联用仪检测转基因植株中角鲨烯（squalene）的含量，分析靶基因突变引起的盾叶薯蓣中次生代谢产物含量的变化。

3. 研究结果

对实验获得的盾叶薯蓣转基因株系中的靶基因测序发现，在 T_0 植物中目标基因 *Dzfps* 发生了高频率突变。在 15 个转基因植株中，共发现 9 个突变体，包含 5 种类型的突变。进一步检测表明，与野生型相比，*Dzfps* 突变体中 *Dzfps* 的转录水平和角鲨烯的含量均显著降低（图 6-18）。以上结果表明，本研究成功利用 CRISPR/Cas9 技术实现了盾叶薯蓣中目标基因的定向突变。

4. 亮点评述

本研究采用 CRISPR/Cas9 系统高效、准确地产生了盾叶薯蓣的靶基因突变体，这将加速盾叶薯蓣的基因功能和次生代谢调控研究，并有助于该物种的定向育种。

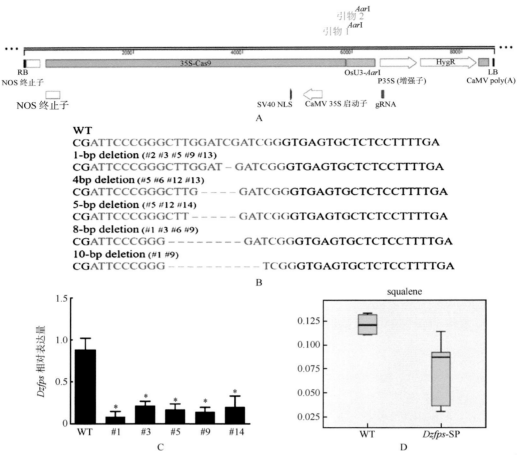

图 6-18　CRISPR/Cas9 技术定向突变盾叶薯蓣 *Dzfps* 基因（Feng et al.，2018）

A. CRISPR/Cas9 介导的盾叶薯蓣基因编辑的载体示意图，sgRNA：向导 RNA；SV40NLS：SV40 核定位序列。B. *Dzfps* 基因突变检测，蓝色大写字母表示相邻基序，红色大写字母表示靶序列；"–"表示碱基缺失。C. *Dzfps* 表达量变化。WT，野生型，#1、#3、#5、#9、#14 代表不同突变体。D. 角鲨烯相对峰面积的箱形图，每个盒子显示了一组中所有样本的数据分布，相对峰面积数据用内标物的峰面积归一化。WT，野生型；*Dzfps*-SP，实验获得的所有突变体

参 考 文 献

董燕，张雅明，周联，等．2009．转基因技术在药用植物中的应用．中草药，40（3）：489-492.

范小峰，李东波，刘灵霞，等．2011．南蛇藤原生质体培养及植株再生．植物研究，31（3）：300-305.

高先富，徐朝晖，刘佳健，等．2006．三七不定根的离体诱导与培养．中国中药杂志，（18）：1485-1488.

葛锋，王剑平，王晓东，等．2010．新疆紫草细胞悬浮培养过程研究．天然产物研究与开发，22（3）：460-465.

龚一富，王何瑜，卢鹏，等．2012．长春花毛状根再生植株的获得及抗癌生物碱的产生．中草药，43（4）：788-794.

郭佳祺，单良，杨世海．2016．药用植物再生体系建立的研究进展．中药材，39（10）：2386-2391.

郭妍宏，王飞艳，尤华乾，等．2020．不同碳源对丹参和藏丹参毛状根生长及活性成分积累的影响．中国中药杂志，45（11）：2509-2514.

韩健，戴均贵，崔亚君，等．2003．长春花及银杏植物细胞悬浮培养对青蒿素的生物转化研究（英文）．中草药，（2）：74-76.

黄鑫，陈万生，张汉明，等．2015．生物技术在药用植物研究与开发中的应用和前景．中草药，46（16）：2343-2354.

刘群，李天祥，李庆和，等．2014．药用植物细胞悬浮培养产生次生代谢产物的研究进展．天津中医药大学学报，33（6）：375-377.

龙炎杏，张学文，罗莎，等．2018．黄花蒿悬浮培养细胞系的建立及遗传转化．湖南农业大学学报（自然科学版），44（6）：607-612.

罗月芳，江灵敏，谭朝阳．2018．药用植物离体培养研究进展．中南药学，16（6）：787-793.

马婷玉，向丽，张栋，等．2018．青蒿（黄花蒿）分子育种现状及研究策略．中国中药杂志，43（15）：3041-3050.

苗晓燕，于树宏，沈银柱，等．2007．利用基因转化提高虎杖毛状根中活性成分的含量．药学学报，42（9）：995-999.

潘夕春，孙敏，张磊，等．2005．RNA 干扰及其在药用植物代谢工程中的应用．中草药，36（9）：5-8.

孙威，许奕，许桂莺，等．2015．病毒诱导的基因沉默及其在植物研究中的应用．生物技术通报，31（10）：105-110.

谈荣慧，张金家，赵淑娟．2014．丹参毛状根的诱导及培养条件的优化．中国中药杂志，39（16）：3048-3053.

王瑜，杨世海．2014．不同诱导子对王不留行毛状根生长和王不留行黄酮苷含量的影响．人参研究，26（2）：51-53.

杨世海，刘晓峰，果德安，等．2006．掌叶大黄毛状根的诱导及其蒽醌类化合物产生的研究．中国中药杂志，131（18）：1496-1499.

尹红新，雷秀娟，宋娟，等．2015．我国药用植物原生质体培养的研究进展．江苏农业科学，43（3）：243-245.

尹双双，高文远，王娟，等．2012．药用植物不定根培养的影响因素．中国中药杂志，37（24）：3691-3694.

曾庆平，鲍飞．2011．青蒿素合成生物学及代谢工程研究进展．科学通报，56（27）：2289-2297.

张坚，高文远，王娟，等．2011．甘草不定根培养的研究．天津中医药，28（1）：75-77.

左北梅，高文远，董艳艳，等．2012．药用植物人参的组织培养研究进展．中国现代中药，14（1）：34-37.

Abdin M Z, Alam P. 2015. Genetic engineering of artemisinin biosynthesis: prospects to improve its production. Acta Physiologiae Plantarum., 37（33）：1-12.

Agarwal A, Yadava P, Kumar K, et al. 2018. Insights into maize genome editing via CRISPR/Cas9. Physiol Mol Biol Plants, 24（2）：175-183.

Alagoz Y, Gurkok T, Zhang B, et al. 2016. Manipulating the biosynthesis of bioactive compound alkaloids for next-generation metabolic engineering in *Opium Poppy* using CRISPR-Cas 9 genome editing technology. Sci Rep, 6：30910.

Allen R S, Millgate A G, Chitty J A, et al. 2004. RNAi-mediated replacement of morphine with the nonnarcotic alkaloid reticuline in opium poppy. Nat Biotechnol, 22（12）：1559-1566.

Banakar R, Schubert M, Collingwood M, et al. 2020. Comparison of CRISPR-Cas9/Cas12a ribonucleoprotein complexes for genome editing efficiency in the rice phytoene desaturase（OsPDS）gene. Rice, 13：10. 1186/s12284-019-0365-z.

Becker A, Lange M. 2010. VIGS-genomics goes functional. Trends Plant Sci, 15（1）：1-4.

Biswal A K, Mangrauthia S K, Reddy M R, et al. 2019. CRISPR mediated genome engineering to develop climate smart rice: challenges and opportunities. Semin Cell Dev Biol, 96：100-106.

Brooks C, Nekrasov V, Lippman Z B, et al. 2014. Efficient gene editing in tomato in the first generation using the clustered regularly interspaced short palindromic repeats/CRISPR-associated9 system. Plant Physiol, 166（3）：1292-1297.

Cao M, Fatma Z, Song X, et al. 2020. A genetic toolbox for metabolic engineering of *Issatchenkia orientalis*. Metab Eng, 59：87-97.

Cardillo A B, Rodriguez Talou J, Giulietti A M. 2016. Establishment, culture, and scale-up of *Brugmansia candida* hairy roots for the production of tropane alkaloids. Methods Mol Biol, 1391：173-186.

Chand S, Pandey A, Verma O. 2019. In vitro regeneration of *Moringa oleifera* Lam.: A medicinal tree of family Moringaceae. Indian Journal of Genetics and Plant Breeding, 79（3）：10. DOI：31742/IJGPB. 79. 3. 10.

Char S N, Neelakandan A K, Nahampun H, et al. 2017. An Agrobacterium-delivered CRISPR/Cas9 system for high-frequency targeted mutagenesis in maize. Plant Biotechnol J, 15（2）：257-268.

Eeckhaut T, Lakshmanan P S, Deryckere D, et al. 2013. Progress in plant protoplast research. Planta, 238（6）：991-1003.

Espinosa-Leal C A, Puente-Garza C A, García-Lara S. 2018. In vitro plant tissue culture: means for production of biological active compounds. Planta, 248（1）：1-18.

Farhat S, Jain N, Singh N, et al. 2019. CRISPR-Cas9 directed genome engineering for enhancing salt stress tolerance in rice. Semin Cell Dev Biol, 96：91-99.

Feng S, Song W, Fu R R, et al. 2018. Application of the CRISPR/Cas9 system in *Dioscorea zingiberensis*. Plant Cell Tissue and Organ Culture, 135：131-141.

Ferrie A M R, Bhowmik P, Rajagopalan N, et al. 2020. CRISPR/Cas9-Mediated targeted mutagenesis in wheat doubled haploids. Methods Mol Biol, 2072：183-198.

Gui S, Taning C N T, Wei D, et al. 2020. First report on CRISPR/Cas9-targeted mutagenesis in the *Colorado potato* beetle, *Leptinotarsa decemlineata*. J Insect Physiol, 121：104013.

Han J L, Wang H, Ye H C, et al. 2005. High efficiency of genetic transformation and regeneration of *Artemisia annua L.* via *Agrobacterium tumefaciens*-mediated procedure. Plant Sci, 168（1）：73-80.

Han J, Wang H, Lundgren A, et al. 2014. Effects of overexpression of AaWRKY1 on artemisinin biosynthesis in transgenic *Artemisia annua* plants. Phytochemistry, 102：89-96.

Hileman L C, Drea S, Martino G, et al. 2009. Virus-induced gene silencing is an effective tool for assaying gene function in the basal eudicot species *Papaver somniferum*（opium poppy）. Plant J, 44（2）：334-341.

Jang S H, Lee E K, Lim M J, et al. 2012. Suppression of lipopolysaccharide-induced expression of inflammatory indicators in RAW 264. 7 macrophage cells by extract prepared from *Ginkgo biloba* cambial meristematic cells. Pharm Biol, 50（4）：420-428.

Ji Y, Xiao J, Shen Y, et al. 2014. Cloning and characterization of AabHLH1, a bHLH transcription factor that positively regulates artemisinin biosynthesis in *Artemisia annua*. Plant Cell Physiol, 55（9）：1592-1604.

Kamiya Y, Abe F, Mikami M, et al. 2020. A rapid method for detection of mutations induced by CRISPR/Cas9-based genome editing in common wheat. Plant Biotechnol（Tokyo）, 37（2）：247-251.

Kui L, Chen H, Zhang W, et al. 2017. Building a genetic manipulation tool box for orchid biology: Identification of constitutive promoters and application of CRISPR/Cas9 in the *Orchid*, *Dendrobium officinale*. Front Plant Sci, 7：2036.

Lee E K，Jin Y W，Park J H，et al. 2010. Cultured cambial meristematic cells as a source of plant natural products. Nat Biotechnol，28（11）：1213-1217.

Li B，Cui G，Shen G，et al. 2017. Targeted mutagenesis in the medicinal plant *Salvia miltiorrhiza*. Sci Rep，7：43320.

Li C，Wang M. 2020. Application of hairy root culture for bioactive compounds production in medicinal plants. Curr Pharm Biotechnol，10. 2174/1389201 021666200516155146.

Liu Y L，Sun W，Zeng S H，et al. 2014. Virus-induced gene silencing in two novel functional plants，*Lycium barbarum* L. and *Lycium ruthenicum* Murr. Scientia Horticulturae，170（3）：267-274.

Ma D，Li G，Alejos-Gonzalez F，et al. 2017. Overexpression of a type-I isopentenyl pyrophosphate isomerase of *Artemisia annua* in the cytosol leads to high arteannuin B production and artemisinin increase. Plant J，91（3）：466-479.

Ma D，Li G，Zhu Y，et al. 2017. Overexpression and suppression of *Artemisia annua* 4-hydroxy-3-methylbut-2-enyl diphosphate reductase 1 gene（*AaHDR1*）differentially regulate artemisinin and terpenoid biosynthesis. Front Plant Sci，8：77.

Ma D，Pu G，Lei C，et al. 2009. Isolation and characterization of AaWRKY1，an *Artemisia annua* transcription factor that regulates the amorpha-4，11-diene synthase gene，a key gene of artemisinin biosynthesis. Plant Cell Physiol，50（12）：2146-2161.

Ma D，Xu C，Alejos-Gonzalez F，et al. 2018. Overexpression of *Artemisia annua* cinnamyl alcohol dehydrogenase increases lignin and coumarin and reduces artemisinin and other sesquiterpenes. Front Plant Sci，9：828.

Moon S H，Venkatesh J，Yu J W，et al. 2015. Differential induction of meristematic stem cells of *Catharanthus roseus* and their characterization. C R Biol，338（11）：745-756.

Ochoa-Villarreal M，Howat S，Hong S，et al. 2016. Plant cell culture strategies for the production of natural products. BMB Rep，49（3）：149-158.

Pant B. 2014. Application of plant cell and tissue culture for the production of phytochemicals in medicinal plants. Adv Exp Med Biol，808：25-39.

Purohit S，Joshi K，Rawat V，et al. 2020. Efficient plant regeneration through callus in *Zanthoxylum armatum* DC：an endangered medicinal plant of the Indian Himalayan region. Plant Biosystems，154（3）：288-294.

Savitikadi P，Jogam P，Rohela G K，et al. 2020. Direct regeneration and genetic fidelity analysis of regenerated plants of *Andrographis echioides*（L.）- An important medicinal plant. Ind Crops Products，155：112766.

Schachtsiek J，Hussain T，Azzouhri K，et al. 2019. Virus-induced gene silencing（VIGS）in *Cannabis sativa* L. Plant Methods，15：157.

Shen Q，Chen Y F，Wang T，et al. 2012. Overexpression of the cytochrome P450 monooxygenase（cyp71av1）and cytochrome P450 reductase（cpr）genes increased artemisinin content in *Artemisia annua*（Asteraceae）. Genet Mol Res，11（3）：3298-3309.

Shi M，Huang F，Deng C，et al. 2019. Bioactivities，biosynthesis and biotechnological production of phenolic acids in *Salvia miltiorrhiza*. Crit Rev Food Sci，Nutr，59（6）：953-964.

Sivanandhan G，Selvaraj N，Ganapathi A，et al. 2016. Elicitation approaches for withanolide production in hairy root culture of *Withania somnifera*（L.）Dunal. Methods Mol Biol，1405：1-18.

Song Y，Chen S，Wang X，et al. 2019. A novel strategy to enhance terpenoids production using cambial meristematic cells of *Tripterygium wilfordii* Hook. f. Plant Methods，15：129.

Subiramani S，Sundararajan S，Sivakumar H P，et al. 2019. Sodium nitroprusside enhances callus induction and shoot regeneration in high value medicinal plant *Canscora diffusa*. Plant Cell，Tissue and Organ Culture，139（1）：65-75.

Tran M T，Doan D T H，Kim J，et al. 2020. CRISPR/Cas9-based precise excision of SlHyPRP1 domain（s）to obtain salt stress-tolerant tomato. Plant Cell Rep. DOI：10. 1007/s00299-020-02622-z.

Wang B，Niu J，Li B，et al. 2018. Molecular characterization and overexpression of SmJMT increases the production of phenolic acids in *Salvia miltiorrhiza*. Int J Mol Sci，19（12）：3788.

Xing B，Yang D，Yu H，et al. 2018. Overexpression of SmbHLH10 enhances tanshinones biosynthesis in *Salvia miltiorrhiza* hairy roots. Plant Sci，276：229-238.

Yang N，Zhou W，Su J，et al. 2017. Overexpression of SmMYC2 increases the production of phenolic acids in *salvia miltiorrhiza*. Front Plant Sci，8：1804.

Yue W，Ming Q L，Lin B，et al. 2016. Medicinal plant cell suspension cultures：pharmaceutical applications and high-yielding strategies for the desired secondary metabolites. Crit Rev Biotechnol，36（2）：215-232.

Zhang H，Wu Q，Liu D. 1995. Protoplast culture and plant regeneration from the suspension cells of *Gynostemma pentaphyllum*（Thumb）Mak. Chin J Biotechnol，11（3）：207-211.

Zhou Z，Tan H，Li Q，et al. 2018. CRISPR/Cas9-mediated efficient targeted mutagenesis of RAS in *Salvia miltiorrhiza*. Phytochemistry，148：63-70.

Zhu J，Song N，Sun S，et al. 2016. Efficiency and inheritance of targeted mutagenesis in maize using CRISPR-Cas9. J Genet Genomics，43（1）：25-36.

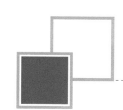

第7章　药用植物功能基因研究方法

药用植物功能基因研究主要是寻找决定药用天然产物合成与调控、控制药用植物产量性状、逆境耐受和抗虫抗病等农艺性状相关基因，验证其功能，并将所得的序列信息用于品种鉴定、药用成分异源合成、分子育种等多个方面。研究药用植物基因功能的流程主要包括基因的克隆、基因结构、表达分析以及基因功能的验证。本章主要介绍药用植物功能基因的主流研究方法及一些分子生物学技术，更侧重于基因克隆及体外或异源验证，读者可以结合第6章内容同时阅读，完整掌握开展药用植物功能基因的体内和体外的研究策略（图7-1）。

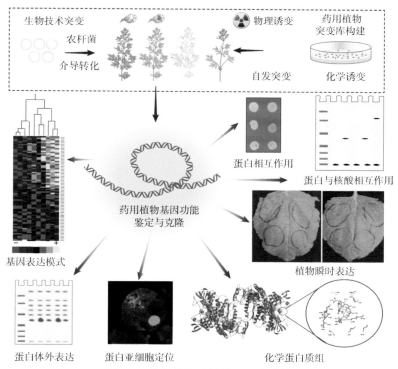

图7-1　药用植物功能基因研究方法

人工可以通过物理、化学诱变以及生物技术构建药用植物的突变体库。之后可以利用突变体以及同源克隆等技术方法获得目的基因序列。
最后通过以下几个方面对基因功能进行具体研究：基因表达模式，蛋白亚细胞定位，蛋白体外表达，蛋白相互作用，蛋白和核酸相互作用，
化学蛋白质组学

7.1　药用植物突变体库构建

突变体（mutant）是指某个性状发生可遗传变异的材料，或某个基因发生突变的材料。构建饱和基因

突变体库是目前最直接和最有效的大规模基因功能鉴定方法，对生命科学研究具有重要意义。按照产生方式的不同，突变可以分为自发突变、物理化学诱变和生物技术突变。

7.1.1 自发突变

自发突变是指自然条件下发生的突变，是生物变异的重要来源，也是自然进化的基础。在高等生物中生殖细胞的突变频率只有十万分之一到一亿分之一，并且许多突变因无法通过表型鉴定而丢失，很难进行系统收集。在药用植物代谢性状自发突变基因定位研究中，需要借助于药用成分分析设备如 HPLC、LC-MS、GC-MS 等进行性状定量。由于自发突变体的遗传背景非常复杂，想要分离突变基因并进一步鉴定其功能也相当困难，往往需要构建不同的药用植物遗传群体及高密度的遗传图谱和完整的参考基因组才能获得准确的基因定位，相关研究在黄花蒿、大麻等药用植物中实现。

7.1.2 物理化学诱变

用物理、化学方法可快速获得较广的突变谱及稳定的遗传变异，可导致多位点的变异，比较容易获得饱和突变体库，且具随机突变优点。物理诱变包含各种各样的辐射，目前常用的有 X 射线、伽马射线、中子、β 粒子、阿尔法粒子和 UV 射线等。化学诱变剂常用的包括烷基化试剂，例如甲基磺酸乙酯（EMS）、甲基磺酸甲酯（MMS）和氮芥（nitrogen mustard）等；碱基类似物，例如 5- 溴尿嘧啶（5-BU）和 2- 氨基嘌呤（2-AP）等；吖啶染料，如吖啶黄（acridine yellow）、吖啶橙（acridine orange）和溴化乙锭（ethidium bromide）等（图 7-2）。Kumar 等（2007）通过化学诱变获得了长春花的一种独特的带有花序的突变体。Graham 等（2010）通过 EMS 诱变获得了黄花蒿的突变体库（见本章案例 1）。夏尔马（Sharma）等利用伽马射线和 EMS 对罂粟进行突变育种，以期将具有麻醉作用的罂粟转变为非麻醉的品种。

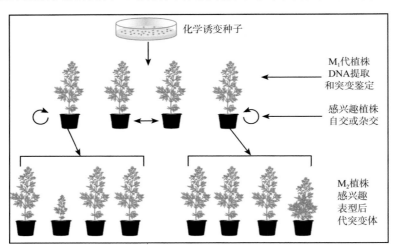

图 7-2 化学诱变构建突变体库

化学诱变剂处理种子，播种得到诱变 M_0 代，之后收获种子获得 M_1 代，在 M_1 代中筛选感兴趣表型的植株再进行自交，最后获得 M_2 代突变体材料，为感兴趣表型的后代突变体，可以供后续研究使用

7.1.3 生物技术突变

生物技术突变是指通过生物技术直接插入、删除或替换 DNA 片段从而创造突变体的方法。DNA 插入突变是突变体库构建的主要方法，包括 T-DNA（transferred DNA）插入突变法和转座子（transposon）

插入突变法。当目标片段插入到植物基因组后，插入片段可作筛选标记，根据相应位点基因的表达强弱发生变化，从基因组中分离出突变基因。通过 CRISPR/Cas9 基因编辑技术创造插入、删除或替换 DNA 片段的突变体在近年来也越来越多地用于构建突变体库。

1. T-DNA 插入突变

农杆菌是寄主范围非常广泛的土壤杆菌，它能通过伤口侵染植物导致冠瘿瘤和毛状根的发生。1977年 Chihon 等发现植物肿瘤细胞中存在一段外源 DNA，证明它是整合到植物基因组的农杆菌质粒 DNA 的片段，称为转移 DNA，简称为 T-DNA。目前，农杆菌介导的 T-DNA 转移机制已经研究得比较清楚。T-DNA 转基因技术已被广泛应用于植物转基因。大量研究表明，T-DNA 整合到植物基因组中的位置随机分布，并且可以稳定遗传。由于插入到植物基因组的 T-DNA 序列已知，这样随机插入到植物基因组的 T-DNA 类似于给植物"贴"了一个序列标签（图 7-3）。由于农杆菌介导的植物转基因方法简单易行，效率高，且不需要通过自主培养，因此由体细胞的变异导致的突变体很少，大部分情况下突变体由 T-DNA 的插入而导致，这为突变体库的构建以及后续的突变基因分离提供了便利。

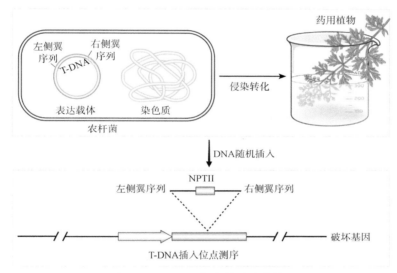

图 7-3　T-DNA 插入构建突变体

通过农杆菌侵染将 T-DNA 片段随机插入到植物的染色体中，随机插入到编码区的 T-DNA 片段能够干扰基因的正常表达，
从而获得 T-DNA 插入型的突变体

Lee 等（2008）利用 T-DNA 激活标签技术作为工具快速筛选具有高含量丹参酮的丹参转基因品种。他们通过农杆菌转化获得了一个具有 T-DNA 激活标签的丹参突变体群体，根据绿色荧光蛋白的表达情况筛选得到了 1435 个细胞系。在这 1435 个细胞系中，有 6 个细胞系在含有 2, 4- 二氯苯氧乙酸（2, 4-D）的培养基上显红色，这确认了丹参酮的高效合成。之后利用高效液相色谱证明了这 6 个细胞系中含有高含量的丹参酮。这是第一次报道使用 T-DNA 激活标签技术获得改善二萜含量药用植物品种的案例。

2. 转座子插入突变

转座子是染色体上一段可移动的 DNA 片段，它可从染色体的一个位置转移到另一个位置。当转座事件发生转座子插入到某个功能基因时，就会引起该基因的失活，并诱导产生突变型，而当转座子再次转座或切离这一位点时，失活基因的功能又可得到恢复。遗传分析可确定某基因的突变是否由转座子引起。以导致突变的转座子 DNA 为探针，从突变株的基因组文库中扩增出含该转座子的 DNA 片段，并获得含有部分突变株 DNA 序列的克隆，进而以该 DNA 为探针，筛选野生型的基因组文库，最终得到完整的基因。根据增殖方式不同，转座子可分为 DNA 转座子和逆转座子两类。相应地可利用转座子插入法（Ac/Ds 系统插入）和逆转座子插入法（逆转录转座子 Tos17）建立植物突变体库。

Ac/Ds 系统：Ac/Ds 系统是玉米中的一个转座子家族，属于 DNA 转座子。Ac 因子单独存在便可引起转座突变，但变异不稳定，Ds 因子在有 Ac 因子或合成转座酶的序列存在的条件下才会引起插入突变（图 7-4）。

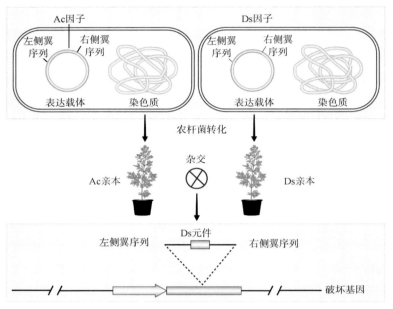

图 7-4　Ac/Ds 转座子插入构建突变体

通过农杆菌侵染获得含 Ac 因子的植物和含 Ds 因子的植物，之后将两个植物杂交从而获得 Ds 插入到染色体中的植物，
由于 Ds 因子能够干扰基因的表达，从而获得相应的突变体

逆转录转座子 Tos17：逆转录转座子是真核生物中广泛存在的一种可转移元件。在植物中它们常以高拷贝数出现，属中度重复序列。逆转录转座子的增殖和转座以 RNA 为中介，通过 DNA-RNA-DNA 的方式进行，因涉及逆转录过程而被称为逆转录转座子（retrotransposon）。逆转录转座子的主要特征是两端具有长的同向末端重复序列（long terminal repeat，LTR）。由于逆转录转座子通常只引起稳定的突变，因此用常规的遗传分析方法很难区分逆转录转座子引发的突变和其他因素引起的变异（图 7-5）。

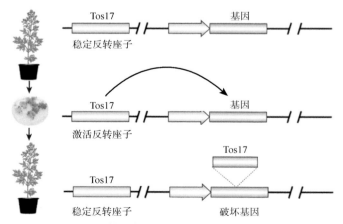

图 7-5　逆转录转座子 Tos17 插入构建突变体

在正常的植物生命周期中，Tos17 转座子稳定存在，当对植物进行组织培养时可以激活 Tos17 转座子生成一段新的 DNA 片段，
新的片段可以插入到植物基因组中干扰基因的表达，从而获得相关的突变体

3. 基因编辑突变

上述所有突变方式的明显缺点是突变位点是随机发生的，因此构建饱和突变体库需要创造足够多的突变体。足够大的突变体库又使后续的突变体性状鉴定、基因鉴定等研究的工作量巨大。基因编辑创造突变体因其锚定的基因序列明确，可以定向的产生突变体，从而解决这一难题。具体内容详见第 6 章药用植物基因编辑部分。

7.2　药用植物基因鉴定与克隆

7.2.1　药用植物基因鉴定

基因序列是基因功能研究的基础，因此鉴定和克隆基因序列往往是分子遗传学研究的首要任务。由于药用植物的遗传转化体系并不完善因此获得生物体突变难度较大，同时通过物理化学诱变突变体又很耗时间，因此人们利用反向遗传学的方法即利用药用植物基因组和转录组等组学信息直接来筛选和克隆功能基因已经成为研究药用植物基因功能常用的手段。

1. 基因簇鉴定功能基因

基因簇（gene cluster）是协同转录的非同源基因，它们在染色体上成簇，通常编码一些特定化合物生物合成途径中催化连续步骤的酶，全基因组测序已充分证实了基因簇在细菌基因组中广泛存在。通过对基因组数据进行分析，可以发现、筛选并鉴定出潜在的、具有新颖结构的活性化合物相关的基因簇。第一个被发现的植物次生代谢基因簇是 Frey 等（1997）在玉米中发现的。他们发现一种防御性化合物的合成基因在基因组中成簇。基因簇往往是由核心结构酶基因和修饰酶基因串联形成的簇状结构。近年来，研究者们也越来越多的在植物中发现了参与次生代谢物合成的基因簇，它们迅速成为植物学研究的热点。研究者可以通过 plantiSMASH（http：//plantismash.secondarymetabolites.org/）在线软件基于药用植物全基因组序列来寻找基因簇信息。King 等（2014）在蓖麻中发现了一个二萜合成的基因簇，其中包括蓖麻烯合成酶和属于 CYP726A 亚家族的一系列细胞色素 P450 基因。CYP726A14、CYP726A17 和 CYP726A18 能够催化蓖麻烯的氧化，这是具有重要药用价值的二萜化合物家族生物合成中一个保守的氧化步骤。CYP726A16 能够催化 5-keto-casbene 的环氧化，CYP726A15 能够催化 neocembrene 的氧化。在其他两种大戟科植物中也发现了类似的基因聚类，表明在这一科的植物中存在着保守的基因簇。

2. 转录组和代谢物关联分析鉴定功能基因

转录组（transcriptome）是特定器官、组织或者细胞在某一状态下所能转录出来的 mRNA 的集合。通过比较药用植物不同器官、不同品种或者不同生态环境因子处理的转录组数据和代谢物的变化信息，可以快捷地帮助科研工作者挖掘鉴定药用植物生长发育、抗性和药效活性成分合成调控途径的关键基因。例如 Zhao 等（2013）通过 Illumina HiSeq 2000 测序平台对枸杞的转录组进行测序，挖掘了与苯丙氨酸生物合成相关的基因，发现了调节枸杞代谢途径的新型同源基因的功能。通过分析苯丙素类生物合成相关基因的表达和不同器官中的化合物含量，发现大多数的苯丙氨酸生物合成相关基因在红果叶和花中高表达。张栋等通过对不同光照条件处理的苦荞麦苗进行转录组和代谢组学联合分析后发现 FtMYB116 是蓝光、红外和远红外光处理后表达量上升的转录因子。之后通过分子生物学实验验证了 FtMYB116 能够直接结

合到黄酮合成基因 *F3′H* 的启动子区激活该基因的表达从而发挥功能。

3. 共表达鉴定功能基因

加权基因共表达网络分析（WGCNA）方法旨在寻找协同表达的基因模块（module），并探索基因模块与关注的表型之间的关联，以及基因模块中的核心基因。主要包括基因之间相关系数计算、基因模块的确定、共表达网络、模块与性状关联四个步骤。首先，计算所有基因之间的相关系数，采用的是相关系数加权值，即对基因相关系数取 *N* 次幂，使得网络中的基因之间的连接服从无尺度网络（scale-free networks）分布。然后，通过基因之间的相关系数构建分层聚类树，同时基于基因的加权相关系数，将基因按照表达模式进行分类，将模式相似的基因归为一个模块。其次，进行 KEGG、GO 等功能富集分析，分析各个模块可能参与的生物功能。最后，将基因模块与药用植物次生代谢物质分布积累关联起来，从而筛选出参与次生代谢的基因模块，并通过热图对结果进行展示。

例如，初旸等将人参基因组的 *bHLH* 基因与参与人参皂苷合成相关的基因构建了共表达网络，结果证明人参皂苷合成上游途径基因表达模式以Ⅳ为主，在叶中表达水平较高，即 *bHLH* 基因与人参皂苷等萜类物质合成的关联性较高。刘慧敏等构建了杜仲胶合成过程中由 lncRNA 参与调控的关键基因 *FPS5* 的共表达网络，最后发现 lncRNA/TUCP 同时调控胶合成关键基因 *FPS5* 和乳管细胞发育相关基因的表达，最终影响杜仲胶的合成。

4. 表达序列标签鉴定功能基因

表达序列标签（expressed sequence tag，EST）是指表达基因一端或两端的部分 DNA 序列，能代表某个表达基因的一段序列信息，长度一般为 300 ~ 500bp。在每个基因的 3′ 端加一个特殊的碱基标记，每个标签都代表一个基因，随后在表达中根据标签出现的次数来估测基因表达量。在药用植物研究方面 EST 数据库构建技术主要是用来鉴别药用植物代谢途径中的新基因。药用植物中含有大量 EST，能提供准确的基因定位信息，还能在单个 EST 对应多个外显子时，提供内含子的定位信息。

Seki 等（2008）从甘草 EST 中筛选出甘草酸生物合成基因中的一种细胞色素 P450 单加氧酶 CYP88D6。体内外酶活性测定都表明，它可以将 β- 香树精的 11 号碳原子两步氧化生成 11- 氧化 -β- 香树精，这是 β- 香树精与甘草酸之间的一种可能的生物合成中间体。Roslan 等（2012）构建了根、茎、叶 3 个标准 cDNA 文库，共发现 4196 个 EST。从构建的 3 个 cDNA 文库中，在类黄酮生物合成途径定位到编码 7 个基因的 11 个 EST。最后找到 3 种黄酮类生物合成途径相关的 EST，即查耳酮合成酶（CHS）、黄酮醇合成酶和白花青素双加氧酶（LDOX）。

7.2.2　药用植物基因克隆

当我们通过各种信息鉴定到某个特定的基因后，我们就需要将其序列克隆出来，以便后续进行功能的验证。一般常用的克隆基因的方法有以下几种。

1. 同源克隆

所谓"同源克隆"，即我们想获得物种 A 的某个基因时，由于物种 A 尚未完成基因组或转录组测序工作，因此可采取应用设计已知功能基因保守区域兼并引物的方法在物种 A 的 cDNA 上进行扩增，获得目的基因的保守区域，并应用 RACE 技术获得全长序列。若该物种已具备 EST、转录组数据或基因组数据则可以利用生物信息学的手段，挑选与该物种进化关系上较为接近的物种进行基因 BLAST、系统发育树重建等方法寻找目标基因序列，并以此 cDNA 为模板，设计特异引物获得该基因。

2.RACE 技术

cDNA 末端快速扩增技术（rapid amplification of cDNA end，RACE），是一种基于逆转录 PCR 从样本中快速扩增 cDNA 的 5′ 端及 3′ 端的技术，由弗罗曼（Frohman）等于 1988 年发明。利用 RACE 可以用已知的部分 cDNA 序列来得到完整的 cDNA 的 5′ 和 3′ 端。RACE 的特点是在仅已知单侧序列可供设计特异性引物时，应用 RACE 技术仍能完成扩增，因此也称为单侧 PCR。RACE 包括 3′RACE 和 5′RACE，分别用于 cDNA 3′ 端和 5′ 端的扩增。

3′RACE：RACE 的实验样本包括总 RNA 和 poly（A）+RNA 等。首先根据 mRNA 的 3′ 端天然存在的 poly（A）尾部设计逆转录引物并逆转录获得第一条 cDNA 链。根据已知的 cDNA 序列设计基因特异性引物（gene specific primer，GSP）合成第二条 cDNA 链。随后以基因特异性引物（GSP）及正义链 3′ 端引物作为一对引物，对得到的 cDNA 链进行 PCR 扩增，从而得到 cDNA 的 3′ 端序列（基因特异性引物→3′ 端）。

5′RACE：根据已知的 cDNA 序列设计基因特异引物（GSP），逆转录获得第一条 cDNA 链，同时用末端脱氧核苷酸转移酶（TdT）在 cDNA 的 3′ 端加 poly（C）尾，依据 poly（C）尾设计特定引物合成第二条 cDNA 链。随后以第二条 cDNA 链为模板利用基因特异性引物合成双链 cDNA。最后以基因特异性引物（GSP）及反义链 3′ 端引物为一对引物进行 PCR 扩增获得 cDNA 的 5′ 端序列（基因特异性引物→5′ 端）。

3. 利用 T-DNA 标签克隆

T-DNA 插入标签技术不但能破坏插入位点基因的功能，而且这种功能缺失突变体的表型、生化特征的变化可以为该基因的研究提供有用的线索。由于农杆菌介导的遗传转化技术的成熟和 T-DNA 插入位点侧翼序列扩增方法丰富完善，T-DNA 插入标签技术已经成为鉴定基因和发现新基因的一种重要手段。

T-DNA 是根癌农杆菌 Ti 质粒上的一段 DNA 序列，它能够稳定地整合到植物基因组中并稳定表达。T-DNA 插入技术就是利用农杆菌介导的遗传转化方法将外源 T-DNA 转入植物，以 T-DNA 作为标记来分离或克隆插入位点的基因并研究其功能。插入的 T-DNA 序列是已知的，因此可以通过已知的外源序列利用各种 PCR 策略对突变基因进行克隆和序列分析，比对突变的表型研究基因的功能。还可以用反向 PCR、TAIL-PCR、质粒挽救等方法扩增出插入位点的侧翼序列，检索侧翼序列数据库，对基因进行更全面的分析。

4. 图位克隆

图位克隆，亦称定位克隆，是指基于目标基因紧密连锁的分子标记在染色体上的位置来逐步确定和分离目标基因的技术方法。用该方法分离基因是根据目的基因在染色体上的位置进行的，无须预先知道基因的 DNA 顺序和其表达产物的有关信息，但应有以下两方面的基本情况：一是有一个根据目的基因的有无建立起来的遗传分离群体，如 F_2（子二代）群体、DH（双单倍体）群体、BC（回交）群体、RI（重组自交系）群体等。二是利用分离群体寻找与表型紧密连锁的分子标记最终实现染色体定位，包括以下步骤：①首先找到与目的基因紧密连锁的分子标记。②用遗传作图和物理作图将目的基因定位在染色体的特定位置。③构建含有大插入片段的基因组文库（BAC 库或 YAC 库）。④以与目的基因连锁的分子标记为探针筛选基因组文库。⑤用阳性克隆构建目的基因区域的跨叠群。⑥通过染色体步行、登陆或跳跃获得含有目的基因的大片段克隆。⑦通过亚克隆获得含有目的基因的小片段克隆。⑧通过遗传转化和功能互补验证最终确定目的基因的碱基序列。

7.3 药用植物基因功能验证

7.3.1 基因表达模式分析

1. RNA-Seq

RNA-seq 即转录组测序技术，随着测序技术的发展，高通量测序技术在转录组研究中得到极为广泛的应用。高通量测序又称"下一代"测序技术（"next-generation" equencing technology），具有灵敏度高和数据通量大的特点，一次测序可获得几十万到几百万条 DNA 分子序列。二代测序平台主要有 454 公司的 454GS FLX、Illumina 公司的 Solexa Hiseq、ABI 公司的 SOLiD 测序平台。其中以 Illumina 公司的 Hiseq 测序技术的 RNA 测序（RNA-seq）应用最为广泛，该技术能将信使 RNA（mRNA）、小 RNA（small RNA）和非编码 RNA（ncRNA）等序列测定出来，并能够在单核苷酸的水平对任意一个物种的整体转录活动进行检测，在分析转录物的结构和表达水平的同时，还能发现未知转录物和稀有转录物（或低丰度转录物）。RNA-seq 测序可用于比较药用植物两种或多种样本中的基因表达或整个转录表达谱的差异。目前，基于 RNA-seq 技术的转录组研究方法广泛应用于药用植物转录组测序、数字基因表达谱分析、小 RNA 测序、降解组测序、长链非编码 RNA 测序和单细胞转录组测序等（见本章案例 4）。近年来以三代测序为核心的 RNA 测序技术也被广泛地应用在药用植物转录水平的研究。

2. 实时定量 PCR

实时定量 PCR 是一种在 DNA 扩增反应中，以荧光化学物质监测每次聚合酶链反应（PCR）循环后产物总量的方法。通过内掺或者外掺法对待测样品中的特定 DNA 序列进行定量分析的方法。实时定量 PCR 是在 PCR 扩增过程中，通过荧光信号，对 PCR 进程进行实时检测。由于在 PCR 扩增的指数时期，模板的 Ct 值和该模板的起始拷贝数存在线性关系，所以成为定量的依据。检测方法主要有两种。SYBR Green 法：在 PCR 反应体系中，加入过量 SYBR 荧光染料，SYBR 荧光染料特异性地掺入 DNA 双链后，发射荧光信号，而不掺入 DNA 双链中的 SYBR 染料分子不会发射任何荧光信号，从而保证荧光信号的增加与 PCR 产物的增加完全同步；保留 *Taq*Man 探针法：探针完整时，报告基团发射的荧光信号被猝灭基团吸收；PCR 扩增时，保留 *Taq* 酶的 5′-3′ 外切酶活性将探针酶切降解，使报告荧光基团和猝灭荧光基团分离，从而荧光监测系统可接收到荧光信号，即每扩增一条 DNA 链，就有一个荧光分子形成，实现了荧光信号的累积与 PCR 产物的形成完全同步（见本章案例 3）。

3. *GUS* 报告基因

GUS 基因作为一种报告基因，在植物遗传转化研究中有广泛的用途。*GUS* 基因来自于大肠杆菌，编码一种水解酶，可催化底物 5- 溴 -4- 氯 -3- 吲哚葡聚糖醛酸苷（5-bromo-4-chloro-3-indolyl-glucronide，缩写为 X-Gluc）分解，产生肉眼可见的深蓝色化合物，借此用来观察转基因植物中外源基因的表达情况，在药用植物中经常用 GUS 染色的方法确认代谢途径基因或者转录因子的功能，如定位次生代谢物合成的腺毛基因等，详见本章案例 3。

4. 原位杂交

原位杂交是指以特定标记的已知顺序核酸为探针与细胞或组织切片中核酸进行杂交，从而对特定核酸顺序进行精确定量定位的过程。原位杂交可以在细胞标本或组织标本上进行。使用 DNA 或者 RNA 探针来检测与其互补的另一条链在真核细胞中的位置。

RNA 原位核酸杂交又称 RNA 原位杂交组织化学或 RNA 原位杂交。该技术是指运用 cRNA 或寡核苷酸等探针检测细胞和组织内 RNA 表达的一种原位杂交技术。其基本原理是：在细胞或组织结构保持不变的条件下，用标记的已知的 RNA 核苷酸片段，按核酸杂交中碱基配对原则，与待测细胞或组织中相应的基因片段相结合（杂交），所形成的杂交体（hybrids）经显色反应后在光学显微镜或电子显微镜下观察其细胞内相应的 mRNA、rRNA 和 tRNA 分子。RNA 原位杂交在药用植物中的应用主要体现在视觉观察次生代谢途径相关基因在药用植物中的组织水平上的表达。Tocci 等（2018）运用 mRNA 原位杂交、免疫荧光检测及高分辨质谱成像系统（AP-SMALDI-FT-Orbitrap MSI）三个层面对蒽酮代谢过程中基因的转录物、蛋白及代谢产物进行定位。作者通过对蒽酮化合物的碳骨架形成酶即苯甲酮合成酶（benzophenone synthase，BPS）进行定位，结果显示该基因的蛋白和转录物都定位在贯叶连翘根部的外皮层（exodermis）和内皮层（endodermis），蒽酮类化合物的定位也是如此。

荧光原位杂交（FISH）是原位杂交技术大家族中的一员，因其所用探针被荧光物质标记（间接或直接）而得名，该方法在 20 世纪 80 年代末被发明。FISH 技术的基本原理是荧光标记的核酸探针在变性后与已变性的靶核酸在退火温度下复性；通过荧光显微镜观察荧光信号，可在不改变被分析对象（即维持其原位）的前提下对靶核酸进行分析。DNA 荧光标记探针是其中最常用的一类核酸探针。利用此探针可对组织、细胞或染色体中的 DNA 进行染色体及基因水平的分析。荧光标记探针不对环境构成污染，灵敏度能得到保障，可进行多色观察分析，因而可同时使用多个探针，缩短因单个探针分开使用导致的周期过程和技术障碍。

7.3.2　蛋白亚细胞定位分析

细胞是生命形式的基本组成单元，各种蛋白按照其功能有序地分布在细胞的每个分区中。植物细胞的主要分区包括细胞膜和其他内膜系统、细胞核、细胞质以及位于其中的线粒体、叶绿体、高尔基体和内质网等各种细胞器。常见的亚细胞定位方法有生物信息学预测法、免疫荧光法、GFP 融合蛋白表达法。

1. 生物信息学预测法

不同的细胞器往往具有不同的理化环境，它根据蛋白的结构及表面理化特征，选择性容纳蛋白。蛋白表面直接暴露于细胞器环境中，它由序列折叠过程决定，而后者取决于氨基酸组成。因此可以通过氨基酸组成进行亚细胞定位的生物信息学预测。

2. 免疫荧光法

免疫荧光法（immunofluorescence method）是将免疫学方法（抗原抗体特异结合）与荧光标记技术结合起来研究特异蛋白抗原在细胞内分布的方法。由于荧光素所发的荧光可在荧光显微镜下检出，从而可对抗原进行细胞定位。

直接法：将标记的特异性荧光抗体，直接加在抗原标本上，经一定的温度和时间的染色，用水洗去未参加反应的多余荧光抗体，室温下干燥后封片、镜检。

间接法：如检查未知抗原，先用已知未标记的特异抗体（第一抗体）与抗原标本进行反应，用水洗去未反应的抗体,再用标记的抗抗体(第二抗体)与抗原标本反应,使之形成抗体—抗原—抗体复合物,再用水洗去未反应的标记抗体,干燥、封片后镜检。如果检查未知抗体,则表明抗原标本是已知的,待检血清为第一抗体,其他步骤与抗原检查相同。

3. GFP 融合蛋白表达法

GFP 是绿色荧光蛋白,在扫描共聚焦显微镜的激光照射下会发出绿色荧光,从而可以精确地定位蛋白的位置。GFP 是一个由约 238 个氨基酸组成的蛋白,从蓝光到紫外线都能使其激发,发出绿色荧光。通过基因工程技术,融合了绿色荧光蛋白(GFP)基因的目的基因在强启动子的作用下,通过不同的转化方法永久或者瞬时表达,并通过荧光显微镜观察融合蛋白的定位信息。

7.3.3 微生物表达系统

利用微生物进行重组蛋白表达是用于蛋白质生产和性质研究的基础工作,常见的微生物表达系统主要有大肠杆菌表达系统和酵母表达系统。微生物表达系统具有培养简单、周期性短、成本低等优点,是商业性蛋白重要的表达来源。

1. 大肠杆菌表达系统

大肠杆菌是第一个用于重组蛋白生产的宿主菌,它不仅具有遗传背景清楚、培养操作简单、转化和转导效率高、生长繁殖快、成本低廉,可以快速大规模地生产目的蛋白等优点,而且其表达外源基因产物的水平远高于其他基因表达系统。在大肠杆菌中表达的目的蛋白甚至能超过细菌总蛋白量的 30%,因此大肠杆菌是目前应用最广泛的蛋白表达系统。在大肠杆菌中表达目的蛋白可以通过将重组了外源基因的表达蛋白质粒转入大肠杆菌,并通过增加质粒拷贝数或增加目的基因转录水平达到蛋白的大量表达。例如,可以将目的蛋白的 DNA 序列克隆或亚克隆到含有 lac 启动子的高拷贝数质粒中,然后将其转化到大肠杆菌中。添加 IPTG(异丙基 -β-D- 硫代半乳糖苷)激活 lac 启动子并使大肠杆菌表达目的蛋白。

大肠杆菌表达系统优点:培养周期短,目标基因表达水平高,遗传背景清楚,是目前应用最为广泛的蛋白表达系统,在药用的功能基因的应用中主要作为酶类、转录因子等的表达宿主。

大肠杆菌表达系统的组成:表达载体、外源基因、表达宿主菌。

表达载体:小型环状 DNA,能自我复制。一个完整的质粒载体必须要有复制起点、启动子、插入的目的基因、筛选标记以及终止子;此外对大肠杆菌表达载体的要求是:①操纵子以及相应的调控序列,外源基因产物可能会对大肠杆菌有毒害作用。② SD 序列,即核糖体识别序列,一般 SD 序列与起始密码子之间间隔 7 ~ 13bp 翻译效率最高。③多克隆位点以便目的基因插入到适合位置。

外源基因:在大肠杆菌表达体系中要表达的基因即外源基因,包括原核基因和真核基因;原核基因可以在大肠杆菌中直接表达出来,真核基因一般以 cDNA 的形式在大肠杆菌表达系统中表达。此外还需提供大肠杆菌能识别的且能转录翻译真核基因的元件。

表达宿主菌:表达蛋白的生物体即大肠杆菌。表达宿主菌的选择在蛋白表达过程中是很重要的因素。对于宿主菌的选择主要根据宿主菌各自的特征及目的蛋白的特性,例如目的蛋白需要形成二硫键,可以选择 Origami 2 系列,Origami 能显著提高细胞质中二硫键形成概率,促进蛋白可溶性及活性表达;目的蛋白含有较多稀有密码子可用 Rosetta 2 系列,补充大肠杆菌缺乏的七种(AUA,AGG,AGA,CUA,CCC,GGA 及 CGG)稀有密码子对应的 tRNA,提高外源基因的表达水平。

2. 酵母表达系统

酵母是单细胞低等真核生物，它既有原核生物的易于培养、繁殖快、便于基因工程操作等特性，同时又具有真核生物的蛋白翻译后加工的功能，有适于真核生物基因产物正确折叠的细胞内环境和糖链加工系统，还能分泌外源蛋白到培养液中，利于纯化，并可减轻宿主细胞的代谢负荷。特别是由于酿酒酵母 2u 质粒的发现和酵母转化技术的突破。酿酒酵母基因工程表达系统因此建立并应用。

酵母表达系统是一种最经济高效的真核蛋白表达系统，可以成功实现胞内表达或是分泌表达，且其放大培养基相对廉价，培养条件要求不高，适宜工业放大。与哺乳动物细胞表达系统一样，酵母蛋白表达系统能够对所表达蛋白进行例如糖基化、酰基化、脂基化、磷酸基化等保证蛋白天然构象的修饰，可用于制备非常接近天然蛋白的具有高附加值的蛋白原料。酵母是利用重组 DNA 产生蛋白的常见宿主。其遗传操作相对容易，并可在廉价培养基上快速生长至高细胞密度。在药用植物分子遗传学研究中一般会应用酵母表达平台表达次生代谢途径中的膜蛋白如细胞色素 CYP450 和异戊烯基转移酶等，或作为天然产物合成生物学的底盘细胞应用。

7.3.4　植物细胞瞬时表达系统

瞬时表达是指引入细胞的外源 DNA 和宿主细胞染色体 DNA 并不发生整合，而是随载体进入细胞后 12h 左右就可表达，基因产物在 2 ～ 4 天内即可被检测出。由于瞬时表达系统能表达多种外源基因，而且时间短，重复性好，弥补了常规转基因方式中周期长、转化率低的一些缺点。目前，植物瞬时表达系统已被陆续应用到生物学的研究中，尤其是利用该系统进行基因功能的鉴定分析、发现新型强启动子、蛋白相互作用、亚细胞定位等方面（见本章案例 3）；此外，该系统也可表达外源基因生产重组蛋白，为疫苗、抗体、生物制药的研发开辟了捷径。在瞬时表达状态的基因转移中，引入细胞的外源 DNA 和宿主细胞染色体 DNA 并不发生整合。这些 DNA 一般随载体进入细胞后 12h 内就可以表达，并持续 80h 左右。基因的导入方法可分为间接转基因方法和直接转基因方法。植物瞬时表达系统在启动子分析、基因功能分析和生产重组蛋白方面用途广泛。并且具有如下优点：①简单快速。转化基因可在转化的一周内进行分析，避免了组织培养等繁杂过程。②表达水平高。当单链的 T-DNA 进入植物细胞后，许多未整合到植物基因组中的游离外源基因同样可以表达。③安全有效。不受植物生长发育过程的影响，不产生可遗传的后代，结果可靠直观，不存在基因漂移的风险。常用基因枪转化和农杆菌真空渗透法。由于药用植物的转基因体系建立较为复杂，运用瞬时表达的方法验证基因功能是一条较为快捷的解决方法。该方法在大麻、淫羊藿植物已得到成功运用。

7.3.5　蛋白相互作用技术

研究蛋白相互作用的技术包括酵母双杂交技术、Pull down 技术、免疫共沉淀技术等。

1. 酵母双杂交技术

酵母双杂交（yeast two-hybrid）系统是 1989 年由菲尔兹（Fields）和桑（Song）等首先在研究真核基因转录调控时建立。典型的真核生物转录因子，如 GAL4、GCN4 等都含有两个功能上相互独立的结构域：DNA 结合结构域（DNA-binding domain）和转录激活结构域（transcription-activating domain）。前者可识别 DNA 上的特异序列并与之结合，后者可同转录复合物的其他成分作用，启动其所调节基因的转录。两个结构域分开后仍具有功能，但是不能激活转录（图 7-6）。酵母双杂交系统包括两种载体，分别含有

DNA 结合结构域和转录激活结构域。当待检测相互作用的两个蛋白分别克隆到两种载体中，形成 DNA 结合结构域融合蛋白和转录激活结构域融合蛋白后，如果待测蛋白之间存在相互作用会使 DNA 结合结构域和转录激活结构域在空间上相互靠近，从而激活报告基因的转录。报告基因的激活证明待测蛋白之间存在相互作用（见本章案例 3）。

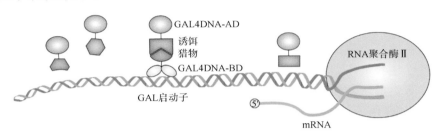

图 7-6　酵母双杂交工作原理

GAL4 转录因子具有两个功能结构域，分别为 DNA-binding domain（BD）和 activating domain（AD）结构域。将想要验证相互作用的两个蛋白分别与 AD 和 BD 形成融合蛋白，如果两个蛋白相互作用就会将 AD 和 BD 拉近，进而激活下游报告基因表达

2. Pull down 技术

Pull down 实验是一个有效验证蛋白相互作用的体外试验技术，近年来越来越受到广大学者的青睐。其基本原理是将一种蛋白固定于某种基质上（如 sepharose），当细胞抽提液经过该基质时，可与该固定蛋白相互作用的配体蛋白被吸附，而没有被吸附的"杂质"则随洗脱液流出。被吸附的蛋白可以通过改变洗脱液或洗脱条件而回收下来。通过 Pull down 技术可以确定已知的蛋白与钓出蛋白或已纯化的相关蛋白间的相互作用关系，从体外转录或翻译体系中检测出蛋白相互作用关系。例如将谷胱甘肽巯基转移酶（glutathione-S-transferase，GST）固定到亲和树脂上充当一种"诱饵蛋白"，然后将目的蛋白溶液过柱，从中捕获与之相互作用的"捕获蛋白"（目的蛋白），洗脱结合物后通过 SDS-PAGE 分析，从而证实两种蛋白间的相互作用或筛选相应的目的蛋白，"诱饵蛋白"和"捕获蛋白"均可通过纯化的蛋白、细胞裂解物、表达系统以及体外转录翻译系统等方法获得（图 7-7）。此方法简单易行，操作方便。研究人员将黄花蒿 *AaORA* 克隆至 pGEX-4T-1 载体上构建 *GST-AaORA* 融合基因，*AaTCP14* 克隆至 pCold-TF 载体上构建 *His-AaTCP14* 融合基因，然后通过大肠杆菌原核表达系统表达 GST-AaORA 和 His-AaTCP14 融合蛋白，之后将两个融合蛋白孵育并与交联了谷胱甘肽的琼脂糖凝胶结合，最后通过 SDS-PAGE 以及抗 His 和抗 GST 的抗体进行检测，结果证明了 AaORA 和 AaTCP14 蛋白的直接结合（见本章案例 3）。

3. 免疫共沉淀技术

免疫共沉淀（co-immunoprecipitation）是研究以抗体和抗原之间专一性作用为基础的蛋白间相互作用的经典方法，是确定两种蛋白在完整细胞内生理性相互作用的有效方法。其原理是当细胞在非变性条件下被裂解时，完整细胞内存在的许多蛋白 - 蛋白间的相互作用被保留下来。首先用预先固化在琼脂糖微球上的 A 蛋白的抗体对 A 蛋白进行免疫沉淀使 A 蛋白锚定到琼脂糖微球上，在免疫沉淀 A 蛋白的同时，与 A 蛋白在体内结合的 B 蛋白也能一起沉淀下来。再通过蛋白变性分离，对 B 蛋白进行检测，进而证明两者间的相互作用。这种方法得到的目的蛋白在细胞内与兴趣蛋白天然结合，符合体内的实际情况，得到的结果可信度高。这种方法常用于测定两种目标蛋白是否在体内结合，也可用于确定一种特定蛋白新的相互作用蛋白（图 7-8）。研究人员将黄花蒿 *AaTCP14* 基因构建到 pCambia1300-GFP 载体上形成 AaTCP14-GFP 融合蛋白，将 *AaORA* 基因构建到 pCambia1300-Flag 载体上形成 AaORA-Flag 融合蛋白。然后将两个载体转化到烟草叶片中并提取蛋白，之后将蛋白提取液与抗 Flag 抗体进行孵育后使用抗 GFP 和抗 Flag 抗体检测发现 AaTCP14 和 AaORA 蛋白存在相互作用（见本章案例 3）。

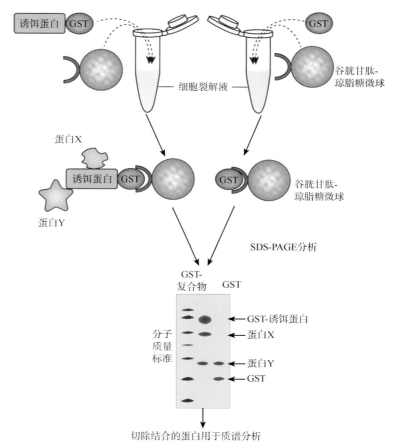

图 7-7　GST-Pull down 工作原理

将一个蛋白固定到亲和树脂上的谷胱甘肽巯基转移酶（glutathione-*S*-transferase，GST）充当一种"诱饵蛋白"，然后将目的蛋白溶液过柱，从中捕获与之相互作用的"捕获蛋白"（目的蛋白），洗脱结合物后通过 SDS-PAGE 分析，从而证实两种蛋白间的相互作用或筛选相应的目的蛋白

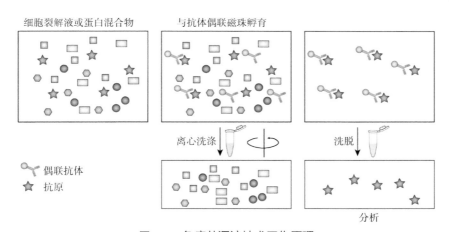

图 7-8　免疫共沉淀技术工作原理

细胞在非变性条件下被裂解时，完整细胞内存在的许多蛋白 - 蛋白间的相互作用被保留下来。首先用预先固化在琼脂糖微球上的 A 蛋白的抗体对 A 蛋白进行免疫沉淀使 A 蛋白锚定到琼脂糖微球上，在免疫沉淀 A 蛋白的同时，与 A 蛋白在体内结合的 B 蛋白也能一起沉淀下来。再通过蛋白变性分离，对 B 蛋白进行检测，进而证明两者间的相互作用

4. 双分子荧光互补技术

双分子荧光互补（bimolecular fluorescence complementation，BiFC）技术，是由研究人员于 2002 年报道的一种快速直观地识别目标蛋白在活细胞中的定位和相互作用的新技术。在荧光蛋白（YFD、GFP、萤

光素酶等）的两个 β 片层之间的环结构上有许多特异位点可以插入外源蛋白而不影响其荧光活性，利用荧光蛋白家族的这一特性，将荧光蛋白切割成两个不具有荧光活性的片段，再分别与目标蛋白连接，当两个目标蛋白具有相互作用时，使得荧光蛋白的两个片段在空间上靠近而重新构成能发出稳定荧光的蛋白而发出荧光（图 7-9）。荧光蛋白结构非常稳定，能在非厌氧条件下的几乎所有细胞中表达。目前，各种 BiFC 系统已经被成功用于不同宿主细胞中，在药用植物研究中常以本氏烟草作为 BiFC 系统的宿主。

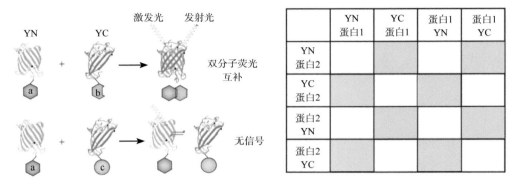

	YN 蛋白1	YC 蛋白1	蛋白1 YN	蛋白1 YC
YN 蛋白2				
YC 蛋白2				
蛋白2 YN				
蛋白2 YC				

图 7-9　双分子荧光互补技术原理

将黄色荧光蛋白切割成两个不具有荧光活性的片段，再分别与目标蛋白连接，当两个目标蛋白具有相互作用时，使得荧光蛋白的两个片段在空间上靠近而重新构成能发出稳定荧光的蛋白而发出荧光

7.3.6　蛋白与核酸相互作用技术

蛋白和核酸都是组成生命的主要生物大分子，研究蛋白和核酸的相互作用是后基因组时代重要的研究领域之一。以下是研究蛋白和核酸相互作用的主要方法。

1. 凝胶迁移

凝胶迁移也称电泳迁移率实验（electrophoretic mobility shift assay，EMSA），是一种研究蛋白和其相关的 DNA 结合序列相互作用的技术，可用于定性和定量分析。目前也用于研究 RNA 结合蛋白和特定的 RNA 序列的相互作用。通常将纯化的蛋白或细胞粗提液与 ^{32}P 同位素标记的 DNA 或 RNA 探针一同保温，在非变性的聚丙烯凝胶上电泳，由于 DNA- 蛋白复合物或 RNA- 蛋白复合物比非结合的探针移动得慢，从而能够分离蛋白核酸复合物和非结合的探针。同位素标记的探针根据结合蛋白的不同，可为双链或者是单链。当检测如转录调控因子一类的 DNA 结合蛋白时，可用纯化蛋白，部分纯化蛋白或核细胞抽提液。在检测 RNA 结合蛋白时，依据目的 RNA 结合蛋白的位置，可用纯化或部分纯化的蛋白，也可用核或胞质细胞抽提液。竞争实验中采用含蛋白结合序列的 DNA 或 RNA 片段和寡核苷酸片段（特异）以及其他非相关的片段（非特异），来确定 DNA 或 RNA 结合蛋白的特异性。在竞争的特异和非特异片段的存在下，依据蛋白核酸复合物的特点和强度来确定特异结合（图 7-10）。Zhang 等（2019）在丹参中发现一个调控丹参酮生物合成的 AP2/ERF 家族转录因子 SmERF128。通过 EMSA 发现 SmERF128 通过 与 GCC-box 以 及 CRTDREHVCBF2（CBF2）和

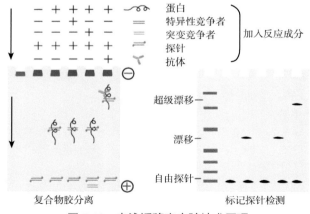

图 7-10　电泳迁移率实验技术原理

当标记有探针的蛋白与 DNA 片段结合后在凝胶中迁移就比没有 DNA 结合的蛋白慢，通过检测我们就可以知道电泳迁移慢的蛋白就是能够与目的 DNA 片段结合的蛋白

RAV1AAT（RAA）元件结合，能够激活 *SmCPS1*、*SmKSL1* 和 *SmCYP76AH1* 的等关键酶基因的表达。

2. 染色质免疫沉淀（ChIP）

环境因子、发育信号等如何调控基因的转录进而影响药材品质的形成是中药道地性和育种研究的热点。这些研究都需要分析调控蛋白和 DNA 元件之间的相互作用，然而生物体的 DNA 不是单独游离的，DNA 缠绕在组蛋白上形成核小体，核小体经过复杂折叠形成高度螺旋化的染色质。植物感知信号后使染色质解螺旋释放 DNA 双链才能促成其与蛋白的结合完成生物体的调控。区别于 EMSA 等体外检测手段，ChIP（chromatin immunoprecipitation assay）是在染色质环境下研究核酸和蛋白相互作用的技术，能够反映生物体内的真实过程。植物在理想生理状态下，用甲醛固定细胞内蛋白 -DNA 复合物，并将其随机切断为一定长度范围内的染色质小片段，通过免疫学方法利用转录因子，染色质结合蛋白或标签蛋白的抗体来沉淀复合物，特异性地富集目的蛋白结合的 DNA 片段，设计目的结合元件引物，利用 qPCR 技术验证二者是否有结合（图 7-11）。此外，将二代测序应用于 ChIP 结果检测的技术被称为 ChIP-Seq 技术，该技术能够在全基因组范围内高通量筛选与目的蛋白结合的 DNA 片段，能够完整反映目的蛋白的调控信息。Singh 等（2017）通过基因差异表达筛选到一个 WsWRKY1 转录因子，*WsWRKY1* 沉默后植物生长停止，甾醇途径基因表达量降低，相应甾醇和睡茄内酯 A 含量减少，过表达后结果相反。利用染色质免疫共沉淀技术证明，WsWRKY1 可以直接结合到鲨烯合酶和角鲨烯环氧化酶基因启动子上的 W-box 元件，证明 WsWRKY1 能够直接调控三萜途径的合成。此外，转基因实验表明 *WsWRKY1* 的过表达使植物生物胁迫耐受力增强。

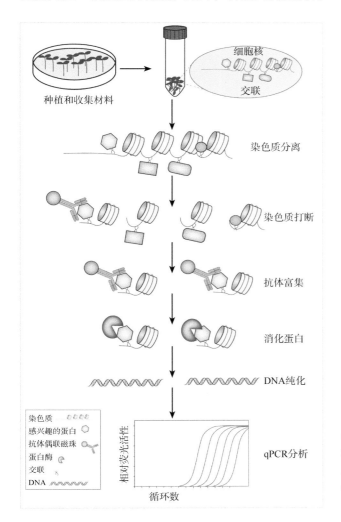

图 7-11　染色质免疫沉淀技术原理

植物在理想生理状态下，用甲醛固定细胞内蛋白 -DNA 复合物，并将其随机切断为一定长度范围内的染色质小片段，通过免疫学方法利用转录因子、染色质结合蛋白或标签蛋白的抗体来沉淀复合物，特异性地富集目的蛋白结合的 DNA 片段，设计目的结合元件引物，利用 qPCR 技术验证二者是否有结合

3. RNA Pull-down/ DNA Pull-down

蛋白与 RNA 的相互作用是许多细胞功能的核心，如蛋白合成、mRNA 组装、病毒复制、细胞发育调控等。RNA Pull-down 使用体外转录法标记生物素 RNA 探针，然后与细胞质蛋白提取液孵育，形成 RNA- 蛋白复合物。该复合物可与链霉亲和素标记的磁珠结合，从而与孵育液中的其他成分分离。复合物洗脱后，通过 Western blot 实验检测特定的 RNA 结合蛋白是否与 RNA 相互作用（图 7-12）。

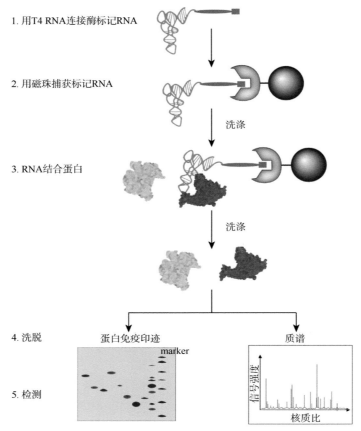

1. 用T4 RNA连接酶标记RNA

2. 用磁珠捕获标记RNA

洗涤

3. RNA结合蛋白

洗涤

4. 洗脱　蛋白免疫印迹　　质谱

5. 检测

图 7-12　RNA-Protein Pull-down 技术原理

标记生物素探针的 RNA 与细胞质蛋白提取液孵育，形成 RNA- 蛋白复合物。该复合物可与链霉亲和素标记的磁珠结合，通过 Western blot 实验检测特定的 RNA 结合蛋白是否与 RNA 相互作用

4. RNA 结合蛋白免疫沉淀

RNA 结合蛋白免疫沉淀（RIP）主要是运用探针对目标蛋白的抗体把相应的 RNA- 蛋白复合物沉淀下来，经过分离纯化就可以对结合在复合物上的 RNA 进行 qPCR 检测。RIP 是研究细胞内 RNA 与蛋白结合的技术，是了解转录后调控网络动态的有力工具，可以帮助我们发现 miRNA 的调节靶点（图 7-13）。

5. 酵母单杂交

酵母单杂交（yeast one hybrid，Y1H）技术是由 Wang 等（1993）发明的，用以分析鉴定 DNA 结合蛋白（即转录因子）和 DNA 顺式作用元件在细胞内的结合情况，也能用来筛选编码转录因子的基因。真核生物基因的转录起始需转录因子参与，转录因子通常包含一个 DNA 特异性结合功能结构域（binding domain，BD）和一个或多个其他调控蛋白相互作用的激活功能结构域（activation domain，AD）。

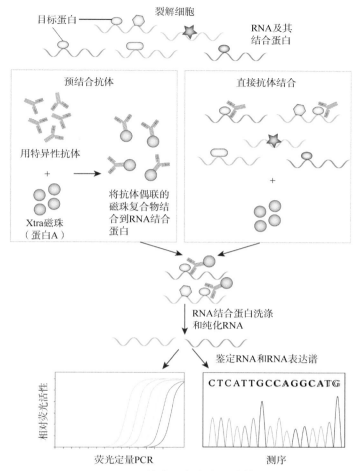

图 7-13　RNA 结合蛋白免疫沉淀技术原理

运用探针对目标蛋白的抗体把相应的 RNA- 蛋白复合物沉淀下来，经过分离纯化就可以对结合在复合物上的 RNA 进行 qPCR 检测

在酵母单杂交系统中，酵母的 GAL4 蛋白是一个典型的转录因子，GAL4 的 BD 能够结合酵母半乳糖苷酶的上游激活位点（UAS），而其 AD 可与 RNA 聚合酶或转录因子相互作用，提高 RNA 聚合酶的活性。由于 AD 与 BD 可独立发挥功能，因此可将 GAL4 的 BD 置换为 cDNA 文库中蛋白编码基因来进行对特定转录因子的筛选。先将已知的顺式作用元件构建到最基本启动子（minimal promoter，Pmin）的上游，报告基因连到 Pmin 的下游。接着将编码目的转录因子的 cDNA 融合表达载体转化进酵母细胞，其编码产物（转录因子）与顺式作用元件结合即可激活 Pmin 启动子，进而引导报告基因表达，最终筛选出符合预期的转录因子或证明转录因子与顺式作用元件的互作关系（图 7-14）。

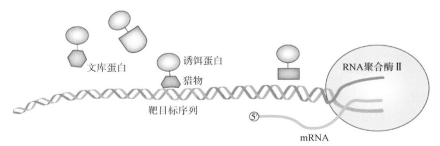

图 7-14　酵母单杂交技术原理。将目的蛋白与 GAL4 转录因子的 AD 融合，将已知的顺式作用元件构建到最基本启动子上游，如果目的蛋白能够与顺式作用元件结合，那么 AD 就能够激活报告基因的表达，从而证明目的蛋白与顺式作用元件的相互作用

7.3.7 化学蛋白质组学

化学蛋白质组学是一种寻找小分子化合物与哪些蛋白质发生相互作用，进而发现小分子靶点的方法。在药用植物研究中可以有效地发现哪些代谢途径的酶催化小分子化合物。这种方法不同于传统的基于蛋白质定性定量的蛋白质组学（proteomics），化学蛋白质组学（chemical proteomics）借助分子探针特异性靶向与化学小分子具有相互作用的亚蛋白质组，从而找到包括天然产物在内的小分子的靶点蛋白。

作为化学蛋白质组学技术的核心要素，分子探针的实质是利用连接链将活性分子骨架和报告基团（固相介质，荧光或生物素等）相连而合成的活性分子衍生物。其中，活性分子骨架与靶标蛋白相互结合，报告基团则能够标记或富集靶标蛋白。将被富集的蛋白洗脱和酶解后即可通过质谱进行鉴定（图 7-15）。利用化学蛋白质组学策略进行靶标鉴定的策略大致分为以下两种：①设计以天然产物结构为基础的亲和性探针（affinity-based probe），在蛋白质组中富集与之结合的蛋白；②以天然产物分子骨架中特定官能团活性/功能为基础选择相应的活性探针（activity-based probe），并利用竞争性策略筛选与天然产物分子相关的蛋白及其活性位点。

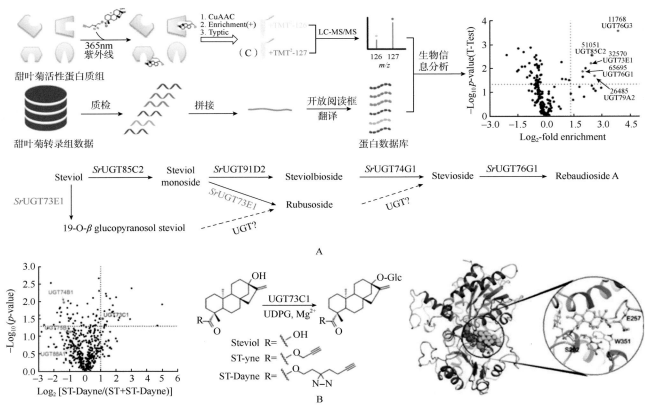

图 7-15 化学蛋白质组学调取代谢途径基因示意图。利用分子探针将活性分子骨架和报告基团（固相介质，荧光或生物素等）相连而合成活性分子衍生物。其中，活性分子骨架与靶标蛋白相互结合，报告基团则能够标记或富集靶标蛋白，将被富集的蛋白洗脱和酶解后即可通过质谱进行鉴定

Steviol：甜菊醇，Steviol monoside：甜菊糖单糖苷，Steviolbioside：甜菊糖双糖苷

案例 1　甲基磺酸乙酯（EMS）诱变构建黄花蒿突变体库

1. 研究背景

疟疾是一种由疟原虫感染引起的严重威胁人类健康和生命安全的重大传染病，在全世界 108 个国家和地区传播流行，约有 33 亿人受到疟疾的威胁。每年有超过 1 亿人感染疟疾，并造成近 80 万人死亡，世界卫生组织（WHO）将其与艾滋病、结核病一起列为世界三大公共卫生问题。以青蒿素为基础的联合用药（artemisinin-based combination therapie，ACT）是治疗疟疾特别是恶性疟现有的首选、最佳方法。青蒿素是一种含过氧桥基团结构的倍半萜内酯类化合物，每年需求量巨大，但是供应量却相对紧缺，这直接导致了 ACT 制剂成本的增加。目前从植物黄花蒿中提取青蒿素依然是获得青蒿素的主要方式，但黄花蒿中青蒿素含量一般很低，仅为 0.01%～0.8%。因此，如何使用生物技术手段提高黄花蒿中青蒿素的含量有重要学术和应用意义。

2. 研究方法

EMS 属于人工化学试剂诱变。EMS 是可以改变 DNA 结构的烷化剂。通常它带有 1 个或多个活性烷基，此基团能够转移到电子密度高的碱基上，发生烷化作用，置换出氢原子改变氢键，从而使 DNA 结构发生变化，造成基因突变。Graham 等（2010）基于转录组及田间表型数据，通过构建遗传图谱获得影响黄花蒿产量的位点。黄花蒿植株表型的变异出现在 Artemis 的 F_1 代谱系中，符合高水平的遗传变异。在开发标记位点用于育种的同时，Graham 等检测了 23 000 株植株的青蒿素含量，这些植株是黄花蒿的 F_1 代种子经 EMS 诱变后于温室培养 12 周的 F_2、F_3 代。至此他们利用 EMS 诱变技术构建了黄花蒿的突变体库。

3. 研究结果

Graham 团队发现经诱变后的材料大约每 4.5Mb 有一个突变，其变异频率小于 Artemis 中的 $1/10^4$ 碱基对的 SNP 多态性。该方法能够识别携带有益变异的个体（来源于 EMS 诱变处理），同时亦能识别遗传背景获得提升的个体（由于自然变异而导致有益等位基因分离的个体）。Graham 等也检测高产 F_2 代植株中青蒿素的含量：尽管 F_2 的植株杂合性较低，但其青蒿素含量比 UK08 F_1 群体植株的含量高。另外，Graham 等验证了基于田间试验获得与青蒿素含量相关的 QTL 在温室培育的高产植株中高效表达。同时发现，大量分离畸变有利于有益的等位基因（位于 C4 LG 1 且与青蒿素产量相关的 QTL）。这些数据证实了该位点对青蒿素产量的影响，同时也证明了基因型对于温室及田间培育的黄花蒿材料具有极大影响。

4. 点评

这是首次对药用植物构建大规模的突变体库，而且利用这个突变体库 Graham 团队后续对青蒿素合成关键酶 CYP71AV1 和黄酮合成酶 CHI 功能缺失后对青蒿素合成的影响以及黄酮和青蒿素对治疗疟疾的作用等关键科学问题都做出了详细的阐述。因此，这个工作为后面怎么利用突变体来解决药用植物关键科学问题提供了非常好的思路和方法，值得深入学习。

案例 2　印楝素关键合成酶基因的克隆

1. 研究背景

柠檬苦素类化合物是属于楝科和芸香科植物的三萜类天然产物。它们以较好的杀虫活性、对柑橘类水果苦味的贡献以及潜在的药用特性而闻名。最著名的柠檬苦素类杀虫剂是分布在印楝中的印楝素。柠檬苦素类化合物被归类为四降三萜类，因为其典型的 26 碳骨架是由三萜的 30 碳骨架通过丢失 4 个碳并伴随呋喃环形成而形成的，其机制尚不清楚。安妮·奥斯本（Anne Osbourn）团队为阐明柠檬苦素类三萜生物合成的早期步骤，克隆并鉴定 2, 3 氧化鲨烯环化酶和能够氧化 tirucall-7, 24-dien-3β-ol 的细胞色素 P450 基因。

2. 研究方法

为了寻找能够催化形成 tirucall-7, 24-dien-3β-ol 的关键 2, 3 氧化鲨烯环化酶（OSC），作者首先获取了四套高通量序列信息：分别是从 NCBI 数据库下载的 *C. sinensis* var. Valencia 基因组；两个 *A. indica* 的转录组数据；一个 *M. azedarach* 的转录组数据。应用 83 条功能已鉴定的 OSC 序列作为参考进行基因搜索，根据预测的蛋白序列长度和保守的三萜合酶基序的存在来筛选结合系统发育分析，作者最后确定了 3 个 OSC 候选基因（*AiOSC1*、*MaOSC1* 和 *CsOSC1*）。之后作者利用 GC-MS 和 NMR 鉴定了这三个候选基因能够在酵母 GIL77 株系中产生 tirucall-7, 24-dien-3β-ol。作者分析了 *AiOSC1* 和 *MaOSC1* 基因的表达模式，结果显示 *AiOSC1* 在果实中表达量最高，这与之前报道的柠檬苦素类似物印楝素和环氧楝树二酮含量在果实中累积的结果一致。共表达研究表明 *AiOSC1* 共表达的基因中有三个候选的 CYP450 基因。这三个基因可以作为 tirucall-7, 24-dien-3β-ol 氧化的候选基因。接下来，作者研究了 *M. azedarach* 植物的叶片、根和叶柄中的苦楝醇（melianol）和印楝沙兰林（salannin）的水平含量（图 7-16）。

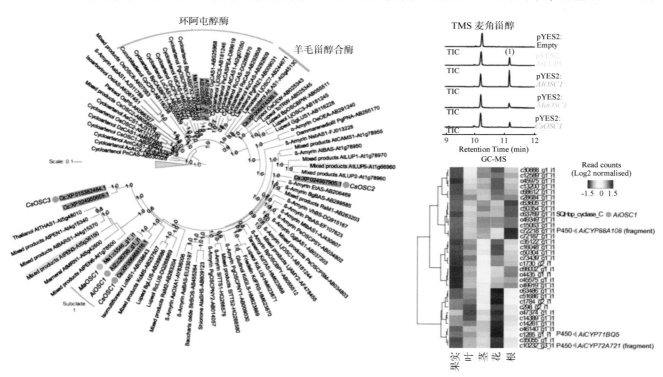

图 7-16　印楝素关键合成酶基因的克隆。通过系统发育分析，作者确定了 3 个 OSC 候选基因（*AiOSC1*、*MaOSC1* 和 *CsOSC1*）。利用 GC-MS 和 NMR 鉴定了这三个候选基因能够在酵母 GIL77 株系中生产 tirucall-7, 24-dien-3β -ol。分析 *AiOSC1* 和 *MaOSC1* 基因的表达模式，最终确定了关键催化酶（Hannah et al., 2019）

3. 研究结果

这个工作中，作者成功鉴定到两个 P450 基因能够将 tirucall-7, 24-dien-3β-ol 氧化转化成苦楝醇。作者利用楝科和芸香科物种现有的基因组和转录组资源，阐明结构复杂和重要的类柠檬体如印楝素的生物合成途径。利用系统发育分析、基因表达分析和代谢物分析最终鉴定到候选基因、成功克隆到基因并且最终验证了候选基因的功能。

4. 点评

这个工作对于研究药用植物如何筛选、克隆并且研究候选基因功能提供了一个良好的示范。考虑到药用植物多数遗传背景复杂，因此获得的参考基因组组装质量很多时候并不是非常高，因此如何多种策略联合应用去筛选和克隆候选基因是一个重要的方面。此工作利用基因组、转录组和蛋白结构等方面信息去筛选并克隆候选基因，为我们如何去做这样的工作提供了很好的示范作用。

案例 3　*AaORA* 和 *AaTCP14* 在青蒿素的合成中的功能验证

1. 研究背景

黄花蒿中合成的青蒿素是一种广泛用于疟疾治疗的倍半萜化合物。茉莉酸能够促进青蒿素的生物合成。目前青蒿素的生物合成途径基本解析清楚，但是该合成途径的转录调控却不清楚。在植物中，次生代谢物的合成和积累具有时间和空间特性，这种时空性调控通常由转录因子来实现。转录因子是识别靶基因启动子中特异 DNA 序列的蛋白，能够响应发育或环境信号，激活或抑制其靶基因表达，从而控制次生代谢物的特异性积累。最近的研究表明，植物转录因子通常在一个特定途径中调控一系列基因，并且提出这些转录因子的过表达是更有效调控植物次生代谢物的有效方法。黄花蒿中已经有许多调控青蒿素生物合成的转录因子被报道，多集中在 WRKY、AP2/ERF、bHLH 和 bZIP 类转录因子家族。

2. 研究方法

唐克轩团队发现一个腺毛特异表达并且对茉莉酸信号途径响应的 AP2/ERF 转录因子 AaORA，该基因对青蒿素的合成有重要调控作用。他们发现 AaORA 能够和另外一个在腺毛中特异表达的 AaTCP14 相互作用。该结果得到了酵母双杂交技术、双分子荧光互补、DNA Pull-down 和免疫共沉淀（CoIP）实验的验证。之后作者又利用各种技术平台研究了 *AaTCP14* 基因的表达模式和蛋白的亚细胞定位，分别为利用实时定量 PCR（qRT-PCR）技术对不同组织中 AaTCP14 的表达进行分析；利用 GUS 报告基因技术研究 AaTCP14 蛋白在组织中的定位；利用烟草瞬时表达系统研究了该蛋白在亚细胞中的定位，发现其定位于细胞核中。以上的分析让我们对 *AaTCP14* 基因的表达模式和蛋白的组织和亚细胞定位有了充分的了解，使得我们对该基因本身有了更深入的了解。

3. 研究结果

他们通过烟草瞬时表达系统和凝胶阻滞（EMSA）技术证明了 AaORA 和 AaTCP14 能够协同结合到青蒿素合成途径基因 DBR2 和 ALDH1 启动子上激活它们的表达。最后他们利用遗传转化体系将 *AaORA* 和 *AaTCP14* 转化到黄花蒿植物中，最终证明了 AaORA 和 AaTCP14 两个蛋白通过形成蛋白复合物促进青蒿素的合成（图 7-17）。

4. 点评

该工作是目前药用植物中转录调控研究最细致的工作之一。充分运用了各种分子生物学手段验证转录因子之间和转录因子与 DNA 之间的相互作用，揭示了两个转录因子如何形成复合物对下游靶基因进行调控，对转录因子的调控机制解释地非常清楚。

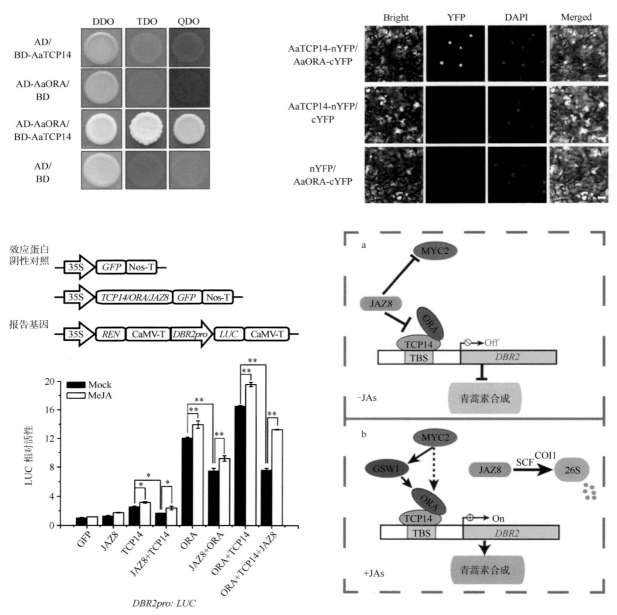

图 7-17 茉莉酸通过 AaORA 和 AaTCP14 蛋白复合物促进青蒿素合成。酵母双杂交和 BiFC 证明 AaORA 和 AaTCP14 的相互作用。瞬时表达系统证明了 AaORA 和 AaTCP14 能够协同结合到青蒿素合成途径基因 ***DBR2*** 启动子上激活它的表达（Ma et al.，2018）

案例 4　利用基因组信息解析罂粟诺斯卡品生物合成途径

1. 研究背景

诺斯卡品是一种从罂粟中提取的抗肿瘤生物碱，在细胞分裂过程中与微管蛋白结合，抑制细胞中期分裂，诱导细胞凋亡。阐明其生物合成途径将有助于改善诺斯卡品和相关生物活性分子的商业生产。英国科学家 Ian Graham（2010）院士团队在 *Science* 上发文解析了诺斯卡品的生物合成途径。

2. 研究方法

他们搜集了三个罂粟品种：高产吗啡的 HM1、高产蒂巴因的 HT1 和高产诺斯卡品的 HN1。之后对这三个罂粟品种进行 Roche 454 转录组测序分析，发现了一些之前没有报道过的基因在 HN1 中高表达但在 HM1 和 HT1 中完全没有表达。他们后续对这些基因进行了鉴定，发现了三个甲基化转移酶 PSMT1、PSMT2、PSMT3，4 个 CYP450，1 个乙酰基转移酶 PSAT1，1 个羧酸酯酶 PSCXE1，1 个短链脱氢酶 PSSDR1 的编码基因。接下来他们以 HN1 和 HM1 为母本构建了 F₂ 代杂交群体。对 F₂ 群体分析表明这 10 个基因与诺斯卡品的合成是紧密连锁的，因此猜测这 10 个基因应该是组成了一个基因簇来合成诺斯卡品。为了进一步证实这个基因簇的存在，他们构建细菌人工染色体 BAC 文库获得 401kb 的支架（scaffold），证实了这 10 个基因确实组成了一个基因簇并且跨越 221kb。再接下来他们对这 10 个基因采用基因沉默手段进行基因功能验证，证实其参与诺斯卡品的生物合成。通过病毒诱导的基因沉默（VIGS）技术分别对候选的 10 个基因的表达进行抑制，发现 PMST1、CYP719A21、CYP82X2、PSCXE1、PSSDR1、PSMT2 与诺斯卡品的生物合成有关；PMST1 和 CYP719A21 分别顺式催化斯氏紫堇碱合成四氢非洲防己碱和四氢小檗碱；CYP82X2 羟基化 Secoberbine 合成 3-OH-Secoberbine；PSCXE1 和 PSSDR1 顺式催化 Papaveroxine 合成诺斯卡品（图 7-18）。

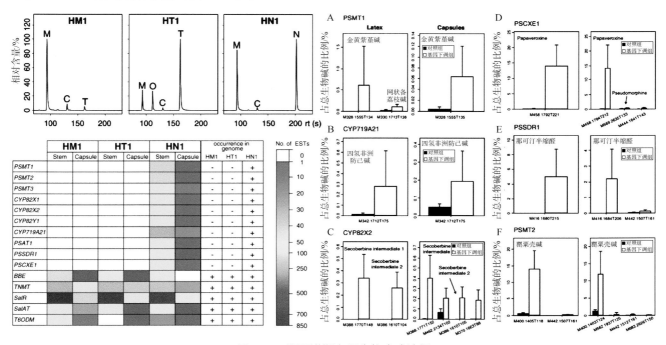

图 7-18　罂粟诺斯卡品生物合成途径

首先作者搜集了三个罂粟品种：高产吗啡的 HM1、高产蒂巴因的 HT1 和高产诺斯卡品的 HN1。之后对这三个罂粟品种进行转录组测序分析确定了候选基因。接下来他们对候选基因采用基因沉默手段进行基因功能验证，最终解析了诺斯卡品的生物合成途径

3. 研究结果

该研究证实了诺斯卡品生物合成过程中若干催化步骤的催化顺序，并推测出一条更准确的诺斯卡品生物合成途径，途径中未知的氧化及乙酰化步骤可能是由 CYP82X1、CYP82Y1 以及 PSAT1 来催化完成的，但仍需进一步验证。

4. 点评

该工作可谓挖掘代谢途径结构基因的典范，充分向我们展示了科学的实验设计是解决科学问题的关键而不是繁杂的实验数据堆砌。首先他们收集了三种代谢表型迥异的品种，然后只是在转录组数据的支持下基本就锁定了诺斯卡品合成途径的关键基因，后续利用基因簇进一步确定关键候选基因，最后利用基因沉默手段验证各个基因的功能，从而基本完整地揭示了诺斯卡品的合成途径。该工作对于研究药用植物代谢途径的挖掘具有非常好的指导作用。

案例 5　多组学联合应用解析卡瓦内酯在卡瓦胡椒中的生物合成途径

1. 研究背景

卡瓦胡椒是胡椒科多年生直立灌木类药用植物，原产于波利尼西亚群岛，具有良好的抗焦虑和镇痛作用。它的主要精神活性物质为卡瓦内酯，是一种独特的聚酮物质。它通过不同于传统精神药物的机制与人类中枢神经系统相互作用。然而，对卡瓦内酯生物合成途径的不清楚和化学合成的困难阻碍了其在治疗中的应用。此外，卡瓦胡椒的根还会产生卡瓦胡椒素，这是一种从结构上与卡瓦内酯有关的具有抗癌特性的类黄烷醇。

2. 研究方法

在这项工作中，Pluskal 等（2019）利用多组学的方法解析了卡瓦内酯和卡瓦胡椒素生物合成途径中的关键合成酶。首先，他们利用转录组数据组装了卡瓦胡椒的基因序列，之后通过同源比对筛选到了三个类似 CHS 基因并命名为 *PmSPS1*、*PmSPS2* 和 *PmCHS*。利用体外催化实验验证了 PmSPS1 和 PmSPS2 能够催化香豆酰辅酶 A 生成 bisnoryangonin，之后利用拟南芥稳定遗传和烟草瞬时表达系统验证两个基因的功能。他们还解析了 PmSPS1、PmSPS2 和 PmCHS 三个蛋白的晶体结构从而解析了关键催化位点的催化机制。后续，他们还发现了两个卡瓦内酯的甲基转移酶并且通过体外和体内实验验证了其功能。最后他们利用代谢工程的方法在微生物中实现了高产卡瓦内酯的前体骨架化合物苯乙烯基吡喃酮（图 7-19）。

3. 研究结果

本项研究解析了卡瓦内酯和卡瓦胡椒素生物合成途径中的关键合成酶，提出了建立卡瓦内酯支架的一对杂合苯乙烯吡咯酮合成酶进化发展的结构基础，以及产生手性卡瓦内酯亚群的区域和立体特异性还原酶的催化机制。作者进一步论证了在异源底盘细胞内工程生产苯乙烯吡咯酮的可行性，从而为通过合成生物学开发基于卡瓦内酯的非成瘾性精神治疗开辟了道路。

4. 点评

该工作是挖掘关键生物合成途径酶，验证其催化功能以及解析催化机制完整链条的良好示范。首先作者利用转录组数据同源克隆到候选基因，之后利用生化手段验证了候选基因的功能，进一步他们解析了催化酶的结构从而揭示了酶的催化机制，最后他们还利用代谢工程的方法高产目标化合物。这个工作可谓是研究药用植物代谢途径的完整链条，从基础的科学发现以及验证再到工程化的目标，是我们做药用植物代谢途径研究很好的模板。

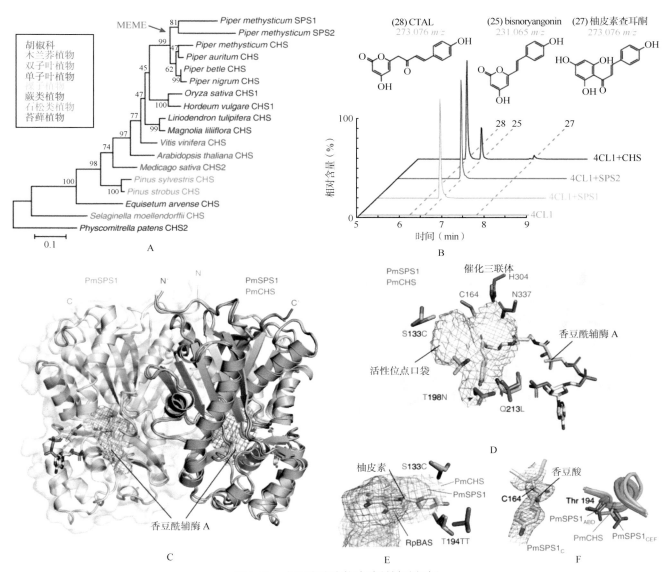

图 7-19 卡瓦内酯生物合成关键酶解析

A. 卡瓦胡椒中聚酮合酶 SPS1、SPS2 和 CHS 与其他物种的系统发育重建；B. 3 个候选基因联合 4CL 的催化结果；C、D、E、F. 3 个候选基因编码蛋白的品体催化重建模拟

首先作者利用转录组同源克隆到候选基因，之后利用生化手段验证了候选基因的功能，进一步他们解析了催化酶的结构从而揭示了酶的催化机制

（Pluskal，2019）

参 考 文 献

陈果，李见坤，王国英，等．2011. Mu 转座子介导的玉米插入突变体的鉴定．分子育种，9（5）：572-578.

陈士林，孙永珍，徐江，等，2010. 本草基因组计划研究策略．药学学报，45（7）：807-812.

刘德璞，袁英，郝文媛，等．2008. 农杆菌介导的玉米合子基因转化．分子植物育种，6（5）：874-880.

杨镇，刘晓丽，李刚．2006. EMS 诱变剂对玉米自交系改造效果的研究．辽宁农业科学，（5）：7-10.

Chu Y，Xiao S，Su H，et al. 2018. Genome-wide characterization and analysis of bHLH transcription factors in *Panax ginseng*. Acta Pharmaceutica Sinica B，8（4）：666-677.

Frey M，Chomet P，Glawischnig E，et al. 1997. Analysis of a chemical plant defense mechanism in grasses. Science，277（5326）：696-699.

Graham I A，Besser K，Blumer S，et al. 2010. The genetic map of *Artemisia annua* L. identifies loci affecting yield of the antimalarial drug artemisinin. Science，327（5963）：328-331.

Hirsch S，Kim J，Muñoz A，et al. 2009. GRAS proteins form a DNA binding complex to induce gene expression during nodulation signaling in medicago truncatula. Plant Cell，21（2）：545-557.

Hodgson H，Peña R D L，Stephenson M J，et al. 2019. Identification of key enzymes responsible for protolimonoid biosynthesis in plants：Opening the door to azadirachtin production. Proceedings of the National Academy of Sciences of the United States of America，116（34）：17096-17104.

King A J，Brown G D，Gilday A D，et al. 2014. Production of bioactive diterpenoids in the euphorbiaceae depends on evolutionarily conserved gene clusters. Plant Cell，26（8）：3286-3298.

Kumar S，Rai S P，Kumar S R，et al. 2007. Plant variety of Catharanthus roseus named 'lli'，United States Patent，18315.

Lai J，Li Y，Messing J，et al. 2005. Gene movement by helitron transposons contributes to the haplotype variability of maize. Proceedings of the National Academy of Sciences of the United States of America，102（25）：9068-9073.

Lee C Y，Agrawa D C，Wang C S，et al. 2008. T-DNA activation tagging as a tool to isolate *Salvia miltiorrhiza* transgenic lines for higher yields of tanshinones. Planta Med，74：780-786.

Lunde C F，Morrow D J，Roy L M，et al. 2003. Progress in maize gene discovery a project update. Functional & Integrative Genomics，3（1/2）：25-32.

Matsuba Y，Zi J，Jones A D，et al. 2015. Biosynthesis of the diterpenoid lycosantalonol via nerylneryl diphosphate in Solanum lycopersicum. PLoS One，10：e0119302.

Pluskal T，Torrens-Spence M P，Fallon T R，et al. 2019. The biosynthetic origin of psychoactive kavalactones in kava. Nature Plants，5（8）：867-878.

Qi X，Bakht S，Leggett M，et al. 2004. A gene cluster for secondary metabolism in oat：Implications for the evolution of metabolic diversity in plants. Proceedings of the National Academy of Sciences of the United States of America，101（21）：8233-8238.

Qiao F，Cong H，Jiang X，et al. 2014. De novo characterization of a cephalotaxus hainanensis transcriptome and genes related to paclitaxel biosynthesis. PLoS One，9（9）：e106900.

Roslan D N，Yusop J M，Baharum S N，et al. 2012. Flavonoid biosynthesis genes putatively identified in the aromatic plant polygonum minus via expressed sequences tag（EST）analysis. Int J Mol. Sci，13（3）：2692-2706.

Seki H，Ohyama K，Sawai S，et al. 2008. Licorice β-amyrin 11-oxidase，a cytochrome P450 with a key role in the biosynthesis of the triterpene sweetener glycyrrhizin. Proceedings of the National Academy of Sciences of the United States of America，105（37）：14204-14209.

Singh A K，Kumar S R，Dwivedi V，et al. 2017. A WRKY transcription factor from *Withania somnifera* regulates triterpenoid withanolide accumulation and biotic stress tolerance through modulation of phytosterol and defense pathways. New Phytol，215（3）：1115-1131.

Tocci N，Gaid M，Kaftan F，et al. 2018. Exodermis and endodermis are the sites of xanthone biosynthesis in *Hypericum perforatum* roots. New Phytol，217（3）：1099-1112.

Wang M M，Reed R R. 1993. Molecular cloning of the olfactory neuronal transcription factor Olf-1 by genetic selection in yeast，Nature，364（6433）：121-126.

Winzer T，Gazda V，He Z，et al. 2012. A papaver somniferum 10-gene cluster for synthesis of the anticancer alkaloid noscapine. Science，29，336（6089）：1704-1708.

Xu Z，Peters R J，Weirather J，et al. 2015. Full-length transcriptome sequences and splice variants obtained by a combination of sequencing platforms applied to different root tissues of *Salvia miltiorrhiza* and tanshinone biosynthesis. Plant J，82（6）：951-961.

Zhang Y，Ji A，Xu Z，et al. 2019. The AP2/ERF transcription factor SmERF128 positively regulates diterpenoid biosynthesis in *Salvia miltiorrhiza*. Plant Molecular Biology，100（1-2）：83-93.

Zhao S，Tuan P A，Li X，et al. 2013. Identification of phenylpropanoid biosynthetic genes and phenylpropanoid accumulation by transcriptome analysis of *Lycium chinense*. BMC Genomics，14：802.

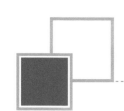

第8章 药用模式生物实验平台

为了揭示生命现象的一般规律，回答生命科学的基本问题而被广泛和深入研究的生物称为模式生物（model organisms）。模式生物在当今生命科学和医学研究中发挥着重要作用。小鼠、斑马鱼和拟南芥等模式生物已被广泛应用于分子遗传学和发育生物学等多个生物学分支，取得巨大成功。

模式生物的概念起源于20世纪初（图8-1）。1900年，科伦斯（Correns）等重新发现和证实了孟德尔遗传规律，生物学家认为基因作用的本质可以通过突变分析进行研究。玉米、小鼠和黑腹果蝇因为在前期研究中积累了大量的突变家系而成为生物学家首选的实验材料。这些物种被认为是最早的一批模式生物。随着相互关联的遗传和表型信息的积累，以及信息从DNA到细胞活动直至发育等多个层面的整合，这些生物逐渐成为"高连通性"的模型，显示出模式生物研究策略的独特优势：从模式生物研究中获得的遗传规律和机制可以适用于相近物种，甚至整个生物界。

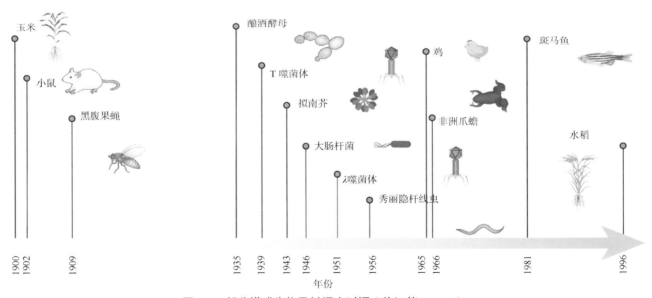

图8-1 部分模式生物及其提出时间（徐江等，2014）

20世纪三四十年代，对大肠杆菌（*Escherichia coli*）、沙门氏菌（*Salmonella*）及噬菌体的研究打开了分子生物学的大门。当生物学家从分子水平上研究DNA复制、转录和翻译这些存在于整个生物界的基本生命过程时，迫切需要一些更简单的模式生物，因此，酿酒酵母（*Saccharomyces cerevisiae*）、大肠杆菌、T噬菌体等微生物成为这一时期的新晋模式生物，并一直沿用至今。通过对模式微生物的研究，生物学家揭示了一些基本生物过程的分子机制或至少对这些机制有了框架性的认知。此后，生物学家把研究的重心转移到更复杂、更高等的生物中，这便相继出现了以拟南芥和秀丽隐杆线虫等为代表的新一批模式生物，同时，对小鼠和果蝇的研究也重新活跃起来。近年来，随着基因组测序技术的不断进步和生命科学研究的进一步深入和细化，模式生物的范畴还在不断扩大（图8-1）。在一些特定的生物学分支中，针对不同研究方向和科学问题也相继出现了一些新的模式生物，例如 20 世纪 80 年代起用于神经发育研究的模式动物——斑马鱼（*Danio rerio*）和最近兴起的用于抗盐研究的模式植物——盐芥（*Thellungiella halophila*）。

药用生物是对用于疾病治疗的所有生物的统称。次生代谢物是药用生物的主要有效成分。因此，次生代谢物的合成与调控机理的阐释是药用生物研究的核心问题。自然界中已经发现数十万种次生代谢产物，并且它们都来源于有限的前体或模块，这些前体或模块的生源合成途径仅有 10 余种，这表明次生代谢途径具有一定的保守性。次生代谢是生物对外界环境信号的响应，研究发现，一定范围内这种响应机制也具有保守性，如高等植物中茉莉素是很多次生代谢途径响应外界信号的共同信号分子。因此，从进化的角度看，不同生物之间次生代谢物的合成与调控必然存在着共有的规律和机制，以模式生物为对象的研究策略可以在药用生物研究中发挥重要作用。

8.1　药用模式生物的选择

药用生物研究还缺少成熟的模式生物研究体系，这也是药用生物研究与其他生物学领域相比还相对滞后的一个重要原因。在未发现良好的药用模式生物的情况下，拟南芥、酿酒酵母等经典模式生物曾作为次生代谢的研究模型使用。然而，由于缺乏一些重要的药用活性次生代谢物合成的关键酶，经典的模式生物在用于次生代谢物合成和调控研究时受到较大限制。因此，建立以药用生物为对象的模式生物研究系统，即"药用模式生物研究系统"的需求极为迫切。

药用生物资源丰富，种类繁多，仅药用植物就超过 10 000 个物种。如何从众多药用生物中选择少数合适的物种作为模式生物，是药用模式生物研究需要解决的首要问题。药用模式生物的选择需要根据特定的研究出发点和需求而遵循特定的原则。

首先，药用模式生物应该具有模式生物的共同特征。从模式生物的一般生物学属性上看，通常具有世代周期较短、子代多、表型稳定等特征。世代周期短可以节省实验观察周期，子代多有利于突变表型的发现。基因组序列是开展分子生物学研究的基础和必要途径，因此，基因组相对较小、易于对全基因组进行高精度的测序分析是目前新的模式生物筛选的一个重要标准。

次生代谢物是大多数药用生物具有药效的物质基础，因此，药用模式生物应该具有代表性的药用活性成分及典型的次生代谢途径。按照合成的起始分子不同，次生代谢物可以分为萜类、生物碱、脂肪酸和苯丙烷类等；合成途径主要包括丙二酸途径、莽草酸途径、甲羟戊酸途径、2- 甲基 -D- 赤藻糖醇 -4- 磷酸途径等（图 8-2）。同一次生代谢物可能由不同途径独立合成，也可能经多条途径共同合成。不同生物合成次生代谢物的种类和能力不同，因此，针对不同途径有必要选择建立不同的药用模式生物。研究的次生代谢物应具有代表性，且易于提取和检测。

与其他生命科学研究领域相比，药用植物研究还相对滞后，因此，具有良好的前期研究基础是药用模式生物筛选的一个考察因素。研究基础包括有效活性成分分析与制备、室内栽培、遗传转化、遗传信息等。高精度遗传背景信息是解析次生代谢物生物合成途径的分子基础，室内培养有利于控制生物所处的环境因素，遗传转化操作是基因功能验证的重要步骤。目前，多种药用生物已可室内栽培；丹参、灵芝、人参、地黄等药用生物的遗传转化体系已取得了初步的研究成果；对一些具有重要经济价值的药用生物也已进行了较为深入的遗传学研究。随着测序技术的进步，一些药用生物的基因组（如灵芝和丹参）逐渐被解析。基因组的测序完成将极大地推进相关物种的分子生物学研究，进而为其成为药用模式生物，发挥模式研究作用奠定基础。

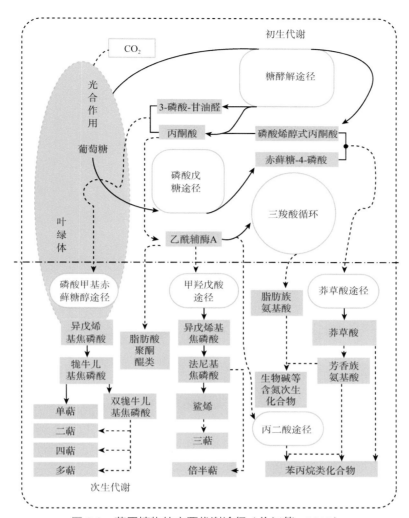

图 8-2　药用植物的主要代谢途径（徐江等，2014）

图中简要描述了药用植物及药用真菌的主要次生代谢途径。虚线表示中间有省略步骤

8.2　药用模式生物研究体系的建立

构建模式生物研究体系包括 4 个基本方面：①高精度的遗传信息。②高效的遗传转化体系。③高覆盖度的突变体库。④适合的次生代谢物合成途径（图 8-3）。

模式物种的研究需要较清晰的遗传背景信息，而最直接的遗传背景信息就是全基因组图谱。绘制基因组图谱的过程包括材料获取、遗传图谱或物理图谱构建、测序文库构建、序列测定、序列组装、基因注释和后期分析等。材料获取是基因组图谱绘制的第一步。传统上，纯合体是基因组测序的最优选择，而单倍体加倍或者多代自交则是纯合系获得的主要方式。获得单倍体的方法有花粉花药培养、基于种间杂交的染色体消除、诱导孤雌生殖等。遗传图谱和物理图谱可以辅助序列的拼接和定位。当前，高通量测序技术和光学图谱技术的应用有效地缩短了遗传图谱及物理图谱的建立周期。新测序技术的引入和海量数据的涌现对生物信息分析提出了更高的要求，其中序列拼接是很多基因组项目的瓶颈。主流的拼接程序主要基于图论，包括应用于 OLC（overlap/layout/consensus）方法的重叠图和基于贪婪算法的 de Bruijn 图。序列的拼接、组装和定位需借助遗传图谱和物理图谱，有时也可参考近缘物种的图谱信息。最后，对组装完成的基因组图谱还应进行系统的准确性验证。

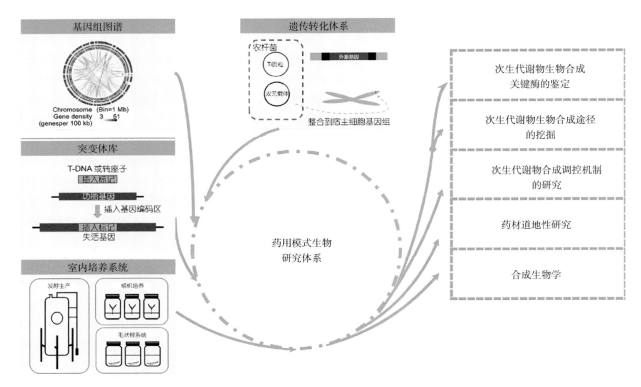

图 8-3　药用模式生物研究体系建立策略及应用方向（徐江等，2014）

自 1972 年伯格（Berg）实验室报道将噬菌体和大肠杆菌半乳糖操纵子插入到病毒 SV40 基因组中以来，遗传转化技术已成为当前生物技术领域的重要组成部分，也是研究基因功能的重要手段。已报道的外源基因转化方法多达十几种，其中，农杆菌介导的遗传转化由于其受体类型多样、转化效率高、单拷贝随机插入和转化子稳定等特点在植物和真菌转化中广泛使用。最近，一些新的转化方法也被相继报道，如叶绿体转化方法、人工微小染色体转化方法等。这些新的转化手段可以一次性转入多个基因，并可避免由位置效应引起的基因沉默，尤其适用于次生代谢途径的研究和改造。转化事件的筛选需借助于标记基因，标记基因包括选择标记基因和报告基因。很多标记基因兼具选择标记和报告两种功能。常用的选择标记主要有：抗生素抗性标记、抗代谢标记、除草剂抗性标记、激素代谢标记、氨基酸代谢标记及糖代谢标记等。常用的报告基因有 *GUS*、萤火虫萤光素酶基因（luciferase，*LUC*）、绿色荧光蛋白（*GFP*）基因、花青素生物合成调节基因等。

观察功能缺失突变体的表型是一种研究基因功能的直接方式。早期，人工突变体库主要由物理诱变和化学诱变两种方法获得，如 EMS 诱变、电离辐射等。当下，T-DNA 插入突变和转座子插入突变是获取人工突变体库的主要方法。T-DNA 插入突变原理是利用农杆菌在转化植物细胞时，T-DNA 插入到基因组位点上的随机性这一特征，获得大量含有 T-DNA 插入的转基因材料，通过对转基因材料的表型和 T-DNA 插入位置进行关联，最终获得突变体库。目前，模式生物酿酒酵母、拟南芥和水稻已建立了相对较为完善的 T-DNA 标签插入突变体库。转座子插入突变是利用转座子在染色体上可移动的特点，当其跳跃插入到某个功能基因内部或其调控元件时影响该基因的表达，并诱导产生突变的敲除方法。转座子插入突变利用转座子激活子（activator，Ac）/ 分离（dissociation，Ds）系统，是一种常用的建立突变体库的方法。通过对插入标签的分离可以确定插入位点在基因组中的位置，并通过表型鉴定相应基因功能。表 8-1 为部分模式生物及其突变体库。

表 8-1　部分模式生物突变体库（徐江等，2014）

物种	数据库	网站地址
大肠杆菌（E.coli）	CGSC	http：//cgsc.biology.yale.edu/
酿酒酵母（S.cerevisiae）	PhenoM	http：//phenom.ccbr.utoronto.ca/
秀丽隐杆线虫（C.elegans）	NBRP：C.elegans	http：//www.shigen.nig.ac.jp/c.elegans/index.jsp
果蝇（D.melanogaster）	FlyBase	http：//flybase.org/
小鼠（M.musculus）	PBmice	http：//idm.fudan.edu.cn/PBmice
拟南芥（A.thaliana）	CSHL Trapper DB	http：//genetrap.cshl.org/TrPhenotypes.html
水稻（O.sativa）	Rice Mutant Database	http：//rmd.ncpgr.cn/

很多药用生物自身生长周期较长，且活性成分多在特定发育阶段或特定的部位富集，因此，在药用模式生物研究中，可建立除全植株外的辅助研究系统，选择恰当的发育阶段或合适的培养方式，建立优化的研究系统，使目的产物产量最优，也可有效稳定实验条件，缩短实验周期，降低实验背景噪声。发酵和毛状根培养是常用的次生代谢物研究系统。例如，灵芝中应用二阶段发酵法其三萜酸总含量可占到菌丝干重的 4%，单一化合物 7- 乙氧基灵芝酸氧的得率达到 1.5g/100g；利用野生型发根农杆菌诱导后的毛状根可明显提高次生代谢物的含量。毛状根相比悬浮细胞培养具有生长快、易转化、稳定性高、次生代谢物产量高等优势，在长春花、丹参、人参、黄芩、甘草等药用植物中的应用已比较成熟，且在毛状根基础上利用过表达、基因沉默等手段研究药用植物关键酶基因及转录因子功能等也被广泛关注。

8.3　药用模式生物的应用

超表达、基因沉默、基因敲除等技术是模式生物研究基因功能的通用策略。药用模式生物关键实验技术在其他章节已有详细论述，本章不再赘述。此处仅对药用模式生物实验平台在药用生物次生代谢物关键基因的功能研究上的应用潜力进行阐释。

药用生物次生代谢途径是一个复杂的动态过程，受外界诱导因子的刺激和内在调控机制的影响。次生代谢调控机制既包括转录层面的调控，也包括基因组甲基化、组蛋白修饰、非编码 RNA 等在内的表观遗传学层面的调控。模式生物研究系统同样在次生代谢途径调控的研究中起了不可替代的作用。以拟南芥花青素的生物合成为例，通过突变体库筛查发现，转录因子 AtMYB113、AtMYB114、AtMYB75 和 AtMYB90 可激活苯丙烷合成途径，进而调控拟南芥中花青素的含量。miRNA 在花青素合成过程中也起着重要的作用，例如 miRNA156 可降解 SPL 转录物，进而稳定拟南芥中 MYB-bHLH-WD40 复合体，最终促进花青素的合成。

药用模式生物研究系统也有助于药用植物替代资源的开发。当前，我国经济高速发展，由此带来的城镇化规模迅速扩大，生态环境破坏严重，可用耕地持续紧缺，中药材的野生资源供给和人工生产都面临着巨大的压力。合成生物学为天然药物短缺的问题提供一条可行的途径，即定向合成某些药理功能明确的药用单体化合物。基因元件的挖掘和标准化、合成途径的装配和底盘系统的优化是天然药物合成生物学最关注的三个问题。当前合成生物学应用的大部分底盘系统均来源于模式生物，基因元件的标准化工作也基于相应的底盘系统展开。药用模式生物一般含有高效的次生代谢合成酶；次生代谢合成过程中代谢流分配合理，在相同物质输入的前提下更易获得大量的目的产物；在元件发掘、改造和适配性等方面对合成生物学具有重要的借鉴意义。另外，药用模式生物遗传信息清晰，遗传操作方便，有条件进行系统的基因组简化和改造；且较其他生物而言，对自身高产的天然药物具有较强的耐受性，有机会为天然药物合成生物学提供新的底盘系统。因此，药用模式生物研究体系和合成生物学的结合有利于天然药物的人工合成，为中药材提供替代资源。

药用模式生物研究策略利用现代生命科学的新技术、新方法对药用生物次生代谢领域的一般规律进行研究和阐释，有助于汇集中医药行业内不同地域和单位的研究力量，统一对药用植物研究方向的共同认识，完成对关键问题的重点突破，从而提升整个领域的研究水平。不可忽视的是，新技术新方法对研究策略影响巨大，在突破性的创新技术出现时，研究策略也会相应发生变化，药用模式生物研究策略也不例外。也应该看到，现有的药用模式生物体系还不足以覆盖天然药物生物合成的全部问题，因此，新的药用模式生物也会继续涌现，不同物种的研究基础存在差别，具体到特定的物种，药用模式生物研究策略也会有所微调。当前，药用生物已经进入到系统研究的阶段，在一段时间内，药用模式生物及其研究体系将是我国药用生物研究中新的学科制高点和科学生长点。

案例 1　丹参－萜类成分药用模式生物实验平台

丹参作为最常用的中药之一，在治疗心脑血管疾病、抗氧化方面具有显著疗效，其药理活性成分基本清楚。丹参基原植物具有生命力强、世代周期短、组织培养和转基因技术成熟、基因组小、染色体数目少等特点，被认为是中药研究的理想模式生物。中药活性物质是许多化学药物的重要原料，目前，1/3以上的临床用药来均源于药用植物提取物或其衍生物。阐明中药活性成分生物合成途径及其调控机制将为中药材栽培管理和质量控制提供理论基础，也将为创新性药物生产提供新的生物合成手段。但是，由于缺乏有效的模式物种，中药材活性成分生物途径相关研究进展缓慢。丹参为唇形科鼠尾草属多年生草本植物，随着丹参全基因组框架图的完成，丹参酮等有效成分合成途径研究的逐步深入，丹参将在中药活性成分生物合成及其调控、生态环境因子对药用植物活性成分形成调控机制的研究等诸多方面发挥更加突出的模式作用（图 8-4）。

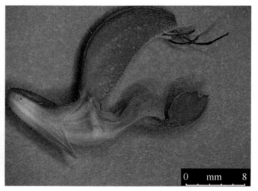

图 8-4　丹参和丹参酮

1. 丹参作为药用模式生物的特点与优势

丹参的主要活性成分包括脂溶性的二萜醌类化合物和水溶性的酚酸类化合物。前者主要存在于丹参根皮中，包括丹参酮 I、二氢丹参酮、隐丹参酮、丹参酮 IIA、丹参酮 IIB、异丹参酮等，具有橙黄色或橙红色的特征性颜色；后者包括丹酚酸 A、咖啡酸、丹酚酸 B、丹参素、原儿茶醛和迷迭香酸等。这两类化合物的生物合成途径研究均取得显著进展，多数合成相关的基因已被克隆鉴定（表 8-2）。Ge 等（2005）研究认为，丹参酮类化合物合成上游途径为丙酮酸 / 磷酸甘油醛途径（DXP），同时受甲羟戊酸（MVA）途径的影响。从柯巴基焦磷酸合酶基因（SmCPS）开始进入丹参酮合成下游途径。近年来，中国多家科研院所相继克隆鉴定了丹参有效成分生物合成途径相关酶基因。王学勇等（2008）利用 cDNA 芯片获得的 EST 序列，结合 RACE 技术克隆了位于丹参酮合成的 DXP 途径中的 4-（5′- 二磷酸胞苷）-2-C- 甲基 -D-赤藓醇激酶基因（SmCMK）。高伟等（2009）通过对 cDNA 芯片杂交的分析结果并结合相关实验获得受到激发子诱导的丹参柯巴基焦磷酸合酶基因（SmCPS）和类贝壳杉烯合酶基因（SmKSL）；并通过蛋白表达纯化和气质联用等多种实验手段发现，SmCPS 在丹参酮类化合物的合成途径中参与催化从牻牛儿基牻牛儿基焦磷酸（GGPP）到柯巴基焦磷酸（CPP）的反应过程，发现 SmKSL 催化 CPP 到中间产物miltiradiene 的反应过程及其立体化学反应。Wu 等（2009）从丹参毛状根中克隆了丹参酮类化合物生物合

表 8-2 已克隆的参与丹参酮类化合物生物合成相关基因（宋经元等，2013）

基因名称	缩写	GenBank 登录号
MEP/DXP 途径		
1- 去氧木糖 -5- 磷酸合成酶	SmDXS	JN831116|JN831117||EU670744|FJ643618
1- 脱氧 -D- 木酮糖 -5- 磷酸还原异构酶	SmDXR	DQ991431| FJ476255|FJ768959
4-（5′- 二磷酸胞苷）-2-C- 甲基 -D- 赤藓醇激酶	SmCMK	EF534309
2- 甲基赤藓糖 -2，4- 环二磷酸合成酶	SmMCS	JX233816
羟甲基丁烯基 -4- 磷酸合成酶	SmHDS	JN831098
羟甲基丁烯基 -4- 磷酸还原酶	SmHDR	JN831099|JN831100|JX233817
异戊烯焦磷酸异构酶基因	SmIPI	EF635967| JN831106
MVP 途径		
乙酰辅酶 A 酰基转移酶	SmAACT	EF635969|JN831101
3- 羟基 -3- 甲基戊二酰辅酶 A 合成酶	SmHMGS	DQ243700|FJ785326
3- 羟基 -3- 甲基戊二酰辅酶 A 还原酶	SmHMGR	EU680958| JN831102|JN831103|FJ747636 |GU367911|DQ243701
甲羟戊酸激酶	SmMK	JN831104
磷酸甲羟戊酸激酶	SmPMK	JN831095|
5- 焦磷酸甲羟戊酸脱羧酶	SmMDC	JN831105
下游途径		
牻牛儿基牻牛儿基焦磷酸合成酶	SmGPPS	FJ178784| JN831112|JN831113|JN831107
法尼基焦磷酸合成酶	SmFPS	HQ687768
柯巴基焦磷酸合酶基因	SmCPS	EU003997|JN831120|JN831114|JN831121| JN831115|
类贝壳杉烯合酶基因	SmKSL	EF635966|JN831119|
细胞色素 P450 依赖性单加氧酶基因	SmCYP76AH1	JX422213
细胞色素 P450 依赖性单加氧酶基因	SmCYP76AH3	KR140168
细胞色素 P450 依赖性单加氧酶基因	SmCYP76AK1	KR1401692-
双加氧酶	2OGD5	

成 DXP 途径中的 DXR 酶基因（*SmDXR*）。Yan 等（2009）对丹参根部的 *SmDXR* 的基因进行了分子鉴定和表达分析，克隆了可能影响丹参酮类化合物合成的羟甲基戊二酰 CoA 还原酶（*SmHMGR*）基因，该基因在甲羟戊酸（MVA）途径中起重要作用。崔光红等（2010）克隆了丹参的乙酰 CoA 酰基转移酶基因（*SmAACT*）的全长，并对其 SNP 位点进行了全面分析。杨滢等（2011）克隆了丹参中的异戊烯焦磷酸异构酶基因（*SmIPI*）。表 8-2 总结了 GenBank 中登录的丹参酮类化合物生物合成相关基因。上述研究为揭示丹参活性成分的生物合成途径奠定基础。然而，从中间产物 miltiradiene 到丹参酮类化合物的反应过程，以及丹参酮类化合物相互转化的关键酶及基因仍未被鉴定。Zhou 等（2016）对编码 SmCPS、SmKSL、FPS 和 GGPPS 多种酶的基因进行研究，发现基因间融合表达及其融合顺序对产物产量有明显影响。其中，二萜合酶基因 *SmCPS*、*SmKSL* 的反向融合表达有利于终产物产量的提高。运用该表达模式获得的最优工程菌株经培养，次丹参酮二烯产量达到 365mg/L，为进一步解析丹参酮合成途径提供实验证据。郭娟等（2013）根据丹参的转录组数据克隆得到了 *CYP76AH1*、*CYP76AH3* 和 *CYP76AK1* 基因，阐释了从 miltiradiene 到 ferruginol 再到 11, 20-dihydroxy ferruginol 的过程。常振战研究团队则对 CYP76AH1 进行了晶体结构解析。徐志超等根据重建丹参基因组中 2OGD 基因家族，通过 RNAi 实验后发现 *2OGD5* 基因很可能参与到丹参酮的下游合成。

大多酚酸类物质是咖啡酸的衍生物，其中，迷迭香酸是最丰富的咖啡酸二聚物。通过借鉴其他物种迷迭香酸类化合物的生物合成途径研究发现，丹酚酸类化合物生物合成途径包括苯丙氨酸支路和酪氨酸支路两条平行支路。许多植物中的这两条支路的多个关键酶基因及转录因子已被克隆，主要包括苯丙氨酸解氨酶（PAL）基因、肉桂酸 -4- 羟化酶（C4H）基因、酪氨酸氨基转移酶（TAT）基因、4- 香豆酰 -CoA-连接酶（4CL）基因、羟苯丙酮酸还原酶（HPPR）基因、迷迭香酸合成酶（RAS）基因等，这些关键基因的克隆为研究丹酚酸类化合物的生物合成途径提供依据。已克隆鉴定参与丹酚酸类化合物生物合成的基因见表 8-3，主要包括两条丹参 *Sm4CL* 基因（GenBank 登录号为 AY237163 和 AY237164）、*SmPAL* 基因、*SmC4H* 基因（GenBank 登录号为 DQ355979）、*SmTAT* 基因（GenBank 登录号为 DQ334606）、*SmHPPR* 基因（GenBank 登录号为 DQO99741）和 *SmHPPD* 基因（GenBank 登录号为 EF157837）。Huang 等（2019）获得 *SmTAT* 和 *SmC4H* 基因全长的同时，还检测了基因在 UV-B、MeJA、ABA 等处理下表达情况，为后续基因功能鉴定奠定基础。Xiao 等（2011）基于迷迭香酸的合成途径，通过基因工程手段，在丹参毛状根中生产迷迭香酸和紫草酸 B，为利用毛状根作为生物反应器大规模生产迷迭香酸和紫草酸 B 提供了有效方法。在后续工作中，有望进一步鉴定参与丹酚酸合成的其他关键基因，包括可能参与合成的 CYP450 基因等。

表 8-3　已克隆的参与丹酚酸类化合物生物合成相关基因（宋经元等，2013）

基因名称	缩写	GenBank 登录号
苯丙烷类代谢途径		
苯丙氨酸解氨酶基因	*SmPAL1*	EF462460|GQ249111|DQ408636
肉桂酸 -4- 羟化酶基因	*Sm C4H*	DQ355979|GQ896332|EF377337
4- 香豆酰 -CoA- 连接酶基因	*Sm4CL*	AY237163|AY237164|GU263826|EF458150 |EF458149|AY237163
酪氨酸代谢途径		
酪氨酸氨基转移酶基因	*Sm TAT*	DQ334606|EF192320
羟苯丙酮酸还原酶基因	*Sm HPPR*	DQO99741|EF458148
对羟苯基丙酮酸双氧化酶	*SmHPPD*	EF157837
下游途径		
羟基化香豆酰转移酶	*SmHCT*	GU647199
迷迭香酸合成酶	*SmRAS*	FJ906696
细胞色素 P450 依赖性单加氧酶基因	*CYP98A14*	HQ316179

除了丹参中有效成分合成途径的解析以外，丹参酮和丹参酚酸成分合成的分子调控机制也被广泛研究。如 *SmMYB2* 可以受到 MeJA 的诱导，并可以通过激活靶基因 *CYP98A14* 的表达，正调控丹参中酚酸类化合物。转录因子 AP2/ERF 基因家族成员 *SmERF1L1* 和 *SmWRKY1* 则可以激活 *SmDXR* 的表达，*SmERF128* 则可以激活 *SmCPS1* 和 *SmKSL1* 中的 CBF1 元件，显著增加转基因丹参毛状根中丹参酮的含量，而 *SmERF115* 则起到相反的作用。转录因子 bHLH 基因家族的 *SmMYC2* 和 *SmMYC3* 则可以同时调控丹参酚酸和丹参酮的生物合成。

早期丹参转录因子调控丹参酮和丹酚酸研究进展较缓慢，直至 2015 年多个课题组开始报道体内验证转录因子功能的研究结果，至今已有数十个转录因子的功能被鉴定（表 8-4）。这些转录因子集中在直接调节合成途径基因和通过调节激素信号影响丹参酮和丹酚酸含量方面。如已有多个转录因子被证实能够调节丹参酮合成途径的酶基因。MYB36、MYB98、ERFIL1 和 WRKY1 主要调控丹参酮合成途径上游 *DXR*、*MCT* 和 *GGPPS* 基因；SmERF128、SmERF6、WRKY2 等能够结合下游二萜途径基因 *KSL1*、*CPS1* 和 *CYP76AH1*；而 bHLH3 作为转录抑制子能够同时调控上游萜类骨架途径和下游二萜途径。另外，植物激素茉莉酸和赤霉素也在丹参酮的调控中发挥作用。由于丹参酮和赤霉素都是二萜类化合物，在生源合成途径中共享二萜骨架合成途径。因此，负调控赤霉素合成的转录因子有可能正调控丹参酮合成。浙江中医药大学开国银教授团队证明，负调节赤霉素合成途径酶基因的转录因子 MYB98 能够随着赤霉素含量的降低，而引起丹参酮含量的增加。另外，作为诱导抗性基因表达的信号分子，茉莉酸可以诱导丹参酮的产生。2018 年，梁宗锁教授团队从丹参中鉴定到 9 个茉莉酸信号途径负调控蛋白基因 *SmJAZ1* ～ *SmJAZ9*，其中 SmJAZ1/2/5/6/9 可以正调丹参酮含量，而 SmJAZ3/4/ 可以负调丹参酮含量，SmJAZ8 同时抑制丹酚酸和丹参酮积累。

表 8-4　部分与丹参酮和丹酚酸合成相关转录因子

家族	基因名	基因功能	Genbank 登录号
AP2/ERF	*SmERF128*	调控丹参酮合成	No.MG897156
	Sm ERF115	调控酚酸合成	
	SmERF1L1	调控丹参酮合成	
	SmERF6	调控丹参酮合成	KY988300
	SmERF8	调控丹参酮合成	MH006600
JAZ	*SmJAZ1-9*	调控丹参酮和丹酚酸合成	
bHLH	*SmMYC2a*	调控丹酚酸合成	
	SmMYC2b	调控丹酚酸合成	
	SmMYC2	调控丹酚酸合成	
	SmbHLH37	调控丹酚酸合成	KP257470.1
	SmbHLH51	调控丹酚酸合成	KT215166
	SmbHLH10	调控丹参酮合成	MH549183
	SmbHLH148	调控丹参酮和丹酚酸合成	MH472658
	SmbHLH3	调控丹参酮和丹酚酸合成	MH717249
MYB	*SmMYB39*	调控丹参酮和丹酚酸合成	KC213793
	Sm PAP1	调控丹参酮和丹酚酸合成	GU218694
	Sm MYB111	调控丹酚酸合成	ASV64719.1
	Sm MYB36	调控丹参酮和丹酚酸合成	KF059390.1
	Sm MYB98b	调控丹参酮合成	MH155195
	Sm MYB9b	调控丹参酮合成	JX113685
	Sm MYB98	调控丹参酮和丹酚酸合成	AGN52122.1
WRKY	*SmWRKY1*	调控丹参酮合成	
	SmWRKY2	调控丹参酮合成	
NAC	*SmNAC1*	调控丹酚酸合成	

丹参在冠瘿组织培养、毛状根培养及诱导条件优化、愈伤组织培养等研究方面均已取得显著进展，为开展丹参遗传转化研究提供了良好基础。丹参早期研究主要集中在利用农杆菌侵染丹参获得毛状根，进一步检测毛状根的丹参酮含量。同时，也有转基因植物性状研究报道，例如，张荫麟等（1997）比较了发根农杆菌和根癌农杆菌转化后的丹参再生植物的表型差异，发现用发根农杆菌转化的丹参具有节间缩短、植株矮化、地下部毛状须根发达等特点。用根癌农杆菌转化后的丹参再生植物生长旺盛，地上部分较原植物高大，根系发达，根产量和丹参酮含量都高于原植物。Han 等（2007）通过将农杆菌与丹参的外植体共培养的方法，将小麦中的胚胎发育晚期丰富蛋白（TaLEA1）转入丹参。在 2～3 个月内能够获得转基因丹参苗。2008 年，Lee 等（2008）首次构建了丹参的激活标签突变体库，并筛选出了丹参酮类化合物的含量显著提高的突变愈伤组织细胞系。张蕾等（2009）报道了用发根农杆菌介导牻牛儿基牻牛儿基焦磷酸合酶基因的 RNA 干扰载体转化丹参的研究结果，建立了发根农杆菌介导外源基因转化丹参的体系。以上研究显示，丹参的遗传转化相对容易，转基因植物也较易获得，这一特点有利于丹参作为模式药用植物开展功能基因组研究和突变体库构建（表 8-5）。

表 8-5　丹参的遗传转化研究（宋经元等，2013）

转化方法	外植体	侵染菌株	选择标记基因	文献
农杆菌转化法	须根	LBA9402，ATCC15834，TR105，R1601，A41027	—	Hu et al.，Phytochemistry，1993
农杆菌转化法	悬浮细胞	C58	—	Chen et al.，J Biotechnol，1997
农杆菌转化法	无菌苗	15834/LBA9402，C58	—	Zhang et al.，China J Chin Materia Med，1997
农杆菌转化法	无菌苗	EHA105	卡那霉素	Han et al.，J Plant Physiol Mol Biol，2007
农杆菌转化法	叶片	EHA105	卡那霉素	Yan et al.，Plant Cell Tiss Organ Cult，2007
农杆菌转化法	愈伤组织	EHA105	潮霉素	Lee et al.，Planta Med，2008
农杆菌转化法	叶片	ACCC10060	卡那霉素	Zhang et al.，Lett Biotechnol，2009

丹参药用模式植物转录组学和基因组学的研究进展较快。崔光红等（2007）报道了通过构建 cDNA 芯片研究丹参根部转录表达谱的研究结果，该项目共获得 4354 条表达序列标签（EST）。为发掘丹参活性成分合成的关键基因。李滢等（2010）完成了两年生丹参根的转录组测序，获得了近 5 万条 EST，拼接获得 18 235 个转录物，其中，27 个转录物编码 15 个丹参酮生物合成关键酶，29 个转录物编码 11 个丹参酚酸生物合成关键酶。Hua 等（2011）利用 Solexa 测序方法完成了丹参不同生长发育时期及不同部位的转录组测序，共获得 56 774 个独立基因，其中 2545 个独立基因被注释到各种代谢途径中。同时，转录组分析还发现了参与苯丙烷类和萜类化合物生物合成途径的全部基因以及 686 个转录因子，这些转录因子在模式生物拟南芥中存在同源基因。该结果为进一步开展丹参功能基因研究奠定研究基础。

丹参全基因组测序已经完成，基因组大小约为 610Mb。生物信息学分析表明，丹参基因组框架图覆盖 92% 的基因组序列，96% 的基因编码区。基于丹参基因组框架图，研究人员发现了 40 个萜类化合物生物合成相关基因，其中 27 个是在丹参中首次发现的新基因。这 40 个基因分属于 19 个基因家族，编码异戊二烯途径相关酶。经茉莉酸甲酯（MeJA）处理发现，多数基因均不同程度地受 MeJA 诱导上调表达，其中 20 个基因可能参与丹参酮的生物合成。

2. 丹参作为药用模式生物的应用前景与意义

对丹参脂溶性活性成分生物合成途径研究表明，丹参 1- 脱氧 -D- 木酮糖 -5 磷酸（DXP）途径中的第一步限速反应是由 DXS 催化的。在拟南芥、宽叶薰衣草和番茄中过量表达 DXS 基因，萜类物质含量明显提高，说明 *DXS* 可能是萜类代谢途径的重要调节基因。DXR 是 DXP 途径上的第二步催化酶，*DXR* 基因表达量升高后，丹参酮含量也提高，说明 DXR 可能是丹参酮生物合成代谢调控的靶点。如前所述，通过借助丹参基因组框架图可以预测该途径所有关键酶的候选基因，进一步通过基因克隆和功能验证等方法可对预测结果进行实验验证，这些研究结果将为人工重建合成途径奠定基础，从而实现定向控制活性成分的生产。在丹参基因组研究基础上，研究人员还发现了水溶性活性成分生物合成途径所有关键酶的候选基因。丹参的遗传转化体系已经建立，因而有可能对丹参次生代谢途径关键酶影响终产物生产量等方面进行系统研究，为其他药用植物提高次生代谢物产量的研究提供示范。

中药材生产多受地域性限制，且产地与其产量、质量有密切关系。古代医药学家经过长期使用、观察和比较发现，即使分布较广的药材，由于自然条件不同，各地所产药材质量也存在优劣。从生物学角度而言，道地药材的形成是药用植物基因型与环境之间相互作用的结果。不同环境可使同种药用植物产生特异性性状、组织结构、有效成分含量及疗效发生改变。

以丹参为药用模式植物，利用其基因组精细图，分析、克隆和鉴定生长发育相关基因、抗性基因等，并结合药材质量分析，研究光照、水分、温度、土壤、环境微生物等生态因子以及地质背景对药材质量的影响，有助于揭示中药道地性形成的生态机制。同时，利用重测序和三代测序技术，可能揭示丹参质量形成的表观调控机制，为道地药材形成的表观遗传研究提供模式系统。上述研究将为阐明中药药性形成的关键环境因素，以及环境与基因相互作用提供范例（图 8-5）。

图 8-5 丹参药用模式植物的研究基础与应用（宋经元等，2013）

优良品种是生产优良中药材的物质基础，在整个中药材产业中具有举足轻重的地位，是当前中药材产业全面发展面临的重要课题。中药材良种选育除了和普通农作物一样观察产量、抗逆性等，还必须对整个生育期以药用成分为指标进行质量监控。在中药材育种工作中，应根据药用植物种类，材料变异和优良程度，与改良性状的遗传特点及育种任务等相结合，灵活应用选育方法。药用植物次生代谢物的合成需要许多酶参与，编码这些关键酶的基因遗传变异会直接影响药材的功效。此外，许多控制生长发育的基因遗传变异也间接影响药材成分和功效。因此，不同种质在基因和染色体水平上的丰富变异，必然导致不同种质在形态结构、生长发育、生理代谢等多个层次上产生丰富变异，这些变异直接或间接影响药材品质和药性。

确立丹参作为药用模式植物，在完成其基因组精细图和功能基因组研究基础上，有助于缩短育种时间，提高育种效率，实现定向优良品种选育。如利用基因工程方法增强丹参酮合成途径的代谢通量，从而培育优良的丹参品种，这势必为通过甲羟戊酸途径生产药用活性的药用植物提供借鉴。此外，通过染色体加倍，染色体基因调控的有效化学成分含量往往较正常二倍体高。已有研究将丹参的染色体加倍后丹参酮含量增加，其分子机制的揭示将为其他中药活性成分增加提供参考。

3. 丹药用模式生物体系的建立与展望

模式植物基因组精细图是功能基因组学研究的重要基础，对确立丹参药用模式植物地位具有决定性作用。截至 2021 年 3 月，一共有 4 套丹参基因组数据发表，这些数据加速了丹参中代谢物丹参酮和丹参酚酸类物质的合成与调控研究。此外，分析丹参的叶绿体基因组、线粒体基因组，可为分子鉴定标记基因的开发、研究丹参雄性不育的分子机制等提供理论依据。

构建和筛选突变体库是在模式植物中高通量研究基因功能的重要方法。模式植物拟南芥、水稻等物种的大规模突变体库多是通过 T-DNA 插入构建获得的。目前，丹参的遗传转化体系已经建立，探索一种适合构建丹参突变体库的策略是高效获得丹参突变体库的前提条件之一。因此，RNA 干扰或 T-DNA 插入等方法均可尝试用于丹参突变体库的构建和筛选。利用突变体库可快速筛选与丹参活性成分合成与调控相关的功能基因，建立丹参酮和 / 或丹参酚酸的合成代谢调控网络，为优良品种选育提供基础。此外，突变体自身也是优良种质的直接来源。

模式植物的功能基因组学研究可为解析植物的生长发育、抗病抗逆等生物学过程的分子机制提供理论基础。丹参作为药用模式植物，其功能基因组学的研究有待进一步加强。功能基因组学研究需通过结合新一代测序技术，综合利用基因组学、转录组学、生物信息学、蛋白质组学等多学科理论和方法实施。主要研究方向包括丹参生长发育分子机制、丹参活性成分生物合成途径及其调控网络、丹参抗病抗逆分子机制以及丹参新品种选育等方面。详细解析丹参活性成分的生物合成途径将为开展利用合成生物学的方法生产丹参酮 / 丹酚酸等化合物的研究提供理论基础。

可以预见，通过丹参药用模式植物研究体系的建立和完善，利用现代基因组学、转录组学、生物信息学等多学科理论的交叉与融合，在基因组水平上阐明中药活性成分合成代谢的调控网络，发现药用植物生长发育与次生代谢积累相关性的分子机制，寻找植物优良品质的主效基因，加速分子育种的过程，必将推动中药现代化研究进程，为国际传统药物学研究提供模式平台。

案例 2　黄花蒿－萜类成分药用模式生物实验平台

黄花蒿是传统中药青蒿的基原植物，是治疗疟疾最有效的天然产物青蒿素的唯一植物来源，在国际上具有极高的关注度（图 8-6）。作为菊科蒿属一年生草本植物，黄花蒿生长周期短、环境适应性强、生态分布广泛、组织培养体系和转基因技术成熟。从发现抗疟药物青蒿素到多组学技术被用于黄花蒿和青蒿素研究当中，科研人员已经积累了丰富的研究数据，使黄花蒿的研究从传统中药研究进入到现代生命科学研究的前沿，具备建成药用模式生物的巨大优势。

1. 黄花蒿作为药用模式生物的特点与优势

除青蒿素及青蒿素类化合物外，中药青蒿中其他化学成分也得到了广泛的研究。到目前为止，黄花蒿植物已有 170 余种化合物被分离出来。其中主要成分有萜类化合物、香豆素类及黄酮类化合物。

为了提高青蒿素的产量，国内外开展了大量解析青蒿素生物合成途径的研究，为青蒿素及青蒿素类化合物的合成生物学研究提供支撑。青蒿素（artemisinin），是一种新型倍半萜内酯，具有过氧桥结构，其生物合成途径属于植物类异戊二烯代谢途径。该途径中代谢产生青蒿酸和双氢青蒿酸的关键酶基本明确，如图 8-7 所示。如果人为地将其划分为三个阶段，第一阶段，异戊烯基焦磷酸（IPP）和二甲基烯丙基焦磷酸（DMAPP）合成由两途径共同参与；第二阶段，是由紫穗槐 -4, 11- 二烯经青蒿醛分别转化为双氢青蒿酸和青蒿酸；第三阶段，从双氢青蒿酸和青蒿酸转化为青蒿素。由此说明，青蒿醛是青蒿素生物合成途径中的分支点化合物，青蒿醛双键还原酶（DBR2/DBR1）基因在不同种质黄花蒿中的表达可能存在差异。此外，生物合成的第三阶段还需要进一步研究。

青蒿素

图 8-6　黄花蒿和青蒿素

目前，黄花蒿的遗传图谱、黄花蒿细胞核基因组和黄花蒿叶绿体基因组数据均已发表。黄花蒿第一版基因组数据于 2018 年发表，研究人员测序并组装了一个青蒿素含量较高的株系"Huhao 1"，其杂合度估计在 1.0% ～ 1.5%。研究人员采用 Illumina（442Gb）、Roche 454（3.1Gb）和 PacBio（22Gb）测序平台得到测序读长。组装的基因组大小 1.74Gb，包含 39 579 个 scaffolds，N50 为 104.86kb。完整度评估采用 CEGMA 方法，结果显示 98.0% 的核心真核基因包含在组装的基因组中，BUSCO 评估显示完整度为 89.2%。基因组中重复元件为 61.57%。研究人员预测了 63 230 个蛋白质编码基因，平均基因长度为 3 803bp。黄花蒿基因组的一个显著特征是与萜烯生物合成相关的基因家族异常庞大，几种异戊烯基转移酶家族显著扩张。生物信息学预测发现，在黄花蒿基因组中存在 122 个萜烯合成酶（TPS）基因，其中大部分属于 TPS-a 和 TPS-b 亚家族。通过对 11 个测序植物基因组中假定的全长 TPS 的系统发育分析表明，*A. annua* 和 *H. annuus* 中 TPS 在每个子类中聚集在一起。模式植物 *A. thaliana* 的 TPS 基因在 tps-a 和 tps-b 分支上的位置表明，几乎所有的菊科 TPS 基因都是由番茄和拟南芥谱系分化而来的菊科谱系分化后的基因复制引起的。

黄花蒿首张遗传图谱由 Graham 等（2010）发表，作者应用 *A. annua* Artemis 家系建立了一个详细遗传图谱和数量性状位点（quantification trait loci，QTL）图，并鉴定了控制青蒿素产量关键性状显著变异的 QTL。Artemis 种子是由两个杂合且遗传背景不同的亲本（称为 C4 和 C1）杂交产生，这两个亲本是营养繁殖维持的。文章作者应用 454 焦磷酸测序平台对三个群体的不同部位（幼叶分泌腺毛、成熟叶分泌腺毛、花蕾分泌腺毛、幼叶、分生组织和子叶等）进行 cDNA 测序，并获得高质量的序列表达标签（EST）。通过序列比对研究发现，三个群体中共鉴定到 133 000 个 SNP。用严格的标准从 133 000 个 SNP 中选择 1536 个

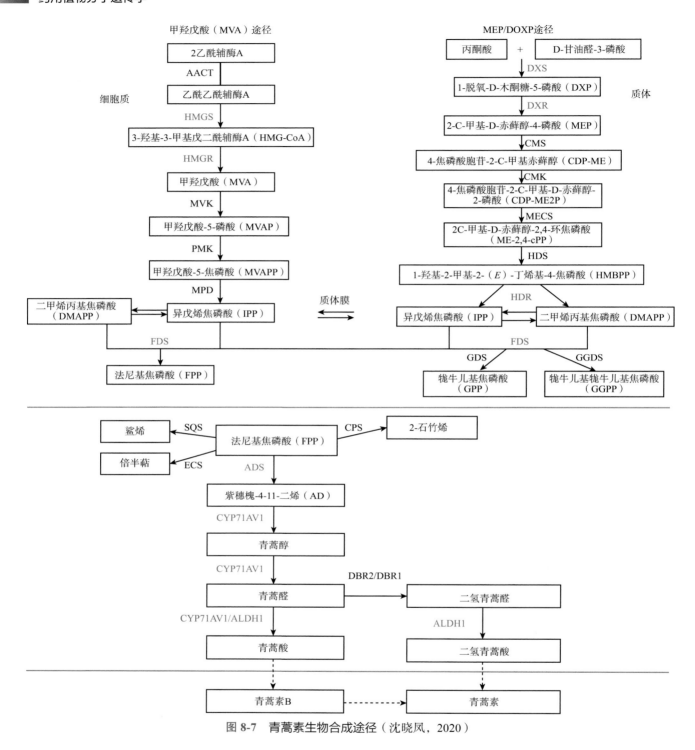

图 8-7   青蒿素生物合成途径（沈晓凤，2020）

SNP 构建遗传连锁图，子集 SNP 代表候选基因及其同源基因，以及随机选择的其他基因。作者对遗传作图群体进行营养繁殖，于不同年份种在不同地方的黄花蒿群体，得到了 14 个影响青蒿素产量的表型性状的 QTL 图。在 C4-LG1、LG4 和 LG9 上鉴定了青蒿素含量的稳定 QTL，候选基因中的标记与许多 QTL 一致。杂交实验表明，亲本中青蒿素 QTL 在与代高产植株中更容易出现。此研究结果为黄花蒿分子辅助育种工作提供了支撑，对快速获得高青蒿素含量的黄花蒿种质研究工作具有较大的推动。

在黄花蒿质体基因组研究方面，Shen 等（2017）对黄花蒿叶绿体基因组进行了测序和组装，发现其叶绿体基因组全长为 150 955bp，包含一对反向重复序列（IRa 和 IRb，24 850bp），大单拷贝序列（LSC，

82 988bp）和小单拷贝序列（SSC，18 267bp），共编码 131 个基因。对 5 个菊科物种的叶绿体全基因序列的差异分析表明，在基因间隔区中存在高度差异。系统发育分析揭示了黄花蒿与滨艾（*Artemisia fukudo*）之间的姐妹关系。这项研究确定了黄花蒿叶绿体基因组的独特特征，为高青蒿素含量的优质黄花蒿品系和蒿属物种鉴定提供了分子鉴定依据。

此外，良好的前期研究基础是药用模式生物筛选的一个重要因素。黄花蒿的种质资源、生物学特性、种植栽培、组织培养、转录组学、蛋白质组学、青蒿素合成调控、遗传转化和分子辅助育种等研究均积累了丰富的内容。

以 FPP 为分支点，青蒿素合成通路上游的 MVA 和 MEP 途径为萜类化合物的生物合成通用途径，下游合成途径为倍半萜类化合物的生物合成途径，因此，青蒿素的上游和下游生物合成途径可以为萜类化合物的基因工程育种提供科学的、可靠的理论依据。根据已经构建的黄花蒿成熟遗传转化体系，研究人员进一步提出了黄花蒿分子辅助育种策略。黄花蒿常用农杆菌介导法进行基因工程育种，农杆菌介导法具有转化频率高、插入片段大且确切、遗传表达稳定、技术与设备简单等优点，从而成为植物基因工程育种应用最广泛的方法。由于黄花蒿具备成熟的遗传转化体系，因此，基因工程育种可用于黄花蒿的高青蒿素含量品种、抗性品种、高产品种等优质品种的选育见表 8-6。目前，高青蒿素含量基因工程育种研究较为广泛，其中代谢途径结构基因、代谢途径转录调控（表 8-7）、腺毛生长发育三个方面具有较好的研究基础。

表 8-6　黄花蒿的遗传转化体系研究

转化方法	外植体	侵染菌株	植株形态	抗性标记	文献
根癌农杆菌转化法	茎、根	T37/LBA9402	毛状根	—	Paniego NB et al.，Enzyme Microbial Tech，1996
根癌农杆菌转化法	叶片	LBA9402	毛状根	头孢苄氨	Banerjee S et al.，Planta Medica，1997
根癌农杆菌转化法	叶片、叶柄	1601		羧苄青霉素卡那霉素	Xie D et al.，ISR J PLANT SCI，2001
农杆菌转化法	叶片	EHA105	成熟植株	潮霉素	Banyai W et al.，PLANT CELL TISS ORG，2010
农杆菌转化法	叶片	EHA105	成熟植株	卡那霉素 羧苄青霉素	Shen Q et al.，Genetics and Molecular Research，2012
农杆菌转化法	叶片	EHA105	成熟植株	潮霉素 / 卡那霉素和羧苄青霉素	Shen Q et al.，New Phytologist，2016
农杆菌转化法	悬浮细胞	EHA105	愈伤组织	潮霉素 羧苄青霉素	Long Y et al.，Journal of Hunan Agricultural University，2018

表 8-7　已发表与黄花蒿基因工程育种相关青蒿素合成途径关键基因和转录因子

基因类型	基因	基因功能	GenBank 登录号
青蒿素生物合成途径关键酶	HMGS1	催化乙酰乙酰辅酶 A 合成 HMG-CoA	GQ468550
	HMGR1	催化 HMG-CoA 合成 MUA	AF142473
	DXS1	催化反酮酸 +D- 甘油醛 -3- 磷酸合成 DXP	AF182286
	DXR1	催化 DXP 合成 MEP	AF182287
	FPS	催化 IPP 和 FPP	U36376
	ADS	催化 FPP 合成 AD	EF197888
	CYP71AV1	催化 AAOH，AAA，AA，DHAA 合成	DQ268763
	DBR2	催化 AAA 合成 DHAAA	EU704257
	RED1	催化 DHAAA 合成 DHAAOH	GU167953
	ADH1	催化 AAOH 合成 AAA	JF910157
	ADH2	催化 AD 合成 AAOH	GU253890
	ALDH1	催化 AA，DHAAA，DHAA 合成	FJ809784

续表

基因类型	基因	基因功能	GenBank 登录号
青蒿素生物合成竞争途径关键酶	SQS	催化 FPP 合成蛊烯	AY445505
	CPS	催化 FPP 合成 β- 万竹烯	AF472361
	GAS	催化 FPP 合成大叶根香烯	DQ447636
	BFS	催化 EPP 合成 β- 法尼烯	AY835398
转录因子	AaWRKY1	调控青蒿素合成	FJ390842
	AaGSW1	调控青蒿素合成	KX465140/KX465128
	AaERF1	调控青蒿素合成和抗葡萄孢菌	JN162091
	AaERF2	调控青蒿素合成	JN162092
	AaORA	调控青蒿素合成和抗葡萄孢菌	JQ797708
	AabZIP1	调控青蒿素合成	None
	AaMYC2	调控青蒿素合成	KP119607
	AaMYB106	调控青蒿素合成	None
	AaMYB2	调控青蒿素合成	None
	AabHLH1	调控青蒿素合成	None
	AaEIN3	调控青蒿素合成乙烯信号	None
	AaFT2	调控开花位置和青蒿素合成	MF438127/MF438126/MF438125
	AaMIXTA1	调控青蒿素合成，腺毛和角质合成	KP195023
	AaPDR3	调控 β- 石竹烯	None
	AaHD1	参与 JA 调控青蒿素合成	KU744606/KU744599
	AaNAC1	调控青蒿合成，抗干旱和葡萄孢菌	KX082975
其他基因	AoAOC	增加内源性 JA 促进青蒿素合成	HM189219
	AaPYL9	参与青蒿素合成和抗干旱	None
	AaPP2C1	AaPYL9 相互作用分子伴侣，及 ABA 信号负调控因子	None
	AaICS1	参与 SA 调控异分支酸通路	None

2. 黄花蒿作为药用模式生物的应用前景与意义

中药活性成分是中药治疗疾病的药效物质基础，是中药现代化研究的重要内容之一。传统育种由于育种周期长，使得野生种质资源和栽培资源都面临巨大压力，分子育种的提出有效提高了中药育种的效率。基因组、转录组和遗传图谱辅助中药分子育种，为育种提供了新思路。黄花蒿的基因组、转录组和遗传图谱的解析，以及青蒿素生物合成途径的大量研究为解析青蒿素的合成调控机制奠定了数据基础。现代生物技术的快速发展和广泛应用，为利用植物基因工程技术手段提高次生代谢物含量开辟了新的途径。

黄花蒿作为目前研究基础较好、药用价值较高的中药材原植物，以黄花蒿为模式药用植物，基于黄花蒿的基因组、转录组、遗传图谱、成熟的遗传转化体系，以及大量的基因工程育种研究基础，有利于黄花蒿作为模式药用植物，以增加有效药用成分、腺毛发育、转录调控机制等为研究目的，开展功能基因组和分子育种等研究。

3. 黄花蒿药用模式生物体系的建立与展望

黄花蒿的有效成分明确，青蒿素合成途径较清晰，多数关键酶已被克隆并进行了功能鉴定，生物学特征明确，遗传信息丰富，遗传转化体系成熟，并具有大量的研究基础，使其具备成为药用模式生物的基础条件。但是，要充分发挥黄花蒿的模式作用，还有赖于对黄花蒿自身生物学和基因组学的进一步研究。黄花蒿为风传媒的异花授粉植物，具有自交不亲和特性（杨丽英等，2008）。这一特性使得通过有性繁殖途径将青蒿素高产株系的优良性状保存下来十分困难，并且黄花蒿植物体中青蒿素含量受很多附加遗传因子的控制。黄花蒿细胞核基因具有杂合度高和重复高的特征，属于复杂基因组的植物基因组，已发表的第一版基因组的完整性和连续性不高，对后续基因功能研究和分子辅助育种的支撑作用不足。随着分子生物学技术和生物信息学的发展，现有测序技术和新的组装算法可以对于复杂基因组的遗传信息进行解析，以期获得较高质量的黄花蒿基因组组装序列，为其他研究提供强有力的支撑。

不同产地的黄花蒿种质青蒿素及青蒿素类化合物的积累差异较大，充分利用多组学技术探究从基因型到表型的变化机制，青蒿素和萜类化合物的生物合成关键基因的表达差异的调控原理，蛋白质组的差异以及宏基因组的多样性等筛选高青蒿素含量的优质黄花蒿品系将为应用多组学技术解析地道地药材的品质形成机制研究提供范例。此外，黄花蒿分泌腺毛组织作为青蒿素合成和储存的场所，具有特殊的细胞结构和化学环境，对其做进一步的研究，将为药用植物特定的药用部位研究提供参考。因此，建立黄花蒿药用模式生物研究体系，将有利于黄花蒿产业的标准化和规范化发展，提高我国黄花蒿研究的国际竞争力。

案例 3　烟草 – 生物碱类成分药用模式生物实验平台

烟草（*Nicotiana tabacum*）为茄科一年生或有限多年生草本植物，是世界上广泛种植的重要经济作物，也是生命科学研究中应用最多的高等模式生物之一（图 8-8）。

尼古丁

图 8-8　烟草和尼古丁

烟草为异源四倍体（2n=4×12=48），含 24 对染色体，基因组大小约 4.5Gb。一般认为烟草是由林烟草（N. sylvestris）和绒毛状烟草（N. tomentosiformis）种间杂交后染色体加倍产生的。林烟草和绒毛状烟草各含 12 对染色体，基因组大小约 2.4Gb。2013 年，Sierro 等（2013）发表了林烟草和绒毛状烟草的全基因组测序结果，次年又发表了三个烟草栽培品种的基因组序列。我国于 2010 年启动中国烟草基因组计划，目前已绘制完成了全球第一套烟草全基因组图谱，包含栽培烟草"红花大金元"、两个祖先种绒毛状烟草、林烟草全基因组序列图谱和物理图谱（3 张序列图谱和 3 张物理图谱）。"3+3"张图谱是世界第一套、也是唯一的一套烟草基因组图谱。其中，普通烟草全基因组序列图谱是目前已知植物基因组序列图谱中基因组最大、组装质量最好的图谱。本氏烟（N. benthamiana）是烟草的一个近缘种，也常被用于植物分子生物学研究。本氏烟基因组草图已经公布，基因组大小约 3.1Gb，含 19 对染色体。

烟草是最早进行组织培养和遗传转化研究的物种之一，遗传转化体系已经非常成熟，农杆菌介导的遗传转化体系是目前应用最广泛的体系。为了对烟草进行功能基因组学研究，多个研究团队进行了烟草突变体库的构建，其中，我国已建成了世界上规模最大的烟草突变体库，累计获得 19.4 万份突变体种子。

烟草生物碱是烟草中的主要次生代谢物，包括烟碱（尼古丁，nicotine）、降烟碱（nornicotine）、新烟草碱（anatabine）和假木贼碱（anabasine）。烟碱占烟草生物碱的 90% 左右，是最重要的一种生物碱。烟草中烟碱含量受多种因素影响，包括生态环境、栽培技术以及烟草品种等。烟碱主要在烟草根部合成，通过微管组织运输到叶片的叶肉，并储存于液泡内。腐胺（putrescine）在腐胺 -N- 甲基转移酶（putrescine N-methyltransferase，PMT）的作用下催化合成烟碱，这也是植物中烟碱合成的主要途径。在此过程中腐胺通过 PMT 获得 1 个甲基后转化为 N- 甲基腐胺（N-methyiputrescine），N- 甲基腐胺在 N- 甲基腐胺氧化酶（N-methylputrescine oxidase，MPO）催化下形成 4- 甲氨基丁醛，随后与提供吡啶环部分的烟酸衍生物发生缩合反应形成烟碱。在合成过程中，PMT 是烟碱合成的关键酶，是调控烟碱合成代谢最重要的酶。

本氏烟常被用作代谢工程或合成生物学研究的底盘系统。例如，环烯醚萜途径是合成萜类吲哚生物碱中萜类部分的分支途径，在长春花中该途径的终点产物是裂环马钱子苷。裂环马钱子苷由香叶醇经一系列氧化、还原、糖基化和甲基化等反应生成。Miettinen 等（2014）从长春花中克隆和鉴定了环烯醚萜途径的最后 4 个未被鉴定的酶，完成该途径的完全解析。此外该研究团队将环烯醚萜途径的 8 个酶在本氏烟中进行表达，但是仅检测到了中间产物 7- 脱氧马钱子酸。当通过渗透注入硫蚁二醛、硫蚁三醛或 7- 脱氧马钱子酸后，则可以产生裂环马钱子苷，这说明途径的后半部分也是有功能的。该研究为通过合成生物学方法合成有价值的环烯醚萜类和生物碱类化合物奠定了基础。此外，Sattely 研究团队在受伤的桃儿七中发现了一些基因，它们能产生去氧鬼臼毒素。去氧鬼臼毒素是一种鬼臼毒素的前体，只有在植物受伤后才会产生。该团队将 29 个途径候选基因转入本氏烟中进行筛选，最终找到六种酶，其中的两个酶能将去氧鬼臼毒素转化成依托泊苷苷元，与依托泊苷相比仅少了一个二糖基。同时，该苷元是更好的依托泊苷前体，与鬼臼毒素相比，需要更少的步骤就可以半合成得到依托泊苷。加上之前已知的四种酶，研究人员构建了完整的依托泊苷苷元生物合成途径，并得到了基因改造的植株，可以生成依托泊苷苷元。

案例 4 长春花 – 生物碱类成分药用模式生物研究平台

长春花（Catharanthus roseus）为夹竹桃科（Apocynaceae）长春花属（Catharanthus）植物，可产生 130 多种具有生物活性的萜类吲哚生物碱（terpenoid indole alkaloid，TIA）。作为长春碱、长春新碱这两种抗癌药的唯一来源，其 TIA 生物合成的研究一直备受关注（图 8-9）。长春花因生命力强、易于栽培、易于组织培养、转基因技术应用广泛且含有种类繁多且结构各异的生物碱类次生代谢物，是研究 TIA 生物合成的理想模式植物。

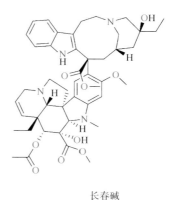

长春碱

图 8-9　长春花和长春碱

长春花在国内外栽培比较普遍。我国主要在长江以南地区栽培，广东、广西、云南、海南、贵州、四川、江苏及浙江一带等均有分布。长春花为一年生花卉栽培植物，几乎全年可开花，具有抗热性强，耐干旱，对土壤要求不严格，开花期长等特点。通过发根农杆菌介导的长春花遗传转化体系已在长春花 TIA 代谢调控研究中得到广泛的应用。例如，龚一富等（2005）利用改良发根农杆菌对长春花外植体进行遗传转化研究表明，*ORCA3* 和 *G10H* 基因共转化可显著提高长春花毛状根中 TIA 含量，且所获得毛状根系数量大、发根生物碱含量高、遗传稳定且所需时间短。病毒诱导基因沉默（VIGS）也可用于长春花的基因功能验证。例如，Carqueijeiro 等（2015）利用 VIGS 方法，有效地沉默了八氢番茄红素脱氢酶，使长春花叶产生强烈褪色表型。后期的长春花研究也多选取使用该方法。

Murata 等（2006）利用长春花幼叶和根的 cDNA 文库，挑选出 9824 个克隆并进行单向测序，经过聚类拼接后得到 5023 条平均长度 592.73bp 的 EST 序列。Van Moerkercke 等（2013）基于 RNA-seq 数据，构建了一个长春花代谢途径数据库 CathaCyc（http：//www.cathacyc.org）。该数据库涵盖了初级代谢和次生代谢的 390 个途径以及 1347 个酶。Prakash 等（2015）使用 Illumina HiSeq1000 测序平台构建了长春花叶片的小 RNA 文库。测序共获得 48 279 056 条读长（reads），其中大多数小 RNA 的长度为 21 ～ 24nt，主要包括 rRNA（60.49%）、tRNA（25.71%）、snRNA（1.75%）和 snoRNAs（6.07%）。目前，长春花的转录组和蛋白质组数据资源已经非常丰富，这些信息大大加快了 TIA 生物合成相关基因的挖掘。长春花全基因组测序也进展迅速。例如，利用全基因组鸟枪法测序技术，Kellner 等（2015）获得了长春花栽培品种 SunStorm TM Apricot 的基因组草图。草图绘制过程中，研究人员使用 MAKER 注解软件包注释出 33 829 个基因，这些基因包括甲基赤藓糖醇磷酸（MEP）上游萜类生物合成、环烯醚萜生物合成、下游生物碱生物合成和两个已知的能够调节 TIA 生物合成的转录因子基因。通过获得全基因组序列可进一步揭示重要代谢产物的生产、调控和进化机制。长春花丰富的基因组资源为其成为研究 TIA 次生代谢物的模式生物奠定了基础。

长春碱和长春新碱由单萜吲哚生物碱 TIA 前体长春质碱和文多灵转化而来。其中，由水甘草碱生成文多灵的生物合成途径在分子和生化水平上已经得到了广泛的研究。Qu 等（2015）应用 VIGS 鉴定并克隆了细胞色素 P450 水甘草碱 3- 加氧酶（tabersonine 3-oxygenase，T3O）和水甘草碱 3- 还原酶（tabersonine3-reductase，T3R）基因。在 T3R 和 T3O 的协同作用下，16- 甲氧基水甘草碱可转化成文多灵生物合成途径的中间产物 16- 甲氧基 -2, 3- 二氢 -3- 羟基水甘草碱（16-methoxy-2, 3-dihydro-3-hydroxytabersonine）。转录组数据分析表明，T3O 和 T3R 优先在长春花的叶片表皮中表达，催化生成的中间产物由叶子的表皮转移到特定的叶肉异细胞和乳汁管细胞中去完成 TIA 的生物合成。

长春花碱中的环烯醚萜途径是近年来才被全面阐明的单萜类途径。它由香叶醇开始，在环烯醚萜合酶（iridoid synthase，IS）等 8 个酶的作用下，经过一系列的氧化、还原、糖基化反应生成裂马钱子苷。IS 属于黄体酮 5β- 还原酶（progesterone 5β-reductase，P5bR）家族，其可还原 8- 羟基香叶醇生成环烯醚萜。Jennifer 等（2015）使用长春花转录组数据分析并鉴别出 5 个与 IS 序列高度类似的 *P5bR* 基因，分别命名为 *CrP5bR1*，*CrP5bR2*，*CrP5bR3*，*CrP5bR4* 和 *CrP5bR5*。CrP5bR 蛋白的相关特征鉴别表明，除 CrP5bR3 外，其他 CrP5bR 蛋白均可还原黄体酮。其中，CrP5bR1，CrP5bR2 和 CrP5bR4 可以还原 α，β- 不饱和羰基化合物，并且也能还原 IS 的底物 8- 羟基香叶醇。进一步通过蛋白质亚细胞定位，基因表达分析，原位杂交等分析表明，CrP5bR1，CrP5bR2 和 CrP5bR4 参与长春花中单萜类吲哚生物碱的生物合成。具体请查看第 4 章节生物碱合成代谢途径。

Van Moerkercke 等（2015）通过对长春花受到茉莉酸甲酯诱导后的转录组分析后发现了调控环烯醚萜途径的转录因子（iridoid synthesis 1，BIS1）。BIS1 是 bHLH 转录因子家族 IVa 中的一员，可反式激活编码催化萜类前体 GPP 生成环烯醚萜马钱子苷酸所有酶的基因表达。和之前报道过的另外一个以乙烯响应为特点的转录因子 ORCA3 不同，ORCA3 反式激活编码催化马钱子苷酸向下游 TIA 转化的一些酶的基因。相比于 ORCA3，BIS1 的超表达极大地促进了环烯醚萜和 TIA 在长春花悬浮细胞培养液的产生。因此，BIS1 是在长春花植物或培养液中产生 TIA 的一个代谢工具。

Van Moerkercke 等（2016）利用同样方法鉴定了同是 bHLH 转录因子家族 IVa 中的 *BIS2* 基因。BIS2 是主要在韧皮部薄壁细胞中表达的 bHLH 转录因子，可反式激活环烯醚萜生物合成基因，并且能与 BIS1 形成异二聚体。烟草原生质体中瞬时表达 BIS2 可以反式激活 *IS/P5βR5*，*GES*，*8HGO*，*G8O*，*7DLH* 和 *7DLGT* 基因。在长春花悬浮细胞中，BIS2 的超表达可增加 MEP 和环烯醚萜途径基因转录物的积累，而对其他的 TIA 合成途径基因和三萜类基因没有影响。转录分析表明，BIS2 的表达受 *BIS2* 或 *BIS1* 的诱导，是可以循环扩增的。长春花悬浮细胞中沉默 *BIS2* 基因表达会破坏茉莉酸诱导的环烯醚萜途径基因的上调趋势和 TIA 的积累。这表明 BIS2 在长春花合成 TIA 过程中是必不可少的。更多长春花碱的调控工作请查阅第 5 章相关内容。

案例 5　大麻 - 萜酚类化合物药用模式生物研究平台

大麻（*Cannabis sativa* L.）是大麻科（Cannabaceae）大麻属（*Cannabis*）一年生草本植物。大麻种子高产且营养丰富、花序和叶片可分泌气味浓郁的树脂、韧皮部经简单处理即可提取高质量的纤维，这些特征使得大麻成为了早期人类驯化和栽培的物种之一。现代大麻研究中主要涉及两种大麻素类化合物——大麻二酚（cannabidiol，CBD）和四氢大麻酚（tetrahydrocannabinol，THC）。大麻素类化合物仅在大麻中被发现，属于萜酚类次生代谢物（图 8-10）。目前已经分离报道的大麻素类化合物有 120 余种，其中 THC 和 CBD 的总含量最高。THC 具有精神活性，会使人产生幻觉和依赖性。其对公共卫生安全造成威胁，特别是可能对青少年发育中的大脑造成损害，因此，THC 被绝大多数国家列为毒麻药品并禁止使用，仅在少数国家可以合法用于减轻放化疗后不适症状等治疗。CBD 则不具有精神活性。现代药理学和医学研究发现，CBD 在抗癫痫、治疗精神紊乱、缓解失眠焦虑、抗炎、镇痛等方面有显著的疗效。大麻因其独特的生物学性状、次生代谢物特征和重要的医药、经济价值，成为了萜酚类化合物药用模式生物研究平台。

大麻二酚

图 8-10　大麻和大麻二酚

一、大麻作为药用模式生物的特点与优势

1. 大麻素合成途径清晰

上游己酸途径合成乙酰辅酶 A，MEP 途径与 GPP 途径合成 GPP，乙酰辅酶 A 在聚酮合酶（OLS）的作用下生成戊基二羟基苯酸（OLA），GPP 和 OLA 在异戊烯转移酶（PT）作用产生 CBD 和 THC 的酚酸形式 CBDA 与 THCA 的共同前体大麻萜酚酸（cannabigerolic acid，CBGA）。详见本书第 4 章相关内容。

2. 生长周期短，适应能力强，有建立好的遗传转化体系

大麻为喜光、短日照作物，适应性强，生长周期较短。萜酚类化合物主要由此主花苞片的有柄腺毛合成分泌。大麻虽然是一种再生和遗传转化顽拗型植物，但仍有若干遗传转化体系报道。

中国农业科学院麻类研究所发明的以无菌苗子叶为外植体的大麻再生体系，克服现有技术的不足，是一种周期较短，操作方便的快速纤用大麻再生方法。该方法再生植株诱导率达 46% ～ 48%。该方法使用 2 天苗龄或 3 天苗龄的无菌苗子叶作为外植体，不受取材季节限制，可在 28 天内得到大量再生芽。与原有方法比较可减少实验周期 7 ～ 14 天，为将来的遗传转化工作提供很大的便利。

姜颖等选用工业大麻新品种龙麻一号的下胚轴作为外植体进行组织培养，对无菌苗的获得、植物生长调节剂的选择及浓度等影响工业大麻组织培养的关键因素进行了详细研究。研究发现，愈伤组织诱导的最适植物生长调节剂组合为 1.0mg/L 6-BA 和 0.5mg/L NAA；不定芽分化的最适激素组合为 1.0mg/L KT 和 0.5mg/L NAA；以 1/2MS +0.05mg/L IBA +0.05mg/L NAA 激素组合可产生较好的生根效果。使用该方法进行大麻组织培养，其愈伤组织诱导率达到 91.67%，不定芽分化率达到 76.67%，生根率达到 75%。初步

建立了工业大麻的再生体系。

3. 大麻遗传数据资源丰富

大麻基因组大小为 800Mb ～ 1Gb，（$2n=20$）含有 9 对常染色体和一对 X/Y 型性染色体。基因组约73% 由重复序列构成。2011 年，加拿大科研人员利用短读长平台对高 THC 含量的 Purple Kush（PK）品系进行了基因组 de novo 测序和拼接，获得了首个大麻基因组数据。并以此为参考，对纤维型品系 Finola（FN）进行了重测序。研究人员对比 PK 和 FN 的转录组分析结果发现，大麻素及其前体合成通路的基因在 PK 中显著高表达，THCA 合成酶（THCA synthase）和 CBDA 合成酶（CBD synthase）的表达差异与PK 和 FN 的化学表型一致。另外，通过比较二者的基因组序列发现，PK 与 FN 大麻素合成通路中的基因拷贝数差异不大。

2018 年，美国科研人员发表了第二个大麻参考基因组，也是第一个药用大麻基因组。此时学术界对于 CBD 的药用价值已经得到了充分的认识，所以 CBD 高达 15%，THC 低于 0.3% 的品种 CBDRx 被选作了实验材料。同时，研究人员对工业大麻品种 Carmen、医用大麻品种 Skunk#1 也进行了基因组测序，用来对 CBDRx 特征性 CBD/THC 比例的基因组序列进行溯源。该项目应用了 Pacbio、Nanopore 等长读长测序平台，结合 Carmen×Skunk#1 高密度遗传图谱，将基因组序列锚定在了 10 条染色体上，并成功将THCAS 和 CBDAS（CBD）定位在了 9 号染色体的特定区间。

除核基因组图谱外，药用大麻还有其他大量遗传信息资源可供研究使用。如大麻种内不同品系和近缘物种的叶绿体全基因组序列，可供系统进化分析和寻找表型相关的分子标记。大麻还具有多个遗传图谱，可以用于多种性状的遗传分析和基因定位。丰富的 DNA 条形码数据也为大麻分类、分子鉴定提供了数据支持。此外，转录组、表观遗传组等信息也可以为次生代谢物表达调控机制的研究提供基础。

二、大麻作为药用模式生物的应用前景与意义

1. 应用基因组学技术阐明药用大麻重要性状遗传机制，提高 CBD 含量

应用基因组学技术，对药用大麻遗传序列进行研究，鉴定 CBD 合成与调控相关的关键基因。通过对药用大麻和其他类型大麻进行比较研究，阐明药用大麻的遗传背景和稳定遗传的分子机制。利用药用大麻中筛选的生物标记进行分子辅助育种，培育分枝多、花序大、腺毛密度高的药用大麻新品种。对控制CBG 总量或 CBD/THC 值的基因进行 RNA 干扰或基因编辑，进一步提高单株 CBD 含量，降低 THC 含量，压缩 CBD 提取和纯化成本。

2. 矮化植株，推广高精度环控的大麻植物工厂化种植

化学型大麻的种植对光照、水、养分、通风要求较高，资源消耗量大。利用矮化大麻技术可以使药用大麻适应植物工厂的多层立体化种植。在植物工厂条件下探索药用大麻的最适宜光照强度、波长、水肥需求量等指标，通过高精度的室内环境综合调控，实现药用大麻全年连续生产。改进升级"雾培技术"等高效给水、施肥方式，保证资源的最大限度有效利用。

3. 开展大麻合成生物学研究，突破植物体内萜酚类化合物合成局限

2019 年初，美国科学家成功在酿酒酵母中以半乳糖为原料合成了大麻素类化合物，证明了大麻素酵母异源合成的可行性。未来应探索萜分类化合物的多种异源合成途径，突破植物体内萜分类化合物合成局限。

案例6 灵芝 - 药用真菌实验平台

灵芝（*Ganoderma lucidum*）为担子菌门大型真菌，是我国传统的名贵中药材，也是目前研究最为深入的药用生物之一。在传统的药用植物学研究领域，通常将真菌作为特殊的类植物型药用生物开展相关的研究工作（图 8-11）。

灵芝酸

图 8-11 灵芝和灵芝酸

灵芝拥有模式生物的鲜明特征，例如：世代周期短、子代多、基因组小、易于在实验室内培养和繁殖、能够进行遗传转化、对人体和环境无害等。同时，灵芝涉及多种次生代谢物合成途径，并拥有复杂的次生代谢调控网络，是研究次生代谢的理想模式生物。染色体水平的灵芝基因组精细图的绘制完成为充分发挥灵芝的模式作用奠定了坚实的基础。

一、灵芝作为药用模式生物的特点与优势

1. 灵芝为大型担子菌，在其有性生殖世代中经历了显著的形态变化

灵芝的生长发育主要包括 4 个阶段——担孢子、菌丝体、原基和子实体。灵芝的生长发育周期从担孢子萌发开始，首先形成单核的初级菌丝，继而初级菌丝融合形成双核的次级菌丝，融合的次级菌丝在基质表面扭结形成原基，原基发育形成成熟的子实体，子实体弹射新一代担孢子完成世代循环。灵芝生命周期短，在人工栽培条件下 3 个月左右可以完成一个有性世代循环，每个子实体可以产生干重 100g 以上的担孢子，子代多有利于发现产生遗传突变的个体。

2. 灵芝的形态建成是一个综合的发育过程

菌株受环境信号的诱导和自身发育的调节，经过一系列细胞间或细胞内信号转导事件，启动灵芝形态建成的决定基因。灵芝是典型的四极异宗真菌，灵芝初级菌丝的融合受两对交配型座位（A 和 B）的控制。座位 A 由一对包含同源异型结构域的转录因子组成，与线粒体介质蛋白（MIP）紧密连锁。灵芝交配型座位 B 包括 6 个费洛蒙编码基因和 7 个费洛蒙受体编码基因。座位 A 控制锁状结合的形成，座位 B 控制细胞核的迁移。灵芝发育受光信号的调控，不同光质和光强对灵芝的生长发育有显著影响。例如，灵芝菌丝在黑暗中生长速率最快，绿色光质照射下生长速率最慢，白光照射下灵芝菌丝生物量积累最高。灵芝菌丝的分化必须经过 400 ～ 500nm 的蓝光诱导。在原基期，当光照强度适度时，灵芝才可以形成正常的菌盖。对于子实体，经绿色光质处理的灵芝菌盖最厚，黄色光质处理的灵芝菌盖大但偏薄。原基期和子实体期的灵芝生长都表现出趋光性。从原基期起灵芝菌丝发生显著分化，根据形态和功能，可以分为生殖菌丝、骨架菌丝和联络菌丝。这一时期起，灵芝可观察到角质化的皮壳层和木栓化的菌肉层。皮壳层内有树脂质和色素积累，使灵芝表面具有漆状光泽并呈现各异的颜色。与酵母等低等真菌相比，灵芝发育过程中经历了显著的形态变化，使其可以在真菌发育和次生代谢相关性研究中发挥更大的作用。

3. 灵芝易于在实验室内培养，且能够在实验室条件下完成生命周期

自 1992 年 Tsuikura 等通过菌丝发酵获得灵芝酸以来，灵芝菌丝的发酵工艺已十分完善。与灵芝栽培相比，菌丝发酵具有培养时间短、条件可控、质量稳定等优点。碳源、氮源、酸碱度、氧气、光照、机械应力、化学诱导剂等多种因素对灵芝菌丝发酵的影响已得到了广泛研究。目前，应用二阶段培养法，灵芝三萜酸总含量可占到灵芝菌丝干重的 4% 以上，单一化合物 7- 乙氧基灵芝酸氧的得率达到 1.5g/100g 菌丝。7- 乙氧基灵芝酸氧能作为灵芝酸 T 等 II 型灵芝酸的合成前体，有很高的应用价值。通过在培养基中加入外源 Ca^{2+}，可显著提高发酵菌丝总灵芝酸含量，进一步推测认为外源 Ca^{2+} 信号通过胞内钙调磷酸酶途径影响甲羟戊酸（MVA）途径中关键酶的表达，从而影响灵芝酸的合成。另外，直接增加 MVA 途径中关键酶的表达量也可以提高发酵菌丝中灵芝酸的含量。

4. 灵芝的人工栽培技术得到了广泛研究

在中国大部分地区都可以在温室或大棚内进行灵芝的人工栽培，椴木栽培和袋料栽培是最主流的两种灵芝栽培技术，超过 22 科 42 属 70 余种的木材都适合作为灵芝栽培的木料。由于温度、湿度、光照、二氧化碳和氧气浓度都是灵芝子实体形成的重要条件，因此，在培养过程中需注意喷水、通气和照明的管理。Sanodiya 等（2000）提出了灵芝生产的标准条件，认为出芝前菌丝应在温度（30 ± 2）℃黑暗中培养；原基培养时应保持温度（28 ± 2）℃，湿度 95%，光照 800lx，CO_2 浓度 1500 ppm（$1ppm=10^{-6}$）；子实体期根据灵芝发育情况降低温度、湿度和 CO_2 浓度，照明条件保持不变。成熟的室内栽培技术对于构建突变体库和研究灵芝发育和形态建成的相关机制具有重要意义。

5. 灵芝含有典型的药用活性成分

灵芝在中国被称为"仙草"，已有两千多年的应用历史。现代药理学研究表明灵芝具有提高免疫力、抗肿瘤、调节血糖血脂、延缓衰老等多种疗效。灵芝含有丰富的生物活性成分，目前已从灵芝中分离得到超过 400 种活性物质，包括多糖、蛋白质、氨基酸、萜类、甾醇类、生物碱等。通过对灵芝基因组的分析进一步证实，灵芝具有三萜、倍半萜、聚酮、非核糖体多肽等多条次生代谢合成途径。灵芝三萜是灵芝的主要活性成分，目前已从灵芝中分离得到了 150 多种，它们都是通过 MVA 途径合成的。羊毛甾醇合酶（LSS）是合成灵芝酸环状骨架 - 羊毛甾醇的关键酶（图 8-12）。在 LSS 之前的合成途径中共有 11

种酶参与，乙酰辅酶 A 乙酰基转移酶（AACT）和法尼基二磷酸合成酶（FPS）含有两个拷贝，其他酶都是由单基因编码的（表 8-8）。灵芝三萜是高度氧化的羊毛甾醇衍生物，因此推测有多个细胞色素 P450 单加氧酶（CYP450）参与了羊毛甾醇的修饰。灵芝含有 22 个倍半萜合酶，这些酶可以以 MVA 途径中的法尼基二磷酸（FPP）为底物，催化形成环状的倍半萜产物。多糖是灵芝中另一类主要的活性物质，主要由水溶性的 1，3-β 和 1，6-β 糖苷组成。灵芝中含有两个 1，3-β 糖苷合酶和 7 个含有 SKN1 结构域的 β 糖苷生物合成相关蛋白，后者被认为在 1，6-β 糖苷合成中具有重要作用。此外，灵芝基因组还编码 1 个非核糖体多肽合酶、5 个聚酮合酶和 2 个拷贝的真菌免疫球蛋白 LZ-8，LZ-8 已被发现具有抗肿瘤活性和免疫调节活性。

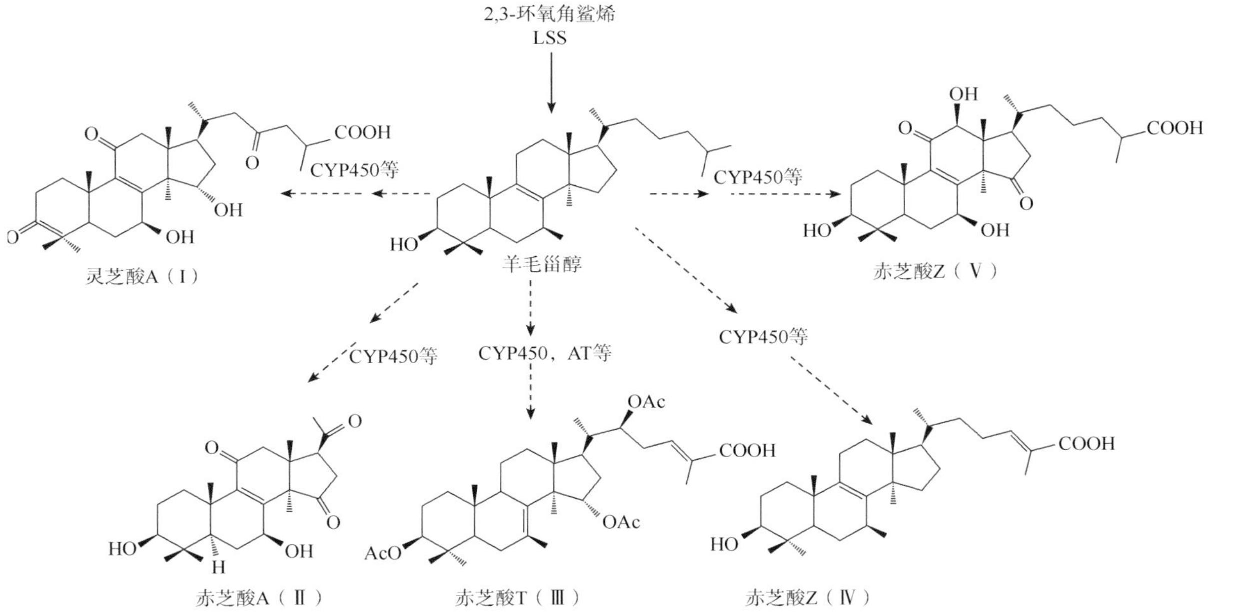

图 8-12　灵芝三萜的主要类型及其可能的生物合成途径（孙超等，2013）

目前已发现的所有灵芝三萜都是由羊毛甾醇衍生而成的。图中显示了 5 种灵芝三萜的主要类型（Ⅰ～Ⅴ）的代表化合物及其可能的生物合成途径。AT. 乙酰基转移酶

表 8-8　灵芝三萜上游合成途径中的关键酶基因（孙超等，2013）

基因名称	缩写	基因发现方法	文献
乙酰辅酶 A 乙酰基转移酶	*AACT1*	基因组分析	Chen S et al.，Nat Commun，2012
	AACT2	基因组分析	Chen S et al.，Nat Commun，2012
3- 羟基 -3- 甲基戊二酸合成酶	*HMGS*	基因组分析，同源基因克隆	Chen S et al.，Nat Commun，2012；Bayram O et al.，Science，2008
3- 羟基 -3- 甲基戊二酸还原酶	*HMGR*	基因组分析，同源基因克隆	Chen S et al.，Nat Commun，2012；Williams R B et al.，Org Biomol Chem，2008
甲羟戊酸激酶	*MK*	基因组分析	Chen S et al.，Nat Commun，2012
磷酸甲羟戊酸激酶	*PMK*	基因组分析	Chen S et al.，Nat Commun，2012
焦磷酸甲羟戊酸脱羧酶	*MVD*	基因组分析，同源基因克隆	Chen S et al.，Nat Commun，2012；Shimamoto K et al.，Annu Rev Plant Biol，2002
异戊烯基二磷酸异构酶	*IDI*	基因组分析	Chen S et al.，Nat Commun，2012
法尼基二磷酸合成酶	*FPS1*	基因组分析，同源基因克隆	Chen S et al.，Nat Commun，2012；Sun L et al.，Plant Mol Biol Rep，2001
	FPS2	基因组分析	Chen S et al.，Nat Commun，2012

续表

基因名称	缩写	基因发现方法	文献
鲨烯合酶	*SQS*	基因组分析，同源基因克隆	Chen S et al.，Nat Commun，2012； 李刚等，菌物学报，2004
鲨烯单加氧酶	*SE*	基因组分析	Chen S et al.，Nat Commun，2012
羊毛甾醇合酶	*LSS*	基因组分析，同源基因克隆	Chen S et al.，Nat Commun，2012； Shi L et al.，World J Microbiol Biotechnol，2012

在真菌中，同一条代谢途径的相关基因往往以基因簇（gene cluster）的形式存在。利用 antiSMASH 软件对灵芝全基因组进行扫描，共发现 17 个潜在的基因簇。在一些基因簇中，除了与代谢途径相关的骨架合成酶和修饰酶外，有时还含有途径特异性的转录因子和参与次生代谢物运输的转运子（transporter）。

灵芝基因编码 600 多个转录调控蛋白，其中包括途径特异性的调控蛋白，如锌指蛋白家族，广域调控蛋白 Velvet 蛋白家族和 LaeA 蛋白及表观遗传修饰因子等，表明灵芝具有复杂的多级次生代谢调控网络。在子囊菌中，Velvet 蛋白和 LaeA 蛋白在次生代谢和真菌发育中具有重要作用，LaeA 和 Velvet 蛋白家族中的 VeA、VelB 形成三聚复合体协同调控子囊菌的次生代谢和子实体发育。灵芝中存在相应的同源蛋白，其表达与 LSS 正相关，但功能还需要进一步研究。表观遗传修饰因子在次生代谢调控中也具有重要作用。在灵芝中发现了 33 个 GCN5 相关蛋白，15 个 PHD 相关蛋白，19 个 SET 相关蛋白和 8 个 HDAC 相关蛋白，这些蛋白是否参与了灵芝次生代谢调控还需要进一步研究。

6. 灵芝已完成全基因组解析

在分子生物学时代，基因组序列是模式生物更好地发挥其模式作用的前提和保障。目前几乎所有的模式生物都已经完成或者正在进行全基因组的测序工作。陈士林等利用高通量测序技术对单倍体灵芝的基因组进行了测序，并利用光学图谱技术辅助基因组组装，获得了染色体水平的灵芝基因组精细图，并根据基因组解析结果首次提出将灵芝作为药用模式真菌。测序的灵芝基因组由 13 条染色体组成，全长 43.3Mb，重复序列约占灵芝基因组的 8.15%，其中主要重复类型为长末端重复序列（LTR），约占灵芝基因组的 5.42%。灵芝基因组编码 16 113 个预测蛋白，其中包括大量的与次生代谢物合成及其调控相关基因，及与木质素降解相关基因。灵芝基因组精细图的完成，为灵芝功能基因学研究和灵芝三萜等次生代谢产物的合成及调控研究奠定了基础。

简单重复序列（SSR）是遗传标记最丰富的来源之一，已被广泛应用于种群遗传学、系统发育学及遗传图谱绘制等研究领域。在灵芝基因组中共发现 2674 个 SSR 位点，相对丰度为 62 SSR/Mb，单碱基重复是其最丰富的类型。SSR 分布于所有基因组区域，非编码区比编码区更丰富。除三碱基和六碱基重复外，超过 50% 的其余种类的 SSR 均分布于基因间区。SSR 相对丰度最高的是内含子区（108 SSR/Mb），其次为基因间区（84 SSR/Mb）。684 个 SSR 分布于 588 个蛋白编码基因中，其中 81.4% 为三碱基或六碱基重复。在这些含有 SSR 的基因中有 28 个基因与生物活性化合物的合成相关，其中包括一个 HMGR 基因，三个多糖合成相关基因及 24 个 CYP450 基因。

7. 灵芝易于进行遗传转化

目前，很多研究组已经开展灵芝遗传转化的研究。Sun 等（2001）首次利用电击法，以灵芝原生质体为受体，*bar* 基因作为选择标记基因，成功将香菇 GDP 启动子驱动下的报告基因 *GUS* 和 *GFP* 转入灵芝。李刚等利用 PEG 介导法，以潮霉素抗性基因作为选择标记，将报告基因 *GUS* 转到灵芝原生质体中，转化频率为 5 ～ 6 个转化子 /10⁷ 个原生质体。Shi 等（2012）用农杆菌介导侵染灵芝的原生质体，并用灵芝的内源 GDP 启动子驱动报告基因，以潮霉素为抗性标记基因，获得了转基因灵芝。转化效率为 200 个转化子 /10⁵ 个原生质体。Xu 等（2012）利用突变的灵芝琥珀酸脱氢酶（succinate dehydrogenase，sdhB）基因作为选择标记基因，用除草剂萎锈灵（carboxin）作筛选压力，提高了转基因灵芝的安全性。灵芝的遗传体系的初步建立，为开展灵芝功能基因组学研究提供了有力的技术支撑。

目前，灵芝的功能基因组学研究主要集中在灵芝三萜合成途径相关酶的克隆和鉴定方面。在灵芝全基因组测序完成之前，灵芝三萜合成上游途径中编码 3- 羟基 -3- 甲基戊二酸合成酶（HMGS）、3- 羟基 -3- 甲基戊二酸还原酶（HMGR）、5- 焦磷酸甲羟戊酸脱羧酶（MVD）、FPS、鲨烯合酶（SQS）基因和 LSS 的基因已经通过同源基因扩增的方式进行了克隆和鉴定。基因组测序完成也为从超基因家族中筛选参与灵芝三萜合成的修饰酶提供了条件。例如，灵芝中包含 219 个 CYP450 编码基因，分属于 42 个家族，其中 22 个 CYP 编码基因是假基因，除 CYP51 已被克隆和鉴定外，大部分灵芝 CYP450 功能未知。根据与 LSS 的共表达分析，及与其他参与甾醇类物质修饰的真菌 CYP450 的进化分析，筛选出 16 个可能参与灵芝三萜合成的 CYP450 基因，这些 CYP450 的功能验证正在进行中。此外，研究人员克隆了灵芝漆酶基因 GLlac1，该酶参与了灵芝对木质素的降解过程。随着灵芝基因组精细图的完成和灵芝转化体系的进一步完善，使得通过基因缺失和 RNAi 等反向遗传学技术研究和鉴定灵芝功能基因变得更具可行性，从而加速灵芝功能基因组学研究的进程。

二、灵芝作为药用模式生物的应用前景与意义

灵芝是具有复杂形态建成和高度细胞分化的大型药用真菌，其主要活性成分灵芝三萜的含量随着灵芝的发育过程而发生明显的改变，在菌丝阶段的含量很低，在原基期含量最高，而到子实体期灵芝三萜含量大约是原基期的一半。此外，灵芝三萜的种类在灵芝发育过程中也存在显著的变化，例如菌丝阶段的灵芝三萜主要是 3α 取代灵芝酸，而在原基期和子实体期的灵芝三萜主要是 3β 取代和 3 位羰基取代的灵芝酸。令人感兴趣的是，催化 2, 3- 环氧角鲨烯环化形成灵芝三萜骨架的 LSS 在灵芝发育过程中的表达变化与灵芝三萜含量的变化呈现高度的正相关性，这种关联进一步证明灵芝三萜合成相关基因的表达与灵芝发育存在协同作用，并受到严格调控。因此灵芝是研究高等担子菌发育与次生代谢协同作用的理想模式系统。

由于缺乏有效的模式系统，在担子菌中，发育与次生代谢相关性研究进展缓慢。目前对于真菌发育与次生代谢协同作用的知识主要来源于对子囊菌构巢曲霉（Aspergillus nidulans）的研究。在构巢曲霉中，LaeA 蛋白与 Velvet 蛋白家族的两个成员 VelB 和 VeA 形成三聚体，在真菌的发育和次生代谢调控中发挥着核心作用。已发现的 Velvet 家族成员共有 4 个，分别是 VeA、VelB、VosA 和 VelC。在灵芝中已经发现了 Velvet 蛋白家族所有成员和 LaeA 蛋白的同源基因，但是这些蛋白在灵芝生长发育和次生代谢调控中的作用还有待于进一步的研究。灵芝基因组精细图的完成和灵芝转化体系的建立，有助于利用反向遗传学策略鉴定这些调控蛋白在灵芝体内的功能，进而为揭示灵芝发育与次生代谢协同作用的分子机制奠定基础（图 8-13）。

根据子囊菌中 Velvet 蛋白家族的研究结果和灵芝中发现的 Velvet 相关蛋白，Sun 等（2019）提出了 Velvet 蛋白在灵芝发育和次生代谢中可能的作用机制，该作用机制可作为进一步研究的框架和蓝图。在暗培养时，VeA/VelB 二聚体在 KapA 蛋白的辅助下进入细胞核，光抑制这一进程。VeA/VelB 二聚体可以促进真菌的有性发育，也可与 LaeA 形成三聚体协调真菌次生代谢与发育。另一方面，VeA 降解后 VelB 可形成二聚体，VelB 进一步与 Velvet 蛋白家族另一成员 VosA 形成二聚体抑制真菌的无性生长。LaeA 可抑制 VeA 的降解及 VosA/VelB 二聚体的形成。

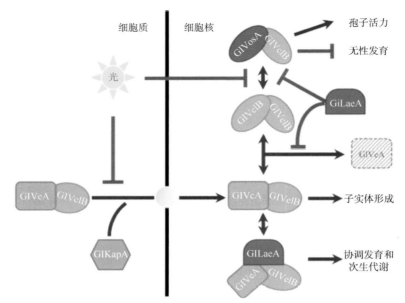

图 8-13　Velvet 蛋白在灵芝发育和次生代谢中可能的作用机制（孙超等，2013）

　　次生代谢物虽然种类繁多，但是其合成途径具有一定的保守性，都是通过有限的前体或模块合成的。次生代谢物多样性的起因包括：①参与次生代谢的酶有多个拷贝，不同的酶可以催化相同的底物产生不同的产物。②酶的产物专一性不强，即同一个酶可以催化相同的底物合成多个不同的产物。③酶的底物专一性不强，即同一个酶可以利用多种底物产生多个不同产物。

　　灵芝含有丰富的次生代谢物，为次生代谢物多样性的形成和演化研究提供了有利条件。例如，目前已从灵芝基因组中发现了 20 余种倍半萜合酶基因，推测骨架合成酶的多样性是灵芝倍半萜多样性产生的主要原因。根据对 *Coprinus cinereus* 和 *Omphalotus olearius* 的倍半萜合酶研究发现，产物专一性差也是真菌倍半萜多样性产生的重要原因。灵芝含有 150 多种灵芝三萜，它们都是由共同的环状骨架羊毛甾醇修饰产生的，因此灵芝三萜的多样性主要是由于 CYP450 等修饰酶的种类和功能的多样性造成的。由于基因组重复、缺失和突变及基因水平转移等因素造成的次生代谢相关酶的种类和功能多样性是次生代谢产物多样性的遗传基础。近来次生代谢多样性的起源和演化研究正逐步成为国内外研究的热点，例如，Li 等（2012）发现非种子植物 *Selaginella moellendorfii* 同时拥有种子植物和微生物类的萜类合酶，揭示植物萜类合酶可能具有多个进化起源。Nelson 等（2011）更是提出了以 CYP450 为中心的植物代谢进化研究策略。

　　作为模式生物的灵芝将会受到更多研究者的关注，从而推动对灵芝自身的生理、生化及功能基因组学研究，为合成生物学研究提供丰富的调控元件和合成酶基因。此外，由于模式生物的遗传背景最为清晰，目前所有的底盘细胞都来源于模式生物。灵芝因含有丰富的药理活性成分而被誉为"治疗性真菌生物工厂"（therapeutic fungal biofactory），有可能通过基因组改造和删除使其成为高效合成某些次生代谢物的底盘系统。

　　灵芝次生代谢途径及其调控元件的解析也将为其他药用生物中合成生物学相关元件的发掘提供借鉴，丰富合成生物学的元件和模块库，解决目前天然药物合成生物学研究中相关元件极端匮乏的困境，为构建天然药物的生物合成技术平台奠定基础。利用该技术平台一方面可以大规模生物合成已有的天然药物，另外也可以通过重构和改造天然药物的生物合成途径，为创新性药物的研发提供新化合物。

三、灵芝药用模式生物体系的建立与展望

　　灵芝固有的生物学特征和较好的研究基础使其已具备成为药用模式生物的基本条件，但是要充分发

挥灵芝的模式作用，还有赖于对灵芝自身生物学的进一步研究。灵芝基因组精细图的完成，为开展灵芝功能基因组学研究奠定了良好的基础，灵芝遗传转化体系的进一步完善也将为定点突变，基因删除和突变体库构建等主流生物学技术的引入创造条件。此外，现有灵芝属分类体系还存在着较多争议，加之目前我国灵芝种质资源比较混乱，这给灵芝研究带来了许多困扰。因此建立灵芝模式生物的标准株并加以推广应用，是使灵芝药用模式生物研究走向标准化和规范化的重要步骤。

模式生物研究策略将会改变目前药用生物研究中研究对象分散凌乱的局面，整合领域的优势力量对药用模式生物进行重点研究，一方面可以揭示有关次生代谢的普遍规律，另一方面可以将先进的现代生命科学技术引入到药用生物研究中，提升该领域的整体研究水平。目前大多数药用生物来源于植物，因此，作为药用真菌的灵芝，其模式作用受到一定的限制。此外，次生代谢物种类繁多，针对不同类别的代谢途径可能需要不同的模式生物。因此，随着药用生物研究的逐步深入，将会需要更多的药用模式生物。模式生物研究策略已经在多个生物学领域获得了令人瞩目的成绩，因此，成熟的药用模式生物体系的建立将为药用生物研究注入新的活力，推动该领域研究进入一个高速发展阶段。

参 考 文 献

陈浩，林拥军，张启发 . 2009. 转基因水稻研究的回顾与展望 . 科学通报，5418：2699-2717.

陈士林，孙永珍，徐江，等 . 2010. 本草基因组计划研究策略 . 药学学报，45（7）：807-812.

陈士林，向丽，李琳，等 . 2017. 青蒿素原料生产与资源再生全球战略研究 . 科学通报，62（18）：1982-1996.

陈士林，朱孝轩，李春芳，等 . 2012. 中药基因组学与合成生物学 . 药学学报，47（8）：1070-1078.

崔光红，黄璐琦，唐晓晶，等 . 2007. 丹参功能基因组学研究 I——cDNA 芯片的构建 . 中国中药杂志，32（12）：1137-1141.

崔光红，王学勇，冯华，等 . 2010. 丹参乙酰 CoA 酰基转移酶基因全长克隆和 SNP 分析 . 药学学报，45（6）：785-790.

丁丹丹 . 2019. 黄花蒿中四种青蒿素类化合物含量的时空动态研究 . 北京：中国中医科学院 .

符德保，李燕，肖景华，等 . 2016. 中国水稻基因组学研究历史及现状 . 生命科学，2810：1113-1121.

高伟，崔光红，黄璐琦 . 2009. 丹参次生代谢及其基因调控研究 . 第八届全国药用植物及植物药学术研讨会论文集 .

高志勇，谢恒星，王志平，等 . 2016. 植物突变体库的作用及构建研究进展 . 作物杂志，6：16-19.

龚一富，孙小芬，唐克轩 . 2005. 生物碱生物合成的代谢调控（英文）. 中国生物工程杂志，（增刊）：289-396.

黄玉仙 . 2008. 药用植物毛状根培养与次生代谢产物的研究 . 海峡药学，20（8）：80-82.

贾艾敏，李立芹，程淑芬，等 . 2011. 烟草转基因工作的研究进展 . 安徽农业科学，3911：6336-6337，6452.

李超，史宏志，刘国顺 . 2007. 烟草烟碱转化及生物碱优化研究进展 . 河南农业科学，6：14-17.

李刚，王强，刘秋云，等 . 2004. 利用 PEG 法建立药用真菌灵芝的转化系统 . 菌物学报，23（2）：255-261.

李滢，孙超，罗红梅等 . 2010，基于高通量测序 454GS FLX 的丹参转录组学研究 . 药学学报，45（4）：524-529.

林志彬 . 2007. 灵芝的现代研究 . 第三版 . 北京：北京大学医学出版社 .

刘晓蓓，吴赓，张芊，等 . 2010. 烟草突变体库的创建策略及其应用 . 中国农业科技导报，1206：28-35.

卢戴，候世详，陈彤 . 2003. 长春花抗癌成分长春新碱研究的进展 . 中国中药杂志，11：1006-1009.

吕靖，蒿若超，张文英，等 . 2012. 烟草转基因研究进展 . 黑龙江农业科学，7：148-152.

宋经元，罗红梅，李春芳，等 . 2013. 丹参药用模式植物研究探讨 . 药学学报，48（7）：1099-1106.

孙超，胡鸢雷，徐江，等 . 2013. 灵芝：一种研究天然药物合成的模式真菌 . 中国科学：生命科学，43（5）：1-10.

王鸿博，肖皖，华会明，等 . 2011. 黄花蒿的化学成分研究进展 . 现代药物与临床，26（6）：430-433.

王威威，席飞虎，杨少峰，等 . 2016. 烟草烟碱合成代谢调控研究进展 . 亚热带农业研究，1201：62-67.

王学勇，崔光红，黄璐琦，等 . 2008. 丹参 4-（5Y- 二磷酸胞苷）-2-C- 甲基 -D- 赤藓醇激酶的 cDNA 全长克隆及其诱导表达分析 . 药学学报，43（12）：1251.

向礼恩 . 2013. 青蒿素生物合成相关基因组织表达谱分析及超量表达 ADS 基因提高青蒿素含量的研究 . 重庆：西南大学 .

肖景华，吴昌银，袁猛，等 . 2015. 中国水稻功能基因组研究进展与展望 . 科学通报，6018：1711-1723.

徐江，孙超，徐志超，等 . 2014. 药用模式生物研究策略 . 科学通报，59（9）：733-742.

许亮，卢向阳，田云 . 2003. 后基因组时代基因功能分析的策略 . 中国生物工程杂志，23（8）：29-34.

杨丽英，李绍平，谷安宇，等 . 2008. 黄花蒿繁殖生物学初步研究 . 西南农业学报，（4）：1036-1039.

杨滢，周露，化文平，等 . 2011. 丹参异戊烯焦磷酸异构酶基因（SmIPI）的生物信息学及表达分析 . 植物生理学报，47（11）：1086-1090.

叶荣建，林拥军 . 2016. 水稻转基因技术及新品种培育 . 生命科学，2810：1268-1278.

余世洲，张磊，张洁，等 . 2015. 烟属物种基因组研究进展 . 基因组学与应用生物学，3407：1541-1548.

张蕾 . 2009. 丹参牻牛儿基牻牛儿基焦磷酸合酶基因的克隆与功能研究 . 北京：中国人民解放军军事医学科学院 .

张欣，付亚萍，周君莉，等 . 2014. 水稻规模化转基因技术体系构建与应用 . 中国农业科学，4721：4141-4154.

张荫麟，宋经元，祁建军，等 . 1997 农杆菌转化后丹参植株再生 . 中国中药杂志，22（5）：274-275.

朱作言 . 2006. 模式生物研究 . 生命科学，18（5）：419.

Ai J G, Gao S L, 2003. Induction and identification of autotetraploid of *Salvia miltiorrhiza* Bunge and determination of effective constituents in autotetraploid. Pharm Biotechnol, 10：372-376.

Bai Z, Li W, Jia Y, et al. 2018. The ethylene response factor Sm ERF6 co-regulates the transcription of Sm CPS1 and Sm KSL1 and is involved in tanshinone biosynthesis in *Salvia miltiorrhiza* hairy roots. Planta, 248：243-255.

Bai Z, Wu J, Huang W, et al. 2020. The ethylene response factor SmERF8 regulates the expression of SmKSL1 and is involved in tanshinone biosynthesis in *Saliva miltiorrhiza* hairy roots. J Plant Physiol, 244：153006.

Bayram O, Krappmann S, Ni M, et al. 2008. VelBA/VeA/LaeA complex coordinates light signal with fungal development and secondary metabolism. Science, 320（5882）：1504-1506.

Bombarely A, Rosli H. G, Vrebalov J, at al. 2012. A draft genome sequence of *Nicotiana benthamiana t*o enhance molecular plant-microbe biology research. Molecular Plant-Microbe Interactions, 25（12）：1523-1530.

Buchholz F, Kittler R, Slabicki M, et al. 2006. Enzymatically prepared RNAi libraries. Nat Methods, 3：696-700.

Burton J N, Adey A, Patwardhan R P, et al. 2013. Chromosome-scale scaffolding of *de novo* genome assemblies based on chromatin interactions. Nat Biotechnol, 31（12）：1119-1125.

Canel C, Lopes-Cardoso M I, Whitmer S, et al. 1998. Effects of over-expression of strictosidine synthase and tryptophan decarboxylase on alkaloid production by cell cultures of *Catharanthus roseus*. Planta, 205：414-419.

Cao W, Wang Y, Shi M, et al. 2018. Transcription factor SmWRKY1 positively promote the biosynthesis of tanshinones in *Salvia miltiorrhiza*. Front Plant Sci, 9：554-563.

Carqueijeiro I, Masini E, Foureau E, et al. 2015. Virus-induced gene silencing in *Catharanthus roseus* by biolistic inoculation of tobacco rattle vims vectors. Plants Biology, 17：1242-1246.

Chan M T, Chang H H, Ho S L, at al. 1993. Agrobacterium mediated production of transgenic rice plants expressing a chimerica-amylase promoter/ p-gluxuronidase gene. Plant Mol Biol, 22：491-506.

Chatel G, Montiel G, Pre M, et al. 2003. CrMYCI, a *Catharanthus roseus* elicitor-and jasmonate-responsive bHLH transcription factorthat binds the G-box element of the strictosidine synthase gene promoter. Journal of Experimental Botany, 54（392）：2587-2588.

Chen H, Yuan J P, Chen F, et al. 1997. Tanshinone production in Ti-transformed *Salvia miltiorrhiza* cell suspension cultures. J Biotechnol, 58：147-156.

Chen S L, Sun Y Z, Xu J, et al. 2010. Strategies of the study on Herb Genome Program. Acta Pharm Sin, 45：807-812.

Chen S L, Xu J, LiuC, et al. 2012. Genome sequence of the model medicinal mushroom *Ganoderma lucidum*. Nat Commun, 3：913.

Chen W, Gao Y, Xie W, at al. 2014. Genome-wide association analyses provide genetic and biochemical insights into natural variation in rice metabolism. Nat Genet. 46（7）：714-721.

Collu G, Unver N, Peltenburg-Looman AM, et al. 2001. Geraniol 10-hydroxylase, a cytochrome P450 enzyme involved in krpenoid indole alkaloid biosynthesis. FEBS Lett, 508（2）：215-220.

Cui G, Huang L, Tang X, et al. 2007. Functional genomics studies of *Salvia miltiorrhiza* I establish cDNA microarray of *S. miltiorrhiza*. China J Chin Materia Med, 32：1137-1141.

Davis R H. 2004. The age of model organisms. Nat Rev Genet, 5（1）：69-76.

Deng C, Hao X, Shi M, et al. 2019. Tanshinone production could be increased by the expression of SmWRKY2 in *Salvia miltiorrhiza* hairy roots. Plant Sci, 284：1-8.

Deschamps S, Zhang Y, Llaca V, et al. 2018. A chromosome-scale assembly of the sorghum genome using nanopore sequencing and optical mapping. Nat Commun, 9（1）：4844.

Ding K, Pei T, Bai Z, et al. 2017. Sm MYB36, a novel R2R3-MYB transcription factor, enhances tanshinone accumulation and decreases phenolic acid content in *Salvia miltiorrhiza hairy* roots. Sci Rep, 7：5104.

Du T, Niu J, Su J, et al. 2018. Smb HLH37 functions antagonistically with Sm MYC2 in regulating jasmonate-mediated biosynthesis of phenolic acids in *Salvia miltiorrhiza*. Front Plant Sci 9：1720-1732.

EidJ, FehrA, GrayJ, et al. 2009. Real-time DNA sequencing from single polymerase molecules. Science, 323（5910）：133-138.

Enfissi E M, Fraser P D, Lois L M, et al. 2005. Metabolic engineering of the mevalonate and non-mevalonate isopentenyl diphosphate-forming pathways for the production of health-promoting isoprenoids in tomato. Plant Biotechnol J, 3：17-27.

Estevez J M, Cantero A, Reindl A, et al. 2001. l-deoxy-D-xylulose-5-phosphate synthase, a limiting enzyme for plastidic isoprenoid biosynthesis in plants. J Biol Chem, 276：22901-22909.

Facchini P J，De Luca V. 2008. *Opium poppy* and *Madagascar periwinkle*：model non-model systems to investigate alkaloid biosynthesis in plants. Plant J，54（4）：763-784.

Feng L X，Jing C J，Tang K L，et al. 2011. Clarifying the signal network of salvianolic acid B using proteomic assay and bioinformatic analysis. Proteomics，11：1473-1485.

Field B，Osbourn AE. 2008. Metabolic diversification--independent assembly of operon-like gene clusters in different plants. Science. 320（5875）：543-547.

Fields S，Johnston M. 2005. Whither model organism research. Science，307（5717）：1885-1886.

Ge X，Wu J. 2005. Induction and potentiation of diterpenoid tanshinone accumulation in *Salvia miltiorrhiza* hairy roots by beta-aminobutyric acid. Appl Microbiol Biotechnol，68：183-188.

Geerlings A，Hallard D，Caballero A M，et al. 1999. Alkaloid production by a *Cinchona officinalis* 'Ledgeriana' hairy root culture containing constitutive expression constructs of tryptophan decarboxylase and strictosidine synthase cDNAs from *Catharanthus* roseus. Plant Cell Rep，19：191-196.

Goff SA，Ricke D，Lan TH，et al. 2002. A draft sequence of the rice genome（*Oryza sativa* L. ssp. *japonica*）. Science，296：92-100.

Gong Y F，Liao Z H，Pi Y，et al. 2005. Engineering terpenoid indole alkaloids bio-synthetic pathway in *Catharanthus roseus* hairy root cultures by overexpressing the geraniol 10-hydroxylase gene. J Shanghai Jiao Tong Univ，E-10. S1：8-13.

Graham I A，Besser K，Blumer S，et al. 2010. The genetic map of *Artemisia annua* L. identifies loci affecting yield of the antimalarial drug artemisinin. Science，327（5963）：328-331.

Guo J，Ma X，Cai Y，et al. 2016. Cytochrome P450 promiscuity leads to a bifurcating biosynthetic pathway for tanshinones. New Phytol，210：525-534.

Guo J，Zhou Y J，Hillwig M L，et al. 2013. CYP76AH1 catalyzes turnover of miltiradiene in tanshinones biosynthesis and enables heterologous production of ferruginol in yeasts. Proc Natl Acad Sci USA，110：12108-12113.

Han L M，Yu J N，Ju W F. 2007. Salt and drought tolerance of transgenic *Salvia miltiorrhiza* Bunge with the TaLEAl gene. J Plant Physiol Mol Biol，33：109-114.

Hao G，Jiang X，Feng L，et al. 2016. Cloning, molecular characterization and functional analysis of a putative R2R3-MYB transcription factor of the phenolic acid biosynthetic pathway in *S. miltiorrhiza* Bge. f. alba. Plant Cell Tissue Organ Cult，124：151-168.

Hao X，Pu Z，Cao G，et al. 2020. Tanshinone and salvianolic acid biosynthesis are regulated by Sm MYB98 in *Salvia miltiorrhiza* hairy roots. J Adv Res，23：1-12.

Hiei Y，Ohta S，Komari T，et al. 1994. Efficient transformation of rice（*Oryza sativa* L.）mediated by Agrobacterium and sequence analysis of the boundaries of the T-DNA. Plant J，6：271-282.

Hua W，Zhang Y，Song J，et al. 2011. De novo transcriptome sequencing in *Salvia miltiorrhiza* to identify genes involved in the biosynthesis of active ingredients. Genomics，98：272-279.

Huang Q，Sun M，Yuan T，et al. 2019. The AP2/ERF transcription factor Sm ERF1L1 regulates the biosynthesis of tanshinones and phenolic acids in *Salvia miltiorrhiza*. Food Chem，274：368-375.

Hu Z B，Alfermann A W. 1993. Diterpenoid production in hairy roots cultures of *Salvia miltiorrhiza*. Phytochemistry，32：699-703.

International rice genome sequencing project. 2005. The map-based sequence of the rice genome. Nature，436：793-800.

Jennifer M，Jacob P，Karel M，et al. 2015. Iridoid synthase activity is common among the plant progesterone 5b-reductase family. Mol Plant，8（1）：136-152.

Joyce A R，Palsson B O. 2006. The model organism as a system：integrating 'omics' data sets. Nat Rev Mol Cell Biol，7（3）：198-210.

Kellner F，Kim J，Clawijo BJ，et al. 2015. Genome-guided investigation of plant natural product biosynthesis. Plant，82：680-692.

Lau W，Sattely ES. 2015. Six enzymes from mayapple that complete the biosynthetic pathway to the etoposide aglycone. Science，349（6253）：1224-1228.

Lee C Y，Agrawal D C，Wang C S，et al. 2008. T-DNA activation tagging as a tool to isolate *Salvia miltiorrhiza* transgenic lines for higher yields of Tanshinones. Planta Med，74：780-786.

Li C Y，Leopold A L，Sander GW，et al. 2013. The ORCA2 transcription factor a key role in regulation of the terpenoid indole alkaloid pathway. BMC Plant Biol，13（1）：155.

Li G，Köllner T G，Yin Y，et al. 2012. Non seed plant *Selaginella moellendorfii* has both seed plant and microbial types of terpene synthases. Proc Natl AcadSci USA，109：14711-14715.

Li S，Wu Y，Kuang J，et al. 2018. Sm MYB111 is a key factor to phenolic acid biosynthesis and interacts with both Sm TTG1 and Smb HLH51 in *Salvia miltiorrhiza*. J Agric Food Chem，66：8069-8078.

Li X，Meng D，Chen S，et al. 2017. Single nucleus sequencing reveals spermatid chromosome fragmentation as a possible cause of maize haploid induction. Nat Commun，8（1）：991.

Li Y，Sun C，Luo H M，et al. 2010. Transcriptome characterization or *Salvia miltiorrhiza* using 454GS FLX. Acta Pharm Sin，45：524-529.

Lichtenthaler H K. 1999. The l-deoxy-D-xylulose-5-phosphate pathway of isoprenoid biosynthesis in plants. Annu Rev Plant Physiol Plant Mol Biol，50：47-65.

Liu L，Yang D，Xing B，et al. 2020. Sm MYB98b positive regulation to tanshinones in *Salvia miltiorrhiza* Bunge hairy roots. Plant Cell Tissue Organ Cult，140：459-467.

Liu X J，Chuang YN，Chiou CY，et al. 2012. Methylation effect on chalcone synthase gene expression determines anthocyanin pigmentation in floral tissues of two *Oncidium orchid* cultivars. Planta，236（2）：401-409.

Lois L M，Rodriguez-Concepcion M，Gallego F，et al. 2000. Carotenoid biosynthesis during tomato fruit development：regulatory role of 1-deoxy-D-xylulose 5-phosphate synthase. Plant J，22：503-513.

Ma Y，Cui G H，Chen T，et al. 2021. Expansion within the CYPTID subfamily drives the heterocyclization of tanshinones synthosis in *Salvia miltiorrhiza*. Nat Commun，12：685.

Ma Y，Yuan L，Wu B，et al. 2012. Genome-wide identification and characterization of novel genes involved in terpenoid biosynthesis in *Salvia miltiorrhiza*. J Exp Bot，63（7）：2809-2823.

McKnight T D，Roessner C A，Devagupta R，et al. 1990. Nucleotide sequence of a cDNA encoding the vacuolar protein strictosidine synthase from *Catharanthus roseus*. Nucleic Acids Res，18（16）：4939.

Meijer A H，De Wall A，Verpoorte R，et al. 1993. Purification of the cytochrome P-450 enzyme geraniol-10-hydroxylase from cell cultures of *Catharanthus roseus*. J Chromatogr，653：237-249.

Meijer A H，Lopes Cardoso M I，Voskuilen J T H，et al. 1993. Isolation and characterization of a cDNA clone from *Catharanthus roseus* encoding NADPH：cytochrome P-450 reductase，an essential for reactions catalysed by cytochrome P-450 monoxygenase. Plant Mol Biol，22：379-383.

Menke F L，Champion A，Kijne J W，et al. 1999. A novel jasmonate and elicitor-responsive element in the periwinkle secondary metabolite biosynthetic gene str interacts with a jasmonate and elicitor-inducible AP2-domain transcription factor，ORCA2. EMBO，18（16）：4455-4463.

Miettinen K，Dong L，Navrot N，at al. 2014. The seco-iridoid pathway from *Catharanthus roseus*. Nat Commun，7（5）：3606.

Munoz-Bertomeu J，Arrillaga I，Ros R，et al. 2006. Up-regulation of l-deoxy-D-xylulose-5-phosphate synthase enhances production of essential oils in transgenic spike lavender. Plant Physiol，142：890-900.

Murata J，Bienzle D，Brandle J E，et al. 2006. Expressed sequence tags from Madagascar periwinkle *Catharanthus roseus* . FEBS Letters，580（18）：4501-4507.

Nelson D，Werck-Reichhart D. 2011. A P450-centric view of plant evolution. Plant J，66：194-211.

Olsson M E，Olofsson L M，Lindahl A L，et al. 2009. Localization of enzymes of artemisinin biosynthesis to the apical cells of glandular secretory trichomes of *Artemisia annua* L. Phytochemistry，70（9）：1123-1128.

Peebles C A，Hughes E H，Shanks J V，et al. 2009. Transcriptional response of the terpenoid indole alkaloid pathway to the over- expression of ORCA3 along with jasmonic acid elicitation of *Catharanthus roseus* hairy roots over time. Metabolic Engineering，11（2）：76-86.

Pei T，Ma P，Ding K，et al. 2018. Sm JAZ8 acts as a core repressor regulating JA-induced biosynthesis of salvianolic acids and tanshinones in *Salvia miltiorrhiza* hairy roots. J Exp Bot，69：1663-1678.

Peng M，Gao Y，Chen W，at al. 2016. Evolutionarily distinct BAHD *N*-acyltransferases are responsible for natural variation of aromatic amine conjugates in rice. Plant Cell，28（7）：1533-1550.

Peng M，Shahzad R，Gul A，at al. 2017. Differentially evolved glucosyltransferases determine natural variation of rice flavone accumulation and UV-tolerance. Nat Commun，8（1）：1975.

Prakash P，Ghosliya D，Gupta V. 2015. Identification of conserved and novel MicroRNAs in *Catharanthus roseus* by deep sequencing and computational prediction of their potential targets. Gene，554（2）：181-195.

Qi X，Bakht S，Leggett M，et al. 2004. A gene cluster for secondary metabolism in oat：implications for the evolution of metabolic diversity in plants. Proc Natl Acad Sci USA，101（21）：8233-8238.

Qu Y，Easson ML，Froese J，et al. 2015. Completion of the seven-step pathway from tabersonine to the anticancer drug precursor vindoline and its assembly in yeast. Proc Natl AcadSci U S A，112（19）：6224-6229.

Raver D，Herbomel P，Patton E E，et al. 2003. The zebrafish as a model organism to study development of the immune system. Adv Immunol，81：253-330.

Sanodiya B S，Thakur G S，Baghel R K，et al. 2009. *Ganoderma lucidum*：a potent pharmaceutical macro fungus. Curr Pharm Biotechnol，10：717-742.

Shen X，Wu M，Liao B，et al. 2017. Complete chloroplast genome sequence and phylogenetic analysis of the medicinal plant *Artemisia annua*. Molecules，22（8）：1330.

Shi L，Fang X，Li M，et al. 2012. Development of a simple and efficient transformation system for the basidiomycetous medicinal fungus *Ganoderma lucidum*. World Journal of Microbiology and Biotechnology，28（1）：283-291.

Shimamoto K，Kyozuka J. 2002. Rice as a model for comparative genomics of plants. Annu Rev Plant Biol，53：399-419.

Sidorov V A，Kasten D，Pang S Z，et al. 1999. Stable chloroplast transformation in potato：use of green fluorescent protein as a plastid marker. Plant J，19（2）：209-216.

Sierro N，Battey JND，Ouadi S，at al. 2013. Reference genomes and transcriptomes of *Nicotiana sylvestris* and *Nicotiana tomentosiformis*. Genome Biol，

14（6）：60-77.

Sierro N，Battey JND，Ouadi S，at al. 2014. The tobacco genome sequence and its comparison with those of tomato and potato. Nat Commun，5（5）：3833-3841.

Song J Y，Qi J J，Lei H T，et al. 2000. Effect of *Armillaria mellea* elicitor on accumulation of tanshinones in crown gall cultures of *Salvia miltiorrhiza*. Acta Botanica Sinica，42：316-320.

Song J，Zhang Y，Qi J. 1998. Biotechnology of *Salvia miltiorrhiza*. Nat Prod Res Develop，11：86-89.

Stark J R，Cardon Z G，Peredo E L. 2020. Extraction of high-quality, high-molecular-weight DNA depends heavily on cell homogenization methods in green microalgae. Appl Plant Sci，8（3）：e11333.

St-Pierre B，Vazquez-Flota F A，De Luca V. 1999. Multicellular compartmentation of *Catharanthus roseus* alkaloid biosynthesis predicts intercellular translocation of a pathway intermediate. Plant Cell，11：887-900.

Sun L，Cai H，Xu W，et al. 2001. Efficient transformation of the medicinal mushroom *Ganoderma lucidum*. Plant Mol Biol Rep，19（4）：383-384.

Sun M，Shi M，Wang Y，et al. 2019. The biosynthesis of phenolic acids is positively regulated by the JA-responsive transcription factor ERF115 in *Salvia miltiorrhiza*. J Exp Bot，70：243-254.

Suryamohan K，Krishnankutty S P，Guillory J，et al. 2020. The Indian cobra reference genome and transcriptome enables comprehensive identification of venom toxins. Nat Genet，52（1）：106-117.

Tissier A. 2012. *Glandular trichomes*：what comes after expressed sequence tags. Plant J，70（1）：51-68.

Toriyama K，Arimotoa Y，Uchimiyaa H，et al. 1988. Transgenicrice plants after direct gene transfer into protoplasts. Nat Biotechnol，6：1072-1074.

Van Der Fits L，Memelink J. 2000. ORCA3, a jasmonate-responsive transcriptional regulator of plant primary and secondary metabolism. Science，289（5477）：295-297.

Van Der Fits L，Zhang H，Menke F L，et al. 2000. A *Cathananthus roseus* BPF-1 homologue interacts with an elicitor-responsive region of the secondary metabolite biosynthetic gene Str and is induced by elicitor via a JA-independent signal transduction pathway. Plant Mol Biol. 44（5）：675-685.

Van Moerkercke A，Fabris M，Pollier J，et al. 2013. CathaCyc, a metabolic pathway database built from *Catharanthus roseus* RNA-Seq data. Plant Cell Physiol. 54（5）：673-685.

Van Moerkercke A，Steensma P，Gariboldi I，et al. 2016. The basic helix-loop-helix transcription factor BIS2 is essential for monoterpenoid indole alkaloid production in the medicinal plant *Catharanthus roseus*. Plant J，88（1）：3-12.

Van Moerkercke A，Steensma P，Schweizer F，et al. 2015. The bHLH transcription factor BIS1 controls the iridoid branch of the monoterpenoid indole alkaloid pathway in *Catharanthus roseus*. Proc Natl Acad Sci U S A，112（26）：8130-8135.

Van Verk M C，Pappaioannou D，Neeleman L，et al. 2008. A Novel WRKY transcription factor is required for induction of PR-la gene expression by salicylic acid and bacterial elicitors. Plant Physiol，146（4）：1983-1995.

Wang N，Long T，Yao W，at al. 2013. Mutant resources for the functional analysis ofthe rice genome. Mol Plant，6（3）：596-604.

Wang Q H，Chen A H，Zhang B L. 2009. *Salvia miltiorrhiza*：a traditional Chinese medicine research model organism. Acta Chin MedPharm，37：1-3.

Wesley S V，Helliwell C A，Smith N A，et al. 2001. Construct design for efficient, effective and high-throughput gene silencing in plants. Plant J，27：581-590.

Williams R B，Henrikson J C，Hoover A R，et al. 2008. Epigenetic remodeling of the fungal secondary metabolome. Org Biomol Chem，6（11）：1895-1897.

Wu S J，Shi M，Wu J Y. 2009. Cloning and characterization of the 1-deoxy-D-xylulose 5-phosphate reductoisomerase gene for diterpenoid tanshinone biosynthesis in *Salvia miltiorrhiza*（Chinese sage）hairy roots. Biotechnol Appl Biochem，52（1）：89-95.

Wu Y，Zhang Y，Li L，et al. 2018. At PAP1 interacts with and activates Smb HLH51, a positive regulator to phenolic acids biosynthesis in *Salvia miltiorrhiza*. Front Plant Sci，9：1687-1689.

Xiao Y，Hui F，Yan，C. 2020. Chen Integrative omic and transgenic analyses reveal the positive effect of ultraviolet-B irradiation on salvianolic acid biosynthesis through up-regulation of SmNAC1. Plant J，104（3）：781-799.

Xiao Y，Zhang L，Gao S，et al. 2011. The c4h, tat, hppr and hppd genes prompted engineering of rosmarinic acid biosynthetic pathway in *Salvia miltiorrhiza* hairy root cultures. PLoS One，6：e29713.

Xing B，Liang L，Liu L，et al. 2018. Overexpression of SmbHLH148 induced biosynthesis of tanshinones as well as phenolic acids in *Salvia miltiorrhiza* hairy roots. Plant Cell Rep，37：1681-1692.

Xing B，Yang D，Yu H，et al. 2018. Overexpression of SmbHLH10 enhances tanshinones biosynthesis in *Salvia miltiorrhiza* hairy roots. Plant Sci，276：229-238.

Xu J W，Xu Y N，Zhong JJ. 2012. Enhancement of ganoderic acid accumulation by overexpression of an N-terminally truncated 3-hydroxy-3-methylglutaryl coenzyme a reductase gene in the basidiomycete *Ganoderma lucidum*. Appl Environ Microbiol，78：7968-7976.

Xu X，Pan S，Cheng S，et al. 2011. Genome sequence and analysis of the tuber crop potato. Nature，475（7355）：189-195.

Xu Z，Song J. 2017. The 2-oxoglutarate-dependent dioxygenase superfamily participates in tanshinone production in *Salvia miltiorrhiza*. J Exp Bot，68（9）：2299-2308.

Yan Q，Hu Z，Wu J. 2006. Influence of biotic and abiotic elicitors on production of tanshinones in *Salvia miltiorrhiza* hairy root culture. Chin Tradit Herb

Drugs，37：262-265.

Yan X M，Zhang L，Wang J，et al. 2009. Molecular characterization and expression of 1-deoxy-d-xylulose 5-phosphate reductoisomerase（DXR）gene from *Salvia miltiorrhiza*. Acta Physiol Plant，31（5）：1015.

Yan Y P，Wang Z Z. 2007. Genetic transformation of the medicinal plant *Salvia miltiorrhiza* by *Agrobacterium tumefaciens*-mediated method. Plant Cell Tiss Organ Cult，88：175-184.

Yang N，Zhou W，Su J，et al. 2017. Overexpression of SmMYC2 increases the production of phenolic acids in *Salvia miltiorrhiza*. Front Plant Sci，8：1804-1815.

Yu J，Hu S，Wang J，et al. 2002. A draft sequence of the rice genome（*Oryza sativa* L. ssp. indica）. Science，296：79-92.

Zhang C，Xing B，Yang D，et al. 2020. SmbHLH3 acts as a transcription repressor for both phenolic acids and tanshinone biosynthesis in *Salvia miltiorrhiza* hairy roots. Phytochemistry，169：112183.

Zhang H，Hedhili S，Montiel G，et al. 2011. The basic helix-loop-helix transcription factor CrMYC2 controls the jasmonate-responsive expression of the ORCA genes that regulate alkaloid biosynthesis in *Catharanthus roseus*. Plant，67（1）：61-71.

Zhang H M，Yang H，Rech E L. 1988. Transgenic rice plantsproduced by electroporation-mediated plasmid uptake intoprotoplasts. Plant Cell Rep，7：379-384.

Zhang J，Chen L L，Xing F，at al. 2016. Extensive sequence divergence between the reference genomes of two elite indica rice varieties Zhenshan 97 and Minghui 63. Proc Natl Acad Sci U S A. 113（35）：E5163-E171.

Zhang J，Zhou L，Zheng X，et al. 2017. Overexpression of Sm MYB9b enhances tanshinone concentration in *Salvia miltiorrhiza* hairy roots. Plant Cell Rep，36：1297-1309.

Zhang L，Cheng Y Y，Qi X Q，et al. 2009. Agrobacterium rhizogenes-mediated transformation of *Salvia miltiorrhiza* Bunge against the RNAi vectors of geranylgeranyl pyrophosphate synthase 1 gene. Lett Biotechnol，20：786-788.

Zhang S，Ma P，Yang D，et al. 2013. Cloning and characterization of a putative R2R3 MYB transcriptional repressor of the rosmarinic acid biosynthetic pathway from *Salvia miltiorrhiza*. PLoS One，8：e73259.

Zhang W，Wu R. 1988. Efficient regeneration of transgenic plants from rice protoplasts and correctly regulated expression of the foreign gene in the plants. Theor ApplGenet，76：835-840.

Zhang Y，Ji A，Xu Z，et al. 2019. The AP2/ERF transcription factor SmERF128 positively regulates diterpenoid biosynthesis in *Salvia miltiorrhiza*. Plant Mol Biol，100：83-93.

Zhang Y，Song J，Qi J，et al. 1997. The plant regeneration of *Salvia miltiorrhiza* Bge. transformed by *Agrobacterium*. China J Chin Materia Med，22：274-276.

Zhang Y，Yan Y，Wang Z. 2010. The Arabidopsis PAP1 transcription factor plays an important role in the enrichment of phenolic acids in *Salvia miltiorrhiza*. J Agric Food Chem 58：12168-12175.

Zhou W，Yao J，Qian Z，et al. 2007. To optimize the inducement condition of root hairs of *Salvia miltiorrhiza* Bunge. J Shanghai Normal Univ（Nat Sciences），36：93-98.

Zhou Y，Sun W，Chen J，et al. 2016. Sm MYC2a and Sm MYC2b played similar but irreplaceable roles in regulating the biosynthesis of tanshinones and phenolic acids in *Salvia miltiorrhiza*. Sci Rep，6：22852-22863.

第9章 药用植物分子育种

在野生资源还较为丰富的时期，人们可以从野生环境直接获取丰富的药用植物资源，因此人们对药用植物驯化栽培及新品种培育的意识相对缺乏。随着人口的爆发，一方面对药用植物的需求量在增加，另一方面野生药材的生长环境遭到严重破坏，野生资源锐减，因此需要通过人工栽培来提高药用植物的供给。但人工栽培后的药用植物在生存环境和遗传上都发生了变化。比如，精细的水肥养护和农药使用，使药用植物的生长速率加快，次生代谢物的积累减少。药用植物的遗传多样性随着野生到人工栽培经历了强烈的瓶颈效应。在分子生物学时代，科学家有可能通过分子育种弥补大规模野生变为人工种植带来的药用植物品质下降问题，在高产的同时获得高品质的药用植物满足人类的需求。本章将为读者分析药用植物育种的特征和分子育种方法，以期探索药用植物分子育种的发展。

9.1 药用植物分子遗传育种特征

植物育种的本质是通过对植物的改造增加对人类的利益，不同药用植物，遗传模式、种质资源以及育种目标各异，因此选择的育种方式也不尽相同。

人类在生产、生活以及和疾病的斗争过程中，对药物的认识和需求不断提高，药用植物逐渐从野生植物采挖转为人工栽培。在长期的生产实践中，人们对于药用植物的分类、种质鉴定、驯化栽培、选育与繁殖，以及加工贮藏等方面积累了丰富的经验，为近代药用植物栽培与应用奠定了良好基础。在育种方面，水稻、玉米、小麦、大豆、高粱等主粮作物以及黄瓜、番茄、西瓜等园艺作物的育种工作开展的较早，其育种体系也相对完善。因此，目前的植物遗传育种技术体系主要以农作物为基础发展起来，药用植物育种发展相对落后。而且相比农作物，药用植物的育种基础材料、育种目标和必须遵循的法律规范与农作物育种有共同之处，也存在一些明显的区别，这决定了实现药用植物分子育种不能完全照搬农作物的育种模式，需要探索更多的适用于药用植物的育种方法。

9.1.1 药用植物的遗传特征及育种目标

目前遗传育种工作主要在农作物中开展，相关的植物育种技术体系也是以农作物为基础发展起来的。然而药用植物是以关键药效成分次生代谢物积累为主要的品质指标，与农作物的育种基础材料、育种目标和必须遵循的法律规范都有明显的区别。这决定了药用植物实现分子育种不能完全照搬农作物育种的模式，还需要探索更多适合药用植物自身特点的育种手段。比较药用植物与农作物的育种基本特征，有利于探索药用植物育种模式。与农作物相比，药用植物的育种特征如下（表9-1）。

表 9-1　药用植物与农作物育种特征比较

	农作物	药用植物
驯化程度	高	低
栽培经验	丰富	少
育种材料遗传背景	纯合度高	杂合度高
生长、发育、生殖研究	多	少
法规规范	《种子法》	《种子法》《中国药典》
基因功能研究平台	完善	薄弱
分子育种应用	基因功能研究平台较好，有较多的应用	基因功能研究平台较弱，应用少

1. 育种基础薄弱

药用植物的栽培驯化程度相对较低，甚至有些药用植物还未实现规模化人工栽培，更没有经过人工驯化。农作物率先被人类利用，其中一个重要因素就是它们易于被人工种植，有条件开展大范围的驯化。然而部分药用植物栽培条件苛刻或需求量小，没有人工驯化的条件和动力。如肉苁蓉、细辛等大多数药用植物在近几十年才开始人工栽培，因此大部分药用植物的驯化程度低，栽培不稳定，难以获取稳定的品系。相应地，药用植物的种质资源类型较为单一，主要是野生资源，杂合度高，并且还需要进行大量的性状鉴定和筛选，才有可能进行后续分子育种工作。缺乏农作物育种中广泛利用的种质资源如地方种、自交系，以及突变体库等。尤其是长期自交形成的表型和基因型稳定的自交系，基因纯合度高，在农作物育种中十分重要。杂交是育种工作中的通用技术，在药用植物中人工杂交的推广和应用相对滞后，只有小部分药用植物实现了人工杂交。

2. 基因功能研究平台薄弱

基因功能研究是分子育种的重要理论基础，药用植物的基因功能研究平台薄弱。通过组织培养和植株再生可以实现转基因等多种基因功能研究，是植物遗传研究的基本操作之一，然而相对于药用植物的总物种数来说，大部分药用植物尚未实现组织培养。

当前药用植物的育种模式与农作物的"再驯化"或"从头驯化"类似，需要将驯化程度不高的植物在短时间内培育出理想的性状。农作物在驯化过程中，基因多态性遭遇了严重的瓶颈效应和搭载效应，很多抗性基因丢失，使得现在农作物同质化严重，育种难度增加。近年来，从头驯化的研究越来越多，从头驯化即将未经人工驯化的农作物祖先种经过最少基因的改变重新驯化成人类当前需求的形式，这个过程可以快速的实现育种目标，且尽可能多地保存野生种的优异基因。为满足当代的生产和市场需求，野生性较强的药用植物也需要"从头驯化"这一过程。一般来说药用植物的从头驯化主要是改变三种性状：一是栽培性状，如合理密植，合适的生长周期以符合当地的耕作制度，高效水肥利用率等以利于大面积的人工栽培；二是抗性性状，如耐连作障碍、抗虫抗病等影响药用植物稳定产出的性状；三是有效成分含量性状，如次生代谢物的含量。与农作物的从头驯化相比更难的是，药用植物可用于参考的驯化实例欠缺，只能从其他植物的驯化或基因功能中探索合适的从头驯化的途径。

农作物的育种目标主要是稳定地为人类提供食物，包括淀粉、蛋白质和油脂等生命活动所必需的物质，物种类别集中度高；药用植物的育种目标则是提供安全的有益人类健康的天然产物，如青蒿素、人参皂苷等次生代谢物，物种丰富，且常具有物种特异性。前者在植物中的含量往往较高，也是植物生长所需的物质，后者在植物中的含量往往较低，甚至过高的次生代谢物也会影响植物本身的生长，如长春花碱等。提高有效成分的总量又可以分为提高有效成分的含量和提高植物药用部位的产量两种方式，需要根据具体情况选择合适的途径。农作物育种强调高产和稳产，保障人类基本的能量摄入，而药用植物主要是为了满足特殊人群或特殊生理阶段的需求，其安全性十分重要。比如在新品种申请时，除了需要遵守《植物新品种保护条例》外，药用植物育种还需要充分考虑各国药典对以该物种为基原的饮片中相关化合物成分含量的规定，如《中国药典》2020 年版中规定人参饮片皂苷 Rb1、Rg1 和 Re 的最低含量，则在人参新品种培育过程中，不能为了其他育种目标如人参抗连作障碍而牺牲药典规定的皂苷含量。因此，药用植物育种比农作物育种更为复杂。不仅需要借鉴农作物育种的技术，更需要考虑每种药用植物自身的特性，科学地制订个性化的育种策略。

9.1.2　药用植物育种方法的发展

当今的植物育种家利用各种手段来加速育种过程，充分利用物种内部的遗传多样性增加植物资源在育种上的可用性。随着近现代遗传学及育种方法的发展，植物育种逐渐从经验走向理论化，实现了良好的科学技术支撑。

植物育种先后经历了选择育种（selective breeding），杂交育种（cross-breeding），倍性育种（ploidy breeding），诱变育种（mutation breeding），通过组织培养的无性繁殖（vegetative propagation）等常规育种阶段和基因工程育种（genetic engineering breeding），分子标记辅助育种（molecular marker assisted breeding），分子设计育种（molecular design breeding）等分子育种阶段。由于药用植物种类繁多，生物学特性各异，常规育种方式和分子育种方式在实践中都有广泛应用，其中常规育种方式目前还是药用植物最为主要的育种方式。分子育种具有一定的限制性，对前期相关基础研究的积累要求较高，然而也具有明显的优势，是今后的发展方向。选择育种是早期人类育种的主要方式，如药食两用植物火麻仁（大麻）在数千年前就被人类利用，而随着人类的迁徙，经历了数千年反复的人工选择和野化，最终形成了符合人类不同需求的工业大麻和医用大麻两种用途的大麻类型。通过杂交利用杂种优势或者基因重组是近代育种的主要方式，几乎所有的现代植物育种都在某种程度上利用了杂交技术。孟德尔利用两个豌豆品种进行杂交，通过一系列的试验在 1865 年发现了控制遗传的基本规律。孟德尔超越时代的发现在 1900 年重新被发现，之后植物育种才有意识地应用遗传学的法则进行杂交选育。自然和人工多倍体以及诱变育种加速了新遗传资源的创制，为植物育种提供了更多的可能性。秋水仙素被证明在诱导染色体加倍和多倍体化中的有效性，使植物育种家能够把两个或更多个物种的整套染色体合并以便获得新的农作物。无性繁殖可以完整的保存已有品种的所有优势，从成熟组织分离的活细胞，其中的全部基因可以被诱导，按照正确的顺序发生作用，形成一个完整的生物体 [称为全能性（totipotency）] 实现无性繁殖。另外从单个细胞再生成完整的植株也是遗传变异的一个重要新来源。这种遗传变异可用于改善植物性状。体细胞无性系变异也已经被植物育种家利用（包括用于多年生植物新变异体的引入，形成遗传变异的新来源），被认为是一个潜在的工具。

植物分子育种技术主要包括分子标记辅助育种、基因工程育种和分子设计育种等。其中，分子标记辅助育种是利用分子标记与控制目的性状的基因紧密连锁的特点，通过检测分子标记来快速、准确、高效的检测目的基因是否存在，达到快速选择具有目标性状的药用植物的育种方式，是药用植物目前应用广泛的分子育种方式。基因工程育种是通过基因工程技术将外来或人工合成的 DNA 或 RNA 分子导入受体材料，使后代获得某些特性的育种方法，该方法是随着药用植物遗传转化体系的建立而发展起来的育种方式。但是由于药用植物遗传转化的技术困难及转基因植物的政策管控，目前基因工程主要被用于药用植物相关的理论研究。分子设计育种是通过各种技术的集成与整合，在田间试验之前利用计算机对育种过程中的遗传因素和环境因素对生长发育的影响进行模拟、筛选和优化，提出最佳的符合育种目标的基因型组合以及亲本选配策略，以提高育种过程中的预见性和效率的技术。该技术是基于基因组数据的前沿分子育种技术，可实现定向高效的精准育种，已经在水稻、大豆等农作物种中应用。随着药用植物多组学技术的发展，分子设计育种技术也将成为药用植物分子育种的发展方向。

9.1.3　药用植物育种的分子遗传基础

植物育种是通过选择、改变植物的表型（phenotype）和/或基因型（genotype），使植物最终表现出人类期待的性状，如农作物的高产稳产，药用植物有效成分的高含量等，其基础是稳定可遗传的变异。DNA是几乎所有生物的遗传物质，相关基因、基因型或基因型频率的变异是控制表型的基础，也是实现育种工作的遗传基础。育种工作的基本原则是选择或创造合适的变异并能使其稳定地遗传。稳定的遗传是生物生存繁衍的基本保障，变异的产生则是进化的动力之一，是自然选择或人工选择的物质基础。染色体的交换以及突变是自然变异的最主要方式，现代分子生物学手段能够通过人工诱变、基因工程、体细胞杂交等技术创造出更多的人工变异供育种选择。

植物基因型体现在表型性状主要可分为两种类型：质量性状及数量性状。质量性状在遗传上由一个或者少数主效基因控制，其中每个基因对表型具有相对大的效应，对环境影响相对不敏感。一个质量性状相关的典型分离群体的F_2代性状分布多表现为多峰分布，群体中的每个个体可以被清楚地分类到对应于不同基因型的类别里，可以利用孟德尔方法进行研究。数量性状在遗传上是由多基因控制，其中每个基因对表现型具有相对小的效应，且易受环境因素影响（Buckler et al.，2009）。相关数量性状的F_2代群体中其性状分布通常呈现正态或者钟形分布特征，个体不能被区分为不同基因型相关的表型类别，因此不能辨别个别基因的效应。数量遗传学把所有这些基因作为一个整体来进行研究，并且研究在一个群体中观察到的由遗传因素和环境因素的联合效应导致的总变异。然而需要注意的是，数量变异并不仅仅归因于结构基因中的微效等位基因的变异，因为调控基因无疑也对这种变异起作用。

性状对选择的响应取决于对群体中基因型之间的表型变异起作用的遗传因素和非遗传因素的相对重要性，这个概念称为遗传率（heritability）。性状的遗传率影响到群体改良、近交和选择方法的选用。高的遗传率通常使得对单个植株的选择效率更高。

9.2　分子标记辅助育种

分子标记辅助育种是目前应用最广泛的分子育种方式，其核心是开发与育种目标性状紧密连锁的分子标记。分子标记辅助育种是在传统选育的基础上发展起来的，相比而言，传统选育只在表型上进行选择而忽视了基因型的变化，而分子标记辅助育种则同时关注导致表型变化的基因型的变化。传统选育过程中往往因性状优良基因型在后代中发生性状分离，要通过大量的筛选才能获得优异的品系。分子辅助育种能够突破这一限制，降低材料筛选的工作量，提高筛选效率快速获得遗传稳定的品系。分子辅助育种的难点是获得与目标性状相关的基因或基因座，而药用植物的功能基因研究相对较少，这也是制约药用植物分子标记辅助育种的重要因素。高通量测序技术的快速发展降低了分子标记开发的难度和成本。当与目标性状相关的基因已知时，利用基因组信息能够快速的获得相应的分子标记。

9.2.1　分子标记与遗传图谱

在传统植物育种中，遗传变异通常通过表型选择进行鉴定。然而，随着分子生物学的发展，遗传变异可以通过基于DNA的变化及其对表型影响从分子水平上进行鉴定。理想的遗传标记符合下列条件：①遗传多态性高。②共显性（可以区分纯合子和杂合子）。③明确区分等位基因（比较容易地鉴定不同的等位基因）。④全基因组均匀分布。⑤中性选择（没有基因多效性效应）。⑥容易检测（以便检测自动化）。⑦标记开发和基因型鉴定的成本低。⑧可重复性高。

与遗传变异或多态性有关的遗传特征的顺序和相对距离可以由遗传图谱（genetic map）获得。用分子标记构建的遗传图谱也可以用来定位作为遗传标记的主基因。通过高通量测序技术和组装获得的物理图谱（physical map）是用来精细定位遗传标记和目标基因的重要参考。

经典的遗传连锁图谱的绘制原理主要包括：分子标记的选择和基因型分析系统；基于种质库中亲本的选择具有高多态性的标记位点；构建遗传群体或扩增标记数量衍生系，构建精细定位群体；用分子标记对遗传群体中每个株系或个体进行基因型分析；连锁图谱（linkage map）的构建。物理图谱是根据测序技术将 DNA 按照脱氧核糖核苷酸实际的排列顺序绘制的。相互连锁的遗传标记之间重组率用遗传距离（genetic distance）的单位厘摩（centimorgan，cM）来定义。如果两个标记在 100 个后代中有 1 个分离，那么这两个标记的遗传距离是 1cM。然而，在不同的物种中，相同的遗传距离并不总是对应同样的 DNA 量或相同的物理距离（physical distance）。在基因组中，有些区域重组频繁，被称为重组热点，在重组热点区每厘摩只有很少的 DNA 数量，可以低至 200kb/cM。而在基因组的另一些区域，重组可能受到抑制，1cM 代表更多的 DNA 数量，在一些区域物理图距 / 遗传距离之比可高达 1500kb/cM。

9.2.2　标记辅助的基因渐渗

基因渐渗（gene introgression）是将一个目标基因（或位点）导入到一个有生产价值的受体品系或品种中的遗传过程，它可以采用回交和杂交来实现。通过利用 DNA 标记来识别重组体，渐渗的染色体片段可以被"修剪"到最低限度的大小，减少由与目标性状紧密连锁的、不合需要的等位基因引起的对轮回基因型的破坏程度。同时，可以在基因组范围内对遗传背景进行选择以便使供体基因组含量（donor genome content）减到最小。

基因渐渗的标记辅助选择包括前景选择和背景选择，前景选择可以用于从一个遗传背景到另一个遗传背景的基因渐渗，也可以用于将来自多个供体的多个基因 / 等位基因聚合到一个基因型中。对于一个特定的目标基因或等位基因，前景选择可能涉及一个到若干个标记。最简单的方法是使用多个紧密连锁的标记（在目标基因座的任一侧）。比较复杂的方法是利用目标基因座的多标记和覆盖整个基因组的其他标记将前景选择与背景选择结合起来，这被称为全基因组选择（whole genome selection）。目前生产上最常使用的方法是使用一个三联体：标记 - 目标 - 标记。识别特定基因型需要的群体大小以及与前景选择有关的成本和效率与表型选择相比变化显著，这种变化取决于标记与目标的连锁程度。例如，当标记是从目标基因中开发的时，带有一个标记和一个目标基因座的二基因座模型可以被简化为对单个基于基因的标记的选择。对目标区域的前景选择可以通过单标记、侧翼标记和多个标记进行。一般来说，标记越少，准确性越差。

背景选择是针对全基因组的。在一个分离群体中，每个个体染色体代表其两个亲本染色体随机的组合。因此需对整个基因组进行分子标记覆盖以便于理解每个染色体的亲本组合，进行全基因组选择。对于一个单独的植株，当所有标记基因座上的基因型已知时，我们可以跨越全基因组推断每个标记等位基因的亲本来源，从而可以推断每个染色体的亲本组合图示基因型，因此全基因组上的非目标基因的基因型以及基因型组合也能获得。

9.2.3　标记辅助的基因聚合

为了创造一个优良的基因型，育种家必须将很多优良的基因集合在一起，对于一个特定的性状，将来自不同基因座的具有相似效应的等位基因集合在一起，或将多个优良性状的基因聚集到一个材料上，这个过程被称作基因聚合。通过基因聚合可将不同的 QTL 等位基因重新组合，可以选择联合了相似效应的等位基因的真正育种品系。相关的技术包括有效地识别具有有利等位基因组合的个体、将不同的等位基因聚集到一个共同的品种产生新的基因型以及确定不同基因座上的等位基因的联合效应。

如果所有基因不能在单个选择步骤中被固定，则必须用具有不完全的、但是互补的集合多基因座纯合的个体进行杂交。但是这种策略限于少数目标基因座。为了通过对标记的选择在单个基因型中积累更多的目标基因座，Hospital 等（2000）提出了一个基于标记的轮回选择（marker-based recurrent selection）方法，即在随机交配群体中利用 QTL 互补的策略。他们利用模拟对这个方法进行了评价，模拟群体有200 个个体、50 个检测的 QTL，他们发现当标记正好在 QTL 上时有利等位基因的频率在 10 个世代中上升到 100%，但是当标记 QTL 距离为 5cM 时只上升到 92%。在后一种情况中效率降低的原因是标记和QTL 之间的重组，在育种方案的过程中有可能"丢失"QTL。由于减数分裂的累积，随着育种方案持续时间的增加这个影响变得更加严重。因此，要尽可能迅速地累积和固定目标基因。Hospital 等（2000）认为在费用不变的条件下选择的个体之间成对杂交方式是减少育种时间的最有效方法。

9.2.4　标记辅助的数量性状选择

数量性状遗传最显著的特征是表型受多基因控制，从而基因型和表现型之间不是简单的一一对应关系。一些产量及品质性状往往表现为数量性状，因而常规的以表型选择为基础的植物育种其效率普遍较低。就原理而论，分子标记辅助选择育种中为质量性状开发的方法也适用于数量性状。然而，当涉及数量性状时应该考虑到更多的因素。迄今为止 QTL 作图提供的结果是有限的，并非性状的所有关联 QTL 都可能被准确地定位。因此，对任何特定的性状进行综合选择是非常困难的。同时选择多个 QTL 也是一个复杂的问题。此外，上位效应也会影响标记辅助选择的效率，从而影响其最终产物。数量性状之间往往存在一定的遗传相关，因此对一个性状的选择也可能改变其他相关的性状。因此，将分子标记辅助育种应用到数量性状要相对困难。多个性状的选择指标可以多样化，如根据表型值选择或根据标记得分进行选择，也可根据构建表型与标记或基因型的关系指数进行选择。

9.2.5　四阶式分子育种

四阶式分子育种是陈士林团队在育种基础薄弱的药用植物中摸索发展出来的一种分子标记辅助育种方法，其特点是适用于育种基础薄弱，遗传信息和表型信息相对缺乏，品系间差异大的药用植物的育种。四阶式分子标记辅助育种是先通过基因组测序、简化基因组测序等高通量测序技术对被选育植物测序以获取海量的分子标记，然后挖掘目标性状关联的基因，与基因组数据比对后筛选合适的分子标记，再将这些标记应用于辅助大田选择，以获得目标植株（图 9-1）。

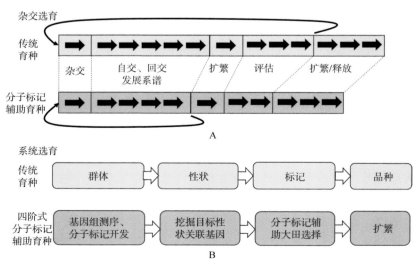

图 9-1　分子标记辅助育种和传统育种在杂交选育和系统选育中的比较

测序技术的发展为育种带来了新思路，四阶式分子育种充分发挥了高通量测序技术的优势。通常，四阶式分子育种首先通过基因组测序或简化基因组测序获得高密度分子标记，接着挖掘与目标性状关联的基因或分子标记，再将这些标记应用于系统选育，辅助田间选择获得目标株系，最后扩繁目标株系，获得育成品种。四阶式分子育种的本质是将分子标记辅助育种的技术融合到系统选育中，达到快速育种的目的。

9.3　基因工程育种

基因工程育种的技术手段、应用范围、法规风险以及大众接受程度等都时刻发生着变化。转基因和遗传修饰育种技术包括的范围和定义仍然存在一定的争议。传统的转基因育种指的是将一段外源 DNA 连接在特定的载体上导入受体物种。这段外源 DNA 往往是一段具有某方面功能的基因，如提高棉花抗虫能力的 *BT* 基因。通过转基因技术可以调控基因的表达水平，如过表达技术使目标基因表达数量成倍，甚至上千倍水平的提高，提高代谢合成途径上酶基因的表达，尤其是限速酶的表达，可以提高药用植物次生代谢合成能力。而 RNA 干扰技术则是通过降低基因的 RNA 转录水平实现对目标性状调控的。近年来新兴的 CRISPR 基因编辑技术也需要先将外源 DNA 导入受体植物，完成基因编辑后可通过杂交或自交将外源 DNA 分离，最终获得不含有外源 DNA 的遗传修饰植物，因这一特点，该技术受到的认可程度较好。2020 年，两位科学家艾曼纽·夏蓬迪埃和珍妮佛·杜娜因发现了这一技术而获得诺贝尔化学奖。

基因工程育种的关键限制因素有两点：一是获取控制育种目标性状的外源基因，并验证在受体物种中能够行使功能；二是将外源基因导入受体植物具有全能性的细胞，从而可获得完整的转基因植株。与诱变育种相比，转基因和遗传修饰育种能够精确地对目标基因进行调控从而获取理想表型，减少育种过程中的盲目性。更重要的是，转基因育种可以打破物种界限，将不同物种来源的，甚至是人造 DNA 片段导入目标植株，从而定向获得理想表型。具体的技术手段详细介绍参考第 6 章相关内容。

9.3.1　外源基因的整合、表达和定位

一旦获得转基因植株、产生出种子，就需要对后代植株进行转基因的整合、表达和定位情况的鉴定。作为转基因产品商业化释放监管过程的一部分，必须充分鉴定转基因整合事件的特征特性，外源基因必须是可预知并稳定表达的。该技术之一涉及核基质附着区（matrix attachment region，MAR）序列的应用。MAR 是与蛋白纤维网络特异绑定的 DNA 序列，散布在核基质中。这些 MAR 基质的相互作用使核染色质形成一系列独立的环状结构。研究表明，当 MAR 位于外源基因的 5′ 端和 3′ 端时，能促进外源基因的表达。在转基因植物中不确定的基因组位点常含有复杂的整合结构，有可能引起外源基因表达变异。研究证实，外源基因精确地整合在预定基因组位点可降低外源基因的表达变异。应用特异性重组酶系统可实现外源基因在基因组内的定点整合。同源重组方式的整合有助于建立一种简单整合模式，使外源基因插入到已知的稳定的基因组位点。

通常认为带有复杂整合模式的转基因株系不可取。利用农杆菌及其他目标重组 / 整合系统作为载体，已实现部分药用植物的遗传转化。农杆菌介导的 DNA 转化整合过程明确，通常产生低拷贝的明确 T-DNA 整合，且目的基因通常能够插入到转录活跃位点。基因定位可以将外源基因序列插入在预定位置，从而克服转基因表达中所谓的位置效应。转座子也能驱动重组目标插入到特异位点。遗传转化技术可用于分析报告基因表达元件的特征特性，用于外源基因表达可改良内源性代谢活动，引进外源基因赋予新的表型特征，使用反义或共同抑制技术使基因失活，以及利用基因互补鉴定基因功能。在药用植物转化中组

成型和非组成型启动子元件特征已得到深入的研究，但也有其他非启动子元件用于调节和控制转基因植物的基因表达包括终止子、转录稳定性、转录后修饰、翻译效率和蛋白质定位。目前在药用植物转化使用的外源基因结构相对简单，通常包括如下结构：①启动子，通常是植物细菌或病毒来源（如 35S 启动子）。②编码序列，可能已被改良以达到转基因药用植物的最佳表达，如翻译起始位点改造、亚细胞定位信息、糖基化位点改造和密码子优化等。③转录终止序列。

9.3.2　转基因的叠加

植物多数性状在本质上是多基因性状，因而植物遗传改良需要涉及复杂的代谢操作或多个基因调控。例如，不同性状的外源基因叠加、不同多肽单元组成多聚蛋白质、由多个酶指导的某个代谢途径、一个目的蛋白、一个或多个酶用于特定的翻译后修饰，从而在植株中形成多基因聚合，使之可能成为有用的品种和产品。在一个植物品种中，聚合最佳基因是一个漫长而困难的过程，特别是对传统育种来讲，通过同种或近缘种间的人工杂交聚合不同基因十分困难。分析和剖析复合代谢途径，研究探索新的生物技术整合多基因性状的需求日益增长。

利用单基因载体将多基因介导到植物细胞的方法有多种。培育带有多个新性状的转基因植物的方法包括：①重新转化：由单个基因成功转入植株形成的多基因的叠加。②共转化：组合几个单一外源基因在单一转化事件中转化。③有性杂交：带有不同基因的转基因植株之间进行有性杂交。④重组酶介导的转基因叠加：利用来自微生物的重组酶，将新的转基因叠加到已存在的转基因位点上，在植物体中实现转基因的定点整合。⑤ CRISPR 介导的转基因叠加：利用 CRISPR 系统，将新的转基因定点插入到基因组中的目标位点，可以是已有转基因位点，也可以是新的转基因位点。

9.3.3　基因编辑技术

基因编辑技术有望在药用植物育种中发挥巨大作用。杂交和选育只能是对已有的资源进行组合，不能创制出新的基因，人工诱导突变能够创制出新的基因，但是由于创造突变位置是随机的，非目标性状也经常被搭载改变，需要更多的回交等操作，该技术也因此受到了一定的限制。近年来快速发展的基因编辑技术克服了这些缺点，能够定向地产生新的突变，创造出新的基因和表型。经过不断的发展，基因编辑技术在改造基因功能上的形式越来越多，如图 9-2 所示，基因编辑技术可以在基因的特定位置随机产生小的插入/缺失，在蛋白质翻译过程中产生移码，不能正确形成蛋白质（图 9-2A）；在特定位置进行碱基替换，从而改变功能蛋白的特定氨基酸，产生更高效的酶（图 9-2B）；在启动子区域进行编辑，可以改变该基因的表达模式，从而影响表型变化（图 9-2C）；删除特定区段的 DNA 序列，可以是单个基因，甚至是整条染色体（图 9-2D）；或是在特定位点敲入一段外源片段，实现全新的功能（图 9-2E）。这些不同的编辑模式在药用植物的育种中都有着巨大的应用潜力。

提高药用植物的有效成分含量是药用植物分子育种的主要目标之一，越来越多的药用植物有效成分的代谢途径被解析，这为基因编辑育种提供了理论基础。如图 9-2F 所示，很多结构相近的化合物具有相同的前体，经过不同途径产生不同次生代谢物。人类育种的目标是提高对人类健康有益的次生代谢物的含量，因此，减少合成途径的中间产物向其他代谢途径流失，也能在一定程度提高目标代谢物的含量。

很多药用植物在具有药用价值的同时，还产生一些毒性物质或法律禁用物质，如细辛具有祛风散寒的作用，但是细辛中的马兜铃酸对肾脏有一定的毒性，大麻中的大麻素类化合物具有很高的药用潜力，然而其中的四氢大麻酚（THC）类成分具有一定的成瘾性对神经系统有很强的危害，是被严格管控的物

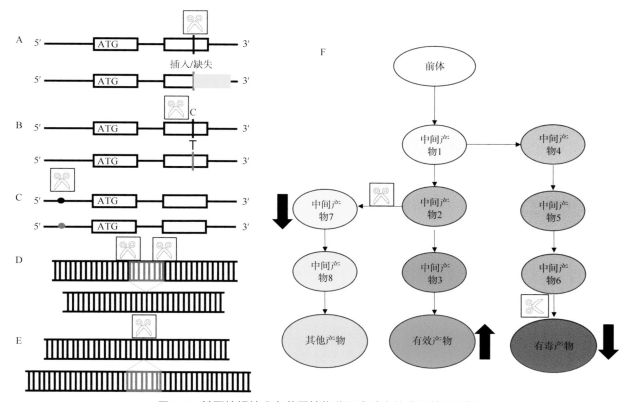

图 9-2　基因编辑技术在药用植物分子育种中的应用前景展望

A. 插入 / 缺失型突变；B. 碱基替换；C. 启动子变异；D. 基因敲除；E. 基因插入；F. 通过基因编辑改造代谢途径；剪刀代表编辑的位置

质，因此减少甚至消除这些药用植物中的有害物质，是实现其无毒化的策略之一。如图 9-2F 所示，对于代谢途径被解析了的有毒物来说，利用基因编辑技术阻断代谢途径上的关键酶的正确表达，能够目标专一地减少或消除有毒物的产生。阻断马兜铃酸合成能直接降低细辛的毒性，阻断四氢大麻酚合成的植株被用来制作毒品的机会大大降低，可以更广泛地被种植和使用。

9.3.4　转基因药用植物的商业化

转基因育种为迅速解决药用植物种植过程中所面临的生物和非生物制约因素提供了可能。这些制约因素主要包括病虫害和非生物逆境如干旱、洪涝等，仅由常规的植物育种方法难以解决。转基因育种的第二个优势是可在保持受体栽培品种原有性状的条件下，快速增加某些具有经济价值的新性状。例如，选择具有适应当地生态条件、产量高等优良性状的品种，进行遗传改良提高产品质量或增加微量元素含量等。种植具有优良性状的转基因植物，可以部分解决经济落后地区的经济与环境问题。

转基因植物通过了这些测试后，可能不会直接应用于生产，而是先与优良的品种进行杂交。这是因为并非所有的供试品种都可以有效地用于组织培养、遗传转化和植株再生，且同时满足生产者和消费者的需求。将转基因植株与优良品种进行杂交，最初需要与改良亲本进行几个循环的反复回交，其目标是将外源基因导入优良亲本并尽可能少地改变原有亲本的基因组，从而维持其优良性状的稳定性。

转基因药用植物培育过程中，还需要考虑生物安全和法规等问题。生物安全问题主要指的是转基因植物是否有传播到环境中的可能以及对环境是否有危害，法规问题主要指法律是否允许种植以及直接使用药用植物。目前我国尚未开放转基因药用植物的规模化种植，因此转基因育种目前还在理论研究阶段。

9.4 分子设计育种

分子设计育种是通过各种技术的集成与整合，在田间试验之前利用计算机对育种过程中的遗传因素和环境因素对生长发育的影响进行模拟、筛选和优化，提出符合育种目标的最佳的基因型组合以及亲本选配策略，以提高育种过程中的预见性和育种效率的育种技术。分子设计育种需要海量的数据积累和精确的预测模型，包括基因间的互作、遗传与环境的互作等。利用分子技术可以产生大量的数据，在这些海量数据中提取有用的信息需要整合不同来源的数据，以及以有效和高效的方法分析和直观化数据的能力。近年来大学、研究所以及相关企业进行了广泛的基因组、转录组和代谢组研究，产生了大量的多组学数据。目前这些数据的研究整合虽然还主要处于基础研究阶段，但随着生物信息学工具的不断开发，它们必将显著地集中到应用领域如植物育种的研究中，促进真正的分子设计育种的开展。

生物信息学可以看作是若干学科的综合，包括生物学、生物化学、统计学和计算机与信息科学等。它涉及运用计算机技术和统计方法来管理和分析海量的生物学数据。生物信息学为分子生物学家、生物化学家、分子进化论者、统计学家、计算机科学家、信息技术专家和很多其他科学家的合作提供了一个共同的概念性框架。

植物育种界对生物信息学的认识一直有相对滞后。大多数生物信息学数据库缺乏有关表型、性状及其他生物体数据的信息，主要因为生物信息学源自分子生物学和生物化学。当应用于植物育种时，生物信息学数据必须与其他类型的信息结合，包括植物表型以及有关环境（表型在其中被测量）的信息。因此，育种信息学集中于以育种为中心的数据库以及算法和统计工具的开发，以便分析、解释和挖掘这些数据集。

虽然最近许多植物物种的遗传数据和基因组数据在不断的激增，但是这些数据还没有在主流植物育种方法中得到应用。对这一点可能有若干解释。第一，很多植物育种家不清楚植物基因组学中产生的大量原始信息怎样或是能否被用于现实的育种情形。第二，育种需要整合不同来源的信息如系谱、基因型和表型，而这些信息通常保存在不同的数据库中，由不同的科学家小组管理。第三，生物信息学数据的许多公共可用的工具和界面是面向细胞／分子水平的，而大多数育种家是在生物体水平上进行研究和思考的。第四，大部分基因组学研究（因此也是公共可用的数据）一直集中于物种之间基因的比较，而不是植物育种需要的物种内部的基因多样性。因此，需要重新定向工具和信息，以便研究人员能够正确地查询和运用它们。植物生物信息学成功的一个关键要素将会是整合有关信息并利用支持决策功能的工具来查看和分析它的能力。随着信息量的持续增加，对这种工具的需求也在不断增长。生物信息学数据一般包括cDNA和基因组序列数据，突变体的遗传图谱，DNA标记和图谱，候选基因和数量性状基因座（QTL），以染色体断点为基础的物理图谱，基因表达数据，以及大的DNA插入信息等。目前已经建立了从分子标记到遗传图谱到序列以及到基因的信息流。然而，在基于序列的信息和育种相关的信息（如种质、系谱和表型）之间存在空白，其关联研究相对滞后。因此，育种相关的信息与基因组学数据库的整合对于以基因组学为基础的育种计划是急切需要的。

9.4.1 信息收集与数据库的建立

药用植物育种信息有很多不同的来源，并且以不同的形式被记录，包括药用植物本身的描述、基因型和表型以及对环境的描绘。在人力和计算资源充足的条件下，建议保存所有的历史资料，以便能够为了新的假设对它进行重新分析，以及指导新的研究。数据库系统的构建也应该是灵活的，因为有的研究者需要较少的数据，而也有研究者需要所有的数据。一般来说，数据应该包括种质信息（种质基本资料、系谱和系谱学、遗传材料等）、基因型信息（DNA标记、序列、表达信息等）、表型信息以及环境信息。

可靠的数据收集技术将保证信息以一种与其他现存的信息不矛盾的方式被系统地收集，并且应该考虑下列事项：在数据收集中要使用的对照、抽样方法样本容量、试验地点、重复以及以前使用过的数据收集技术。数据收集过程中的偏差可能来自有缺陷的仪器、有偏的观察、抽样误差等。通过核对有关数据以及将收集的信息与期望值、对照和假设进行比较和对比，可以完成对数据收集的质量控制。此外，在数据被输入到数据库之前，一些初步的组织和分析可能是需要的。由于表型鉴定过程受多项因子的影响，包括环境误差和测量误差，对于大多数数量遗传性状来说多次重复通常是必需的。为了验证数据质量和表型鉴定的可靠性，从一个试验内部的多个重复中收集的数据可以对重复之间的相关性进行分析。当试验群体或品种内部存在比较大的遗传变异时，相关系数应该是高的，如对于具有中等遗传率和高遗传率的性状，分别为 0.6 和 0.8 或更高。

1. 种质信息

一个特定的种质登记材料的信息可能包括种质基本资料、系谱和系谱学信息以及在基因型水平或表型水平上的所有其他的测量。对于种质收集（germplasm collection），信息可能包括收集内部的亲缘关系和结构，以及通过群体遗传学分析确定的其他特性。

2. 基因型信息

基因型信息是驱动育种信息发展和新品种培育的根本。基因型得分（genotypic score）是由一个个体的基因型或多个个体的合并 DNA 样品确定的。因此，基因型信息是以内在的 DNA 多态性为基础的，这种多态性可以利用很多不同的技术进行检测。这些基因的效应并不总是加性的，因此上位性（非等位基因之间的相互作用）和基因型 × 环境互作可能是极为重要的，是育种过程中必须考虑的因素。

3. 表型信息

表型的定义和评分在基因组学和药用植物育种中具有重要的作用。表型数据包括各种基因组学和育种计划中收集的全部数据，或者用于基础研究，或者用于产品输出，它描述一个发育的或成熟的个体的可区别的特征、特性、品质或物理特性。例如抗病性、株高、感光性、次生代谢物种类或含量等。表型由基因型在特定环境中的表达引起。这里环境可以被认为是一个非常一般的术语，不仅包括外部的生长条件，而且包括内部条件，如其他互作基因、调节基因、特定器官和生长发育阶段等。其中基因表达数据是表型的一种。

表型的测量对于我们观察遗传的性状和事件十分重要，并帮助我们进行遗传操作。表型也是关键性的，因为它们是基因型的表达，并且揭示基因功能。在这点上，表型是从基础遗传学到生物学的认识这个途径中的一个必不可少的媒介。

传统上，植物育种家产生并收集大量的表型数据。这些数据与育种方法或阶段有关。最系统地收集的与植物育种有关的信息可能是产量试验数据，自从开始进行控制的植物育种计划以来，这种信息已经在很多植物中积累了多年。随着越来越多的育种目标的增加，以及先进的表型测量系统的开发，现在更多的表型性状被测量，如药效物质含量、化学反应、胁迫耐受性等。表型数据库的内容也更加丰富，为分子育种提供了更多有力的支持。

4. 环境信息

环境信息学可以看作是生物多样性和生态信息学与地理信息系统（geographic information system，GIS）及其他环境资料的综合。环境资料包括对植物生长发育起作用的全部环境因素，包括土壤类型和化学成分，土壤中的含水量和营养成分，每日的、每月的和每年的温度、湿度和降水量分布，日照长度，甚至还有风及其他气候因素等。GIS 已经被证明对预测药用植物的生长环境是非常有用的。这种预测是通过收集已知地点的气候资料与所有其他地点的气候资料的数据比较来进行的。

9.4.2 信息整合

随着生物学的深入发展，人们越来越认识到很多生物学功能（即使不是大多数）是由很多组分之间的相互作用或网络引起的，这表明回答生物学的问题需要结合系统思维。因此整合下列类型的分子数据越来越有必要：①结构基因组学，DNA 序列（全基因组）和图谱信息，如遗传图谱、物理图谱和细胞学等。②基因表达，mRNA 谱和单基因谱。③生物化学，途径（代谢途径和信号途径）、代谢产物、蛋白质组学。当考虑育种相关的信息时，整合应该扩展到包括各种各样的表型信息和环境信息。满足一个理想的药用植物改良策略的需要和挑战仍然是通过严格的试验阶段将传统的育种思想和基因组学工具相结合的问题，包括信息整合在内。各种形式的信息之间的逻辑连接将提高所有类型的原始数据的内在价值，并促进生物学的新发现。举例来说，对于一个给定的基因，一个数据库可以水平地连接序列、结构、图谱位置和关联的种质材料，还可以包括与该基因的表达谱有关的元素，它的蛋白结构、范例表现型以及影响基因表达的环境因素。所有这些信息应该与一个给定植物的可用的遗传资源相关。

在数据库的水平上，有三个主要的方法来集成信息，分别为连接整合（link integration）、视图整合（view integration）和数据仓库（data warehousing）。对于连接整合，研究人员利用一个数据源开始他们的查询，然后在其他的数据源中跟踪与相关信息的联系。视图整合是将信息保留在它的源数据库中，但是围绕该数据库构建一个环境，使得它们看来像是一个大系统的一部分。一个数据仓库把所有的数据汇集到单个数据库的"屋檐"下通过标准化的数据收集、共用的词汇和术语，有助于相关数据的交叉数据库查询和并行分析的数据库工具的开发，可以促进信息整合。

9.4.3 信息检索与整合

信息检索（information retrieval）可以包括搜索文档本身和文档内的信息以及描述文档的元数据，或者搜索一个数据库，包括独立的数据库或超文本网络数据库。在本节中，我们将讨论数据检索、文档检索和文本检索，每个信息检索都有它自己的文献主体、理论、实践和技术自动化的信息检索系统被用来减少信息超载（information overload）。很多大学和公共图书馆使用信息检索系统来提供对图书期刊及其他文档的访问。信息检索系统常常是以对象和查询为基础的。对象是在数据库中保留或存储信息的实体。用户查询是与保存在数据库中的对象相匹配的。像 Google、Bing 或百度搜索之类的网络搜索引擎是当前的一些信息检索应用程序。

药用植物分子遗传学研究在后基因组时代的第一个主要目标是要了解每个基因的功能以及各个基因产物如何相互作用并贡献于主要的药用产物的过程。这将成为基因组学的新的挑战，需要将可用的分子方法通过生物信息学集成起来进行系统的应用。现在需要若干工具来解释基因功能，包括随机诱变的传统方法，基因敲除和沉默，以及转录组学、蛋白质组学和代谢组学的高通量的组学学科。挖掘这种基因组信息并将它有效地应用到植物育种中确实是一个重大的挑战。

数据挖掘或数据库中的知识发现，被称为"从数据中提取隐含的、以前未知而潜在有用的信息"。目前生物信息学中的大多数数据挖掘实践通常是建立在以序列为基础的数据集搜索"直系同源"的需求上的。生物信息学在传统上有助于鉴定细胞的分子组分和它们的功能，常常按照与一个生化活性的关系来进行描述。这包括基因发现、基序识别、相似性搜索、多序列比对、蛋白质结构预测、系统发育分析及其他有关的方法。与序列数据库相比，提取与植物育种有关的信息并不是一件容易的事。这像是大海捞针一样。育种相关的数据包括很多互相关联的复杂的数据类型，因此搜寻、检索和分析它们需要复杂的查询。传统的多元统计和判别统计与很多生物学的数据挖掘实践有关。在对完全不同于植物科学家目前可用的、复杂的信息进行系统的或综合的数据挖掘方面还没有取得显著的进展。

药用植物育种家可能想要挖掘下列信息：①从全世界的机构收集的种质信息。②为特定育种计划的目标性状报道的标记性状关联。③通过转化和渐渗来改良重要农艺性状所需要的基因。④用于开发辅助选择育种工具的分子标记和标记相关的信息。这些信息的获取，都将为分子设计育种提供最基础的理论起点，并逐步建立相关工作流程，推动分子育种的进程。

案例 1　高青蒿素含量黄花蒿的分子选育

1. 研究背景

青蒿素是治疗疟疾的主要成分，随着青蒿素及其衍生物新适应证的开发，青蒿素的市场需求量显著增加。加强资源收集整理，加大新品种培育和规范化种植的推广力度，深入研究青蒿素合成机制，实现青蒿素优质原料高效制备是目前迫切需要解决的首要问题。

2. 研究方法

（1）分子标记辅助选择　由于黄花蒿是异花授粉植物，在 F_1 代就可以进行 QTL 分析。作者首先将亲本 C1 与亲本 C4 杂交，获得 F_1（Artemis），通过分子标记与青蒿素含量的表型进行 QTL 分析，获得了相关 QTL，再使用这些分子标记对 F_2 代植株进行筛选，以期获得青蒿素含量显著提升的后代。

（2）基因工程育种　将青蒿素合成通路上的关键酶基因 *HMGR*（3-羟基-3-甲基-戊二酰辅酶 A）、*FPS*（法尼基焦磷酸合酶）以及 *DBR2*（青蒿醛双键还原酶）同时过表达，检测转基因植株的基因表达量以及青蒿素含量，检验是否具有提高青蒿素含量的作用。

3. 研究结果

Graham 等（2010）基于转录组及田间表型数据，通过构建遗传图谱识别影响黄花蒿产量的位点（图 9-3）。黄花蒿植株表型的变异出现在 F_1 代谱系中，遗传变异程度高。研究发现在 F_1 代群体中，14 个表型特征可以影响青蒿素的产量，而且这些表型特征具有中等或较高水平的遗传性（0.41～0.62）。此外，作者发现与青蒿素含量相关的 QTL 分别为 LG1、LG4 及 LG9（位于 C4 亲本），可以用于分子标记辅助育种。

作者检测了高产 F_2 代植株中青蒿素的含量：尽管 F_2 的植株杂合性较低，但其青蒿素含量比 F_1 群体植株的含量高。另外，作者验证了基于田间试验获得与青蒿素含量相关的 QTL 在温室培育的高产植株中高效表达。这些数据证实了 QTL 及其对青蒿素产量的影响（图 9-3），同时也证明了基因型对温室及田间培育的黄花蒿具有极大影响。

Ting 等（2013）对青蒿素高含量和低含量植株中青蒿素合成路径的基因进行比较，发现青蒿素合成路径中 CYP71AV1 的结构在两个不同化学型植株中存在明显差异，青蒿素低含量植株中的 CYP71AV1 的 N 端多了 7 个氨基酸。谭何新等（2015，2017）及唐克轩课题组在黄花蒿中克隆并研究了许多直接或间接参与青蒿素合成或调控青蒿素合成的基因，如青蒿合成路径关键酶基因 *ADS*、*FPS*、*CYP71AV1*、*ALDH1* 等，竞争性支路关键酶基因 *SQS*，以及一些重要调控因子 AaTAR1、AaMYB106、AaORA、AaERF1、AaERF2 等，这些将作为分子育种的靶标，通过对单个或多个基因的操作来培育更优质高产的黄花蒿。

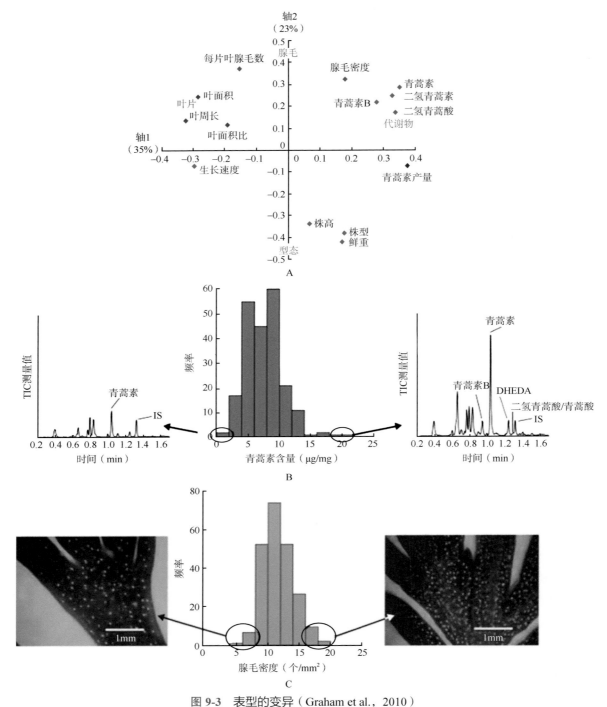

图 9-3　表型的变异（Graham et al., 2010）

A. 与青蒿素产量相关的 14 个性状的主成分分析；B. F₁ 代群体中青蒿素含量的分布；C. F₁ 代群体中腺毛的分布

青蒿素在黄花蒿中的代谢途径相对清晰，从前体异戊烯焦磷酸（isopentenyl pyrophosphate）到法尼基焦磷酸（farnesyl pyrophosphate），随后环化生成中间体紫穗槐 -4，11- 二烯（amorpha-4，11-diene），再到青蒿素直接前体物质青蒿醇（artemisinic alcohol）、青蒿醛（artemisinic aldehyde）、青蒿酸（artemisinic acid）等，最后生成青蒿素。AaMYB2、AabZIP1、AaNAC1、AaWRKY1 等转录因子参与青蒿素合成的调控，在黄花蒿中过表达这些基因能够增加青蒿素的含量；HMGR、FPS、DXR、DBR2、ALDH1、ADS 等多种酶参与这一代谢途径，对这些基因分别过表达也都能够提高青蒿素含量，Shen 等（2018）对催化 3- 羟基 -3-

甲基 - 戊二酰辅酶 A 生成甲羟戊酸的 HMGR，催化异戊烯焦磷酸生成法尼基焦磷酸的 FPS 以及催化青蒿醛生成二氢青蒿酸的 DBR2 在黄花蒿内同时过表达，发现很多转基因植株的相应基因表达量上升，且青蒿素含量也上升，其中最高能将青蒿素含量从 1% 提高到 3.2%（图 9-4）。这表明转基因技术在提高天然产物的含量上有巨大的育种价值。

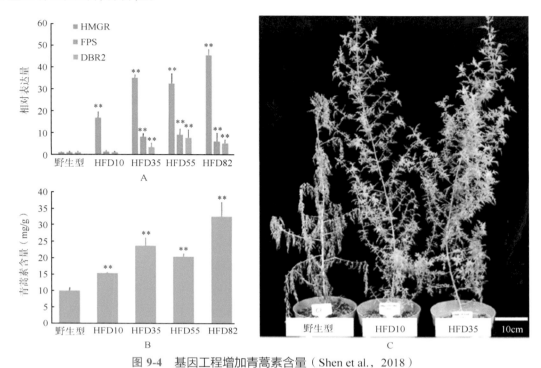

图 9-4　基因工程增加青蒿素含量（Shen et al.，2018）

A.HMGR，FPS 以及 DBR2 的表达量分析；B. 转基因植株以及对照植株的青蒿素含量分析；C. 转基因植株以及对照的株型对比

4. 亮点评述

青蒿素是抗疟疾的最主要药物，从黄花蒿中提取的青蒿素比人工合成成本低。疟疾多发于贫穷地区，降低感染人口用药成本能促进消灭疟疾。提高青蒿素的含量，可以进一步降低疟疾多发地区贫困人群的用药成本。上述研究中不论是从自然群体筛选高青蒿素含量植株，还是精准调控青蒿素合成途径的酶基因，都加速了黄花蒿的育种过程，甚至突破了自然群体中青蒿素含量的上限，具有重要的意义。

案例 2　大麻高大麻二酚（CBD）含量分子育种

1. 研究背景

大麻是大麻科大麻属的单一物种。大麻具有重要的药用价值，药用历史悠久。大麻的种子被称为"火麻仁"，是常用的入药部位，具有润燥、滑肠、通淋、活血的功效，用于肠燥便秘、热淋、消渴、月经不调等。随着对大麻研究的深入以及对其药理作用的挖掘，大麻已经成为一个全球性的研究热点类群。大麻中的主要药用成分为四氢大麻酚（Δ^9-tetrahydrocannabinol，THC），具有多重药理活性，但同时具有致瘾性，使得大麻的种植及使用被严格管控。而大麻二酚（cannabidiol，CBD）是从大麻植物中提取的非精神活性纯天然成分，可以广泛地应用在医疗、美容、保健等多个领域，已成为工业界的新宠。明确药用大麻种质资源的概念和研究策略，是我国大麻资源战略发展的关键一步。中国中医科学院中药研究所陈士林团队提出了非精神活性药用大麻（non-psychoactive medicinal cannabis）的定义和大麻种质资源管理三级分类体系，即医用大麻（THC > 0.3%）、药用大麻（THC < 0.3%，CBD 含量高）和工业大麻（THC < 0.3%，用于获取纤维和种子，CBD 含量低），为药用大麻的开发和利用提供了依据和参考。

大麻是大麻属植物中的一个单一但具有多态性的种，其产生的酚萜化合物（大麻素）有 120 多种，其中四氢大麻酚（THC）是主要的精神活性成分。在活体植物中，大麻素以大麻素酸（THCA、CBGA、CBDA 等）的形式存在。在欧洲，大约有 50 个纤维大麻品种在成熟的干燥花序中含有 < 0.2%（重量）的 THC。可能有数百种非法生长的大麻，其 THC 含量高达 20% ～ 25%。在形态学上，这些不能被非常准确地加以区分。由于 THC 的合成仅限于花和苞片上表面的腺毛，不同部位的 THC 含量因腺毛密度的不同而不同：雌性花序含量最高，其次是叶和茎中含量较低，种子和根没有大麻素。THC 的含量还取决于大麻植株的发育阶段和环境因素，如光照和养分等。植物材料的衰老或长期贮存会引起光和氧对 THC 的部分降解。因此，用于法医学或农艺目的的绝对 THC 含量的评估受所分析的植物组织类型及其发育阶段和保存状态的影响。这些因素并不总是能够对植物的药物滥用潜力得出可靠的结论。

培育高 CBD、低 THC 含量的药用大麻新品种，可通过对这两种大麻素的生物合成途径及代谢过程的研究，确定关键基因以及控制因子，并通过现代分子生物学手段使其沉默或过表达，达到调控 THC 和 CBD 含量的目的。

大麻素的生物合成是一个非常复杂的代谢过程，包括己酸途径、2- 甲基赤藓醇磷酸途径、焦磷酸香叶酯途径和大麻素途径。前 3 个途径生成的产物在异戊烯基转移酶的作用下形成大麻萜酚酸（cannabigerolic acid，CBG），大麻萜酚酸作为大麻素途径的关键底物被 THCA 合成酶和 CBDA 合成酶（由一个共显性基因 B 位点控制）分别催化生成 THCA 和 CBDA，二者脱羧形成 THC 和 CBD。Taura 等（2007，2009）通过转录信息分析获得了 CBDA 合成酶基因，发现 CBDA 合成酶氨基酸序列仅比 THCA 合成酶少 1 个氨基酸，氨基酸序列的相似度为 83.9%，N 端信号肽的相似度为 87%。陈璇等（2018）研究发现 CMK、MDS、HDS、HDR 和 GPP（Lsu）等 5 个基因表达量和大麻素含量呈现显著正相关（相关系数 > 0.9），说明大麻素合成相关酶基因可能通过协同作用来调控大麻素合成与积累。为了探索毒品大麻与工业大麻品种中 THCA 合成酶的差异，Kojoma 等（2006）对 13 个来源不同 THC 含量的不同大麻品种进行了 THCA 合成酶基因多态性分析。结果表明高毒和低毒品种中均存在 THCA 合成酶基因，且根据 THCA 合成酶的基因序列可以清晰地分为高 THC 含量及低 THC 含量两类，两类基因序列在对应的位置上有 62 个碱基的差别和 37 个氨基酸残基的差异。

四氢大麻酚和非精神活性大麻素（CBD）都是来自同一前体大麻素（CBG）的酶产物。与绝对 THC 含量相比，CBD 与 THC 的比值在植物整个生命周期内相当恒定，且相对不受外界因素的影响。普通大麻表达三种离散的化学表型（化学型）：THC 优势型（CBD/THC 值 0.00 ～ 0.05）、CBD 优势型（CBD/THC 值 15 ～ 25）和中间型（CBD/THC 值 0.5 ～ 3）。根据 Staginnus 等（2014）的说法，CBD 与 THC 的比值由具有两个共显性等位基因（B_T 和 B_D）的单个位点（b）决定。纯合子 B_T/B_T 基因型是 THC 的显性表型的基础，而 B_D/B_D 则是 CBD 的显性表型的基础。中间表型由杂合子状态（B_T/B_D）诱导。具有较高绝对 THC 含量的花材料可能携带 B_T 等位基因，无论是杂合还是纯合，而低 THC 纤维品种通常是 B_D/B_D 基因型。

2. 研究方法

Staginnus 等（2014）首先用 THC 主导型的 M265（基因型：B_T/B_T，表型 THC 含量高）分别和 CBD 主导型的 M253、M254（基因型：B_D/B_D，表型 CBD 含量高）杂交，再将获得的两种 F_1 进行正反交，分别获得 130 株和 100 株杂种后代。然后通过高 THC 型大麻开发的序列特异性引物对后代进行筛选，归纳基因型与表型的关系。

3. 研究结果

使用特异引物对 D589 对正反交获得的两个群体进行检测，如图 9-5 所示，当基因型分别是 B_T/B_T、B_T/B_D、B_D/B_D 时、CBD 和 THC 的含量差异明显。因此该引物可以作为 CBD 和 THC 含量差异筛选的分子标记。

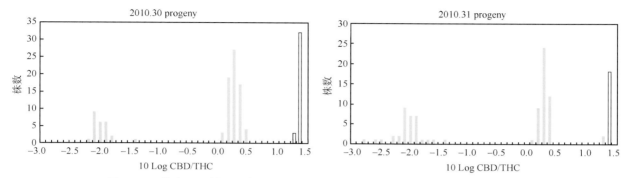

图 9-5　B 位点不同基因型大麻中 CBD/THC 差异巨大（Staginnus et al.，2014）

在两个子代群体中，B_T/B_T、B_T/B_D、B_D/B_D 三种基因型个体的 CBD/THC 分布在三个分离的区域，因此可以用此分子标记筛选 CBD/THC 含量

4. 亮点评述

过去 CBD 的含量不是大麻育种的主要目标，随着 CBD 的生理和药理作用逐渐被认可，培育高 CBD 含量的大麻具有重大经济价值。在 THC 和 CBD 含量都高的材料中，降低 THC 含量是主要育种目标。该研究中的分子标记能够用于辅助筛选出 CBD 高而 THC 含量低的株系，节约时间成本和育种工作量，潜在价值巨大。

案例 3　三七耐连作障碍分子育种

1. 研究背景

三七是五加科人参属植物，其性温、味甘、微苦，具有散瘀止血、消肿定痛的功能，是片仔癀、云南白药、复方三七口服液等常见中药制剂的主要原料之一。三七在心脑血管方面的独特疗效越来越被人们所认可，其需求量逐年增加。为满足日益增长的需求，对三七已经开展了系统的栽培技术研究，形成了较为规范的良好农业规范（GAP）技术体系。然而三七为典型的生态脆弱型阴生植物，其分布区域较窄，连作障碍等问题严重。三七的人工栽培过程中病虫害比较严重，例如根结线虫病害显著抑制了三七块根的生长，抑制率高达 30% 以上；三七种植导致根际土壤微生物多样性及组成的变化，随着其种植年限增加，根腐病致病菌 *Fusarum oxysporum* 的丰度显著增加。在病害防治过程中，高毒农药的投入破坏了三七田间生态系统，并造成三七农药残留及重金属超标。而三七不同栽培品种的抗病性存在显著性差异，选育抗病性品种可获得性状优良、抗逆性强的三七群体植株，有效的减少农药的使用量。抗病新品种的选育是保障三七产业可持续发展的策略之一。

系统选育是三七遗传改良的方式之一，也是三七前期育种的重要手段。孙玉琴等对三七植株性状差异进行了研究比较，为三七育种工作提供了依据。通过对三七不同变异类型中皂苷含量的比较分析，发现紫根、复叶柄平展型、长形根、宽叶 4 种变异类型的三七皂苷量较高，因此可以将紫根、复叶柄平展型、长形根、宽叶 4 种类型作为三七品种选育的目标。通过系统选育的方法获得的抗病群体，采用限制位点相关的 DNA 测序（restriction-site associated DNA sequencing，RAD-seq）技术筛选抗病株的 SNP 位点，为基因组辅助育种提供遗传标记，可以有效缩短三七的育种年限，加快育种进程。

2. 研究方法

高通量测序筛选分子标记辅助选择 董林林等（2017）采用 RAD-seq 技术筛选抗病植株特异的 SNP 位点。分别采取抗病群体及对照农家品种各 15 株，其中以农家品种为对照，采用 HiSeq PE150 测序，有效数据用于分析寻找 SNP 标记。测序流程为：利用多种限制性内切核酸酶对该物种 DNA 分别进行酶切，根据酶切实验的结果选择合适的酶进行后续实验；质检合格的 DNA 样品，采用 RAD 建库方式构建长度为 300 ～ 500bp 的 pair-end 文库；Illumina HiSeq PE150 测序，有效数据用于分析寻找海量 SNP 标记。

对每个样品中的 RAD-tag 进行比对归类，按照每类标记的深度信息由大到小进行排序，得到每个个体的 RAD-tag 频数表。对每个样品的 RAD-tag 内部进行比对得到样品内部的杂合位点信息。对不同样品之间的 RAD-tag 进行互相比对，寻找个体之间单碱基差异信息。综合考虑每个个体 RAD-tag 的频数表信息和比对信息，过滤掉可能来自重复区域的结果，从而得到高可信度的群体 SNP 标记基因分型结果。其中性状关联的算法参照广义线性模型（general linear model）。

结合 SNP 数据和表型数据，使用 Tassel V5.2 进行性状关联分析，获取抗病植物的 12 个特异 SNP 位点（极显著 LOD ＞ 3）（表 9-2）。

表 9-2 对照株与抗病株的差异 SNP 位点

样本	479566 1	637498 2	665486 1	509355 1	509355 2	519888 1	493042 1	493042 2	497540 1	497540 2	307837 1	307837 2
CK	CT/TT	TT/AA	TT	AT/AA	GG	AG	AA/GG	TT/CC	GG	GG	TT	AA
RC	CC	AT	AT	AG	AG	CG	AG	CT	CG	AG	CT	AG

注：CK 及 RC 分别表示常规栽培种及抗性种（n=15）

3. 研究结果

两年生三七及三年生三七发病调查结果表明，两年生及三年生三七主要病害类型为根腐病及锈腐病（图 9-6）。研究表明，对于常规栽培种和抗性种，两年生三七根腐病的发病率分别为 3.4% 及 1.9%，三年生三七该病的发病率为 11.4% 及 4.2%。与对照相比，抗性群体两年生三七及三年生三七根腐病的发病率显著下降了 43.6%、62.9%。结果表明，抗病群体两年生三七及三年生三七表现出显著的抗病性。

通过系统选育筛选出三七的抗病群体，并利用 RAD-seq 技术确定三七抗病群体的特异 SNP 位点，第三代群体表型表现一致性、稳定性及特异性，已具备新品种登记的要求。三七抗性品种选育是克服连作障碍的有效方法。本研究选育的三七抗病品种对根腐病表现显著抗性，该抗逆优质三七品种的种植可有效减少农药的使用量，减轻环境污染，降低农残对人体健康的危害，促进并保障三七产业的可持续发展。

依据该技术确定的三七抗病株特异 SNP 位点，建立筛选抗病品种的遗传标记辅助系统选育，可有效缩短育种年限。采用 DNA 标记辅助育种结合系统选育技术，选育首个三七抗病新品种苗乡抗七 1 号。系统评价其种子、种苗、块根对根腐病致病菌 *Fusarum oxysporum* 的抗性。结果表明，与常规栽培种相比，接种 7d，抗病品种种子病情指数下降 52.0%；接种 25d，抗病品种的种苗死苗率及块根病情指数分别下降 72.1%、62.4%；此外，接种后抗病品种的种子及种苗生长抑制率下降。苗乡抗七 1 号种子、种苗、块根对根腐病表现显著的抗性，该品种的抗性评价将为新品种的推广提供依据，保障三七无公害栽培的顺利开展。

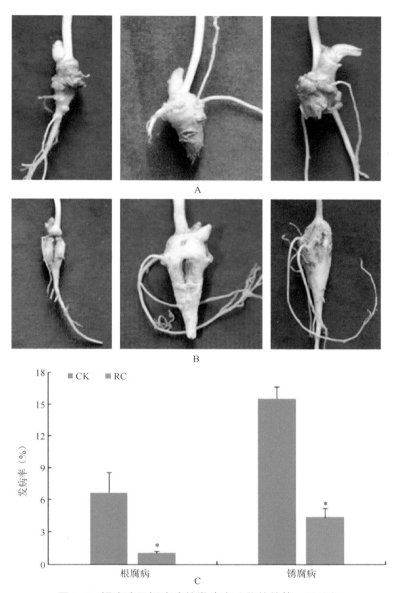

图 9-6 根腐病及锈腐病的发病率（董林林等，2017）

A. 三七根腐病；B. 三七锈腐病；C. 发病率。CK 及 RC 分别表示常规栽培种及抗性种（$n=30$）；∗ 为抗性种与常规栽培种之间差异显著

4. 亮点评述

对药用植物进行人工栽培而不是采挖野生资源是必然的趋势，然而很多药用植物的栽培受到限制。三七的连作障碍严重，制约了三七产业的发展。本案例中的研究，从自然群体中筛选耐连作障碍的三七，再通过分子标记进行扩大筛选，能够从种源上降低连作障碍的影响。进一步分析其分子遗传机制和调控网络，有可能彻底解决该问题。

案例 4 人参分子育种

1. 研究背景

人参为五加科植物人参（*Panax ginseng* C. A. Mey.）的干燥根及根茎，享有"百草之王"美誉。因其药用价值较高，长期掠夺式采挖以及生态环境破坏，导致野生资源已濒临枯竭，已被中国《国家重点保护野生药用动植物名录》收录。目前人参药材主要来源于栽培品。随着可用林地资源的逐渐减少，"农田栽参"正逐渐成为人参栽培的主要发展模式。中国"农田栽参"起步较晚，缺乏适合在农田栽培的丰产、抗逆新品种。农田土壤肥力比林地差、有机质含量低、病虫害多，导致人参产量不稳定，品质差异较大，影响临床疗效，限制人参产业发展。

随着禁止伐林栽参政策的出台，"农田栽参"正逐渐成为人参栽培的主要发展模式。中国"农田栽参"起步较晚，20年前开始引入韩国农田人参种子试种，10年前部分企业尝试推广采用国外种子进行农田种植，并开始培育非林地人参品种，并在近5年实现农田栽参的大规模生产。中国农田生产主要模拟林地生产过程，产量较低、病虫害相对严重，主要原因是缺乏适合在农田栽培的人参抗逆新品种。人参农田新品种的选育中国比国外基础研究薄弱，与韩国和日本相比落后多年。在农田逐步占据主导的生产模式下，亟待加强基础研究，填补空白。因此，选育高抗、丰产人参具有重要意义。

2. 研究方法

（1）选育过程　项目组从20世纪90年代初开始收集保苗率高、抗性表现良好的优良单株，种植在人参种质圃。为筛选抗连作障碍的良种，采集老参地的土壤建立抗性种质资源圃。以抚松地区栽培的人参农家品种大马牙为基础，选育抗性强的新品种。通过种质资源圃的比较，发现多年生人参中紫茎色植株保苗率高，且比例逐年增加。紫色越深，病虫害发生率越低。经过10年的筛选获得黑紫茎色的优良单株群体。筛选的黑紫色人参种质群体进行种子直播时出现茎色分化，茎色表现从淡紫色到黑紫色不等，说明遗传背景混杂。因此，在抗性种质圃中进一步选择存留的优良单株，通过分子手段进行纯化并开展系统选育（图9-7）。

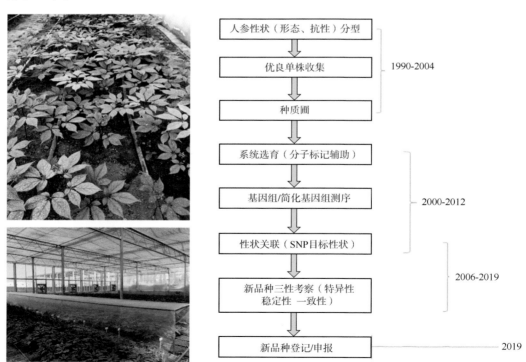

图9-7　中盛农参1号新品种选育流程图

由于人参为多年生宿根性植物，系统选育周期长，项目组采用分子辅助育种缩短时间。自2000年开始，项目组立足人参茎秆颜色与抗连作特性开展人参选育，逐步分离黑紫色、青绿色、绿色等人参个体，选拔纯化特色品系。人参是四倍体，遗传背景复杂，纯化难度高于一般二倍体植物。项目组开始联合国内优势研究团队进行了人参分子标记、抗性基因挖掘以及人参皂苷合成途径等相关分子生物学研究。随着高通量测序技术的提高，2006年项目组开启人参转录学和全基因组研究。以人参全基因组草图为基础，运用生物信息学方法，根据基因结构及序列特征成功预测7个家族，共1652个人参抗病基因。通过与其他8种被子植物抗病基因家族比较，对人参抗病基因结构、家族进化特征进行分析，使用13个转录物数据系统分析人参抗病基因在不同部位和不同生长年限的表达模式，发现人参抗病基因具有明显的功能分化和器官特异性。以锈腐菌（*Cylindrocarpon destructans*）侵染不同时间后转录物表达模式，对病原体特异识别抗病基因 NBS-LRR 家族及其他基因进行关联分析，解析了人参防御过程中次生代谢活动与病原微生物防御反应的协同作用。

以完成的人参基因组草图为基础，应用筛选群体，通过基因组测序，筛选茎色群体特征性差异 SNP 位点492个，经 PCR 检验，获得差异位点6个。历经4代系统选育及纯化筛选，获得稳定的黑紫色茎秆抗性品系。2014年筛选的黑紫色人参新品系开始在农田土中进一步开展适应性验证实验。由于种源繁育时间周期长，在获得稳定关联 SNP 位点后，从抗性群体中经 PCR 扩增条带筛选阳性单株，采集4年生种子进行扩繁，该品种在吉林省白山市经过多点田间实验，特异性、一致性和稳定性均较好（图9-7）。该品种保苗率比对照高26%；抗连作障碍实验数据显示抗性强，保苗率是对照的2.04倍。中盛农参1号在吉林省区域实验均表现良好，可在农田生产中使用。

（2）分子辅助育种　采用 Reads1 端 *Eco*RI（G^AATTC）和 Read2 端 *Nla*III（CATG^）进行双酶切实验，ddRAD-seq 建库方式构建长度范围在300～500bp 的 pair-end 文库，Illumina 平台高通量测序，共获得64G 数据量，对基因组覆盖度达94.61%。与对照共存在998128个差异的 SNP 标记，其中采用 GLM 单标记关联方法进行 GWAS 分析，共获得性状强关联（LOD > 3）SNP 标记492个，筛选并 PCR 验证分子标记6个用于辅助育种。

3. 研究结果

（1）特异性　该品种为茎黑紫色的人参新品种，表现为主茎黑紫色，复叶叶柄正面紫色、背面绿色。

（2）组织水平高光谱一致性检测　采用高光谱在420～1000nm 对叶片测量吸收，结果农参1号与对照叶片吸收图谱存在显著差异（图9-8）。均存在双峰现象，二者可明显区分开，一致性较好。

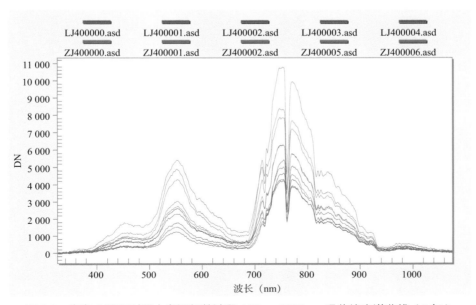

图9-8　农参1号和对照人参近红外波段420～1000nm 吸收峰光谱曲线（5年）

（3）品质评价　中盛农参 1 号从农家品种大马牙选育而来，经 4 代选育获得优良单株，取种子进行直播，2 年后取部分种苗进行移栽。实验采用普通农田土种植，同时采用连作土进行抗连作障碍试验，统计保苗率。5 年生农田人参，农参 1 号保苗率约为 59%，对照保苗率 44%；连作土试验显示，农参 1 号保苗率约为 51%，对照保苗率 25%。

光化学效率 F_v/F_m 检测表明，农参 1 号在正常大田遮阳情况下，均不存在明显的光抑制。强光下农参 1 号 PS II 效率、电子传递速率 ETR、能量捕获效率 F''_v/F''_m、非光化学猝灭系数 NPQ、光化学猝灭 qp 均比对照人参高，表明前者抗逆性较强（表 9-3）。

表 9-3　强光下农参 1 号不同年生人参与对照叶片叶绿素荧光参数比较（$n=20$）

	光化学效率 F_v/F_m	PSm 效率	电子传递速率 ETR	能量捕获效率 F''_v/F''_m	非光化学猝灭系数 NPQ	光化学猝灭 qp
农参 3Y	0.800 ± 0.012	0.370 ± 0.138	23.416 ± 8.719	0.564 ± 0.100	1.224 ± 0.375	0.634 ± 0.154
CK-3Y	0.786 ± 0.014	0.253 ± 0.077	15.983 ± 4.865	0.502 ± 0.068	1.291 ± 0.369	0.496 ± 0.126
农参 4Y	0.790 ± 0.014	0.375 ± 0.075	23.696 ± 4.711	0.583 ± 0.047	1.333 ± 0.297	0.639 ± 0.088
CK-4Y	0.784 ± 0.009	0.332 ± 0.079	20.991 ± 5.015	0.540 ± 0.050	1.216 ± 0.221	0.607 ± 0.108
农参 5Y	0.794 ± 0.013	0.449 ± 0.099	28.385 ± 6.277	0.619 ± 0.050	1.019 ± 0.358	0.720 ± 0.120
CK-5Y	0.773 ± 0.041	0.406 ± 0.104	25.697 ± 6.550	0.574 ± 0.072	1.340 ± 0.359	0.700 ± 0.104

案例 5　罂粟的基因编辑育种

1. 研究背景

罂粟（*Papaver somniferum* L.）是最古老的药用植物之一，早在几千年前就被用于止痛等多种疾病。罂粟中的蒂巴因、罂粟碱、吗啡和可待因等苄基异喹啉生物碱（BIA）都具有重要的医用价值，如蒂巴因可以用来加工成高效镇痛剂依托啡，也可以加工成用于治疗脑梗死、急性酒精中毒等疾病的阿片样拮抗剂纳洛酮。然而由于其中的主要生物碱吗啡容易使人上瘾，产生精神依赖，给社会带来巨大危害，因此世界上绝大部分地区的罂粟种植都受到了严格的管控。正因为如此，罂粟的遗传资源难以收集和公布，基于人工构建遗传群体的育种方式难以在罂粟上实现，修饰罂粟的生物碱代谢通路以获取更多的具有药用价值的生物碱成为罂粟目前可用的育种手段。

BIA 生物合成始于多巴胺和 4- 羟基苯乙醛（4-HPAA）的缩合，生成（S）- 去甲乌药碱。经过一系列的甲基化和羟基化步骤，S-3′ 羟基去甲乌药转化为中心中间体去甲网状番荔枝碱。这一步骤由 3′- 羟基 -n- 甲基椰油碱 4′-O- 甲基转移酶（4′OMT）催化（图 9-9）。吗啡、诺司卡宾和罂粟碱等终产物是通过不同的 BIA 途径从（S）- 网状番荔枝碱中衍生出来的。将（S）- 网状番荔枝碱异构化为（R）- 网状番荔枝碱可产生吗啡。此外，小檗碱桥联酶（BBE）催化（S）- 网状番荔枝碱转化为（S）- 金黄紫堇碱，这是血根碱（苯并菲啰啶）和诺卡平（邻苯二甲异喹啉）生物碱生物合成的第一步。最近，有报道称，通过改变 BIA 途径中某些特定基因的表达，可以调控罂粟中 BIA 的产生。在罂粟中的过度表达和 TRV 介导的基因沉默研究表明，生物碱的生物合成量可以通过组织特异性的方式来调控。（R，S）- 网状番荔枝碱 7-O- 甲基转移酶（7OMT）和 3′- 羟基 -N- 甲基乌药碱 4′-O- 甲基转移酶 2（4′OMT2）基因的过度表达和沉默揭示了它们在不同组织中 BIA 产生中的调节作用。然而，使用之前的策略不能完全理解这些基因的作用，主要是由来在转录水平上影响基因表达，虽然基因表达量显著减少，但并没有消除基因功能。生物合成途径不会停止，代谢产物的产生也会不断积累，这可能会掩盖目标基因调节的整体表型。因此，基因敲除策略的应用，如 CRISPR/Cas9，可以帮助我们应对这些挑战，并加深我们对感兴趣基因作用的理解。

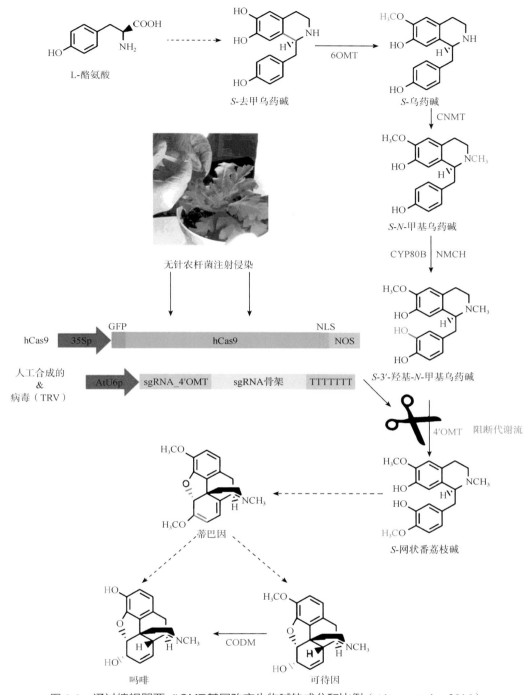

图 9-9 通过编辑罂粟 *4′OMT* 基因改变生物碱的成分和比例（Alagoz et al.，2016）

利用 CRISPR/Cas9 系统重新编辑蒂巴因（thebaine）和吗啡（morphine）等共同前体牛心果碱（reticuline）合成酶基因 *4′OMT*，抑制下游的代谢流

2. 研究方法

基因工程育种：通过基因编辑技术进行遗传改造。Alagoz 等（2016）利用 II 型 CRISPR/SpCas9 系统，通过非同源末端连接基因组修复，敲除罂粟中的 *4′OMT2*（3′-hydroxy-*N*-methylcoclaurine 4′-*O*-methyltransferase，一个调节 BIA 生物合成的基因，图 9-9）。针对 sgRNA 转录，将基于病毒 TRV 合成的二元质粒，通过农杆菌介导转化到具有编码合成 Cas9 载体的植物细胞中，通过序列分析检测 CRISPR/Cas9 引起插入和缺失。

简单的步骤如下：将构建的含有 35S∶∶hCas9 的 pTRV 表达载体以及含 AtU6p：sgRNA_4OMT2 的载体转化至 *Agrobacterium tumefaciens* 农杆菌中，活化后按照 1∶1 的比例在含有 10mmol/L MgCl₂、100μmol/L 乙酰胆碱酮和 pH 5.6 的 1mmol/L MES 的诱导缓冲液中重悬至 OD$_{600}$ 为 0.8。制备的混合物在室温下孵育一夜，用无针注射器渗透到 8 ～ 10 周龄植株的叶片中。4 天后，提取 gDNA 对 *4'OMT2* 靶向序列进行测序分析 InDels。

3. 研究结果

Frick 等（2007）将罂粟中苄基异喹啉生物碱分支点中间体上的关键酶基因 *CYP80B3* 过表达，育成了乳胶中生物碱总量提高 450% 的转基因植株。德斯加涅（Desgagne）等过表达乌头碱 *N-* 甲基转移酶基因，也能够得到罂粟碱显著提高的转基因植株。然而从罂粟中提取蒂巴因、罂粟碱等是目前获取这些化合物的最经济的途径，培育出降低吗啡含量，提高特殊生物碱含量的罂粟对药物开发利用和降低社会危害有十分重要的作用。Alagoz 等（2016）通过 CRISPR/Cas9 基因编辑技术编辑蒂巴因和吗啡等共同前体上的基因 *4'OMT2* 发现，被编辑植株的蒂巴因、可待因和吗啡的含量急剧降低，甚至不合成此类物质，且有其他全新的生物碱被检测到，这说明基因编辑技术在罂粟育种中，有望达到降低吗啡含量，提高其他生物碱含量的育种目标。

4. 亮点评述

部分药用植物中的某些次生代谢物并不是人类需求的，甚至对人体有害，降低或消除这些物质而保存有益次生代谢物是科学家的目标。该研究中通过基因编辑技术，阻断了蒂巴因、可待因和吗啡合成途径上游通路，使这些物质合成受阻，减少了这些严管物质的产生。这有利于对罂粟的监管，同时促进罂粟在其他生物碱上的应用。

案例 6 高产紫苏分子育种

1. 研究背景

紫苏（*Perilla frutescens* L.），唇形科紫苏属一年生草本植物，原产于亚洲东部。现主要分布于我国的西南、东北、西北、东南地区，东南亚各国及喜马拉雅山脉地区均有分布。紫苏是中国传统的药食兼用型植物，我国紫苏栽培及食用历史相当久远。早在西周《尔雅》便有记述，《本草纲目》《齐民要术》等均有药用记载。紫苏是卫生部（现为国家卫健委）首批公布的 60 种药食两用型植物之一，茎、叶和种子均可入药，药典收录品种有紫苏籽、紫苏叶、紫苏梗。紫苏幼苗及嫩叶香味独特，是东亚各国较为喜爱的蔬菜及调味品。近年来研究发现，紫苏种子油中 α- 亚麻酸（人体必需脂肪酸之一）的含量可以高达 65%，它具有促进大脑发育和治疗心脑血管疾病等多种保健功效。对其研究和开发已受到国内外的广泛关注。我国是紫苏主要产地及出口国。随着紫苏产业发展，国际需求不断增加。但我国多为农村散户种植，缺乏优质品种及规模效应，产值较低。因此，优良品种的选育与应用推广已成为限制紫苏产业发展的主要瓶颈。目前在我国甘肃、吉林、山西、贵州及四川等地均有紫苏新品种选育的报道。但选育品种的区域适应性仍有待加强。沈奇等（2017）采用分子标记辅助鉴定的方法，指导紫苏新品种选育进行。获得紫苏品种，为紫苏规模化生产和种植提供优良的种质资源。分子标记辅助鉴定指导新品种选育，可为药用植物育种提供新的参考。

2. 研究方法

采用高通量 SNP 检测辅助选择。SNP 标记开发：采用二代测序获得紫苏新品种中研肥苏 1 号的特征性 SNP 标记。原始数据获得采用标准方法进行过滤。获得数据根据与参考基因组序列的比对结果，利用贝叶斯统计模型检测出测序个体基因组中每个碱基位点最大可能性的基因型，并组装出该个体基因组的一致序列。根据已有的基因集对检测到的变异进行注释，并通过与重测序样品数据集比对分析，筛选并获得紫苏新品种特异 SNP 标记，确定为该品种 SNP 图谱。结合新品种筛选植物学及农艺学性状，最后确定反映该品种的特征性 SNP 标记。根据确定的新品种特征性 SNP 图谱信息，采用 *TaqMan* SNP 基因分型方法对目标材料进行鉴选。各品种选择不低于 20 个单株进行品种特征性、一致性及纯合度检测。筛选获得单株进行扩繁，形成紫苏新品种。在北京怀柔、大兴、平谷及门头沟进行紫苏新区域试验。根据北京市品种鉴定办法，各品种区试点面积不低于 $30km^2$，选用地方主推品种为对照。紫苏种植密度 11 000 株 / 亩[*]。播种方式采用育苗移栽方法，于 4 月初进行育苗，5 月初移栽。于 9 月底成熟期采集植物学及农艺学性状。

紫苏为 1 年生自花授粉植物，在前期广泛进行资源收集和材料种植的基础上，从田间筛选出 1 株产量优势的突变单株。在此基础上，采用连续 5 代的系统选育法，对产量、抗性及品质进行强化选择，并结合分子标记辅助鉴定，最终形成紫苏新品种中研肥苏 1 号。该品种叶色背面紫色、花色粉白、籽粒灰白。该品种特点为株型高大（最高近 3m），可叶籽双收，稳产高产，含油量高，分枝集中，抗逆性强。中研肥苏 1 号叶中紫苏烯及柠檬醛质量分数分别为 54.39%、5.08%，可做绿肥使用。对于中研肥苏 1 号，采用高通量测序，共获得 34.597G 数据量，对基因组覆盖度达 95.21%。与参考基因组比较，中研肥苏 1 号的特征性纯合 SNP 位点为 992 609 个，纯合的 Indel 位点为 416 089 个。获得 1367 个特异的 SNP 标记，确定为中研肥苏 1 号特征性的 SNP 位点，可作为该品种分子标记图谱。根据变异基因的农艺学功能，最后筛选 30 个非同义突变 SNP 标记作为中研肥苏 1 号特征性 SNP 标记（表 9-4）。

表 9-4 中研肥苏 1 号特征性 SNP 标记

SNP 标记	位置	参考基因组碱基组成	新品种碱基组成	参考基因组氨基酸组成	新品种氨基酸组成
1	75 452	A	C	F	V
2	1 007 221	C	T	A	V
3	86 937	C	A	A	D
4	20 561	A	C	H	P
5	20 584	A	G	S	G
6	108 7835	A	G	W	R
7	1 181 902	G	A	A	T
8	1 147 716	C	G	A	P
9	1 188 034	G	A	S	N
10	194 666	A	C	Y	S
11	356 556	T	G	E	A
12	943 920	A	G	I	T
13	1 885 094	T	G	N	H
14	86 067	T	C	L	S
15	92 724	C	A	L	M
16	64 112	T	C	N	D
17	173 268	G	A	T	I
18	122 191	G	A	S	F
19	966 356	C	T	S	L
20	1 022 530	A	T	R	S
21	1 022 641	G	C	Q	H

<hr>

* 1 亩 ≈ 666.7m²

SNP 标记	位置	参考基因组碱基组成	新品种碱基组成	参考基因组氨基酸组成	新品种氨基酸组成
22	1 735 999	T	C	D	G
23	45 493	G	A	G	E
24	194 012	C	G	S	C
25	87 165	A	T	I	N
26	78 078	A	G	H	R
27	36 127	G	A	G	S
28	419 067	T	C	D	G
29	1 418 605	C	G	E	Q
30	195 690	G	A	R	Q

3. 研究结果

中研肥苏 1 号区域试验表现为平均亩产为 95.11kg，比对照增产 27.07%。平均生育期全生育期与对照相当，为 169 d。含油量为 43.51%，比对照高 9.39%。叶丰产，每亩可采收约 520kg 干叶及 200kg 紫苏梗。该品种与原亲本材料比较，单株有效穗数增加 83.8 个，主穗长增加 12.5cm，单株有效粒数增加 26.4 穗。籽粒含油量提高 11.06%。对中研肥苏 1 号的 13 个指标的特异性评价如下：叶色正绿色，背面紫色，花色粉白色，籽粒灰白色，与对照差异显著。其生育期和株高与对照相当。一次有效分枝数，单株有效穗数，主穗长，主穗有效粒数，千粒重等产量构成因素显著高于对照。中研肥苏 1 号增产明显，品质优良，特征性显著。对中研肥苏 1 号 7 个指标的一致性评价及对 4 个区域实验点的稳定性分析，一致性高，稳定性良好。中研肥苏 1 号品种特征为叶籽两用，丰产、高抗、耐瘠，可做绿肥使用，鉴定编号为京品鉴药 2016054。

4. 亮点评述

该研究采用分子标记辅助鉴定的方法，通过分子检测，快速、准确地捕获目标标记，确定品种性状。高通量测序获得大量可用的遗传标记，可有效筛选获得特征性标记。该方法的应用对加快新品种选育的进程，尤其对药用植物特征特性的鉴定及一致性稳定性有较高贡献度。

参 考 文 献

曹兰秀，周永学，顿宝生 . 2009. 细辛功效应用历史概况 . 陕西中医学院学报，32（3）：59.

陈士林，吴问广，王彩霞，等 . 2019. 药用植物分子遗传学研究 . 中国中药杂志，44（12）：2421.

陈璇，郭蓉，王璐，等 . 2018. 基于全基因组重测序的野生型大麻和栽培型大麻的多态性 SNP 分析 . 分子植物育种，（3）：893-897.

董林林，陈中坚，王勇，等 . 2017. 药用植物 DNA 标记辅助育种（一）：三七抗病品种选育研究 . 中国中药杂志，42（1）：56.

国家药典委员会 . 2015. 中华人民共和国药典 . 北京：中国医药科技出版社 .

侯帅红，李晶晶，韩林涛，等 . 2018. 细辛不同药用部位马兜铃酸的含量测定 . 湖北中医药大学学报，20（6）：42.

马婷玉，向丽，张栋，等 . 2018. 青蒿（黄花蒿）分子育种现状及研究策略 . 中国中药杂志，43（15）：3041.

沈奇，张栋，孙伟，等 . 2017. 药用植物 DNA 标记辅助育种（Ⅱ）丰产紫苏新品种 SNP 辅助鉴定及育种研究 [J]. 中国中药杂志，42（9）：1668-1672.

徐云碧 . 2014. 分子植物育种 . 北京：科学出版社 .

周晨，刘辉 . 2018. 三七功用与化学成分 [J]. 实用中医内科杂志，32（8）：4.

Alagoz Y，Gurkok T，Zhang B，et al. 2016. Manipulating the biosynthesis of bioactive compound alkaloids for next-generation metabolic engineering in opium poppy using CRISPR-Cas 9 genome editing technology. Sci Rep, 6: 30910.

Buckler E S, Holland J B, Bradbury P J, et al. 2009. The genetic architecture of maize flowering time. Science, 325 (5941): 714-718.

Doebley J F, Gaut B S, Smith B D. 2006. The molecular genetics of crop domestication. Cell, 127 (7): 1309.

Fernie A R, Yan J. 2019. De novo domestication: An alternative route toward new crops for the future. Mol Plant, 12 (5): 615.

Frick S, Kramell R, Kutchan T M. 2007. Metabolic engineering with a morphine biosynthetic P450 in opium poppy surpasses breeding. Metab Eng, 9 (2): 169-176.

Graham I A, Besser K, Blumer S, et al. 2010. The genetic map of *Artemisia annua* L. identifies loci affecting yield of the antimalarial drug artemisinin. Science, 327 (5963): 328.

Han J, Wang H, Lundgren A, et al. 2014. Effects of overexpression of AaWRKY1 on artemisinin biosynthesis in transgenic *Artemisia annua* plants. Phytochemistry, 102: 89.

Kojoma M, Seki H, Yoshida S, et al. 2006. DNA polymorphisms in the tetrahydrocannabinolic acid (THCA) synthase gene in "drug-type" and "fiber-type" *Cannabis sativa* L. Forensic Sci Int, 159 (2-3): 132-140.

Lu X, Jiang W, Zhang L, et al. 2013. AaERF1 positively regulates the resistance to botrytis cinerea in *Artemisia annua*. Plos One, 8 (2): e57657.

Nafis T, Akmal M, Ram M, et al. 2011. Enhancement of artemisinin content by constitutive expression of the HMG-CoA reductase gene in high-yielding strain of *Artemisia annua* L. Plant Biotechnol Rep, 5 (1): 53.

Pertwee R G. 2008. The diverse CB1 and CB2 receptor pharmacology of three plant cannabinoids: Delta (9)-tetrahydrocannabinol, cannabidiol and Delta (9)-tetrahydrocannabivarin. Brit J Pharmacol, 153 (2): 199.

Rodriguez-Leal D, Lemmon Z H, Man J, et al. 2017. Engineering quantitative trait variation for crop improvement by genome editing. Cell, 171 (2): 470.

Shen Q, Zhang L, Liao Z, et al. 2018. The genome of *Artemisia annua* provides insight into the evolution of asteraceae family and artemisinin biosynthesis. Mol Plant, 11 (6): 776.

Staginnus C, Zörntlein S, de Meijer E. 2014. A PCR marker linked to a THCA synthase polymorphism is a reliable tool to discriminate potentially THC-rich plants of *Cannabis sativa* L. J Forensic Sci, 59 (4): 919-926.

Tan H, Xiao L, Gao S, et al. 2015. Trichome and artemisinin regulator 1 is required for trichome development and artemisinin biosynthesis in *Artemisia annua*. Mol Plant, 8 (9): 1396-1411.

Ting H M, Wang B, Rydén A M, et al. 2013. The metabolite chemotype of *Nicotiana benthamiana* transiently expressing artemisinin biosynthetic pathway genes is a function of CYP71AV1 type and relative gene dosage. New Phytol, 199 (2): 352-366.

Xiang L, Zeng L, Yuan Y, et al. 2012. Enhancement of artemisinin biosynthesis by overexpressing dxr, cyp71av1 and cpr in the plants of *Artemisia annua* L. Plant Omics, 5 (6): 503.

Yu C, Qiao G, Qiu W, et al. 2018. Molecular breeding of water lily: engineering cold stress tolerance into tropical water lily. Horti Res, 5: 73.

Zhang F, Fu X, Lv Z, et al. 2015. A basic leucine zipper transcription factor, AabZIP1, connects abscisic acid signaling with artemisinin biosynthesis in *Artemisia annua*. Mol Plant, 8 (1): 163.

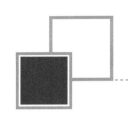

第10章 药用植物次生代谢物的合成生物学

药用植物所含活性次生代谢物是预防和治疗疾病的重要物质基础，是新药研发的重要来源，但大多数药用活性成分在原植物中含量很低，且植物生长周期长，受时间、空间、气候等诸多因素的限制；同时化学合成难度大，副产物多，提取成本高且产生的废弃物会对生态环境造成不可逆破坏。因此，传统的天然产物提取和人工化学合成方法已经很难满足现代可持续发展的要求，而药用植物次生代谢物的合成生物学将会有效地解决这些矛盾。药用植物次生代谢物的合成生物学是指在药用活性成分代谢路径解析较为清楚的基础上，应用工程学的原理与方法，采用"自下而上"的设计理念，对底盘系统进行由"单元"（unit）到"部件"（device）再到"系统"（system）的设计和构建，使之能够定向高效地合成目标药用活性成分。简单地讲，通过将药用植物次生代谢物合成途径的基因设计组装到合适的底盘细胞（大肠杆菌、酵母、烟草、拟南芥等），达到在导入细胞中生产药用植物次生代谢物的目的。

10.1 药用植物次生代谢物的合成生物学概述

药用植物次生代谢物的合成生物学主要依赖能快速生长的底盘细胞合成目标化合物。按照底盘不同可分为微生物细胞 2T 合成和植物细胞 2T 合成。药用植物次生代谢物微生物合成是指以微生物为底盘细胞构建产目标代谢产物的微生物细胞工厂，随后经微生物发酵高效合成目标代谢产物（表 10-1）。该学科近年来发展迅速，其中，最典型的例子是加州大学伯克利分校基斯林（Keasling）研究团队构建了一种高效生产青蒿素前体青蒿酸的酿酒酵母，其青蒿酸产量高达 25g/L。青蒿酸进一步通过化学半合成转化为青蒿素，从而实现青蒿素的全合成。在此工作的启发下，一些中药的功效成分如人参皂苷、紫杉醇、丹参酮、大黄素等都陆续实现在微生物系统中合成。药用植物次生代谢物植物合成是指在底盘植物中构建药用植物次生代谢物合成代谢途径，用于大量生产有价值的次生代谢物。与微生物底盘细胞相比，植物仅以 CO_2 和水为原料，通过进行光合作用就可以合成各类复杂的化合产物，不需要高耗能、高耗氧的发酵过程，有利于降低成本。如表 10-2 所示，一些模式植物如烟草、拟南芥、番茄等均被用于药用天然产物生物合成的底盘细胞。药用植物次生代谢物在药物研发过程中发挥着举足轻重的作用，利用合成生物学合成这些功效成分已然成为现今的研究热点之一。

表 10-1 药用植物次生代谢物的微生物合成研究进展

化合物类型	代谢产物	底盘细胞	产量	参考文献
青蒿素	紫穗槐二烯	*S. cerevisiae*	41g/L	Westfall et al.，2012
	青蒿酸	*S. cerevisiae*	25g/L	Paddon et al.，2013
	青蒿二烯	*E. coli*	27g/L	Parayil Kumaran A et al.，2010

续表

化合物类型	代谢产物	底盘细胞	产量	参考文献
紫杉醇	紫杉烯	*S. cerevisiae*	8.7mg/L	Engels et al.2008
丹参酮	丹参二烯	*S. cerevisiae*	488mg/L	Dai et al.2012
	丹参素	*E. coli*	7g/L	Yao et al.2013
人参皂苷	达玛烯二醇	*S. cerevisiae*	1584mg/L	Dai et al.2013
	原人参三醇	*S. cerevisiae*	15.9mg/L	Dai et al.2014
	人参皂苷 CK	*S. cerevisiae*	1.4mg/L	Yan et al.2014
	人参皂苷 Rh2	*S. cerevisiae*	2.25g/L	Liu et al.2015
倍半萜	原伊鲁烯	*E. coli*	512.7mg/L	Zhou et al.2017
齐墩果烷型三萜	β- 香树脂醇	*S. cerevisiae*	157.4mg/L	Sun et al.2019
	甘草次酸	*S. cerevisiae*	18.9mg/L	Zhu et al.2018
天然色素	番茄红素	*E. coli*	44.38mg/L	Li et al.2017
类胡萝卜素	β- 胡萝卜素	*S. cerevisiae*	1 8mg/gDCW	Reyes et al.2014
	β- 胡萝卜素	*E. coli*	2.1g/L	Zhai et al.2013
	虾青素	*S. cerevisiae*	9mg/gDCW	Gassel et al.2014
	白藜芦醇	*S. cerevisiae*	391mg/L	Sydor et al.2010
生物碱类	牛心果碱	*S. cerevisiae*	164.5mg/L	Hawkins et al.2008
	文多灵	*S. cerevisiae*	32.4mg/L	Yang et al.2015
	异胡豆苷	*S. cerevisiae*	0.53mg/L	Stephanie et al.2015
酚类	天麻素	*E. coli*	545mg/L	Bai et al.2016
灯盏花素	黄芩素	*S. cerevisiae*	108mg/L	Liu et al.2018
蒽醌	大黄素	*S. cerevisiae*	661.2mg/L	Sun et al.2019
黄酮类	野黄芩素	*E. coli*	106.5mg/L	Li et al.2018
	柚皮素	*E. coli*	3.5mg/L	Whitaker et al.2017
大麻素	大麻素	*S. cerevisiae*	1.6mg/L	Luo et al.2019

表 10-2　药用植物次生代谢物的植物细胞工厂合成研究进展

化合物类型	代谢产物	底盘细胞	产量	参考文献
青蒿素	青蒿素	烟草	6.8μg/g	Farhi et al.2011
	青蒿素	苔藓	0.21mg/g	Nkb et al.2010
	青蒿素	烟草	0.8mg/g	Malhotra et al.2016
	青蒿酸	烟草	120mg/kg	Fuentes et al.2016
紫杉醇	紫杉烯	拟南芥	600ng/g	Oscar et al.2010
	紫杉二烯	苔藓	5μg/g	Anterola et al.2009
黄酮类	黄酮醇	番茄	100mg/g	Zhang et al.2015
生物碱	3α（S）- 异胡豆苷	烟草	5.3mg/g	Hallard et al.1997

Har Gobind Khorana（1979）人工合成了 207 个碱基对的 DNA 序列，并因此获得诺贝尔化学奖，开启了合成生物学的篇章。20 世纪 90 年代初，随着测序技术和生物信息技术的快速发展，生命科学的研究进入了基因组时代，大量的研究成果为合成生物学的发展奠定了坚实基础。2010 年，文特尔（Venter）研

究所在《科学》（*Science*）杂志上报道了首例"人造细胞"，这是世界上第一个由"人类制造并能够自我复制的新物种"。同年，合成生物学被 *Science* 杂志评为年度十大科学突破之一。2018 年，覃重军团队将酿酒酵母 16 条染色体的全基因组进行重排，最终获得只有 1 条染色体的酿酒酵母，这一重大成果使得人类距离实现合成生命的目标更近了一步。现今，合成生物学已在医药、能源、环境等领域取得了举世瞩目的成就。

　　药用植物次生代谢物合成生物学研究策略如图 10-1 所示：首先，根据化学合成原理和已经分离鉴定的中间产物推测出可能的生物合成途径，必要时可以通过同位素追踪的手段对推测途径进行进一步的确认；其次，通过基因组测序和生物信息学分析，筛选和挖掘特定代谢途径的功能基因并解析其合成途径；然后设计合成途径并组装入植物或微生物细胞工厂，完成细胞工厂的构建；最终将构建好的细胞工厂进行大规模工业生产，并分离提纯，获得药用植物功效成分。

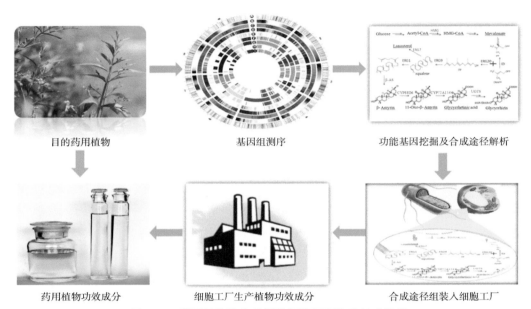

目的药用植物　　　　　　基因组测序　　　　　功能基因挖掘及合成途径解析

药用植物功效成分　　细胞工厂生产植物功效成分　　合成途径组装入细胞工厂

图 10-1　药用植物次生代谢物细胞工厂生产技术路线

10.2　运用微生物细胞工厂生产药用植物次生代谢物

10.2.1　关键酶基因筛选与鉴定

　　关键酶是药用活性成分异源合成的基础。目前，编码关键酶基因的筛选方法与策略主要包括基因组测序、基因簇分析、基因共表达分析等。基于上述分析方法，筛选参与药用植物体内目标活性成分合成代谢途径中的关键酶，结合化合物结构信息，可以推测参与该途径的其他酶，从而推测整个代谢途径。

　　基因组测序技术迅速发展，使得植物基因组的测序变得更简便。目前已对 500 多种植物的基因组进行了测序，包括常用的药用植物。通过基因组测序可以获取植物体内控制其遗传性状和代谢产物合成的基因序列，对物种内的不同个体进行基因组测序，可以在全基因组水平上发现不同个体之间的差异基因，结合其个体间的代谢产物差异，从而推测参与代谢产物生物合成的基因功能。分析不同类别活性成分的生物合成途径以及参与其合成的基因元件，并对这些途径进行分类和聚类，对同类天然产物生物合成途径基因元件的发现非常重要。基因组测序的预期积累将为分析生物合成途径和基因簇的进化提供前所未有的机会，也有助于了解植物的分子多样性是如何在数百万年前构建的。

1. 基因簇分析

基因簇（gene cluster）指基因家族中的各成员在染色体中紧密成簇排列成的重复单位，其往往位于染色体的特殊区域。基因簇少则可以是由重复产生的两个相邻相关基因组成，多则可以是几百个相同基因串联排列而成，它们是同一个祖先基因的扩增产物。也有一些基因家族的成员在染色体上排列并不紧密，中间还含有一些无关序列，但总体是分布在染色体上相对集中的区域。

目前，科研人员已经设计了多种适用于细菌和真菌基因组的生物合成基因簇鉴定的算法。但是，这些算法并不一定适用于植物基因组。具体而言，在微生物中，编码骨架化合物的基因（如聚酮化合物或萜烯合成酶基因）一般是被基因簇包围的，基因簇中存在其他基因，这些基因往往参与骨架化合物进一步修饰或者生物催化。相反，植物中骨架化合物合成酶的基因一般不以基因簇的形式存在，而是以基因串联拷贝的形式存在，且基因串联拷贝中并不存在代谢途径中后续催化步骤的编码基因。此外，许多微生物定向算法假设所有生物合成基因簇包含编码"骨架化合物"酶的基因（比如产生肽、聚酮化合物或萜烯骨架）。然而，一些植物"骨架化合物"的反应实际上是对主要代谢"骨架化合物"如氨基酸的修饰，因此不一定与一个特定的"骨架化合物"酶家族相关联。植物生物合成基因簇的复杂性在于其合成途径基因元件分散在更大尺度的基因组上，比如番茄碱、茄碱和葫芦素等的基因簇。因此，如果所开发算法中生物合成途径仅涉及骨架化合物合酶，而没有其他类型基因，那么在药用植物基因簇的鉴定上并不适用。

为了克服这些问题，用于检测植物生物合成途径的算法应该包含鉴定编码生物合成酶尽可能多的基因的功能，而不仅仅是编码产生骨架化合物合酶的基因的功能。为了鉴定植物基因簇，需要精心构建一个全面的序列模型目录，用于检测参与专门代谢的酶编码基因。此外，当遇到编码相同超家族酶的基因组基因座时，应实施智能检查以评估这些酶是否彼此不同以及可能催化不同的反应，例如，评估它们的总氨基酸序列相似性或酶活性位点周围氨基酸的相似性。此外，将超大酶家族（例如 CYP450）详细计算细分其组成，将有助于鉴定基因组中不同亚类的存在，并预测它们在编码生物合成途径中的潜在功能。

植物中第一个被描述的次生代谢基因簇是 1997 年 Frey 等（1997）在玉米中发现的一种防御性化合物的生物合成相关基因。Farhi 等（2011）检查了 13 个拟南芥 OSC 基因的基因组区域发现，其中一个区域可能包含 4 个基因，其中 1 个 OSC 基因（*At5g48010*），2 个 CYP450 基因（*At5g48000* 和 *At5g47990*）和 1 个 BAHD 家族酰基转移酶（ACT）基因（*At5g47980*），这些基因成簇存在且表达趋势高度相关，因此推断这些基因在功能上具有相关性。通过分别过表达上述 P450 酶和 ACT 酶发现，这些基因连续共表达，且其编码的生物合成酶是拟南芥宁醇合成和修饰的三个连续步骤所必需的。

2. 基因共表达分析

基因共表达分析是一种通过使用大量基因表达数据构建基因间的相关性，进而挖掘功能基因的一类分析方法。在很多情况下，有着相似行为或相似变化的物质，会存在着一定的联系。在生物体中，存在于同一个通路的基因在表达上会表现出共表达的趋势，通过这个特性可以进行功能基因注释及鉴定。基因共表达分析通过推测基因产物间的相互作用关系，了解基因间相互作用脉络来寻找核心基因。

植物代谢途径的基因往往受到严格的调控。一些代谢产物仅在指定细胞组织或特定发育阶段合成，有些代谢产物还会在虫害、病原体攻击或诱导剂处理的条件下合成。活性成分合成相关代谢途径上的基因经常存在共表达现象，因此，基于已知基因的表达情况，在相同条件下对其共表达的基因进行分析，是筛选活性成分代谢途径基因元件的重要方法。例如，通过使用 P450 编码基因表达数据分析鉴定与其共表达基因信息，阐明拟南芥中的 4- 羟基吲哚 -3- 羧基腈合成途径便是运用共表达分析鉴定次生代谢物生物合成基因的典型范例。

除了使用与已知基因进行共表达分析外，共表达网络分析也是鉴定生物合成途径的常用工具。基因共表达网络是基于基因之间表达的相似性而构建的网络图。在这样的网络中，每个基因由一个节点表示，具有相似表达谱的基因被连接起来形成网络。共表达网络通过基因表达的相似性分析基因产物间的关系，进而了解基因间的相互作用及寻找核心关键基因。共表达网络分析的难点在于，在许多实验中，大量基因彼此相关，但其关联机制不清晰。通过对某些途径或组织间进行差异表达分析，然后仅针对差异基因构建共表达网络；或者仅考虑与特定代谢相关的蛋白基因，这样可以降低网络的复杂性。最后，加权网络分析算法（WGCNA）、马尔可夫聚类算法（MCL）等算法可用于将复杂网络分解成小群集，可以单独研究特定生物合成相关基因的存在。此外，还可以利用物种之间表达的进化变异来降低共表达网络的复杂性，从而鉴定基因的功能。

10.2.2　代谢途径重构

通过在异源底盘细胞中重构药用植物次生代谢物的生物合成途径，在异源生物细胞中合成药用植物功效物质，有利于验证各种基因的功能，有助于理解细胞的代谢行为和生命现象，同时也是实现细胞工厂合成植物次生代谢物的第一步。次生代谢物生物合成通路常包含多个编码基因，异源底盘细胞重构次生代谢物通路首先需要将这些基因进行克隆并组装在一个质粒载体中，因此，多基因克隆或多基因组装技术是代谢通路构建中的难点。科研人员也对此做了许多工作。如，Shao 等（2009）发明了一种 DNA 重组方法——DNA 组装（DNA assembler），该方法可利用酿酒酵母内在同源重组机制一步组装完整次生代谢产物合成途径。作者用此方法快速组装了 D- 木糖利用途径（由 3 个基因组成的 9kb DNA）和玉米黄质生物合成途径（由 5 个基因组成的 5kb DNA），以及将 D- 木糖利用途径和玉米黄质生物合成途径组装在一起（由 8 个基因组成的 19kb DNA），整合到酵母染色体上的效率高达 70%。2016 年，Jin 等发明了一种新的无缝克隆方法——利用耐热核酸外切酶和连接酶 DNA 组装法（DNA assembly method using thermostable exonucleases and ligase，DATEL）。此方法将设计具有重叠的 5′ 磷酸化 DNA 片段置于同一反应中，在变性和退火后，相邻 DNA 片段突出的重叠端互补并形成发卡结构，剩余的 ssDNA 被 Taq 聚合酶完全消化，3′ 端同理，以此精确连接目的片段。该团队使用此方法在大肠杆菌中快速构建了 β- 胡萝卜素的合成路径，在该途径中，大肠杆菌通过 MEP 途径合成 IPP，IPP 及其同分异构体 DMAPP 在 FPP 合成酶 Isp A 的催化下经两步连续反应合成 FPP，再通过 crt E 编码的 GGPP 合成酶产生 GGPP，接下来由八氢番茄红素合成酶（Crt B）催化两分子的 GGPP 形成无色的八氢番茄红素，在八氢番茄红素脱氢酶（Crt I）作用下，生成红色的番茄红素，再由番茄红素环化酶（Crt Y）催化生成黄色的 β- 胡萝卜素。然后引入一个核糖体结合位点（RBS）来调控该代谢途径中的 crt E、crt B、crt I、crt Y 基因，最终该大肠杆菌可产 β- 胡萝卜素 3.57g/L。

10.2.3　基因编辑

天然产物代谢途径十分复杂，同一前体物质可最终形成多种次生代谢物。如果可以控制前体物质较少流入甚至不流入竞争支路，便可获得更多的目的产物。CRISPR/Cas9 是一种革命性基因编辑技术，其功能强大，可以用来实施 DNA 删除、添加、抑制或激活目标基因，因此，CRISPR/Cas9 是控制前体物质代谢流的理想工具。

早在 1987 年，Ishino 等（1987）便首次在大肠杆菌基因组中发现 CRISPR 和 Cas 基因，但由于技术的限制，并未阐明其生物学意义。2015 年，Keasling 等运用 CRISPR/Cas9 同时对酵母 bts1、ypl062w、yjl064、rox1、erg9p 基因进行编辑，研究发现即使没有在甲羟戊酸途径中过表达任何基因，同野生型酵母相比，基因编辑后的酵母菌株甲羟戊酸浓度增长了 41 倍，此研究结果验证了在酵母中利用 CRISPR/Cas9 进行次生代谢通路编辑的可行性。Zhao 等（2018）开发了一种无须新 gRNA 质粒的 CRISPR/Cas9 一步法基因组编辑技术（CAGO）。首先，将一个含有特殊"N20PAM"序列的编辑片段通过同源重组的方式整合到基因组上，再利用 CRISPR/Cas9 与 red 同源重组技术，在插入位点实现基因组内部同源重组，从而实现基因组无痕编辑。该方法可以在无 PAM 和 CRISPR 耐受的区域实现非脱靶编辑，编辑过程仅需要合成一个编辑片段，在通用的 pCAGO 质粒的帮助下便可完成编辑，无须构建 gRNA 质粒。该方法的构建为合成生物学研究提供了一个简单有效新技术手段，大大简化了 CRISPR/Cas9 技术，降低了其使用门槛。2019 年，尼尔森（Nielsen）等开发了一种称为 GTR-CRISPR（gRNA-tRNA array for CRISPR-Cas9）的新技术，该技术利用 tRNA 序列将多个 gRNA 串联表达，极大地提高了在酿酒酵母中的基因编辑数目和效率。该团队利用此技术，简化了酵母脂质代谢网络，仅在 10 天内就完成了对 8 个基因的删除，游离脂肪酸产量提高了约 30 倍。表 10-3 为目前已发表的在酿酒酵母中编辑效率较高、数目较多和速度较快的基因编辑体系。

表 10-3　酵母 CRISPR 基因编辑技术研究进展

CRISPR 技术	一次编辑基因数量	成功率	Cas9 蛋白	周期	参考文献
CRISPRm	1～3	81%～100%	否	8～10 天	Ryan et al.，2014
HI-CRISPR	3	100%	否	10～13 天	Zhao et al.2015
CasEMBLR	1～5	50%～100%	是	11～13 天	Jakoci et al.2015
CRISPR by Mans and Rossum	6	65%	是	8～9 天	Mans et al. 2015
CAM	3	64%	是	5 天	Walter et al.2016
CRISPR by Generoso	2	＜15%	否	2 天	Cardosogeneroso et al.2016
CRMAGE	3	99.7%	是	2 天	Ronda et al.2016
CAGO	2～3	40%～100%	否	3 天	Zhao et al.2017
CFPO	4	70%	否	4 天	Zhu et al.2017
Csy4-basedCRISPR	4	96%	是	11～13 天	Ferreira et al.2017
GTR-CRISPR	8	87%	否	6～7 天	Zhang et al.2019
Lightning GTR-CRISPR	4～6	60%～96%	否	3 天	Zhang et al.2019

10.2.4　底盘细胞构建

药用植物次生代谢物的合成生物学是在微生物原本代谢通路的基础上，整合次生代谢物合成的相关基因，构建目的产物的底盘细胞。这个过程常用的微生物有大肠杆菌、酿酒酵母、枯草芽孢杆菌等。

1. 大肠杆菌

大肠杆菌是最简单的模式生物，其遗传背景清晰、生长周期短、易于操作。大部分 DNA 重组技术以及分子生物学工具都是先在大肠杆菌中试验应用，然后推广到其他生物中，因此，其作为合成生物学的底盘菌株有着其他生物无可比拟的优势。斯特凡诺普洛斯（Stephanopoulos）课题组将强效抗癌药物——紫杉醇合成途径进行多元模块化研究，将紫杉二烯代谢途径分为两个模块：形成上游异戊烯基焦磷酸的甲基赤藓糖醇磷酸（MEP）途径和形成异戊二烯的下游途径。通过优化中间基因的表达以及代谢通量，改造后的大肠杆菌发酵葡萄糖生产紫杉醇的前体——紫杉二烯的能力与改造前相比提高了 15 000 倍，达到了 1g/L。Wang 等（2018）将完整的黄芩素和野黄芩素的代谢通路整合到大肠杆菌中，然后对该途径进行优化，最终大肠杆菌可产黄芩素 23.6mg/L 和野黄芩素 106.5mg/L。

2. 酿酒酵母

酿酒酵母为安全的模式生物且能够高效表达单加氧酶 P450 基因，通过重组酿酒酵母基因，使其发酵生产植物源天然药物已成为微生物发酵法的研究热点。P450 氧化酶 CYP71AV1 是催化青蒿二烯向青蒿酸转化的关键酶，虽然前期青蒿二烯在大肠杆菌中的产量高达 27g/L，但由于 P450 氧化酶在大肠杆菌中不能高效表达，含有 *CYP71AV1* 的重组大肠杆菌最终仅能合成 1g/L 的青蒿酸，即转化率只有 4% 左右。Keasling 等（2006）通过对酵母中的 MVA 途径的调整、关键基因表达的优化、前体物 FPP 代谢支路的削弱，结合氧化酶 *CYP71AV1* 基因的过表达，成功构建高效合成青蒿酸的酵母菌株。通过对发酵条件进行优化，青蒿酸的产量提高到 2.5g/L。研究者通过在合成青蒿二烯酵母菌株中表达三个催化青蒿二烯向青蒿酸转化的基因（细胞色素 *b5* 基因、青蒿醇脱氢酶基因、青蒿醛脱氢酶基因），同时优化 *CYP71AV1* 辅助还原酶 CPR1 的表达量和发酵过程，使青蒿酸产量提高到 25g/L。

3. 枯草芽孢杆菌

枯草芽孢杆菌是国内研究最早的微生物之一，其具有强大的分泌系统，可以通过特殊的运输机制将其体内表达的蛋白或多糖运输到体外，只需处理发酵液上清便可收集目的产物，避免了繁琐的破碎细胞过程。启动子是控制代谢途径的最重要和最基本的工具之一，然而，以往的研究主要集中在枯草芽孢杆菌中一些天然启动子的筛选和鉴定。研究人员首次在枯草芽孢杆菌中"从头"设计合成人工启动子文库，对其代谢网络优化，以肌苷生产菌株为出发菌，利用弱启动子弱表达肌苷生产菌株的嘌呤途径必需基因 *purA*，使肌苷产量提高了 7 倍，且对工程菌的生长无影响；利用强启动子 *TP2* 过表达木聚糖酶基因 *xynA*，提高了木聚糖分解和利用能力。在以木聚糖为唯一碳源的培养基中，乙偶姻工程菌株表现出更好的生长能力，且乙偶姻产量提高 44%。

10.2.5　代谢网络调控

药用植物细胞合成技术即在对药用植物复杂代谢路径解析较为清楚的基础上，结合底盘细胞自身的代谢途径，对目标代谢途径进行复制或转移，或根据现有目标成分或中间体的化学结构，在底盘细胞中重新集成一条新的代谢途径。无论是原有代谢路径的转移还是新代谢途径的创建，其在工程菌株中的生物合成都不是相互孤立单一的，而是相互交错而成的一个动态平衡的代谢网络，在构建工程菌株的同时，需从整体上对其代谢网络进行优化调控，以期更有利于目标药用成分的合成及积累。

1. 静态调节

RBS 位点（核糖体结合位点）是控制翻译起始的关键区域，也是调节翻译强度的重要元件。通过寻找或人工设计适宜的 RBS 可以增强蛋白表达，从而提高目的产物产量。Sun 等（2016）使用谷氨酸棒杆菌 *ATCC* 21850 作为代谢工程底盘菌株，将来自紫色杆菌的 vio 操纵子在组成型启动子的驱动下过量表达，紫色杆菌素产量达 532mg/L。因紫色杆菌素具有细胞毒性，组成型表达对细胞生长产生负面影响，当使用诱导型启动子表达 vio 操纵子，结合恰当的发酵条件后，紫色杆菌素产量进一步提升至 629mg/L。由于 vio 操纵子的经济编码特性，*vio* 基因的 RBS 被替换为强链球菌的 RBS，并将延伸的表达单元组装成一个合成操纵子。通过该策略，发酵获得了 1116mg/L 紫色杆菌素。然后通过优化发酵时间、浓度、培养基组成和发酵温度等，最终将紫色杆菌素发酵浓度提升到 5436mg/L。

2. 动态调节

微生物发酵生产目的产物的过程中往往会产生许多不必要的副产物，副产物的产生不仅消耗前体物质，同时也增加了目的产物的提取难度。使用动态调节策略来调控代谢产物浓度和代谢途径通量，可获得更多的目的产物，例如，将法尼基焦二磷酸（FPP）响应性启动子整合在紫穗槐二烯生物合成途径中，并转入大肠杆菌中以降低毒性前体 FPP 的积累。筛选对细胞内 FPP 水平有响应的内源性大肠杆菌启动子，该启动子与上游 FPP 产生途径中的 8 种酶的表达呈负反馈调节，而对紫穗槐 -4, 11- 二烯合酶的表达呈正反馈调节，从而将 FPP 高效转化为紫穗槐二烯。这种动态调控策略使紫穗槐二烯的产量从 700mg/L 增加到了 1.6g/L。2018 年，研究人员在大肠杆菌中构建了己二烯二酸（MA）启动子调控系统，在不存在 MA 的情况下，两个 MA 响应转录因子（CatR）形成一个四聚体，然后与 26bp 的抑制序列（*rbs*）和 14bp 的激活序列（*abs*）序列结合使 DNA 弯曲，并阻断 RNA 聚合酶 Rep 激活 *catBCA* 启动子，关闭基因 *catBCA* 的转录。在 MA 的存在下，MA 引发 CatR 构象变化，从而减轻 DNA 弯曲并使 RNA 聚合酶激活 *catBCA* 的转录。然后结合 RNAi 技术，形成双功能动态调控代谢网络技术，最终使 MA 产量达到 1.8g/L。

3. 混菌发酵

随着合成生物学的发展，单一底盘菌株含有过多人工合成代谢途径的基因会导致底盘菌株代谢负荷越来越大，利用两种或多种菌种对这些代谢网络进行分工合作，可以减轻菌株的代谢负荷，完成更复杂的代谢调控，从而提高效率。Liu 等（2017）报道的混合发酵实验中，大肠杆菌可将葡萄糖转化为乳酸，提供碳源和电子；枯草芽孢杆菌生产核黄素并为瓦氏菌提供将乙酸氧化为乙酸酯所需的能量；乙酸氧化为乙酸酯的过程可为大肠杆菌和枯草芽孢杆菌提供碳源。这三种微生物形成了交叉喂养的微生物联合体。在瓦氏菌、枯草杆菌和大肠杆菌的联合作用下，11mmol 葡萄糖转化为 17.7mmol 乳酸，乳酸产量提高了 10 倍以上；枯草芽孢杆菌产生 28.3mol 核黄素，提高了 1.5 倍，这种"分工合作"使乳酸和核黄素的生产达到最佳水平。Zhou 等（2012）将细胞色素 P450 紫杉烯 5α- 羟化酶（5αCYP）及其还原酶（5αCYP-CPR）基因转入酿酒酵母细胞中表达，用来催化紫杉醇生物合成途径中的第一步氧化反应。将含有 5αCYP 和 5αCYP-CPR 的酿酒酵母与产紫杉烯大肠杆菌混合，并以葡萄糖为唯一碳源培养 72h 后，含氧紫杉烷产量达 2mg/L。当仅培养大肠杆菌或酿酒酵母时，未产生含氧紫杉醇类化合物。然而，由于酵母利用碳源葡萄糖时产生的乙醇抑制了大肠杆菌的生长代谢，混合培养时大肠杆菌的细胞密度和紫杉烯的浓度显著降低。为了克服这个问题，研究者试图将葡萄糖换成木糖，但大肠杆菌代谢木糖产生的乙酸对它自己的生长有抑制作用。另外，酵母不能代谢木糖，但可以使用乙酸生长代谢并且不产生乙醇。因此，将酿酒酵母与大肠杆菌在木糖培养基中混合发酵，酿酒酵母将会利用大肠杆菌代谢木糖产生的乙酸进行生长繁殖，又能消减乙酸对大肠杆菌的生长抑制。大肠杆菌的细胞密度和紫杉烯的浓度变化较小。然后调节代谢通路和发酵优化，最终含氧紫杉烷的产量达到了 33mg/L。混菌发酵体系已成为合成生物学的前沿之一，是合成生物学第二次浪潮的重要研究方向。

10.3　药用植物次生代谢物植物细胞工厂合成

相较于微生物，植物自身的催化系统更有利于天然产物相关基因的正确表达，比如可以直接向植物中引入强启动子驱动的萜类合酶，实现萜类的生产，这种代谢工程不仅用于高效生产萜类化合物，还可用于提高植物香味和口感，增强植物的抗病和抗虫能力等。

10.3.1　烟草底盘细胞及转化体系

烟草作为表达外源基因的模式植物是在实验室中应用最广泛，也是最成功的底盘植物。其具有转化体系成熟，易成活，生长周期短，并能够快速产生大量的种子用于种植等诸多优势，为大规模生产目标成分提供可能性。

Farhi 等（2011）在 pSAT 载体上同时整合紫穗槐 -4, 11- 二烯合酶（ADS）、细胞色素 P450 家族的还原酶（CPR）、CYP71AV1 羟化酶以及青蒿醛双键还原酶（DBR2）4 个基因，并通过农杆菌转化技术首次实现了青蒿素在烟草中的异源合成。研究者进一步利用过表达甲羟戊酸（MVA）途径限速酶 3- 羟基 -3- 甲基戊二酰辅酶 A 还原酶（tHMG）增加青蒿素的前体物质，同时运用质体信号肽将 ADS 定位到线粒体上的方式，使烟草中青蒿素含量达到 6.8μg/g。该工作展现了利用烟草作为底盘植物进行青蒿素合成的可能。Fuentes 等（2016）将青蒿酸合成途径的完整基因全部整合到烟草叶绿体的基因组中，同时引入辅酶 CYB5、ADH1、ALDH1 和 DBR2 促使青蒿酸更有效的合成，最终获得了 120mg（以 1kg 生物量计）青蒿酸。Malhotra 等（2016）把在烟草细胞中合成青蒿素的途径进行模块化：先利用信号肽 cox4 与 *ADS* 融合表达，将 *ADS* 定位在线粒体中，再通过质体导肽将 *CYP71AV1*、*CPR*、*DBR2* 定位在叶绿体内，最后在叶绿体中引入酵母的完整 MVA 途径来增加萜类前体供应，最终获得 0.8mg/g 干重的青蒿素。

10.3.2　番茄底盘细胞及转化体系

番茄作为生产药用植物次生代谢物的底盘植物，具有口感好、产量高、价廉、方便储存和运输，甚至不需纯化加工，直接作为药食同源食用等优点。

英国植物代谢工程专家凯西·马丁（Cathie Martin）团队以番茄为底盘，将拟南芥的转录因子 AMYB12 在番茄中进行过表达，将番茄中黄酮醇等物质的含量大幅提高到 100mg/g 干重。Tohge 等（2015）在番茄中引入金鱼草来源的转录因子 Delila 和 Rosea1 后，检测到花青素和苯丙类黄酮衍生物的含量都有所增加。随后该团队通过在番茄中引入拟南芥来源的黄酮特异性调控因子 AtMYB12 后，将黄酮类化合物和对羟基肉桂酸乙酯的含量提高到了果实干质量的 10%。

10.3.3　其他植物底盘细胞及转化体系

藻类基因组相对简单，遗传背景清晰，易于进行遗传转化及基因组编辑。研究人员将 *ADS*、*CYP71AV1*、*ADH1*、*DBR2* 和 *ALDH1* 5 个基因在苔藓中共表达后，经过进一步的光氧化反应，成功在苔藓中合成青蒿素，青蒿素产量为 0.21mg/g。Anterola 等（2009）将红豆杉来源的紫杉二烯合酶转入小立碗藓中表达，获得了合成紫杉二烯 5μg/g 的转基因植株。

水稻是常用的模式植物，也是世界上最主要的粮食作物之一，因此，改善水稻营养价值具有重要意义。Ye 等（2000）将来源于水仙花的八氢番茄红素合成酶基因 *psy* 在胚乳特异性启动子驱动下、噬夏孢欧文菌的 β- 胡萝卜素去饱和酶基因 *crtI* 在花椰菜花叶病毒（CaMV）35S 启动子驱动下和潮霉素抗性基因 *aphIV* 共转化水稻后，在水稻胚乳质体中成功合成番茄红素。该团队又构建了载体 pZPsC 和 pZLcyH 用于水稻共转化。其中，载体 pZLcyH 含有水仙花的番茄红素 β- 环化酶及筛选标记基因；载体 pZPsC 仅携带 *psy* 和 *crtI*，但缺乏可选择的标记 aphIV 表达盒。将这两个质粒共同转进水稻后，获得的"一代黄金大米"胚乳中类胡萝卜素含量为 1.6μg/g。Paine 等（2005）用玉米 *psy* 基因替代"一代黄金大米"中水仙花 *psy* 基因，获得的"二代黄金大米"胚乳中类胡萝卜素含量提高了 23 倍，平均达到 25μg/g，最高达到 37μg/g。

10.4　结　　语

如今，运用合成生物学生产药用植物功效成分已取得了一定的发展，但仍存在一些问题需要克服。

①天然产物代谢复杂及解析方法技术的不完备限制了代谢途径的解析效率。植物天然产物代谢途径往往呈交叉网络状，牵一发动全身，甚至受时空影响，大大增加了其解析难度；解析天然代谢途径需要做大量的工作及新技术的支持。生物信息学的快速发展为寻找代谢通路中的相关基因簇做出了巨大贡献，但目前代谢组学等的发展限制了其功能基因的验证效率。因此，目前首要任务是加快代谢组学和基因组学方法技术的创新，提高鉴定功能基因的效率。②基因元件数量少、异源表达效率低且模块化与标准化不完善是重构代谢途径的障碍。目前虽然已建立基因元件库，但其中的基因元件数量与自然中基因元件资源相比仍是冰山一角。植物中的基因元件转入异源微生物中后催化效率较低，如细胞色素 P450 酶（CYP）活性的发挥往往需要细胞色素 P450 氧化还原酶（CPR）的协助，而大肠杆菌中并没 CPR；相对来说，酵母表达系统自带 CPR，具有一定的优势，但仍需要注意 CYP 的偏好性，以保证其能高效表达。通过蛋白定向进化、代谢突变、基因编辑等手段对基因元件进行模块化和标准化修改，将基因元件变为可"即插即用"的标准"零件"，有利于代谢通路的简约化设计和工程化构建。③营养物质在底盘细胞中更多地是流向了初级代谢流，只有很少一部分才流向目的代谢流。如碳流在酵母细胞中主要流向了乙醇合成途径，合成天然产物则希望碳流少流入甚至不流入乙醇合成途径，更多地流入目的代谢流。将底盘细胞基因组简化，将会大大改善这种情况。目前有"自上而下"和"自下而上"两种手段来实现此目的，即在原有的基因组上敲除非必需基因和人工合成基因组来获得最简基因组。但基因组的简化会影响正常的细胞功能，因此，找到两者的平衡点至关重要。目前设计最简基因组还处于比较初期的阶段，仍然需要更多的研究。

案例 1　大麻素的微生物合成

1. 背景

大麻素（cannabinoids）是仅存在于大麻中的一类药用活性分子，具有镇痛消炎、抗癫痫抗焦虑等药用功效。由于大麻的种植和研究受到严格的法律管控，因此，同其他药用植物比较，大麻中大麻素生物合成相关研究进展缓慢。2018 年，美国食品和药品监督管理局批准了一种名为 Epidiolex 的药物用于治疗两种儿童罕见癫痫症，该药的有效成分便是大麻素中的大麻二酚（CBD）。值得注意的是，这是美国卫生监管机构批准的第一种大麻处方药。这个里程碑事件促使人们对大麻进行更广泛的研究。如今，工业大麻及大麻二酚在全球逐步合法化，其药效显著，市场前景巨大；全球大麻二酚产业价值在 2019 年达到 57 亿美元，到 2021 年达到 181 亿美元。人们对一些大麻素及其衍生物在医学方面的潜在应用进行了广泛的研究，某些大麻素配方已经在多个国家和地区被批准为处方药，用于治疗一系列人类疾病。但其结构的复杂性，限制了大麻素的高通量化学合成。为了改变这一现状，科研人员尝试运用生物合成方法来生产大麻素。

2. 研究方法

Keasling 等研究人员选择酵母作为底盘细胞，通过将外源基因稳定整合到酵母染色体，在酵母中构建了以半乳糖和己酸为底物的橄榄酸生物合成途径（图 10-2）。该途径包含一种四酮化合物合酶（*C. sativa* TKS；CsTKS）和一种橄榄酸环化酶（CsOAC），大麻素合成途径中的其他关键酶见表 10-4，其可用来生产大麻素中间体——二羟基戊基苯甲酸（olivetolic acid，OA），含有该代谢途径的工程酵母菌株通过半乳糖发酵可以产生 0.2mg/L 的 OA。酵母内源性酰基活化酶（AAE）可将己酸转化为己酰辅酶A，己酰辅酶 A 是 OA 生物合成的初始底物之一。通过给上述工程酵母菌株饲喂 1mmol/L 己酸，使得 OA 产量增加了 6 倍（1.3mg/L）。作者进一步将大麻的 AAE（CsAAE1）引入上述酵母基因组，对己酸向己酰辅酶 A 转化途径进行优化。当对该工程菌株提供 1mmol/L 己酸时，所得菌株的 OA 产量增加到 3.0mg/L。

最后，该研究团队基于大麻转录组信息筛选到 *CsPT4* 这一关键基因，CsPT4 可催化香叶基焦磷酸（GPP）和橄榄酸生成大麻素合成前体物质大麻萜酚酸 CBGA。将 CsPT4 和大麻二酚合酶或四氢大麻酚合酶分别转化含有 CsTKS、CsOAC 和 CsAAE1 的工程酵母，经发酵成功获得四氢大麻酚等大麻素。

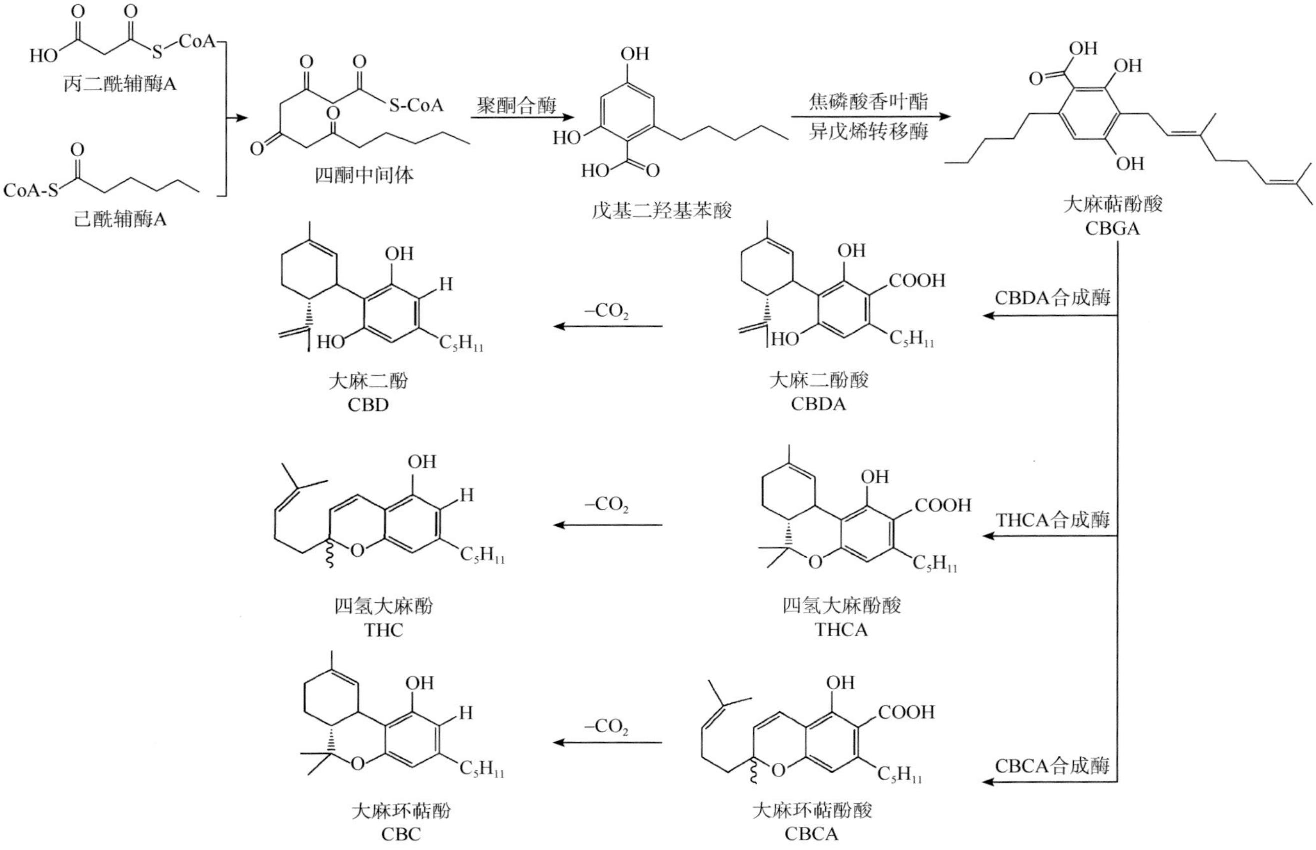

图 10-2 大麻素在酿酒酵母中的生物合成途径

表 10-4 合成大麻素的相关酶

酶	缩写	登记号	参考文献
AAEI 酰基激活酶 I	AAE1	AFD33345.1	Stout et al. 2012
DLS 橄榄醇合酶	OLS	AB164375	Taura et al. 2009
OAC 橄榄酸环化酶	OAC	AFN42527.1	Gagne et al. 2012
CBGAS 大麻萜酚酸合酶	CBGAS	US8884100B2[b]	Fellermeier and Zenk 1998
THCAS 四氢大麻酚酸合酶	THCAS	AB057805	Sirikantaramas et al. 2004
CBDAS：大麻二酚酸合酶	CBDAS	AB292682	Taura et al. 2007b
CBCAS：大麻环萜酚酸合酶	CBCAS	WO2015/196275 A1[c]	Morimoto et al. 1998
CsTKS：四酮化合物合酶	CsTKS	—	Taura，F. et al.2009
CsOAC：橄榄酸环化酶	CsOAC	—	Gagne，S. J. et al.2012
CsPT4：二羟基戊苯甲酸香叶基转移酶	CsPT4	—	Luo et al.2019

3. 研究结果

大麻萜酚酸（CBGA）是许多大麻素的前体，是由 OA 和 GPP 通过二羟基戊苯甲酸香叶基转移酶即 CsPT4 催化产生。通过生物信息学分析，在大麻的转录组中挖掘出一个编码二羟基戊苯甲酸香叶基转移酶的基因并将其引入 GPP 和 OA 的高产菌株，最终实现了 CBGA 的生物全合成。进一步通过在该菌种中引入对应的大麻素合成酶，完成了多种不同大麻素以半乳糖为初始底物的生物全合成。

4.亮点评述

基于上述方法生产大麻素，其主要的限制不在于胞内 GPP 的供给而是橄榄酸的供给，此外，胞内 CBGA 到 CBDA 的转化率较低，证明 CBDAS 也是 CBDA 合成途径中的限速步骤。

该研究解析了大麻素完整的代谢通路，并通过优化其代谢途径和饲喂不同的前体物质来提高大麻素的产量。通过生物合成的方法，仅使用发酵罐就能合成出高纯度、低成本且更环保的大麻素，这将使大麻素在临床医学中发挥更大的药用价值。

案例 2　灯盏花素的微生物细胞生产

1.研究背景

灯盏花素是从灯盏花中提取的以灯盏乙素为主，含少量灯盏甲素的黄酮类混合物，其被广泛地用于治疗心脑血管疾病。目前，灯盏花的植物供应已不能满足日益增长的市场需求。因此，迫切需要开发一种可持续的方式来确保灯盏花素的供应。

2.研究方法

2018 年，研究人员使用基因组分析解析了灯盏花素的生物合成途径，确定了两个关键酶，类黄酮 -7-O- 葡糖醛酸转移酶（F7GAT）和黄酮 -6- 羟化酶（F6H），它们可将芹菜素转化为灯盏甲素与灯盏乙素。研究者随后将灯盏花素的生物合成途径转入酵母细胞，建立酵母细胞工厂。灯盏花素在酵母中的合成途径见图 10-3。最初将相应生物合成途径的所有基因引入酵母后，虽然能产生灯盏花素的两种成分，但产量非常低，每克干细胞重量（DCW）仅有 9.2mg 的灯盏乙素。经研究者分析，灯盏花素生物合成量低的原因可能是由代谢初始底物丙二酰辅酶 A 含量低导致。丙二酰辅酶 A 是构成黄酮类化合物骨架的主要分子，其由乙酰辅酶 A 合成。乙酰辅酶 A 在酵母细胞中的浓度处于连续产生和消耗的动态变化。为了提高乙酰辅酶 A 向丙二酰辅酶 A 方向的代谢流，作者删除了胞质苹果酸合酶基因（*MLS1*）来减少乙酰辅酶 A 的消耗，从而防止乙酰辅酶 A 的相关氧化，通过该方法研究者将灯盏乙素的产量从 9.2mg/gDCW 提高到了 11.6mg/g DCW。研究者进一步删除了酵母菌株中的过氧化物酶体柠檬酸合酶基因（*CIT2*），删除 *CIT2* 可以降低乙酰辅酶 A 的消耗。*MLS1* 和 *CIT2* 双敲除菌株中进一步将灯盏乙素产量提高到了 14.3mg/gDCW。除了降低内源乙酰辅酶 A 的消耗，研究者还利用转基因方法向酵母细胞中过表达内源性乙醇脱氢酶基因

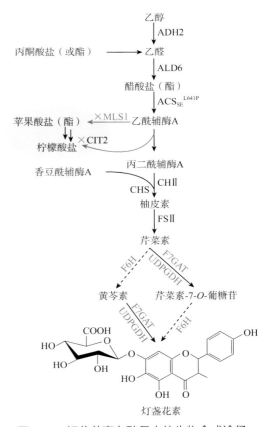

图 10-3　灯盏花素在酵母中的生物合成途径及代谢优化

（ADH2），过表达内源性乙醇脱氢酶基因（ADH2）可使更多乙醇转化为乙醛和乙酰辅酶 A。此外，过表达内源性醛脱氢酶基因（ALD6）和来自小肠链球菌（ACS$_{SE}$^{L641P}）的乙酰辅酶 A 合成酶变体可增加丙二酰辅酶 A 的代谢通量。由此该菌株可以产生 15.5mg/gDCW 的灯盏乙素。

3. 研究结果

在 3L 台式发酵罐中按比例发酵测试工程菌株。分批补料发酵 7 天后，灯盏乙素和灯盏甲素分别达到 108mg/L 和 185mg/L。灯盏花素的合成是先由 L- 苯丙氨酸经过苯丙氨酸氨解酶（PAL），肉桂酸酯 -4- 羟化酶（C4H）、4- 香豆酰 -CoA 连接酶（4CL）、查耳酮合酶（CHS）、查耳酮异构酶（CHI）和黄酮合酶Ⅱ（FSⅡ）催化生成芹菜素，再由类黄酮 -7-O- 葡糖醛酸转移酶（F7GAT）和黄酮 -6- 羟化酶（F6H）将芹菜素转化为灯盏甲素与灯盏乙素。

4. 亮点评述

该研究利用基因组学和转录组学揭示了灯盏花素合成途径的关键基因，并在酵母中构建了完整的灯盏花素合成途径，并通过代谢工厂与补料分批发酵等策略提高灯盏花素的产量。灯盏花素合成技术有望将灯盏花素从种植提取转为可持续工业化生产，成本数量级下降，为中药现代化提供新模式。

案例 3　甘草次酸微生物细胞生产

1. 研究背景

甘草次酸（glycyrrhetinic acid，GA）是齐墩果烷型三萜类化合物，存在于传统中草药甘草的根中，具有抗病毒、保肝、抗过敏和抗溃疡的特性。因此，甘草次酸已被广泛用于医疗和美容行业。目前，甘草次酸主要从甘草中提取，通过水解脱去葡糖醛酸而形成，整个过程效率低下且对环境有害，并导致大量浪费。如何更好地获得甘草次酸引起了越来越多的关注。

2. 研究方法

目前甘草次酸合成途径相对清晰，其在酿酒酵母中的合成途径见图 10-4，甲羟戊酸（MVA）途径生成的异戊烯二磷酸（IPP）和二甲基二磷酸（DMAPP）经过异戊二烯转化酶（ERG20）生成焦磷酸香叶酯（GPP），GPP 继续添加 1 分子 IPP，生成法尼基焦磷酸（FPP）。FPP 在鲨烯合成酶（ERG9）及环氧酶（ERG1）催化下生成 2, 3- 氧化鲨烯。β- 香树脂醇合成酶（β-AS）将 2, 3- 氧化鲨烯继续环化成 β- 香树脂醇。该反应是 GA 生物合成的第一反应。随后，两个细胞色素 P450 酶（CYP88D6 和 CYP72A154）催化 β- 香树脂醇 C-11 和 C-30 位点特异性氧化生成 GA。2015 年，Li 等首先通过过表达 IPP 异构酶、FPP 和角鲨烯合酶来增加角鲨烯的产量，从而将 β- 香树脂醇的产量提高了 49 倍。然后通过重建具有转录因子 UPC2 结合位点的启动子，有效地实现了对代谢途径的定向转录调控，再次将 β- 香树脂醇的浓度增加 65 倍。最后进一步使用乙醇分批补料发酵方法，最终将 β- 香树脂醇浓度提高至 138.80mg/L。随后，Sun 等通过进一步过表达酵母 MVA 途径的甲羟戊酸焦磷酸脱羧酶基因（ERG19）、甲羟戊酸激酶基因（ERG12）、3-羟基 -3- 甲基戊二酰 -CoA 合酶基因（ERG13）、磷酸甲羟戊酸激酶基因（ERG8）和异戊烯二磷酸酯异构酶基因（IDI1），促进酵母代谢流走向 β- 香树脂醇合成方向，最终将 β- 香树脂醇浓度提高 1 倍，达到 10.3mg/L。结合高密度发酵策略，该菌株其 β- 香树脂醇的产量可达到 157.4mg/L。β- 香树脂醇的合成与发展为 GA 的合成与发展打下了基础。

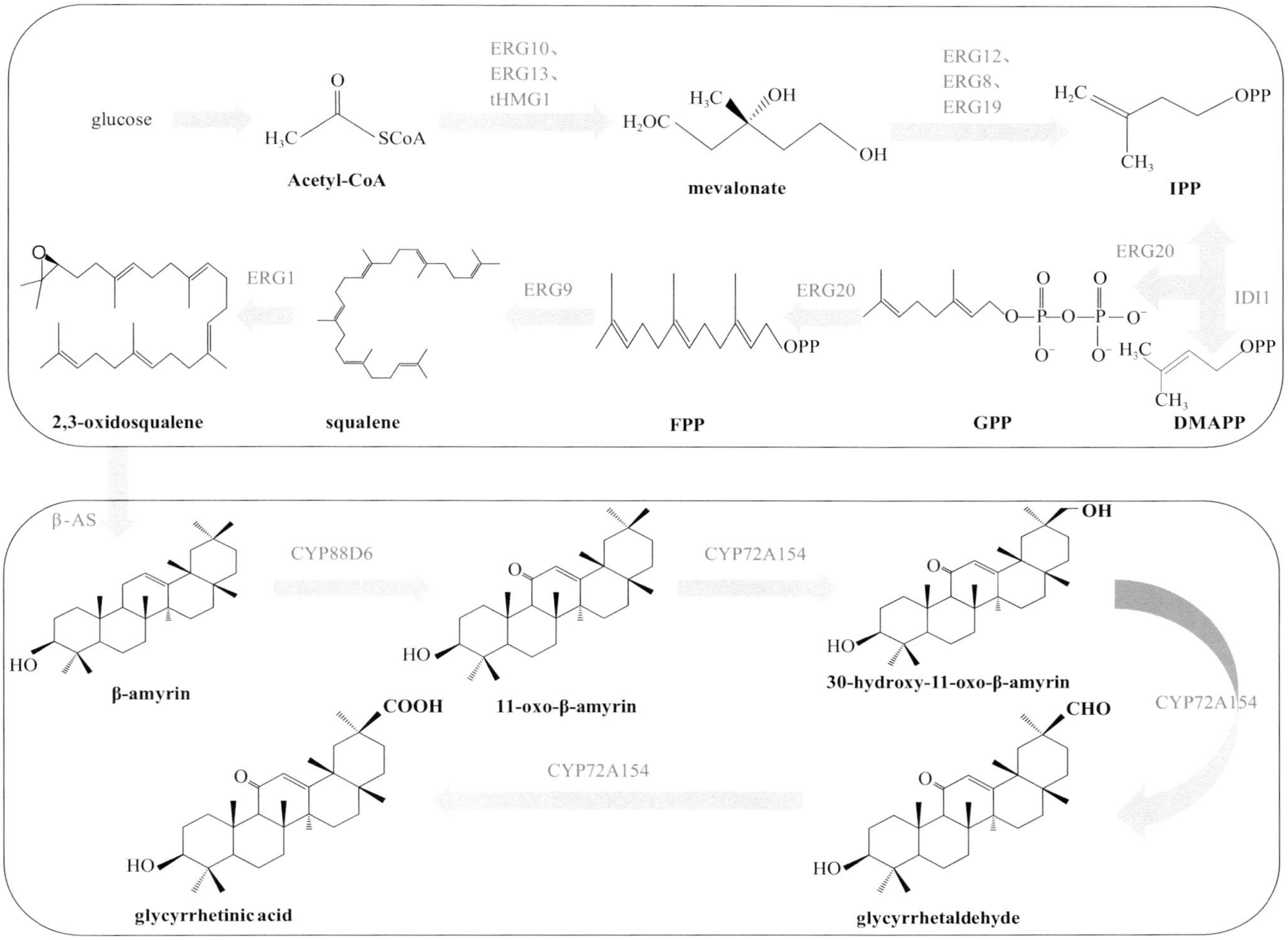

图 10-4　在酿酒酵母中构建的甘草次酸的生物合成途径（Wang et al.，2019）

ERG13：3- 羟基 -3- 甲基戊二酸单酰辅酶 A 还原酶合成酶；ERG8：磷酸甲羟戊酸激酶基因；ERG9：鲨烯合酶；ERG1：鲨烯环氧化酶；β-AS：β- 香树脂醇合成酶；ERG10：乙酰辅酶 A 酰基转移酶；tHMG1：截短的 3- 羟基三甲基戊二酸单酰辅酶 A 还原酶；ERG19：甲羟戊酸焦磷酸脱羧酶；ERG12：甲羟戊酸激酶；IDI1：异戊烯二磷酸酯异构酶；IPP：异戊烯基二磷酸；DMAPP：二甲基烯丙基二磷酸；GPP：香叶基焦磷酸；FPP：法尼基焦磷酸；ERG20：法尼基焦磷酸合酶；CYP88D6、CYP72A154：细胞色素单氧化酶；30-hydroxy-11-oxo-β-amyrin：30- 羟基 -11- 氧化 -β- 香树脂醇；glycyrrhetaldehyde：30- 醛基 -11- 氧化 -β- 香树脂醇；Acetyl-CoA：乙酰辅酶 A；mevalonate：甲羟戊酸；2, 3-oxidosqualene：2, 3- 氧化鲨烯；squalene：鲨烯；β-amyrin：β- 香树脂醇；11-oxo-β-amyrin：11- 氧化香树脂醇；glycyrrhetinic acid：甘草次酸；glucose：葡萄糖

　　Zhu 等（2018）通过引入高效的细胞色素 P450（CYP450：Uni25647 和 CYP72A63），并通过增加 Uni25647 的拷贝数将 11-oxo-β-amyrin 和 GA 的浓度提高至（108.1±4.6）mg/L 和（18.9±2.0）mg/L，与先前报道的数据相比，分别提升近 1422 倍和 946.5 倍。

　　2019 年，研究人员通过在工程酿酒酵母中引入 GA 整个生物合成途径，并对 CYP88D6 和 CYP72A154 的密码子进行优化，然后与拟南芥的 *β-AS* 基因和 *AtCPR1* 基因一起整合到酿酒酵母细胞中，所得的菌株可产生 2.5mg/L 的 β- 香树脂醇和 14μg/L 的 GA。在以上基础上引入来自甘草的细胞色素基因 *GuCYB5*，GA 的生产效率提高了 8 倍。经过分批发酵 GA 浓度又提高了 40 倍。最后通过分批补料发酵，最终产量进一步提高至 8.78mg/L，提高近 630 倍。

3. 研究结果

　　以上研究为酵母生产 GA 提供了一种有效的解决方案，并为利用代谢工程酵母生物合成其他三萜类化合物奠定了坚实的基础。

4. 亮点评述

甘草次酸合成途径相对清晰，通过优化代谢途径，构建融合蛋白，使用途径中的高活性关键酶等综合策略，均可有效的提高甘草次酸生产效率。通过鉴定寻找高效同工酶可有效提高限速步骤，同时 P450 的高效表达与 CPR 等适配表达也是影响甘草次酸产量的关键因素。上述酵母细胞工厂为甘草次酸的生产提供了一种绿色可持续的方法。

案例 4　黄芩素和野黄芩素微生物细胞生产

1. 研究背景

黄芩素（baicalein）和野黄芩素（scutllarein）是一类结构相似的黄酮类化合物。黄芩素主要存在于传统中药黄芩的根部，具有抗氧化、抗炎症、抗凋亡以及改善学习记忆能力等广泛的生物学活性。而野黄芩素则主要存在于菊科植物灯盏花中，具有消炎止痛、活血化瘀和祛风除湿等功效。目前，植物来源的黄芩素和野黄芩素供应不足，而化学方法因使用有毒化学物质和极端反应条件限制其工业化生产，因此，迫切需要开发异源宿主生产黄芩素和野黄芩素的方法，以满足饮食和临床需求。

2. 研究方法

黄芩植物中有两条合成黄酮的代谢通路，一条是地上组织合成芹菜素等黄酮化合物通路，另一条是根部合成黄芩素的汉黄芩素等黄酮化合物通路，如图 10-5 所示，Zhao 等（2016）表达纯化了 FNS II -1 酶，并证明芹菜素是由柚皮素在 FNS II -1 酶的催化下生成的。同时研究者证明了在黄芩地下根部肉桂酸通过

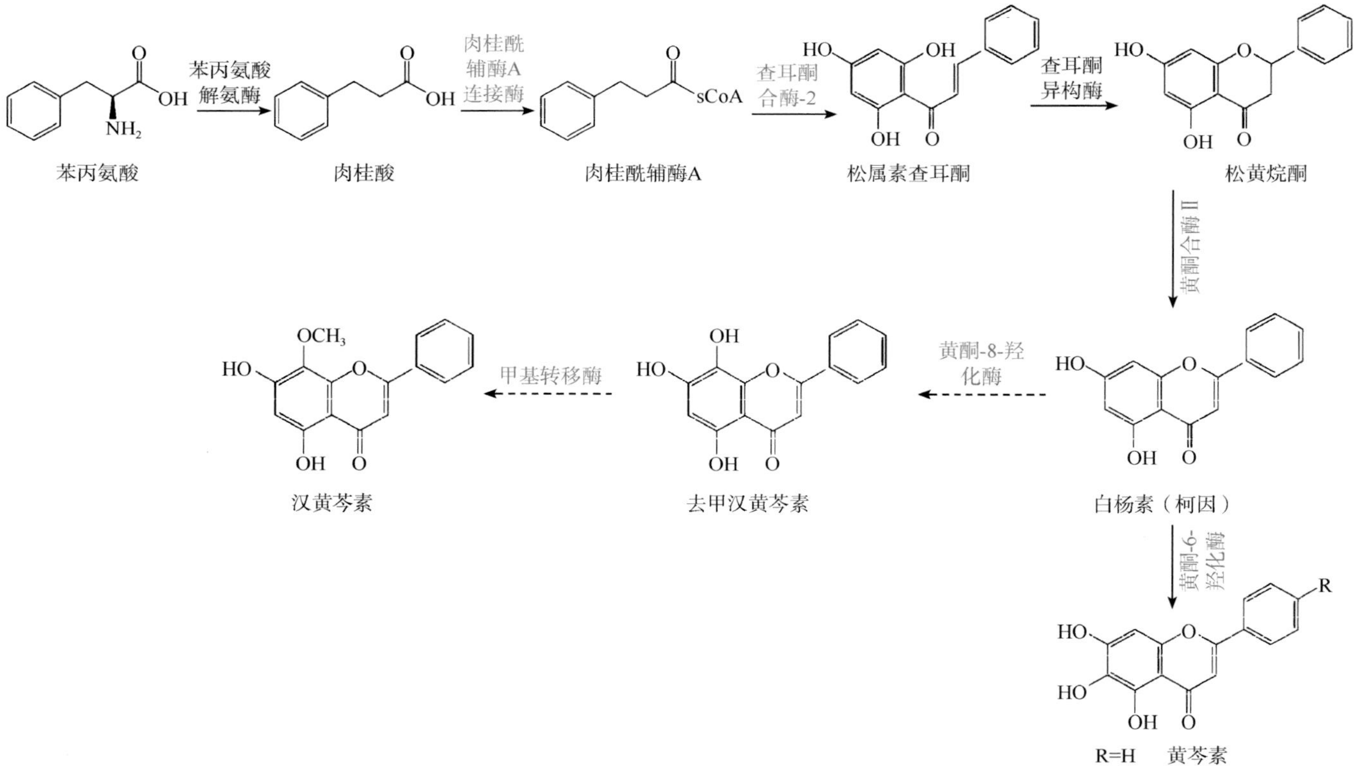

图 10-5　黄芩素和野黄芩素的代谢途径

CLL-7 催化生成肉桂酰辅酶 A，然后由查耳酮合成酶（CHS-2）与丙二酰辅酶 A 缩合形成松属素查耳酮，然后被查耳酮异构酶（CHⅠ）异构化生成松属素。黄芩黄酮合成酶（FNSⅡ-2）可将松属素转化为白杨素。2017 年该团队在以上基础上又分离和验证了两种 CYP450 酶，它们分别为黄芩中的黄酮 -6- 羟化酶（F6H）和黄酮 -8- 羟化酶（F8H）。F6H 对黄酮类如白杨素和芹菜素具有一定的底物杂泛性，负责黄芩素和野黄芩素的合成；F8H 底物特异性较高，只接受白杨素为底物，产生去甲基汉黄芩素。

Wang 等（2018）构建了一种能定向合成黄芩素或野黄芩素的大肠杆菌。研究者只需向该菌株提供苯丙氨酸或酪氨酸两种不同的前体，就可以获得这两种黄酮化合物。该团队首先将来自欧芹的 *4CL*、*FNSI*，红酵母的 *PAL*、矮牵牛的 *CHS*、苜蓿的 *CHI* 等 5 个基因转入大肠杆菌中，构建了产黄酮的重要中间体芹菜素的代谢通路。然后在以上基础上整合了黄芩来源的 *F6H* 及拟南芥来源的 *AtCPR* 基因，实现了黄芩素（8.5mg/L）和野黄芩素（47.1mg/L）的异源合成。大肠杆菌胞间丙二酰辅酶 A 的利用率通常是合成黄酮类化合物的瓶颈。因此，该团队通过过表达丙二酰辅酶 A 合成基因和脂肪酸合成基因 *fabF*，并引入三叶草根瘤菌来源的丙二酰辅酶 A 合酶基因 *matB* 与丙二酸盐载体蛋白基因 *matC*，最终大肠杆菌可产黄芩素 23.6mg/L 和野黄芩素 106.5mg/L。

3. 研究结果

黄芩素合成途径被完整解析并在大肠杆菌中合成，为异源合成黄芩素提供了理论依据和研究基础。

4. 亮点评述

上述研究通过向大肠杆菌中导入不同植物来源的基因元件，构建了黄酮的重要中间体芹菜素的合成模块。进一步通过导入黄芩素和野黄芩素合成的关键基因，实现了黄芩素与野黄芩素的异源合成。在此基础上，优化了黄芩素和野黄芩素重要前体丙二酰辅酶 A 的代谢通路，从而提高黄芩素和野黄芩素的产量。该研究为黄芩素和野黄芩素的规模化生产提供了一个不依赖植物提取的替代方案，也为其他黄酮类化合物的生物合成提供了可借鉴的策略。

案例 5　青蒿素的植物细胞生产

1. 研究背景

青蒿素（artemisinin）是一种具有广泛的抗疟活性的倍半萜内酯类衍生物，由屠呦呦先生及其团队从黄花蒿中分离得到。青蒿素的联合疗法（TACTS）是世界卫生组织推荐的用于治疗由恶性疟原虫引起的单纯性疟疾的方法。青蒿素由于其特殊的过氧环桥结构，使其大规模化学合成难度增大，进而导致 ACT 制造商的生产计划复杂化。

2. 研究方法

Farhi 等（2011）首次实现了青蒿素在烟草中的异源合成，合成途径见图 10-6，青蒿素产量达 6.8μg/g。2014 年，库玛（Kumar）课题组将甲羟戊酸途径中的 *ERG8*、*ERG12*、*ERG19*、*ERG10*、*ERG13*、*HMGRt* 基因和青蒿素途径的 *IPP*、*FppSynADS*、*CYP71AV1*、*AACP* 基因整合到同一载体上，并转化到烟草叶绿体基因组中，实现了在烟草叶绿体内合成青蒿素。通过该方法获得的转基因烟草中青蒿素产量低且生长变缓。作者推测不利的细胞质环境条件阻止了后期青蒿素前体的形成是青蒿素含量低的主要原因。为了克服这个限制，2016年该课题组把在烟草细胞中合成青蒿素的途径进行模块化。先利用信号肽 *cox4* 与 ADS 融合表达，将 ADS 定位在线粒体中，再通过质体导肽将 *CYP71AV1*、*CPR*、*DBR2* 定位在叶绿体内，最后在叶绿体中引入酵母的整条 MVA 途径来增加萜类前体供应。获得的植株表型正常且每克干重叶中青蒿素高达 0.8mg。

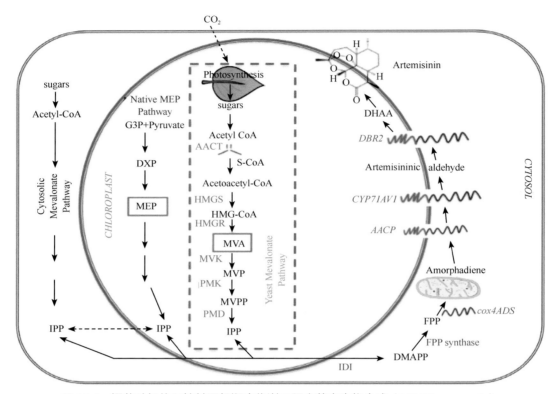

图 10-6　烟草叶绿体和核基因组顺序代谢工程青蒿素生物合成（2016 Kumar et al.）

Acetyl-CoA：乙酰辅酶 A；AACT：乙酰辅酶 A 乙酰基转移酶；MVA：甲羟戊酸；Artemisinin：青蒿素；Artemisininic aldehyde：青蒿醛；FPP：法尼基焦磷酸；DMAPP：二甲基烯丙基二磷酸；IPP：异戊烯基二磷酸；Acetoacetyl-CoA：乙酰乙酰辅酶 A；HMG-CoA：3- 羟基 -3- 甲基戊二酸单酰辅酶 A；HMGR：3- 羟基 -3- 甲基戊二酸单酰辅酶 A 还原酶；HMGS：3- 羟基 -3- 甲基戊二酸合成酶；sugars：糖；Native MEP Pathway G3P+Pruvate：自然界的 2-C- 甲基 -D- 赤藓糖醇 -4- 磷酸合成途径；Cytosolic Mevalonate Pathway：胞质的甲羟戊酸途径；Amorphadiene：紫穗槐二烯；Photosynthesis：光合作用；DXP：5- 磷酸脱氢木酮糖；MVP：5- 甲羟戊酸磷酸；PMK：磷酸甲羟戊酸激酶；MEP：2-C- 甲基 -D- 赤藓糖醇 -4- 磷酸；MVK：甲羟戊酸激酶；MVPP：5- 甲羟戊酸焦磷酸；PMD：5- 焦磷酸甲羟戊酸脱羧酶；DHAA：二氢青蒿醛；FPP synthase：法尼基焦磷酸合成酶

3. 研究结果

通过将基因在叶绿体和核基因中结合表达，利用细胞核、叶绿体和线粒体三个细胞器，采用平衡分割的方法进行转基因表达，有效地将转基因烟草中二氢青蒿酸的表达量提高，并能高效地将二氢青蒿酸氧化为青蒿素。

4. 亮点评述

该研究先将青蒿素合成中关键酶基因转移到烟草植物的叶绿体中，改变叶绿体基因，筛选出最佳的转化烟草。然后将另一组需要添加的基因注入植物细胞核内，调节烟草的物质代谢以提高青蒿素含量。

案例 6　长春花碱的植物细胞生产

1. 研究背景

长春花碱（vinblastine）存在于长春花的叶子中，是一种强效的细胞分裂抑制剂，也是一种有效的抗癌药物，它被广泛用于治疗淋巴瘤、睾丸癌、乳腺癌、膀胱癌和肺癌。目前，长春花中长春花碱的生物合成机制尚不明了，大约 500kg 干燥的长春花叶子只能产生 1g 长春花碱。

2. 研究方法与结果

Miettinen 等（2014）把长春花中的 6 个酶基因（*8-HGO*、*IO*、*7-DLGT*、*7-DLH*、*TDC*、*STR*）转入烟草中，在植物烟草中重构了整个 MIA 途径，合成途径见图 10-7，实现 3α（*S*）- 异胡豆苷的异源合成。Hallard 等（1997）将长春花中的 *TDC* 基因转入烟草细胞，并将 *TDC* 基因过表达，3α（*S*）- 异胡豆苷的产量增加到 5.3mg/L。将长春花中的 *STR* 基因转入烟草细胞，并将 *STR* 基因过表达，3α（*S*）- 异胡豆苷的产量能增加到 21.2mg/L。2018 年，莎拉·奥康纳（Sarah O'Connor）等利用基因组测序技术在长春花基因组中发现了用于合成长春花碱的最后几个未知基因，鉴定出用于产生长春花碱前体分子长春质碱和水甘草碱的酶。人们很容易地利用合成生物学技术将这些酶偶联在一起用于合成长春花碱。这项研究鉴定出了长春花碱合成通路中的最后几个未知的基因，还鉴定出用于产生长春花碱前体分子长春质碱和水甘草碱的酶，完整的解析了长春花碱合成的代谢通路。

基于上述基因信息，可以尝试着增加长春花中产生的长春花碱含量，或者将合成基因导入到酵母或植物等宿主中异源合成长春花碱。

3. 亮点评述

长春花碱是植物中结构最为复杂的且具有医药活性的天然产物之一，在过去的 60 年中，该合成途径一直未能被完全解析。该研究利用现代基因组测序技术鉴定出了长春花碱合成通路中的最后几个未知的基因。如今人们可以很容易地利用合成生物学技术将这些酶偶联在一起用于合成长春花碱。

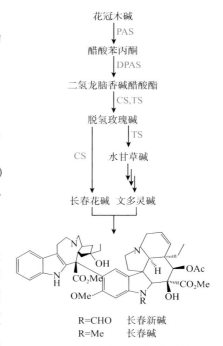

图 10-7 长春新碱和长春碱的
生物合成
PAS：前二酮乙酸酯合成酶；DPAS：二氢龙脑香碱醋酸酯合成酶；CS：长春胺合成酶；TS：四氢鸡骨常山碱合成酶

参 考 文 献

陈士林，宋经元. 2016. 本草基因组学. 北京：科学出版社

陈士林，朱孝轩，李春芳，等. 2012. 中药基因组学与合成生物学. 药学学报，47（8）：1070-1078.

邵洁，李建华，王凯博，等. 2017. 植物底盘：天然产物合成生物学研究的新热点. 生物加工过程，15（5）：24-31.

孙梦楚，晁二昆，苏新尧，等. 2019. 产 β- 香树脂醇酿酒酵母细胞构建及高密度发酵. 中国中药杂志，44（7）：1341-1349.

王倩，康振，梁泉峰，等. 2011. 合成未来：从大肠杆菌的重构看合成生物学的发展. 生命科学，23（9）：844-848.

熊燕，陈大明，杨琛，等. 2011. 合成生物学发展现状与前景. 生命科学，23（9）：826-837.

余小霞，田健，刘晓青，等. 2015. 枯草芽孢杆菌表达系统及其启动子研究进展. 生物技术通报，31（2）：35-44.

Ajikumar P K，Xiao W H，Tyo K E J，et al. 2010. Isoprenoid pathway optimization for taxol precursor overproduction in *Escherichia coli*. Science，330（6000）：70-74.

Anarat-Cappillino G，Sattely E S. 2014. The chemical logic of plant natural product biosynthesis. Current Opinion in Plant Biology，19：51-58.

Anterola A，Shanle E，Perroud P F，et al. 2009. Production of taxa-4（5），11（12）- diene by transgenic *Physcomitrella patens*. Transgenic Res，18（4）：655.

Bai Y F，Yin H，Bi H P，et al. 2016. De novo biosynthesis of gastrodin in *Escherichia coli*. Metab Eng，35：138-147.

Caputi L，Franke J，Farrow S C，et al. 2018. Missing enzymes in the biosynthesis of the anticancer drug vinblastine in *Madagascar periwinkle*. Science，eaat4100.

Cong L，Ran F A，Cox D. 2013. Multiplex genome engineering using CRISPR/Cas systems. Science，339（6121）：819-823.

Dai Z B，Liu Y，Guo J，et al. 2015. Yeast synthetic biology for high-value metabolites. FEMS Yeast Res，15（1）：1-11.

Dai Z B，Liu Y，Huang L Q，et al. 2012. Production of miltiradiene by metabolically engineered *Saccharomyces cerevisiae*. Biotechnol Bioeng，109（11）：2845-2853.

Dai Z B，Liu Y，Zhang X A，et al. 2013. Metabolic engineering of *Saccharomyces cerevisiae* for production of ginsenosides. Metab Eng，20（5）：146-156.

Daniel G G，John I G，Carole L，et al. 2010. Creation of a bacterial cell controlled by a chemically synthesized genome. Science，329（5987）：52-56.

Dicarlo J E，Norville J E，Mali P，et al. 2013. Genome engineering in *Saccharomyces cerevisiae using* CRISPR-Cas systems. Nucleic Acids Res，41（7）：4336-4343.

Eddy S R. 1998. Profile hidden Markov models. Bioinformatics，14：755-763.

Engels B，Dahm P，Jennewein S. 2008. Metabolic engineering of taxadiene biosynthesis in yeast as a first step towards Taxol（Paclitaxel）production. Metab Eng，10（4）：201-206.

Enright A J，Dongen S V，Ouzounis C A，et al. 2002. An efficient algorithm for large-scale detection of protein families. Nuclc Acids Research，30（7）：1575-1584.

Farhi M，Marhevka E，Ben-ari J，et al. 2011. Generation of the potent anti-malarial drug artemisinin in tobacco. Nat Biotechnol，29（12）：1072-1074.

Fellermeier M，Zenk M H. 1998. Prenylation of olivetolate by a hemp transferase yields cannabigerolic acid，the precursor of tetrahydrocannabinol. FEBS Lett，427：283-285.

Ferreira R，Skrekas C，Nielsen J，et al. 2017. Multiplexed CRISPR/Cas9 genome editing and gene regulation using Csy4 in *Saccharomyces cerevisiae*. ACS SYNTH BIOL，7（1）：619-620.

Field B，Osbourn A. 2008. Metabolic diversification—independent assembly of operon-like gene clusters in different plants. Science，320（5875）：543-547.

Frey M. 1997. Analysis of a chemical plant defense mechanism in grasses. Science，277（5326）：696-699.

Fuentes P，Zhou F，Erban A，et al. 2016. A new synthetic biology approach allows transfer of an entire metabolic pathway from a medicinal plant to a biomass crop. eLife，5e13664.

Gagne S J，Stout J M，Liu E，et al. 2012. Identification of olivetolic acid cyclase from *Cannabis sativa* reveals a unique catalytic route to plant polyketides. P Natl Acad Sci USA，109：12811-12816.

Gassel S，Breitenbach J，Sandmann G，et al. 2014. Genetic engineering of the complete carotenoid pathway towards enhanced astaxanthin formation in *Xanthophyllomyces dendrorhous* starting from a high-yield mutant. Appl Microbiol Biot，98（1）：345-350.

Generoso W C，Gottardi M，Oreb M，et al. 2016. Simplified CRISPR-Cas genome editing for *Saccharomyces cerevisiae*. J Microbiol Methods，127：203-205.

Hallard D，Heijden R V D，Verpoorte R，et al. 1997. Suspension cultured transgenic cells of *Nicotiana tabacum* expressing tryptophan decarboxylase and strictosidine synthase cDNAs from *Catharanthus roseus* produce strictosidine upon secologanin feeding. Plant Cell Rep，17（1）：50-54.

Hawkins K，Smolke C. 2008. Production of benzylisoquinoline alkaloids in *Saccharomyces cerevisiae*. Nat Chem Biol，4（9）：564-573.

Ikram K，Binti N K，Beyraghdar K A，et al. 2017. Stable Production of the antimalarial drug artemisinin in the moss *Physcomitrella patens*. Front Bioeng Biotechnol，5：47.

Ishino Y，Shinagawa H，Makino K，et al. 1987. Nucleotide sequence of the iap gene，responsible for alkaline phosphatase isozyme conversion in *Escherichia coli*，and identification of the gene product. J Bacteriol，169（12）：5429-5433.

Itkin U. 2013. Biosynthesis of antinutritional alkaloids in solanaceous crops is mediated by clustered genes. Science，341（6142）：175-179.

Jakoci T，Bonde I，Herrg R D M，et al. 2015. Multiplex metabolic pathway engineering using CRISPR/Cas9 in *Saccharomyces cerevisiae*. Metab Eng，28：213-222.

Jin P，Ding W，Du G，et al. 2016. DATEL：A scarless and sequence-independent DNA assembly method using thermostable exonucleases and ligase. ACS SYNTH BIOL，5（9）：1028-1032.

Khorana H G. 1979. Total synthesis of a gene. Science，203（4381）：614-625.

Khairul Ikram N K B，Beyraghdar Kashkooli A，Peramuna A V，et al. 2017. Stable production of the antimalarial drug artemisinin in the moss physcomitrella patens. Front Bioeng Biotech，5：47.

Langfelder P，Horvath S. 2008. An R package for weighted correlation network analysis. BMC Bioinformatics，9：559-572.

Lau W，Sattely E S. 2015. Six enzymes from mayapple that complete the biosynthetic pathway to the etoposide aglycone. Science，349（6253）：1224-1228.

Leonard E，Ajikumar P K，Thayer K，et al. 2010. Combining metabolic and protein engineering of a terpenoid biosynthetic pathway for overproduction and selectivity control. PNAS，107：13654-13659.

Li Q，Fan F，Gao X，et al. 2017. Balanced activation of IspG and IspH to eliminate MEP intermediate accumulation and improve isoprenoids production in *Escherichia coli*. Metab Eng，44：13-21.

Liu D，Mao Z，Guo J，et al. 2018. Construction，model-based analysis，and characterization of a promoter library for fine-tuned gene expression in *Bacillus subtilis*. ACS SYNTH BIOL，7（7）：1785-1797.

Liu X，Cheng J，Zhang G，et al. 2018. Engineering yeast for the production of breviscapine by genomic analysis and synthetic biology approaches. Nat Commun，9（1）：448.

Liu Y，Ding M Z，Ling W，et al. 2017. A three-species microbial consortium for power generation[J]. Energy Environ Sci，10（7）：1600-1609.

Luo F，Yang Y，Zhong J，et al. 2007. Constructing gene co-expression networks and predicting functions of unknown genes by random matrix theory. BMC Bioinf，8：299.

Luo X，Reiter M A，Espaux L，et al. 2019. Complete biosynthesis of cannabinoids and their unnatural analogues in yeast. Nature，567（7746）：123-126.

Malhotra K，Subramaniyan M，Rawat K，et al. 2016. Compartmentalized metabolic engineering for artemisinin biosynthesis and effective malaria treatment by oral delivery of plant cells. Mol Plant，9（11）：1464-1477.

Mans R，Rossum H M，Wijsman M，et al. 2015. CRISPR/Cas9：a molecular Swiss army knife for simultaneous introduction of multiple genetic modifications in *Saccharomyces cerevisiae*. FEMS Yeast Res，15（2）：fov004.

Medema M H，Kai B，Peter C，et al. 2011. AntiSMASH：Rapid identification，annotation and analysis of secondary metabolite biosynthesis gene clusters in bacterial and fungal genome sequences. Nuclc Acids Research，39（Web Server issue）：339-346.

Miettinen K，Dong L，Navrot N，et al. 2014. Corrigendum：The seco-iridoid pathway from *Catharanthus roseus*. Nat Commun，5（4）：3606-3616.

Morimoto S，Komatsu K，Taura F，et al. 1998. Purification and characterization of cannabichromenic acid synthase from *Cannabis sativa*. Phytochemistry，49：1525-1529.

Oscar B，Susanna S G，Phillips M A，et al. 2010. Metabolic engineering of isoprenoid biosynthesis in *Arabidopsis* for the production of taxadiene，the first committed precursor of *Taxol*. Biotechnol Bioeng，88（2）：168-175.

Paddon C J，Westfall P J，Pitera D J，et al. 2013. High level semi-synthetic production of the potent antimalarial artemisinin. Nature，496（7446）：528-532.

Paine J A，Shipton C A，Chaggar S，et al. 2005. Improving the nutritional value of Golden Rice through increased pro-vitamin A content. Nature Biotechnology，23（4）：482-487.

Rajniak J，Barco B，Clay N K，et al. 2015. A new cyanogenic metabolite in *Arabidopsis* required for inducible pathogen defence. Nature，525（7569）：376-379.

Reyes L H，Gomez J M，Kao K C. 2014. Improving carotenoids production in yeast via adaptive laboratory evolution. Metab Eng，21：26-33.

Ro D，Paradise E M，Ouellet M，et al. 2006. Production of the antimalarial drug precursor artemisinic acid in engineered yeast. Nature，440（7086）：940-943.

Robert H D，Fuzhong Z，Jorge A，et al. 2013. Engineering dynamic pathway regulation using stress-response promoters. Nat Biotechnol，31（11）：1039-1046.

Ronda C，Pedersen L E，Sommer M O A，et al. 2016. CRMAGE：cRISPR optimized mAGE recombineering. Sci Rep，6（1）：19452.

Ryan O W，Skerker J M，Maurer M J，et al. 2014. Selection of chromosomal DNA libraries using a multiplex CRISPR system. Elife，3：e03703.

Shao Y，Lu N，Wu Z，et al. 2018. Creating a functional single chromosome yeast. Nature，560（7718）：331-335.

Shao Z，Zhao H，Zhao H，et al. 2009. DNA assembler，an in vivo genetic method for rapid construction of biochemical pathways. Nucleic Acids Res，37（2）：e16.

Sirikantaramas S，Morimoto S，Shoyama Y，et al. 2004. The gene controlling marijuana psychoactivity. Molecular cloning and heterologous expression of1-tetrahydrocannabinolic acid synthase from *Cannabis sativa* L. J Biol Chem，279：39767-39774.

Stephanie B，Marc C，Vincent C，et al. 2015. De novo production of the plant-derived alkaloid strictosidine in yeast. Proc Natl Acad Sci U S，112（11）：3205-3210.

Stout J M，Boubakir Z，Ambrose S J，et al. 2012. The hexanoyl-CoA precursor for cannabinoid biosynthesis is formed by an acyl-activating enzyme in *Cannabis sativa* trichomes. Plant J，71：353-365.

Sun H，Zhao D，Xiong B，et al. 2016. Engineering *Corynebacterium glutamicum* for violacein hyper production. Microb Cell Fact，15（1）：148.

Sun L，Liu G，Li Y. 2019. Metabolic engineering of *Saccharomyces cerevisiae* for efficient production of endocrocin and emodin. Metab Eng，54：212-221.

Sydor T，Schaffer S，Boles E，et al. 2010. Considerable increase in resveratrol production by recombinant industrial yeast strains with use of rich medium. Appl Environ Microbiol，76（10）：3361-3363.

Taura F，Sirikantaramas S，Shoyama Y，et al. 2007. Cannabidiolic-acid synthase，the chemotype-determining enzyme in the fibertype *Cannabis sativa*. FEBS Lett，581：2929-2934.

Taura F，Tanaka S，Taguchi C，et al. 2009. Characterization of olivetol synthase，a polyketide synthase putatively involved in cannabinoid biosynthetic pathway. FEBS Lett，583：2061-2066.

Tohge T，Yang Z，Peterek S，et al. 2015. Ectopic expression of snapdragon transcription factors facilitates the identification of genes encoding enzymes of anthocyanin decoration in tomato. Plant J Cell & Mol Biology，83（4）：686-704.

Walter J M，Chandran S S，Horwitz A A，et al. 2016. CRISPR-cas-assisted multiplexing（CAM）：simple same-day multi-locus engineering in yeast. J Cell Physiol，231（12）：2563-2569.

Wang D，Dai Z，Zhang X，et al. 2016. Production of plant-derived natural products in yeast cells-A review. Acta Microbiol Sinica，56（3）：516-529.

Wang P，Wei Y，Fan Y，et al. 2015. Production of bioactive ginsenosides Rh2 and Rg3 by metabolically engineered yeasts. Metab Eng，29：97-105.

Wang Y，Li J H，Tian C F. 2018. Production of plant-specific flavones baicalein and scutellarein in an engineered *E.coli* from available phenylalanine and tyrosine. Metab Eng，52：124-133.

Westfall P J，Pitera D J，Lenihan J R，et al. 2012. Production of amorphadiene in yeast，and its conversion to dihydroartemisinic acid，precursor to the antimalarial agent artemisinin. Proc Natl Acad Sci U S A，109（3）：655-656.

Whitaker W B，Jones J A，Bennett R K，et al. 2017. Engineering the biological conversion of methanol to specialty chemicals in *Escherichia coli*. Metab Eng，39：49-59.

Xing Y，Yun F，Wei W，et al. 2014. Production of bioactive ginsenoside compound K in metabolically engineered Yeast. Cell Res，（24）：770-773.

Yang Q，Easson M，Jordan F，et al. 2015. Completion of the seven-step pathway from tabersonine to the anticancer drug precursor vindoline and its assembly in yeast. Proc Natl Acad Sci，112（19）：6224.

Yang Y，Lin Y，Wang J，et al. 2018. Sensor-regulator and RNAi based bifunctional dynamic control network for engineered microbial synthesis. Nat Commun，9（1）：3043.

Yao Y，Wang C，Qiao J，et al. 2013. Metabolic engineering of *Escherichia coli* for production of salvianic acid A via an artificial biosynthetic pathway. Metab Eng，19：79-87.

Ye X，Al-Babili S，Kloeti A，et al. 2000. Engineering the Provitamin A（β-Carotene）biosynthetic pathway into（carotenoid-free）*Rice endosperm*. Science，287（5451）：303-305.

Zhang Y，Butelli E，Alseekh S，et al. 2015. Multi-level engineering facilitates the production of phenylpropanoid compounds in tomato. Nat Commun，6（1）：8635.

Zhang Y，Wang J，Wang Z，et al. 2019. A gRNA-tRNA array for CRISPR-Cas9 based rapid multiplexed genome editing in *Saccharomyces cerevisiae*. Nat Commun，10（1）：1053.

Zhao D，Feng X，Zhu X，et al. 2017. CRISPR/Cas9-assisted gRNA-free one-step genome editing with no sequence limitations and improved targeting efficiency. Sci Rep，7（1）：16624.

Zhao H M，Bao Z H，Xiao H，et al. 2015. Homology-integrated CRISPR-cas（HI-CRISPR）system for one-step multigene disruption in *Saccharomyces cerevisiae*. ACS SYNTH BIOL，4（5）：585-594.

Zhao J，Li Q，Sun T，et al. 2013. Engineering central metabolic modules of *Escherichia coli* for improving beta-carotene production，Metab Eng，17：42-50

Zhao Q，Weng J K，Chen X Y，et al. 2018. Two CYP82D enzymes function as flavone hydroxylases in the biosynthesis of root-specific 4'-Deoxyflavones in *Scutellaria baicalensis*. Molecular Plant，（1）：135-148.

Zhao Q，Zhang Y，Wang G，et al. 2016. A specialized flavone biosynthetic pathway has evolved in the medicinal plant，*Scutellaria baicalensis*. Science Advances，2（4）：e1501780.

Zhou J，Yang L，Wang C，et al. 2017. Enhanced performance of the methylerythritol phosphate pathway by manipulation of redox reactions relevant to IspC，IspG，and IspH. J Biotechnol，（248）：1-8.

Zhou K，Qiao K，Edgar S，et al. 2015. Distributing a metabolic pathway among a microbial consortium enhances production of natural products. Nat Biotechnol，33（4）：377-383.

Zhou Y J，Gao W，Rong Q，et al. 2012. Modular pathway engineering of diterpenoid synthases and the mevalonic acid pathway for miltiradiene production. J Am Chem Soc，134（6）：3234-3241.

Zhu M，Wang C X，Sun W T，et al. 2018. Boosting 11-oxo-β-amyrin and glycyrrhetinic acid synthesis in *Saccharomyces cerevisiae* via pairing novel oxidation and reduction system from legume plants. Metab Eng，45：43-50.

Zhu X，Zhao D，Qiu H，et al. 2017. The CRISPR/Cas9-facilitated multiplex pathway optimization（CFPO）technique and its application to improve the Escherichia coli xylose utilization pathway. Metab Eng，43（Pt A）：37-45.

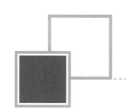

第 11 章　药用植物遗传资源

药用植物遗传资源是中药产业发展的源头和基础，是关乎中医药行业前景及国计民生的重要战略物资。长久以来，人们保护意识淡薄导致大量药用植物遗传资源丢失，如何充分保护及合理利用药用植物遗传资源迫在眉睫。本章论述了药用植物遗传资源的概念和保存意义，探讨了不同类型药用植物资源的保护策略及措施，包括以植株和种子为主体的种质资源，以就地保护和迁地保护为主的种质资源库（活体库和离体种质库）保存；药材及 DNA 实体资源以实体库形式保存，分为药材实体库和 DNA 实体库；基因数据资源包括基因、DNA 条形码和基因组，以数据库形式保存。在药用植物遗传资源保护的基础上，提出在新品种选育、分子育种及生物合成等方面的应用。通过完善相关保护措施和政策体系可充分保护药用植物遗传资源，通过推进千种药用植物基因组计划，让药用植物遗传资源为人类健康做出积极贡献（图 11-1）。

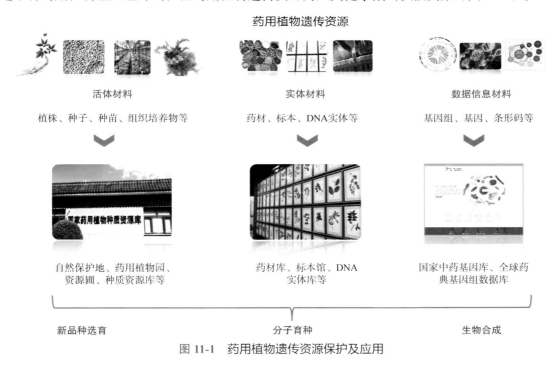

图 11-1　药用植物遗传资源保护及应用

11.1　药用植物遗传资源概念及保护意义

药用植物遗传资源（genetic resources of medicinal plant）是指含有遗传功能单位的药用植物材料，包括药用植物（真菌）的植株、种子、种苗、组织培养物等活体材料，药用部位（药材）及 DNA 实体等材料，基因组和基因等数据信息材料等。通过利用自然条件或人工创造适宜条件等方式延续及保存遗传资源，包括对植株、种子、花粉、营养体、分生组织和基因等遗传载体的保存，防止资源流失，便于研究和利用。药用植物遗传资源是优良品种选育、中药新药研发的基础，是关系到卫生健康事业、国民经济与人民生活的基础性资源，是国家的重要战略物资。目前，过度开发药用植物资源以及生态环境恶化等问题，导致部分药用植物资源枯竭甚至灭绝。丰富的药用植物遗传资源是提高中药材质量的核心之一，也是培育优良新品种和保障产业发展的重要物质基础。药用植物遗传资源的保护有利于药材品质改良，从源头上提高我国中药产品质量，提高中药产业国际地位，增强我国国际竞争力。保护药用植物遗传资源，既是对我国生物多样性、生态环境和自然资源的保护，又是实现药用植物资源可持续利用的必要举措。

11.2　药用植物遗传资源保护体系

我国目前对药用植物遗传资源的保护主要针对药用植物活体资源、药材及 DNA 实体资源以及基因数据库资源。对不同的药用植物遗传资源形式采用不同的保护措施，形成药用植物遗传资源保护体系，见图 11-2。

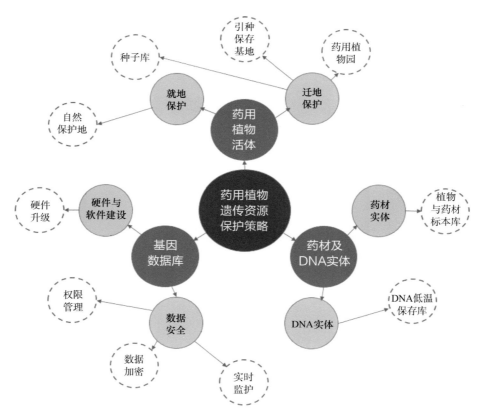

图 11-2　药用植物遗传资源保护体系

对于药用植物活体资源而言，保护策略主要分为就地保护与迁地保护两种。就地保护指不改变药用植物原有栖息地生态环境，在自然分布地对药用植物资源进行原地保存，主要保护方式为建立各种类型自然保护地，如自然保护区、保护地、风景名胜区、森林公园、湿地公园等，该保护方式的优势在于，在保护药用植物种质的同时，保护了药用植物赖以生存的生态系统和自然生境，使药用植物在其自然环境中的生存得以维持和恢复。此外，就地保护还能对重要药用植物的伴生群落和潜在关联物种起到积极的保护作用。迁地保护是指将药用植物迁移到自然栖息地生境之外进行保护，主要保护方式包括建立药用植物园、药用植物种质资源圃、药用植物种子库、药用植物标本馆及离体组织培养保存库等。相对于就地保护，迁地保护适用于生境破坏严重、自然状态下繁殖更新困难以及居群或个体数量稀少的物种，有助于药用植物物种多样性保护，同时也有助于药用植物产业可持续发展。就地保护和迁地保护两种措施除单独采用外还可互相结合，利用苗圃的可控环境结合现代技术对珍稀濒危药用植物进行人工干预繁殖，快速产生大量植株个体后在半自然环境进行野外驯化，最终转移到自然分布地进行野外种群复壮，从而实现对野生药用植物资源的保护和扩大。

药材及 DNA 实体资源的保护策略也可分为两类，一种是对药材实体进行保护，即建立药材样本实体库；另一种是对总 DNA 实体进行低温保存。药材样本实体库的建立做到了对药材总 DNA 根本上的保护。但是，这种方法也有其弊端，长时间的保存可能会使药材遗传材料降解，因此可将总 DNA 从药材实体中提取出来后进行低温保存，更大程度地保护了药用植物总 DNA 资源，同时也可以节省保存空间。

基因数据资源的保护主要是通过建立数据库对基因、DNA 条形码、基因组、转录组等相关信息进行保护。数据库的建立开拓了药用植物遗传资源新的保护方式，丰富了药用植物遗传资源保存措施，同时也对药用植物遗传资源保护方式提出了新的挑战——网络安全管理，主要包括硬件与软件建设与数据安全。硬件的老化会造成数据丢失，威胁到数据安全，因此要对老化的硬件进行及时升级，管理人员也应及时对软件进行更新维护。维护数据安全首先要健全药用植物遗传资源基因信息库的安全体系，对不同的用户开放不同的使用权限。同时，管理员应该对基因库数据进行备份及加密处理，以防数据丢失与泄露。此外，管理员应对基因数据库进行实时维护与监控，及时发现并解决问题。

11.3　药用植物遗传资源保存措施

我国药用植物种质资源丰富，第三次中国中药资源普查药用植物有 11 118 种及种下单元。如何收集、保存、评价药用植物遗传资源是一项长期、艰苦、巨大的工作。

目前，我国药用植物遗传资源的收集保存形式主要包括以自然保护区、药用植物园、资源圃等形式保存的活体植物库，以种子保存为主的种子库，以药用部位（药材）及其 DNA 实体为主的药材及 DNA 实体库和基因数据库等（表 11-1）。

表 11-1　药用植物遗传资源分类与保护

种类	组成	保护措施
种质资源	植株、种苗等	自然保护地、药用植物园、资源圃等
	种子	长期库、中期库、短期库、常温库等种子库
	器官、组织、培养物等	低温库、常温库离体保存库
药材及其 DNA 实体资源	药材、标本实体	常温及低温药材实体库、腊叶标本馆、药材标本馆等
	DNA 实体	DNA 实体库、cDNA 原件库、核酸文库等
基因数据资源	DNA 条形码序列片段	中药材 DNA 条形码数据库等
	基因、基因组、转录组	国家中药基因库、全球药典基因组数据库、本草基因组数据库、云南药用植物组学数据库等

在药用植物遗传资源收集、保存、评价的基础上，利用现代化的技术手段，通过大数据进行深入发掘和利用，为后期良种培育、生物合成等提供基础材料及遗传背景。

11.3.1 种质资源库

种质资源（germplasm resource）指一切能够繁殖的具有一定种质的生物体，保存方式主要包括原地保存、异地保存和设施保存三种。种质资源库主要有两大类：植物活体库和种质库。

1. 药用植物活体库

药用植物活体库（living library of medicinal plants）包括各种自然资源库、药用植物园以及资源圃等。

与迁地保护相比，就地保护可保存数量高，保存成本低，并且就地保护更容易保护生境及遗传多样性，是生物保护的最佳手段。因此，可通过建立各种自然保护区或药用植物园等对药用植物种质资源进行保护。世界上第一个保护区是建立于 1872 年的美国黄石公园，此后，自然保护区建设事业发展迅速。根据《中国生态环境状况公报（2018 年）》统计数据显示，我国现共有不同级别、不同类型的自然保护区 2750 个。其中，大盘山国家级自然保护区，以药用植物种质资源为重点保护对象，是我国药用植物野生种或近缘种的种质资源库。我国为重点保护农业生态系统，除建立了自然保护区、自然公园外，还为作物建立了野生亲缘种保护点和农业类保护地区共 24 个。作为药用植物遗传资源的主要载体，药用植物活体资源保存了丰富的遗传基础及变异资源。自然状态下，野生资源及自然保护区具有最多的药用植物原始遗传资源，是丰富度最高的地区。

药用植物园是迁地保护的方法之一，通过人工干预，将种质迁移至原生境之外的地方保存。采用迁地和引种栽培保护药用植物种质资源时，需符合其相应的方法及条件要求，还应注意遗传多样性的采集和保育。植物园在采集、引种珍稀濒危植物过程中常存在来源不清、遗传结构混杂、盲目引种定植等问题，这些问题带来的遗传多样性风险是不容忽视的。特别是珍稀濒危植物野放回归的过程中，这些问题带来的潜在风险会更加凸显。由于濒危植物移栽定植成活率较低，加之人工繁育快速产生近交衰退，各植物园间频繁交换或重复引种，以及栽培环境的变化导致的遗传适应效应，因此植物园中保存的绝大部分珍稀濒危植物种群不能有效涵盖足够多的遗传多样性，即缺乏遗传代表性。这些栽培个体相对单一的遗传结构在野外居群复壮的过程中会由于奠基者效应而导致野外居群遗传结构的改变和遗传多样性的损失。因此，在迁地保护的过程中，应在不破坏野外居群的前提下适当扩大采样，同时注意采集不同分布地的居群，使迁地保护的人工种群在地域和物种水平上具有足够的遗传代表性。

我国幅员辽阔，各地气候资源特点也不尽相同。目前，全国共有 38 所专业药用植物园，如中国医学科学院药用植物研究所及其分所体系的北京药用植物园、广西药用植物园、西双版纳南药园、海南兴隆南药园、重庆药用植物园、贵阳药用植物园等。各药用植物园的建立因地制宜，其适宜保存的种植类别各有异同，已经成为一个完整而专业的药用植物种质迁地保护体系，在全国乃至全世界都处于领先位置。全国的药用植物园分属于中央直属或地方农林单位、科研院校、医药企业等不同管理部门，几乎遍布全国各地，已引种保存全国本土药用植物 7000 余种，约占我国药用植物资源的 63%，其中珍稀濒危物种 200 多种。

资源圃主要用于保存与储备种质资源。由于药用植物种类繁多，且不同的物种具有道地性，对繁殖区域生态环境有较高要求，因此资源圃既包括综合库，也包括单物种库。单物种库通常对环境有特殊要求，且该物种种质资源较多，如吉林靖宇县人参苗圃库、云南文山县三七苗圃库、贵州贵阳市紫苏苗圃库、广西融安县青蒿（黄花蒿）苗圃库等。其中，吉林靖宇县人参苗圃库收集保存了超过 2000 份种质材料，云南文山三七苗圃库收集了 10 700 余份种质材料，广西融安青蒿苗圃库收集了 1488 份种质材料。综合库通常包括的物种较多，如由中国中医科学院中药研究所、湖北中医药大学与湖北康农种业股份有限公司共同合作建立华中康农中草药品种资源圃库，繁育了以湖北地区为核心辐射华中地区的药用植物，目前已对 100 余种药用植物优良品种进行了繁育，包括紫苏、黄花蒿、半夏、麦冬、木瓜、黄精、葛根等。

2. 药用植物种质库

药用植物种质库（germplasm bank of medicinal plant）通常指依托室内设施，以药用植物种子和离体材料为主的资源保存库。其优点在于保存时间长，保存种类多，使用方便；缺点在于需要依托专业的设备和管理，成本较高。

我国第一座药用植物专业种质库于 20 世纪 90 年代在浙江杭州建成，由于种质搜集困难且成本较高，当地气温条件也给种质库的运行增加了成本，因此该库并未能持续运转。直至 2006 年，中国医学科学院药用植物研究所成功建立并运行了国家药用植物种质资源库。作为我国第一个国家药用植物种质资源库，该库最多可容纳 10 万份种质材料，同时具有长期库和中期库。该库的建立为种质资源保存及交流使用提供了一个全国性的开放交流平台。截至 2016 年，国家药用植物种质资源库共入库 193 科 1017 属，2 万余份材料，收集了 12 112 份种质资源。

国家南药基因资源库，也称国家基本药物所需中药材种质资源库，是国家级综合性种质资源库。该库除保存基本药物所需外，还是我国唯一一个收集保存顽拗性植物种质的种质资源库，在保护我国顽拗性种质资源方面具有重要意义。该库结合当地生态环境与中药资源特点，收集并保存了我国南部热带和亚热带地区中药种质资源，包括南药、黎药、动物药及海洋药等资源类型。与国家药用植物种质资源库——低温低湿种质资源库相配套，结合药用植物种质资源圃，形成完整的中药种质资源保护体系，对我国中药种质资源形成完整的保护。国家南药基因资源库具有液氮罐、超低温保存室等可保存 20 万份顽拗性药用植物种子、植物离体材料、DNA 材料的先进设施，建成集种子收集、鉴定、检测和保存为一体的技术体系和科研平台。

国家中药种质资源库（四川）位于成都中医药大学，2017 年 12 月通过项目验收，是全国范围内规模最大的中药种质资源保存库，是我国名副其实的中药战略资源储备库。该库旨在建立一个完整的中药种质资源保存体系、研发更为高效的保护设施，致力于成为具有国际影响力的科学研究中心，为中药种质的资源分类鉴定评价、保存研究和可持续利用提供一个综合化的体系与平台。国家中药种质资源库（四川）可收集 20 万份中药种质，目前已收集超过 3 万份药用植物种质资源，保存期限 50 年，是目前国内规模最大的中药种质资源保存库。

11.3.2 药材及 DNA 实体库

药材及其 DNA 实体库（medicinal materials and DNA entity library）主要指与药用植物基因相关的实体材料库，包括药材样本实体、药用植物总 DNA 实体、cDNA 原件实体，以及一些核酸文库，例如 BAC 文库、YAC 文库实体等。

中药基因实体库主要包括国家中药基因实体库及深圳国家基因库。国家中药基因实体库是国家中药质量标准库的一部分，由中国中医科学院中药研究所 2016 年开始建设，2018 年 12 月完成，是针对我国独特的传统医药资源建立的大规模药材实体库和基因实体库。该库包括中药材实体、总核酸 DNA 实体、cDNA 原件实体，以及一些核酸文库如 BAC 文库、YAC 文库等。国家中药基因实体库收集了以人参、西洋参为代表的 123 种 3735 个批次药材实体及 DNA 实体，根据入库及保存操作规程，完成了相应总 DNA 的超低温保存工作；完成了人参、三七、西洋参、黄花蒿、甘草、银杏、虫草、金银花、菊花、穿心莲、丹参、紫苏、茯苓、栀子 14 种药用植物药用部位表达基因 cDNA 库。

深圳国家基因库是世界第 4 个国家级基因库，集样本库、数据库和信息网络三者为一体，其样本库与数据库可用于药用植物遗传资源的保存，为药用植物分子育种、功能基因的发掘、新资源的开发利用等提供基础数据。充分发挥了资源和技术的优势，积极开展交流合作，使我国生命科学研究水平和国际影响力都得到了提升，同时促进了我国生物产业的发展。

11.3.3 药用植物基因数据库

药用植物基因数据库指含与药用植物相关的基因和基因组资料的数据库，主要任务是收集和存储各种与药用植物相关的基因组、转录组、DNA 条形码序列、功能基因等基因数据。目前已有的与药用植物基因相关的数据库主要包括：①国家中药基因库。②中药材 DNA 条形码数据库。③本草基因组数据库。④云南药用植物组学数据库。

国家中药基因库由中国中医科学院中药研究所建立。该库是针对我国独特的传统医药资源所建立的大规模的基因实体和资源信息库。国家中药材基因样本数据库包括中药材总 DNA、cDNA 等中药材原件实体，以及一些中药材核酸文库如 BAC 文库、YAC 文库等，并在此基础上获得不同层面中药材基原核酸数据信息，如 DNA 条形码数据、基因组数据、转录组数据等。该库已收集 123 种中药基原物种基因信息；已完成大部分物种的 DNA 条形码工作和人参、菊花等重点品种的全基因组组装和解析工作，建立了国家中药材基因数据库，保存了人参、三七、丹参、菊花、栀子、紫苏、黄花蒿、红豆杉、银杏、虫草等重要药用植物的基因组数据以及转录组数据，实现了数据库的联网、查询、对外交换等功能。基因组学被称为现代生命科学研究皇冠上的明珠，已成为各生命科学分支共同的基础。全球药典基因组数据库作为国家中药基因库重要组成部分，收录中国、美国、欧盟、日本、韩国、印度等六大药典超过 900 种药用植物基因组数据（核基因组序列、细胞器基因组序列、药用植物个体基因组数据、转录组数据以及 DNA 条形码序列）。所有数据进行格式的统一化和规范化，并开发了灵活的数据检索工具，整合了常用的序列搜索比对工具、基因组可视化软件等，可为用药安全、新药研发及药用植物资源的保护及合理利用提供扎实的研究基础和新的研究思路。国家中药基因库将以涵盖全球药典的植物生物资源的读、写、存能力为基础，实现样本、数据、活体的全贯穿，搭建起中药基因资源挖掘的公益性、开放性、支撑性、引领性服务平台。将国家中药基因库建设成为引领我国中药科学研究和相关产业发展的战略性科技力量，促进基因组学在药用生物基础研究的推动作用，同时加强其在药用模式生物、中药合成生物学、药用植物分子育种、中药分子鉴定和药物体内过程组学研究等方面的前沿探索与产业转化，真正实现基因资源的共有、共为、共享，提高我国中药科学研究水平和国际影响力，促进我国中药产业健康发展。

中药材 DNA 条形码数据库是全球最大的药用植物 DNA 条形码分子身份证数据库。陈士林课题组在国际科技合作等项目的资助下，通过近十年的潜心研究和大量筛选实验，在国际上首先发现并验证核基因组 ITS2 序列，适于鉴定中药材等存在 DNA 降解的材料。首次提出核基因组 ITS2 序列作为中草药通用 DNA 条形码，创建了崭新的中草药 DNA 条形码生物鉴定体系，并构建了较完备的中草药 DNA 条形码网络鉴定数据库。该数据库包含以 ITS2 为主 psbA-trnH 为辅的 100 万余条 DNA 分子序列，涵盖中国、日本、韩国、印度、欧盟和美国等药典收载的 95% 以上的药用植物品种，可以通过 DNA 序列比对，快速的检测药用植物物种及其科属。

云南位于我国西南边境，具有独特的生物资源。依托云南农业大学建立的云南省生物大数据重点实验室，以现代分子生物学技术为研究手段，选取云南特色生物资源为研究对象，进行全基因组测序，完成基因组相关分析，现已初步建立云南药用植物基因组学可视化数据库，包括铁皮石斛、玛卡、丹参、辣木以及三七基因组解析，100 个物种转录组等。其中铁皮石斛是云南省主导完成的第一个植物基因组。玛卡基因组的研究为未来的十字花科植物的进化、玛卡的遗传育种、玛卡产业市场的规范化奠定了坚实基础。破译了辣木 3.16 亿对碱基排序，并发现一系列特有基因，为辣木的进一步应用研究奠定了基础。此外，云南农业大学生物大数据重点实验室现已完成近百种中草药转录组测序及解析，并与武汉植物园、华南植物园合作，进行了中草药的采样、转录组测序，已完成近百种核心药用植物转录组的组装、分析。在以上工作的基础上，云南农业大学生物大数据重点实验室初步完成了云南药用植物组学数据库的建立。

为有效地促进药用植物资源整合，实现资源共享，重点实验室还构建了中草药组学数据库，分为基因组、转录组、合成通路三个部分，实现百种中草药数据的共享、利用，满足有效成分合成生物学对关键合成酶的查找、定位功能，极大地促进了相关研究工作效率的提升，实现了数据纵向系统贯穿、横向分享分析，达到了提高药用植物研究交流水平和数据共享的目的。

11.4　药用植物遗传资源的发掘与利用

1. 为药用植物新品种选育提供丰富的遗传变异

药用植物野生资源丰富，丰富的遗传变异是药用植物优良新品种选育的基础（图 11-3）。药用植物种类繁多，虽然育种工作起步较晚，育种背景复杂，但丰富的遗传变异为优良品种培育提供了大量优良变异，为选育优质、高产、抗性药用植物新品种提供了丰富的种质资源。种质资源在药材优良品质形成过程中起着关键性作用，是培育优良品种的遗传物质基础。长期以来的自然和人工选择，使种质资源具有优良的性状以及抗虫抗灾等特性，是品种改良的源泉。因此，种质资源研究在中药材育种中具有重要意义。种质资源的调查、收集和保存具有承上启下的作用，一方面，它既是保护中药资源的重要措施，另一方面又为遗传育种提供更多选择。每个植株个体都是该物种的基因库的组成部分，蕴藏着丰富的已知或未知的有用基因。在确保遗传资源的基础上再进行人为筛选与培育，选择具有优良品质的种质资源，有助于更好地开发利用药用植物资源。

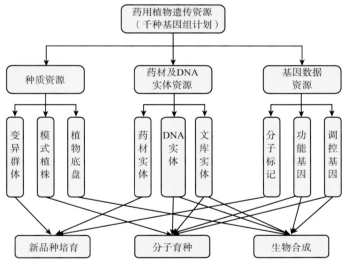

图 11-3　药用植物遗传资源应用与展望

近 20 年来，人们通过系统选育、杂交育种、多倍体育种等常规育种方法，已培育出了人参、西洋参、地黄、丹参、罗汉果、白术、柴胡、桔梗、枸杞、厚朴等许多中药材新品种，如尹锐通过对人参转录组中 NBS 类抗病基因进行研究，为人参抗病基因的开发与利用提供理论基础和资源信息支撑，同时开展人参黑斑菌诱导人参抗病的机制及其分子检测方面的研究，为人参抗黑斑病抗病育种和人参黑斑病的防治提供科学依据。

2. 为药用植物分子育种提供丰富的基因资源

药用植物分子育种技术是将分子生物学技术应用于育种中，在分子水平上进行育种，是育种的一个新发展。分子标记辅助育种是分子育种研究和应用最多的一个方向，如董林林等采用DNA分子标记辅助三七抗病新品种的选育，沈奇等采用SNP特征性标记辅助紫苏育种。分子育种和常规育种的区别在于，一个注重表型选择，另一个强调基因型选择。常规育种是分子育种的基础，同时分子育种又以培育优异表型为目标。通过发现基因型和表现型之间的联系，并建立两者之间的选择关系，以基因型来选择表现型。基因型的选择往往比表现型选择更快速、准确且高效，这使得分子育种战胜常规育种，成为未来药用植物育种学的发展方向。

药用植物育种是改善药材品质的重要途径，疗效是药材最重要品质。提高疗效从分子角度来看就是提高药材中的有效成分含量，这既是药用植物分子育种的主要目标，也是其基本要求。育种的基础在于丰富的种质资源，而关键性基因的发现和利用往往就决定了育种上突破性的成果。

3. 为生物合成提供丰富的参考基因信息

药用植物天然产物的生物合成是基于分子遗传学技术，利用微生物或者植物细胞，通过对目标功能基因进行复制、转录和翻译，以达到在微生物或者植物细胞中合成药用植物有效成分的目的，即药用植物有效成分的异源合成。药用植物天然产物的生物合成主要有两种途径，一种是植物合成，另一种是微生物合成。两者之间的主要区别在于底盘细胞的不同；此外，植物合成途径主要利用代谢调控手段对植物次生代谢途径进行优化；而微生物合成途径则利用生物学技术对其进行遗传改造。相比较而言，微生物合成途径繁殖速度更快，操作更简便。目前已实现在酿酒酵母或大肠杆菌中合成多种中药功效成分，比如青蒿酸、大麻素、人参皂苷Rh2、灯盏花素、大黄素等。近年来，通过专家学者们的不断研究，多种药物活性成分均在微生物底盘细胞成功合成，且发酵浓度逐步提升。

11.5　小　　结

药用植物遗传资源是中医药产业的源头，对我国中医药事业的发展有着举足轻重的作用。国际上对药用植物基因资源的争夺也十分激烈，因此保护和掌握丰富的基因资源对我国中医药产业的发展具有十分重要的意义。

1. 完善保护体系及相关制度

我国药用植物资源品种繁多，种类丰富，目前并未全部掌握，应加快整个药用植物遗传资源保护体系的建立。另外，虽然现在对药用植物遗传资源的保护意识越来越强，但由于长期以来保护体系以及相关制度并不明确，仍需要长足的努力，比如加强各类民族药用植物以及濒危药用植物等遗传资源的保护力度。部分药用植物存在名称混乱、基原并不确定的情况，亟待解决。建议对药用植物遗传资源进行清查分类整理，明确其基原植物，并建立相应的药用植物遗传资源库。此外，对濒危药用植物遗传资源的保护也迫在眉睫，应尽快重新制定濒危药用植物保护名录及等级，根据相应的生境条件制定保护措施，如原地保护、异地保护、离体保护等。

2. 推进药用植物千种基因组计划

随着科技不断进步，生物技术日益更新与完善，药用植物遗传资源保护方式也需要推陈出新，需要不断开发更有效、更简便、更安全的药用植物遗传资源保护方式。中国医学科学院药用植物研究所（IMPLAD）与美国 Illumina 公司签署协议，启动国际千种药用植物基因组计划，创建世界首个药用植物参考基因库。以"组"学、基因测序、生物信息学、系统生物医学等先进技术为先导，加强多学科的交叉融合，旨在药用植物资源的精准鉴定领域取得突破。推进药用植物千种基因组计划，对我国药用植物遗传资源进行充分解读及利用。

对现有已保存的药用植物遗传资源来说，研究是一项长期且艰巨的工作，具有重大的时代与历史意义。还需要专家学者的共同努力，携手将药用植物这一瑰宝发扬光大。

案例 1　国家药用植物种质资源库

2006 年国家药用植物种质资源库的建成与顺利运转，弥补了我国在药用植物资源种质库保存这一技术上的缺陷。国家药用植物种质资源库是我国正式运行的第一座现代化国家级药用植物种质资源库，位于中国医学科学院药用植物研究所，由其直接管理。该库设有 1 个长期库（储存年限 45～50 年），2 个中期库（储存年限 25～30 年），1 个短期库（储存年限 5 年），1 个低温干燥库和 1 个缓冲间，最多可容纳 10 万份种质材料。中长期库保存面积 50m²，可保存种质资源 7 万份；短期库 20～25m²，可保存大致 3 万份。该库同时完成配套的种质入库检测、包装等功能。种质主要保存在国家药用植物种质资源库长期库内，中期库内保存备份。长期库内的种质主要用于基础收集，不对外分发。中期库内备份种质将对供种单位以及科研单位共享。短期库一般用于存放供鉴定、研究和分发等用处的临时保存材料。

药用植物种质资源收集是通过实地考察或通过媒介信息掌握药用植物种质资源分布情况，进行实地种质资源收集或发函通信征集，妥善保存，深入研究，以便更有效的利用，同时减少种质流失，保护植物生物多样性。种质资源研究所用材料可来源于栽培和野生的类型，它包括地方品种、选育的良种、突变种、稀有种、野生种等。通过药用植物研究所进行系统、大规模的药物种质资源收集工作，截至目前，国家药用植物种质资源库共入库包括桔梗科、百合科、十字花科等在内的 193 科 1017 属，2 万余份材料，收集了 12 112 号种质资源。

中药材是我国中医药事业发展的物质基础核心，对现有中药材种质资源（家种和野生）进行调查摸底、评价，收集筛选优质种质资源和具有特异农艺性状的种质资源，有利于传统中药材品种品质改良，从源头上整体提高我国中药产品质量和中药材生产技术水平。利用野生基因资源可改善中药材的抗性、提高家种药材品质。药用植物种质资源是培育新品种和生产发展的重要物质基础，优良基因的来源主要是依靠现有品种资源，人工诱发的突变比现有野生资源所蕴藏的丰富基因要少得多，野生资源是长期自然选择的产物，具有独特的优良性状和抵御自然灾害的特性，对野生资源进行研究，可发现特异基因，从而培育新品种，形成新的道地药材。

国家药用植物种质资源库（图 11-4）为种质资源保存及交流使用提供了一个全国性的开放交流平台。该库的建成对于药用植物资源保护和可持续利用具有深远意义，将产生显著的经济及生态效益，对于濒危药用植物种质基因资源的挽救、药用植物优良品种选育、优良基因的发掘利用都具有重要战略意义，有利于促进中药现代化及中药材规范化栽培，还能增强中药国际竞争力并填补生物资源种质保存系统的缺陷。将结束我国各个药用植物园、药用植物研究单位单独保存种质资源或年年采种、繁种的工作，节约大量的财力和物力；同时也可以有效防止分散保存中资源丧失问题。

图 11-4　国家药用植物种质资源库

案例 2　国家中药种质资源库（四川）

药用植物种质资源是中药产业可持续发展的关键储备资源。作为中医药大省，四川素有"中医之乡，中药之库"之美誉，不仅药材资源丰富，种植历史也极为悠久。据统计，全川中药资源有 5000 余种，约占全国中草药品种的 75%；其中，道地药材 49 种，包括川芎、川贝母、川麦冬等。在第四次全国中药资源普查中，成都中医药大学承担起了"国家中药材种质资源库（四川）建设"重点项目。

国家中药种质资源库（四川），核心库体建筑面积达 1640m²，形成了由长期库、中期库、短期库、种质圃、离体库及 DNA 库有机融合的保存体系，主要用于各类种质资源的短期、中期及长期保存。配套实验室的建筑面积达 1245m²，包括种子繁育室、种子生理生化室等。同时，完成了人工气候室和温室建设及药用植物种植园圃一期和二期建设，核对整理并完善了第四次全国中药资源普查收集的第一批种质资源的数据信息。该库于 2016 年正式投入使用，是目前规模最大的中药种质资源保存中心，创建了我国中药多维种质资源保存体系。库容量可达 20 万份，是我国名副其实的中药战略资源储备库。该库旨在建立一个完整的中药种质资源保存体系、研发更为高效的保护设施，致力于成为具有国际影响力的科学研究中心，为中药种质的资源分类鉴定评价、保存研究和可持续利用提供一个综合化的体系与平台。

国家中药种质资源库（图 11-5）首次将低温保存技术运用到中药之中。收集了 20 万份中药种质，超过 3 万份药用植物种质资源，保存期限 50 年，其中不乏峨眉野连、川贝母等特色优质中药材。建立起我国第一个中药种质的低温保存技术体系，并采用现代技术与方法开展中药种质创新与利用研究，以期培育更多优质中药种子种苗。

"十三五"期间，该库发挥了中药战略资源储备库的基础战略作用，重点针对川产道地药材开展了中药材种质资源的收集和评价研究，针对川芎等大品种药材开展良种培育工作并针对濒危道地药材开展人工繁育及持续利用研究工作，为中药产业贡献了地方力量。国家中药种质资源库目前成为四川省中医药产业发展、传统文化传承和对外交流的一张名片，为科学收集、保存全国中药种质资源，开展西南地区道地、濒危、特色中药资源研究提供了完整的中药种质资源保藏体系及平台，并为实现药用生物多样性的有效保护，实施药用生物资源可持续发展战略奠定物质基础。

图 11-5　国家中药种质资源库

案例 3　国家中药基因库

国家中药基因库是针对我国独特的传统医药资源所组建的大规模基因实体和资源信息库，包括中药材总核酸 DNA 实体、cDNA 等中药材原件实体，以及中药材核酸文库，如 BAC 文库、YAC 文库等，并在此基础上获得不同层面中药材基原核酸数据信息如 DNA 条形码数据、基因组数据、转录组数据等。该库对于保护中药材基因资源、促进中药材基因层面现代医药学研究具有极其重要的意义。

国家中药基因库由中国中医科学院中药研究所承建，建设遵循国际化建库原则，坚持规范的伦理法则并执行严格的技术操作规范。建设遵循的基本准则：安全、规范、准确、便捷。其中安全包括样本生物安全、样本信息安全、设备运行安全；规范包括各种管理规范、操作规范、伦理法规规范；准确包括样本信息准确、样本存放取出位置准确；便捷包括样本存储和处理流程便捷、软件信息操作便捷、信息交流便捷、硬件软件耗材供应及技术支持便捷等。基因库的实体库建设参考以下规范：① 2012 Best Practices For Repositories：Collection，Storage，Retrieval and Distribution of Biological Materials for Research（International Society for Biological and Environmental Repositories，ISBER），即生物样本库最佳实践 2012：科研用生物资源的采集、储存、检索及分发（国际生物和环境样本库协会，ISBER）；②中国医药生物技术协会《生物样本库标准》（试行）。

国家中药基因库根据其工作流程和各单元功能特点合理布局，充分考虑样本的安全性和工作便利性需求，最大限度保证包括 DNA 等生物学样本质量、确保生物安全、减少污染风险。严格划定污染区和清洁区，实施区域控制。已完成硬件设施改造，达到洁净、无毒、无菌、恒温、恒湿和生物安全等特性；实现中药材基原植物、DNA/RNA 保存和种质恢复等功能。已构建基因库核心区，即样本处理区、深低温存储区、恢复区和监控区等四大功能分区，各分区具体功能如图 11-6 所示。功能分区考虑到样本采集、运输、接收、处理、存储、数据加工等工作需求，确保"人流"和"物流"规划合理，节约资源，实现基因库的实用性、安全性、经济性和前瞻性。

图 11-6　国家中药基因库功能分区

　　全球药典基因组数据库作为国家中药基因库重要组成部分，收录中国、美国、欧盟、日本、韩国、印度六大药典超过 900 种药用植物基因组数据（核基因组序列、细胞器基因组序列、药用植物个体基因组数据、转录组数据以及 DNA 条形码序列）（图 11-7）。所有数据进行格式的统一化和规范化，并开发了灵活的数据检索工具，整合了常用的序列搜索比对工具、基因组可视化软件等，可为用药安全、新药研发及药用植物资源的保护及合理利用提供扎实的研究基础和新的研究思路。国家中药基因库将以涵盖全球药典的植物生物资源的读、写、存能力为基础，实现样本、数据、活体的全贯穿，搭建起中药基因资源挖掘的公益性、开放性、支撑性、引领性服务平台。将国家中药基因库建设成为引领我国中药科学研究和相关产业发展的战略性科技力量，促进基因组学在药用生物基础研究的推动作用，同时加强其在药用模式生物、中药合成生物学、药用植物分子育种、中药分子鉴定和药物体内过程组学研究等方面的前沿探索与产业转化，真正实现基因资源的共有、共为、共享，提高我国中药科学研究水平和国际影响力，促进我国中药产业健康发展。

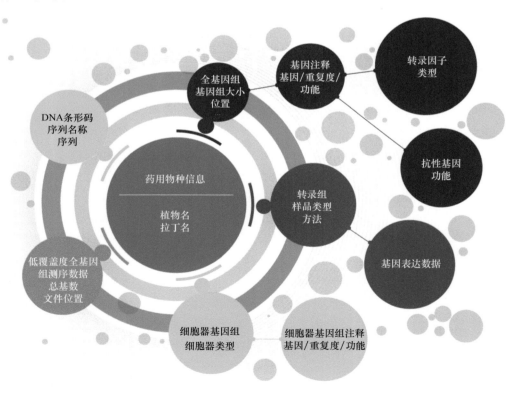

图 11-7　全球药典基因组数据库结构

案例 4　国家药用植物园体系

药用植物园在我国药用植物种质资源保存保护和利用上发挥了重要作用，同时，也是医药类大中专院校学生和相关企事业单位专业人员必要的实习场所，在弘扬中医药文化和建设城市生态环境上做出了突出贡献。

全国药用植物园联盟以中国医学科学院药用植物研究所及其海南分所、云南分所、广西分所、新疆分所、重庆分所、贵州分所的药用植物园为主体园，联盟全国从事药用植物种质资源迁地保护、保存和研究的药用植物园共同建设国家药用植物园体系。体系由三部分构成：主体园、共建园和联系园。国家药用植物园体系建设中主体园、共建园和联系园之间是相辅相成、协同发展、互通共享、相互促进、逐步完善的过程，各园协作共同推进国家药用植物园体系的建设。主体园：由我国专业从事药用植物迁地保护的机构组成，根据保护药用植物的种类及保护规模，以中国医学科学院药用植物研究所总所与六个分所的药用植物园为核心，分别保存保护温带、热带、亚热带和干旱荒漠区域的药用植物；再针对各区域布局上不足的地区，选取这些区域有一定基础和较为良好保存环境与条件的药用植物园，通过一起协商达成共同的建设目标，待成熟后逐渐纳入到主体园。共建园：选择在布局上或保存药用植物的种质上有特色和优势的药用植物园作为共建园，扩大对国家药用植物园体系的覆盖范围，主要分为三层，第一层：主要以政府、农林院所、各医药大学为主管的药用植物园。第二层：以企业为主管建设的药用植物园。第三层：专门收集某类药用植物的园区，其中又分为 A、B 两类，A 类为以某类药材为主的专类园，如枸杞园、银杏园、甘草园等；B 类为以某个民族药为核心的专业收集保存园，如傣药园、蒙药园、藏药园等。联系园：中科院及各省市综合性植物园中的药用植物专类园。

北京药用植物园隶属于中国医学科学院药用植物研究所，是世界卫生组织传统医学合作中心。位于北京市海淀区，占地 300 余亩，始建于 1955 年，当时是药用植物试验场和栽培地，1988 年改建成药用植物园，现在是世界主要的药用植物园之一。以"园林的外貌、科学的内涵、民族的特色"为建园基本方针，行使"物种保存、科学研究、文化传播、观光养生"四位一体的功能。全园由河图洛书园、本草纲目园、民族药园、功效分类园、养生园、中药知识园、国外引种园、系统分类园、成果荟萃园、专类园及种质保存园等 11 个园区组成；另有 4488m² 展览温室，已迁地保护保存药用植物共 1500 余种。

西双版纳南药园隶属于中国医学科学院药用植物研究所云南分所，占地约 250 亩。内设有民族药物区、荫生藤本区、百草园、洋兰区、岩生植物区、水生植物区、整形植物区、棕榈植物区、竹园、传统中药区等 10 个小区组成。目前，园内引种收集南药、民族药及其他药用植物 1200 余种。保存有药用植物标本 10 000 余份，并拥有全国最大的胖大海、马钱、催吐萝芙木种质资源库、300 多种原生兰科植物以及国内人工种植年限最长的土沉香、印度紫檀等重要南药，已成为集科研、科普教育、旅游观光为一体的药用植物专类园。

海南兴隆南药植物园隶属于药植所海南分所，是世界上保存南药物种最多的药用植物园，园区创建于 1960 年，由中国医学科学院药用植物研究所海南分所引种建设。建园以来，在国家、地方各部门及总所支持下，经过几代科研人员的辛勤努力，园区已引种栽培南药植物有 2000 多种，南药种质资源收集 10 000 多份。其中从国外引种国家急需的珍贵进口南药植物 25 个种，引种岛外药用植物 600 余种，岛内药用植物 1300 余种，民间使用的或珍贵的海南特有药用植物 120 种。经过多年的发展，兴隆南药植物园建立了"珍稀濒危南药引种区"、"海南特色药园区"、"原生态药园区"、"进口南药园区"和"芳香南药园区"，是全国迁地保存南药种质最多的植物园之一，已成为国内外南药种质基因保存研究的重要平台。

广西壮族自治区药用植物园（广西壮族自治区药用植物研究所，中国医学科学院药用植物研究所广西分所），创建于 1959 年，占地面积 202 公顷。广西药用植物园致力于药用资源的收集保护，通过"五库一馆"的建设，围绕国家中医药管理局重点学科——药用植物保育学学科，建成了完善的药用资源保护平台，形成了具有世界领先水平的药用植物资源保育体系。广西药用植物园建园至今已保存药用植物物种 10 021 种，腊叶标本保存 20 万份，其中活体植物保存近 8000 号；种子保存 5000 多种 7000 份，离体保存 650 种，基因保存 1385 份、馏分保存 1000 种 15 000 份。2011 年被英国吉尼斯总部以药用植物物种保存数量和面积认证为世界"最大的药用植物园"。

新疆药用植物园隶属于中国医学科学院药用植物研究所新疆分所 / 新疆中药民族药研究所。该园筹建于 2013 年 4 月，位于新疆巴音郭楞蒙古自治州焉耆回族自治县，占地 10.61 公顷；全园含特色药用植物专类园区、原始沼泽湿地和沼泽草甸景观游览区、药材种植生产试验区和引种繁育实验区等 5 个功能区。园区已有自然甘草、罗布麻群落两处；一期计划引种收集和迁地保存西北干旱区药用植物种质资源150 ～ 200 种。目前，已有药用植物腊叶标本 50 000 余份、生药标本 600 余份。

重庆市药物种植研究所（中国医学科学院药用植物研究所重庆分所）药用植物园位于金佛山国家级自然保护区北麓，始建于 1947 年，是我国最早建立的药用植物园。园区现有土地面积 100 余亩，保存活体药用植物 2500 余种。植物园按植物生长习性分为多年生植物保存区和一年生植物保存区，多年生植物保存区分为乔木区、灌木区、藤本区、草本区、水生区、阴湿生区和智能温室区；一年生植物保存区分为春播区和秋播区。智能温室占地 2400m^2，以收集保存金佛山特色药用植物和南药植物种质资源为主，按功能划分为金佛山特色药用植物展示区、南药植物展示区、组培炼苗区和繁殖生产区。

贵阳药用植物园于 1984 年 7 月经贵阳市人民政府批准成立，植物园规划面积 1200 亩，实际占地面积 700 余亩。贵阳药用植物园以贵州道地和珍稀濒危药用植物的引种保护、栽培、驯化等基础研究为重点，先后引种保护了珙桐、石斛、头花蓼、天麻、淫羊藿、杜仲、黄柏、黄连、八角莲、宽叶水韭、苏铁蕨、喜树、竹叶兰、虾脊兰、芦荟、红豆杉、岩桂等药用植物 2000 余种，其中珍稀濒危植物 40 多种。对金钗石斛、大马士革玫瑰、何首乌、半夏、芦荟、岩桂、淫羊藿、头花蓼等 100 余种有开发前景的药用植物进行了驯化栽培研究。

华中药用植物园位于恩施市新塘乡，保存植物标本 1500 多种，其中国家级重点保护的珍稀濒危药用植物 38 种，园区面积现达到 1688 亩。建立了"恩施自治州中药材中心实验室"和"药用植物标本室"（生药标本室和腊叶标本室）；建有紫油厚朴、延龄草、竹节参等珍稀名贵药材种源基地和竹节参、七叶一枝花、延龄草、獐牙菜、淫羊藿等 13 个种质资源圃，建立了全国最大的厚朴种质资源库 555 亩。

参 考 文 献

白杨 . 2008. 不同产地柴胡的 ISSR 分子标记及品质研究 . 武汉：湖北中医学院 .

陈士林，郭宝林，张贵君，等 . 2012. 中药鉴定学新技术新方法研究进展 . 中国中药杂志，37（8）：1043-1055.

陈士林，吴问广，王彩霞，等 . 2019. 药用植物分子遗传学研究 . 中国中药杂志，44（12）：2421-2432.

陈士林，肖培根 . 2006. 中药资源可持续利用导论 . 北京：中国医药科技出版社 .

陈士林，姚辉，韩建萍，等 . 2013. 中药材 DNA 条形码分子鉴定指导原则 . 中国中药杂志，38（2）：141-148.

陈伟，范楚川，钦洁，等 . 2011. 分子标记辅助选择改良甘蓝型油菜种子油酸和亚麻酸含量 . 分子植物育种，9（2）：190-197.

陈新，万德光 . 2002. 试论中药种质资源库的构建 . 华西药学杂志，17（1）：65-67.

楚桐丽，丁平 . 2006. 药用植物种质资源研究进展 . 广州中医药大学学报，23（2）：172-175.

代娇，时小东，顾雨熹，等 . 2017. 厚朴转录组 SSR 标记的开发及功能分析 . 中草药，48（13）：2726-2732.

董静洲，易自力，蒋建雄 . 2005. 我国药用植物种质资源研究现状 . 西部林业科学，34（2）：95-101.

董林林，陈中坚，王勇，等 . 2017. 药用植物 DNA 标记辅助育种（一）：三七抗病品种选育研究 . 中国中药杂志，42（1）：56-62.

高山林 . 2008. 我国药用植物育种的现状与发展前景 . 中国农业信息，（7）：16-18.

胡晋，徐海明，朱军 . 2000. 基因型值多次聚类法构建作物种质资源核心库 . 生物数学学报，15（1）：103-109.

化文平，刘文超，王喆之，等 . 2016. 干涉丹参 SmORA1 对植物抗病和丹参酮类次生代谢的影响 . 中国农业科学，49（3）：491-502.

黄国彬，郑琳．2015. 大数据信息安全风险框架及应对策略研究．图书馆学研究，（13）：24-29.

黄宏文，张征．2012. 中国植物引种栽培及迁地保护的现状与展望．生物多样性，20（5）：559-571.

康明，叶其刚，黄宏文．2005. 植物迁地保护中的遗传风险．遗传，27（1）：160-166.

匡雪君，邹丽秋，孙超，等．2017. 天然产物合成生物学体系的优化策略．生物技术通报，33（1）：48-57.

李标，魏建和，王文全，等．2013. 推进国家药用植物园体系建设的思考．中国现代中药，15（9）：721-726.

李敏，陈强，茅学群．2015. 中药白术 SCAR 分子鉴定标记的筛选和克隆．浙江工业大学学报，43（2）：148-153.

李妍芃，张欣悦，张雪，等．2014. 药用植物种质资源开发与保存研究进展．中国生态学学会中药资源生态专业委员会第五次全国学术研讨会暨世界中医药联合会药用植物资源利用与保护专业委员会第二届学术年会论文集．北京．

刘忠玲，魏建和，陈士林，等．2007. 国家药用植物种质资源库建设技术分析．世界科学技术 - 中医药现代化，9（5）：72-76.

卢新雄．2003. 农业种质库的设计与建设要求探讨．农业工程学报，19（6）：252-255.

马小军，莫长明．2017. 药用植物分子育种展望．中国中药杂志，42（11）：2021-2031.

马小军，肖培根．1998. 种质资源遗传多样性在药用植物开发中的重要意义．中国中药杂志，23（10）：579-581，600.

马晓晶，郭娟，唐金富，等．2015. 论中药资源可持续发展的现状与未来．中国中药杂志，40（10）：1887-1892.

浦锦宝，张方刚，陈子林，等．2011. 大盘山自然保护区药用植物资源及利用 // 第十届全国药用植物及植物药学术研讨会论文摘要集，昆明．

秦民坚，王峥涛．1999. 药用植物种质资源与中药材的优良品种选育．中药研究与信息，（6）：17-20.

阙灵，杨光，缪剑华，等．2016. 中药资源迁地保护的现状及展望．中国中药杂志，41（20）：3703-3708.

任富成．1997. 抗西洋参病原真菌蛋白的分离、纯化及其基因的合成和在大肠杆菌中的表达．北京：中国协和医科大学．

任海，简曙光，刘红晓，等．2014. 珍稀濒危植物的野外回归研究进展．中国科学：生命科学，44（3）：230-237.

沈奇，张栋，孙伟，等．2017. 药用植物 DNA 标记辅助育种（Ⅱ）丰产紫苏新品种 SNP 辅助鉴定及育种研究．中国中药杂志，42（9）：1668-1672.

王翠平．2018. 枸杞分子标记辅助育种技术体系建立及应用．宁夏林业，（4）：51.

王晗，雷秀娟，宋娟，等．2015. 药用植物种质资源超低温保存及遗传变异特性研究进展．特产研究，37（2）：70-73，78.

王继永，郑司浩，曾燕，等．2020. 中药材种质资源收集保存与评价利用现状．中国现代中药，22（3）：311-321.

王良信，尹春梅．2010. 略论中药资源保护新观点 //2010 年中国药学大会暨第十届中国药师周论文集，天津：1-6.

王秋玲，陈彬，王文全，等．2017. 中国药用植物种质资源迁地保护信息管理系统设计与实现．中国现代中药，19（9）：1207-1210，1232.

吴松权，于亚彬，严一字，等．2010. 野生和栽培桔梗种质遗传多样性的 SRAP 研究．北方园艺，（12）：132-135.

武建勇，薛达元，周可新．2011. 中国植物遗传资源引进、引出或流失历史与现状．中央民族大学学报（自然科学版），20（2）：49-53.

肖培根．2003. 中草药资源开发及可持续利用研究．北京：中国医药科技出版社．

肖培根，陈士林，张本刚，等．2010. 中国药用植物种质资源迁地保护与利用．中国现代中药，12（6）：3-6.

许青林．2016. 大数据信息安全风险框架及应对策略研究．金卡工程，（7）：50-51.

许再富．2017. 植物园的挑战：对洪德元院士的"三个'哪些'：植物园的使命"一文的解读．生物多样性，25（9）：918-923.

薛达元．2005. 中国生物遗传资源现状与保护．北京：中国环境科学出版社．

薛建平，张爱民，盛玮，等．2006. 安徽省药用植物种质资源的保护与开发．安徽科技，（4）：27-28.

杨慧洁，杨世海，张淑丽，等．2014. 药用植物 DNA 条形码研究进展．中草药，45（18）：2581-2587.

杨梅，刘维，吴清华，等．2015. 我国药用植物种质资源保存现状探讨．中药与临床，6（1）：4-7.

杨鑫．2017. 基于云平台的大数据信息安全机制研究．情报科学，35（1）：110-114.

尹锐．2018. 人参 NBS 类抗病基因鉴定与黑斑菌诱导表达模式及其病原菌分子检测研究．长春：吉林农业大学．

曾雯雯．2015. 罗汉果遗传转化体系的建立与 CS 基因的转化研究．南宁：广西大学．

张俊，蒋桂华，敬小莉，等．2011. 我国药用植物种质资源离体保存研究进展．世界科学技术（中医药现代化），13（3）：556-560.

张丽烟．2008. 中国动物园迁地保护及保护教育现状分析．哈尔滨：东北林业大学．

赵晓燕．2005. 浅谈作物种质资源的保存方法．种子，24（6）：53-55.

周刚，姚立英．1999. 数据信息安全技术的应用策略．四川大学学报（自然科学版），36（3）：461-466.

周延清，王婉珅，张喻，等．2015. 高效热不对称交互式 PCR 技术克隆地黄基因．河南师范大学学报（自然科学版），43（1）：100-105.

Liu X N，Cheng J，Zhang G H，et al. 2018. Engineering yeast for the production of breviscapine by genomic analysis and synthetic biology approaches. Nat Commun，9（1）：448.

Luo X Z，Reiter M A，d'Espaux L，et al. 2019. Complete biosynthesis of cannabinoids and their unnatural and their unnatural analogues in yeast. Nature，567（7746）：123.

Peleman J D，van der Voort J R. 2003. Breeding by design. Trends Plant Sci，8（7）：330.

Wang P P，Wei W，Ye W，et al. 2019. Synthesizing ginsenoside Rh2 in Saccharomyces cerevisiae cell factory at high-efficiency. Cell Discov，5：5.

Westfall P J，Pitera D J，Lenihan J R，et al. 2012. Production of amorphadiene in yeast，and its conversion to dihydroartemisinic acid，precursor to the antimalarial agent artemisinin. Proc Natl Acad Sci USA，109（3）：111.